中国科学院大学研究生教材系列

微分方程数值解法
（第二版）

Numerical Solutions of Differential Equations
(Second Edition)

余德浩　汤华中　编著

U0248684

科 学 出 版 社

北 京

内 容 简 介

　　本书内容包括常微分方程初值、边值问题的数值解法,抛物型、双曲型及椭圆型偏微分方程的差分解法,偏微分方程和边界积分方程的有限元解法和边界元解法. 本书选材力求通用而新颖,既介绍了在科学和工程计算中常用的典型数值计算方法,又包含了近年计算数学研究的一些新的进展,包括作者本人的若干研究成果. 本书以介绍微分方程的数值求解方法为主,但也涉及有关的理论,叙述和论证力求既深入浅出,又严格准确.

　　本书可供理工科各专业硕士研究生作教材之用,也可供高年级本科生、研究生、计算数学工作者及其他利用计算机从事科学与工程计算的科技人员参考.

图书在版编目(CIP)数据

微分方程数值解法/余德浩,汤华中编著. —2 版. —北京:科学出版社,
2018.3
　(中国科学院大学研究生教材系列)
　ISBN 978-7-03-046654-9

　Ⅰ. ①微… 　Ⅱ. ①余… ②汤… 　Ⅲ. ①微分方程-数值计算-高等学校-教材
Ⅳ. ①O241.8

中国版本图书馆 CIP 数据核字(2015) 第 301519 号

责任编辑: 王丽平 / 责任校对: 彭珍珍
责任印制: 赵　博 / 封面设计: 陈　敬

斜 学 出 版 社 出版
北京东黄城根北街 16 号
邮政编码: 100717
http://www.sciencep.com

北京凌奇印刷有限责任公司印刷
科学出版社发行　　各地新华书店经销
*
2018 年 3 月第　一　版　　开本: 720 × 1000 1/16
2024 年 3 月第五次印刷　　印张: 27 1/4
字数: 540 000
定价: 158.00 元
(如有印装质量问题, 我社负责调换)

第二版前言

本书自 2003 年 10 月初版以来受到了众多高校的高年级本科生、研究生、计算数学工作者和利用计算机从事科学与工程计算的科技人员的欢迎. 尽管本书已经多次重印, 但每次均很快售罄, 这使得近年来很多学校的相关专业希望以本书作为教材或参考书, 却苦于无处购买, 许多其他读者也希望本书再版. 正是在读者需求的驱动和科学出版社的支持下, 作者才开始了本书修订再版的工作. 在此我们衷心感谢读者对本书的关注和支持, 同时也希望本书能继续高质量地服务于广大读者.

相比于第一版, 本书的第二版主要做了如下一些变动: ① 修订和调整部分文字、数学符号和语句、例子的环境与编号、高分辨 TVD 格式部分的内容顺序, 并完善了参考文献; ② 插入了一些辅助图形, 如常微分方程某些数值方法的绝对稳定性区域图; ③ 增加了一些新内容, 如一些新的例子和习题, Kreiss 矩阵定理及其证明, 一阶双曲型方程组的对称化, 一阶高维双曲型方程组的定义与一维的关系和分裂方法的分裂误差分析等; ④ 更正了第一版中的一些印刷错误; ⑤ 增加了一个附录: 本书第一作者撰写的文章《冯康院士与科学计算》. 该文内容是第一作者几十年来以本书为教材授课时必讲的内容.

本书新版在编排中仍然可能存在疏漏和不足之处, 敬请读者批评指正.

余德浩　汤华中
2017 年 4 月于北京

第一版前言

科学与工程中的许多问题都可用线性或非线性微分方程来描述, 这些微分方程中只有很少一部分可以给出解析解, 而绝大多数则必须通过近似方法求解, 包括借助计算机进行数值求解. 随着计算机软硬件的不断更新和计算方法的迅猛发展, 科学计算、实验及理论已成为现代科学技术研究的三大主要手段. 科学计算还能解决实验及理论无法解决的问题, 并由此发现一些新的物理现象, 加深人们对物理机理的理解和认识, 促进科学的发展.

目前科学计算已渗透到许多专业学科中, 形成了许多新的交叉学科, 如计算物理学、计算力学、计算流体力学、计算化学、计算生物学、计算材料科学和计算经济学等, 而计算数学则是它们的纽带和共同的基础. 因此, 不仅数学工作者要学习和掌握微分方程数值解法的知识, 许多其他理工科专业的科技工作者也迫切需要学习和掌握微分方程数值解法的知识, 以便结合自身专业开展与科学工程计算相关的研究工作.

本书是在原有讲义《微分方程数值解法》的基础上编写的. 该讲义已积累了作者十几年的教学经验, 并不断吸收近几年国内外发展的一些新算法和新理论, 同时也融合了作者本人的一些科研成果.

本书内容丰富、比较全面, 取材力求典型、通用和新颖, 既重视基础理论和基本训练, 又有一定的理论深度. 为了面向更多的读者, 本书避免了过多的抽象数学理论分析, 但又自成系统. 书中每章后面都配有一定数量的习题, 可供读者练习和上机实习. 阅读本书, 仅需数学分析、高等代数、数学物理方程及计算机程序设计等方面的一般基础知识. 全书共六章, 其中前面四章由汤华中编写, 后面两章由余德浩编写. 第 1 章介绍常微分方程初值、边值问题的数值解法, 着重介绍一些典型的离散方法, 包括 Euler 方法、Runge–Kutta 方法、一般线性多步方法和 Hamilton 系统的辛几何算法, 对算法的稳定性和收敛性等基本问题也作了分析. 第 2、3、4 章分别介绍抛物型、双曲型和椭圆型偏微分方程的初值、边值问题的有限差分法. 内容包括有限差分方法的构造、数值方法的稳定性分析、收敛性理论和基本的迭代方法. 第 5 章和第 6 章则分别介绍有限元方法及边界元方法. 除了介绍经典的方法外, 其中也简要介绍了自适应有限元、自然边界元及区域分解算法等内容.

中国科学院及中国科学技术大学北京研究生院的领导们对本书的写作给予了热情的鼓励和支持. 此外, 本书在编写过程中也得到了中国科学院数学与系统科学研究院、计算数学与科学工程计算研究所和科学与工程计算国家重点实验室领导和同事们的大力支持和帮助. 作者在这里向他们表示衷心的感谢. 我们还要感谢中国科学院研究生教材出版基金的资助, 正是这一资助使本书得以顺利出版.

　　由于时间仓促, 加之我们水平有限, 本书将不可避免存在疏漏和不足之处, 敬请读者批评指正.

编著者

2016 年 6 月于北京

目　　录

第1章 常微分方程初、边值问题数值解法

1.1 引　　言

微分方程和微积分是同时问世的. Newton 在 1671 年的一篇关于微积分的论文中就已涉及, 并用积分和级数讨论了微分方程的近似求解. 他研究的第一个一阶微分方程是

$$y' = 1 - 3x + y + x^2 + xy.$$

微积分的另一发明者, Leibniz, 约于 1676 年讨论了一个几何问题——反切向问题. 它的数学模型是

$$y' = -\frac{y}{\sqrt{a^2 - y^2}}.$$

Euler 于 1744 年借助二阶微分方程

$$f_{y'y'}y'' + f_{y'y}y' + f_{y'x} - f_y = 0,$$

给出了一个极小问题

$$\int_{x_0}^{x_1} f(x, y, y') \, \mathrm{d}x = \min$$

的一般解. Clairaut 于 1734 年在研究一个长方形框的移动时建立了如下数学模型

$$y - xy' + f(y') = 0,$$

这是第一个隐式微分方程, 它在某些点处存在着许多可能的不同解曲线, 如直线族 $y = Cx - f(C)$ 和它们的包络曲线, 其中 C 为任意常数.

　　总之, 生产实际和其他数学分支中都会不断地遇到常微分方程, 而在这些方程中, 仅有很少的一部分能通过初等积分法给出其通解或通积分. 这促使数学工作者从理论上去探讨它们的解析解, 工程师从渐近分析角度去研究问题的渐近解, 但是无论是理论分析还是渐近分析, 它们均存在一定的局限性.

　　在计算机迅猛发展的今天, 微分方程的数值求解越来越受到重视. 一方面, 借助于计算机, 一些超大规模问题和原来无法通过初等积分和渐近方法求解的问题能得以求解; 另一方面, 借助于数值方法, 一些问题的理论分析可以得到简化, 但是数值模拟最终又必须由理论或实验来检验.

这章将主要介绍离散一阶常微分方程初值问题

$$\frac{dy}{dx} = f(x,y), \quad x \in [a,b], \tag{1.1.1}$$

$$y(a) = y_a \tag{1.1.2}$$

的数值方法, 其中 f 是 x 和 y 的函数, y_a 是给定的初始值, 同时也将简单介绍求解常微分方程边值问题和刚性常微分方程 (组) 的计算方法, 以及 Hamilton 系统的辛几何算法.

在介绍数值方法之前, 先不加证明地给出初值问题 (1.1.1)—(1.1.2) 的适定性和解的存在性结果.

定理 1.1.1(存在唯一解)　如果方程 (1.1.1) 中的右端函数 $f(x,y)$ 满足:

(i) $f(x,y)$ 是实值函数,

(ii) 函数 $f(x,y)$ 在矩形区域 $\Omega = \{(x,y)|\ x \in [a,b],\ y \in \mathbb{R}\}$ 内连续, 其中 $\mathbb{R}$ 是实数集,

(iii) $f(x,y)$ 关于 y 满足 Lipschitz 条件: 存在正常数 L, 使得对任意 $x \in [a,b]$, 均成立不等式

$$|f(x,y) - f(x,z)| \leqslant L|y - z|, \tag{1.1.3}$$

则问题 (1.1.1)—(1.1.2) 存在唯一的解 $y(x) \in C^1[a,b]$.

上述定理的证明可参阅有关微分方程理论的教材.

定义 1.1.1　称初值问题 (1.1.1)—(1.1.2) 对初值 y_a 是**适定的**, 如果存在常数 $K > 0$ 和 $\eta > 0$, 使得对于任意 $0 < \varepsilon \leqslant \eta$ 和

$$|y_a - \tilde{y}_a| < \varepsilon, \quad |f(x,y) - \tilde{f}(x,y)| < \varepsilon, \quad (x,y) \in \Omega, \tag{1.1.4}$$

初值问题

$$\frac{dz}{dx} = \tilde{f}(x,z), \quad z(a) = \tilde{y}_a \tag{1.1.5}$$

存在解且满足 $|y(x) - z(x)| \leqslant K\varepsilon$, 其中 $y(x)$ 是问题 (1.1.1)—(1.1.2) 的解.

该定义描述的是微分方程解对初始值的连续依赖性, 或者说, 初始值引起小扰动对微分方程解的影响程度.

定理 1.1.2(适定性)　如果方程 (1.1.1) 中的右端函数 $f = f(x,y)$ 在区域 Ω 上满足 Lipschitz 条件 (1.1.3), 则初值问题 (1.1.1)—(1.1.2) 对任何初值 y_a 都是适定的.

下面以初值问题 (1.1.1)—(1.1.2) 为例简单地说明建立数值方法的基本思想. 初值问题 (1.1.1)—(1.1.2) 的解 $y(x)$ 是区间 $[a,b]$ 上连续变量 x 的函数, 而数值计算该问题的解就是在区间 $[a,b]$ 内的有限个离散点 (例如, $a = x_0 < x_1 < \cdots < x_N = b$)

处计算函数 $y(x)$ 的近似值 $y_m \approx y(x_m)$, $m = 1, \cdots, N$. 一般可将 $x_0, x_1, \cdots, x_N$ 取成等间距的, 即 $x_m = a + mh$, $m = 0, 1, \cdots, N$, 称 $h = (b - a)/N$ 为**网格步长**. 建立数值方法的过程也就是通过一些手段将问题 (1.1.1)—(1.1.2) 转化为在给定的有限个离散点 $\{x_m\}$ 上近似 (1.1.1) 的有限差分或有限元方程的初值问题, 这个过程通常称为**离散化**. 关于离散化的方法, 通常有直接化微商为差商的方法、Taylor 级数展开法、数值积分方法等, 它们将在今后的章节中提到, 这里不再重复.

解常微分方程初值问题 (1.1.1)—(1.1.2) 的数值方法通常可分为如下两类.

(i) 单步法——计算 $y(x)$ 在 $x = x_{m+1}$ 处的值时仅用到 x_m 处的应变量及其导数值. 例如, Euler 方法 (1.2 节) 和 Runge-Kutta 方法 (1.3 节).

(ii) 多步法——计算 $y(x)$ 在 $x = x_{m+1}$ 处的值时需要应变量及其导数在 x_{m+1} 左侧的多个网格结点处的值. 例如线性多步方法 (1.4 节).

1.2 Euler 方法

1.2.1 Euler 方法及其几何意义

仍考虑初值问题 (1.1.1)—(1.1.2). 由于 $y(a)$ 已知, 则根据方程 (1.1.1) 可计算出 $y'(x)$ 在点 $x_0 = a$ 处的值, 即 $y'(x_0) = f(x_0, y_0)$. 如果假设 $x_1 = x_0 + h$ 充分靠近 x_0, 则近似地有

$$y(x_1) \approx y_0 + hy'(x_0) = y_0 + hf(x_0, y_0) =: y_1.$$

因此可以用 y_1 作为 $y(x_1)$ 的近似. 类似地, 利用 y_1 和 $f(x_1, y_1)$ 又可计算出 $y(x)$ 在 $x_2 = x_0 + 2h$ 处的近似值

$$y_2 := y_1 + hf(x_1, y_1) \approx y(x_2).$$

一般地, 如果已知 $y(x)$ 在 $x_m = x_0 + mh$ 处的精确值或近似值, $0 \leqslant m < N$, 则可给出计算 $y(x_{m+1})$ 的近似公式

$$y_{m+1} = y_m + hf(x_m, y_m). \tag{1.2.1}$$

这就是离散初值问题 (1.1.1)—(1.1.2) 的**Euler 方法**.

Euler 方法有着明显的几何意义: 事实上, 方程 (1.1.1) 的解是 (x, y) 平面上的一族积分曲线, 而积分曲线上任意点 (x, y) 处的斜率为 $f(x, y)$, 过点 (x_0, y_0) 的积分曲线就是初值问题 (1.1.1)—(1.1.2) 的解. 如果在点 (x_0, y_0) 处引出积分曲线 l_0 的切线, 切线斜率是 $f(x_0, y_0)$, 则该切线在 $x_1 = x_0 + h$ 处将与另一条积分曲线 l_1 相交, 交点的纵坐标记为 y_1. 类似地, 在点 (x_1, y_1) 处可引出积分曲线 l_1 的切线,

它的斜率是 $f(x_1, y_1)$, 并在 $x_2 = x_1 + h$ 处与另一条积分曲线 l_2 相交, 交点的纵坐标记为 y_2. 依次类推, 过点 (x_0, y_0) 的积分曲线就可以用上面得到的一条折线 $(x_0, y_0) \longleftrightarrow (x_1, y_1) \longleftrightarrow \cdots \longleftrightarrow (x_m, y_m) \longleftrightarrow (x_{m+1}, y_{m+1}) \longleftrightarrow \cdots$ 来近似地代替, 见图 1.2.1.

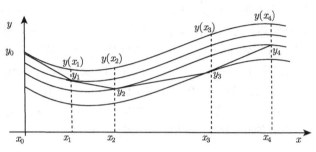

图 1.2.1　Euler 方法的几何说明

1.2.2　Euler 方法的误差分析

考虑微分方程 (1.1.1) 在区间 $[x, x+h]$ 上的积分

$$y(x + h) = y(x) + \int_x^{x+h} f(s, y(s))\, ds. \tag{1.2.2}$$

如果用左矩形积分公式计算上式右端的积分, 并令 $x = x_m$, 则有

$$y(x_m + h) = y(x_m) + hf(x_m, y(x_m)) + R_m, \tag{1.2.3}$$

其中

$$R_m = \int_{x_m}^{x_{m+1}} f(s, y(s))\, ds - hf(x_m, y(x_m)). \tag{1.2.4}$$

如果用 y_m 代替 (1.2.3) 中的 $y(x_m)$, 并舍去 R_m, 则可得到 Euler 方法 (1.2.1). 称方程 (1.2.3) 中的 R_m 是 Euler 方法的**局部截断误差**, 它表示当 $y_m = y(x_m)$ 时, 利用 Euler 方法计算 $y(x_m + h)$ 的误差.

引理 1.2.1　设 $f(x, y)$ 关于 x 和 y 均满足 Lipschitz 条件, K 和 L 是相应的 Lipschitz 常数, Euler 方法 (1.2.1) 的局部截断误差 R_m 满足

$$|R_m| \leqslant \frac{h^2}{2}(K + LM) =: R, \quad x_m < \xi < x_{m+1}, \tag{1.2.5}$$

式中

$$M = \max_{a \leqslant x \leqslant b} \{|y'(x)|\} = \max_{a \leqslant x \leqslant b} \{|f(x, y(x))|\}.$$

证明 由方程 (1.2.4) 出发, 可得

$$
\begin{aligned}
|R_m| &= \left| \int_{x_m}^{x_{m+1}} [f(s, y(s)) - f(x_m, y(x_m))]\, ds \right| \\
&= \left| \int_{x_m}^{x_{m+1}} [f(s, y(s)) - f(x_m, y(s)) + f(x_m, y(s)) - f(x_m, y(x_m))]\, ds \right| \\
&\leqslant \int_{x_m}^{x_{m+1}} |f(s, y(s)) - f(x_m, y(s))|\, ds \\
&\quad + \int_{x_m}^{x_{m+1}} |f(x_m, y(s)) - f(x_m, y(x_m))|\, ds \\
&\leqslant K \int_{x_m}^{x_{m+1}} |s - x_m|\, ds + L \int_{x_m}^{x_{m+1}} |y(s) - y(x_m)|\, ds \\
&\leqslant \frac{1}{2} K h^2 + L \int_{x_m}^{x_{m+1}} |y'(\xi)| \cdot |s - x_m|\, ds \\
&\leqslant \frac{h^2}{2}(K + LM), \quad x_m < \xi < x_{m+1}.
\end{aligned}
$$ ∎

有了局部截断误差 R_m 的界之后, 可进一步研究各时间步的局部误差的累积, 即估计整体误差 $\varepsilon_m = y(x_m) - y_m$ 的界, 其中 y_m 和 $y(x_m)$ 分别是差分方程 (1.2.1) 和微分方程 (1.1.1) 的精确解.

定理 1.2.2 如果 $f(x, y)$ 关于 x 和 y 均满足 Lipschitz 条件, K 和 L 为相应的 Lipschitz 常数, 且当 $h \to 0$ 时, $y_0 \to y(x_0)$, 则 Euler 方法 (1.2.1) 的解 $\{y_m\}$ 一致收敛于初值问题 (1.1.1)—(1.1.2) 的解, 且整体截断误差 ε_m 满足估计式

$$
|\varepsilon_m| \leqslant e^{L(b-a)}|\varepsilon_0| + \frac{h}{2}(M + K/L)(e^{L(b-a)} - 1). \tag{1.2.6}
$$

如果 $y_0 = y(x_0) = y(a)$, 即 $\varepsilon_0 = 0$, 则由上式得

$$
|\varepsilon_m| = O(h).
$$

这说明 Euler 方法的整体截断误差与 h 同阶.

证明 将方程 (1.2.3) 和 (1.2.1) 相减, 得

$$
\varepsilon_{m+1} = \varepsilon_m + h[f(x_m, y(x_m)) - f(x_m, y_m)] + R_m. \tag{1.2.7}
$$

等式两边取绝对值, 并利用 Lipschitz 条件, 则有

$$
|\varepsilon_{m+1}| \leqslant (1 + hL)|\varepsilon_m| + |R_m|.
$$

对 $k = m+1, m, \cdots, 1$, 反复利用上述不等式和不等式 (1.2.5), 有

$$
\begin{aligned}
|\varepsilon_k| &\leqslant (1+hL)|\varepsilon_{k-1}| + R \\
&\leqslant (1+hL)^2|\varepsilon_{k-2}| + R + (1+hL)R \\
&\cdots\cdots \\
&\leqslant (1+hL)^k|\varepsilon_0| + R\sum_{i=0}^{k-1}(1+hL)^i \\
&= (1+hL)^k|\varepsilon_0| + \frac{R}{hL}\left((1+hL)^k - 1\right).
\end{aligned}
$$

由函数 $e^x - x - 1$ 的单调性知

$$
1 + hL \leqslant e^{hL}, \quad h > 0, L > 0.
$$

如果 $x_k = a + kh \in [a,b]$, 则有

$$
(1+hL)^k \leqslant e^{khL} \leqslant e^{L(b-a)},
$$

进而有

$$
|\varepsilon_k| \leqslant e^{L(b-a)}|\varepsilon_0| + \frac{R}{hL}(e^{L(b-a)} - 1), \quad k = 1, 2, \cdots. \qquad \blacksquare
$$

从 (1.2.5) 和 (1.2.6) 可以看到, Euler 方法 (1.2.1) 的整体截断误差的阶要比局部误差低一阶.

1.2.3 Euler 方法的稳定性

定义 1.2.1 称 Euler 方法 (1.2.1) 是稳定的, 如果存在常数 C 和 h_0, 使得 Euler 方法的解 y_m 和 z_m 满足

$$
|y_m - z_m| \leqslant C|y_0 - z_0|, \quad 0 < h < h_0, \ a \leqslant mh \leqslant b, \qquad (1.2.8)
$$

其中 y_m 和 z_m 是方程 (1.2.1) 分别以 y_0 和 z_0 为初始值的解.

该稳定性表示, 对于任意 $h \in (0, h_0)$, Euler 方法 (1.2.1) 的精确解连续地依赖于初始值.

定理 1.2.3 在定理 1.2.2 的假设条件下, Euler 方法 (1.2.1) 是稳定的.

证明 考虑

$$
y_{m+1} = y_m + hf(x_m, y_m)
$$

和

$$
z_{m+1} = z_m + hf(x_m, z_m).
$$

两式相减, 并记 $e_m = y_m - z_m$, 则有

$$
\begin{aligned}
|e_{m+1}| &\leqslant |e_m| + h|f(x_m, y_m) - f(x_m, z_m)| \\
&\leqslant (1+hL)|e_m| \leqslant (1+hL)^2|e_{m-1}| \\
&\leqslant \cdots \leqslant (1+hL)^{m+1}|e_0|.
\end{aligned}
$$

从而, 当 $a \leqslant x_m = a + mh \leqslant b$ 时, 有 $|e_m| \leqslant e^{L(b-a)}|e_0| = C|e_0|$. ∎

1.2.4 改进的 Euler 方法

前面介绍的 Euler 方法 (1.2.1) 是容易理解和实现的, 但其整体误差是 $O(h)$, 其中 h 是网格步长. 如果不计舍入误差, 并设 $x_0 = 0$ 和 $x_m = 1$, 那么为了使近似解 y_m 和精确解 $y(x_m)$ 之间的误差是 $O(10^{-6})$, 即 $h \sim 10^{-6}$, 那么用 Euler 方法计算出 y_m 就需要运算一百万步, 即 $m = 10^6$. 这显然是不令人满意的, 因而为了实际计算的需要, 有必要寻求精度较高的方法. 在 1.2.2 小节中已看到, 当用左矩形公式计算方程 (1.2.2) 右端的积分时可导出一阶精度的 Euler 方法 (1.2.1). 一个自然的问题是, 改用高阶精度的数值积分公式代替左矩形公式是否可以导出逼近方程 (1.1.1) 的高精度计算方法?

现在考虑用梯形积分公式计算方程 (1.2.2) 右端的积分, 并令 $x = x_m$, 则有

$$
y(x_{m+1}) = y(x_m) + \frac{h}{2}[f(x_m, y(x_m)) + f(x_{m+1}, y(x_{m+1}))] + R_m^{(1)}, \tag{1.2.9}
$$

其中

$$
R_m^{(1)} = \int_{x_m}^{x_{m+1}} f(x, y(x))\,dx - \frac{h}{2}[f(x_m, y(x_m)) + f(x_{m+1}, y(x_{m+1}))]. \tag{1.2.10}
$$

容易验证, 当 $y(x)$ 足够光滑时, $R_m^{(1)}$ 的阶比 R_m 高, 且有

$$
R_m^{(1)} = -\frac{h^3}{12}y'''(x_m + \xi h), \quad \xi \in [0,1]. \tag{1.2.11}
$$

事实上, 由于 $y(x)$ 满足微分方程 (1.1.1), 从而当 $x_m \leqslant x = x_m + \tau h \leqslant x_{m+1}$, $0 \leqslant \tau \leqslant 1$ 时, 有

$$
\begin{aligned}
f(x, y(x)) = y'(x) = &\, y'(x_m) + \tau[y'(x_{m+1}) - y'(x_m)] \\
&+ \frac{h^2}{2}\tau(\tau-1)y'''(x_m + \theta h), \quad 0 \leqslant \theta \leqslant 1.
\end{aligned}
$$

由此推出

$$\int_{x_m}^{x_{m+1}} y'(x)\,dx = \int_0^1 [y'(x_m) + \tau(y'(x_{m+1}) - y'(x_m))]h\,d\tau$$

$$+ \frac{h^3}{2}\int_0^1 \tau(\tau - 1)y'''(x_m + \theta h)\,d\tau$$

$$= \frac{h}{2}[y'(x_{m+1}) + y'(x_m)] - \frac{h^3}{12}y'''(x_m + \xi h),$$

其中 $0 \leqslant \xi \leqslant 1$. 将此式代入方程 (1.2.10), 则得方程 (1.2.11).

将方程 (1.2.9) 中的 $R_m^{(1)}$ 舍去, 并用 y_m 代替 $y(x_m)$, 则有

$$y_{m+1} = y_m + \frac{h}{2}[f(x_m, y_m) + f(x_{m+1}, y_{m+1})]. \tag{1.2.12}$$

上式通常称为**改进的 Euler 方法**或**梯形公式**. 可模仿定理 1.2.2 和定理 1.2.3 的证明建立梯形公式的收敛性和稳定性.

Euler 方法 (1.2.1) 给出了计算 y_{m+1} 的一个显式表达式, 而差分方程 (1.2.12) 给出的却是 y_{m+1} 的隐式表达式, 通常称前者为显式格式, 后者为隐式格式. 当 f 非线性地依赖于 y 时, (1.2.12) 是 y_{m+1} 的非线性方程, 其直接求解可能仍很困难, 一般是采用显式迭代程序

$$y_{m+1}^{[0]} = y_m + hf(x_m, y_m),$$

$$y_{m+1}^{[\nu+1]} = y_m + \frac{h}{2}\left[f(x_m, y_m) + f(x_{m+1}, y_{m+1}^{[\nu]})\right] \tag{1.2.13}$$

来计算 y_{m+1} 的近似解, 其中 $\nu = 0, 1, 2, \cdots$. 当 $f(x, y)$ 满足 Lipschitz 条件, h 充分小并使得 $hL \leqslant 2$ 时, 上述迭代程序是收敛的, 这是因为

$$|G(y) - G(z)| \leqslant \frac{h}{2}L|y - z| \leqslant |y - z|, \tag{1.2.14}$$

其中

$$G(y) := y_m + \frac{h}{2}[f(x_m, y_m) + f(x_{m+1}, y)].$$

方程 (1.2.14) 就是迭代程序 (1.2.13) 收敛的充分条件 (假定初始猜测 $y_{m+1}^{[0]}$ 选得适当). 当网格步长 h 取得适当时, 迭代法 (1.2.13) 收敛很快, 通常只需 $2 \sim 3$ 迭代步即可. 有关隐式差分方程的迭代计算还将在 1.6 节中作进一步的介绍.

1.3　Runge-Kutta 方法

1.3.1　显式 Runge-Kutta 方法

这节介绍另一类单步方法, Runge-Kutta 方法. 事实上, 如果初值问题 (1.1.1)—(1.1.2) 的解和右端函数 $f(x, y)$ 是充分光滑的, 那么当 $y(x_m)$ 给定时, $y(x)$ 关于 x

的各阶导数 $\{y', y'', \cdots\}$ 在点 x_m 处的值都可以通过微分方程 (1.1.1) 计算出来, 例如

$$y'(x_m) = f(x_m, y(x_m)),$$
$$y''(x_m) = f'_x(x_m, y(x_m)) + f'_y(x_m, y(x_m))y'(x_m),$$
$$\cdots\cdots$$

因而, 可类似前面 Euler 方法的构造, 用 p 阶 Taylor 多项式近似 $y(x_m + h)$, 即

$$y(x_{m+1}) \approx y_m + hy'_m + \cdots + \frac{h^p}{p!}y_m^{(p)} =: y_{m+1}, \quad p \geqslant 1, \tag{1.3.1}$$

式中 $y_m^{(i)} = y^{(i)}(x_m)$. 如果 $p = 1$, 则上式退化为 Euler 方法 (1.2.1). 但是在直接使用 Taylor 多项式建立高阶数值方法时, 由于高阶导数值的计算很繁琐, 所以得到的格式会很复杂, 而且也不适合实际的应用. 为此, Runge(1895) 提出了间接使用 Taylor 展式来构造高精度数值方法的思想: 首先用函数 f 在 s 个点处的值的线性组合来代替 y 的导数, 然后按 Taylor 公式展开, 确定其中的线性组合系数. 这样既可避免计算 y 的高阶导数, 又可保证数值方法具有较高的精度. 方法的描述如下.

定义 1.3.1 设 s 是一个正整数, 代表使用函数 f 的点值的个数, $\{a_{i,j}, i = 2, 3, \cdots, s, 1 \leqslant j < i\}$ 和 $\{b_i, c_i, i = 1, 2, \cdots, s\}$ 是一些待定的实数. 一阶常微分方程 (1.1.1) 的 s **级显式 Runge-Kutta 方法**可表示为

$$y_{m+1} = y_m + h(b_1 k_1 + \cdots + b_s k_s), \tag{1.3.2}$$

其中 k_i 满足

$$k_1 = f(x_m, y_m),$$
$$k_2 = f(x_m + c_2 h, y_m + h a_{2,1} k_1),$$
$$k_3 = f(x_m + c_3 h, y_m + h(a_{3,1} k_1 + a_{3,2} k_2)), \tag{1.3.3}$$
$$\cdots\cdots$$
$$k_s = f(x_m + c_s h, y_m + h(a_{s,1} k_1 + \cdots + a_{s,s-1} k_{s-1})).$$

显式 Runge-Kutta 公式 (1.3.2) 和 (1.3.3) 又可以写成如下既直观又简洁的阵列形式 (Butcher, 1964):

$$
\begin{array}{c|ccccc}
0 & & & & & \\
c_2 & a_{2,1} & & & & \\
c_3 & a_{3,1} & a_{3,2} & & & \\
\vdots & \vdots & \vdots & \ddots & & \\
c_s & a_{s,1} & a_{s,2} & \cdots & a_{s,s-1} & \\
\hline
& b_1 & b_2 & \cdots & b_{s-1} & b_s
\end{array}
$$

方程 (1.3.2)—(1.3.3) 中的系数可以这样确定: 设问题 (1.1.1) 的解 $y(x)$ 和右端函数 $f(x,y)$ 充分光滑. 分别将 (1.3.2) 的左端和右端各项在点 x_m 处展成关于 h 的 Taylor 级数, 然后比较左右两端含 h^i 的项的系数并令其相等, $i = 0, 1, \cdots, p$, 则可得到确定显式 Runge-Kutta 公式中的系数满足的 (非线性) 代数方程组. 求出该代数方程组的解也就得到 p 阶精度的 s 级显式 Runge-Kutta 方法.

以 $s = 2$ 为例, 将 k_1 和 k_2 在 x_m 处作 Taylor 级数展开, 有

$$
\begin{aligned}
k_1 &= f_m = f(x_m, y_m), \\
k_2 &= f_m + h(c_2 f'_{x_m} + a_{2,1} f_m f'_{y_m}) + O(h^2),
\end{aligned}
\tag{1.3.4}
$$

式中 $f'_{x_m} = f'_x(x_m, y_m)$ 和 $f'_{y_m} = f'_y(x_m, y_m)$. 将 (1.3.4) 代入 (1.3.2), 并与 $y(x_m + h)$ 在点 x_m 处的 Taylor 展式

$$
\begin{aligned}
y(x_m + h) ={}& y(x_m) + hf(x_m, y(x_m)) + \frac{h^2}{2!}(f'_{x_m} + f_m f'_{y_m}) \\
&+ \frac{h^3}{3!}[(f''_{x_m x_m} + 2f''_{x_m y_m} f_m + f_m^2 f''_{y_m y_m}) + f'_{y_m}(f'_{x_m} + f_m f'_{y_m})] + \cdots
\end{aligned}
\tag{1.3.5}
$$

进行逐项比较. 令含 h 和 h^2 项前的系数相等, 则有

$$
b_1 + b_2 = 1, \quad b_2 c_2 = \frac{1}{2}, \quad b_2 a_{2,1} = \frac{1}{2}.
$$

由于方程的个数是 3, 而未知数个数是 4, 故可取 c_2 为自由参数, 并由此定出其他三个参数. 例如

$$
\begin{aligned}
c_2 &= \frac{1}{2} : b_1 = 0, b_2 = 1, a_{2,1} = \frac{1}{2}, \\
c_2 &= \frac{2}{3} : b_1 = \frac{1}{4}, b_2 = \frac{3}{4}, a_{2,1} = \frac{2}{3}, \\
c_2 &= 1 : b_1 = \frac{1}{2}, b_2 = \frac{1}{2}, a_{2,1} = 1.
\end{aligned}
$$

相应的显式 Runge-Kutta 分别是

$$
\begin{aligned}
y_{m+1} &= y_m + hf\left(x_m + \frac{1}{2}h, y_m + \frac{1}{2}hf_m\right), \\
y_{m+1} &= y_m + \frac{h}{4}\left(f(x_m, y_m) + 3f\left(x_m + \frac{2}{3}h, y_m + \frac{2}{3}hf_m\right)\right), \\
y_{m+1} &= y_m + \frac{h}{2}\left(f(x_m, y_m) + f(x_m + h, y_m + hf_m)\right).
\end{aligned}
$$

这是三个典型的二级二阶精度的 Runge-Kutta 方法, 分别称为中点公式、Heun 公式和改进的显式 Euler 公式.

也可类似地推导出 $s = 3$ 和 4 时的高阶精度的显式 Runge-Kutta 公式, 这里仅列举几个常用的例子.

(1) 三级三阶精度的显式 Kutta 公式

$$\begin{cases} y_{m+1} = y_m + \dfrac{h}{6}(k_1 + 4k_2 + k_3), \\ k_1 = f(x_m, y_m), \\ k_2 = f\left(x_m + \dfrac{1}{2}h, y_m + \dfrac{1}{2}hk_1\right), \\ k_3 = f(x_m + h, y_m - hk_1 + 2hk_2). \end{cases} \tag{1.3.6}$$

(2) 三级三阶精度的显式 Heun 公式

$$\begin{cases} y_{m+1} = y_m + \dfrac{h}{4}(k_1 + 3k_3), \\ k_1 = f(x_m, y_m), \\ k_2 = f\left(x_m + \dfrac{1}{3}h, y_m + \dfrac{1}{3}hk_1\right), \\ k_3 = f\left(x_m + \dfrac{2}{3}h, y_m + \dfrac{2}{3}hk_2\right). \end{cases} \tag{1.3.7}$$

(3) 四级四阶精度的古典显式 Runge-Kutta 公式

$$\begin{cases} y_{m+1} = y_m + \dfrac{h}{6}(k_1 + 2k_2 + 2k_3 + k_4), \\ k_1 = f(x_m, y_m), \\ k_2 = f\left(x_m + \dfrac{1}{2}h, y_m + \dfrac{1}{2}hk_1\right), \\ k_3 = f\left(x_m + \dfrac{1}{2}h, y_m + \dfrac{1}{2}hk_2\right), \\ k_4 = f(x_m + h, y_m + hk_3). \end{cases} \tag{1.3.8}$$

(4) 四级四阶精度的显式 Kutta 公式

$$\begin{cases} y_{m+1} = y_m + \dfrac{h}{8}(k_1 + 3k_2 + 3k_3 + k_4), \\ k_1 = f(x_m, y_m), \\ k_2 = f\left(x_m + \dfrac{1}{3}h, y_m + \dfrac{1}{3}hk_1\right), \\ k_3 = f\left(x_m + \dfrac{2}{3}h, y_m - \dfrac{1}{3}hk_1 + hk_2\right), \\ k_4 = f(x_m + h, y_m + hk_1 - hk_2 + hk_3). \end{cases} \tag{1.3.9}$$

(5) 四级四阶精度的显式 Gill 公式

$$
\begin{cases}
y_{m+1} = y_m + \dfrac{h}{6}\left(k_1 + (2-\sqrt{2})k_2 + (2+\sqrt{2})k_3 + k_4\right), \\[2mm]
k_1 = f(x_m, y_m), \\[2mm]
k_2 = f\left(x_m + \dfrac{1}{2}h, y_m + \dfrac{1}{2}hk_1\right), \\[2mm]
k_3 = f\left(x_m + \dfrac{1}{2}h, y_m + \dfrac{\sqrt{2}-1}{2}hk_1 + \left(1 - \dfrac{\sqrt{2}}{2}\right)hk_2\right), \\[2mm]
k_4 = f\left(x_m + h, y_m - \dfrac{\sqrt{2}}{2}hk_2 + \left(1 + \dfrac{\sqrt{2}}{2}\right)hk_3\right).
\end{cases}
\tag{1.3.10}
$$

Gill 公式有减少舍入误差的优点.

一般地, 方程 (1.3.2)—(1.3.3) 中的系数满足

$$
\sum_{j=1}^{s} b_j = 1, \quad c_i = \sum_{j=1}^{i-1} a_{i,j}, \quad i = 2, 3, \cdots, s.
$$

待定参数 $\{b_i\}$, $\{c_i\}$, 和 $\{a_{i,j}\}$ 的出现为构造高精度的数值方法创造了条件. 当 $s = 2, 3, 4$ 时, 存在 s 阶精度的显式 Runge-Kutta 方法; 但当 $s = 5$ 时, 至多能获得四阶精度的显式 Runge-Kutta 方法; 为了构造五阶精度的显式 Runge-Kutta 方法, s 至少应为 6; 当 $s = 7$ 或 8 时, 可得到六阶精度的显式 Runge-Kutta 方法; 而当 $s = p \geqslant 9$ 时, 至多可构造出一个 $(p-2)$ 阶精度的显式 Runge-Kutta 方法. 下面是一些高阶精度的显式 Runge-Kutta 方法例子 (以 Butcher 阵列表示).

(6) 六级五阶精度的显式 Nyström 公式

0					
$\dfrac{1}{3}$	$\dfrac{1}{3}$				
$\dfrac{2}{5}$	$\dfrac{4}{25}$	$\dfrac{6}{25}$			
1	$\dfrac{1}{4}$	-3	$\dfrac{15}{4}$		
$\dfrac{2}{3}$	$\dfrac{6}{81}$	$\dfrac{90}{81}$	$-\dfrac{50}{81}$	$\dfrac{8}{81}$	
$\dfrac{4}{5}$	$\dfrac{6}{75}$	$\dfrac{36}{75}$	$\dfrac{10}{75}$	$\dfrac{8}{75}$	0
	$\dfrac{23}{192}$	0	$\dfrac{125}{192}$	0	$-\dfrac{81}{192}$	$\dfrac{125}{192}$

(7) 六级五阶精度的显式 Lawson 公式

$$
\begin{array}{c|cccccc}
0 & & & & & & \\
\frac{1}{2} & \frac{1}{2} & & & & & \\
\frac{1}{4} & \frac{3}{16} & \frac{1}{16} & & & & \\
\frac{1}{2} & 0 & 0 & \frac{1}{2} & & & \\
\frac{3}{4} & 0 & -\frac{3}{16} & \frac{6}{16} & \frac{9}{16} & & \\
1 & \frac{1}{7} & \frac{4}{7} & \frac{6}{7} & -\frac{12}{7} & \frac{8}{7} & \\
\hline
 & \frac{7}{90} & 0 & \frac{32}{90} & \frac{12}{90} & \frac{32}{90} & \frac{7}{90}
\end{array}
$$

(8) 七级六阶精度的显式 Butcher 公式

$$
\begin{array}{c|ccccccc}
0 & & & & & & & \\
\frac{1}{3} & \frac{1}{3} & & & & & & \\
\frac{2}{3} & 0 & \frac{2}{3} & & & & & \\
\frac{1}{3} & \frac{1}{12} & \frac{1}{3} & -\frac{1}{12} & & & & \\
\frac{1}{2} & -\frac{1}{16} & \frac{9}{8} & -\frac{3}{16} & -\frac{3}{8} & & & \\
\frac{1}{2} & 0 & \frac{9}{8} & -\frac{3}{8} & -\frac{3}{4} & \frac{1}{2} & & \\
1 & \frac{9}{44} & -\frac{9}{11} & \frac{63}{44} & \frac{18}{11} & 0 & -\frac{16}{11} & \\
\hline
 & \frac{11}{120} & 0 & \frac{27}{40} & \frac{27}{40} & -\frac{4}{15} & -\frac{4}{15} & \frac{11}{120}
\end{array}
$$

1.3.2 隐式 Runge-Kutta 方法

定义 1.3.2 设 $a_{i,j}$, b_i, 和 c_i 是一些实数, $i,j = 1,2,\cdots,s$, 称方法

$$
\begin{aligned}
y_{m+1} &= y_m + h\sum_{i=1}^{s} b_i k_i, \\
k_i &= f\left(x_m + c_i h, y_m + h\sum_{j=1}^{s} a_{i,j} k_j\right), \quad i = 1,2,\cdots,s
\end{aligned}
\tag{1.3.11}
$$

为一个 s **级 Runge-Kutta 方法**. 如果当 $i \leqslant j$ 时 $a_{i,j} = 0$, 则 (1.3.11) 变为显式的 Runge-Kutta 方法 (1.3.2)—(1.3.3). 如果当 $i < j$ 时 $a_{i,j} = 0$ 且至少有一个对角元

$a_{i,i} \neq 0$, 那么就称 (1.3.11) 为**对角隐式 Runge-Kutta 方法**. 如果对角隐式方法的系数 $a_{i,i} = \gamma$, $i = 1, \cdots, s$, 那么称其为**单对角隐式 Runge-Kutta 方法**. 对所有其他情况, 统称 (1.3.11) 为**隐式 Runge-Kutta 方法**.

定理 1.3.1　设 $f(x, y)$ 是连续的, 且满足 Lipschitz 条件, L 为相应的常数. 如果

$$hL \max_i \left\{ \sum_j |a_{i,j}| \right\} < 1, \qquad (1.3.12)$$

则方程(1.3.11)**存在唯一解, 并可通过迭代得到**. 进一步地, 如果 $f(x, y)$ 是 p 次连续可微函数, 则 k_i 是 h 的 p 次连续可微函数.

证明　如果记 s 维的向量 $\boldsymbol{K} = (k_1, \cdots, k_s)^T$, 并定义其范数 $\|\boldsymbol{K}\| = \max_i\{|k_i|\}$, 则方程 (1.3.11) 中的后 s 个方程可写成 $\boldsymbol{K} = \boldsymbol{F}(\boldsymbol{K}) = (F_1(\boldsymbol{K}), \cdots, F_s(\boldsymbol{K}))^T$ 的形式, 其中

$$F_i(\boldsymbol{K}) = f\left(x_m + c_i h, y_m + h \sum_{j=1}^s a_{i,j} k_j \right), \quad i = 1, \cdots, s. \qquad (1.3.13)$$

应用 Lipschitz 条件和基本的三角不等式, 有

$$\|\boldsymbol{F}(\boldsymbol{K}_1) - \boldsymbol{F}(\boldsymbol{K}_2)\| = \max_i \{|F_i(\boldsymbol{K}_1) - F_i(\boldsymbol{K}_2)|\} \leqslant hL \|\boldsymbol{K}_1 - \boldsymbol{K}_2\| \max_{i=1, \cdots, s} \left\{ \sum_{j=1}^s |a_{i,j}| \right\}.$$

因而, 在假设条件 (1.3.12) 下, 算子 $\boldsymbol{F}(\boldsymbol{K})$ 是压缩算子. 利用压缩映射原理就可以知道不动点迭代

$$k_i^{(\nu+1)} = f\left(x_m + c_i h, y_m + h \sum_{j=1}^s a_{i,j} k_j^{(\nu)} \right)$$

是收敛的. 这就完成了解的存在唯一性证明.

可微性可以由隐函数定理得到. 将方程 (1.3.11) 中的后 s 个方程改写为 $\boldsymbol{\Phi}(h, \boldsymbol{K}) := \boldsymbol{K} - \boldsymbol{F}(\boldsymbol{K}) = \boldsymbol{0}$. 由于当 $h = 0$ 时, Jacobi 矩阵 $\partial \boldsymbol{\Phi}/\partial \boldsymbol{K}$ 是单位矩阵, 而且 $\boldsymbol{\Phi}(0, \boldsymbol{K}) = \boldsymbol{0}$ 的解是 $k_i = f(x_m, y_m)$, 所以方程 $\boldsymbol{\Phi}(h, \boldsymbol{K}) = \boldsymbol{0}$ 的解在 $h = 0$ 的邻域内是连续可微的. ∎

类似于显式 Runge-Kutta 方法 (1.3.2)—(1.3.3), 公式 (1.3.11) 也可表示成 Butcher 阵列的形式, 即

$$
\begin{array}{c|ccc}
c_1 & a_{1,1} & \cdots & a_{1,s} \\
\vdots & \vdots & \ddots & \vdots \\
c_s & a_{s,1} & \cdots & a_{s,s} \\
\hline
 & b_1 & \cdots & b_s
\end{array}
$$

隐式 Runge-Kutta 公式中的参数 $\{c_i, b_i, a_{i,j}\}$ 的确定方法通常有两种. 第一种方法
是将方程 (1.3.11) 的右端和左端分别在点 (x_m, y_m) 处作 Taylor 级数展开, 然后比
较左右级数中关于 h 的同次幂项, 则可以确定出诸参量 $\{c_i, b_i, a_{i,j}\}$. 另一种方法是
将微分方程 (1.1.1) 化成等价的积分方程 (1.2.2), 再取阶数较高的数值积分公式计
算右端的积分式就可获得高阶精度的 Runge-Kutta 方法. 文献中称基于 Gauss 求
积公式得到的 Runge-Kutta 方法为 Gauss-Legendre 方法, Butcher 已证明, Gauss-
Legendre 方法中的参数 $c_1, c_2, \cdots, c_s$ 是 $P_s(2c-1)=0$ 的根, 其中 $P_s(x)$ 为 s 阶
Legendre 多项式, $c \in (0,1)$. 确定 Gauss-Legendre 方法中诸参数 $\{c_i, b_i, a_{i,j}\}$ 的步
骤如下:

(1) 求出 s 阶多项式 $P_s(2c-1)$ 的 s 个零点 $c_1, c_2, \cdots, c_s$, 它们可以查表获得.

(2) 对于每一个 $i, 1 \leqslant i \leqslant s$, 解关于 $\{a_{i,j}, j=1,2,\cdots,s\}$ 的线性方程组:

$$\sum_{j=1}^{s} a_{i,j} c_j^{k-1} = \frac{1}{k} c_i^k, \quad k=1,2,\cdots,s. \tag{1.3.14}$$

(3) 求解线性方程组:

$$\sum_{j=1}^{s} b_j c_j^{k-1} = \frac{1}{k}, \quad k=1,2,\cdots,s, \tag{1.3.15}$$

得到 $\{b_i\}$, 这里 $c_1 \neq 0$. Kuntzmann(1961) 和 Butcher(1964) 还发现, 对所有的 s,
均存在 $2s$ 阶精度的 Gauss-Legendre 方法. 在这方面, 隐式 Runge-Kutta 方法比
显式 Runge-Kutta 方法优越. 这里不再进一步介绍隐式公式 (1.3.11) 的推导, 而仅
列举三个典型的 Gauss-Legendre 方法. 更多的例子和内容可参见相关的专著, 例
如 [41] 等.

(1) 隐式中点公式 $(s=1, p=2)$

$$\begin{array}{c|c} \frac{1}{2} & \frac{1}{2} \\ \hline & 1 \end{array}$$

(2) Hammer 和 Hollingsworth 公式 $(s=2, p=4)$

$$\begin{array}{c|cc} \dfrac{3-\sqrt{3}}{6} & \dfrac{1}{4} & \dfrac{3-2\sqrt{3}}{12} \\ \dfrac{3+\sqrt{3}}{6} & \dfrac{3+2\sqrt{3}}{12} & \dfrac{1}{4} \\ \hline & \dfrac{1}{2} & \dfrac{1}{2} \end{array}$$

(3) Kuntzmann 和 Butcher 公式 $(s=3, p=6)$

$$
\begin{array}{c|ccc}
\dfrac{5-\sqrt{15}}{10} & \dfrac{5}{36} & \dfrac{10-3\sqrt{15}}{45} & \dfrac{25-6\sqrt{15}}{180} \\[2ex]
\dfrac{1}{2} & \dfrac{10+3\sqrt{15}}{72} & \dfrac{2}{9} & \dfrac{10-3\sqrt{15}}{72} \\[2ex]
\dfrac{5+\sqrt{15}}{10} & \dfrac{25+6\sqrt{15}}{180} & \dfrac{10+3\sqrt{15}}{45} & \dfrac{5}{36} \\[2ex]
\hline
 & \dfrac{5}{18} & \dfrac{4}{9} & \dfrac{5}{18}
\end{array}
$$

在计算相同个数的函数 f 的点值情况下, 隐式 Runge-Kutta 公式的精确度要比显式 Runge-Kutta 公式的高, 且又有较好的数值稳定性. 这些优点对于解刚性方程组 (见 1.7 节) 是非常有用的, 但是在隐式 Runge-Kutta 公式中, 由于每个 k_i 的表达式中都含有 $k_1, k_2, \cdots, k_s$, 因而在使用隐式 Runge-Kutta 公式时, 往往需要解非线性方程 (组), 这会给计算带来不便和大的开销.

1.3.3　半隐式 Runge-Kutta 方法

前面介绍的隐式 Runge-Kutta 方法虽然具有很好的数值稳定性, 但每步都需要解线性的或非线性的方程 (组), 它的计算开销大. 这一小节简单介绍一类半隐式的 Runge-Kutta 方法. 对单个方程, 它既保持隐式 Runge-Kutta 方法的好的稳定性, 又不需要解非线性方程 (组). 这种方法是由 Rosenbrock(1963) 通过将较高阶导数与 Runge-Kutta 方法相结合而得到的, 公式定义如下

$$
y_{m+1} = y_m + h(b_1 k_1 + \cdots + b_s k_s), \tag{1.3.16}
$$

其中

$$
\begin{aligned}
k_1 &= f(x_m, y_m) + \omega_1 A(x_m, y_m) k_1, \\
k_i &= f\left(x_m + c_i h, y_m + h\sum_{j=1}^{i-1} a_{i,j} k_j\right) + \omega_i A\left(x_m + \bar{c}_i h, y_m + h\sum_{j=1}^{i-1} \bar{a}_{i,j} k_j\right) k_i,
\end{aligned}
$$

$$\tag{1.3.17}$$

式中 $i = 2, 3, \cdots, s$, $A(x,y) = f'_y(x,y)$. 如果 $\omega_i = 0$, $i = 1, 2, \cdots, s$, 则 (1.3.16)—(1.3.17) 退化为显式 Runge-Kutta 公式. 方程 (1.3.16)—(1.3.17) 中的系数可类似地通过比较左右两边的 Taylor 级数的系数来确定. 由于方程 (1.3.17) 中 k_i 又可表示为

$$
k_i = \left[1 - \omega_i A\left(x_m + \bar{c}_i h, y_m + h\sum_{j=1}^{i-1} \bar{a}_{i,j} k_j\right)\right]^{-1} f\left(x_m + c_i h, y_m + h\sum_{j=1}^{i-1} a_{i,j} k_j\right),
$$

所以 k_i 的计算是显式的. 例如, $s = 2$ 时, 公式 (1.3.16)—(1.3.17) 可写为

$$
\begin{aligned}
y_{m+1} &= y_m + h(b_1 k_1 + b_2 k_2), \\
k_1 &= [1 - \omega_1 A(x_m, y_m)]^{-1} f(x_m, y_m), \\
k_2 &= [1 - \omega_2 A(x_m + \bar{c}_2 h, y_m + h\bar{a}_{2,1} k_1)]^{-1} \cdot f(x_m + c_2 h, y_m + h a_{2,1} k_1).
\end{aligned}
\tag{1.3.18}
$$

特别地, 当 $s = 2$ 和 $p = 3$ 时, 公式 (1.3.18) 中的系数为

$$
\omega_1 = \frac{6 + \sqrt{6}}{6} \approx 1.40824829, \quad \omega_2 = \frac{6 - \sqrt{6}}{6} \approx 0.59175171,
$$

$$
c_2 = \bar{c}_2 = a_{2,1} = \bar{a}_{2,1} = \frac{-6 - \sqrt{6} + \sqrt{58 + 20\sqrt{6}}}{6 + 2\sqrt{6}} \approx 0.17378667,
$$

$$
b_1 = -0.41315432, \quad b_2 = 1 - b_1.
$$

半隐式 Runge-Kutta 方法 (1.3.16)—(1.3.17) 在刚性微分方程 (见 1.7 节) 的数值计算中有重要的应用, 读者可参阅专著 [42].

1.3.4 单步法的稳定性和收敛性

常微分方程 (1.1.1) 的单步法一般可写成如下形式

$$
y_{m+1} = y_m + h\varphi(x_m, y_m, h),
\tag{1.3.19}
$$

其中 $\varphi(x_m, y_m, h)$ 称为单步方法的**增量函数**. 单步方法 (1.3.19) 的局部截断误差可表示为

$$
R_m := y_{m+1} - y_m - h\varphi(x_m, y_m, h).
$$

定义 1.3.3 如果 p 是使下式成立的最大整数

$$
R_m = O(h^{p+1}),
$$

则称单步法 (1.3.19) 是 p 阶精度的.

如果 $y(x)$ 是微分方程 (1.1.1) 解, 则由 (1.3.19) 知, 当 $h \to 0$ 时,

$$
\frac{y(x+h) - y(x)}{h} = \varphi(x, y, h),
$$

应逼近微分方程 (1.1.1). 也就是说, 当 $h \to 0$ 时, 应有 $\varphi(x, y, h) \to f(x, y)$. 如果 $\varphi(x, y, h)$ 关于 h 连续, 则该条件等价于 $\varphi(x, y, 0) = f(x, y)$.

定义 1.3.4 如果单步法的增量函数 $\varphi(x_m, y_m, h)$ 满足

$$
\varphi(x, y, 0) = f(x, y),
\tag{1.3.20}
$$

则称单步法 (1.3.19) 与微分方程 (1.1.1)**相容**. 方程 (1.3.20) 称为**相容性条件**.

如果单步法 (1.3.19) 与微分方程 (1.1.1) 相容, 则

$$y(x+h) - y(x) - h\varphi(x,y,h) = hy'(x) - h\varphi(x,y,0) + O(h^2) = O(h^2).$$

这说明相容的单步法至少是一阶精度的.

由于单步法 (1.3.19) 的形式与 Euler 方法相同, 它的稳定性和收敛性的论证及误差的估计可以完全类似地得到. 例如, 将 Euler 公式中的 $f(x,y)$ 换成 $\varphi(x,y,h)$, 再按照定理 1.2.3 的证明就可以得到下述结论.

定理 1.3.2 如果对任意 $(x,y) \in \Omega$ 及 $0 < h \leqslant h_0$, $\varphi(x,y,h)$ 关于 y 满足 Lipschitz 条件, 其中 Ω 的定义见定理 1.1.1, 则单步方法 (1.3.19) 是稳定的.

下面给出 (1.3.19) 的收敛性定义, 并建立稳定性与收敛性的关系.

定义 1.3.5 称单步法 (1.3.19) 是**收敛的**, 如果对于任意初值问题 (1.1.1)—(1.1.2) 和 $x \in [a,b]$, 有

$$\lim_{\substack{h \to 0 \\ x-a=mh}} y_m = y(x),$$

其中 $y(x)$ 是初值问题 (1.1.1)—(1.1.2) 的解.

定理 1.3.3 在定理 1.3.2 的条件下, 如果 $\varphi(x,y,h)$ 关于 x 和 h 也满足 Lipschitz 条件, 则单步法 (1.3.19) 的收敛性与相容性等价.

证明 令 $g(x,y) := \varphi(x,y,0)$. 由已知条件及定理 1.1.1 知, 微分方程初值问题

$$z' = g(x,z), \quad z(a) = y_a \tag{1.3.21}$$

存在唯一 (可微) 解. 下面将证明公式 (1.3.19) 所确定的解 y_m 收敛于 $z(x)$, 并由此推出, $f = g$ 是收敛的充分必要条件.

利用中值定理

$$\begin{aligned}
z(x_{m+1}) &= z(x_m) + hz'(x_m + \tau h) \\
&= z(x_m) + hg(x_m + \tau h, z(x_m + \tau h)), \quad 0 \leqslant \tau \leqslant 1.
\end{aligned}$$

记 $e_m = y_m - z(x_m)$, 并用方程 (1.3.19) 减去上式得

$$\begin{aligned}
e_{m+1} &= e_m + h[\varphi(x_m, y_m, h) - g(x_m + \tau h, z(x_m + \tau h))] \\
&= e_m + h[\varphi(x_m, y_m, h) - \varphi(x_m, z(x_m), h) \\
&\quad + \varphi(x_m, z(x_m), h) - \varphi(x_m, z(x_m), 0) \\
&\quad + \varphi(x_m, z(x_m), 0) - \varphi(x_m, z(x_m + \tau h), 0) \\
&\quad + \varphi(x_m, z(x_m + \tau h), 0) - \varphi(x_m + \tau h, z(x_m + \tau h), 0)].
\end{aligned}$$

因而有

$$
\begin{aligned}
|e_{m+1}| &\leqslant |e_m| + hL|e_m| + h^2 L_1 + h^2 L_0 \\
&\quad + hL|z(x_m) - z(x_m + \tau h)| \\
&\leqslant (1 + hL)|e_m| + h^2(L_0 + L_1 + LL_2),
\end{aligned}
$$

式中 L_0, L, L_1 分别表示 $\varphi(x, y, h)$ 关于 x, y, h 的 Lipschitz 连续常数, 而

$$
L_2 = \max_x \{|z'(x)|\}.
$$

进一步有

$$
|e_m| \leqslant e^{L(b-a)}|e_0| + h\frac{L_0 + L_1 + LL_2}{L}(e^{L(b-a)} - 1), \quad m = 1, 2, \cdots.
$$

又由于 $e_0 = y_a - z(a) = 0$, 因此当 $h \to 0$ 时, $|e_m| \to 0$, 即 (1.3.19) 定义的微分方程 (1.1.1) 的近似解序列 $\{y_m\}$ 收敛于初值问题 (1.3.21) 的解 $z(x)$.

如果 $\varphi(x, y, h)$ 满足相容性条件, 即 $\varphi(x, y, 0) = f(x, y)$, 那么根据 g 的定义, 有 $g = f$. 这说明, 问题 (1.3.21) 和问题 (1.1.1)—(1.1.2) 等同. 因而, (1.3.19) 定义的近似解序列 $\{y_m\}$ 收敛于方程 (1.1.1) 的解 $y(x)$.

反之, 假定 (1.3.19) 的解收敛于初值问题 (1.1.1)—(1.1.2) 的解. 根据前面的证明知, (1.3.19) 的解 $\{y_m\}$ 收敛于 (1.3.21) 的解 $z(x)$, 即 $y(x) = z(x)$. 因此, 有

$$
f(x, y(x)) = y'(x) = z'(x) = g(x, z(x)) = g(x, y(x)).
$$

由于初值 y_a 是任意的, 所以对任意 $(x, y) \in \Omega$ 均有 $f(x, y) = g(x, y)$, 即 $\varphi(x, y, h)$ 满足相容性条件. ■

利用 Taylor 级数展式可以把 R_m 表示成 h 的幂级数, 其系数是解 $y(x)$ 的微商. 如果单步方法 (1.3.19) 是 p 阶精度的, 则

$$
|R_m| \leqslant R = Ch^{p+1}. \tag{1.3.22}
$$

于是对照定理 1.2.2, 有如下结论.

定理 1.3.4　在定理 1.3.3 的条件下, 如果局部截断误差 R_m 满足 (1.3.22), 则单步方法 (1.3.19) 的解 y_m 的整体 (截断) 误差 $\varepsilon_m = y(x_m) - y_m$ 满足估计式

$$
|\varepsilon_m| \leqslant e^{L(b-a)}|\varepsilon_0| + h^p \frac{C}{L}(e^{L(b-a)} - 1).
$$

上述结论可直接应用于前面介绍的 Runge-Kutta 方法, 这是因为从表达式 (1.3.2), (1.3.11) 和 (1.3.16) 可知, 当 f 满足 Lipschitz 条件时, φ 也满足 Lipschitz 条件.

1.4   线性多步方法

已知 y 和 $y' = f(x, y)$ 在点 $x_m = a + mh$ 的近似或精确值, $m = 1, 2, \cdots$, 则解微分方程 (1.1.1) 的多步方法一般可写成如下形式

$$y_{m+1} = \sum_{i=1}^{k} \alpha_i y_{m-i+1} + h\Phi(x_{m+1}, x_m, \cdots, x_{m-k+1}, f_{m+1}, f_m, \cdots, f_{m-k+1}; h),$$
$$(1.4.1)$$

式中 k 是正整数, $\{\alpha_i\}$ 是一些给定的实数, h 为网格步长, $y_m \approx y(x_m)$ 和 $f_m \approx f(x_m, y_m) = y'(x_m, y_m)$. 如果 Φ 不依赖 y_{m+1}, 则多步方法 (1.4.1) 是显式的, 否则是隐式的. 多步方法 (1.4.1) 的局部截断误差可表示为

$$R(x_m, y(x_m), h) = y_{m+1} - \sum_{i=1}^{k} \alpha_i y_{m-i+1}$$
$$- h\Phi(x_{m+1}, x_m, \cdots, x_{m-k+1}, f_{m+1}, f_m, \cdots, f_{m-k+1}; h). \quad (1.4.2)$$

如果 p 是使

$$R(x_m, y_m, h) = O(h^{p+1})$$

成立的最大整数, 则称多步方法 (1.4.1) 是 p 阶精度的. 关于多步方法的局部截断误差和阶还将在 1.5 节中进行讨论并给予详细论证.

如果方程 (1.4.1) 具有如下形式

$$y_{m+1} = \sum_{i=1}^{k} \alpha_i y_{m-i+1} + h\sum_{i=0}^{k} \beta_i f_{m-i+1}, \qquad (1.4.3)$$

其中 α_i 和 β_i 是常数, 且满足 $\alpha_k^2 + \beta_k^2 \neq 0$, 则称 (1.4.1) 为**一般线性多步方法**. 由于使用 (1.4.3) 计算 y_{m+1} 的值时, 需要 $y(x)$ 及其导数在点 $x_{m-k+1}, \cdots, x_m$ 处的近似或精确值, 所以方法 (1.4.3) 又称为**线性 k 步方法**.

这一节将着重介绍解常微分方程初值问题 (1.1.1)—(1.1.2) 的线性多步方法中的 Adams 外插法和内插法及其推导, 相关内容也适用于其他的多步法.

1.4.1   Adams 外插法

Adams 外插法和内插法的出发点是考虑方程 (1.1.1) 的积分式

$$y(x_{m+1}) = y(x_m) + \int_{x_m}^{x_{m+1}} f(x, y(x))\, dx \qquad (1.4.4)$$

的数值近似. 除了可以用数值积分公式直接计算 (1.4.4) 中的积分外, 还可以先用
插值多项式代替 (1.4.4) 中的被积函数, 然后再计算插值多项式的积分. 数值积分
公式的直接应用已在前面几小节中提到, 这里将主要介绍第二种方法的应用.

如果给定区间 $[a, b]$ 的一个一致的或均匀的网格剖分, 网格步长为 h, 假设 k 是
一个介于 1 和 $(m+1)$ 的整数, 并已按某种方法求得问题 (1.1.1) 的解 $y(x)$ 在 x_i 处
的数值 y_i, $i = 0, 1, \cdots, m$, 则可选取 k 个点 $x_m, x_{m-1}, \cdots, x_{m-k+1}$ 作为插值结点
插值出逼近 $f(x, y)$ 的唯一的 $(k-1)$ 次多项式, 记为 $L_{m,k-1}(x)$, 则有

$$y'(x) = f(x, y) = L_{m,k-1}(x) + r_{m,k-1}(x). \tag{1.4.5}$$

将上式代入方程 (1.4.4), 则有

$$y(x_{m+1}) = y(x_m) + \int_{x_m}^{x_{m+1}} L_{m,k-1}(x) \, dx + \int_{x_m}^{x_{m+1}} r_{m,k-1}(x) \, dx. \tag{1.4.6}$$

如果舍去上式右端的余项, 并用 y_i 代替 $y(x_i)$, 则有数值方法

$$y_{m+1} = y_m + \int_{x_m}^{x_{m+1}} L_{m,k-1}(x) \, dx. \tag{1.4.7}$$

为了给出公式 (1.4.7) 的显式表达式, $L_{m,k-1}(x)$ 可以采用 Newton 向后插值公式

$$\begin{aligned} L_{m,k-1}(x) &= L_{m,k-1}(x_m + \tau h) \\ &= f_m + \frac{\tau}{1!} \nabla f_m + \cdots + \frac{\prod_{i=0}^{k-2}(\tau + i)}{(k-1)!} \nabla^{k-1} f_m, \end{aligned} \tag{1.4.8}$$

其中 $0 < \tau \leqslant 1$, $\nabla^i f_m = \nabla^{i-1} f_m - \nabla^{i-1} f_{m-1}$, $\nabla^0 f_m = f_m$. 如果引进二项式系数

$$\begin{pmatrix} s \\ j \end{pmatrix} = \frac{s(s-1)\cdots(s-j+1)}{j!}, \quad \begin{pmatrix} s \\ 0 \end{pmatrix} = 1,$$

那么方程 (1.4.8) 又可简洁地表示为

$$L_{m,k-1}(x_m + \tau h) = \sum_{j=0}^{k-1} (-1)^j \begin{pmatrix} -\tau \\ j \end{pmatrix} \nabla^j f_m. \tag{1.4.9}$$

将其代入方程 (1.4.7), 则有

$$y_{m+1} = y_m + h \sum_{j=0}^{k-1} a_j \nabla^j f_m, \tag{1.4.10}$$

其中系数 a_j 定义为

$$a_j = (-1)^j \int_0^1 \begin{pmatrix} -\tau \\ j \end{pmatrix} d\tau, \quad j = 0, 1, \cdots. \tag{1.4.11}$$

在方程 (1.4.5) 中, 由于被插值点 $x \in (x_m, x_{m+1}]$ 不在插值结点所决定的最大区间 $[x_{m-k+1}, x_m]$ 内, 所以公式 (1.4.10) 称为**Adams 外插公式**(有的教材也称它为**Adams 显式公式**). 显而易见, 方程 (1.4.10) 中的系数 a_j 与函数 f 无关. 当 m 较大时, (1.4.11) 中的 j 次多项式的积分的计算仍然不方便. 如果能给出系数 a_j 所满足的递推公式, 那么它们的计算就会变得方便. 引进产生 a_j 的母函数 $G(\tau) = \sum_{j=0}^{\infty} a_j \tau^j$. 根据 a_j 的定义, 则有

$$G(\tau) = \sum_{j=0}^{\infty} (-\tau)^j \int_0^1 \begin{pmatrix} -s \\ j \end{pmatrix} ds = \int_0^1 \sum_{j=0}^{\infty} (-\tau)^j \begin{pmatrix} -s \\ j \end{pmatrix} ds$$

$$= \int_0^1 (1-\tau)^{-s} ds = \int_0^1 e^{-s \ln(1-\tau)} ds = \frac{-1}{\ln(1-\tau)} \left[\frac{1}{(1-\tau)^s} \right]_0^1 = \frac{-\tau}{(1-\tau)\ln(1-\tau)},$$

或者

$$-\frac{\ln(1-\tau)}{\tau} G(\tau) = \frac{1}{1-\tau}.$$

利用 Taylor 级数

$$\frac{1}{1-\tau} = 1 + \tau + \tau^2 + \cdots, \quad |\tau| < 1, \tag{1.4.12}$$

$$-\frac{\ln(1-\tau)}{\tau} = \sum_{i=0}^{\infty} \frac{\tau^i}{i+1}, \quad -1 \leqslant \tau < 1, \tau \neq 0 \tag{1.4.13}$$

和 $G(\tau)$ 的定义, 可得

$$\left(1 + \frac{\tau}{2} + \frac{\tau^2}{3} + \cdots \right) (a_0 + a_1 \tau + a_2 \tau^2 + \cdots)$$
$$= 1 + \tau + \tau^2 + \cdots.$$

展开方程左端的两因式的乘积, 并比较 τ^i 前面的系数, $i = 0, 1, \cdots$, 可得到 a_j 满足的代数递推式

$$a_j + \frac{1}{2} a_{j-1} + \frac{1}{3} a_{j-2} + \cdots + \frac{1}{j+1} a_0 = 1, \quad j = 0, 1, \cdots. \tag{1.4.14}$$

根据此递推式, 可逐个地计算出 a_j, $j = 0, 1, \cdots$. 表 1.1 给出了部分 a_j 的数值.

表 1.1　系数 a_j, $j = 0, 1, \cdots$

j	0	1	2	3	4	5	$\cdots$
a_j	1	1/2	5/12	3/8	251/720	95/288	$\cdots$

从方程 (1.4.6) 不难知道, Adams 外插公式的局部截断误差为

$$R_{m,k} = \int_{x_m}^{x_{m+1}} r_{m,k-1}(x) \, dx. \tag{1.4.15}$$

将插值公式的余项

$$r_{m,k-1}(x) = r_{m,k-1}(x_m + \tau h) = (-1)^k \begin{pmatrix} -\tau \\ k \end{pmatrix} h^k y^{(k+1)}(\tilde{\xi}), \tag{1.4.16}$$

代入方程 (1.4.15), 其中 $\tilde{\xi} \in [x_{m-k+1}, x_m]$, 则有

$$R_{m,k} = h^{k+1} \int_0^1 (-1)^k \begin{pmatrix} -\tau \\ k \end{pmatrix} y^{(k+1)}(\tilde{\xi}) \, d\tau = h^{k+1} a_k y^{(k+1)}(\xi), \quad \xi \in [x_{m-k+1}, x_m]. \tag{1.4.17}$$

这说明 Adams 外插公式 (1.4.10) 的局部截断误差阶为 $O(h^{k+1})$.

又由于差分与函数值之间存在下列关系

$$\nabla^j f_m = \sum_{i=0}^{j} (-1)^i \begin{pmatrix} j \\ i \end{pmatrix} f_{m-i},$$

所以公式 (1.4.10) 也可表示成函数值的线性组合

$$y_{m+1} = y_m + h \sum_{i=0}^{k-1} b_{k,i} f_{m-i}, \tag{1.4.18}$$

其中

$$b_{k,i} = (-1)^i \sum_{j=i}^{k-1} a_j \begin{pmatrix} j \\ i \end{pmatrix}. \tag{1.4.19}$$

利用 a_j 的递推式 (1.4.14), 可算出 $b_{k,i}$. 表 1.2 列出了部分 $b_{k,i}$ 的数值.

表 1.2 系数 $b_{k,i}$, $i = 0, 1, \cdots$

	i	0	1	2	3	4	5	$\cdots$
1	$b_{0,i}$	1						$\cdots$
2	$b_{1,i}$	3	-1					$\cdots$
12	$b_{2,i}$	23	-16	5				$\cdots$
24	$b_{3,i}$	55	-59	37	-9			$\cdots$
720	$b_{4,i}$	1901	-2774	2616	-1274	251		$\cdots$
1440	$b_{5,i}$	4277	-7923	9982	-7298	2877	-475	$\cdots$

说明 1.4.1 (1) 表 1.2 中 $b_{k,i}$ 左边的数字代表它的分母, 右边的数字代表分

子. 例如

$$k = 0, \quad y_{m+1} = y_m + hf_m,$$

$$k = 1, \quad y_{m+1} = y_m + \frac{3}{2}hf_m - \frac{1}{2}hf_{m-1},$$

$$k = 2, \quad y_{m+1} = y_m + \frac{23}{12}hf_m - \frac{16}{12}hf_{m-1} + \frac{5}{12}hf_{m-2},$$

$$k = 3, \quad y_{m+1} = y_m + \frac{55}{24}hf_m - \frac{59}{24}hf_{m-1} + \frac{37}{24}hf_{m-2} - \frac{9}{24}hf_{m-3},$$

$$\cdots\cdots$$

(2) $b_{k,i}$ 满足相容性条件 $\sum\limits_{i=0}^{k} b_{k,i} = 1$.

1.4.2　Adams 内插法

根据插值理论知道, 插值结点的选择直接影响着插值公式的精度, 同样次数的内插公式的精度要比外插公式的高. 现在考虑使用内插法构造常微分方程初值问题 (1.1.1)—(1.1.2) 的数值方法.

仍假定已按某种方法求得问题 (1.1.1)—(1.1.2) 的解 $y(x)$ 在 x_i 处的数值 y_i, $i = 0, 1, \cdots, m$, 并取 $(p + k)$ 个插值结点 $\{x_{x-k+1}, \cdots, x_m, \cdots, x_{m+p}\}$ 插值出逼近 $f(x, y)$ 的 Lagrange 型插值多项式 $L_{m,k-1}^{(p)}(x)$, 它满足

$$y'(x) = f(x, y(x)) = L_{m,k-1}^{(p)}(x) + r_{m,k-1}^{(p)}(x), \tag{1.4.20}$$

式中 $r_{m,k-1}^{(p)}(x)$ 表示插值余项. 将此式代入方程 (1.4.4), 则有

$$y(x_{m+1}) = y(x_m) + \int_{x_m}^{x_{m+1}} L_{m,k-1}^{(p)}(x)\, dx + R_{m,k-1}^{(p)}, \tag{1.4.21}$$

其中

$$R_{m,k-1}^{(p)} = \int_{x_m}^{x_{m+1}} r_{m,k-1}^{(p)}(x)\, dx. \tag{1.4.22}$$

如果舍去方程 (1.4.21) 中的余项 $R_{m,k-1}^{(p)}$, 并用 y_i 代替 $y(x_i)$, $i = m-k+1, \cdots, m, \cdots, m+p$, 则可导出解初值问题 (1.1.1)—(1.1.2) 的 Adams 内插公式

$$y_{m+1} = y_m + \int_{x_m}^{x_{m+1}} L_{m,k-1}^{(p)}(x)\, dx. \tag{1.4.23}$$

当 $p = 0$ 时, 上式就退化为外插公式 (1.4.7). 当 $p = 1$ 且 $k = 0$ 时, 上式变为改进的 Euler 公式 (1.2.12).

内插公式 (1.4.23) 除了包含函数 f 在 $x_{m-k+1}, \cdots, x_m$ 处的已知数值外, 还包含了在点 $x_{m+1}, \cdots, x_{m+p}$ 处的未知值, 因此它只给出未知量 $y_{m+1}, \cdots, y_{m+p}$

的一个关系式. 实际中, 需要将所有点处的内插公式联立求解. $p = 1$ 的内插公式 (1.4.23) 是最实用的, 下面将仅关心 $p = 1$ 的内插公式的显式表达式的推导. 采用 Newton 向后插值公式将 $L_{m,k-1}^{(1)}(x)$ 表示为

$$L_{m,k-1}^{(1)}(x) = L_{m,k-1}^{(1)}(x_{m+1} + \tau h) = f_{m+1} + \frac{\tau}{1!}\nabla f_{m+1} + \cdots + \frac{\prod_{i=0}^{k-1}(\tau + i)}{(k)!}\nabla^k f_{m+1}$$

$$= \sum_{j=0}^{k}(-1)^j \begin{pmatrix} -\tau \\ j \end{pmatrix} \nabla^j f_{m+1}. \tag{1.4.24}$$

将其代入方程 (1.4.23), 有

$$y_{m+1} = y_m + h\sum_{j=0}^{k} a_j^* \nabla^j f_{m+1}, \tag{1.4.25}$$

其中系数 a_j^* 定义为

$$a_j^* = (-1)^j \int_{-1}^{0} \begin{pmatrix} -\tau \\ j \end{pmatrix} d\tau, \quad j = 0, 1, \cdots. \tag{1.4.26}$$

类似系数 a_j 的递推公式 (1.4.14) 的推导, 可引进产生 a_j^* 的母函数 $G^*(\tau) = \sum\limits_{j=0}^{\infty} a_j^* \tau^j$. 将方程 (1.4.26) 代入 $G^*(\tau)$ 的表达式, 有

$$G^*(\tau) = \sum_{j=0}^{\infty}(-\tau)^j \int_{-1}^{0} \begin{pmatrix} -s \\ j \end{pmatrix} ds = \int_{-1}^{0} \sum_{j=0}^{\infty}(-\tau)^j \begin{pmatrix} -s \\ j \end{pmatrix} ds$$

$$= \int_{-1}^{0}(1-\tau)^{-s} ds = \frac{-\tau}{\ln(1-\tau)},$$

或

$$\frac{\ln(1-\tau)}{-\tau}G^*(\tau) = 1.$$

结合 Taylor 级数展式 (1.4.13) 和 $G^*(\tau)$ 的定义, 可得

$$\sum_{j=0}^{\infty} a_j^* \tau^j \sum_{j=0}^{\infty} \frac{1}{j+1}\tau^j = 1.$$

比较上式左右两端含 τ 的同次幂项, 则可以得到 a_j^* 满足的递推公式

$$a_j^* + \frac{1}{2}a_{j-1}^* + \frac{1}{3}a_{j-2}^* + \cdots + \frac{1}{j+1}a_0^* = \begin{cases} 1, & j = 0, \\ 0, & j > 1. \end{cases} \tag{1.4.27}$$

由递推公式 (1.4.27) 可逐个地计算出 a_j^*, $j = 0, 1, \cdots$, 其部分数值见表 1.3.

表 1.3　系数 a_j^*, $j = 0, 1, \cdots$

j	0	1	2	3	4	5	$\cdots$
a_j^*	1	$-1/2$	$-1/12$	$-1/24$	$-19/720$	$-3/160$	$\cdots$

类似地, 利用差商与函数值之间的关系, 内插公式 (1.4.25) 也可以改写成

$$y_{m+1} = y_m + h \sum_{i=0}^{k} b_{k,i}^* f_{m-i+1}, \tag{1.4.28}$$

其中

$$b_{k,i}^* = (-1)^i \sum_{j=i}^{k} a_j^* \begin{pmatrix} j \\ i \end{pmatrix} \quad (0 \leqslant i \leqslant k). \tag{1.4.29}$$

利用 a_i^* 的递推式 (1.4.27) 可算出 $b_{k,i}^*$, 其部分数值可参见表 1.4.

表 1.4　系数 $b_{k,i}^*$, $i = 0, 1, \cdots$

i		0	1	2	3	4	5	$\cdots$
1	$b_{0,i}^*$	1						$\cdots$
2	$b_{1,i}^*$	1	1					$\cdots$
12	$b_{2,i}^*$	5	8	-1				$\cdots$
24	$b_{3,i}^*$	9	19	-5	1			$\cdots$
720	$b_{4,i}^*$	251	646	-264	106	-19		$\cdots$
1440	$b_{5,i}^*$	475	1427	-798	482	-173	27	$\cdots$

最后附带说明一下系数 $\{a_j\}$ 与 $\{a_j^*\}$ 的关系. 比较方程 (1.4.12) 和 (1.4.27), 可得 $G(\tau)$ 与 $G^*(\tau)$ 之间的关系式

$$G^*(\tau) = (1 - \tau)G(\tau).$$

由此可知, $\{a_j\}$ 和 $\{a_j^*\}$ 满足

$$a_0^* = a_0, \quad a_j^* = \nabla a_j, \quad j > 1,$$

或

$$\sum_{i=0}^{j} a_i^* = a_j.$$

1.4.3　一般线性多步公式

Adam 外插法及内插法都是在积分关系式 (1.4.4) 的基础上, 利用对被积函数作多项式插值逼近导出的. 显然, 如果将积分式 (1.4.4) 换成更一般的形式

$$y(x_{m+p}) = y(x_m) + \int_{x_m}^{x_{m+p}} y'(x)dx, \tag{1.4.30}$$

并类似前面两小节的处理, 即将 $y'(x) = f(x, y)$ 用插值多项式代替, 则可导出更一般的插值型线性 k 步方法

$$\sum_{j=0}^{k} \alpha_j y_{m+j} = h \sum_{j=0}^{k} \beta_j f_{m+j}. \tag{1.4.31}$$

这里假定 $\alpha_k = 1$ 和 $|\alpha_0| + |\beta_0| \neq 0$. 第一个假定是为了保证至少当 h 充分小时隐式方程有解, 而第二个假定总是可以做到的. 公式 (1.4.31) 和 (1.4.3) 在形式上是相同的, 因为如果对 (1.4.31) 中的下标作平移 $m \longrightarrow m - k + 1$, 并令 $i = k - j$, 则 (1.4.31) 就变为 (1.4.3). 另外, 它们包含了前面介绍的 Adams 方法和 Euler 方法.

除了可以用插值多项式逼近被积函数的方法确定线性 k 步公式 (1.4.31) 中的系数 α_j 和 β_j 之外, 还可以用待定系数法确定它们. 定义算符

$$L[y(x); h] := \sum_{j=0}^{k} [\alpha_j y(x + jh) - h\beta_j y'(x + jh)]. \tag{1.4.32}$$

将上式右端的 $y(x + jh)$ 及其微商在点 x 处作 Taylor 级数展开, 得

$$L[y(x); h] = \sum_{i=0}^{\infty} c_i h^i y^{(i)}(x), \tag{1.4.33}$$

其中 c_i 为常数, $i = 0, 1, \cdots, p$, 并满足如下关系式

$$\begin{cases} c_0 = \sum_{j=0}^{k} \alpha_j, \\ c_1 = \sum_{j=0}^{k} j\alpha_j - \sum_{j=0}^{k} \beta_j, \\ \quad \cdots\cdots \\ c_p = \frac{1}{p!} \sum_{j=0}^{k} j^p \alpha_k - \frac{1}{(p-1)!} \sum_{j=0}^{k} j^{p-1} \beta_j, \\ \quad p = 2, 3, \cdots. \end{cases} \tag{1.4.34}$$

因此, 如果 $y(x) \in C^{p+1}[a, b]$, 则当 k 充分大时, 总是可以选出适当的 α_j 和 β_j 使得 $c_i = 0$, $i = 0, 1, \cdots, p$, 而 $c_{p+1} \neq 0$. 对于这样选定的系数, 有

$$L[y(x); h] = c_{p+1} h^{p+1} y^{(p+1)}(x) + O(h^{p+2}).$$

如果 $y(x)$ 是常微分方程 (1.1.1) 的解, 那么有

$$\sum_{j=0}^{k} [\alpha_j y(x+jh) - h\beta_j f(x+jh, y(x+jh))]$$

$$= c_{p+1} h^{p+1} y^{(p+1)}(x) + O(h^{p+2}). \tag{1.4.35}$$

舍去上式右端项, 并用 y_{m+j} 代替 $y(x+jh)$, 则可以导出 k 步线性公式 (1.4.31). 此时, 也称公式 (1.4.31) 为 p 阶精度的线性 k 步方法. 公式 (1.4.31) 中, 如果 $\beta_k = 0$, 则相应的公式是显式 k 步方法, 否则是隐式 k 步方法. 前两小节介绍的 Adams 外插法和内插法分别是 k 阶精度的线性 k 步方法和 $(k+1)$ 阶精度的线性 k 步方法, 外插法是显式方法, 而内插法却是隐式方法. 同时也看到, 待定系数法比直接用插值公式更加灵活, 利用待定系数法可以构造出许多不同的新计算公式, 特别地, 可以适当地选取 α_j 和 β_j 使 p 尽可能大.

现在以两步法 $(k=2)$ 为例说明待定系数法的应用. 设 $\alpha_2 = 1$, $\alpha_0 = \alpha$, 其中 α 为某一参数. 为了确定待定系数 α_1, β_0, β_1 和 β_2, 可以令 $c_0 = c_1 = c_2 = c_3 = 0$. 此时, 方程组 (1.4.34) 变为

$$\begin{cases} c_0 = \alpha + \alpha_1 + 1 = 0, \\ c_1 = \alpha_1 + 2 - (\beta_0 + \beta_1 + \beta_2) = 0, \\ c_2 = \dfrac{1}{2!}(\alpha_1 + 4) - (\beta_1 + 2\beta_2) = 0, \\ c_3 = \dfrac{1}{3!}(\alpha_1 + 8) - \dfrac{1}{2!}(\beta_1 + 4\beta_2) = 0. \end{cases}$$

解之得

$$\alpha_1 = -1 - \alpha, \quad \beta_0 = -\frac{1}{12}(1 + 5\alpha),$$

$$\beta_1 = \frac{2}{3}(1 - \alpha), \quad \beta_2 = \frac{1}{12}(5 + \alpha).$$

将这些系数代入方程 (1.4.31), 则可给出如下形式的两步方法

$$y_{m+2} - (1+\alpha)y_{m+1} + \alpha y_m$$

$$= \frac{h}{12}[(5+\alpha)f_{m+2} + 8(1-\alpha)f_{m+1} - (1+5\alpha)f_m]. \tag{1.4.36}$$

方程 (1.4.36) 中含有一个自由参数 α. 当 $\alpha = -5$ 时, (1.4.36) 是一个显式两步方法, 而当 $\alpha = 0$ 时, 公式 (1.4.36) 是两步 Adams 内插法. 可以进一步检查自由参数 α 的取值对公式 (1.4.36) 的精度影响. 事实上, 方程 (1.4.33) 中的系数 c_4 和 c_5 也可用参数 α 表示为

$$c_4 = -\frac{1}{4!}(1 + \alpha), \quad c_5 = -\frac{1}{3 \cdot 5!}(17 + 13\alpha).$$

由此可知, 当 $\alpha \neq -1$ 时, 公式 (1.4.36) 是一个三阶精度的两步法, 而当 $\alpha = -1$ 时, $c_4 = 0, c_5 \neq 0$, 公式 (1.4.36) 是一个四阶精度的两步方法, 即

$$y_{m+2} = y_m + \frac{h}{3}(f_{m+2} + 4f_{m+1} + f_m).$$

该式通常称为**Milne 方法**.

1.5 线性多步法的稳定性和收敛性

这一节讨论线性多步法的稳定性和收敛性, 在这之前, 先介绍线性差分方程的一些基本性质.

1.5.1 线性差分方程

未知函数 $y(m) := y_m$ 的 k 阶线性差分方程可写成

$$a_k(m)y_{m+k} + a_{k-1}(m)y_{m+k-1} + \cdots + a_0(m)y_m = b(m), \quad m \geqslant 0, \tag{1.5.1}$$

其中 $a_i(m)$ 和 $b(m)$ 是正整数变量 m 的已知 (实值) 函数, $i = 0, 1, \cdots, k$, 且 $a_k(m)a_0(m) \neq 0$. 如果已知给定 k 个初始值 $y_0, y_1, \cdots, y_{k-1}$, 则可由方程 (1.5.1) 逐个地求出 $y_k, y_{k+1}, \cdots$. 如果方程 (1.5.1) 中 $b(m) = 0$, 即

$$a_k(m)y_{m+k} + a_{k-1}(m)y_{m+k-1} + \cdots + a_0(m)y_m = 0, \quad m \geqslant 0, \tag{1.5.2}$$

那么称方程 (1.5.1) 是**齐次差分方程**, 否则称它为**非齐次差分方程**.

线性差分方程 (1.5.1) 和 (1.5.2) 的解有如下重要性质.

引理 1.5.1 如果 $y_m^{(1)}, y_m^{(2)}, \cdots, y_m^{(k)}$ 是方程 (1.5.2) 的特解, $m \geqslant 0$, 则它们的任意线性组合

$$z_m = c_1 y_m^{(1)} + c_2 y_m^{(2)} + \cdots + c_k y_m^{(k)} \tag{1.5.3}$$

仍是方程 (1.5.2) 的解, 其中 c_i 是任意常数, $i = 1, 2, \cdots, k$.

引理 1.5.2 在引理 1.5.1 的前提下, 如果 Wronski 行列式

$$\begin{vmatrix} y_0^{(1)} & y_1^{(1)} & \cdots & y_{k-1}^{(1)} \\ y_0^{(2)} & y_1^{(2)} & \cdots & y_{k-1}^{(2)} \\ \vdots & \vdots & & \vdots \\ y_0^{(k)} & y_1^{(k)} & \cdots & y_{k-1}^{(k)} \end{vmatrix} \neq 0, \tag{1.5.4}$$

即 $y_m^{(1)}, y_m^{(2)}, \cdots, y_m^{(k)}$ 是线性无关的, 则 $y_m^{(1)}, y_m^{(2)}, \cdots, y_m^{(k)}$ 形成方程 (1.5.2) 的一个基本解组, 而且方程 (1.5.2) 的任何解都可表示为 (1.5.3) 的形式.

引理 1.5.3　非齐次方程 (1.5.1) 的通解可以表示成它的任意一个特解与齐次方程 (1.5.2) 的通解之和.

引理 1.5.4　非齐次方程 (1.5.1) 的解可以通过相应齐次方程的解叠加得到.

证明　考虑齐次差分方程

$$a_k(m)y_{m+k} + a_{k-1}(m)y_{m+k-1} + \cdots + a_0(m)y_m = 0, \quad m > n \geqslant 0 \qquad (1.5.5)$$

及初始条件

$$a_k(n)y_{n+k} = 1, \quad y_{n+k-1} = y_{n+k-2} = \cdots = y_{n+1} = 0, \quad n \geqslant 0. \qquad (1.5.6)$$

如果用 $g_{m,n}$ 表示差分方程初值问题 (1.5.5)—(1.5.6) 的解, $m = n+1, n+2, \cdots$, 并假设 $g_{m,n} = 0$, $m = 0, 1, \cdots, n$, 则有

$$g_{m,n} = 0, \quad \text{当 } m < n+k \text{ 时}, \qquad (1.5.7)$$

$$a_k(n)g_{n+k,n} + a_{k-1}(n)g_{n+k-1,n} + \cdots + a_0(n)g_{n,n} = 1. \qquad (1.5.8)$$

这说明, $\{g_{m,n}, n \geqslant 0\}$ 是差分方程初值问题

$$\begin{cases} \sum_{i=0}^{k} a_i(m)g_{m+i,n} = \delta_{m,n}, & m = 0, 1, \cdots, \\ g_{m,n} = 0, & m < n+k \end{cases} \qquad (1.5.9)$$

的解, 其中

$$\delta_{m,n} = \begin{cases} 1, & m = n, \\ 0, & m \neq n. \end{cases}$$

将表达式

$$y_m = \sum_{n=0}^{m-k} g_{m,n}b(n), \qquad (1.5.10)$$

代入方程 (1.5.1) 的左端, 并利用已知假设条件 (1.5.7), 则有

$$\sum_{i=0}^{k} a_i(m)y_{m+i} = \sum_{i=0}^{k} a_i(m) \sum_{n=0}^{m+i-k} g_{m+i,n}b(n) = \sum_{i=0}^{k} a_i(m) \sum_{n=0}^{m} g_{m+i,n}b(n)$$

$$= \sum_{n=0}^{m} \left(\sum_{i=0}^{k} a_i(m)g_{m+i,n} \right) b(n) = \sum_{n=0}^{m} \delta_{m,n}b(n) = b(m).$$

这表明, 方程 (1.5.10) 定义的 y_m 是非齐次差分方程 (1.5.1) 的解. ∎

推论 1.5.5　如果 $y_m^{(1)}, y_m^{(2)}, \cdots, y_m^{(k)}$ 是方程 (1.5.2) 的基本解组, 则非齐次方程 (1.5.1) 的通解可以表示为

$$y_m = \sum_{i=1}^{k} c_i y_m^{(i)} + \sum_{n=0}^{m-k} g_{m,n} b(n), \tag{1.5.11}$$

其中 $g_{m,n}$ 是差分方程初值问题 (1.5.5)—(1.5.6) 的解.

如果方程 (1.5.1) 或 (1.5.2) 中的系数 $a_i(m)$ 和 $b(m)$ 均与 m 无关, 则称方程 (1.5.1) 或 (1.5.2) 是**线性常系数差分方程**. 此时, 可以将它们简写成如下形式

$$a_k y_{m+k} + a_{k-1} y_{m+k-1} + \cdots + a_0 y_m = b, \tag{1.5.12}$$

$$a_k y_{m+k} + a_{k-1} y_{m+k-1} + \cdots + a_0 y_m = 0, \tag{1.5.13}$$

式中 $a_k a_0 \neq 0$. 将 $y_m = \lambda^m \neq 0$ 代入方程 (1.5.13), 则可以得到关于 λ 的一个代数方程

$$a_k \lambda^k + a_{k-1} \lambda^{k-1} + \cdots + a_1 \lambda + a_0 = 0, \tag{1.5.14}$$

换句话说, λ 是代数方程 (1.5.14) 的根. 反之, 如果 λ 是代数方程 (1.5.14) 的根, 则不难验证, $y_m = \lambda^m$ 是差分方程 (1.5.13) 的解. 因为齐次差分方程 (1.5.13) 的解与代数方程 (1.5.14) 的根之间的这种特殊而紧密的关系, 所以通常称 (1.5.14) 为差分方程 (1.5.13) 的**特征方程**, 而称 (1.5.14) 的根为**特征根**.

一般地, 齐次差分方程 (1.5.13) 的通解可以用特征方程的根表示.

引理 1.5.6　(i) 如果 $\lambda_1, \lambda_2, \cdots, \lambda_k$ 是特征方程 (1.5.14) 的 k 个互不相同的根, 则 $\lambda_1^m, \lambda_2^m, \cdots, \lambda_k^m$ 是线性齐次差分方程 (1.5.13) 的 k 个线性无关解, 而且方程 (1.5.13) 的通解可以表示为

$$y_m = \sum_{j=1}^{k} c_j \lambda_j^m. \tag{1.5.15}$$

(ii) 如果特征方程 (1.5.14) 有一个重根 λ_j, 其重数为 r_j, 则 $\lambda_j^m, m\lambda_j^m, \cdots, m^{r_j}\lambda_j^m$ 形成线性齐次差分方程 (1.5.13) 的 r_j 个线性无关解. 这时方程 (1.5.13) 的通解可以表示为

$$y_m = \sum_{j=1}^{k_0} \left(\sum_{i=1}^{r_j} c_{ji} m^{i-1} \right) \lambda_j^m, \tag{1.5.16}$$

其中 k_0 表示方程 (1.5.14) 的互异根的个数.

(iii) 如果方程 (1.5.14) 有一个复根, $\lambda_j = \rho_j e^{i\theta_j}$, 则 $\rho_j^m \cos(m\theta_j)$ 和 $\rho_j^m \sin(m\theta_j)$ 是方程 (1.5.13) 的两个线性无关解. 此时, 方程 (1.5.13) 的通解可以表示为

$$y_m = \sum_{j=1}^{k} \rho_j^m [c_{j1} \cos(m\theta_j) + c_{j2} \sin(m\theta_j)]. \tag{1.5.17}$$

例 1.5.1 写出下列二阶线性常系数差分方程

$$y_{m+1} - 2y_m + y_{m-1} = 2h^2 q y_m \tag{1.5.18}$$

的通解表示式, 其中 h 和 q 都是实常数, 而且 $h > 0$.

解 差分方程 (1.5.18) 可以看成二阶微分方程 $y'' = 2qy$ 的一个差分近似, 它的特征方程

$$\lambda^2 - 2(1 + h^2 q)\lambda + 1 = 0$$

有两个根

$$\lambda_{1,2} = (1 + h^2 q) \pm h\sqrt{(2 + h^2 q)q}.$$

因此, (i) 当 $q = 0$ 时, $\lambda_1 = \lambda_2 = 1$. 这时方程 (1.5.18) 的通解可表示为

$$y_m = c_1 + c_2 m.$$

(ii) 当 $q > 0$ 时, λ_1 和 λ_2 是两个不同的实数, 方程 (1.5.18) 的通解可以写为

$$y_m = c_1 \lambda_1^m + c_2 \lambda_2^m.$$

(iii) 当 $q < 0$ 时, λ_1 和 λ_2 为两个共轭复数, 它们的模均是 1, 而辐角 θ 由关系式

$$\cos(\theta) = 1 + h^2 q, \quad 0 \leqslant \theta < 2\pi$$

确定. 此时差分方程 (1.5.18) 的通解可表示为

$$y_m = c_1 \cos(m\theta) + c_2 \sin(m\theta).$$

值得注意的是, 如果将 $y(x) = e^{\lambda x}$ 代入二阶微分方程 $y'' = 2qy$, 则可以得到该微分方程的特征方程 $\lambda^2 = 2q$. 读者可尝试借助于特征根写出微分方程的解, 并将其与上述差分方程的解作比较. ■

1.5.2 线性多步法的局部截断误差

这一小节讨论求解初值问题 (1.1.1)—(1.1.2) 的线性多步方法 (1.4.31) 的误差.

定义 1.5.1 线性多步方法 (1.4.31) 的局部误差定义为

$$y(x_{m+k}) - y_{m+k},$$

其中 $y(x)$ 是初值问题 (1.1.1)—(1.1.2) 的精确解, 而 y_m 是在精确的初始条件即 $y_i = y(x_i)$, $m \leqslant i \leqslant m + k - 1$ 的前提下, 由公式 (1.4.31) 计算得到的解.

当 $k = 1$ 时, 上述定义与单步法的局部误差定义一致.

引理 1.5.7　如果常微分方程 (1.1.1) 中的右端函数 $f(x,y)$ 连续可微, 并用 $y(x)$ 表示它的精确解, 则有

$$y(x_{m+k}) - y_{m+k} = \left(\alpha_k I - h\beta_k \frac{\partial f}{\partial y}(x_{m+k}, \eta) \right)^{-1} L[y(x_m); h], \tag{1.5.19}$$

这里 η 介于 y_{m+k} 和 $y(x_{m+k})$ 之间.

证明　结合方程 (1.4.31) 和算符 $L[y(x); h]$ 的定义 (1.4.32), 有

$$L[y(x_m); h] = \alpha_k(y(x_{m+k}) - y_{m+k}) - h\beta_k(f(x_{m+k}, y(x_{m+k})) - f(x_{m+k}, y_{m+k})).$$

应用中值定理可以给出引理的结果.　　　　　　　　　　　　　■

这个引理说明, $\alpha_k^{-1} L[y(x_m); h]$ 基本上等于局部截断误差. 因而, 有时也把这一项称作局部截断误差, 参见方程 (1.4.2). 对于显式方法, 这两个定义是等同的.

在 1.4.3 小节中已经知道, 当 $y(x)$ 是 $(p+1)$ 阶连续可微时, 有

$$L[y(x); h] = c_{p+1}h^{p+1}y^{(p+1)}(x) + O(h^{p+2}), \tag{1.5.20}$$

其中

$$c_{p+1} = \frac{1}{(p+1)!} \sum_{j=0}^{k}[j^{p+1}\alpha_j - (p+1)j^p\beta_j].$$

定义 1.5.2　线性多步方法 (1.4.31) 是 p **阶精度**的, 如果当 $y(x)$ 充分光滑时 $L[y(x); h]$ 满足 (1.5.20). 称 (1.5.20) 中的等号右端第一项为局部截断误差的**主项**, 而称 c_{p+1} 为**主项系数**.

下面进一步讨论用参数 α_j 和 β_j 刻画一个多步方法的阶. Dahlquist(1956) 首先认识到多项式

$$\rho(\mu) = \sum_{j=0}^{k} \alpha_j\mu^j, \quad \sigma(\mu) = \sum_{j=0}^{k} \beta_j\mu^j \tag{1.5.21}$$

的重要性. 事实上, 它们由多步方法 (1.4.31) 完全确定. 反之, 如果给定了 $\rho(\mu)$ 和 $\sigma(\mu)$, 那么由它们也可以唯一地定义一个 k 步方法. 因而, 它们又称作多步方法 (1.4.31) 的**生成多项式**.

定理 1.5.8　线性多步方法 (1.4.31) 是 p 阶精度的, 当且仅当下列三个互为等价的条件之一成立:

(i) $\sum_{j=0}^{k} \alpha_j = 0$ 和 $\sum_{j=0}^{k}[j^q\alpha_j - qj^{q-1}\beta_j] = 0, \ 1 \leqslant q \leqslant p,$ (1.5.22)

(ii) $\rho(e^h) - h\sigma(e^h) = O(h^{p+1})$, 当 $h \to 0,$ (1.5.23)

(iii) $\frac{\rho(\eta)}{\log \eta} - \sigma(\eta) = O((\eta - 1)^p)$, 当 $\eta \to 1.$ (1.5.24)

证明   根据 1.4.3 小节的分析知道, 当 $y(x)$ 充分光滑时, 条件 (i) 与 $L[y(x); h] = O(h^{p+1})$ 的等价性是明显的.

下面只需证明定理中的三个条件互为等价. 将 $y(x) = e^x$ 分别代入算符 $L[y(x); h]$ 的表达式 (1.4.32) 和方程 (1.4.33), 则有

$$L[e^x; h]|_{x=0} = \rho(e^h) - h\sigma(e^h)$$
$$= \sum_{j=0}^{k} \alpha_j + \sum_{q=1}^{\infty} \frac{h^q}{q!} \sum_{j=0}^{k} (j^q \alpha_j - q j^{q-1} \beta_j). \tag{1.5.25}$$

由此可知, 条件 (i) 与 (ii) 等价.

作变换 $\eta = e^h$ 或 $h = \log \eta$, 则条件 (ii) 变成

$$\rho(\eta) - \log \eta \cdot \sigma(\eta) = O((\log \eta)^{p+1}), \quad \text{当 } \eta \to 1 \text{ 时}.$$

此条件与条件 (iii) 等价, 这是因为

$$\log \eta = (\eta - 1) + O((\eta - 1)^2), \quad \text{当 } \eta \to 1 \text{ 时}. \qquad ■$$

下面给出的是两个与多步方法的阶有关的结论, 它们的证明可参见专著 [41].

定理 1.5.9(Dahlquist)   如果线性 k 步法 (1.4.31) 是 p 阶精度的, 那么有以下结论: (i) $p \leqslant k+2$, 如果 k 是偶数, (ii) $p \leqslant k+1$, 如果 k 是奇数, (iii) $p \leqslant k$, 如果 $\beta_k/\alpha_k \leqslant 0$ (特别地, 如果线性 k 步法 (1.4.31) 是显式的).

定理 1.5.10 $(k+2)$ 阶精度的线性 k 步法 (1.4.31) 是对称的, 即

$$\alpha_j = -\alpha_{k-j}, \quad \beta_j = \beta_{k-j}, \quad \text{对所有的 } j.$$

在结束本小节前, 再给出线性多步方法的相容性定义和判别定理.

定义 1.5.3 k 步线性多步方法 (1.4.31) 与初值问题 (1.1.1)—(1.1.2)**相容**, 如果对于定义在区域 $\Omega = \{(x,y)|x \in [a,b], y \in \mathbb{R}\}$ 上的任意连续可微函数 $f(x,y)$, 均存在函数 $\tau(h)$, 满足 $\lim_{h \to 0} \tau(h) = 0$, 并使得不等式

$$|R(x,y,h)| \leqslant \tau(h)h, \quad \forall (x,y) \in \Omega \tag{1.5.26}$$

成立.

定理 1.5.11 k 步线性多步方法 (1.4.31) 与初值问题 (1.1.1)—(1.1.2) 相容, 如果它至少是一阶精度的.

定理 1.5.12 k 步线性多步方法 (1.4.31) 与初值问题 (1.1.1)—(1.1.2) 相容的充分必要条件是参数 α_j 和 β_j 满足

$$\rho(1) = \sum_{j=0}^{k} \alpha_j = 0, \tag{1.5.27}$$

$$\rho'(1) - \sigma(1) = \sum_{j=1}^{k} (j\alpha_j - \beta_j) = 0. \tag{1.5.28}$$

1.5.3 线性多步法的稳定性和收敛性

在实际计算中, 多步方法的初值往往不是精确获得的, 而且由于计算机本身字长的限制, 在计算中一般总会引入舍入误差. 因此, 不论是在使用单步法还是多步法时, 初始数据的误差以及在计算过程中产生的舍入误差都将会随着时间的增长而积累, 并对其后的计算结果产生影响. 稳定性问题就是讨论误差的积累是否能受到控制.

定义 1.5.4 线性多步方法 (1.4.31) 是**稳定的**, 如果对任何满足 Lipschitz 条件的函数 f, 均存在常数 C 及 h_0, 使得当 $0 < h \leqslant h_0$ 时, 多步方法 (1.4.31) 的任何两个解均满足

$$\max_{mh \leqslant b-a} \{|y_m - z_m|\} \leqslant CM_0, \tag{1.5.29}$$

其中

$$M_0 = \max_{0 \leqslant j < k} \{|y_j - z_j|\}. \tag{1.5.30}$$

上述稳定性的定义确切地刻画了当 h 充分小时多步方法 (1.4.31) 的解连续地依赖初始数据. 对于多步方法 (1.4.31), 有下列结论.

定理 1.5.13 设 $f(x, y)$ 在区域 Ω 中分别是 x 和 y 的连续函数, 并关于 y 满足 Lipschitz 条件, 则线性 k 步法 (1.4.31) 对所有这样的 $f(x, y)$ 是稳定的, 当且仅当 k 步公式 (1.4.31) 满足**根条件**: $\rho(\mu)$ 的根均在单位圆内, 而落在单位圆上的根是单重根.

证明 必要性. 假设 $f(x, y) = 0$, 则线性多步法 (1.4.31) 简化为

$$\sum_{j=0}^{k} \alpha_j y_{m+j} = 0. \tag{1.5.31}$$

这是一个齐次的线性常系数差分方程, 其特征方程是 $\rho(\mu) = 0$. 设 y_m 和 z_m 是方程 (1.5.31) 的两个不同的解, $\mu_1, \cdots, \mu_{k_0}$ 是特征方程的 k_0 个互相不同的根, 用 r_j

表示 μ_j 的重数, 则 $\varepsilon_m = y_m - z_m$ 也是方程 (1.5.31) 的一个解, 并可以表示为

$$\varepsilon_m = \sum_{j=1}^{k_0} \sum_{l=1}^{r_j} c_{j,l} m^{l-1} \mu_j^m,$$

其中 $c_{j,l}$ 是任意常数. 由此可见, 为了使不等式

$$\max_{mh \leqslant b-a} \{|\varepsilon_m|\} \leqslant CM_0 = C \max_{0 \leqslant j \leqslant k} \{|y_j - z_j|\}$$

成立, 则要求对每个 $l \in [1, r_j]$, $m^{l-1} \mu_j^m$ 对任意正整数 m 均有界, 也即要求 μ_j 满足: $|\mu_j| < 1$, 或者 $|\mu_j| = 1$ 和 $r_j = 1$.

　　充分性. 假设 y_m 和 z_m 是线性多步法 (1.4.31) 的两个不同的解, 则 $\varepsilon_m = y_m - z_m$ 满足下列非齐次的线性常系数差分方程

$$\sum_{j=0}^{k} \alpha_j \varepsilon_{m+j} = b_m,$$

其中

$$b_m = h \sum_{j=0}^{k} \beta_j [f(x_{m+j}, y_{m+j}) - f(x_{m+j}, z_{m+j})].$$

由引理 1.5.4 和推论 1.5.5 知, ε_m 可以表示为

$$\varepsilon_m = \sum_{j=0}^{k-1} c_j \omega_j^{(j)} + \sum_{n=0}^{m-k} g_{m,n} b_n, \quad m \geqslant k,$$

其中 $\{\omega_j^{(j)}, 0 \leqslant j \leqslant k-1\}$ 是齐次线性差分方程 (1.5.31) 的一组线性无关解, $\{g_{m,n}\}$ 是其关于初始条件

$$\alpha_k g_{n+k,n} = 1, \quad g_{n+j,n} = 0, \quad j = 1, \cdots, k-1$$

的解, 参见引理 1.5.4 的证明. 由引理 1.5.6 知, $\omega_j^{(j)}$ 和 $g_{m,n}$ 均可以用特征方程 $\rho(\mu) = 0$ 的根 μ_j 的形如 $m^l \mu_j^m$ 的线性组合表示. 因而当 $\rho(\mu)$ 满足根条件时, $\omega_j^{(j)}$ 和 $g_{m,n}$ 均有界, 用 M 表示其上界, 且有

$$|\varepsilon_m| \leqslant M \left(\sum_{j=0}^{k-1} |c_j| + \sum_{n=0}^{m-k} |b_n| \right), \quad m \geqslant k.$$

注意到系数 c_j 可以表示成 $\varepsilon_0, \varepsilon_1, \cdots, \varepsilon_{k-1}$ 的线性组合, 因此, 如果记 $M_0 = \max_{0 \leqslant j \leqslant k-1} \{|\varepsilon_j|\}$, 则进一步有

$$|\varepsilon_m| \leqslant DM_0 + M \sum_{n=0}^{m-k} |b_n|, \quad m \geqslant k,$$

其中 D 是有限常数. 应用函数 f 的 Lipschitz 连续条件, 有

$$|\varepsilon_m| \leqslant DM_0 + hMLB \sum_{n=0}^{m-k} \sum_{j=0}^{k} |\varepsilon_{n+j}|$$

$$= DM_0 + hMLB \sum_{j=0}^{k} \sum_{n=j}^{m-k+j} |\varepsilon_n|$$

$$= DM_0 + hMLBk \sum_{n=0}^{m} |\varepsilon_n|, \quad m \geqslant k,$$

式中 L 是 Lipschitz 常数, $B = \max\limits_{0 \leqslant j \leqslant k} \{|\beta_j|\}$. 上述不等式又可以改写为

$$|\varepsilon_m| \leqslant D_1 M_0 + hM_1 \sum_{n=0}^{m-1} |\varepsilon_n|, \quad m \geqslant k, \tag{1.5.32}$$

其中

$$D_1 = (1 - hkLMB)^{-1} D, \quad M_1 = (1 - hkLMB)^{-1} kMLB.$$

这里已假定 $h < (kLMB)^{-1}$, 这意味着 $D_1 > 0$ 和 $M_1 > 0$. 如果令 $\xi_m = D_1 M_0 + hM_1 \sum\limits_{n=0}^{m-1} |\varepsilon_n|$, $m \geqslant k - 1$, 则由不等式 (1.5.32) 可得

$$\xi_m - \xi_{m-1} \leqslant hM_1 \xi_{m-1},$$

即有递推式

$$\xi_m \leqslant (1 + hM_1) \xi_{m-1}.$$

进而, 有

$$\xi_m \leqslant (1 + hM_1)^{m-k} \xi_{k-1} \leqslant e^{M_1(b-a)} \xi_{k-1}.$$

又由于不等式 (1.5.32) 和 ξ_m 的定义隐含了 $|\varepsilon_m| \leqslant \xi_{m-1}$ 和 $\xi_{k-1} \leqslant (D_1 M_0 + hM_1 k M_0)$, 所以有

$$|\varepsilon_m| \leqslant e^{M_1(b-a)} (D_1 + hkM_1) M_0,$$

即线性多步方法 (1.4.31) 稳定. ■

说明 1.5.1 (i) 因为 Adams 外插法和内插法的生成多项式 $\rho(\mu) = \mu^k - \mu^{k-1}$ 有两个根: 0 和 1, 而且 1 是单重根, 所以 Adams 外插法和内插法是稳定的.

(ii) 有的教材把上述定理作为多步方法稳定性的定义. 此外, 这里的稳定性也称作**零稳定性**或者**D-稳定性**, 以便区分它与数值方法的其他稳定性概念.

现在讨论线性多步法的收敛性 (以下假设 f 在区域 Ω 上连续并关于 y 满足 Lipschitz 条件).

定义 1.5.5　(i) 对初值问题 (1.1.1)—(1.1.2) 而言, 线性多步法 (1.4.31) 是收敛的, 如果对任意 $x \in [a,b]$ 以及满足

$$y_j - y(x_0 + jh) \to 0, \quad 0 \leqslant j < k, \quad \text{当 } h \to 0 \text{ 时} \tag{1.5.33}$$

的任意初值, 均成立

$$\lim_{h \to 0} y_m = y(x), \quad x - x_0 = mh, \quad h = \frac{b-a}{N}. \tag{1.5.34}$$

(ii) 线性多步法 (1.4.31) 的收敛阶是 p, 如果对充分可微函数 f, 均存在正数 h_0 使得当初值满足

$$\|y_j - y(x_0 + jh)\| \leqslant C_0 h^p, \quad 0 \leqslant j < k, \quad h \leqslant h_0 \tag{1.5.35}$$

时, 有

$$\|y_m - y(x)\| \leqslant C h^p, \quad h \leqslant h_0. \tag{1.5.36}$$

定理 1.5.14　k 步线性多步法 (1.4.31) 的收敛性的充分必要条件是相容性和稳定性.

证明　必要性. 设 k 步线性多步法 (1.4.31) 稳定, $y(x)$ 是初值问题 (1.1.1)—(1.1.2) 的精确解, y_m 是相应的线性多步方法 (1.4.31) 的精确解. 将方程 (1.4.31) 和 (1.4.32) 相减得

$$\sum_{j=0}^{k} \alpha_j \varepsilon_{m+j} = b_m + L[y(x_m); h], \tag{1.5.37}$$

其中 $\varepsilon_m = y(x_m) - y_m$, 而 b_m 定义为

$$b_m = h \sum_{j=0}^{k} \beta_j [f(x_{m+j}, y(x_{m+j})) - f(x_{m+j}, y_{m+j})].$$

类似定理 1.5.13 中的充分性证明, 有

$$|\epsilon_m| \leqslant D\varepsilon_0 + M \sum_{n=0}^{m-k} |b_n| + \frac{b-a}{h} \max_m \{|L[y(x_m); h]|\},$$

其中 $\varepsilon_0 = \max_{0 \leqslant j < k} \{|y(x_m) - y_m|\}$. 因而当 $h_0 < 1/kLMB$ 时有

$$|\varepsilon_m| \leqslant e^{M_1(b-a)} \left((D_1 + hkM_1)\varepsilon_0 + \frac{M_2}{h} \max_m \{|L[y(x_m); h]|\} \right),$$

这里 $M_2 = (b-a)M/(1-hkLMB)$, 而 L, M, B, M_1 和 D_1 与定理 1.5.13 的证明中的相同. 由此可见, 如果线性多步法 (1.4.31) 是相容的, 而且

$$\lim_{h \to 0} \max_{0 \leqslant j < k} \{|\varepsilon_m|\} = 0,$$

则 $\varepsilon_m \to 0$, 即线性多步法 (1.4.31) 是收敛的.

充分性. 假设当 $h \to 0$, $m \to \infty$ 时 $mh \to x - a$. 如果线性多步方法 (1.4.31) 收敛, 即 $y_m \to y(x)$, 则对于固定的 k, 有 $e_{j,m}(h) := y(x) - y_{m+j} \to 0$, $j = 1, 2, \cdots, k$. 因此, 利用 (1.4.31), 有

$$y(x) \sum_{j=0}^{k} \alpha_j = \sum_{j=0}^{k} \alpha_j y(x) = \sum_{j=0}^{k} \alpha_j (y_{m+j} + e_{j,m}(h))$$

$$= h \sum_{j=0}^{k} \beta_j f_{m+j} + \sum_{j=0}^{k} \alpha_j e_{j,m}(h).$$

由于函数 f 是连续的, 所以有

$$y(x) \sum_{j=0}^{k} \alpha_j \to 0.$$

如果取 $y(x) \neq 0$, 则可得定理 1.5.12 中的第一个条件.

定理 1.5.12 中的第二个条件可以由 $y(x)$ 满足微分方程这个事实得到. 事实上, 由

$$\frac{y_{m+j} - y_m}{jh} \to y'(x),$$

或者

$$y_{m+j} - y_m = jhy'(x) + jh\tilde{e}_{j,m}(h), \quad \tilde{e}_{j,m}(h) \to 0$$

给出

$$\sum_{j=0}^{k} \alpha_j (y_{m+j} - y_m) = hy'(x) \sum_{j=0}^{k} j\alpha_j + h \sum_{j=0}^{k} j\alpha_j \tilde{e}_{j,m}(h).$$

应用等式 (1.4.31) 和定理 1.5.12 中的第一个条件 $\rho(1) = 0$, 则有

$$\sum_{j=0}^{k} \beta_j f_{m+j} = y'(x) \sum_{j=0}^{k} j\alpha_j + \sum_{j=0}^{k} j\alpha_j \tilde{e}_{j,m}(h).$$

上式的两端取极限可导出

$$f(x, y(x)) \sum_{j=0}^{k} \beta_j = y'(x) \sum_{j=0}^{k} j\alpha_j.$$

因而得到定理 1.5.12 中的第二个条件, 即线性多步方法 (1.4.31) 是相容的.

稳定性的证明过程类似定理 1.5.13 的充分性证明, 这里略. ■

最后, 再举一个例子说明收敛性和稳定性之间的关系. 考虑用线性多步公式

$$-\frac{1}{2}y_{m+2} + 2y_{m+1} - \frac{3}{2}y_m = hf_m, \tag{1.5.38}$$

求解初值问题

$$y' = y, \quad y(0) = 1. \tag{1.5.39}$$

由于多步公式 (1.5.38) 的生成多项式

$$\rho(\xi) = -\frac{1}{2}\xi^2 + 2\xi - \frac{3}{2}$$

的两个零点是 1 和 3, 所以由定理 1.5.14 和定理 1.5.13 知, 该方法既不稳定也不收敛. 事实上, 初值问题的精确解是 $y(x) = e^x$. 如果取步长 $h = 0.1$, 初值 $y_0 = 1$ 和 $y_1 = 1.10517$, 则可用上述方法借助计算机给出数值解及其与理论解的误差, 结果见表 1.5. 从表 1.5 中的数据可以看出, 误差增长很快. 如果将网格步长减小, 结果仍然一样. 这个例子说明不稳定的方法是不会收敛的.

表 1.5   问题 (1.5.39) 的数值解及其与理论解的误差

x_n	y_n	$y_n - e^{nh}$	x_n	y_n	$y_n - e^{nh}$
0.0	1.000000	0.000000	0.6	1.694106	-0.128013
0.1	1.105170	0.000000	0.7	1.636106	-0.377647
0.2	1.220680	-0.000723	0.8	1.123287	-1.102253
0.3	1.346175	-0.003683	0.9	-0.742392	-3.201995
0.4	1.478528	-0.013297	1.0	-6.564086	-9.282368
0.5	1.606349	-0.042372			

相容性决定着局部离散误差的大小, 而零稳定性描述了当步长 $h \to 0$ 时, 这种误差和其他误差 (例如舍入误差) 的传播状况. 换而言之, 零稳定性只保证对于充分小的步长 h, 局部误差和舍入误差有界. 但当步长很小时, 覆盖求解区间 $[a, b]$ 的网格点数 $N = (b - a)/h$ 就非常大, 这意味着不仅要耗费大量的计算机时间, 而且误差的积累也会使数值解的精度降低. 此外, 零稳定性也没有告诉步长 h 到底应当取多小. 而在实际计算中, 人们总希望步长尽可能地取得大一些, 且不随意地缩小, 以便获得给定精度的解. 计算中如何正确选取步长 h? 在步长 h 固定的情况下, 误差会不会逐步增长? 这些问题将在下一小节讨论.

1.5.4   绝对稳定性

如上所述, 在实际计算中使用的步长 h 一般是固定的, 为了刻画在这种情况下误差的传播状况, 有必要引进一个新的稳定性概念——绝对稳定性.

在分析数值方法的绝对稳定性时, 通常采用 "试验方程" 的方法, 即把数值方法应用于如下试验方程

$$y' = \lambda y, \tag{1.5.40}$$

其中 λ 是复数. 方程 (1.5.40) 是线性常系数的, 它的通解是 $y(x) = Ce^{\lambda x}$. 因而, 一般只考虑 λ 的实部小于零的情况. 虽然 (1.5.40) 只是一个简单的方程, 但数值方法应用于它时可以容易地导出相当有意义的稳定性准则, 而这样的做法也适合于形如 (1.1.1) 的非线性方程或方程组. 以方程组为例, 如果 $\boldsymbol{f}(x, \boldsymbol{y})$ 关于 $\boldsymbol{y}$ 可微, 则问题 (1.1.1)—(1.1.2) 的局部特性就可由其 "线性化" 方程组

$$\boldsymbol{y}' = \boldsymbol{A}\boldsymbol{y} \tag{1.5.41}$$

来定, 其中 $\boldsymbol{A} = \dfrac{\partial \boldsymbol{f}}{\partial \boldsymbol{y}}$ 是 Jacobi 矩阵. 如果假设 $\boldsymbol{A}$ 是一个 $m \times m$ 的常数矩阵, 并有 m 个互相不同的实 (或复) 特征值 λ_i, $i = 1, 2, \cdots, m$, 则存在非奇异矩阵 $\boldsymbol{Q}$, 使得

$$\boldsymbol{Q}^{-1}\boldsymbol{A}\boldsymbol{Q} = \boldsymbol{\Lambda} := \operatorname{diag}(\lambda_1, \cdots, \lambda_m).$$

作变换 $\boldsymbol{z} = \boldsymbol{Q}^{-1}\boldsymbol{y}$, 则方程 (1.5.41) 变为

$$\boldsymbol{z}' = \boldsymbol{\Lambda}\boldsymbol{z},$$

它是由 m 个独立的 "试验方程" $z_i' = \lambda_i z_i$, $i = 1, \cdots, m$ 组成的线性系统. 这也说明选取 (1.5.40) 作为试验方程是可接受的. 反之, 如果某种数值方法用于试验方程 (1.5.40) 的计算时无法给出合理的解, 则可以说这种数值方法是没有价值的.

假设用试验方程 (1.5.40) 代替一般的微分方程 (1.1.1), 则前面介绍的单步方法和线性多步方法均简化为关于 $\{y_m\}$ 的线性常系数差分方程, 例如单步方法被应用于试验方程 (1.5.40) 时变为

$$y_{m+1} = R(\overline{h})y_m, \tag{1.5.42}$$

式中 $\overline{h} = h\lambda$, $R(\overline{h})$ 依赖于具体格式, 而线性 k 步方法 (1.4.31) 则变为

$$\sum_{j=0}^{k}(\alpha_j - \overline{h}\beta_j)y_{m+j} = 0 \quad \text{或者} \quad \left[\rho(T) - \overline{h}\sigma(T)\right]y_m = 0, \tag{1.5.43}$$

其中 $\rho(\mu)$ 和 $\sigma(\mu)$ 的定义见 (1.5.21), 而 T 表示平移算子, $Ty_m = y_{m+1}$, $T^j y_m = y_{m+j}$. 它们的特征方程分别是

$$\mu - R(\overline{h}) = 0 \tag{1.5.44}$$

和

$$\rho(\mu) - \overline{h}\sigma(\mu) = 0. \tag{1.5.45}$$

现在以 k 步线性多步方法 (1.4.31) 或 (1.5.43) 为例, 观察误差的传播状况. 设 $y(x)$ 是试验方程 (1.5.40) 的解, 则有

$$[\rho(T) - \overline{h}\sigma(T)] y(x_m) = L[y(x_m); h]. \qquad (1.5.46)$$

用 y_m 表示线性差分方程 (1.5.43) 的解, 则局部截断误差 $\varepsilon_m = y(x_m) - y_m$ 满足非齐次线性差分方程

$$\rho(T)\varepsilon_m = \overline{h}\sigma(T)\varepsilon_m + L[y(x_m); h].$$

由于在计算中还存在舍入误差, 因而实际计算得到的解 $\tilde{y}_m$ 只是 y_m 的一个近似值, 这意味着 $\tilde{y}_m$ 一般并不满足齐次线性差分方程 (1.5.43), 而是满足如下形式的非齐次线性差分方程

$$[\rho(T) - \overline{h}\sigma(T)] y(x_m) = \eta_m,$$

这里 η_m 表示舍入误差. 因此局部舍入误差 $\tilde{\varepsilon}_m = \tilde{y}_m - y_m$ 也满足一个非齐次线性差分方程

$$\rho(T)\tilde{\varepsilon}_m = \overline{h}\sigma(T)\tilde{\varepsilon}_m + \eta_m. \qquad (1.5.47)$$

它与方程 (1.5.46) 的形式相同, 只是非齐次项不同, 这是因为 $L[y(x_m); h] = O(h)$, 而 η_m 是由计算本身决定的. 又因为 $y(x_m) - \tilde{y}_m = y(x_m) - y_m + y_m - \tilde{y}_m = \varepsilon_m - \tilde{\varepsilon}_m$, 所以估计微分方程的精确解 $y(x_m)$ 与计算解 $\tilde{y}_m$ 间的误差可以转化成估计方程 (1.5.46) 和 (1.5.47) 的解, 而由推论 1.5.5 知, 它们均可表示成

$$\sum_{j=0}^{k-1} c_j w_m^{(j)} + \sum_{n=0}^{m-k} g_{m,n} b_n,$$

式中 $w_m^{(j)}$ 是齐次线性差分方程 (1.5.43) 的 k 个线性无关解, 系数 c_j 可由初始值 ε_i 或者 $\tilde{\varepsilon}_i$, $0 \leqslant i < k$ 确定, $g_{m,n}$ 按 (1.5.9) 定义, $b_n = L[y(x_n); h]$ 或 η_m. 因此, 如果用 $\mu_j = \mu_j(\overline{h})$ 表示 (1.5.43) 的特征方程的根, 则 $w_m^{(j)}$ 和 $g_{m,n}$ 都可以表示成 $\{m^{r_j-1}\mu_j^m\}$ 的线性组合, 且组合系数只与 $\alpha_k - \overline{h}\beta_k$ 有关. 因而当 $|\mu_j| < 1$ 时, 某一时刻的误差对以后计算的影响将逐步减少.

由上可见, 微分方程的数值方法的绝对稳定性质取决于相应的多项式 $\pi(\mu; \overline{h}) = \rho(\mu) - \overline{h}\sigma(\mu)$ 或 $\mu - R(\overline{h})$ 的根的性质. 鉴于此, 通常把多项式 $\pi(\mu; \overline{h})$ 称为相应数值方法的**稳定多项式**.

定义 1.5.6　称一个数值方法是**绝对稳定的**, 如果对于给定的 $\overline{h} = h\lambda$, 其稳定多项式的根全在单位圆内. 称复平面上的一个区域 $\mathcal{R}_A$ 为某数值方法的**绝对稳定区域**, 如果对于所有的 $\overline{h} \in \mathcal{R}_A$, 该数值方法都是绝对稳定的. 区域 $\mathcal{R}_A$ 与负实轴相交的部分称为**绝对稳定区间**.

由试验方程 (1.5.40) 的通解 $y = Ce^{\lambda x}$ 不难知, 对固定的 h, 当 $\mathrm{Re}(\lambda) < 0$ 时, (1.5.40) 的解是随着 x 的增大而指数减小; 反之, 如果 $\mathrm{Re}(\lambda) > 0$, 则它将随着 x 的增大而指数增大. 因此, 数值方法的绝对稳定区间一般都只是考虑落在负实轴上的部分. 有的文献不作这样的限制.

现在举例说明数值方法的绝对稳定性.

例 1.5.2　如果应用显式 Euler 方法 (1.2.1) 于试验方程 (1.5.40), 则其变为

$$y_{m+1} - (1 + h\lambda)y_m = 0 \quad \text{或者} \quad y_{m+1} - (1 + \overline{h})y_m = 0.$$

因而 Euler 方法 (1.2.1) 的稳定多项式 $\mu - (1 + \lambda h)$ 有一个根

$$\mu = 1 + \overline{h}.$$

根据定义, 为了确保 Euler 方法是绝对稳定的, 应有

$$|\mu| = |1 + \overline{h}| \leqslant 1.$$

所以 Euler 方法的绝对稳定区域是 $|1 + \overline{h}| \leqslant 1$, 当 λ 是复数时, 它表示复平面上以实轴上点 -1 为中心的单位圆内部, 而取 λ 是负实常数时, 可以得到 Euler 方法的绝对稳定区间, 它是实轴上的线段: $-2 \leqslant \overline{h} = h\lambda \leqslant 0$. ■

像 Euler 方法这样, 如果数值方法的绝对稳定区域具有有限边界, 则称它是**条件绝对稳定**的; 否则称之是**无条件绝对稳定**的. 如果一个数值方法的绝对稳定区域是整个左半复平面, 则称此方法是**A-稳定**的.

例 1.5.3　研究最简单的隐式单步法, 向后 Euler 方法

$$y_{m+1} = y_m + hf_{m+1}$$

的绝对稳定性. 与显式 Euler 方法一样, 它也只有一阶收敛精度. 将其应用于试验方程 (1.5.40) 得线性差分方程

$$y_{m+1} = \frac{1}{1 - \overline{h}}y_m.$$

相应的稳定多项式的根是

$$\mu = (1 - \overline{h})^{-1}.$$

因为 $\mathrm{Re}(\lambda) < 0$, 所以恒有 $|\mu| < 1$. 因此, 向后 Euler 方法是 A-稳定的, 其绝对稳定区间是 $(-\infty, 0)$. ■

例 1.5.4 如果将四级四阶精度的显式 Runge-Kutta 方法 (1.3.8) 应用于试验方程 (1.5.40), 则有

$$y_{m+1} = \left(1 + \overline{h} + \frac{1}{2!}\overline{h}^2 + \frac{1}{3!}\overline{h}^3 + \frac{1}{4!}\overline{h}^4\right) y_m.$$

因而显式 Runge-Kutta 方法 (1.3.8) 的绝对稳定区域是

$$|\mu| = \left|1 + \overline{h} + \frac{1}{2!}\overline{h}^2 + \frac{1}{3!}\overline{h}^3 + \frac{1}{4!}\overline{h}^4\right| < 1.$$

该区域的边界参见图 1.5.1. ■

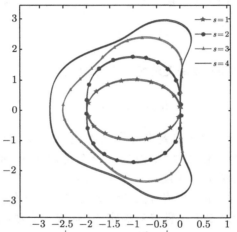

图 1.5.1 复平面中曲线 $\left|1 + \overline{h} + \cdots + \frac{1}{s!}\overline{h}^s\right| = 1$ 的图像, $s = 1, 2, 3, 4$

说明 1.5.2 (i) 当 $s = 1, 2, 3, 4$ 时, 所有 s 级 s 阶精度的显式 Runge-Kutta 方法的稳定多项式都具有相同的根.

(ii) 有时也把单步方法的稳定多项式的唯一的根称为单步方法的**稳定性函数**, 因而单步方法绝对稳定性的定义就意味着要求其稳定性函数的模小于 1.

例 1.5.5 讨论 Milne 方法

$$y_{m+2} = y_m + \frac{h}{3}(f_{m+2} + 4f_{m+1} + f_m) \tag{1.5.48}$$

的绝对稳定性. 将它用于试验方程 (1.5.40), 得

$$\left(3 - \overline{h}\right) y_{m+2} - 4\overline{h}y_{m+1} - \left(3 + \overline{h}\right) y_m = 0.$$

该线性差分方程的特征方程

$$\left(3 - \overline{h}\right) \mu^2 - 4\overline{h}\mu - \left(3 + \overline{h}\right) = 0 \tag{1.5.49}$$

有两个根

$$\mu_{\pm} = \left(3 - \overline{h}\right)^{-1} \left(2\overline{h} \pm \sqrt{9 + 3\overline{h}^2}\right).$$

将它们作渐近展开, 有

$$\mu_{+} \approx e^{\overline{h}}, \quad \mu_{-} \approx e^{-\overline{h}/3}.$$

由此可见, 不论 λ 的实部是正还是负, $\mu_{\pm}$ 中总有一个模大于 1, 所以 Milne 方法对通常的 λ 是绝对不稳定的. 在 $h \to 0$ 的渐近情况下, 特征方程 (1.5.49) 变为

$$\mu^2 - 1 = 0, \tag{1.5.50}$$

它有两个根 $\mu_{\pm} = \pm 1$. 因而, Milne 方法是弱稳定的. ∎

例 1.5.6　考虑两步 Adams-Bashforth 方法

$$y_{m+2} = y_{m+1} + \frac{3}{2}hf(t_{m+1}, y_{m+1}) - \frac{1}{2}hf(t_m, y_m)$$

的绝对稳定区域. 将其应用于模型方程 (1.5.40) 得线性差分方程

$$y_{m+2} = y_{m+1} + \frac{3}{2}\overline{h}y_{m+1} - \frac{1}{2}\overline{h}y_m.$$

令 $y_m = \mu^m$, 则可得到它的特征多项式

$$\pi(\mu; \overline{h}) = \mu^2 + \left(-1 - \frac{3}{2}\overline{h}\right)\mu + \frac{1}{2}\overline{h}.$$

稳定性要求 $\pi(\mu; \overline{h})$ 的根的模均不超过 1, 而模等于 1 的是单根. 因此可以令 $\mu = e^{i\theta}$, $\theta \in [0, 2\pi)$, 然后寻找 $\overline{h}$ 使得 μ 是稳定多项式的根. 将方程 $\pi(\mu; \overline{h}) = 0$ 重写为

$$\overline{h} = 2(\mu^2 - \mu)/(3\mu - 1) = 2(e^{2i\theta} - e^{i\theta})/(3e^{i\theta} - 1), \quad \theta \in [0, 2\pi). \tag{1.5.51}$$

它是复平面中的一条曲线, 参见图 1.5.2 中实线.

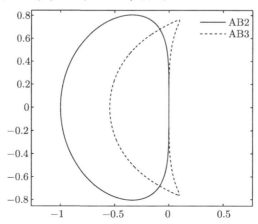

图 1.5.2　例 1.5.6 中的两步和三步的 Adams-Bashforth 方法的绝对稳定区域边界的图像

类似地, 可以考虑三步的 Adams-Bashforth 方法

$$y_{m+3} = y_{m+2} + \frac{h}{12}(23f_{m+2} - 16f_{m+1} + 5f_m))$$

的绝对稳定性区域. 参见图 1.5.2 中虚线所用的区域.

例 1.5.7　确定两步方法

$$y_{m+2} = y_m + \frac{h}{2}(f_{m+1} + 3f_m)$$

的绝对稳定区间. 将其应用于模型方程 (1.5.40) 得线性差分方程

$$y_{m+2} = y_m + \frac{\overline{h}}{2}(y_{m+1} + 3y_m).$$

它的特征多项式是

$$\pi(\mu; \overline{h}) = \mu^2 - \frac{1}{2}\overline{h}\mu - \left(1 + \frac{3}{2}\overline{h}\right).$$

仿照上个例子中的做法知, 稳定区域的边界是

$$\overline{h} = \frac{2(\mu^2 - 1)}{\mu + 3} = \frac{2(e^{2i\theta} - 1)}{e^{i\theta} + 3}, \quad \theta \in [0, 2\pi),$$

见图 1.5.3, 由此可定出绝对稳定区间.

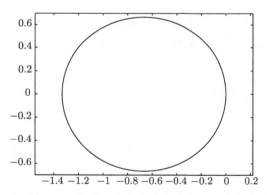

图 1.5.3　例 1.5.7 中的两步方法的绝对稳定区域边界的图像

如果仅考虑方法的稳定区间, 则可以设 λ 为实数. 此时考虑实系数情形的方程 $\pi(\mu; \overline{h}) = 0$ 的根, 记为 μ_1 和 μ_2. 根据代数方程的根与系数的关系知, $\mu_1 + \mu_2 = -\overline{h}/2$ 和 $\mu_1\mu_2 = -(1 + 3\overline{h}/2)$. 可以证明, $|\mu_1|$ 和 $|\mu_2|$ 均小于 1 当且仅当 $-\frac{4}{3} < \lambda h < 0$. 这就是要求的绝对稳定区间, 它与图 1.5.3 中显示的一致.

对于 $\mathrm{Re}(\lambda) > 0$ 的试验方程 (1.5.40), 似乎没有什么好的算法, 因为误差函数随着步数 m 增大而增长. 又由于数值方法的收敛性, 数值解必然也随着真解的增

长而增长. 如果误差的增长速度低于数值解的增长速度, 而且也不影响数值解的精度, 则所得的计算结果是具有实用价值的. 从这个角度研究数值方法的稳定性, 就是所谓的相对稳定性问题.

定义 1.5.7 称一个数值方法是**相对稳定的**, 如果对于给定的 $\overline{h} = h\lambda$, 其稳定多项式的根按模全部小于 $|e^{\overline{h}}|$. 称复平面上的一个区域 $\mathcal{R}_R$ 为某数值方法的**相对稳定区域**, 如果对于所有的 $\overline{h} \in \mathcal{R}_A$, 该数值方法都是相对稳定的.

1.6 预估-校正算法

由前面的分析知道, 具有相同步数的隐式多步方法的精度要比显式多步方法高, 例如 k 步 Adams 内插法具有 $k+1$ 阶精度, 而 k 步 Adams 外插法只有 k 阶精度. 此外, 隐式方法的稳定性也比显式方法好, 特别是当 $\frac{\partial f}{\partial y}$ 的特征值的模比较大时, 它的优越性就更为突出. 这一节讨论隐式多步方法的计算问题.

k 步隐式方法一般可以写成下列形式

$$y_{m+k} = h\beta_k f(x_{m+k}, y_{m+k}) - \sum_{j=0}^{k-1}(\alpha_j y_{m+j} - h\beta_j f_{m+j}), \qquad (1.6.1)$$

其中 y_{m+j} 和 f_{m+j} 已知, $0 \leqslant j < k$. 对一般的常微分方程 (组)(1.1.1) 而言, 公式 (1.6.1) 是一个非线性隐式方程 (组). 通常可以用迭代方法给出它的近似解, 不动点迭代算式是

$$y_{m+k}^{[\nu+1]} = h\beta_k f(x_{m+k}, y_{m+k}^{[\nu]}) - \sum_{j=0}^{k-1}(\alpha_j y_{m+j} - h\beta_j f_{m+j}), \qquad (1.6.2)$$

其中 $y_{m+k}^{[0]}$ 是给定的关于 y_{m+k} 的初始猜测, $\nu = 0, 1, 2, \cdots$. 不难验证, 当初始猜测 $y_{m+k}^{[0]}$ 选得适当且 $hL|\beta_k| < 1$ 时, 迭代公式 (1.6.2) 是收敛的, 即当 $\nu \to \infty$ 时, $y_{m+k}^{[\nu]} \to y_{m+k}$, 其中 L 是 f 关于 y 的 Lipschitz 常数. 值得注意的是, 初始猜测 $y_{m+k}^{[0]}$ 选取的好坏将直接影响迭代方法 (1.6.2) 的收敛快慢. 解决这个问题的合理方法是用一个显式线性多步方法计算 $y_{m+k}^{[0]}$, 例如

$$y_{m+k}^{[0]} = -\sum_{j=0}^{k-1}\left(\alpha_j^* y_{m+j} - h\beta_j^* f_{m+j}\right). \qquad (1.6.3)$$

这样, 将显式公式 (1.6.3) 和隐式公式 (1.6.2) 联合使用, 前者提供预测值, 而后者将预测值加以校正, 使数值解更精确. 由此形成的算法通常称作**预估-校正算法** (Predictor-Corrector Algorithm, **PC 算法**), 公式 (1.6.3) 称作**P 算式**, 而公式 (1.6.2)

则称作**C 算式**. P 算式已经给出了 y_{m+k} 的一个较好的近似值 $y_{m+k}^{[0]}$, 因此, 一般只要利用 C 算式迭代二至三次就可以使得 $y_{m+k}^{[\nu+1]}$ 与 $y_{m+k}^{[\nu]}$ 之间的差非常小. 显然, 校正次数过多的算法是不宜使用的, 否则将给数值计算带来很大的开销. 当出现校正次数过多时, 往往需要适当减小步长.

具体而言, PC 算法是先利用预估算法 (1.6.3) 给出 $y_{m+k}^{[0]}$, 然后计算 $f(x_{m+k}, y_{m+k}^{[0]})$, 再使用校正算式 (1.6.2) 计算出 y_{m+k} 的一次校正值 $y_{m+k}^{[1]}$. 如果以 $y_{m+k}^{[1]}$ 作为 y_{m+k} 的新的初始猜测, 重复上述校正过程 μ 次, 则可得到 y_{m+k} 的经过 μ 次校正后的近似值 $y_{m+k}^{[\mu]}$. 一个这样的 PC 算法可描述为

$$
\begin{aligned}
\text{P:}\quad & y_{m+k}^{[0]} = -\sum_{j=0}^{k-1}(\alpha_j^* y_{m+j}^{[\mu]} - h\beta_j^* f_{m+j}^{[\mu-1]}), \\
\text{E:}\quad & f_{m+k}^{[\nu]} = f(x_{m+k}, y_{m+k}^{[\nu]}), \\
\text{C:}\quad & y_{m+k}^{[\nu+1]} = h\beta_k f_{m+k}^{[\nu]} - \sum_{j=0}^{k-1}(\alpha_j y_{m+j}^{[\mu]} - h\beta_j f_{m+j}^{[\mu]}), \\
& \nu = 0,1,2,\cdots,\mu-1.
\end{aligned}
\tag{1.6.4}
$$

上述计算程序通常记为 P(EC)^μ, 其中步骤 E 表示计算 f 的函数值. P(EC)^μ 算法的最后是以校正步结束的, 此时已经得到了 $y_{m+k}^{[\mu]}$, 但是没有进一步计算 $f(x_{m+k}, y_{m+k}^{[\mu]})$ 的值, 以至于在下一步的预估算式中, f_{m+k} 仍用 $f_{m+k}^{[\mu-1]}$ 近似地代替. 但是, $y_{m+k}^{[\mu]}$ 应该比 $y_{m+k}^{[\mu-1]}$ 更为精确, 因而, 如果在 P(EC)^μ 计算程序结束时计算一下 $f(x_{m+k}, y_{m+k}^{[\mu]})$ 的值, 则就可以用 $f_{m+k}^{[\mu]}$ 近似 f_{m+k}, 记这种算法为 $\text{P(EC)}^\mu\text{E}$, 它具体描述为

$$
\begin{aligned}
\text{P:}\quad & y_{m+k}^{[0]} = -\sum_{j=0}^{k-1}(\alpha_j^* y_{m+j}^{[\mu]} - h\beta_j^* f_{m+j}^{[\mu]}), \\
\text{E:}\quad & f_{m+k}^{[\nu]} = f(x_{m+k}, y_{m+k}^{[\nu]}), \\
\text{C:}\quad & y_{m+k}^{[\nu+1]} = h\beta_k f_{m+k}^{[\nu]} - \sum_{j=0}^{k-1}(\alpha_j y_{m+j}^{[\mu]} - h\beta_j f_{m+j}^{[\mu-1]}), \\
& \nu = 0,1,2,\cdots,\mu-1, \\
\text{E:}\quad & f_{m+k}^{[\mu]} = f(x_{m+k}, y_{m+k}^{[\mu]}).
\end{aligned}
\tag{1.6.5}
$$

需要注意的是, PC 算法中每一校正步均需要计算一次 $f(x_{m+k}, y_{m+k}^{[\nu]})$, 这相当于用一步预估算式的计算量. 因此, 合理的预校算法应该选 h 使得 $\bar{h} = h\lambda$ 属于校正算式绝对稳定区域内, 而在预估算式绝对稳定区域外, 并且其值超过预估算式绝对稳定的最大 h 的倍数应比校正步数大, 否则就丧失 PC 算法的优越性.

预估–校正算法的局部截断误差和线性稳定性依赖于预估算法和校正算法. 这里仅分析预估–校正算法 (1.6.3) 和 (1.6.2) 的截断误差. 已知 P 算式 (1.6.3) 和 C

算式 (1.6.2) 的特征多项式分别是

$$\rho^*(\lambda) = \sum_{j=0}^{k} \alpha_j^* \lambda^j, \quad \alpha_k^* = 1, \quad \sigma^*(\lambda) = \sum_{j=0}^{k-1} \beta_j^* \lambda^j, \tag{1.6.6}$$

$$\rho(\lambda) = \sum_{j=0}^{k} \alpha_j \lambda^j, \quad \alpha_k = 1, \quad \sigma(\lambda) = \sum_{j=0}^{k} \beta_j \lambda^j. \tag{1.6.7}$$

如果分别用 L^* 与 L 表示 k 步显式算法 (1.6.3) 和 k 步隐式算法 (1.6.1)，并假设它们的阶分别是 p^* 与 p，则当微分方程的解充分光滑时，有

$$L^*[y(x); h] = c_{p^*+1}^* h^{p^*+1} y^{(p^*+1)}(x) + O(h^{p^*+2}), \tag{1.6.8}$$

$$L[y(x); h] = c_{p+1} h^{p+1} y^{(p+1)}(x) + O(h^{p+2}). \tag{1.6.9}$$

因而，预估方法 (1.6.3) 的局部截断误差是

$$y(x_{m+k}) - y_{m+k}^{[0]} = c_{p^*+1}^* h^{p^*+1} y^{(p^*+1)}(x_m) + O(h^{p^*+2}). \tag{1.6.10}$$

根据定义，局部截断误差表示在所有已知值均取为精确值时计算 y_{m+k} 产生的误差. 由于校正算法一般是一个迭代过程，所以校正算法的局部截断误差不能直接从 $L[y(x); h]$ 得出. 将 (1.6.4) 和 (1.6.5) 中的校正公式统一写成如下形式

$$y_{m+k}^{[\nu+1]} = h\beta_k f(x_{m+k}, y_{m+k}^{[\nu]}) - \sum_{j=0}^{k-1} \left(\alpha_j y_{m+j}^{[\mu]} - h\beta_j f(x_{m+j}, y_{m+j}^{[\mu-t]}) \right), \tag{1.6.11}$$

这里 $t=1$ 或 $0, 0 \leqslant \nu < \mu$. 由于

$$L[y(x_m); h] = \sum_{j=0}^{k} \left(\alpha_j y(x_{m+j}) - h\beta_j f(x_{m+j}, y(x_{m+j})) \right)$$

及已知的假设 $y_{m+j}^{[\mu]} = y(x_{m+j}), 0 \leqslant j < k$，则有

$$
\begin{aligned}
y(x_{m+k}) - y_{m+k}^{[\nu+1]} &= h\beta_k \left(f(x_{m+k}, y(x_{m+k})) - f(x_{m+k}, y_{m+k}^{[\nu]}) \right) + L[y(x_m); h] \\
&= h\beta_k \frac{\partial f}{\partial y}(x_{m+k}, \eta_{m+k}^{[\nu]}) \left(y(x_{m+k}) - y_{m+k}^{[\nu]} \right) + L[y(x_m); h], \tag{1.6.12}
\end{aligned}
$$

式中 $\eta_{m+k}^{[\nu]}$ 介于 $y(x_{m+k})$ 和 $y_{m+k}^{[\nu]}$ 之间，$0 \leqslant \nu < \mu$. 先设 $\nu = 0$，此时将 (1.6.10) 代入上式，则有

$$
\begin{aligned}
y(x_{m+k}) - y_{m+k}^{[1]} &= \beta_k \frac{\partial f}{\partial y}(x_{m+k}, \eta_{m+k}^{[\nu]}) c_{p^*+1}^* h^{p^*+2} y^{(p^*+1)}(x_m) \\
&\quad + O(h^{p^*+3}) + L[y(x_m); h].
\end{aligned}
$$

再设 $\nu = 1$, 并将上式代入 (1.6.12) 中, 则可给出 $y(x_{m+k}) - y_{m+k}^{[2]}$ 的估计. 如此类推, 有

$$y(x_{m+k}) - y_{m+k}^{[\mu]} = \prod_{\nu=1}^{\mu} \left(\beta_k \frac{\partial f}{\partial y}(x_{m+k}, \eta_{m+k}^{[\nu]}) \right) c_{p^*+1}^* h^{p^*+\mu+1} y^{(p^*+1)}(x_m)$$
$$+ O(h^{p^*+\mu+2}) + L[y(x_m); h] (1 + O(h)).$$

应用 (1.6.9), 可得局部截断误差

$$y(x_{m+k}) - y_{m+k}^{[\mu]} = c_{p+1} h^{p+1} y^{(p+1)}(x_m) + O(h^{p^*+\mu+1}) + O(h^{p+2}). \tag{1.6.13}$$

由此, 当 $p^* + \mu \geqslant p + 1$ 时有

$$y(x_{m+k}) - y_{m+k}^{[\mu]} = c_{p+1} h^{p+1} y^{(p+1)}(x_m) + O(h^{p+2}). \tag{1.6.14}$$

一般地

$$y(x_{m+k}) - y_{m+k}^{[\mu]} = O(h^{q+1}),$$

其中

$$q = \min\{p, p^* + \mu\}. \tag{1.6.15}$$

从 (1.6.14) 看出, 当预估算法的误差阶比校正算法的误差阶低一阶或者相等时, 最后的误差将与校正算法的误差同阶.

　　有了局部截断误差的估计后, 还可以进一步给出误差首项的估计, 并对原算法作适当的修正使其最优. 令 $p^* = p$, 则从方程 (1.6.10) 和 (1.6.14) 知

$$c_{p+1} h^{p+1} y^{(p+1)}(x_m) = y(x_{m+k}) - y_{m+k}^{[\mu]} + O(h^{p+2}),$$
$$c_{p+1}^* h^{p+1} y^{(p+1)}(x_m) = y(x_{m+k}) - y_{m+k}^{[0]} + O(h^{p+2}).$$

由此可得误差首项的估计

$$c_{p+1} h^{p+1} y^{(p+1)}(x_m) = \frac{c_{p+1}}{c_{p+1}^* - c_{p+1}} \left(y_{m+k}^{[\mu]} - y_{m+k}^{[0]} \right) + O(h^{p+2}).$$

类似地, 还有

$$c_{p+1}^* h^{p+1} y^{(p+1)}(x_m) = \frac{c_{p+1}^*}{c_{p+1}^* - c_{p+1}} \left(y_{m+k}^{[\mu]} - y_{m+k}^{[0]} \right) + O(h^{p+2}). \tag{1.6.16}$$

因为它依赖于 $y_{m+k}^{[\mu]}$, 所以它只能在校正步结束后才能用. 如果应用近似式

$$c_{p+1}^* h^{p+1} y^{(p+1)}(x_m) = c_{p+1}^* h^{p+1} y^{(p+1)}(x_{m-1}) + O(h^{p+2}),$$

则可以将 (1.6.16) 改变成在预估步之后就可使用的预估步误差首项的估计

$$c_{p+1}^* h^{p+1} y^{(p+1)}(x_m) = \frac{c_{p+1}^*}{c_{p+1}^* - c_{p+1}} \left(y_{m+k-1}^{[\mu]} - y_{m+k-1}^{[0]} \right) + O(h^{p+2}). \qquad (1.6.17)$$

将此代回 (1.6.10), 并令 $p^* = p$, 则有

$$y(x_{m+k}) - \overline{y}_{m+k}^{[0]} = O(h^{p+2}), \qquad (1.6.18)$$

其中

$$\overline{y}_{m+k}^{[0]} := y_{m+k}^{[0]} + \frac{c_{p+1}^*}{c_{p+1}^* - c_{p+1}} \left(y_{m+k-1}^{[\mu]} - y_{m+k-1}^{[0]} \right). \qquad (1.6.19)$$

这说明 $\overline{y}_{m+k}^{[0]}$ 给出了比 $y_{m+k}^{[0]}$ 更好的近似. (1.6.19) 通常称为**修正算式**或 **M 算式**. 类似地, 对校正值也可以作如下修正

$$\overline{y}_{m+k}^{[\mu]} = y_{m+k}^{[\mu]} + \frac{c_{p+1}}{c_{p+1}^* - c_{p+1}} \left(y_{m+k}^{[\mu]} - y_{m+k}^{[0]} \right). \qquad (1.6.20)$$

如果将 M 算式 (1.6.19) 和 (1.6.20) 与预估–校正算法 (1.6.4) 或 (1.6.5) 结合, 则有 $\mathrm{PM(EC)}^\mu \mathrm{ME}^{1-t}$ 算法

$$
\begin{aligned}
\text{P:} \quad & y_{m+k}^{[0]} = -\sum_{j=0}^{k-1} (\alpha_j \overline{y}_{m+j}^{[\mu]} - h\beta_j^* \overline{f}_{m+j}^{[\mu-t]}), \\
\text{M:} \quad & \overline{y}_{m+k}^{[0]} = y_{m+k}^{[0]} + \frac{c_{p+1}^*}{c_{p+1}^* - c_{p+1}} \left(y_{m+k-1}^{[\mu]} - y_{m+k-1}^{[0]} \right), \\
\text{E:} \quad & \overline{f}_{m+k}^{[\nu]} = f(x_{m+k}, \overline{y}_{m+k}^{[\nu]}), \\
\text{C:} \quad & y_{m+k}^{[\nu+1]} = h\beta_k \overline{f}_{m+k}^{[\nu]} - \sum_{j=0}^{k-1}(\alpha_j \overline{y}_{m+j}^{[\mu]} - h\beta_j \overline{f}_{m+j}^{[\mu-t]}), \\
& \nu = 0, 1, 2, \cdots, \mu-1, \\
\text{M:} \quad & \overline{y}_{m+k}^{[\mu]} = y_{m+k}^{[\mu]} + \frac{c_{p+1}}{c_{p+1}^* - c_{p+1}} \left(y_{m+k}^{[\mu]} - y_{m+k}^{[0]} \right), \\
\text{E:} \quad & \overline{f}_{m+k}^{[\mu]} = f(x_{m+k}, \overline{y}_{m+k}^{[\mu]}), \quad \text{如果 } t = 0.
\end{aligned}
\qquad (1.6.21)
$$

下面以 Adams 方法为例说明预估公式和校正公式的建立. 前面已经讲过, 一阶常微分方程 (1.1.1) 可以化为等价的积分方程, 设所考虑的区间为 $[x_m, x_{m+4}]$, 则在这个区间上原问题可以化为

$$y_{m+4} = y_m + \int_{x_m}^{x_{m+4}} f(x, y(x))dx. \tag{1.6.22}$$

用多项式插值逼近被积函数, 则可将积分方程 (1.6.22) 化为一个差分方程, 进而给出 Adams 方法. 例如四步四阶精度的显式 Adams 公式

$$y_{m+4} = y_{m+3} + \frac{h}{24}(55f_{m+3} - 59f_{m+2} + 37f_{m+1} - 9f_m), \tag{1.6.23}$$

其截断误差是

$$T_1 = \frac{251}{720}h^5 f^{(5)}(\xi_1), \quad x_m < \xi_1 < x_{m+4}. \tag{1.6.24}$$

三步四阶精度的隐式 Adams 公式

$$y_{m+4} = y_{m+3} + \frac{h}{24}(9f_{m+4} + 19f_{m+3} - 5f_{m+2} + f_{m+1}) \tag{1.6.25}$$

的截断误差为

$$T_2 = -\frac{19}{720}h^5 f^{(5)}(\xi_2), \quad x_{m+1} < \xi_2 < x_{m+4}. \tag{1.6.26}$$

如果用 (1.6.23) 来计算初始猜测 $y_{m+4}^{[0]}$, 则 PECE 算法可描述如下

P: $\quad y_{m+4}^{[0]} = y_{m+3} + \frac{h}{24}(55f_{m+3} - 59f_{m+2} + 37f_{m+1} - 9f_m),$

E: $\quad f_{m+4}^{[0]} = f(x_{m+4}, y_{m+4}^{[0]}),$

C: $\quad y_{m+4}^{[1]} = y_{m+3} + \frac{h}{24}(9f_{m+4}^{[0]} + 19f_{m+3} - 5f_{m+2} + f_{m+1}),$

E: $\quad f_{m+4}^{[1]} = f(x_{m+4}, y_{m+4}^{[1]}).$

这个预估–校正算法中的预估公式和校正公式的截断误差的阶相同, 但它们的系数不等, 因此, 可以用预估值和校正值的组合来表示截断误差和改善算法的精度. 设 p_m 和 c_m 分别是第 m 步 y_m 的预估值和校正值, 则

$$y(x_{m+4}) - p_{m+4} = \frac{251}{720}h^5 f^{(5)}(\xi_1), \quad x_m < \xi_1 < x_{m+4},$$

$$y(x_{m+4}) - c_{m+4} = -\frac{19}{720}h^5 f^{(5)}(\xi_2), \quad x_{m+1} < \xi_2 < x_{m+4}.$$

两方程相减, 得

$$c_{m+4} - p_{m+4} = \frac{19}{720}h^5 f^{(5)}(\xi_2) + \frac{251}{720}h^5 f^{(5)}(\xi_1). \tag{1.6.27}$$

假定微分方程的解 $y(x)$ 在所述区间内五阶连续可微, 则在 x_m 与 x_{m+4} 之间必存在 ξ, 使得

$$\frac{19}{720}h^5 f^{(5)}(\xi_2) + \frac{251}{720}h^5 f^{(5)}(\xi_1) = h^5\left(\frac{19}{720}f^{(5)}(\xi_2) + \frac{251}{720}f^{(5)}(\xi_1)\right)$$
$$= \frac{270}{720}h^5 f^{(5)}(\xi), \quad x_m < \xi < x_{m+4}.$$

将其代入 (1.6.27), 得

$$c_{m+4} - p_{m+4} = \frac{3}{8}h^5 f^{(5)}(\xi), \quad x_m < \xi < x_{m+4}. \tag{1.6.28}$$

从而有

$$h^5 f^{(5)}(\xi) = \frac{8}{3}(c_{m+4} - p_{m+4}), \quad x_m < \xi < x_{m+4}. \tag{1.6.29}$$

如果进一步假定函数 $y(x)$ 在区间 (x_m, x_{m+4}) 内存在六阶连续的导数, 则

$$f^{(5)}(\xi_1) = f^{(5)}(\xi) + O(h), \quad f^{(5)}(\xi_2) = f^{(5)}(\xi) + O(h).$$

于是预估公式和校正公式中的截断误差 T_1 和 T_2 可以分别表示为

$$T_1 = \frac{251}{720}h^5 f^{(5)}(\xi_1) = \frac{251}{270}(c_{m+4} - p_{m+4}) + O(h^6), \tag{1.6.30}$$

$$T_2 = -\frac{19}{720}h^5 f^{(5)}(\xi_2) = -\frac{19}{270}(c_{m+4} - p_{m+4}) + O(h^8). \tag{1.6.31}$$

利用上面两式又可算出 $y_{m+4}^{[0]}$ 和 $y_{m+4}^{[1]}$ 的修正值

$$\overline{y}_{m+4}^{[0]} = y_{m+4}^{[0]} + \frac{251}{270}(c_{m+4} - p_{m+4}),$$

$$\overline{y}_{m+4}^{[1]} = y_{m+4}^{[0]} - \frac{19}{270}(c_{m+4} - p_{m+4}).$$

由于在计算 $\overline{y}_{m+4}^{[0]}$ 时, 预估值和校正值 p_{m+4} 和 c_{m+4} 尚未算出, 故分别用点 x_{m+3} 处的预估值和校正值代替. 仍用上标 0 表示预估值, 上标 1 表示校正值, PMECME 算法可以表示为

P:　　$y_{m+4}^{[0]} = y_{m+3}^{[1]} + \dfrac{h}{24}\left(55f_{m+3}^{[1]} - 59f_{m+2}^{[1]} + 37f_{m+1}^{[1]} - 9f_m^{[1]}\right),$

M:　　$\bar{y}_{m+4}^{[0]} = y_{m+4}^{[0]} + \dfrac{251}{720}\left(y_{m+3}^{[1]} - y_{m+3}^{[0]}\right),$

E:　　$f_{m+4}^{[0]} = f\left(x_{m+4}, \bar{y}_{m+4}^{[0]}\right),$

$\qquad\qquad\qquad\qquad\qquad\qquad\qquad\qquad\qquad\qquad\qquad\qquad$ (1.6.32)

C:　　$y_{m+4}^{[1]} = \bar{y}_{m+3}^{[1]} + \dfrac{h}{24}\left(9f_{m+4}^{[0]} + 19f_{m+3}^{[1]} - 5f_{m+2}^{[1]} + f_{m+1}^{[1]}\right),$

M:　　$\bar{y}_{m+1}^{[1]} = y_{m+4}^{[1]} - \dfrac{19}{270}\left(y_{m+4}^{[1]} - y_{m+4}^{[0]}\right),$

E:　　$f_{m+4}^{[1]} = f\left(x_{m+4}, \bar{y}_{m+4}^{[1]}\right),$

这里 M 表示修正算式.

由于开始时无预估值和校正值可以利用, 故令它们都为零, 以后就可以按上述步骤进行计算. 还可以用 $y_{m+4}^{[0]} - y_{m+4}^{[0]}$ 来确定合适步长, 如果 $|y_{m+4}^{[0]} - y_{m+4}^{[0]}|$ 非常小, 则步长 h 可以放大; 如果它比较大, 则说明步长 h 取得过大, 需要减小.

1.7　刚性方程组的解法

刚性 (stiffness) 常微分方程组是一类重要的方程, 它们源于许多实际应用领域, 例如化学反应和核反应动力学、工程控制、电子电路设计等. 刚性的本质在于, 问题的解变化非常缓慢, 但它又包含迅速衰减的扰动. 这种解的慢变和快变的同时出现给数值计算带来很大的困难, 求解刚性问题的数值方法的关键是数值方法的稳定性.

考虑常微分方程组的初值问题

$$\boldsymbol{y}' = \boldsymbol{f}(x, \boldsymbol{y}), \quad \boldsymbol{y}(a) = \boldsymbol{y}_a, \qquad\qquad\qquad (1.7.1)$$

其中 $\boldsymbol{y} = (y_1, \cdots, y_n)^T$, $\boldsymbol{f} = (f_1, \cdots, f_n)^T$. 方程组 (1.7.1) 的特性是与 Jacobi 矩阵 $\dfrac{\partial \boldsymbol{f}}{\partial \boldsymbol{y}}$ 的特征值 $\lambda_k = \alpha_k + i\beta_k$ 相关联的, $k = 1, 2, \cdots, n$, $i = \sqrt{-1}$ 是虚数单位. α_k 大于 (或小于)0 表示运动振幅的增长 (或衰减), 而特征值的虚部 β_k 表示周期性振动的频率. $|\alpha_k|$ 是一个与物理系统时间常数相关联的量, 可以用来表示解衰减的速率. 例如单个方程

$$y' = (\alpha + i\beta)y, \quad \alpha, \beta \in \mathbb{R}$$

有通解 $y(x) = Ce^{(\alpha+i\beta)x}$, 其中 C 是积分常数. 如果 $\alpha < 0$, 则在时间 $x = |\alpha|^{-1}$ 时, $y(x)$ 衰减 e^{-1} 倍, 所以 $|\alpha|^{-1}$ 通常称为时间常数. $|\alpha|$ 的值越大, 时间常数越小. 对

于线性方程组, 解可以用指数函数的形式表示, 而对于非线性方程组, 经线性化后在局部范围内也可以用指数函数的形式表示. 在一个方程组中, 不同的量可以按不同的速度衰减, 也就是说可以具有不同的时间常数. 如果有一些分量衰减得很慢, 另有一些分量衰减得很快, 则衰减快的部分将决定方法的稳定性. 又由于在很少几步以后, 这些快的分量已经衰减到可以忽略的程度, 所以方法的截断误差主要由变化慢的分量来决定. 例如用 Euler 方法解初值问题

$$\begin{cases} y' = -y, \quad y(0) = 1, \\ z' = -100z, \quad z(0) = 1. \end{cases} \tag{1.7.2}$$

由于 Euler 方法的绝对稳定区间是 $(-2, 0)$, 则对第一个方程而言, 步长可取的范围是 $(0, 2)$; 而对于第二个方程, 步长 h 需要满足 $0 < 100h < 2$. 为了使两个方程都能满足稳定性的条件, 只能取步长 $h \in \left(0, \frac{1}{50}\right)$. 当然由于上面两个方程是互相独立的, 合理的作法是对第一个方程采用大步长, 而对第二个方程采用小步长. 这种做法并不适合耦合的方程组, 例如方程组

$$\begin{cases} y' = 998y + 1998z, \quad y(0) = 1, \\ z' = -999y - 1999z, \quad z(0) = 0. \end{cases} \tag{1.7.3}$$

上式右端系数矩阵的特征值为

$$\lambda_1 = -1000, \quad \lambda_2 = -1.$$

该方程组的精确解是

$$\begin{cases} y = 2e^{-x} - e^{-1000x}, \\ z = -e^{-x} + e^{-1000x}. \end{cases} \tag{1.7.4}$$

这表明, y 和 z 均含有快变成分 e^{-1000x} 和慢变成分 e^{-1x}, 相应于 λ_1 的快速衰减的分量在积分几步之后就可以被忽略, 解主要由相应于 λ_2 的慢变分量决定, 所以这时希望积分步长由 λ_2 来确定. 例如当用 Euler 方法来计算 (1.7.4) 时, 希望步长 h 只满足不等式 $|1 + \lambda_2 h| \leqslant 1$, 但是事实上, 为了保持误差传播的绝对稳定, 也要求 h 满足 $|1 + \lambda_1 h| \leqslant 1$, 它要求步长必须取得很小.

现在给出具有这种现象的微分方程组的一个专门定义.

定义 1.7.1 对一阶线性常系数方程组的初值问题

$$\begin{cases} \dfrac{d\boldsymbol{y}}{dx} = \boldsymbol{A}\boldsymbol{y} + \boldsymbol{g}(x), \\ \boldsymbol{y}(a) = \boldsymbol{y}_a, \end{cases} \tag{1.7.5}$$

其中 $\boldsymbol{y} = (y_1, \cdots, y_n)^T$. 若系数矩阵 $\boldsymbol{A}$ 的特征值 $\{\lambda_i\}$ 的实部均小于 0, 而且满足

$$S := \max_i\{|\mathrm{Re}\lambda_i|\}/\min_i\{|\mathrm{Re}\lambda_i|\} \gg 1,$$

则称这个方程组为**刚性方程组**或者**坏条件方程组**. 称 S 为**刚性比**.

为简单起见, 假定 $\boldsymbol{A}$ 的 n 个特征值 $\{\lambda_j\}$ 互不相同, 相应的 n 个特征向量是 $\boldsymbol{v}_j$, 则 (1.7.5) 的解的一般形式为

$$\boldsymbol{y}(x) = \sum_{j=1}^n q_j\boldsymbol{v}_j e^{\lambda_j x} + \boldsymbol{\varphi}(x), \tag{1.7.6}$$

其中 q_j 为常数, $\boldsymbol{y}(x)$ 为 n 维未知函数向量, $\boldsymbol{\varphi}(x)$ 是 (1.7.5) 的特解. 称 (1.7.6) 的右端第一项为 "暂态解", 而右端第二项为 "稳态解". 在用数值方法求解稳态解时, 必须要求计算到暂态解中衰减最慢的那一项可忽略为止. 因此, $\min_j\{|\mathrm{Re}\lambda_j|\}$ 越小, 积分过程越长, 换句话说, 需要经过非常长的时间后, 对应的慢变分量 $e^{-\min_j\{|\mathrm{Re}\lambda_j|\}x}$ 才能趋于稳态, 见图 1.7.1; 而 $\max_j\{|\mathrm{Re}\lambda_j|\}$ 越大, 则选取的步长 h 因稳定性条件限制而越小, 这就是刚性问题计算时的最主要矛盾.

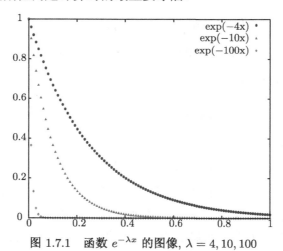

图 1.7.1   函数 $e^{-\lambda x}$ 的图像, $\lambda = 4, 10, 100$

从上面的分析看出, 用于计算刚性问题的数值方法最好是对 h 没有限制, 也就是说, 最好是 A-稳定的方法. 前面介绍过的向后 Euler 方法和梯形公式都是 A-稳定的, 适用于刚性方程组的求解. 但是属于 A-稳定的方法很有限, Dahlquist 已经证明, A-稳定的方法一定是隐式方法, 并且其阶不超过 2. 这个结论启示人们减弱适于刚性方程组求解的数值方法的 A-稳定性条件.

为了保证步长 h 不受限制, 事实上只要 $h\lambda_j$ 属于绝对稳定性区域即可. 基于此思想, Widlund(1967) 引进了 A(α)-稳定概念.

定义 1.7.2 称一个数值方法是A(α)-稳定的, 如果它的稳定性区域包含区域 $\left\{ h\lambda : |\pi - \arg(h\lambda)| < \alpha, \alpha \in \left(0, \frac{\pi}{2} \right) \right\}$; 一个数值方法是A(0)-稳定的, 如果它对于某些充分小的 α 是A(α)-稳定的.

Widlund 还证明了, A(α)-稳定的数值方法一定是隐式的, 且只有梯形公式是 $k+1$ 阶精度的线性 k 步 A(α)-稳定的方法; 当 $k = 3$ 和 4 时, 存在 k 阶精度的线性 k 步 A(α)-稳定的方法. 实际上, A(0)-稳定性基本对应于特征值都是负实数的情况, 对这种特殊情况, Cryer(1973) 引入了 A$_0$-稳定性概念.

定义 1.7.3 一个数值方法是A$_0$-稳定的, 如果它的稳定性区域包含区域 $\{h\lambda : \mathrm{Re}(h\lambda) < 0, \mathrm{Im}(h\lambda) = 0\}$.

Gear(1969) 从另一角度考虑了减弱 A-稳定性的要求, 并提出了刚性稳定性的概念.

定义 1.7.4 一个数值方法是刚性稳定的, 如果其稳定性区域包含区域 $\{h\lambda : \mathrm{Re}(h\lambda) < -a\} \cup \{h\lambda : -a \leqslant \mathrm{Re}(h\lambda) < 0, |\mathrm{Im}(h\lambda)| \leqslant c\}$, 其中 a, b 和 c 是三个正实数.

刚性稳定性的出发点是让产生快速衰减的特征值落在直线 $\mathrm{Re}(h\lambda) = -a$ 的左边, 这里 $a > 0$. 而让其他的特征值聚集在坐标原点附近. 保证一个数值方法是 A-稳定、A(α)-稳定和刚性稳定的最小区域见图 1.7.2. 很明显, 刚性稳定隐含了 A(α)-稳定 (只要取 $\alpha = \arctan(c/a)$). Gear 还证明了, 当 $k \leqslant 6$ 时, 对某些正实数 a, b 和 c, 具有 $\sigma(\mu) = \mu^k$ 形式的 k 阶精度的 k 步方法是刚性稳定的. 为了得到一个 k 阶精度的 k 步刚性稳定的方法

$$\sum_{j=0}^{k} \alpha_j \boldsymbol{y}_{m+j} = h\beta_k \boldsymbol{f}_{m+k}, \tag{1.7.7}$$

可以按如下步骤确定待定系数 α_j 和 β_k: 对于给定的正整数 k, 根据确定的 $\sigma(\mu) = \mu^k$ 求 $\rho(\mu)$, 使得 $\rho(\mu) - \overline{h}\sigma(\mu)$ 定义一个 k 阶精度的方法, 也就是使其满足 $\rho(1 + z) - \log(1 + z)\sigma(1 + z) = C_{k+1}z^{k+1} + O(z^{k+2})$. 系数 α_j 和 β_k 的取值可参见表 1.6, 方法 (1.7.7) 通常称为Gear **方法**.

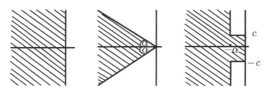

图 1.7.2 几个稳定性区域: A-稳定性、A(α)-稳定性、刚性稳定性

隐式 Runge-Kutta 方法均是 A-稳定的, 因而它们是可以应用于刚性方程组求解的另一类方法. 但是, 由于当用 s 级全隐式 Runge-Kutta 解含 n 个未知函数的方

程组时, 每一步要解 ns 个未知量的非线性方程组, 因此在实际刚性问题的计算中, 一般只使用 Rosenbrock 提出的高阶半隐式 Runge-Kutta 方法, 而不应用高阶全隐式 Runge-Kutta 方法. 有关这方面问题的进一步讨论可参见 [42, 46, 47].

表 1.6　Gear 方法系数表

k	β_k	α_0	α_1	α_2	α_3	α_4	α_5	α_6
1	1	-1	1					
2	$\dfrac{2}{3}$	$\dfrac{1}{3}$	$-\dfrac{4}{3}$	1				
3	$\dfrac{6}{11}$	$-\dfrac{2}{11}$	$\dfrac{9}{11}$	$-\dfrac{8}{11}$	1			
4	$\dfrac{12}{25}$	$\dfrac{3}{25}$	$-\dfrac{16}{25}$	$\dfrac{36}{25}$	$-\dfrac{48}{25}$	1		
5	$\dfrac{60}{137}$	$-\dfrac{12}{137}$	$\dfrac{75}{137}$	$-\dfrac{200}{137}$	$\dfrac{300}{137}$	$-\dfrac{300}{137}$	1	
6	$\dfrac{60}{147}$	$\dfrac{10}{147}$	$-\dfrac{72}{147}$	$\dfrac{225}{147}$	$-\dfrac{400}{147}$	$\dfrac{450}{147}$	$-\dfrac{360}{147}$	1

1.8　解常微分方程边值问题的试射法

常微分方程的初值问题是寻求满足常微分方程和一定初始条件的特解. 然而, 在工程实际中遇到的常微分方程定解条件也常常会是在不同点处给出的适当条件. 例如简支梁的挠度曲线 $y = y(x)$ 满足微分方程

$$\frac{d^4 y}{dx^4} = \frac{1}{EJ} q(x), \quad a < x < b,$$

其中 $q(x)$ 是梁上荷载的集度函数, E 和 J 分别是弹性模量和梁截面的惯性矩. 此外, 简支梁在两端 $x = a$ 和 b 的挠度和弯矩都等于零, 即

$$y(a) = y'(a) = y(b) = y'(b) = 0.$$

这给出了确定简支梁挠度曲线的定解条件. 由于这类定解条件是给定在区间的边界 (两端点) 上, 所以它们称为**边界条件**, 并称相应的定解问题为**边值问题**.

下面将以二阶常微分方程

$$y''(x) = f(x, y, y'), \quad a < x < b \tag{1.8.1}$$

为例讨论两点边值问题的数值解法. 该方程的边界条件的提法主要有如下三类.

第一类边界条件是

$$y(a) = \alpha, \quad y(b) = \beta. \tag{1.8.2}$$

第二类边界条件是

$$y'(a) = \alpha, \quad y'(b) = \beta. \tag{1.8.3}$$

第三类边界条件是

$$\alpha_0 y(a) - \alpha_1 y'(a) = \alpha, \quad \beta_0 y(b) + \beta_1 y'(b) = \beta, \tag{1.8.4}$$

其中 $\alpha_0\alpha_1 \geqslant 0, \beta_0\beta_1 \geqslant 0, \alpha_0 + \alpha_1 \neq 0,$ 和 $\beta_0 + \beta_1 \neq 0$.

定理 1.8.1 设方程 (1.8.1) 中的函数 f 及 $\dfrac{\partial f}{\partial y}, \dfrac{\partial f}{\partial y'}$ 在区域

$$\Omega = \{(x,y,y') | a \leqslant x \leqslant b, \ y, y' \in \mathbb{R}\}$$

内连续, 并且

(i) $\dfrac{\partial f(x,y,y')}{\partial y} > 0, \ \forall (x,y,y') \in \Omega,$

(ii) $\dfrac{\partial f}{\partial y'}$ 在 Ω 内有界, 即存在常数 M, 使得

$$\left| \frac{\partial f(x,y,y')}{\partial y'} \right| \leqslant M, \quad \forall (x,y,y') \in \Omega,$$

则边值问题 (1.8.1) 和 (1.8.4) 的解存在且唯一.

如果 (1.8.1) 是线性方程, 则它一般又可表示为

$$-y'' + p(x)y' + q(x)y = r(x). \tag{1.8.5}$$

将上式两端同乘以 $e^{-\int^x p(s)\,ds}$, 可得

$$-(y'e^{-\int^x p(s)\,ds})' + qe^{-\int^s p(s)\,ds}y = re^{-\int^x p(s)\,ds}. \tag{1.8.6}$$

令 $t = \displaystyle\int^x e^{\int^\xi p(s)\,ds}\,d\xi$, 则方程 (1.8.5) 可化成不显含 y' 的形式, 即

$$-\frac{d^2y}{dt^2} + Q(t)y = R(t). \tag{1.8.7}$$

容易验证, 在这种变换下, 边界条件的类型是不变的. 对于线性常微分方程 (1.8.5), 有如下结论.

推论 1.8.2 设函数 $p(x), q(x), r(x) \in C[a,b]$, 且在区间 $[a,b]$ 内 $q(x) > 0$, 则线性边值问题 (1.8.5) 和 (1.8.4) 的解存在并且唯一.

求解常微分方程边值问题的数值方法主要有: 试射法 (或打靶法)、有限差分法和有限元法. 试射法 (shooting) 的实质在于把边值问题化为初值问题, 并采用已讨论的各种解初值问题的单步方法或多步方法进行求解. 有限差分法是直接用差商近似导数, 而有限元方法则是将原问题先化为弱形式, 然后再在有限维函数空间中寻求近似解. 二者均是将一个关于连续变化自变量的微分方程边值问题转化为离散变化自变量的代数方程组的求解, 它们和第 4、5 章中讨论的椭圆型方程的边值问题的解法具有一定相似性. 这节将介绍求解二阶线性和非线性常微分方程边值问题的试射法, 而二阶常微分方程边值问题的有限差分方法将在 1.9 节中介绍.

1.8.1   二阶线性常微分方程的试射法

设二阶线性常微分方程边值问题 (1.8.5) 和 (1.8.4) 的解存在并且唯一, 定义线性算子

$$Ly := -y'' + p(x)y' + q(x)y. \tag{1.8.8}$$

由于线性微分方程的解具有叠加性, 而非齐次线性微分方程的解可由它的一个特解和相应的齐次线性微分方程的解的线性组合来表示, 所以可以考虑如下两个线性常微分方程的初值问题

$$\begin{cases} Lu = r(x), & a \leqslant x \leqslant b, \\ u(a) = -c_1\alpha, & u'(a) = -c_0\alpha \end{cases} \tag{1.8.9}$$

和

$$\begin{cases} Lv = 0, & a \leqslant x \leqslant b, \\ v(a) = d_1, & v'(a) = d_0, \end{cases} \tag{1.8.10}$$

其中 c_0, c_1, d_0 和 d_1 是待定常数. 分别用 $u(x)$ 和 $v(x)$ 表示问题 (1.8.9) 和 (1.8.10) 的解, 则函数

$$y(x) = u(x) + \gamma v(x), \tag{1.8.11}$$

满足微分方程 (1.8.5), 其中 γ 是待定参数. 为了使确定的函数 $y(x)$ 满足方程 (1.8.4) 中的第二个边界条件, γ 应取成

$$\gamma = \frac{\beta - [\beta_0 u(b) + \beta_1 u'(b)]}{\beta_0 v(b) + \beta_1 v'(b)}, \tag{1.8.12}$$

其中 $u(b)$, $u'(b)$, $v(b)$ 和 $v'(b)$ 依赖于待定常数 c_0, c_1, d_0 和 d_1 的选取. 又由方程 (1.8.4) 中的第一个边界条件知, 待定常数 c_0, c_1, d_0 和 d_1 应满足

$$\alpha(c_0\alpha_1 - c_1\alpha_0) - \gamma(d_0\alpha_1 - d_1\alpha_0) = \alpha. \tag{1.8.13}$$

为了避免待定常数 c_0, c_1, d_0 和 d_1 的选取与参数 γ 相关, 可令 c_0, c_1, d_0 和 d_1 满足

$$c_0\alpha_1 - c_1\alpha_0 = 1, \quad d_0\alpha_1 - d_1\alpha_0 = 0. \qquad (1.8.14)$$

这给出了确定未知数 c_0, c_1, d_0 和 d_1 的两个方程. 这样二阶线性常微分方程边值问题 (1.8.5) 和 (1.8.4) 已转化为两个初值问题 (1.8.9) 和 (1.8.10), 而这两个二阶线性常微分方程初值问题又可分别简化为两个一阶微分方程组的初值问题. 如果令

$$u_1 = u, \quad u_2 = u'; \quad v_1 = v, \quad v_2 = v', \qquad (1.8.15)$$

则问题 (1.8.9) 可写成

$$\begin{cases} u_1' = u_2, \\ u_2' = p(x)u_2 + q(x)u_1 - r(x), \\ u_1(a) = -c_1\alpha, \quad u_2(a) = -c_0\alpha, \end{cases} \qquad (1.8.16)$$

而问题 (1.8.10) 可写成

$$\begin{cases} v_1' = v_2, \\ v_2' = p(x)v_2 + q(x)v_1, \\ v_1(a) = \alpha_1, \quad v_2(a) = \alpha_0. \end{cases} \qquad (1.8.17)$$

此时, 可以利用前面介绍的解初值问题的数值方法 (如 Runge-Kutta 方法等) 计算出在各网格结点处 u 和 v 的值, 然后再由方程 (1.8.11) 给出问题 (1.8.5) 和 (1.8.4) 的数值解.

1.8.2 二阶非线性常微分方程的试射法

二阶非线性常微分方程的边值问题一般不能像线性边值问题那样直接转化为若干个初值问题求解, 而需要进行迭代求解.

考虑二阶非线性常微分方程的第一类边值问题 (1.8.1)—(1.8.2). 求解非线性边值问题的试射法的思想是: 设法确定 γ 的值, 使得满足 (1.8.1) 和初始条件 $y(a) = \alpha$ 与 $y'(a) = \gamma$ 的解 $y(x)$ 也满足边界条件 $y(b) = \beta$, 也就是说, 需要从微分方程 (1.8.1) 的经过点 (a, α) 而且有不同斜率的积分曲线中寻找一条经过点 (b, β) 的曲线. 首先根据经验, 或方程的定性分析, 或实际存在的运动规律, 选取一个斜率 γ_1, 然后求解初值问题

$$y'' = f(x, y, y'), \quad y(a) = \alpha, \quad y'(a) = \gamma_1.$$

这样便得到一个解 $y_1(x)$. 如果 $y_1(b) = \beta$ 或 $|y_1(b) - \beta| < \varepsilon$, 其中 ε 为误差容限, 则 $y_1(x)$ 即为所求的计算解. 否则, 根据 $\beta_1 = y_1(b)$ 与 β 的差距适当地将 γ_1 修改为 γ_2, 例如取 $\gamma_2 = \dfrac{\beta}{\beta_1}\gamma_1$, 并求解初值问题

$$y'' = f(x, y, y'), \quad y(a) = \alpha, \quad y'(a) = \gamma_2.$$

由此可得到另一个解 $y_2(x)$, 仿前进行判断和修改. 这样就得到一系列初值问题

$$\begin{cases} y'' = f(x, y, y'), & a \leqslant x \leqslant b, \\ y(a) = \alpha, \quad y'(a) = \gamma_k, & k = 1, 2, \cdots. \end{cases} \tag{1.8.18}$$

如果记问题 (1.8.18) 的解为 $y(x; \gamma_k)$, 则希望序列 $\{\gamma_k\}$ 满足

$$\lim_{k \to \infty} y(b; \gamma_k) = \beta, \tag{1.8.19}$$

换句话说, 参数 γ_k 的极限值 γ 应满足线性或非线性代数方程

$$F(\gamma) := y(b; \gamma) - \beta = 0. \tag{1.8.20}$$

由于 $F(\gamma)$ 的表达式往往不明确, 所以代数方程 (1.8.20) 的求解一般并不容易. 一个简单办法是由 γ_{k-1} 和 γ_k 线性插值出 γ_{k+1} 的值, 即

$$\gamma_{k+1} = \gamma_{k-1} + \frac{\gamma_k - \gamma_{k-1}}{\beta_k - \beta_{k-1}}(\beta - \beta_{k-1}), \tag{1.8.21}$$

其中 $\beta_k = y(b; \gamma_k)$, $\beta_{k-1} = y(b; \gamma_{k-1})$, 但是这样的线性插值不是很可靠, 还会造成大的计算开销, 甚至近似解不收敛. 较有效的做法是用 Newton 方法

$$\gamma_{k+1} = \gamma_k - \frac{F(\gamma_k)}{F'(\gamma_k)}, \quad k = 1, 2, \cdots, \tag{1.8.22}$$

迭代出方程 (1.8.20) 的解 γ 的近似值. 迭代式 (1.8.22) 中的 $F(\gamma_k)$ 可由 $y(b; \gamma_k) - \beta = \beta_k - \beta$ 算出, 它由问题 (1.8.18) 的解在端点 b 处的值决定, 而 $F'(\gamma_k)$ 可以通过解一个关于 $\dfrac{\partial y(b; \gamma)}{\partial \gamma}$ 的二阶常微分方程初值问题得到, 具体过程如下: 首先将问题 (1.8.18) 的解看成是 x 和 γ 的函数, 从而可将 (1.8.18) 写成

$$\begin{cases} y''(x; \gamma) = f(x, y(x; \gamma), y'(x; \gamma)), \\ y(a; \gamma) = \alpha, \quad y'(a, \gamma) = \gamma, \end{cases} \tag{1.8.23}$$

其中 y' 和 y'' 分别是 $y(x; \gamma)$ 关于 x 的一阶和二阶导数. 将微分方程及边界条件的两端分别对 γ 求偏导, 并记 $z(x; \gamma) = \dfrac{\partial y(x; \gamma)}{\partial \gamma}$, 则有

$$\begin{cases} z'' = \dfrac{\partial f}{\partial y}(x, y, y')z + \dfrac{\partial f}{\partial y'}(x, y, y')z', \\ z(a) = 0, \quad z'(a) = 1. \end{cases} \tag{1.8.24}$$

当 $\gamma = \gamma_k$ 时, 问题 (1.8.24) 的解 $z(x; \gamma_k)$ 在右边界处的取值 $z(b; \gamma_k)$ 即为 $F'(\gamma_k)$ 的值.

以上讨论了第一类边值问题的试射法, 对于更一般的两点边值问题

$$\begin{cases} y'' = f(x, y, y'), & a < x < b, \\ \alpha_0 y(a) - \alpha_1 y'(a) = \alpha, \\ \beta_0 y(b) + \beta_1 y'(b) = \beta, \end{cases} \tag{1.8.25}$$

可以考虑如下初值问题

$$\begin{cases} y'' = f(x, y, y'), & a \leqslant x \leqslant b, \\ y(a) = \alpha_1 \gamma - c_1 \alpha, \\ y'(a) = \alpha_0 \gamma - c_0 \alpha, \end{cases} \tag{1.8.26}$$

其中 $\alpha_0 \alpha_1 \geqslant 0$, $\beta_0 \beta_1 \geqslant 0$, $\alpha_0 + \alpha_1 > 0$, $\beta_0 + \beta_1 > 0$, 而任意常数 c_0 和 c_1 满足关系式

$$c_0 \alpha_1 - c_1 \alpha_0 = 1.$$

容易验证, 对任意参数 γ, 问题 (1.8.26) 的解 $y(x; \gamma)$ 满足 (1.8.25) 中的左边界条件. 为使得 $y(x; \gamma)$ 也满足右边界条件, γ 必须满足方程

$$\beta_0 y(b; \gamma) + \beta_1 y'(b; \gamma) - \beta = 0. \tag{1.8.27}$$

该方程可以用 Newton 方法迭代求解, 而二阶初值问题 (1.8.26) 可以类似地转化为一阶微分方程组的初值问题求解.

1.9 解两点边值问题的有限差分方法

有限差分方法是求解微分方程定解问题的简单且广泛的数值方法, 其基本思想是用离散的, 只含有限个未知量值的差分方程逼近微分方程和定解条件, 并把相应的有限差分方程的解作为微分方程定解问题的近似解. 这一节将以二阶线性常微分方程为例介绍两点边值问题的有限差分方法.

考虑边值问题

$$Ly = -\frac{d}{dx}\left(p\frac{dy}{dx}\right) + r\left(\frac{dy}{dx}\right) + qy = f, \quad a < x < b, \tag{1.9.1}$$

$$y(a) = \alpha, \quad y(b) = \beta, \tag{1.9.2}$$

这里假定 $p(x) \in C^1[a,b]$, $r(x), q(x), f(x) \in C[a,b]$, $p(x) \geqslant p_{\min} > 0$, $q(x) \geqslant 0$, α 和 β 是给定的常数. 用有限差分法解该两点边值问题的第一步是将求解区间 $[a,b]$ 进行网格剖分. 设区间被分成 N 等份, 即

$$x_m = a + mh, \quad m = 0, 1, \cdots, N,$$

称 x_m 为**网格结点**, 称 $h = (b-a)/N$ 为**网格步长**. 第二步则是通过适当的方法离散微商, 例如用差商代替微商. 注意, 实际中也可以考虑非等间距的网格剖分, 例如区间 $[a,b]$ 剖分为非均匀网格 $a = x_0 < x_1 < \cdots < x_N = b$, 其中 $x_{j+1} - x_j \neq x_j - x_{j-1}$. 在介绍二阶线性常微分方程的有限差分方法之前, 先介绍一些有限差分近似的基本概念.

1.9.1　有限差分近似的基本概念

设函数 $y(x)$ 充分光滑, $0 < h \ll 1$, 则有 Taylor 级数展式

$$y(x \pm h) = y(x) \pm hy'(x) + \frac{h^2}{2!}y''(x) \pm \frac{h^3}{3!}y'''(x) + \cdots. \tag{1.9.3}$$

由此可给出一阶导数的表达式

$$y'(x) = \frac{y(x+h) - y(x)}{h} - \frac{h}{2}y''(x) - \frac{h^2}{6}y'''(x) - \cdots$$

和

$$y'(x) = \frac{y(x) - y(x-h)}{6} + \frac{h}{2}y''(x) - \frac{h^2}{6}y'''(x) + \cdots.$$

它们给出了一阶导数 $y'(x)$ 和一阶差商的关系

$$y'(x) = \frac{y(x+h) - y(x)}{h} + O(h) \tag{1.9.4}$$

和

$$y'(x) = \frac{y(x) - y(x-h)}{h} + O(h), \tag{1.9.5}$$

这里的截断误差项 $O(h)$ 分别为

$$O(h) = -\frac{h}{2}y''(\xi), \quad x < \xi < x + h$$

和

$$O(h) = \frac{h}{2}y''(\eta), \quad x - h < \eta < x.$$

这说明, 表达式 (1.9.4) 和 (1.9.5) 右端的差商是一阶导数 $y'(x)$ 的一阶近似. 为了获得 $y'(x)$ 的较高精度的近似, 可以将方程 (1.9.3) 中的两式相减, 得

$$y(x+h) - y(x-h) = 2hy'(x) + \frac{2h^3}{3!}y'''(x) + \cdots.$$

从而有

$$y'(x) = \frac{y(x+h) - y(x-h)}{2h} + O(h^2), \tag{1.9.6}$$

其中 $O(h^2) = -\dfrac{h^2}{6}y'''(\xi)$, $x - h < \xi < x + h$. 这表明, 表达式 (1.9.6) 右端的差商是一阶导数 $y'(x)$ 的二阶近似. 式 (1.9.4), (1.9.5) 和 (1.9.6) 中的差商分别称为逼近 $y'(x)$ 的向前差商、向后差商和中心差商.

还可以给出二阶导数 $y''(x)$ 的差分近似. 将方程 (1.9.3) 中的两式相加, 得

$$y(x+h) + y(x-h) = 2y(x) + h^2 y''(x) + \frac{h^2}{12}y^{(4)}(x) + \cdots,$$

进而有

$$y''(x) = \frac{y(x+h) - 2y(x) + y(x-h)}{h^2} + O(h^2), \tag{1.9.7}$$

其中截断误差项 $O(h^2) = -\dfrac{h^2}{12}y^{(4)}(\xi)$, $x - h < \xi < x + h$. 利用类似的方法, 可获得更高阶导数的差分近似式, 表 1.7 列出了一些高阶导数的常用差分近似式和它们的误差阶.

表 1.7 导数的差分近似式及相应的截断误差阶

导数	有限差分逼近	误差阶
$y'(x)$	$\dfrac{y(x+h) - y(x)}{h}$	$O(h)$
	$\dfrac{y(x) - y(x-h)}{h}$	$O(h)$
	$\dfrac{y(x+h) - y(x-h)}{2h}$	$O(h^2)$
	$\dfrac{-y(x+2h) + 4y(x+h) - 3y(x)}{2h}$	$O(h^2)$
	$\dfrac{-y(x+2h) + 8y(x+h) - 8y(x-h) + y(x-2h)}{12h}$	$O(h^4)$
$y''(x)$	$\dfrac{y(x+h) - 2y(x) + y(x-h)}{h^2}$	$O(h^2)$
	$\dfrac{-y(x+2h) + 16y(x+h) - 30y(x) + 16y(x-h) - y(x-2h)}{12h^2}$	$O(h^4)$
$y'''(x)$	$\dfrac{y(x+2h) - 2y(x+h) + 2y(x-h) - y(x-2h)}{2h^3}$	$O(h^2)$
$y^{(4)}(x)$	$\dfrac{y(x+2h) - 4y(x+h) + 6y(x) - 4y(x-h) + y(x-2h)}{h^4}$	$O(h^2)$

1.9.2　用差商代替导数的方法

根据上面的讨论, 设边值问题 (1.9.1)—(1.9.2) 的解足够光滑, 在网格点 x_m 处, $1 \leqslant m < N$, 有

$$\left(\frac{dy}{dx}\right)_m = \frac{y(x_{m+1}) - y(x_{m-1})}{2h} + O(h^2). \tag{1.9.8}$$

类似地有

$$\left(\frac{d}{dx}\left(p\frac{dy}{dx}\right)\right)_m = \frac{1}{h}\left(\left(p\frac{dy}{dx}\right)_{m+1/2} - \left(p\frac{dy}{dx}\right)_{m-1/2}\right) + O(h^2), \tag{1.9.9}$$

其中

$$\left(p\frac{dy}{dx}\right)_{m+1/2} = p(x_{m+1/2})\frac{y(x_{m+1}) - y(x_m)}{h} + O(h^2).$$

记 $r_m = r(x_m)$, $q_m = q(x_m)$, $f_m = f(x_m)$, 则由 (1.9.8)—(1.9.9) 可给出边值问题 (1.9.1)—(1.9.2) 的解 $y(x)$ 在网格点 x_m 处满足的方程

$$(Ly)_m := -\frac{1}{h}\left(p_{m+1/2}\frac{y(x_{m+1}) - y(x_m)}{h} - p_{m-1/2}\frac{y(x_m) - y(x_{m-1})}{h}\right)$$
$$+ r_m\frac{y(x_{m+1}) - y(x_{m-1})}{2h} + q_m y(x_m) + R_m(y) = f_m, \tag{1.9.10}$$

其中

$$R_m(y) = O(h^2).$$

将方程 (1.9.10) 中的 $R_m(y)$ 略去, 并用 y_m 表示 $y(x_m)$ 的近似值, 则可得到逼近边值问题 (1.9.1)—(1.9.2) 的差分格式

$$L_h y_m := -\frac{1}{h^2}[p_{m+1/2}y_{m+1} - (p_{m+1/2} + p_{m-1/2})y_m + p_{m-1/2}y_{m-1}]$$
$$+ r_m\frac{y_{m+1} - y_{m-1}}{2h} + q_m y_m = f_m, \tag{1.9.11}$$

$$y_0 = \alpha, \quad y_N = \beta. \tag{1.9.12}$$

这是一个关于未知量 $\{y_m,\ 0 \leqslant m \leqslant N\}$ 的方程组, 它是逼近边值问题 (1.9.1)—(1.9.2) 的差分边值问题, 称 L_h 为**差分算子**, $R_m(y)$ 是差分方程 (1.9.11) 的局部截断误差. 利用差分算子, 可将方程 (1.9.10) 写成

$$L_h y(x_m) + R_m(y) = f_m. \tag{1.9.13}$$

将它与 x_m 处的方程 (1.9.10) 相减, 得

$$R_m(y) = (Ly)_m - L_h y(x_m). \tag{1.9.14}$$

可见 $R_m(y)$ 是用差分算子 L_h 近似微分算子 L 所引起的截断误差. 实际估计局部截断误差时只要将 $L_h y(x_m)$ 的各项在 x_m 处进行 Taylor 级数展开即可.

差分方程的边值问题 (1.9.11)—(1.9.12) 又可写成

$$\begin{cases} -a_m y_{m-1} + b_m y_m - c_m y_{m+1} = g_m, & 1 \leqslant m \leqslant N-1, \\ y_0 = \alpha, \quad y_N = \beta, \end{cases} \tag{1.9.15}$$

其中

$$a_m = \frac{2}{h} p_{m-1/2} + r_m, \quad c_m = \frac{2}{h} p_{m+1/2} - r_m,$$
$$b_m = \frac{2}{h} (p_{m+1/2} + p_{m-1/2}) + 2hq_m, \quad g_m = 2h f_m.$$

方程 (1.9.15) 的矩阵向量形式是

$$\boldsymbol{A}\boldsymbol{y} = \boldsymbol{g}, \tag{1.9.16}$$

其中 $\boldsymbol{y} = (y_1, y_2, \cdots, y_{N-1})^T$ 是未知向量, 右端向量定义为 $\boldsymbol{g} = (g_1 + a_1\alpha, g_2, \cdots, g_{N-2}, g_{N-1} + c_{N-1}\beta)^T$. 方程组 (1.9.16) 的系数矩阵

$$\boldsymbol{A} = \text{tridiag}\{-a_m, b_m, -c_m\} = \begin{pmatrix} b_1 & -c_1 & & & \\ -a_2 & b_2 & -c_2 & & \\ & \ddots & \ddots & \ddots & \\ & & -a_{N-2} & b_{N-2} & -c_{N-2} \\ & & & -a_{N-1} & b_{N-1} \end{pmatrix}$$

是一个不可约对角占优的三对角矩阵 (见第 4 章的思考题), 所以它是非奇异的, 线性方程组 (1.9.16) 存在唯一解. 线性方程组 (1.9.16) 可用 1.9.4 小节中介绍的追赶法或第 4 章中介绍的迭代法求解.

对于较一般的边界条件, 例如

$$-\gamma_1(a)y'(a) + \alpha_0 y(a) = \alpha_1,$$
$$\gamma_2(b)y'(b) + \beta_0 y(b) = \beta_1, \tag{1.9.17}$$

其中常数 $\alpha_0, \beta_0 \geqslant 0$, $\gamma_1(a)\gamma_2(b) \neq 0$. 如果分别用向前差商和向后差商近似方程 (1.9.17) 中的导数, 即

$$y'(a) = \frac{y_1 - y_0}{h} + O(h), \quad y'(b) = \frac{y_N - y_{N-1}}{h} + O(h),$$

则所得的边界差分方程的局部截断误差只是 $O(h)$, 它比内网格点处的差分方程 (1.9.11) 的精度低一阶. 如果改用高阶的差商逼近方程 (1.9.17) 中的导数, 以二

阶中心差商为例, 则有

$$\gamma_1(a)y_{-1} + 2h\alpha_0 y_0 - \gamma_1(a)y_1 = 2h\alpha_1,$$
$$-\gamma_2(b)y_{N-1} + 2h\beta_0 y_N + \gamma_2(b)y_{N+1} = 2h\beta_1.$$

此时边界差分方程和内网格点处的差分方程 (1.9.11) 的精度一致, 但是边界差分方程中出现了两个虚参 y_{-1} 和 y_{N+1}. 可以通过 (1.9.15) 中的内网格点处的格式消去这两个虚参, 例如将内网格点格式分别应用于点 $x_0 = a$ 和 $x_N = b$ 处, 则有

$$-a_0 y_{-1} + b_0 y_0 - c_0 y_1 = g_0,$$
$$-a_N y_{N-1} + b_N y_N - c_N y_{N+1} = g_N.$$

结合上面的四个方程, 可以得到两个不含虚参的边界差分方程

$$(2h\alpha_0 a_0 + \gamma_1(a)b_0)y_0 - \gamma_1(a)(a_0 + c_0)y_1 = 2h\alpha_1 a_0 + g_0\gamma_1(a),$$
$$-\gamma_2(b)(a_N + c_N)y_{N-1} + (2h\beta_0 c_N + \gamma_2(b)b_N)y_N = 2h\beta_1 c_N + g_N\gamma_2(b). \tag{1.9.18}$$

它们和 (1.9.15) 中的内网格点格式组成了关于未知量 $(y_0, y_1, \cdots, y_N)$ 的由 $N+1$ 个方程组成的线性方程组, 其系数矩阵是三对角的但是非对称的.

1.9.3　积分插值法

考虑守恒型或散度型的微分方程

$$Lu = -\frac{d}{dx}\left(p(x)\frac{dy}{dx}\right) + q(x)y = f(x), \quad a < x < b. \tag{1.9.19}$$

在 $[a,b]$ 的任意子区间 $[c,d]$ 上对方程 (1.9.19) 积分, 则得到

$$\left(p\frac{dy}{dx}\right)_{x=c} - \left(p\frac{dy}{dx}\right)_{x=d} + \int_c^d (q(x)y - f(x))\,dx = 0. \tag{1.9.20}$$

方程 (1.9.20) 只含一阶导数项, 因而与原方程 (1.9.19) 相比, 它对函数 $y(x)$ 和 $p(x)$ 的光滑性要求弱.

现在仍在网格点 x_m 处建立差分方程, $1 \leqslant m \leqslant N-1$, 取子区间 $[c,d]$ 为 $[x_{m-1/2}, x_{m+1/2}]$, 则方程 (1.9.20) 变为

$$\left(p\frac{dy}{dx}\right)_{m-1/2} - \left(p\frac{dy}{dx}\right)_{m+1/2} + \int_{x_{m-1/2}}^{x_{m+1/2}} (qy - f)\,dx = 0. \tag{1.9.21}$$

由于

$$\left(p\frac{dy}{dx}\right)_{m-1/2} = p_{m-1/2}\left(\frac{y(x_m) - y(x_{m-1})}{h}\right) + O(h^2),$$

$$\left(p\frac{dy}{dx}\right)_{m+1/2} = p_{m+1/2}\left(\frac{y(x_{m+1}) - y(x_m)}{h}\right) + O(h^2)$$

和

$$\int_{x_{m-1/2}}^{x_{m+1/2}} (qy - f)\, dx = (q_m y(x_m) - f_m)h + O(h^2),$$

所以方程 (1.9.21) 可近似为

$$-p_{m+1/2}\frac{y_{m+1} - y_m}{h} + p_{m-1/2}\frac{y_m - y_{m-1}}{h} + hq_m y_m$$
$$= hf_m, \quad 1 \leqslant m \leqslant N - 1. \tag{1.9.22}$$

这实质上是方程 (1.9.11) 在 $r(x) = 0$ 时的特殊情形. 如果 (1.9.21) 中的导数和积分项用其他方式近似或者积分区间换成其他区间, 则可得到其他形式的格式. 基于上述方法得到的格式可以看成是有限体积或广义差分方法.

这里考虑一般的边界条件 (1.9.17) 的离散. 根据 (1.9.17) 中的左边界条件, 有

$$\frac{dy}{dx}\bigg|_{x=a} = (\alpha_0 y_0 - \alpha_1)/\gamma_1(a). \tag{1.9.23}$$

如果取积分区间 $[c, d] = [x_0, x_{1/2}]$, 则 (1.9.20) 变为

$$\left(p\frac{dy}{dx}\right)_{x_0} - \left(p\frac{dy}{dx}\right)_{x_{1/2}} + \int_{x_0}^{x_{1/2}} (qy - f)\, dx = 0. \tag{1.9.24}$$

由于 (1.9.23) 和

$$\left(p\frac{dy}{dx}\right)_{x_{1/2}} = p_{1/2}\frac{y_1 - y_0}{h} + O(h^2),$$

$$\int_{x_0}^{x_{1/2}} (qy - f)\, dx = \frac{h}{2}(q_0 y_0 - f_0) + O(h^2),$$

所以方程 (1.9.24) 可近似为

$$-p_{1/2}\frac{y_1 - y_0}{h} + \left(\frac{p_0\alpha_0}{\gamma_1(a)} + \frac{h}{2}q_0\right)y_0 = \frac{p_0\alpha_1}{\gamma_1(a)} + \frac{h}{2}f_0. \tag{1.9.25}$$

类似地可给出逼近右边界条件的差分方程

$$p_{N-1/2}\frac{y_N - y_{N-1}}{h} + \left(\frac{\beta_0 p_N}{\gamma_2(b)} + \frac{h}{2}q_N\right)y_N = \frac{p_N\beta_1}{\gamma_2(b)} + \frac{h}{2}f_N. \tag{1.9.26}$$

由方程 (1.9.22), (1.9.25) 及 (1.9.26) 构成关于 $(N + 1)$ 个未知量 $y_0, y_1, \cdots, y_N$ 的由 $N + 1$ 个线性方程组成的方程组, 它的系数矩阵是对称的三对角矩阵. 另外, 边界差分方程 (1.9.25) 和 (1.9.26) 逼近 (1.9.17) 中的边界条件的阶均是 $O(h^2)$, 与差分方程 (1.9.22) 逼近微分方程 (1.9.19) 的精度阶一致. 上述建立数值格式的过程显示了积分插值法处理边界条件的灵活性和优越性.

1.9.4　解三对角方程组的追赶法

这一小节介绍求解三对角方程组

$$\begin{cases}
\beta_1 y_1 - \gamma_1 y_2 & = d_1, \\
-\alpha_2 y_1 + \beta_2 y_2 - \gamma_2 y_3 & = d_2, \\
\qquad -\alpha_3 y_2 + \beta_3 y_3 - \gamma_3 y_4 & = d_3, \\
\qquad\qquad \cdots\cdots \\
\qquad\qquad -\alpha_{N-1} y_{N-2} + \beta_{N-1} y_{N-1} & = d_{N-1}
\end{cases} \tag{1.9.27}$$

的追赶法, 又称作 Thomas 算法. 为了方便起见, 定义 $\alpha_1 = 0$, $\gamma_{N-1} = 0$. 由方程组 (1.9.27) 中的第一个方程解出 y_1, 即

$$y_1 = \omega_1 y_2 + g_1, \tag{1.9.28}$$

其中

$$\omega_1 = \frac{\gamma_1}{\beta_1}, \quad g_1 = \frac{d_1}{\beta_1}. \tag{1.9.29}$$

将上式代入方程组 (1.9.27) 的第二个方程, 并类似地解出 y_2, 得

$$y_2 = \omega_2 y_3 + g_2,$$

其中

$$\omega_2 = \frac{\gamma_2}{\beta_2 - \alpha_2 \omega_1}, \quad g_2 = \frac{d_2 + \alpha_2 g_1}{\beta_2 - \alpha_2 \omega_1}.$$

依次类推, 有

$$y_i = \omega_i y_{i+1} + g_i, \tag{1.9.30}$$

其中

$$\omega_i = \frac{\gamma_i}{\beta_i - \alpha_i \omega_{i-1}}, \quad g_i = \frac{d_i + \alpha_i g_{i-1}}{\beta_i - \alpha_i \omega_{i-1}}, \tag{1.9.31}$$

这里 $i = 2, 3, \cdots, N-1$. 至此, 再将关系式 $y_{N-2} = \omega_{N-2} y_{N-1} + g_{N-2}$ 代入方程组 (1.9.27) 中的最后一个方程, 则可得到未知量

$$y_{N-1} = \frac{d_{N-1} + \alpha_{N-1} g_{N-2}}{\beta_{N-1} - \alpha_{N-1} \omega_{N-2}} = g_{N-1}. \tag{1.9.32}$$

注意, 这个方程的右端以及方程 (1.9.31) 中定义的 ω_i 和 g_i 仅仅依赖于方程组的系数和右端项, $i = 1, 2, \cdots, N-2$.

将 (1.9.32) 中计算出的 y_{N-1} 回代入方程组 (1.9.30) 中的最后一个方程, 则可计算出 y_{N-2}. 再将算出的 y_{N-2} 回代入方程组 (1.9.30) 中的倒数第二个方程, 则可计算出 y_{N-3}. 依次类推, 可逐步求出 $y_{N-2}, y_{N-3}, \cdots, y_2, y_1$.

综上所述, 求解方程组 (1.9.27) 的过程由两步组成.

第一步, 根据方程 (1.9.29) 和 (1.9.31), 依次计算 (g_1, ω_1), (g_2, ω_2), $\cdots$, (g_{N-1}, ω_{N-1}).

第二步, 根据方程 (1.9.32), (1.9.30) 和 (1.9.28), 依次计算 y_{N-1}, y_{N-2}, $\cdots$, y_2, y_1.

通常称第一步为 "赶" 的过程, 而第二步为 "追" 的过程, 所以上述解三对角方程组 (1.9.27) 的直接算法称作**追赶法**. 实际上, 它是不选主元的 Gauss 消去法的具体实现.

定理 1.9.1 如果方程 (1.9.27) 中的系数 α_i, β_i 和 γ_i 均为正, 而且 $\beta_i > \max\limits_{1 \leqslant i \leqslant N-1} \{\alpha_{i+1} + \gamma_{i-1}, \alpha_i + \gamma_i\}$, 其中 $\alpha_1 = \alpha_N = \gamma_0 = \gamma_{N-1} = 0$, 则上述追赶法是稳定的.

1.10 Hamilton 系统的辛几何算法

经典力学有三种等价的 "数学形式" 体系: Newton 体系、Lagrange 体系和 Hamilton 体系, 其中 Hamilton 体系具有对称的形式且能应用于较广泛的物理现象, 故它一直是物理学理论研究的数学工具. Hamilton 体系的一个重要特性是稳定性, 它在几何上表现为, 解在相空间上是保面积的. 此外, 由指数形式的函数 $e^{\lambda x}$ 代入 Hamilton 系统而得到的特征方程的根是纯虚数, 因而 Hamilton 体系反映的是一切真实的、无耗散的物理过程. 很自然地, 计算 Hamilton 系统的数值方法也希望是无耗散的. 经典的常微分方程的数值方法, 例如 Runge-Kutta 方法等, 一般不适合于这类问题的计算, 这主要是由于它们是耗散的, 会导致相应的 Hamilton 系统的总能量随时间呈线性变化 (即计算中能量误差有线性积累), 从而导致对系统长期演化性态研究的失败, 参见例 1.10.1.

例 1.10.1 分别用显式 Euler 方法

$$\begin{aligned}
\boldsymbol{p}_{n+1} &= \boldsymbol{p}_n + h\boldsymbol{f}_n, \\
\boldsymbol{r}_{n+1} &= \boldsymbol{r}_n + h\boldsymbol{M}^{-1}\boldsymbol{p}_n
\end{aligned}$$

和 Verlet **方法**

$$\begin{aligned}
\boldsymbol{p}_{n+1/2} &= \boldsymbol{p}_n + \frac{h}{2}\boldsymbol{f}_n, \\
\boldsymbol{r}_{n+1} &= \boldsymbol{r}_n + h\boldsymbol{M}^{-1}\boldsymbol{p}_{n+1/2}, \\
\boldsymbol{f}_{n+1} &= \boldsymbol{f}(\boldsymbol{r}_{n+1}), \\
\boldsymbol{p}_{n+1} &= \boldsymbol{p}_{n+1/2} + \frac{h}{2}\boldsymbol{f}_{n+1},
\end{aligned}$$

计算开普勒 (Kepler) 问题

$$\frac{d}{dt}\boldsymbol{r} = \boldsymbol{M}^{-1}\boldsymbol{p}, \quad \frac{d}{dt}\boldsymbol{p} = \boldsymbol{f}(\boldsymbol{r}), \tag{1.10.1}$$

其中 $\boldsymbol{r} = (x,y)^T$, $\boldsymbol{p} = \dot{\boldsymbol{r}} = \dfrac{d}{dt}\boldsymbol{r}$, $V(x,y) = -(x^2+y^2)^{-1/2}$, $\boldsymbol{f}(\boldsymbol{r}) = -\nabla_{\boldsymbol{r}} V(\boldsymbol{r})$. 初始条件设定为

$$x(0) = 1-a, \quad \dot{x}(0) = 0, \quad y(0) = 0, \quad \dot{y}(0) = \sqrt{(1+a)/(1-a)},$$

这里的参数 a 表示轨道的离心率, $0 \leqslant a < 1$. 计算中取 $a = 0.9$, 旋转周期为 2π, $\boldsymbol{M}$ 为单位矩阵.

图 1.10.1 中显示的是粒子在 (x,y) 平面中的轨道, 其中横坐标是 x, 纵坐标是 y, 实线为精确轨道, 它是椭圆 $(x+a)^2 + y^2/(1-a^2) = 1$. 结果表明, 显式 Euler 方法得到了错误的轨道, 而 Verlet 方法可以获得正确轨道. ■

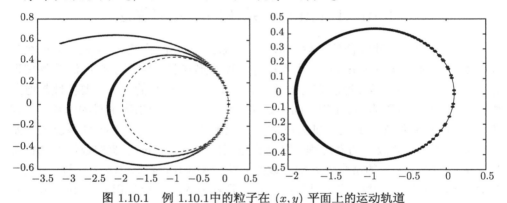

图 1.10.1   例 1.10.1中的粒子在 (x,y) 平面上的运动轨道

Hamilton 体系出现于很多学科领域, 例如流体力学、弹性力学、天体力学、几何光学、等离子物理和最优控制等. Hamilton 力学研究的基础是辛 (symplectic) 几何, 因而 Hamilton 力学计算的数值方法的研究也离不开辛几何. 辛几何的历史可追溯到 19 世纪, 英国天文学家 Hamilton 为了研究 Newton 力学, 引进广义坐标和广义动量来表示系统的能量, 即 Hamilton 函数. 对于自由度是 n 的系统, n 个广义坐标和 n 个广义动量张成 $2n$ 维相空间. 于是, Newton 力学就成为相空间中的几何学, 用现代观点来看, 它是一种辛几何学.

冯康于 1984 年在微分几何和微分方程国际会议上作了题为 "差分格式与辛几何" 的大会报告, 首次系统地提出 Hamilton 算法 (即辛几何算法或辛算法), 从而开创了 Hamilton 力学的新型计算方法研究. 辛算法的出发点是分析力学中的基本定理 "系统的解是一个单参数保积变换 (即辛变换)". 所谓辛算法就是保持原连续系统辛结构的数值方法.

这一节将在简单介绍辛几何和辛代数的基础上, 介绍 Hamilton 系统的两类辛格式: 线性 Hamilton 系统的中心 Euler 格式和一般的辛 Runge-Kutta 方法. 有关辛算法的详细介绍和讨论可参阅 [4, 5, 17, 41, 55].

1.10.1 辛几何与辛代数的基本概念

首先叙述一下 Hamilton 力学的要素和记号.

设 H 是 $2n$ 个自变量 $p_1, \cdots, p_n$, $q_1, \cdots, q_n$ 的可微函数, 其中 $p_i = p_i(x)$, $q_i = q_i(x)$, 则 Hamilton 方程一般可以写成

$$\frac{dp_i}{dt} = -\frac{\partial H}{\partial q_i}(\boldsymbol{p}, \boldsymbol{q}), \quad \frac{dq_i}{dt} = \frac{\partial H}{\partial p_i}(\boldsymbol{p}, \boldsymbol{q}), \quad i = 1, 2, \cdots, n, \tag{1.10.2}$$

或者

$$\frac{d\boldsymbol{p}}{dt} = -\frac{\partial H}{\partial \boldsymbol{q}}(\boldsymbol{p}, \boldsymbol{q}), \quad \frac{d\boldsymbol{q}}{dt} = \frac{\partial H}{\partial \boldsymbol{p}}(\boldsymbol{p}, \boldsymbol{q}), \tag{1.10.3}$$

其中 $\boldsymbol{p} = (p_1, \cdots, p_n)^T$, $\boldsymbol{q} = (q_1, \cdots, q_n)^T$, 函数 H 称为系统的 Hamilton **函数**. 如果记

$$\boldsymbol{z} = \begin{pmatrix} \boldsymbol{p} \\ \boldsymbol{q} \end{pmatrix}, \quad \boldsymbol{J}_{2n} = \begin{pmatrix} \boldsymbol{0} & \boldsymbol{I}_n \\ -\boldsymbol{I}_n & \boldsymbol{0} \end{pmatrix}, \tag{1.10.4}$$

则方程 (1.10.2) 或 (1.10.3) 又可写成

$$\dot{\boldsymbol{z}} = \frac{d\boldsymbol{z}}{dt} = \boldsymbol{J}_{2n}^{-1} H_{\boldsymbol{z}} = \boldsymbol{J}_{2n}^{-1} \begin{pmatrix} H_{\boldsymbol{p}} \\ H_{\boldsymbol{q}} \end{pmatrix}, \tag{1.10.5}$$

这里 $\boldsymbol{I}_n$ 是 n 阶单位矩阵. 不难知, 矩阵 $\boldsymbol{J}_{2n}$ 满足如下基本性质.

引理 1.10.1 (1) $\boldsymbol{J}_{2n}^{-1} = \boldsymbol{J}_{2n}^T = -\boldsymbol{J}_{2n}$, $\boldsymbol{J}_{2n}\boldsymbol{J}_{2n} = -\boldsymbol{I}_{2n}$.

(2) 对任意向量 $\boldsymbol{v} \in \mathbb{R}^{2n}$, 有 $\boldsymbol{v}^T \boldsymbol{J}_{2n} \boldsymbol{v} = 0$.

(3) 如果 $\boldsymbol{A}$ 是 $2n$ 阶对称矩阵, $\boldsymbol{B} = \boldsymbol{J}_{2n}\boldsymbol{A}$, 则 $\boldsymbol{B}^T \boldsymbol{J}_{2n} + \boldsymbol{J}_{2n}\boldsymbol{B} = \boldsymbol{0}$.

既然 Hamilton 力学是相空间上的几何学 (辛几何), 那么辛几何与欧几里得几何 (欧氏几何) 有什么区别? 概括地讲, 欧氏几何是研究长度的几何学, 而辛几何则是研究面积的几何学. 欧氏空间 $\mathbb{R}^n$ 的欧几里得结构取决于双线性对称的非退化内积

$$(\boldsymbol{x}, \boldsymbol{y}) = \boldsymbol{x}^T \boldsymbol{I}_n \boldsymbol{y}.$$

由于非退化, 当 $\boldsymbol{x} \neq \boldsymbol{0}$ 时 $(\boldsymbol{x}, \boldsymbol{x})$ 恒正, 从而可以定义长度 $\|\boldsymbol{x}\| = \sqrt{(\boldsymbol{x}, \boldsymbol{x})}$. 保持内积 (或长度) 不变即满足 $\boldsymbol{A}^T \boldsymbol{A} = \boldsymbol{I}_n$ 的线性算子 $\boldsymbol{A}$ 组成一个正交群[①], 它的李代数

[①] **群**表示一个拥有满足封闭性、结合律、有单位元、有逆元的二元运算的代数结构.

由满足条件 $\boldsymbol{A}^T + \boldsymbol{A} = \boldsymbol{A}^T \boldsymbol{I}_n + \boldsymbol{I}_n \boldsymbol{A} = \boldsymbol{0}$ (即反对称) 的变换组成, 也就是无穷小正交变换所组成. 辛几何 $\mathbb{R}^{2n}$ 是相空间中的几何学, 是具有特定辛结构的相空间, 它取决于一个双线性反对称的非退化的内积——辛内积

$$[\boldsymbol{x}, \boldsymbol{y}] = (\boldsymbol{x}, \boldsymbol{J}_{2n} \boldsymbol{y}) = \boldsymbol{x}^T \boldsymbol{J}_{2n} \boldsymbol{y} = \sum_{i=1}^{n} (x_i y_{n+i} - x_{n+i} y_i).$$

当 $n = 1$ 时, 辛内积变为

$$[\boldsymbol{x}, \boldsymbol{y}] = x_1 y_2 - x_2 y_1.$$

它恰好就是以向量 $\boldsymbol{x}$ 和 $\boldsymbol{y}$ 为边的平行四边形的面积, 因而, 辛内积一般说来是面积度量. 由于内积的反对称性, 对于任意向量 $\boldsymbol{x}$ 恒有 $[\boldsymbol{x}, \boldsymbol{x}] = 0$, 因此不能由辛内积引入长度的概念, 这是辛几何与欧氏几何的根本差别. 保持辛内积不变即满足 $\boldsymbol{A}^T \boldsymbol{J}_{2n} \boldsymbol{A} = \boldsymbol{J}_{2n}$ 的线性变换 $\boldsymbol{A}$ 组成一个群, 称为**辛群**, 它是一个典型的李群, 它的李代数则由无穷小辛变换或矩阵 $\boldsymbol{B}$(满足 $\boldsymbol{B}^T \boldsymbol{J}_{2n} + \boldsymbol{J}_{2n} \boldsymbol{B} = \boldsymbol{0}$) 组成. 由于奇数维空间中不存在非退化的反对称阵, 因此辛空间一定是偶数维空间. 表 1.8 列出了欧氏几何和辛几何的主要相同和不同之处[17].

表 1.8　欧氏几何 $\mathbb{R}^n$ 和辛几何 $\mathbb{R}^{2n}$ 的对比

	欧氏几何 $\mathbb{R}^n$	辛几何 $\mathbb{R}^{2n}$
元素	$\boldsymbol{x} = (x_1, \cdots, x_n)^T$	$\boldsymbol{x} = (x_1, \cdots, x_n, x_{n+1}, \cdots, x_{2n})^T$
内积	$(\boldsymbol{x}, \boldsymbol{y}) = \boldsymbol{x}^T \boldsymbol{I}_n \boldsymbol{y}$	$[\boldsymbol{x}, \boldsymbol{y}] = \boldsymbol{x}^T \boldsymbol{J}_{2n} \boldsymbol{y}$
	$(\boldsymbol{x}, \boldsymbol{x}) = \|\boldsymbol{x}\| > 0$, 如果 $\boldsymbol{x} \neq \boldsymbol{0}$	$[\boldsymbol{x}, \boldsymbol{x}] = 0$
	$(\boldsymbol{x}, \boldsymbol{y})$ 双线性	$[\boldsymbol{x}, \boldsymbol{y}]$ 双线性
	$(\boldsymbol{x}, \boldsymbol{x})$ 代表长度	$[\boldsymbol{x}, \boldsymbol{y}]$ 代表面积
	对称性: $(\boldsymbol{x}, \boldsymbol{y}) = (\boldsymbol{y}, \boldsymbol{x})$, $\boldsymbol{A}^T = \boldsymbol{A}$	反对称: $[\boldsymbol{x}, \boldsymbol{y}] = -[\boldsymbol{y}, \boldsymbol{x}]$, $\boldsymbol{A}^T = -\boldsymbol{A}$
非退化	$\forall \boldsymbol{y} \neq \boldsymbol{0}, \exists \boldsymbol{x},$ s.t. $(\boldsymbol{x}, \boldsymbol{y}) \neq 0$	$\forall \boldsymbol{y} \neq \boldsymbol{0}, \exists \boldsymbol{x},$ s.t. $[\boldsymbol{x}, \boldsymbol{y}] \neq 0$
补集	正交补: $V^{\perp} = \{\boldsymbol{x} \in \mathbb{R}^n : (\boldsymbol{x}, \boldsymbol{y}) = 0,$ $\forall \boldsymbol{y} \in V \subset \mathbb{R}^n\}$	斜交补: $V^{\perp} = \{\boldsymbol{x} \in \mathbb{R}^{2n} : [\boldsymbol{x}, \boldsymbol{y}] = 0, \forall \boldsymbol{y} \in V \subset \mathbb{R}^{2n}\}$
正交基	$(\boldsymbol{e}_i, \boldsymbol{e}_j) = \delta_{ij}$	$[\boldsymbol{e}_i, \boldsymbol{e}_j] = [\boldsymbol{e}_{n+i}, \boldsymbol{e}_{n+j}] = 0$; $[\boldsymbol{e}_i, \boldsymbol{e}_{n+j}] = [\boldsymbol{e}_{n+j}, \boldsymbol{e}_i] = \delta_{ij}$

定义 1.10.1　设 V 是定义在实数域 $\mathbb{R}$ 上的向量空间. 如果在 $V \times V$ 上定义的映射 ω 满足:

(i) 双线性:

$$\omega(\lambda_1 \boldsymbol{x}_1 + \lambda_1 \boldsymbol{x}_2, \boldsymbol{y}) = \omega(\lambda_1 \boldsymbol{x}_1, \boldsymbol{y}) + \omega(\lambda_2 \boldsymbol{x}_2, \boldsymbol{y}),$$

$$\omega(\boldsymbol{x}, \lambda_1 \boldsymbol{y}_1 + \lambda_1 \boldsymbol{y}_2) = \omega(\boldsymbol{x}, \lambda_1 \boldsymbol{y}_1) + \omega(\boldsymbol{x}, \lambda_2 \boldsymbol{y}_2),$$

其中 λ_1 和 λ_2 是两个任意常数,

(ii) 非退化: 如果对任意 $\boldsymbol{x} \in V$ 均成立 $\omega(\boldsymbol{x}, \boldsymbol{y}) = 0$, $\forall \boldsymbol{y} \in V$, 则有 $\boldsymbol{x} = \boldsymbol{0}$,

(iii) 反对称: $\forall \boldsymbol{x}, \boldsymbol{y} \in V, \omega(\boldsymbol{x}, \boldsymbol{y}) = -\omega(\boldsymbol{y}, \boldsymbol{x})$,

(iv) Jacobi 条件: $\omega(\boldsymbol{x}, \omega(\boldsymbol{y}, \boldsymbol{z})) + \omega(\boldsymbol{y}, \omega(\boldsymbol{z}, \boldsymbol{x})) + \omega(\boldsymbol{z}, \omega(\boldsymbol{x}, \boldsymbol{y})) = 0$,

则称 (V, ω) 是**辛空间**, ω 是一个**辛映射**或**辛结构**.

定义 1.10.2 称一个线性变换 $S : \mathbb{R}^{2n} \longmapsto \mathbb{R}^{2n}$ 是**辛变换**, 如果它对任意 $\boldsymbol{x}, \boldsymbol{y} \in \mathbb{R}^{2n}$ 保持内积 $[\boldsymbol{S}\boldsymbol{x}, \boldsymbol{S}\boldsymbol{y}] = [\boldsymbol{x}, \boldsymbol{y}]$.

定理 1.10.2 辛空间上的一个线性变换 S 是辛的当且仅当

$$\boldsymbol{S}^T \boldsymbol{J}_{2n} \boldsymbol{S} = \boldsymbol{J}_{2n}. \tag{1.10.6}$$

证明 因为 $[\boldsymbol{S}\boldsymbol{x}, \boldsymbol{S}\boldsymbol{y}] = [\boldsymbol{x}, \boldsymbol{y}]$, $(\boldsymbol{J}_{2n}\boldsymbol{S}\boldsymbol{x}, \boldsymbol{S}\boldsymbol{y}) = (\boldsymbol{S}^T \boldsymbol{J}_{2n}\boldsymbol{S}\boldsymbol{x}, \boldsymbol{y}) = (\boldsymbol{J}_{2n}\boldsymbol{x}, \boldsymbol{y})$, 所以 $\boldsymbol{S}^T \boldsymbol{J}_{2n} \boldsymbol{S} = \boldsymbol{J}_{2n}$. ∎

定义 1.10.3 一个 $2n$ 阶矩阵 S 是**辛的**, 如果

$$\boldsymbol{S}^T \boldsymbol{J}_{2n} \boldsymbol{S} = \boldsymbol{J}_{2n}. \tag{1.10.7}$$

所有辛矩阵组成一个群, 称之为**辛群**, 用符号 $Sp(2n)$ 来表示.

数域 F 上的次数为 $2n$ 的辛群是由 $2n$ 阶辛矩阵在矩阵乘法下构成的群. 辛群也可看作数域 F 上的一个 $2n$ 维向量空间上保持一个非退化、斜对称双线性的所有可逆线性变换构成的群.

定理 1.10.3 如果矩阵 $\boldsymbol{S} \in Sp(2n)$, 则有: $\det(\boldsymbol{S}) = 1$, $\boldsymbol{S}^{-1} = -\boldsymbol{J}_{2n}\boldsymbol{S}^T \boldsymbol{J}_{2n} = \boldsymbol{J}_{2n}^{-1}\boldsymbol{S}^T\boldsymbol{J}_{2n}$, $\boldsymbol{S}\boldsymbol{J}_{2n}\boldsymbol{S}^T = \boldsymbol{J}_{2n}$.

定理 1.10.4 矩阵

$$\begin{pmatrix} \boldsymbol{I}_n & \boldsymbol{B} \\ \boldsymbol{0} & \boldsymbol{I}_n \end{pmatrix}, \quad \begin{pmatrix} \boldsymbol{I}_n & \boldsymbol{0} \\ \boldsymbol{D} & \boldsymbol{I}_n \end{pmatrix}$$

是辛的当且仅当 $\boldsymbol{B}^T = \boldsymbol{B}$ 和 $\boldsymbol{D}^T = \boldsymbol{D}$.

定义 1.10.4 称一个 $2n$ 阶矩阵 B 是**无穷小辛矩阵**, 如果

$$\boldsymbol{B}^T \boldsymbol{J}_{2n} + \boldsymbol{J}_{2n} \boldsymbol{B} = \boldsymbol{0}. \tag{1.10.8}$$

所有无穷小辛阵对可易运算 $[\boldsymbol{A}, \boldsymbol{B}] = \boldsymbol{A}\boldsymbol{B} - \boldsymbol{B}\boldsymbol{A}$ 组成一个李代数, 用符号 $sp(2n)$ 来表示.

例 1.10.2 设 F 和 G 是定义在相空间 $\mathbb{R}^{2n}$ 上的关于 $(p_1, \cdots, p_n, q_1, \cdots, q_n)$ 的实值函数, 定义 Poisson 括号运算

$$[F, G] = \sum_{i=1}^{n} \left(\frac{\partial F}{\partial q_i} \frac{\partial G}{\partial p_i} - \frac{\partial F}{\partial p_i} \frac{\partial G}{\partial q_i} \right).$$

显然, 这是一个双线性反对称变换且满足 Jacobi 条件, 因而所有定义在 $\mathbb{R}^{2n}$ 上无穷次可微实值函数和 Poisson 括号运算就形成一个李代数. 此外, Poisson 括号运算还满足 Leibniz 法则

$$[F, G \cdot H] = [F, G] \cdot H + G \cdot [F, H].$$ ■

引理 1.10.5　矩阵 B 是无穷小辛矩阵当且仅当 $B = J_{2n}A$, 其中 A 是 $2n$ 阶对称矩阵.

定理 1.10.6　如果矩阵 $B \in sp(2n)$, 则 $e^{B} \in sp(2n)$.

定理 1.10.7　如果矩阵 $B \in sp(2n)$ 且行列式 $\det(I_{2n} + B) \neq 0$, 则有

$$F = (I_{2n} + B)^{-1}(I_{2n} - B) \in Sp(2n).$$

此时称 F 是 B 的**Cayley 变换**.

1.10.2　线性 Hamilton 系统的辛差分格式

任何一个格式不论是显式的还是或隐式的, 都可以看成是一个由某些时刻的解到新时刻的解的映射 (记为 F_h), 如果这个映射是辛的, 就说该格式是**辛格式**. 首先考虑线性 Hamilton 系统, 即 Hamilton 函数 H 是 z 的二次型

$$H(z) = \frac{1}{2}z^T S z, \quad S^T = S.$$

此时, 系统 (1.10.2) 又可表示成

$$\frac{dz}{dt} = Bz, \quad B = J_{2n}^{-1}S, \tag{1.10.9}$$

这里 B 是无穷小辛矩阵, 即 $B \in sp(2n)$.

定理 1.10.8　线性 Hamilton 系统的加权格式

$$\frac{z_{m+1} - z_m}{h} = B\big(\alpha z_{m+1} + (1-\alpha)z_m\big), \tag{1.10.10}$$

是辛的当且仅当 $\alpha = \frac{1}{2}$, 即 (1.10.10) 是中心 Euler 公式. z_n 到 z_{n+1} 的变换可表示为

$$z_{m+1} = F_h z_m, \quad F_h = \psi\left(-\frac{h}{2}B\right), \tag{1.10.11}$$

其中 $\psi(\lambda) = \frac{1-\lambda}{1+\lambda}$.

定理的证明可以参阅 [4].

如果给定的系统是可分的, 即

$$H(\boldsymbol{p}, \boldsymbol{q}) = \frac{1}{2}(\boldsymbol{p}^T, \boldsymbol{q}^T)\boldsymbol{S}\begin{pmatrix} \boldsymbol{p} \\ \boldsymbol{q} \end{pmatrix} = \frac{1}{2}\boldsymbol{p}^T\boldsymbol{U}\boldsymbol{p} + \frac{1}{2}\boldsymbol{q}^T\boldsymbol{V}\boldsymbol{q}, \tag{1.10.12}$$

其中 $\boldsymbol{U}$ 对称且正定, $\boldsymbol{V}$ 对称, 而

$$\boldsymbol{S} = \begin{pmatrix} \boldsymbol{U} & \boldsymbol{0} \\ \boldsymbol{0} & \boldsymbol{V} \end{pmatrix},$$

则方程 (1.10.9) 可写为

$$\frac{d\boldsymbol{p}}{dt} = -\boldsymbol{V}\boldsymbol{q}, \quad \frac{d\boldsymbol{q}}{dt} = \boldsymbol{U}\boldsymbol{p}. \tag{1.10.13}$$

这时, 中心 Euler 公式 (1.10.10) 可写成

$$\boldsymbol{p}_{m+1} = \boldsymbol{p}_m - \frac{h}{2}\boldsymbol{V}(\boldsymbol{q}_{m+1} + \boldsymbol{q}_m), \quad \boldsymbol{q}_{m+1} = \boldsymbol{q}_m + \frac{h}{2}\boldsymbol{U}(\boldsymbol{p}_{m+1} + \boldsymbol{p}_m),$$

或

$$\begin{pmatrix} \boldsymbol{p}_{m+1} \\ \boldsymbol{q}_{m+1} \end{pmatrix} = \begin{pmatrix} \boldsymbol{I}_n & \frac{h}{2}\boldsymbol{V} \\ -\frac{h}{2}\boldsymbol{U} & \boldsymbol{I}_n \end{pmatrix}^{-1} \begin{pmatrix} \boldsymbol{I}_n & -\frac{h}{2}\boldsymbol{V} \\ \frac{h}{2}\boldsymbol{U} & \boldsymbol{I}_n \end{pmatrix} \begin{pmatrix} \boldsymbol{p}_m \\ \boldsymbol{q}_m \end{pmatrix}.$$

对于可分系统 (1.10.13), 还可以构造显式辛格式, 例如

$$\boldsymbol{p}_{m+1} = \boldsymbol{p}_m - h\boldsymbol{V}\boldsymbol{q}_{m+1/2}, \quad \boldsymbol{q}_{m+3/2} = \boldsymbol{q}_{m+1/2} + h\boldsymbol{U}\boldsymbol{p}_{m+1}. \tag{1.10.14}$$

此时 $\boldsymbol{p}$ 是在点 $x_m = mh$ 处计算, 而 $\boldsymbol{q}$ 是在点 $x_{m+1/2} = (m+1/2)h$ 处计算. 格式 (1.10.14) 定义的变换

$$\boldsymbol{w}_m := \begin{pmatrix} \boldsymbol{p}_m \\ \boldsymbol{q}_{m+1/2} \end{pmatrix} \longmapsto \begin{pmatrix} \boldsymbol{p}_{m+1} \\ \boldsymbol{q}_{m+3/2} \end{pmatrix} =: \boldsymbol{w}_{m+1},$$

可以表示为

$$\boldsymbol{w}_{m+1} = \boldsymbol{F}_h \boldsymbol{w}_m, \quad \boldsymbol{F}_h = \begin{pmatrix} \boldsymbol{I} & \boldsymbol{0} \\ -h\boldsymbol{U} & \boldsymbol{I} \end{pmatrix}^{-1} \begin{pmatrix} \boldsymbol{I} & -h\boldsymbol{V} \\ \boldsymbol{0} & \boldsymbol{I} \end{pmatrix}.$$

Cayley 变换可以作进一步的推广.

定理 1.10.9   设函数 $\psi(\lambda)$ 在 $\lambda = 0$ 处能展成幂级数, 且 $\psi(\lambda)\psi(-\lambda) = 1$, $\psi'(0) \neq 0$ 和 $\psi(0) = 1$. 如果 $\boldsymbol{B} \in sp(2n)$, 则 $\psi(h\boldsymbol{B})$ 是辛阵. 此时称 ψ 是无穷小辛阵 $h\boldsymbol{B}$ 的 Cayley 变换.

考虑 e^x 的有理逼近

$$e^x \approx \frac{P_\ell(x)}{Q_n(x)},$$

其中 $P_\ell(x)$ 和 $Q_n(x)$ 分别是 x 的 ℓ 次和 n 次多项式, 且 $Q_n(0) \neq 0$. 对每对整数 (ℓ, n) 都可选择适当的多项式 $P_\ell(x)$ 和 $Q_n(x)$ 使得 $\dfrac{P_\ell(x)}{Q_n(x)}$ 在原点的 Taylor 级数展开式与 e^x 的有尽可能多的相同主项. 显然有

$$e^x - \frac{P_\ell(x)}{Q_n(x)} = O\left(|x|^{\ell+n+1}\right), \quad 当\ x \to 0\ 时.$$

特别地, e^x 具有如下形式的有理逼近

$$e^x = \frac{P_n(x)}{P_n(-x)} + O(|x|^{2n+1}),$$

其中

$$
\begin{aligned}
P_0(\lambda) &= 1, \\
P_1(\lambda) &= 2 + \lambda, \\
P_2(\lambda) &= 12 + 6\lambda + \lambda^2, \\
P_3(\lambda) &= 120 + 60\lambda + 12\lambda^2 + \lambda^3, \\
&\cdots\cdots \\
P_n(\lambda) &= 2(2n-1)P_{n-1}(\lambda) + \lambda^2 P_{n-2}(\lambda).
\end{aligned}
$$

如果记 $\psi(x) = \dfrac{P_n(x)}{P_n(-x)}$, 则不难知, 函数 $\psi(x)$ 满足定理 1.10.9 的假设条件. 因而, 有下述结论.

定理 1.10.10　Hamilton 系统的差分格式

$$z_{m+1} = \frac{P_n(h\boldsymbol{B})}{P_{n-1}(-h\boldsymbol{B})} z_m, \quad n = 1, 2 \tag{1.10.15}$$

是辛的、A-稳定的, 具有 $2n$ 阶精度, 且与方程 (1.10.2) 有相同的双线性不变量.

例 1.10.3　$n = 1$ 时, (1.10.15) 变为具有二阶精度的中心 Euler 公式

$$z_{m+1} = z_m + \frac{h\boldsymbol{B}}{2}(z_m + z_{m+1}).$$

相应的 $\boldsymbol{F}_h$ 的形式是

$$\boldsymbol{F}_h = \psi(h\boldsymbol{B}), \quad \psi(\lambda) = \left(1 - \frac{\lambda}{2}\right)^{-1}\left(1 + \frac{\lambda}{2}\right).$$

例 1.10.4 $n = 2$ 时, 格式 (1.10.15) 具有四阶精度, 具体形式是

$$z_{m+1} = z_m + \frac{h\boldsymbol{B}}{2}(z_m + z_{m+1}) + \frac{h^2\boldsymbol{B}^2}{12}(z_m - z_{m+1}).$$

相应的 $\boldsymbol{F}_h$ 的表达式是

$$\boldsymbol{F}_h = \psi(h\boldsymbol{B}), \quad \psi(\lambda) = \frac{1 + \dfrac{\lambda}{2} + \dfrac{\lambda^2}{12}}{1 - \dfrac{\lambda}{2} + \dfrac{\lambda^2}{12}}. \qquad \blacksquare$$

1.10.3 辛 Runge-Kutta 方法

将方程 (1.10.2) 改写为

$$\frac{d\boldsymbol{z}}{dx} = \boldsymbol{f}(\boldsymbol{z}), \quad \boldsymbol{f}(\boldsymbol{z}) = \begin{pmatrix} H_{\boldsymbol{q}} \\ -H_{\boldsymbol{p}} \end{pmatrix}, \tag{1.10.16}$$

并考虑如下形式的 s 级 Runge-Kutta 方法

$$\begin{aligned} z_{m+1} &= z_m + h\sum_{i=1}^{s} b_i \boldsymbol{f}(\boldsymbol{k}_i), \\ \boldsymbol{k}_i &= z_m + h\sum_{j=1}^{s} a_{i,j} \boldsymbol{f}(\boldsymbol{k}_j), \quad 1 \leqslant i \leqslant s. \end{aligned} \tag{1.10.17}$$

定理 1.10.11 Runge-Kutta 方法 (1.10.17) 是辛的, 如果

$$b_i a_{i,j} + b_j a_{j,i} = b_i b_j, \quad i, j = 1, \cdots, s, \tag{1.10.18}$$

或者

$$\boldsymbol{B}\boldsymbol{A} + \boldsymbol{A}^T\boldsymbol{B} = \boldsymbol{b}\boldsymbol{b}^T$$

成立, 其中 $\boldsymbol{B} = \mathrm{diag}(b_1, \cdots, b_s)$, $\boldsymbol{A} = (a_{i,j})$ 和 $\boldsymbol{b} = (b_1, \cdots, b_s)^T$.

定理的证明可见 [55]. 正如 1.3.2 小节中所言, 基于 s 个点的 Gauss-Legendre 方法具有 $2s$ 阶精度且满足定理 1.10.11 的条件. Gauss-Legendre 方法属于隐式 Runge-Kutta 格式, 它是以 Gauss-Legendre 积分点作为配置点而建立起来的. 下面列举的是几个具体例子.

例 1.10.5 离散方程组 (1.10.16) 的中点 Euler 公式 (二阶精度的 Gauss-Legendre 方法)

$$z_{m+1} = z_m + h\boldsymbol{f}(\boldsymbol{k}_1), \quad \boldsymbol{k}_1 = z_m + \frac{h}{2}\boldsymbol{f}(\boldsymbol{k}_1), \tag{1.10.19}$$

或者写成

$$z_{m+1} = z_m + hf\left(\frac{z_{m+1} + z_m}{2}\right).$$

易验证, 二阶精度的 Gauss-Legendre 方法 (1.10.19) 满足条件 (1.10.18), 因而是辛的. ∎

例 1.10.6　离散方程组 (1.10.16) 的一个二级四阶 Gauss-Legendre 方法

$$
\begin{aligned}
z_{m+1} &= z_m + \frac{h}{2}\left(f(k_1) + f(k_2)\right), \\
k_1 &= z_m + h\left(\frac{1}{4}f(k_1) + \left(\frac{1}{4} - \frac{1}{6}\sqrt{3}\right)f(k_2)\right), \\
k_2 &= z_m + h\left(\left(\frac{1}{4} + \frac{1}{6}\sqrt{3}\right)f(k_1) + \frac{1}{4}f(k_2)\right).
\end{aligned}
\tag{1.10.20}
$$

易验证, 二级四阶精度的 Gauss-Legendre 方法 (1.10.20) 满足条件 (1.10.18), 因而是辛的. 较高阶精度的 Gauss-Legendre 方法的计算开销通常过高, 因而很少被使用. ∎

例 1.10.7　离散方程组 (1.10.16) 的一个二级二阶对角隐式 Runge-Kutta 格式

$$
\begin{aligned}
z_{m+1} &= z_m + \frac{h}{2}\left(f(k_1) + f(k_2)\right), \\
k_1 &= z_m + \frac{h}{4}f(k_1), \\
k_2 &= z_m + \frac{h}{2}f(k_1) + \frac{h}{4}f(k_2),
\end{aligned}
\tag{1.10.21}
$$

或等价地表示为

$$
\begin{aligned}
z_{m+1/2} &= z_m + \frac{h}{2}f\left(\frac{z_{m+1/2} + z_m}{2}\right), \\
z_{m+1} &= z_{m+1/2} + \frac{h}{2}f\left(\frac{z_{m+1} + z_{m+1/2}}{2}\right), \\
z_{m+1} &= z_m + \frac{h}{2}\left(f\left(\frac{z_{m+1/2} + z_m}{2}\right) + f\left(\frac{z_{m+1} + z_{m+1/2}}{2}\right)\right),
\end{aligned}
\tag{1.10.22}
$$

它相当于连续用两次中点公式, 因而是辛的. 从计算角度来讲, 这样做并没有带来什么好处, 因为 (1.10.21) 还是只有二阶精度. 但是连续多次使用中点公式可以得到较高阶精度的格式. 例如连续使用三次中点公式, 并适当地选取系数可得三阶精度的辛格式, 它的 Butcher 阵列是

$$
\begin{array}{c|ccc}
\frac{1}{2}a & & & \\
a & \frac{1}{2}a & & \\
a & a & \frac{1}{2}-a & \\
\hline
a & a & 1-2a &
\end{array}
$$

其中 $b_1 = b_2 = a$, $b_3 = 1 - 2a$, 这里 a 是三次代数方程

$$
6a^3 - 12a^2 + 6a - 1 = 0
$$

唯一的实根, $a \approx 1.351207$.

又例如连续使用四次中点公式, 分别取不同步长 $b_1 h, b_2 h, b_3 h, b_4 h$ 则可以得到四阶精度的格式[17], 它的 Butcher 阵列是

$$
\begin{array}{c|cccc}
\frac{b_1}{2} & & & & \\
b_1 & \frac{b_2}{2} & & & \\
b_1 & b_2 & \frac{b_3}{2} & & \\
b_1 & b_2 & b_3 & \frac{b_4}{2} & \\
\hline
b_1 & b_2 & b_3 & b_4 &
\end{array}
$$

其中参数 b_1, b_2, b_3 和 b_4 的值分别是

$$
\begin{aligned}
b_1 &= -2.70309412, \quad b_2 = -0.53652708, \\
b_3 &= 2.37893931, \qquad b_4 = 1.8606818856.
\end{aligned}
$$

对可分系统即 $H(\boldsymbol{p}, \boldsymbol{q}) = U(\boldsymbol{p}) + V(\boldsymbol{q})$, 可以构造一类显格式

$$
\begin{aligned}
\boldsymbol{p}^{(1)} &= \boldsymbol{p}_m + hc_1 \boldsymbol{f}(\boldsymbol{q}_m), \quad & \boldsymbol{q}^{(1)} &= \boldsymbol{q}_m + hd_1 \boldsymbol{g}(\boldsymbol{p}^{(1)}), \\
\boldsymbol{p}^{(2)} &= \boldsymbol{p}^{(1)} + hc_2 \boldsymbol{f}(\boldsymbol{q}^{(1)}), \quad & \boldsymbol{q}^{(2)} &= \boldsymbol{q}^{(1)} + hd_2 \boldsymbol{g}(\boldsymbol{p}^{(2)}), \\
\boldsymbol{p}^{(3)} &= \boldsymbol{p}^{(2)} + hc_3 \boldsymbol{f}(\boldsymbol{q}^{(2)}), \quad & \boldsymbol{q}^{(3)} &= \boldsymbol{q}^{(2)} + hd_3 \boldsymbol{g}(\boldsymbol{p}^{(3)}), \\
\boldsymbol{p}_{m+1} &= \boldsymbol{p}^{(3)} + hc_4 \boldsymbol{f}(\boldsymbol{q}^{(3)}), \quad & \boldsymbol{q}_{m+1} &= \boldsymbol{q}^{(3)} + hd_4 \boldsymbol{g}(\boldsymbol{p}_{m+1}),
\end{aligned}
\tag{1.10.23}
$$

其中 $\boldsymbol{f}(\boldsymbol{q}) = -\dfrac{\partial H}{\partial \boldsymbol{q}}$, $\boldsymbol{g}(\boldsymbol{p}) = \dfrac{\partial H}{\partial \boldsymbol{p}}$. 它很像 Runge-Kutta 方法. 如果系数 c_i 和 d_i 满足

$$
\begin{aligned}
c_1 &= 0, \quad c_2 = c_4 = \frac{1}{3}(2 + \alpha), \quad c_3 = -\frac{1}{3}(1 + 2\alpha), \\
d_1 &= d_4 = \frac{1}{6}(2 + \alpha), \quad d_2 = d_3 = \frac{1}{6}(1 - \alpha), \\
\alpha &= \sqrt[3]{2} + 1/\sqrt[3]{2},
\end{aligned}
$$

则 (1.10.23) 是一个具有四阶精度且保持系统形如 $p^T B p$ 二次守恒律的辛格式.

从前面的分析可知, 辛格式往往是隐式的, 只有对可分的 Hamilton 系统, 利用显式和隐式交替技术可以得到本质上是显式的辛格式. 除了通过分析已有的算法并对其做适当改进或迭代建立辛算法外, 还可以从分析力学角度出发, 利用生成函数理论构造种类繁多的任意阶精度的辛算法. 冯康等[4, 17] 在发展算法的同时, 利用线性达布变换框架构造了所有类型的生成函数与相应 Hamilton-Jacobi 方程. 实践已证明, Hamilton 算法 (即辛算法) 不仅是一种新的数值方法, 它们严格保持系统的辛结构, 有限阶精度的辛算法的截断误差不会导致系统能量发生线性变化, 而仅是作周期的变化. 这一特征是人们所期望的, 特别是当对天体物理中的有关问题作定性研究时, 由于辛算法能保持连续系统的辛结构, 所以它将不会歪曲 Hamilton 系统的整体特征, 使得长期演化性态能较真实地反映天体现象, 而能量又是系统运动的一个重要参数, 它的 "保持" 将使得相应的数值结果更具实际意义, 而不致于出现一些非物理的 "数值现象". 事实上, 辛算法除了在定性问题的长期跟踪计算中发挥传统方法无法比拟的优势外, 它在天体物理学中的一些定量问题中也有它相应的特点, 并已逐渐被广泛采用.

很多数值试验已表明, 辛算法在计算 Hamilton 系统时在保结构、长时间的稳定性和跟踪能力方面优于非辛算法. 理论上, 由于应用于可积系统的辛算法可以视为可积辛映射的一个扰动, 因此近可积辛映射的 KAM(Kolmogorov, Arnold, Moser) 定理就能被应用于辛算法的稳定性分析, 这就是所谓的辛算法的 KAM 理论. 它是一种关于整体稳定性的论断, 并可以解释为什么在模拟系统的全局动力学行为方面辛算法比非辛算法要好.

习　题　1

1. 分析改进的 Euler 方法 (1.2.12) 的稳定性和收敛性, 并给出其整体截断误差的估计式.

2. 利用 Euler 方法 (1.2.1) 和改进的 Euler 方法 (1.2.12) 计算初值问题

$$y' = x - 2y, \quad y(0) = 1$$

在点 $x = 1, 5, 10$ 处的解, 并与精确解比较, 步长分别取 $h = 0.1$ 和 0.05.

3. 利用 Euler 法 $(h = 0.025)$, 改进 Euler 法 $(h = 0.05)$ 和经典的四阶 Runge-Kutta 法 $(h = 0.1)$ 计算初值问题

$$\begin{cases} y' = -\dfrac{1}{x^2} - \dfrac{y}{x} - y^2, & 1 \leqslant x \leqslant 2, \\ y(1) = -1 \end{cases}$$

在 $x = 1.1, \ 1.2, \ 1.3, \ 1.4, \ 1.5$ 处的近似解.

4. 证明对任意参数 α, Runge-Kutta 方法

$$\begin{cases} y_{m+1} = y_m + \dfrac{1}{2}(k_2 + k_3), \\ k_1 = hf(x_m, y_m), \\ k_2 = hf(x_m + \alpha h, y_m \alpha k_1), \\ k_3 = hf(x_m + (1-\alpha)h, y_m + (1-\alpha)k_1) \end{cases}$$

是二阶精度的.

5. 寻找所有的三级三阶精度的显式 Runge-Kutta 方法.

6. 已知初值问题

$$\begin{cases} y' = y - x^2, & 0 \leqslant x \leqslant 1, \\ y(0) = 1, \end{cases}$$

分别用二阶精度的显式和隐式 Adams 公式计算其数值解 (取 $h = 0.2$), 并与精确解作比较.

7. 确定二阶差分方程

$$y_{m+1} - 2y_m + y_{m-1} = qy_m$$

的通解.

8. 设 ξ_j 是代数方程

$$a_k \lambda^k + a_{k-1}\lambda^{k-1} + \cdots + a_1\lambda + a_0 = 0$$

的 r_j 重根. 证明 $\xi_j^m, m\xi_j^m, \cdots, m^{r_j-1}\xi_j^m$ 是线性常系数差分方程

$$a_k y_{m+k} + \cdots + a_0 y_m = 0$$

的 r_j 个线性无关解.

9. 证明实系数二次方程 $\lambda^2 - b\lambda - c = 0$ 的根按模不大于 1 的充要条件为

$$|b| \leqslant 1 - c \leqslant 2.$$

10. 已知预估公式

$$y_{m+4} = y_m + \frac{4h}{3}(2f_{m+3} - f_{m+2} + 2f_{m+1})$$

和校正公式

$$y_{m+4} = \frac{9}{8}y_{m+3} - \frac{1}{8}y_{m+1} + \frac{3}{8}h(y_{m+4} + 2y_{m+3} - y_{m+2}),$$

它们均是四阶精度的公式, 截断误差首项系数前的常数分别是 $\dfrac{14}{45}$ 和 $-\dfrac{1}{40}$. 构造 PMECME 模式.

11. 用线性打靶法求解下列边值问题

(1)

$$\begin{cases} y'' + y = x, & 0 < x < \dfrac{\pi}{2}, \\ y(0) = y\left(\dfrac{\pi}{2}\right) = \dfrac{\pi}{2}, \end{cases}$$

其中步长 $h = \dfrac{\pi}{8}$.

(2)
$$\begin{cases} y'' + 2y' - 3y = 3x + 1, & 1 < x < 2, \\ y'(1) - y(1) = 1, \quad y'(2) + y(2) = -4, \end{cases}$$

其中步长 $h = 0.2$.

12. 证明定理 1.9.1.

13. 证明定理 1.10.11.

14. 设 A, B, C, 和 D 是四个 n 阶矩阵. 证明矩阵 $S = \begin{pmatrix} A & B \\ C & D \end{pmatrix} \in Sp(2n)$ 的充要条件是

$$AB^T = BA^T, \quad A^T C = C^T A, \quad AD^T - BC^T = I_n,$$
$$B^T D = D^T B, \quad CD^T = DC^T, \quad A^T D - C^T B = I_n.$$

15. 设 A 和 D 是 n 阶矩阵. 证明矩阵 $S = \begin{pmatrix} A & 0 \\ 0 & D \end{pmatrix} \in Sp(2n)$ 的充要条件是

$$A = (D^T)^{-1}.$$

16. 设 A 和 B 是 $2n$ 阶矩阵. 证明矩阵 $S = A^{-1}B \in Sp(2n)$ 的充要条件是 $A^T J_{2n} A = B^T J_{2n} B$.

17. 给出矩阵 $S = \begin{pmatrix} A & A - I_n \\ I_n - A & A \end{pmatrix} \in Sp(2n)$ 的充要条件, 这里 A 是 n 阶矩阵.

18. 使用高阶精度的 Runge-Kutta 方法计算 Lorenz 方程组

$$\frac{dx}{dt} = \sigma(y - x),$$
$$\frac{dy}{dt} = x(\rho - z) - y,$$
$$\frac{dz}{dt} = xy - \beta z,$$

这里 x, y 和 z 是应变量, t 表示时间, σ, ρ 和 β 是系统参数, 计算中, 它们可取值为 $\sigma = 10$, $\beta = 8/3$, $\rho = 28$, 时间区间取为 $[0, 100]$, 初始条件是 $(x(0), y(0), z(0)) = (1, 1, 1)$.

19. 设 ε 是个常数. 编写用差分方法计算边值问题

$$\varepsilon u_{xx} + u_x = 0, \quad x \in (0, 1),$$
$$u(0) = 0, \quad u(1) = 1$$

的程序, 计算中 ε 的值取为 0.1, 0.01, 0.001 或 0.0001. 将计算解与问题的精确解 $u(x) = 1 - (e^{(1-x)/\varepsilon} - 1)/(e^{1/\varepsilon} - 1)$ 作比较.

20. 设 ε 是个常数. 编写用差分方法计算边值问题

$$-\varepsilon u_{xx} + u = 1 + 1/(e^{1/\sqrt{\varepsilon}} - 1), \quad x \in (0, 1),$$

$$u(0) = 0, \quad u(1) = 1$$

的程序, 计算中 ε 的值取为 0.1, 0.01, 0.001 或 0.0001. 将计算解与问题的精确解 $u(x) = 1 - \left(e^{(1-x)/\sqrt{\varepsilon}} - 1\right)/\left(e^{1/\sqrt{\varepsilon}} - 1\right)$ 作比较.

21. 将 1.3.2 小节中的三级六阶精度的 Gauss-Legendre 方法应用于方程组 (1.10.16). 验证三级六阶精度的 Gauss-Legendre 方法是辛的.

第2章 抛物型方程的差分方法

自然界中的许多问题的数学模型是线性或非线性偏微分方程 (组). 理解模型问题的物理特性和控制方程的数学特征及其解的性质是非常重要的. 以线性二阶偏微分方程为例, 简单回顾一下偏微分方程的分类, 较详细的分类可参见 [7]. 考虑二阶偏微分方程

$$a\frac{\partial^2 u}{\partial x^2} + b\frac{\partial^2 u}{\partial xy} + c\frac{\partial^2 u}{\partial y^2} + d\frac{\partial u}{\partial x} + e\frac{\partial u}{\partial y} + fu = g(x,y). \tag{2.0.1}$$

假设系数 a, b, c, d, e 和 f 是 x 和 y 的函数, 即方程 (2.0.1) 是线性的. 如果系数 a, b 和 c 是 $x, y, u, \dfrac{\partial u}{\partial x}$ 和 $\dfrac{\partial u}{\partial y}$ 的函数, 那么就称相应的方程是**拟线性**的.

方程 (2.0.1) 在点 (x_0, y_0) 处是**双曲型**的, 如果在点 (x_0, y_0) 处有 $b^2 - 4ac > 0$. 对应的标准型是

$$\frac{\partial^2 u}{\partial \xi^2} - \frac{\partial^2 u}{\partial \eta^2} = h(u_\xi, u_\eta, u, \xi, \eta). \tag{2.0.2}$$

二阶线性双曲型方程还可表示成特征坐标的形式

$$\frac{\partial^2 u}{\partial \xi \partial \eta} = h(u_\xi, u_\eta, u, \xi, \eta). \tag{2.0.3}$$

方程 (2.0.1) 在点 (x_0, y_0) 处是**抛物型**的, 如果在点 (x_0, y_0) 处有 $b^2 - 4ac = 0$. 对应的标准型是

$$\frac{\partial^2 u}{\partial \xi^2} = h(u_\xi, u_\eta, u, \xi, \eta). \tag{2.0.4}$$

方程 (2.0.1) 在点 (x_0, y_0) 处是**椭圆型**的, 如果在点 (x_0, y_0) 处有 $b^2 - 4ac < 0$. 对应的标准型是

$$\frac{\partial^2 u}{\partial \xi^2} + \frac{\partial^2 u}{\partial \eta^2} = h(u_\xi, u_\eta, u, \xi, \eta). \tag{2.0.5}$$

称方程 (2.0.1) 在某区域 Ω 内是**双曲型**(或**抛物型**, 或**椭圆型**) 的, 如果它在区域 Ω 内的每一点处都是双曲型 (或抛物型, 或椭圆型) 的. 方程 (2.0.1) 可以在区域 Ω 的某子区域内是双曲型, 而在其他的地方是抛物型或椭圆型的, 即在区域 Ω 内微分方程可以呈现不同的类型. 微分方程的类型在非奇异坐标变换下是不变的. 双曲型方程和抛物型方程可看作时间发展方程, 它们所描述的是随时间变化的非定常物理现象, 而椭圆型方程所描述的通常是不随时间变化的稳态物理现象. 时间发展方程

的 Hadamard(1902) 意义下的适定性 (指问题存在唯一解, 而且解连续地依赖定解条件) 问题通常有两种: 初值问题和初边值问题, 而椭圆型方程的适定性问题只能是边值问题. 下面通过几个具体的例子了解一下不同类型的二阶偏微分方程定解问题的解的特性.

例 2.0.1 二阶线性双曲型方程的典型例子是波动方程

$$\frac{\partial^2 u}{\partial t^2} - a^2 \frac{\partial^2 u}{\partial x^2} = 0, \quad x \in \mathbb{R},\ 0 < t < T, \tag{2.0.6}$$

这里假设 a 是有限的正常数, $\mathbb{R}$ 是实数集合. 如果给定 $u(x,t)$ 和 $u_t(x,t)$ 在 $t = 0$ 时刻的值

$$u(x,0) = \varphi_1(x), \quad \frac{\partial u}{\partial t}(x,0) = \varphi_2(x), \quad x \in \mathbb{R}, \tag{2.0.7}$$

其中 $\varphi_1 \in C^2(\mathbb{R})$, $\varphi_2 \in C^1(\mathbb{R})$, 则达朗贝尔 (D'Alembert) 公式

$$u(x,t) = \frac{1}{2}\left(\varphi_1(x+at) + \varphi_1(x-at)\right) + \frac{1}{2a}\int_{x-at}^{x+at}\varphi_2(s)\ ds \tag{2.0.8}$$

给出的 $u(x,t)$ 是上述波动方程初值问题的解, $u(x,t) \in C^2(\mathbb{R})$. 从表达式 (2.0.8) 可以看出, 初值问题的解 $u(x,t)$ 在点 (x,t) 处的值仅仅取决于初始函数 φ_1 和 φ_2 在有限区间 $[x-at, x+at]$ 内的所有取值. 另一方面, 表达式 (2.0.8) 也可以写为如下形式

$$u(x,t) = F^+(x-at) + F^-(x+at),$$

而 $F^+(x-at)$ 和 $F^-(x+at)$ 分别是初值问题

$$\frac{\partial v}{\partial t} \pm a\frac{\partial v}{\partial x} = 0, \quad v(x,0) = F^{\pm}(x) \tag{2.0.9}$$

的解. 这说明, 初始信号 (或波)$F^{\pm}(x)$ 经过某一有限时刻 t_0 后的形状不变, 仅仅是向右和左分别平移了一段有限的距离 at_0, 而信号的传播速度是 $\pm a$. 波或波动是扰动或物理信息在空间上传播的一种物理现象, 扰动的形式任意, 传播路径上的其他介质也作同一形式振动. 波的传播速度总是有限的. 在数学上, 任何一个沿某一方向运动的函数形状都可以认为是一个波. ■

例 2.0.2 考虑一维热传导方程的初值问题

$$\begin{aligned} \frac{\partial u}{\partial t} &= a\frac{\partial^2 u}{\partial x^2}, \quad x \in \mathbb{R},\ 0 < t < T,\ a > 0, \\ u(x,0) &= \varphi(x), \quad x \in \mathbb{R}. \end{aligned} \tag{2.0.10}$$

线性热传导方程是最简单的抛物型方程. 如果 $\varphi(x)$ 是有界连续函数, 则问题 (2.0.10) 存在唯一解

$$u(x,t) = \frac{1}{2\sqrt{\pi a t}}\int_{-\infty}^{\infty}\varphi(s)e^{-(x-s)^2/(4at)}\ ds.$$

由此可见, 无论 $t > 0$ 多么小, $u(x, t)$ 都依赖于初始函数 $\varphi(x)$ 在区域 $\{x : x \in \mathbb{R}\}$ 内的所有取值, 依赖程度随着距离 $|x - s|$ 的增大而减小. 这说明, 某一点的扰动会很快地传播到整个区域内部的各点处, 换言之, 抛物型方程的信号传播速度不是有限的, 这一点不同于前面的波动方程. 问题 (2.0.10) 的解 $u(x, t)$ 是连续可微函数, 并满足极值原理: 如果初始函数 $\varphi(x)$ 满足 $c \leqslant \varphi(x) \leqslant C$, 其中 c 和 C 是两个有限常数, 则对任意 $t \in [0, T)$ 和 $x \in \mathbb{R}$, 均成立 $c \leqslant u(x, t) \leqslant C$. ∎

对于时间依赖的线性偏微分方程, 通常还可以考虑复指数形式的平面波[1]型解

$$u(x, t) = A_o e^{i(kx - \omega t + \varphi)}, \tag{2.0.11}$$

其中 i 是虚数单位, A_o 为波的振幅, $k = 2\pi/\lambda$ 表示角波数, λ 为波长, $\omega = 2\pi/T$ 为角频率, T 为波的周期, φ 为相位移, 它们均不依赖于 x 和 t. 将 (2.0.11) 代入微分方程可得到一个关于波数与频率的关系式, 称为**色散关系** $\omega = \omega(k)$. 例如 (2.0.10) 中的微分方程的色散关系是 $\omega = -iak^2$, 因而 (2.0.10) 中的微分方程的平面波型解具有如下形式

$$u(x, t) = A_o e^{-ak^2 t} e^{i(kx + \varphi)}, \tag{2.0.12}$$

它的振幅是 $A_o e^{-ak^2 t}$, 当 $t > 0$ 时, 指数衰减, 而当 $t < 0$ 时, 指数增长. 另外, ω/k 是相速度 (波的相位在空间中传播的速度), 而 $\omega' = d\omega/dk$ 是群速度 (波的包络传播的速度, 也就是波实际前进的速度). 这样特殊形式的解也可以用于差分方法的振幅误差和相位误差的分析.

例 2.0.3　椭圆型方程的简单例子是 Laplace 方程 (或调和方程). 三维笛卡儿坐标下的 Laplace 方程可以表示为

$$\Delta u = \frac{\partial^2 u}{\partial x^2} + \frac{\partial^2 u}{\partial y^2} + \frac{\partial^2 u}{\partial z^2} = 0, \quad (x, y, z) \in \Omega, \tag{2.0.13}$$

这里假设 Ω 是单连通区域. 调和方程的解通常被称为**调和函数**, 它的性质在复变函数论中有较详细的讨论. 调和函数 $u(x, y, z)$ 有如下基本积分公式

$$u(x, y, z) = -\frac{1}{4\pi} \int_{\partial \Omega} \left[u(\widetilde{x}, \widetilde{y}, \widetilde{z}) \frac{\partial}{\partial n}\left(\frac{1}{r}\right) + \frac{1}{r} \frac{\partial u(\widetilde{x}, \widetilde{y}, \widetilde{z})}{\partial n} \right] ds,$$

其中 $\dfrac{\partial}{\partial n}$ 和 ds 分别表示 $\partial \Omega$ 的外法向梯度算子和面元, ds 依赖于空间点 $(\widetilde{x}, \widetilde{y}, \widetilde{z})$, 而

$$r := r(x, y, z, \widetilde{x}, \widetilde{y}, \widetilde{z}) = \sqrt{(x - \widetilde{x})^2 + (y - \widetilde{y})^2 + (z - \widetilde{z})^2}.$$

---

[1] 在三维空间里, **平面波**是一种波动, 其波阵面 (在任何时刻, 波相位相等的每一点所形成的曲面) 是相互平行的平面. 平面波的传播方向垂直于波阵面.

由此可见, 调和函数 $u(x, y, z)$ 完全由其在区域边界 $\partial\Omega$ 上的取值决定, 这也表明椭圆型方程的适定的定解问题只能是边值问题. 调和函数的一个重要性质是极值原理: 不恒等于常数的调和函数只能在区域 Ω 的边界上取到最大值和最小值. ∎

这一章将介绍线性抛物型方程的差分解法, 内容包括差分方程 (或格式或方法) 的构造、稳定性和收敛性等, 而重点是一维线性抛物型方程的差分解法.

一维线性抛物型方程一般可以写成

$$\alpha(x,t)\frac{\partial u}{\partial t} = \frac{\partial}{\partial x}\left(a(x,t)\frac{\partial u}{\partial x}\right) + b(x,t)\frac{\partial u}{\partial x} + c(x,t)u, \tag{2.0.14}$$

其中 $\alpha(x,t) > 0$, $a(x,t) > 0$, $c(x,t) \leqslant 0$ 和 $b(x,t)$ 是给定的函数. 方程 (2.0.14) 的定解问题主要有以下两类:

(i) 初值问题 (或 Cauchy 问题), 即在区域 $\mathbb{R} \cup \{0 < t \leqslant T\}$ 上求满足方程 (2.0.14) 和初始条件

$$u(x, 0) = \psi_0(x), \quad x \in \mathbb{R} \tag{2.0.15}$$

的函数 $u(x, t)$, 其中 $\psi_0(x)$ 是一个给定的函数.

(ii) 初边值问题 (或混合问题), 即在区域 $\Omega \cup \{0 < t \leqslant T\}$ 上求满足方程 (2.0.14) 和下列条件

$$
\begin{aligned}
u(x, 0) &= \psi_0(x), & x &\in \Omega, \\
\alpha_1 u(x_L, t) + \beta_1 \frac{\partial u}{\partial x}(x_L, t) &= \psi_1(t), & 0 &\leqslant t \leqslant T, \\
\alpha_2 u(x_R, t) + \beta_2 \frac{\partial u}{\partial x}(x_R, t) &= \psi_2(t), & 0 &\leqslant t \leqslant T
\end{aligned}
\tag{2.0.16}
$$

的函数 $u(x, t)$, 其中 $\Omega = \{x | x_L < x < x_R\}$, ψ_i, α_i 和 β_i 是给定的 t 的函数, $i = 1, 2$. 方程 (2.0.16) 中的后两个条件称为**边界条件**.

2.1 有限差分格式的基础

如第 1 章所述, 构造微分方程的有限差分方法有三步. 第一步是将计算区域 Ω 进行网格剖分. 对于初值问题 (2.0.14) 和 (2.0.15) 或初边值问题 (2.0.14) 和 (2.0.16) 而言, 网格剖分可以采用两组平行于 x 轴和 t 轴的直线形成的网格覆盖区域 Ω, 它们的交点称为**网格结点**. 例如用于初值问题 (2.0.14) 和 (2.0.15) 的均匀网格是

$$
\begin{aligned}
t_n &= n\tau, \quad n = 0, 1, 2, \cdots, N, \quad N = [T/\tau], \\
x_j &= jh, \quad j \in \mathbb{Z},
\end{aligned}
$$

其中 h 和 τ 分别是 x 和 t 方向的网格步长, $\mathbb{Z}$ 是整数集, $[\cdot]$ 表示取整. 通常称在 $t=0$ 上的网格结点为**边界网格结点**, 称属于 Ω 内的网格结点为**内网格结点**. 用于初边值问题 (2.0.14) 和 (2.0.16) 的均匀网格是

$$t_n = n\tau, \quad n = 0, 1, 2, \cdots, N, \quad N = [T/\tau],$$
$$x_j = x_L + jh, \quad j = 0, 1, 2, \cdots, M+1, \quad (M+1)h = x_R - x_L.$$

此时在 $t=0$, $x = x_L$ 和 x_R 上的网格结点均是边界网格结点. 这一步通常又称为**数值网格生成**[35, 36, 62], 它在微分方程的数值求解中非常重要, 尤其是在不规则区域上数值求解二维或三维偏微分方程的定解问题时, 网格剖分的质量将会直接影响数值解的精度.

有限差分方法就是在网格结点上计算微分方程近似解的一种方法, 常用手法是用差分或差商近似微商, 早期它又称为**网格法**. 有限差分方法的第二步是用网格结点上的函数值或差商近似微分方程中的导数或偏导数. 假设 $u = u(x,t)$ 关于其自变量充分可微, h 充分小, 则有 Taylor 级数展式

$$u(x_{j\pm1}, t_n) = \left[u \pm \frac{h}{1!}\frac{\partial u}{\partial x} + \frac{h^2}{2!}\frac{\partial^2 u}{\partial x^2} \pm \frac{h^3}{3!}\frac{\partial^3 u}{\partial x^3} + \cdots \right]_{(x_j, t_n)}. \tag{2.1.1}$$

由此可知, u 在 (x_j, t_n) 处关于 x 的一阶偏导数可以近似为

$$\left(\frac{\partial u}{\partial x}\right)_{(x_j, t_n)} \approx \frac{u(x_{j+1}, t_n) - u(x_j, t_n)}{h} =: \frac{\Delta_x u(x_j, t_n)}{h}, \tag{2.1.2}$$

或

$$\left(\frac{\partial u}{\partial x}\right)_{(x_j, t_n)} \approx \frac{u(x_j, t_n) - u(x_{j-1}, t_n)}{h} =: \frac{\nabla_x u(x_j, t_n)}{h}, \tag{2.1.3}$$

或

$$\left(\frac{\partial u}{\partial x}\right)_{(x_j, t_n)} \approx \frac{u(x_{j+1}, t_n) - u(x_{j-1}, t_n)}{2h} =: \frac{\mu_x \delta_x u_{(x_j, t_n)}}{2h}, \tag{2.1.4}$$

等等. 这里的近似等号右边分别是函数 u 在 (x_j, t_n) 点处关于 x 的向前差商, 向后差商和中心差商, 而 Δ_x, ∇_x, δ_x 和 μ_x 分别表示向前差分算子、向后差分算子、中心差分算子和平均算子, 其中中心差分算子和平均算子分别定义为 $\delta_x u(x_j, t_n) = u(x_{j+1/2}, t_n) - u(x_{j-1/2}, t_n)$ 和 $\mu_x u(x_j, t_n) = \frac{1}{2}(u(x_{j+1/2}, t_n) + u(x_{j+1/2}, t_n))$. 用差商近似偏导数时会引入误差, 例如向前差商的误差是

$$E_j^n := \left(\frac{\partial u}{\partial x}\right)_{(x_j, t_n)} - \frac{\Delta_x u(x_j, t_n)}{h} = -\frac{h}{2}\frac{\partial^2 u(\xi, t_n)}{\partial x^2} = O(h), \quad x_j < \xi < x_{j+1}. \tag{2.1.5}$$

通常称 E_j^n 为**截断误差**, 向前差商的误差阶为 $O(h)$. 类似地, 用向后差商和中心差商近似一阶偏导数 $(u_x)_j$ 的截断误差阶分别为 $O(h)$ 和 $O(h^2)$.

说明 2.1.1 像 (2.1.2)—(2.1.4) 那样的有限差分法逼近的一个主要缺点是, 当提高逼近精度时, 计算模板 (网格点数) 就必须扩大. 因为在区域边界附近没有足够的可用于差分近似的数据, 所以这些通过扩大模板的逼近是会很麻烦的. 是否可以用很紧凑模板获得导数的高阶有限差分近似? 一个例子是 Pade 或紧致 (compact) 的有限差分逼近. 一阶导数 $(u_x)_j$ 的紧致有限差分近似的一个例子是

$$\beta u'_{j-2} + \alpha u'_{j-1} + u'_j + \alpha u'_{j+1} + \beta u'_{j+2}$$
$$= c\frac{u_{j+3} - u_{j-3}}{6h} + b\frac{u_{j+2} - u_{j-2}}{4h} + a\frac{u_{j+1} - u_{j-1}}{2h}, \qquad (2.1.6)$$

这里 u'_j 表示 $(u_x)_j$ 的有限差分近似. 待定系数 a, b, c, α, β 之间的关系可以通过匹配 Taylor 级数展式中的各阶系数获得, 而第一个不匹配的系数决定一阶导数的紧致近似 (2.1.6) 的截断误差. 系数的限制具体是

$$\begin{aligned}
\text{二阶} \quad & a + b + c = 1 + 2\alpha + 2\beta, \\
\text{四阶} \quad & a + 2^2 b + 3^2 c = 2\frac{3!}{2!}(\alpha + 2^2\beta), \\
\text{六阶} \quad & a + 2^4 b + 3^4 c = 2\frac{5!}{4!}(\alpha + 2^4\beta), \\
\text{八阶} \quad & a + 2^6 b + 3^6 c = 2\frac{7!}{6!}(\alpha + 2^6\beta), \\
\text{十阶} \quad & a + 2^8 b + 3^8 c = 2\frac{9!}{8!}(\alpha + 2^8\beta).
\end{aligned}$$

当 $\beta = 0$ 时, 一族四阶精度的逼近是

$$a = \frac{2}{3}(\alpha + 2), \quad b = \frac{1}{3}(4\alpha - 1), \quad c = 0,$$

而一族六阶精度的逼近是

$$a = \frac{1}{6}(\alpha + 9), \quad b = \frac{1}{15}(32\alpha - 9), \quad c = \frac{1}{10}(1 - 3\alpha).$$

二阶导数 $(u_{xx})_j$ 的紧致有限差分近似的一个例子是

$$\beta u''_{j-2} + \alpha u''_{j-1} + u''_j + \alpha u''_{j+1} + \beta u''_{j+2}$$
$$= c\frac{u_{j+3} - 2u_j + u_{j-3}}{9h^2} + b\frac{u_{j+2} - 2u_j + u_{j-2}}{4h^2} + a\frac{u_{j+1} - 2u_j + u_{j-1}}{h^2}, \qquad (2.1.7)$$

这里 u''_j 表示 $(u_{xx})_j$ 的有限差分近似. 待定系数 a, b, c, α, β 之间的关系具体是

$$二阶 \qquad a + b + c = 1 + 2\alpha + 2\beta,$$

$$四阶 \qquad a + 2^2 b + 3^2 c = 2\frac{4!}{2!}(\alpha + 2^2\beta),$$

$$六阶 \qquad a + 2^4 b + 3^4 c = 2\frac{6!}{4!}(\alpha + 2^4\beta),$$

$$八阶 \qquad a + 2^6 b + 3^6 c = 2\frac{8!}{6!}(\alpha + 2^6\beta),$$

$$十阶 \qquad a + 2^8 b + 3^8 c = 2\frac{10!}{8!}(\alpha + 2^8\beta).$$

紧致格式最大的优点在于使用较少的网格点数能获得比一般有限差分格式高的计算精度, 但它需要通过解方程组获得 u_j' 或 u_j'' 等的值. 这里列举的导数的紧致逼近均是中心型的. 实际中还可以考虑偏心型紧致逼近, 非均匀网格上的紧致逼近, 导数和函数的取值位置不相同的紧致逼近, 例如 $\{u_j'\}$ 和 $\{u_{j+1/2}\}$, 使用已有的函数值和低阶导数值的高阶导数的紧致逼近等.

　　导数的差商近似也可以借助于线性算子的运算导出. 如果用 D_x 表示 x 方向的一阶偏微分算子, 即 $D_x = \dfrac{\partial}{\partial x}$, 则 $u(x_{j\pm1}, t_n)$ 在点 (x_j, t_n) 处的 Taylor 级数展式又可写为

$$u(x_{j\pm1}, t_n) = \left(\sum_{i=0}^{\infty}(-1)^i \frac{h^i}{i!} D_x^i\right) u(x_j, t_n) = \exp(\pm h D_x) u(x_j, t_n),$$

其中 $D_x^0 = I$ 表示恒等算子. 如果定义 x 方向的平移算子 $T_x : T_x^{\pm i} u(x_j, t_n) = u(x_{j\pm i}, t_n)$, 当 $i = 1$ 时可简单地写为 $T_x^{\pm1}$ 或 T_x 和 T_x^{-}, 则上式可以给出一个关于位移算子 T_x 和微分算子 D_x 的关系式

$$T_x^{\pm} = \exp(\pm h D_x), \text{ 或 } \quad \pm h D_x = \ln(T_x^{\pm}). \tag{2.1.8}$$

类似地, 还可以分别建立向前差分算子、向后差分算子和中心差分算子与微分算子 D_x 的关系式, 例如

$$h D_x = \ln(T_x) = \ln(I + \Delta_x) = \sum_{i=1}^{\infty} \frac{(-1)^{i-1}}{i} \Delta_x^i, \tag{2.1.9}$$

$$h D_x = -\ln(I - \nabla_x) = \sum_{i=1}^{\infty} \frac{1}{i} \nabla_x^i \tag{2.1.10}$$

和

$$h D_x = 2\sinh^{-1}\left(\frac{1}{2}\delta_x\right) = \delta_x - \frac{1}{2^2 3!}\delta_x^3 + \frac{3^2}{2^4 \cdot 5!}\delta_x^5 - \cdots, \tag{2.1.11}$$

这里在导出 (2.1.11) 时应用了关系式

$$\delta_x = T_x^{1/2} - T_x^{-1/2} = \exp\left(\frac{1}{2}hD_x\right) - \exp\left(-\frac{1}{2}hD_x\right) = 2\sinh\left(\frac{1}{2}hD_x\right). \quad (2.1.12)$$

根据差分算子和微分算子的这些关系, 可以给出一阶偏导数的差分表达式

$$h\left(\frac{\partial u}{\partial x}\right)_{(x_j,t_n)} = \begin{cases} \left(\Delta_x - \frac{1}{2}\Delta_x^2 + \frac{1}{3}\Delta_x^3 - \cdots\right) u(x_j,t_n), \\ \left(\nabla_x + \frac{1}{2}\nabla_x^2 + \frac{1}{3}\nabla_x^3 + \cdots\right) u(x_j,t_n), \\ \left(\mu_x\delta_x - \frac{1}{3!}\mu_x\delta_x^3 + \frac{1}{30}\mu_x\delta_x^5 - \cdots\right) u(x_j,t_n). \end{cases} \quad (2.1.13)$$

由

$$h^2 D_x^2 = (\ln(I \pm \Delta_x))^2, \quad \text{或} \quad \left(2\sinh^{-1}\left(\frac{1}{2}\delta_x\right)\right)^2 \quad (2.1.14)$$

可得到二阶偏导数的差分表达式

$$h^2\left(\frac{\partial^2 u}{\partial x^2}\right)_{(x_j,t_n)} = \begin{cases} \left(\Delta_x^2 - \Delta_x^3 + \frac{11}{12}\Delta_x^4 - \cdots\right) u(x_j,t_n), \\ \left(\nabla_x^2 + \nabla_x^3 + \frac{11}{12}\nabla_x^4 + \cdots\right) u(x_j,t_n), \\ \left(\delta_x^2 - \frac{1}{12}\delta_x^4 + \frac{1}{90}\delta_x^6 - \cdots\right) u(x_j,t_n). \end{cases} \quad (2.1.15)$$

类似地可以给出高阶偏导数的差分表达式, 例如三阶偏导数的差分表达式

$$h^3\left(\frac{\partial^3 u}{\partial x^3}\right)_{(x_j,t_n)} = \begin{cases} \left(\Delta_x^3 - \frac{2}{3}\Delta_x^4 + \frac{7}{4}\Delta_x^5 - \cdots\right) u(x_j,t_n), \\ \left(-\nabla_x^3 - \frac{3}{2}\nabla_x^4 - \frac{7}{4}\nabla_x^5 - \cdots\right) u(x_j,t_n), \\ \mu_x\left(\delta_x^3 - \frac{1}{4}\delta_x^5 + \frac{7}{120}\delta_x^7 - \cdots\right) u(x_j,t_n) \end{cases} \quad (2.1.16)$$

和四阶偏导数的差分表达式

$$h^4\left(\frac{\partial^4 u}{\partial x^4}\right)_{(x_j,t_n)} = \begin{cases} \left(\Delta_x^4 - 2\Delta_x^5 + \frac{17}{6}\Delta_x^6 - \cdots\right) u(x_j,t_n), \\ \left(\nabla_x^4 + 2\nabla_x^5 + \frac{17}{6}\nabla_x^6 + \cdots\right) u(x_j,t_n), \\ \left(\delta_x^4 - \frac{1}{6}\delta_x^6 + \frac{7}{240}\delta_x^8 - \cdots\right) u(x_j,t_n). \end{cases} \quad (2.1.17)$$

根据上述偏导数的差分表达式, 可以建立偏导数的具有各种精度的差分公式, 例如
由 (2.1.13) 中 $h\dfrac{\partial u(x_j, t_n)}{\partial x}$ 的向前差分表达式知

$$h\left(\frac{\partial u}{\partial x}\right)_{(x_j, t_n)} - \Delta_x u(x_j, t_n) = -\frac{1}{2}\Delta_x^2 u(x_j, t_n) - \frac{1}{3}\Delta_x^3 u(x_j, t_n) - \cdots,$$

又由 (2.1.15) 中的向前差分表达式知

$$h^2\left(\frac{\partial^2 u}{\partial x^2}\right)_{(x_j, t_n)} \approx \Delta_x^2 u(x_j, t_n),$$

由此可得

$$E_j^n = \left(\frac{\partial u}{\partial x}\right)_{(x_j, t_n)} - \frac{u(x_{j+1}, t_n) - u(x_j, t_n)}{h} = O(h),$$

即向前差商逼近一阶偏导数的截断误差阶是 $O(h)$.

现在考虑偏微分方程

$$\frac{\partial u}{\partial t} = L(x, t, D_x, D_x^2)u \tag{2.1.18}$$

的差分方程的构造, 其中 L 是依赖于 D_x 和 D_x^2 的线性算子. 如果线性算子 L 不依赖于时间 t, 即 $L = L(x, D_x, D_x^2)$, 则由 $u(x_j, t_{n+1})$ 在网格结点 (x_j, t_n) 处的 Taylor 级数展式和方程 (2.1.18) 得

$$u(x_j, t_{n+1}) = \left(\sum_{i=0}^{\infty}\frac{\tau^i}{i!}\frac{\partial^i}{\partial t^i}\right)u(x_j, t_n) = \exp\left(\tau\frac{\partial}{\partial t}\right)u(x_j, t_n) = \exp(\tau L)u(x_j, t_n). \tag{2.1.19}$$

将微分算子和差分算子的关系式 (2.1.9) (或 (2.1.10) 或 (2.1.11)) 代入算子 L 中, 即将 L 中的微分算子 D_x 用差分算子表示, 可得相应的差分方程, 例如

$$u(x_j, t_{n+1}) = \exp\left(\tau L\left(jh, \frac{2}{h}\sinh^{-1}\left(\frac{1}{2}\delta_x\right), \frac{4}{h^2}\sinh^{-2}\left(\frac{1}{2}\delta_x\right)\right)\right)u(x_j, t_n). \tag{2.1.20}$$

适当地选取关系式 (2.1.11) 右端的项, 则可以从上式给出逼近偏微分方程 (2.1.18) 的各种两时间层的差分方程.

构造差分方法的第三步是离散相应的定解条件. 离散的定解条件与差分方程一起构成离散的定解问题. 一般说来, 它是一个线性或非线性代数方程组, 可以采用解代数方程组的直接方法或迭代方法给出它的精确解或近似解.

2.2 一维抛物型方程的差分方法

2.2.1 常系数热传导方程

这一小节考虑一维热传导方程

$$\frac{\partial u}{\partial t} = \frac{\partial^2 u}{\partial x^2} = D_x^2 u(x,t) \tag{2.2.1}$$

的差分方法的构造. 以下假设它的解充分光滑, 且网格是等间距或均匀的.

2.2.1.1 古典显式差分格式

令 $L = D_x^2$, 则方程 (2.1.19) 变为

$$u(x_j, t_{n+1}) = \exp(\tau D_x^2) u(x_j, t_n) = \Big(\sum_{i=0}^{\infty} \frac{\tau^i}{i!} D_x^{2i} \Big) u(x_j, t_n). \tag{2.2.2}$$

将 (2.1.15) 中的第三式代入上式, 得

$$u(x_j, t_{n+1}) = \left[I + r\delta_x^2 + \frac{r}{2} \left(r - \frac{1}{6} \right) \delta_x^4 + \frac{r}{6} \left(r^2 - \frac{1}{2}r + \frac{1}{15} \right) \delta_x^6 + \cdots \right] u(x_j, t_n), \tag{2.2.3}$$

其中 $r = \tau/h^2$ 是网格步长比. 如果仅仅保留上式右端括号中的前两项, 并且用 u_j^n 表示 $u(x,t)$ 在网格结点 $(jh, n\tau)$ 处的近似值, 则可以得到差分方程

$$u_j^{n+1} = (I + r\delta_x^2) u_j^n, \quad n \geqslant 0, \ j = 0, \pm 1, \cdots, \tag{2.2.4}$$

或

$$u_j^{n+1} = r u_{j-1}^n + (1 - 2r) u_j^n + r u_{j+1}^n. \tag{2.2.5}$$

这就是离散热传导方程 (2.2.1) 的古典显式差分格式. 给定第 n 时间层上的三个相邻结点 x_{j-1}, x_j, x_{j+1} 处的初值 $\{u_j^n, u_{j\pm1}^n\}$, 该格式就可以显式地计算出第 $n+1$ 时间层上任一网格结点 $x_j = jh$ 处的差分解 u_j^{n+1} 的值. 如果考虑初值问题

$$\begin{cases} 方程(2.2.1), & x \in \mathbb{R}, \ 0 < t \leqslant T, \\ u(x,0) = \psi_0(x), & x \in \mathbb{R}, \end{cases} \tag{2.2.6}$$

则差分方程的初值问题可以表示为

$$\begin{cases} 方程 (2.2.5), & \forall j \in \mathbb{Z}, \ n \geqslant 0, \\ u_j^0 = \psi_0(x_j), & \forall j \in \mathbb{Z}. \end{cases} \tag{2.2.7}$$

从 $n=0$ 层的初值出发就可以一层层地计算出 $u(x,t)$ 在 $t=t_n>0$ 时刻各网格结点 x_j 处的近似值, 而且不难发现, u_j^n 只由 $u(x,0)$ 在有限个网格结点处的近似值 $\{u_j^0, u_{j\pm1}^0, \cdots, u_{j\pm n}^0\}$ 决定. 需要注意它与例 2.0.2 中连续问题的解对初值依赖的差异.

差分方程初值问题 (2.2.7) 的解满足如下离散极值原理.

定理 2.2.1   如果 $0<r\leqslant1/2$, $c\leqslant u_j^0\leqslant C$, $\forall j$, 则差分方程初值问题 (2.2.7) 的解 $\{u_j^n\}$ 满足不等式

$$c\leqslant u_j^n\leqslant C, \quad \forall j,\ n>0.$$

证明   由 (2.2.5) 知, 当 $0<r\leqslant1/2$ 时, 恒成立

$$\min\{u_{j-1}^n,u_j^n,u_{j+1}^n\}\leqslant u_j^{n+1}\leqslant\max\{u_{j-1}^n,u_j^n,u_{j+1}^n\}.$$

应用此不等式和已知条件就可以给出结论. ∎

如果用公式 (2.2.4) 或 (2.2.5) 计算热传导方程 (2.2.1) 的初边值问题, 例如

$$\begin{cases} 方程(2.2.1), \quad x\in(0,1),\ 0<t\leqslant T, \\ u(x,0)=\psi_0(x), \quad x\in(0,1), \\ u(0,t)=\psi_1(t),\ u(1,t)=\psi_2(t), \quad 0\leqslant t\leqslant T, \end{cases} \quad (2.2.8)$$

其中函数 $\psi_0(x)$, $\psi_1(t)$ 和 $\psi_2(t)$ 满足相容性: $\psi_0(0)=\psi_1(0)$ 和 $\psi_0(1)=\psi_2(0)$, 区间被剖分成 $M+1$ 等份, 左右边界分别落在网格线 $j=0$ 和 $j=M+1$ 处, 则差分方程的初边值问题可以表示为

$$\begin{cases} 方程 (2.2.5), \quad 1\leqslant j\leqslant M,\ n\geqslant0, \\ u_0^n=\psi_1(t_n),\ u_{M+1}^n=\psi_2(t_n), \quad n\geqslant0, \\ u_j^0=\psi_0(x_j), \quad 1\leqslant j\leqslant M. \end{cases} \quad (2.2.9)$$

古典显式差分公式 (2.2.5) 又可以写为

$$\frac{u_j^{n+1}-u_j^n}{\tau}=\frac{u_{j+1}^n-2u_j^n+u_{j-1}^n}{h^2}.$$

这说明可以直接应用偏导数的差商近似表达式

$$\left(\frac{\partial u}{\partial t}\right)_{(x_j,t_n)}\approx\frac{\Delta_t u(x_j,t_n)}{\tau}, \quad \left(\frac{\partial^2 u}{\partial x^2}\right)_{(x_j,t_n)}\approx\frac{\delta_x^2 u(x_j,t_n)}{h^2}$$

得到热传导方程 (2.2.1) 的差分方程 (2.2.5). 直接用差商近似微分方程中的偏导数, 还可以得到其他形式的差分方程, 例如

$$\frac{u_j^{n+1}-u_j^n}{\tau}=\frac{-u_{j+2}^n+16u_{j+1}^n-30u_j^n+16u_{j-1}^n-u_{j-2}^n}{12h^2},$$

它的截断误差是 $O(\tau + h^4)$.

由于在计算机中求解差分方程的定解问题时舍入误差的引入是难免的, 即由计算得到的解 $\widetilde{u}_j^n$ 并不是差分方程的解 u_j^n, 换言之, 计算机得到的解 $\widetilde{u}_j^n$ 和差分方程的解 u_j^n 之间存在误差 $\varepsilon_j^n = u_j^n - \widetilde{u}_j^n$. 一个自然的问题是: 误差 ε_j^n 随着 n 的增大是无限地增长还是保持有界?

定义 2.2.1 如果对于每个 $\varepsilon > 0$, 存在与 τ 和 h 无关的正数 $\delta = \delta(\varepsilon)$, 使得当

$$\sup_j\{|\varepsilon_j^0|\} < \delta$$

时恒有

$$\sup_j\{|\varepsilon_j^n|\} < \varepsilon, \quad 1 \leqslant n \leqslant [T/\tau],$$

则称差分方程是**稳定的**.

这个定义隐含着, 差分方程的解关于步长 τ 和 h 对初值的连续依赖性. 有的教材也将这样的稳定性称为差分方程的**一致稳定性**, 以区分后面讨论的平方稳定性.

如果 $t = 0$ 时刻在网格结点 x_j 处引入了误差 $\{\varepsilon_j^0\}$, 然后按差分方程 (2.2.5) 进行计算, 假设在以后各时间层的计算中不再引入新的误差, 则误差 $\{\varepsilon_j^n\}$ 满足

$$\begin{cases} \varepsilon_j^{n+1} = r\varepsilon_{j+1}^n + (1-2r)\varepsilon_j^n + r\varepsilon_{j-1}^n, & \forall j, n > 0, \\ \varepsilon_j^0 \text{ 给定}. \end{cases}$$

由定理 2.2.1 可知, 如果初始误差 $\{\varepsilon_j^0\}$ 有界, 则在条件 $0 < r \leqslant \dfrac{1}{2}$ 下计算误差 ε_j^n 将不会无限地增长. 事实上, 还可进一步证明, 当 $r > \dfrac{1}{2}$ 时差分格式 (2.2.5) 是不稳定的 (留作思考题).

如果热传导方程 (2.2.1) 的解 $u(x,t)$ 是充分光滑的, 则 $u(x,t)$ 应该精确地满足差分方程 (2.2.3) 而不是 (2.2.5). 问题是给出的差分方程 (2.2.5) 是不是微分方程 (2.2.1) 的差分近似. 当网格步长 $\max\{\tau, h\} \to 0$ 时, 差分方程的解 u_j^n 和微分方程的解 $u(x_j, t_n)$ 的差是否趋向于零? 这两个问题分别对应着差分方程的相容性和收敛性问题.

由 Taylor 级数展开不难知道, 方程 (2.2.1) 的解 $u(x,t)$ 也满足

$$\frac{\Delta_t u(x_j, t_n)}{\tau} - \frac{\delta_x^2 u(x_j, t_n)}{h^2} - \left(\frac{\partial u}{\partial t} - \frac{\partial^2 u}{\partial x^2}\right)_{(x_j, t_n)} = R_j^n, \tag{2.2.10}$$

其中

$$R_j^n = \left[\frac{\tau}{2}\left(\frac{\partial^2 u}{\partial t^2} - \frac{1}{6r}\frac{\partial^4 u}{\partial x^4}\right) + \frac{\tau^2}{6}\left(\frac{\partial^3 u}{\partial t^3} - \frac{1}{r^2 60}\frac{\partial^6 u}{\partial x^6}\right) + \cdots\right]_{(x_j, t_n)}, \tag{2.2.11}$$

刻画了差分格式 (2.2.5) 在网格结点 (x_j, t_n) 处对微分方程 (2.2.1) 的逼近程度, 通常称其为差分格式 (2.2.5) 在网格结点 (x_j, t_n) 处的**局部截断误差**.

定义 2.2.2 称差分格式 (2.2.5) 与微分方程 (2.2.1) 是**相容**的, 如果当 $\max\{\tau, h\} \to 0$ 时, 局部截断误差 $R_j^n \to 0$. 如果存在正整数 p 和 q 使得 $R_j^n = O(\tau^p + h^q)$, 则称差分格式 (2.2.5) 在截断误差意义下时间和空间方向的精度分别是 p **阶和** q **阶**.

由定义知, 相容性刻画了微分方程和差分格式的关系, 即某差分格式与某微分方程相容意味着该差分格式的确是逼近该微分方程的. 该定义也可以类似地推广到一般的差分格式和微分方程, 这里不再重复. 根据 (2.2.11) 中 R_j^n 的表达式不难发现, 古典显式差分格式 (2.2.5) 在时间和空间方向的精度分别是一阶和二阶, 特别地, 当 $r = \dfrac{1}{6}$ 时, 格式 (2.2.5) 在时间和空间方向的精度分别是二阶和四阶, 但在实际计算中很少使用这样的步长比, 因为当 h 较小时, $\tau = \dfrac{h^2}{6}$ 就非常小, 这将导致计算步数的增加和计算开销的增大. 为了提高截断误差的阶, 可以保留 (2.2.3) 中的四阶中心差分项, 此时差分格式可以写为

$$u_j^{n+1} = \left(I + r\delta_x^2 + \frac{r}{2}\left(r - \frac{1}{6}\right)\delta_x^4 \right) u_j^n,$$

或

$$u_j^{n+1} = \sum_{k=-2}^{2} \alpha_k u_{j+k}^n,$$

其中

$$\alpha_{\pm 2} = \frac{r}{12}(1 - 6r), \quad \alpha_{\pm 1} = \frac{2r}{3}(2 - 3r), \quad \alpha_0 = \frac{1}{2}(2 - 5r + 6r^2).$$

它的截断误差阶是 $O(\tau^2 + h^4)$.

最后讨论用于计算方程 (2.2.1) 初值问题的差分方程 (2.2.5) 的收敛性. 将方程 (2.2.10) 和 (2.2.5) 相减, 并利用 (2.2.1), 则可得到误差 $e_j^n = u(x_j, t_n) - u_j^n$ 满足的方程

$$\begin{cases} e_j^{n+1} - (I + r\delta_x^2)e_j^n = \tau R_j^n, & \forall j, n > 0 \\ e_j^n = 0, & \forall j. \end{cases}$$

设 $\max\left\{ \left|\dfrac{\partial^2 u}{\partial t^2}\right|, \left|\dfrac{\partial^4 u}{\partial x^4}\right| \right\} \leqslant C$, C 是常数, $0 < r \leqslant \dfrac{1}{2}$, 则不难得

$$\sup_j\{|e_j^{n+1}|\} \leqslant \sup_j\{|e_j^n|\} + \frac{\tau}{2}\left(\tau + \frac{h^2}{6}\right)C.$$

由此式递推得

$$\sup_j\{|e_j^n|\} \leqslant n\tau\frac{C}{2}\left(\tau + \frac{h^2}{6}\right) \leqslant \frac{CT}{2}\left(\tau + \frac{h^2}{6}\right).$$

这就可证明, 当 $\max\{\tau, h\} \to 0$ 时 $e_j^n = u(x_j, t_n) - u_j^n$ 一致趋于 0, 即差分格式 (2.2.4) 是一致收敛的, 而且收敛阶和截断误差的阶一致.

2.2.1.2 隐式差分格式

古典显式格式 (2.2.4) 的优点是简单, 容易实现, 但由于截断误差为 $O(\tau + h^2)$, 精度较低, 且其收敛性和稳定性要求 $0 < r \leqslant \dfrac{1}{2}$ 或 $\tau \leqslant \dfrac{1}{2}h^2$. 它的这些缺点促使进一步寻求新的差分格式, 希望它的稳定性条件有所放宽或其精度有所提高. 为此, 这一小节介绍热传导方程 (2.2.1) 的隐式差分格式的构造. 将方程 (2.2.2) 改写为

$$\exp(-\tau D_x^2)u(x_j, t_{n+1}) = u(x_j, t_n),$$

或

$$\left(I - \tau D_x^2 + \frac{1}{2}\tau^2 D_x^4 - \cdots\right) u(x_j, t_{n+1}) = u(x_j, t_n).$$

如果仅保留上式中左端含二阶导数的项, 并且用 $\dfrac{1}{h^2}\delta_x^2$ 替代 D_x^2, 则可得差分格式

$$\left(I - \frac{\tau}{h^2}\delta_x^2\right) u_j^{n+1} = u_j^n,$$

或

$$-ru_{j-1}^{n+1} + (1+2r)u_j^{n+1} - ru_{j+1}^{n+1} = u_j^n. \tag{2.2.12}$$

类似地, 可以用 Taylor 级数展开方法给出差分方程 (2.2.12) 的截断误差

$$R_j^n = \left[\frac{-\tau}{2}\left(\frac{\partial^2 u}{\partial t^2} + \frac{1}{6r}\frac{\partial^4 u}{\partial x^4}\right) + \frac{\tau^2}{6}\left(\frac{\partial^3 u}{\partial t^3} - \frac{1}{r^2 60}\frac{\partial^6 u}{\partial x^6}\right) + \cdots\right]_{(x_j, t_{n+1})}. \tag{2.2.13}$$

这表明, 格式 (2.2.12) 的截断误差阶是 $O(\tau + h^2)$, 与古典显式差分格式 (2.2.5) 相同, 但是从 (2.2.12) 可以看出, 要计算 u_j^{n+1} 的值需要用到未知的 $u_{j\pm1}^{n+1}$ 的值, 也就是说, (2.2.12) 仅仅给出 $\{u_j^{n+1}\}$ 所满足的隐式方程, 而不是如 (2.2.5) 那样的显式表达式, 这样的差分格式称为**隐式差分格式**, 通常需要求解它与初边值条件耦合形成的代数方程组. 格式 (2.2.12) 通常称为热传导方程 (2.2.1) 的**古典隐式格式**(Laasonen, 1949), 它也可以通过直接用差分算子代替微分算子 D_t 和 D_x^2 得到, 即

$$\left(\frac{\partial u}{\partial t}\right)_{(x_j, t_{n+1})} \approx \frac{\nabla_t u_j^{n+1}}{\tau}, \quad \left(\frac{\partial^2 u}{\partial x^2}\right)_{(x_j, t_{n+1})} \approx \frac{\delta_x^2 u_j^{n+1}}{h^2}.$$

将差分方程 (2.2.12) 应用于初边值问题 (2.2.8) 的计算时, 相应的的离散问题可以写为

$$\begin{cases} \text{方程 (2.2.12)}, \quad j = 1, 2, \cdots, M, \ n > 0, \\ u_j^0 = \psi_0(x_j), \quad j = 1, 2, \cdots, M, \\ u_0^{n+1} = \psi_1(t_{n+1}), \ u_{M+1}^{n+1} = \psi_2(t_{n+1}), \ n > 0, \end{cases} \tag{2.2.14}$$

或

$$Au = b, \tag{2.2.15}$$

其中

$$\boldsymbol{u} = (u_1^{n+1}, u_2^{n+1}, \cdots, u_M^{n+1})^T, \quad \boldsymbol{b} = (u_1^n + r\psi_1(t_{n+1}), u_2^n, \cdots, u_{M-1}^n, u_M^{n+1} + r\psi_2(t_{n+1}))^T,$$

$$\boldsymbol{A} = \begin{pmatrix} 1+2r & -r & & & \\ -r & 1+2r & -r & & \\ & \ddots & \ddots & \ddots & \\ & & -r & 1+2r & r \\ & & & -r & 1+2r \end{pmatrix}.$$

线性方程组 (2.2.15) 的系数矩阵 $\boldsymbol{A}$ 是一个严格对角占优的三对角矩阵 (参见第 4 章的习题), 所以 (2.2.15) 存在唯一的解, 并且可以用第 1 章介绍的追赶方法求解. 显然, 在计算 u_j^{n+1} 时, 古典隐式格式的计算量要比古典显式格式 (2.2.4) 的大.

定理 2.2.2(极值原理)   如果不存在正整数 $\widetilde{N}$, $1 < \widetilde{N} < N = [T/\tau]$, 使得 $\{u_j^n\}$ 恒等于常数, 其中 $1 \leqslant j \leqslant M$, $0 < n < \widetilde{N}$, 则古典隐式格式的初边值问题 (2.2.14) 的解 $\{u_j^n | 1 \leqslant j \leqslant M, 0 < n \leqslant N\}$ 只能在边界 $j = 0$ 或 $j = M+1$ 或 $n = 0$ 上取到最大值和最小值.

证明   反证法. 假设存在正整数 j_0 和 n_0, $1 < j_0 < M$, $0 < n_0 \leqslant N$, 使得

$$u_{j_0}^{n_0+1} = \max_{j,n}\{u_j^n\} =: C.$$

由于 $\{u_j^n\}$ 不恒等于常数, 则可以假设 $u_{j_0}^{n_0}$ 和 $u_{j_0 \pm 1}^{n_0+1}$ 中至少有一个恒小于 C, 不妨设 $u_{j_0}^{n_0} < C$ 或等价地写为 $-u_{j_0}^{n_0} > -C$. 另一方面, 由格式 (2.2.12) 知

$$-u_{j_0}^{n_0} = ru_{j_0-1}^{n_0+1} - (1+2r)u_{j_0}^{n_0+1} + ru_{j_0+1}^{n_0+1} \leqslant rC - (1+2r)C + rC = -C.$$

这与上面的假设矛盾, 因此最大值只能在边界上取到. 同理可证最小值也只能在边界上取到.   ∎

类似于古典显式格式 (2.2.5), 对于古典隐式格式的离散问题 (2.2.14), 假设只在初始条件离散时引入误差, 则误差 $\{\varepsilon_j^n\}$ 满足如下初边值问题

$$\begin{cases} (I - r\delta_x^2)\varepsilon_j^{n+1} = \varepsilon_j^n, & 1 \leqslant j \leqslant M, \\ \varepsilon_j^0 \text{ 给定}, & 1 \leqslant j \leqslant M, \\ \varepsilon_0^{n+1} = \varepsilon_{M+1}^{n+1} = 0, & 0 \leqslant n < N. \end{cases}$$

如果将 ε_j^0, ε_0^{n+1} 和 ε_{M+1}^{n+1} 看作边值, 则由极值原理可知

$$\varepsilon_j^{n+1} \leqslant \max_{1 \leqslant j \leqslant M}\{0, \varepsilon_j^n\} \leqslant \cdots \leqslant \max_{1 \leqslant j \leqslant M}\{0, \varepsilon_j^0\}, \quad 1 \leqslant j \leqslant M,$$

即古典隐式格式 (2.2.12) 是无条件一致稳定的, 这要优于古典显式格式 (2.2.5). 也可以应用极值原理证明, 当 $\max\{\tau, h\} \to 0$ 时, 对任何固定的 $r = \dfrac{\tau}{h^2}$, 问题 (2.2.14) 的解一致收敛到微分方程 (2.2.1) 的初边值问题的解, 且有收敛阶

$$|u_j^n - u(x_j, t_n)| = O(\tau + h^2).$$

在分析古典隐式格式的初边值问题 (2.2.14) 的解的某些性质时, 还可以将古典隐式格式变形为

$$u_j^{n+1} + \beta u_j^{n+1} = u_j^{n+1} + \beta(u_j^n + r\delta_x^2 u_j^{n+1})$$
$$= \beta u_j^n + [u_j^{n+1} + (\beta r)\delta_x^2 u_j^{n+1}], \quad 0 < \beta \ll 1,$$

然后再借助于显式格式的分析手法处理上式等号右侧的中括号内的项.

下面构造其他形式的隐式差分格式. 将方程 (2.2.2) 改写为

$$\exp\left(-\theta\tau D_x^2\right) u(x_j, t_{n+1}) = \exp\left((1-\theta)\tau D_x^2\right) u(x_j, t_n),$$

其中 θ 是介于 0 和 1 之间的参数, 有时也称作权函数. 对上式两端的算子作 Taylor 级数展开得

$$\left[\sum_{i=0}^\infty (-1)^i \theta^i \frac{\tau^i}{i!} D_x^{2i}\right] u(x_j, t_{n+1}) = \left[\sum_{i=0}^\infty (1-\theta)^i \frac{\tau^i}{i!} D_x^{2i}\right] u(x_j, t_n). \quad (2.2.16)$$

如果舍去等式两端含四阶及其以上的导数项, 并用 $\dfrac{1}{h^2}\delta_x^2$ 代替 D_x^2, 则得差分格式

$$\left(I - \theta r\delta_x^2\right) u_j^{n+1} = \left[I + (1-\theta)r\delta_x^2\right] u_j^n,$$

或写为

$$-r\theta u_{j-1}^{n+1} + (1+2r\theta)u_j^{n+1} - r\theta u_{j+1}^{n+1}$$
$$= r(1-\theta)u_{j-1}^n + [1 - 2r(1-\theta)]u_j^n + r(1-\theta)u_{j+1}^n. \quad (2.2.17)$$

这是一个含自由参数 θ 的六点差分格式, 通常称为**六点加权隐式差分格式**. 当 $\theta = 0$ 时加权格式 (2.2.17) 即为古典显式格式 (2.2.5), 而当 $\theta = 1$ 时格式 (2.2.17) 就是古典隐式格式 (2.2.12). 当 $\theta > 0$ 时加权格式 (2.2.17) 总是隐式的, 它应用于初边值问题 (2.2.8) 时每个时间步都需要求解三对角线性方程组. 类似于古典隐式格式, 差分方程 (2.2.17) 的初边值问题的解满足如下极值原理.

定理 2.2.3 假设网格函数 $\{u_j^n\}$ 在定理 2.2.2 的意义下不恒等于常数. 如果

$$r \leqslant 1/2(1-\theta), \quad (2.2.18)$$

则格式 (2.2.17) 应用于初边值问题 (2.2.8) 时的解只能在边界 $j = 0$ 或 $j = M + 1$ 或 $n = 0$ 上取最大和最小值.

基于此极值原理可进一步证明: 在条件 (2.2.18) 下, 加权隐式格式 (2.2.17) 应用于初边值问题 (2.2.8) 时是一致稳定的, 其解一致收敛到方程 (2.2.1) 的解 $u(x,t)$, 并有如下误差估计

$$|u_j^n - u(x_j, t_n)| = \begin{cases} O(\tau + h^2), & \theta \neq \dfrac{1}{2}, \\ O(\tau^2 + h^2), & \theta = \dfrac{1}{2}. \end{cases}$$

因而, 当 $\theta \neq 1$ 时加权隐式格式 (2.2.17) 是有条件一致稳定的. 但是值得说明的是, 条件 (2.2.18) 只是一个充分条件, 2.3 节中将借用分析稳定性的矩阵方法获得加权隐式格式 (2.2.17) 的改进的稳定性条件.

加权六点格式 (2.2.17) 可以写成

$$\frac{u_j^{n+1} - u_j^n}{\tau} = \theta \frac{\delta_x^2 u_j^{n+1}}{h^2} + (1-\theta)\frac{\delta_x^2 u_j^n}{h^2},$$

它也可以直接由差商代替偏导数得到, 即使用

$$\left(\frac{\partial u}{\partial t}\right)_{(x_j, t_{n+1/2})} \approx \frac{\Delta_t u(x_j, t_n)}{\tau},$$

$$\left(\frac{\partial^2 u}{\partial x^2}\right)_{(x_j, t_{n+1/2})} \approx \theta \frac{\delta_x^2 u(x_j, t_{n+1})}{h^2} + (1-\theta)\frac{\delta_x^2 u(x_j, t_n)}{h^2}.$$

应用 Taylor 级数展开不难给出格式 (2.2.17) 的局部截断误差

$$R_j^n = \left[(1-2\theta)\frac{\tau}{2}\frac{\partial^3 u}{\partial x^2 \partial t} + \frac{\tau^2}{24}\frac{\partial^3 u}{\partial t^3} - \frac{h^2}{12}\frac{\partial^4 u}{\partial x^4} - \frac{\tau^2}{8}\frac{\partial^4 u}{\partial x^2 \partial t^2} + O(\tau^4 + \tau h^3 + h^4)\right]_{(x_j, t_{n+1/2})}.$$

由此可见, 当 $\theta \neq \dfrac{1}{2}$ 时加权隐式格式 (2.2.17) 的局部截断误差阶是 $O(\tau + h^2)$, 而当 $\theta = \dfrac{1}{2}$ 时其局部截断误差阶是 $O(\tau^2 + h^2)$. $\theta = \dfrac{1}{2}$ 的加权格式 (2.2.17) 又称作**Crank-Nicolson 差分格式**(1947), 即

$$\left(I - \frac{1}{2}r\delta_x^2\right)u_j^{n+1} = \left(I + \frac{1}{2}r\delta_x^2\right)u_j^n. \tag{2.2.19}$$

它是用于热传导方程 (2.2.1) 定解问题计算的最常用差分格式之一, 目前它也已经被广泛推广应用于其他形式的偏微分方程 (组) 的数值计算.

如果舍去方程 (2.2.16) 两端含四阶及其以上的导数项后用 $\dfrac{1}{h^2}\delta_x^2\left(I + \dfrac{1}{12}\delta_x^2\right)^{-1} \approx \dfrac{1}{h^2}\delta_x^2\left(I - \dfrac{1}{12}\delta_x^2\right)$ 代替 D_x^2, 并令 $\theta = \dfrac{1}{2}$, 则可以得到另一个六点隐式差分格式

$$\left[I - \frac{1}{2}\left(r - \frac{1}{6}\right)\delta_x^2\right]u_j^{n+1} = \left[I + \frac{1}{2}\left(r + \frac{1}{6}\right)\delta_x^2\right]u_j^n. \tag{2.2.20}$$

它称为**Douglas 差分格式**, 其截断误差阶是 $O(\tau^2+h^4)$, x 方向的精度要高于 Crank-Nicolson 格式 (2.2.19) 的.

说明 2.2.1　*也可以按下列方式获得热传导方程 (2.2.1) 的差分格式: 先离散偏微分方程中的空间偏导数, 例如*

$$\frac{d}{dt}u_j(t) = \frac{u_{j+1}(t) - 2u_j(t) + u_{j-1}(t)}{h^2}, \tag{2.2.21}$$

*它是一个关于 $\{u_j(t)\}$ 的常微分方程组, 通常称这样的做法为**线方法**或**半离散方法**. 然后再应用一阶常微分方程 (组) 的数值方法 (单步或线性多步方法等) 离散 (2.2.21) 中的时间导数从而获得全离散格式.*

2.2.2　变系数热传导方程

这一小节讨论变系数抛物型方程的差分逼近, 但仅以 (2.0.14) 的几个特殊形式加以阐述.

2.2.2.1　显式差分格式

考虑变系数热传导方程

$$\frac{\partial u}{\partial t} = a(x)\frac{\partial^2 u}{\partial x^2}, \tag{2.2.22}$$

其中 $a(x) > 0$ 是给定的光滑函数. 此时方程 (2.1.19) 变成

$$
\begin{aligned}
u(x_j, t_{n+1}) &= \exp(\tau a(x_j)D_x^2)u(x_j, t_n) \\
&= \Big[I + \tau a_j D_x^2 + \frac{\tau^2}{2}a_j D_x^2(a_j D_x^2) + \cdots\Big]u(x_j, t_n) \\
&= \Big[I + \tau a_j D_x^2 + \frac{\tau^2}{2}a_j(a_j'' D_x^2 + 2a_j' D_x^3 + a_j D_x^4) + \cdots\Big]u(x_j, t_n),
\end{aligned}
$$

式中 $a_j = a(x_j)$, $a' = \dfrac{da(x)}{dx}$ 和 $a'' = \dfrac{d^2a(x)}{dx^2}$. 如果将微分算子 D_x^2, D_x^3, D_x^4 等用适当的差分算子代替, 则可得到相应的差分格式, 例如仅保留上式右端的前二项, 并用 $\dfrac{1}{h^2}\delta_x^2$ 代替 D_x^2, 则可得到差分方程

$$u_j^{n+1} = (1 - 2ra_j)u_j^n + ra_j(u_{j+1}^n + u_{j-1}^n), \tag{2.2.23}$$

或

$$u_j^{n+1} = u_j^n + ra_j\delta_x^2 u_j^n, \tag{2.2.24}$$

其中 $r = \tau/h^2$. 这是一个类似 (2.2.5) 的显式差分格式, 其截断误差阶是 $O(\tau + h^2)$.

可以证明, 当 $ra_j \leqslant \dfrac{1}{2}$ 时, 格式 (2.2.23) 是一致稳定的, 而且它的解一致收敛到微分方程 (2.2.22) 的解.

考虑变系数热传导方程

$$\frac{\partial u}{\partial t} = \frac{\partial}{\partial x}\left(a(x)\frac{\partial u}{\partial x}\right), \quad a(x) > 0 \tag{2.2.25}$$

的差分离散. 类似地, 考虑从方程 (2.1.19) 出发构造相应的显式差分格式, 先将 (2.2.22) 改写为

$$\frac{\partial u}{\partial t} = a(x)\frac{\partial^2 u}{\partial x^2} + a'(x)\frac{\partial u}{\partial x} = \left[a(x)D_x^2 + a'(x)D_x\right]u,$$

再在 (2.1.19) 中令 $L = a(x)D_x^2 + a'(x)D_x$, 得

$$u(x_j, t_{n+1}) = \exp\left(\tau(a(x)D_x^2 + a'(x)D_x)u(x_j, t_n)\right.$$
$$= \left(I + \tau(a_j D_x^2 + a_j' D_x) + \cdots\right)u(x_j, t_n).$$

仅保留上式右端的前二项, 并分别用 $\dfrac{1}{h}\mu_x\delta_x$ 和 $\dfrac{1}{h^2}\delta_x^2$ 代替 D_x 和 D_x^2, 则得到差分方程

$$u_j^{n+1} = u_j^n + r\left(a_j\delta_x^2 + ha_j'\mu_x\delta_x\right)u_j^n. \tag{2.2.26}$$

它也可以直接用差商代替微商得到, 其截断误差阶是 $O(\tau + h^2)$, 但是它不能保持微分方程 (2.2.25) 的固有的守恒性质: 如果 $a\dfrac{\partial u}{\partial x}\Big|_{x=\pm\infty}$ 等于零, 则 $\dfrac{d}{dt}\displaystyle\int_{-\infty}^{\infty} u\, dx = 0$. 为了获得一个保持守恒性质的格式, 取积分区间 $(x_{j-1/2}, x_{j+1/2}) \times [t_n, t_{n+1})$, 并对方程 (2.2.25) 积分得

$$\int_{x_{j-1/2}}^{x_{j+1/2}} \Delta_t u(x, t_n)\, dx = \int_{t_n}^{t_{n+1}} \nabla_x\left[a(x_{j+1/2})\frac{\partial u}{\partial x}\right]_{x=x_{j+1/2}} dt.$$

定义网格平均函数 $u_j(t) := \dfrac{1}{h}\displaystyle\int_{x_{j-1/2}}^{x_{j+1/2}} u(x, t)\, dx$, 则上式又可以写为

$$h\Delta_t u_j(t_n) = \int_{t_n}^{t_{n+1}} \nabla_x\left[a_{j+1/2}\frac{\partial u}{\partial x}\right]_{x=x_{j+1/2}} dt.$$

应用中心差商 $\dfrac{\pm 1}{h}(u_{j\pm1}(t) - u_j(t))$ 近似微商 $\dfrac{\partial u}{\partial x}\Big|_{x=x_{j\pm1/2}}$, 并用左矩形积分公式计算上式右端的积分, 则可以得到显式差分方程

$$u_j^{n+1} = u_j^n + r\left[a_{j+1/2}(u_{j+1} - u_j) - a_{j-1/2}(u_j - u_{j-1})\right]. \tag{2.2.27}$$

如果存在有限正整数 N 使得当 $|j| > N$ 时, $a_{j\pm 1/2}(u_{j\pm 1} - u_j) = 0$, 则差分方程 (2.2.27) 的解 u_j^n 满足离散的守恒律

$$\sum_{j=-\infty}^{\infty} u_j^{n+1} h = \sum_{j=-\infty}^{\infty} u_j^n h.$$

差分方程 (2.2.26) 和 (2.2.27) 的差别是计算 $a(x)$ 在 $x = x_{j\pm 1/2}$ 处的值的方法不同, 前者是近似计算即 $a(x_{j\pm 1/2}) \approx a(x_j) \pm \dfrac{h}{2} a'(x_j)$, 而后者则是精确计算. 差分格式 (2.2.27) 也可以直接用差商代替微商得到, 其截断误差阶与差分格式 (2.2.26) 的相同.

2.2.2.2　隐式格式

考虑变系数热传导方程

$$\frac{\partial u}{\partial t} = a(x,t) \frac{\partial^2 u}{\partial x^2}, \quad a(x,t) > 0. \tag{2.2.28}$$

对方程 (2.1.12), 即 $\delta_x = 2\sin h \left(\dfrac{1}{2} h D_x \right)$, 的右端作 Taylor 级数展开, 得

$$\delta_x^2 = h^2 D_x^2 + \frac{h^4}{12} D_x^4 + O(h^6).$$

由此可得

$$\frac{1}{2h^2} \delta_x^2 [u(x_j, t_{n+1}) + u(x_j, t_n)] = \left(\frac{\partial^2 u}{\partial x^2} + \frac{h^2}{12} \frac{\partial^4 u}{\partial x^4} \right)_{x_j}^{t_{n+1/2}} + O(\tau^2 + h^4).$$

将 (2.2.28) 代入上式, 得

$$\begin{aligned}
&\frac{1}{2h^2} \delta_x^2 [u(x_j, t_{n+1}) + u(x_j, t_n)] \\
&= \left[\frac{1}{a(x,t)} \frac{\partial u}{\partial t} + \frac{h^2}{12} \frac{\partial^2}{\partial x^2} \left(\frac{1}{a(x,t)} \frac{\partial u}{\partial t} \right) \right]_{x_j}^{t_{n+1/2}} + O(\tau^2 + h^4).
\end{aligned} \tag{2.2.29}$$

又由于

$$\frac{\partial^2}{\partial x^2} \left(\frac{1}{a_j^{n+1/2}} \frac{\partial u}{\partial t} \right)_{x_j, t_{n+1/2}} = \frac{1}{h^2} \delta_x^2 \left[\frac{1}{a_j^{n+1/2}} \frac{\Delta_t u(x_j, t_n)}{\tau} \right] + O(\tau^2 + h^2),$$

则 (2.2.29) 可以写为

$$\begin{aligned}
&\frac{1}{2h^2} \delta_x^2 [u(x_j, t_{n+1}) + u(x_j, t_n)] \\
&= \frac{1}{a_j^{n+1/2}} \frac{\Delta_t u(x_j, t_n)}{\tau} + \frac{1}{12\tau} \delta_x^2 \left[\frac{\Delta_t u(x_j, t_n)}{a_j^{n+1/2}} \right] + O(\tau^2 + h^4).
\end{aligned}$$

由此可得差分方程

$$u_j^{n+1} - \frac{ra_j^{n+1/2}}{2}\delta_x^2\left[\left(1 - \frac{1}{6ra_j^{n+1/2}}\right)u_j^{n+1}\right]$$

$$= u_j^n + \frac{ra_j^{n+1/2}}{2}\delta_x^2\left[\left(1 + \frac{1}{6ra_j^{n+1/2}}\right)u_j^n\right], \tag{2.2.30}$$

或

$$\left[1 + \frac{1}{12}a_j^{n+1/2}\delta_x^2\left(a_j^{n+1/2}\right)^{-1} - \frac{1}{2}ra_j^{n+1/2}\delta_x^2\right]u_j^{n+1}$$

$$= \left[1 + \frac{1}{12}a_j^{n+1/2}\delta_x^2\left(a_j^{n+1/2}\right)^{-1} + \frac{1}{2}ra_j^{n+1/2}\delta_x^2\right]u_j^n. \tag{2.2.31}$$

这是一个隐式差分格式, 类似于常系数热传导方程 (2.2.1) 的 Douglas 差分格式 (2.2.20), 其截断误差阶是 $O(\tau^2 + h^4)$. 也可以直接使用差商近似偏导数的方法获得微分方程 (2.2.28) 的差分近似, 例如 Crank-Nicolson 格式

$$\frac{u_j^{n+1} - u_j^n}{\tau} = a(x_j, t_{n+1/2})\frac{1}{2h^2}\delta_x^2(u_j^{n+1} + u_j^n). \tag{2.2.32}$$

2.3   差分格式的稳定性和收敛性

前一节已经详细讨论了一维热传导方程的差分格式的构造, 并且讨论了几个具体的差分方程的解关于步长 τ 和 h 对初值的连续依赖性, 即一致稳定性和差分格式的收敛性. 这一节将介绍一般的差分方程的定解问题的稳定性和收敛性, 特别是分析稳定性的一般方法及稳定性和收敛性之间的关系.

2.3.1 ε 图方法

首先介绍分析差分方程定解问题的稳定性的直接方法 —— ε 图方法, 即假设在初始时刻的一个网格结点上引进一个误差 ε, 然后观察这个初始误差随时间发展情况.

以一维热传导方程的定解问题 (2.2.8) 为例, 如果微分方程用古典显式差分格式离散, 则离散的定解问题可以写成 (2.2.9) 的形式. 现在假定仅仅在网格结点 $(j_0, 0)$ 处存在一个扰动误差 ε, $1 \leqslant j_0 \leqslant M$, 即初始网格函数 $\{u_j^0\}$ 变为 $\{\widetilde{u}_j^0\}$, 其中

$$\widetilde{u}_j^0 = \begin{cases} u_{j_0}^0 + \varepsilon, & j = j_0, \\ u_j^0, & j \neq j_0, \end{cases}$$

则误差 $\varepsilon_j^n = \widetilde{u}_j^n - u_j^n$ 满足

$$\begin{cases} \varepsilon_j^{n+1} = (I + r\delta_x^2)\varepsilon_j^n, \quad 1 \leqslant j \leqslant M,\ 0 \leqslant n < N = [T/\tau], \\[2mm] \varepsilon_j^0 = \begin{cases} 0, & j \neq j_0, \\ \varepsilon, & j = j_0, \end{cases} \quad 1 \leqslant j \leqslant M, \\[2mm] \varepsilon_0^n = \varepsilon_{M+1}^n = 0, \quad 0 \leqslant n < N. \end{cases} \tag{2.3.1}$$

下面分别观察 $r = \dfrac{1}{2}$ 和 1 时 (2.3.1) 的解 $\{\varepsilon_j^n\}$ 随着 n 增加而变化的情况. 先观察 $r = \dfrac{1}{2}$ 的情况, 此时 (2.3.1) 中的差分方程变为

$$\varepsilon_j^{n+1} = \frac{1}{2}(\varepsilon_{j+1}^n + \varepsilon_{j-1}^n).$$

结合初边值条件, 可以逐步计算出 $\{\varepsilon_j^{n+1}\}$ 的值, 表 2.1 列出了 $\{\varepsilon_j^{n+1}\}$ 在网格线 $j = j_0$ 附近的部分值. 由表 2.1 可知, 当 $r = \dfrac{1}{2}$ 时初始引入的扰动误差在以后各时间层的影响逐层减小. 这意味着, 此时古典显式差分格式 (2.2.5) 是稳定的.

表 2.1　误差的传播, $r = 1/2$

4	$\dfrac{\varepsilon}{16}$	0	$\dfrac{4\varepsilon}{16}$	0	$\dfrac{6\varepsilon}{16}$	0	$\dfrac{4\varepsilon}{16}$	0	$\dfrac{\varepsilon}{16}$
3	0	$\dfrac{\varepsilon}{8}$	0	$\dfrac{3\varepsilon}{8}$	0	$\dfrac{3\varepsilon}{8}$	0	$\dfrac{\varepsilon}{8}$	0
2	0	$\dfrac{\varepsilon}{4}$	0	$\dfrac{2\varepsilon}{4}$	0	$\dfrac{\varepsilon}{4}$	0	0	0
1	0	0	0	$\dfrac{\varepsilon}{2}$	0	$\dfrac{\varepsilon}{2}$	0	0	0
0	0	0	0	ε	0	0	0	0	0
n	$j_0 - 4$	$j_0 - 3$	$j_0 - 2$	$j_0 - 1$	j_0	$j_0 + 1$	$j_0 + 2$	$j_0 + 3$	$j_0 + 4$

再观察 $r = 1$ 的情形, 此时 (2.3.1) 中的差分方程变为

$$\varepsilon_j^{n+1} = \varepsilon_{j-1}^n - \varepsilon_j^n + \varepsilon_{j+1}^n.$$

在网格线 $j = j_0$ 附近的部分 ε_j^{n+1} 的值见表 2.2. 从表 2.2 可以看出, 当 $r = 1$ 时由初始的扰动误差所引起的误差在以后各时间层的计算中逐层快速地增大, 因此当 $r = 1$ 时古典显式差分格式 (2.2.5) 是不稳定的.

表 2.2　误差的传播, $r = 1$

4	ε	-4ε	10ε	-16ε	19ε	-16ε	10ε	-4ε	ε
3	0	ε	-3ε	6ε	-7ε	6ε	-3ε	ε	0
2	0	0	ε	-2ε	3ε	-2ε	ε	0	0
1	0	0	0	ε	$-\varepsilon$	ε	0	0	0
0	0	0	0	ϵ	0	0	0	0	0
n	$j_0 - 4$	$j_0 - 3$	$j_0 - 2$	$j_0 - 1$	j_0	$j_0 + 1$	$j_0 + 2$	$j_0 + 3$	$j_0 + 4$

上述观察结果与 2.2.1.1 小节中的分析一致. 从这里可知, 用 ε 图方法分析差分格式的稳定性很直观, 能直观地看到初始的扰动误差在以后各时间层的传播, 但是它的缺点是 r 的值必须先选定, 即不具有一般性.

2.3.2　稳定性分析的矩阵方法

仍以一维热传导方程的定解问题 (2.2.8) 为例. 如前所述, 一般的两层差分方程均可以写成

$$\begin{cases} \boldsymbol{A}\boldsymbol{u}^{n+1} = \boldsymbol{B}\boldsymbol{u}^n + \boldsymbol{b}^n, & 0 \leqslant n < N = [T/\tau], \\ \boldsymbol{u}^0 = (\psi_0(x_1), \psi_0(x_2), \cdots, \psi_0(x_M))^T, \end{cases} \tag{2.3.2}$$

其中 $\boldsymbol{A} = (a_{i,j})$ 和 $\boldsymbol{B} = (b_{i,j})$ 均是 M 阶常系数矩阵, $\boldsymbol{u} = (u_1, u_2, \cdots, u_M)^T$ 是未知向量, 而 $\boldsymbol{b}^n = (b_1^n, b_2^n, \cdots, b_M^n)^T$ 是包含边界条件的已知向量. 如果 $\boldsymbol{A} = \boldsymbol{I}$, 则 (2.3.2) 中的差分方程是显式的, 否则是隐式的. 如果 $\boldsymbol{A} \neq \boldsymbol{I}$ 且 $|\boldsymbol{A}| = \det(\boldsymbol{A}) \neq 0$, 则 (2.3.2) 又可以写成如下显式形式

$$\begin{cases} \boldsymbol{u}^{n+1} = \boldsymbol{C}\boldsymbol{u}^n + \boldsymbol{A}^{-1}\boldsymbol{b}^n, & \boldsymbol{C} = \boldsymbol{A}^{-1}\boldsymbol{B}, \\ \boldsymbol{u}^0 = (\psi_0(x_1), \psi_0(x_2), \cdots, \psi_0(x_M))^T. \end{cases} \tag{2.3.3}$$

如果假设 ε^0 是因初始值离散或测量而引入的误差向量, 而在边界条件的离散以及其他各时间层的计算中均未引入任何形式的误差, 则差分方程的稳定性可以定义如下.

定义 2.3.1　如果对于任意给定的 ε, 存在与步长 h 和 τ 无关的正数 $\delta = \delta(\varepsilon)$, 使得当

$$||\boldsymbol{\varepsilon}^0|| = ||\widetilde{\boldsymbol{u}}^0 - \boldsymbol{u}^0|| < \delta$$

时恒成立

$$||\boldsymbol{\varepsilon}^n|| = ||\widetilde{\boldsymbol{u}}^n - \boldsymbol{u}^n|| < \varepsilon, \quad 0 < n < N,$$

则称差分问题 (2.3.2) 或 (2.3.3) 是**稳定的**, 其中 $\|\cdot\|$ 是向量的某种范数.

如果定义中的向量范数取成向量的 L^∞ 范数, $\|\boldsymbol{u}\|_\infty = \max_j \{u_j\}$, 则这个定义就是定义 2.2.1 中的一致稳定性定义.

由于初始误差 ε^0 的引入, 计算解 $\widetilde{\boldsymbol{u}}^n$ 应满足

$$\begin{cases} \widetilde{\boldsymbol{u}}^{n+1} = \boldsymbol{C}\widetilde{\boldsymbol{u}}^n + \boldsymbol{A}^{-1}\boldsymbol{b}^n, \\ \widetilde{\boldsymbol{u}}^0 = \boldsymbol{u}^0 + \boldsymbol{\varepsilon}^0. \end{cases} \tag{2.3.4}$$

比较 (2.3.3) 和 (2.3.4), 可得误差向量 $\varepsilon^n = \tilde{u}^n - u^n$ 满足的方程和定解条件

$$\begin{cases} \varepsilon^{n+1} = C\varepsilon^n, \\ \varepsilon^0 \text{ 给定}. \end{cases}$$

又由于系数矩阵 C 的元素均是常数, 因而有

$$\varepsilon^n = C\varepsilon^{n-1} = \cdots = C^n\varepsilon^0. \tag{2.3.5}$$

方程两边取向量范数, 则有

$$\|\varepsilon^n\| \leqslant \|C^n\| \cdot \|\varepsilon^0\|,$$

其中 $\|C\|$ 是矩阵 C 的诱导范数. 由此可见, 如果对任意的正整数 $n, 0 \leqslant n\tau \leqslant T$, 均存在与 h 和 τ 无关的常数 K 使得 $\|C^n\| \leqslant K$, 则有

$$\|\varepsilon^n\| \leqslant K\|\varepsilon^0\|, \tag{2.3.6}$$

这说明初始误差 ε^0 对以后各时间层的影响总是有界的. 特别地, 如果 $K < 1$, 则误差逐时间层减小. 因此, 可以给出差分方程 (2.3.2) 稳定的另一个等价定义.

定义 2.3.2   如果对于任意给定的初始误差 ε^0, 存在一个与步长 h 和 τ 无关的正常数 K 使得任意 $t = t_n$ 时刻的误差 ε^n 在一定的范数意义下满足不等式

$$\|\varepsilon^n\| \leqslant K\|\varepsilon^0\|, \tag{2.3.7}$$

或

$$\|C^n\| \leqslant K, \tag{2.3.8}$$

则称差分格式 (2.3.2) 或 (2.3.3) 是**稳定的**.

引理 2.3.1   定义 2.3.2 与定义 2.3.1 等价.

证明   (i) 由定义 2.3.2 推导出定义 2.3.1 是显然的. 因为对任意 $\varepsilon > 0$, 存在 $\delta = \varepsilon/K$ 使得当 $\|\varepsilon^0\| < \delta$ 时恒成立 $\|\varepsilon^n\| \leqslant K\|\varepsilon^0\| < K\delta = \varepsilon$.

(ii) 现在证明由定义 2.3.1 推导出定义 2.3.2. 考虑任意非零的初始误差向量 ε^0. 不妨设 $\|\varepsilon^0\| \geqslant \varepsilon/K > 0$. 由定义 2.3.1 知, 对给定的 $\varepsilon > 0$, 存在与 h 和 τ 无关的 $\delta(\varepsilon) > 0$ 使得当 $\|\varepsilon^0\| < \delta$ 时恒成立

$$\|\varepsilon^n\| = \|C^n\varepsilon^0\| < \varepsilon, \quad 0 < n < N.$$

两边除以 $\|\varepsilon^0\|$, 则有

$$\frac{\|C^n\varepsilon^0\|}{\|\varepsilon^0\|} < \frac{\varepsilon}{\|\varepsilon^0\|} \leqslant K.$$

由矩阵的诱导范数定义[1] 知

$$||\boldsymbol{C}^n|| = \max_{\boldsymbol{\varepsilon}^0 \neq 0} \left\{ \frac{||\boldsymbol{C}^n \boldsymbol{\varepsilon}^0||}{||\boldsymbol{\varepsilon}^0||} \right\} \leqslant K.$$

这就完成了定义 2.3.1 和定义 2.3.2 等价的证明. ■

由于上面的稳定性定义仅考虑了初始引入的误差的传播, 所以它又称为**差分格式关于初值的稳定性**. 如果差分格式的右端项引入误差, 并由此而引起解的误差可由右端误差予以控制, 则称**格式关于右端项是稳定的**. 在一定条件下, 关于右端项的稳定性可由关于初值的稳定性得到[15].

定理 2.3.2　如果当 $0 < h < h_0, h = g(\tau)$ 时矩阵 $\boldsymbol{C}$ 的逆关于 n 一致有界, 而且差分格式 (2.3.2) 关于初值是稳定的, 则该格式关于右端项也是稳定的.

基于这个定理, 下面讨论的数值格式的稳定性都将限于关于初值的稳定性, 并简称为格式的稳定性. 通过对矩阵 $\boldsymbol{C}$ 的直接分析探求差分格式稳定性的方法称为**稳定性分析的直接法**或**矩阵方法**. 虽然定义 2.3.2 给出了一个判别差分格式稳定性的充要条件 (2.3.8), 但是由于计算矩阵 $\boldsymbol{C}^n$ 及其范数并不容易, 所以用条件 (2.3.8) 判别差分格式稳定性并不方便.

定理 2.3.3　差分格式 (2.3.2) 稳定的一个必要条件是矩阵 $\boldsymbol{C} = \boldsymbol{A}^{-1}\boldsymbol{B}$ 的谱半径满足

$$\rho(\boldsymbol{C}) := \max\{|\lambda(\boldsymbol{C})|\} \leqslant 1 + O(\tau). \tag{2.3.9}$$

证明　因为差分格式稳定, 则由定义 2.3.2 知, 对所有 $n, 0 < n < N = [T/\tau]$, 成立

$$||\boldsymbol{C}^n|| \leqslant K.$$

因为矩阵的谱半径不超过矩阵的范数, 即 $\rho(\boldsymbol{C}^n) \leqslant ||\boldsymbol{C}^n||$, 所以有

$$\rho^n(\boldsymbol{C}) = \rho(\boldsymbol{C}^n) \leqslant K. \tag{2.3.10}$$

下面证明 (2.3.9) 与 (2.3.10) 等价.

假定不等式 (2.3.9) 成立, 即存在常数 $c > 0$ 使得

$$\rho(\boldsymbol{C}) \leqslant 1 + c\tau.$$

从而

$$\rho^n(\boldsymbol{C}) \leqslant (1 + c\tau)^n \leqslant (1 + c\tau)^{\frac{T}{\tau}} \leqslant e^{cT},$$

即存在 $K = e^{cT}$ 使得不等式 (2.3.10) 成立.

反之, 如果不等式 (2.3.10) 成立, 则有不等式

$$\rho^n(C) \leqslant K.$$

特别地, 选取 n 使得 $T - \tau \leqslant n\tau \leqslant T$, 则

$$\rho(C) \leqslant K^{\frac{\tau}{T-\tau}} = e^{\frac{\tau}{T-\tau}\ln K} = 1 + \tau \frac{\ln(K)}{T-\tau} + \frac{\tau^2}{2!}\left(\frac{\ln(K)}{T-\tau}\right)^2 + \cdots.$$

又由于

$$\frac{1}{T-\tau} = \frac{1}{T}\left(\frac{1}{1-\tau/T}\right) = \frac{1}{T}\left(1 + \frac{\tau}{T} + \frac{\tau^2}{T^2} + \cdots\right),$$

所以存在一个足够大的常数 c, 使得 $\rho(C) \leqslant 1 + c\tau$, 即 (2.3.9) 成立. ■

稳定性的必要条件 (2.3.9) 是非常重要的, 除了由于它比较容易判别外, 还因为它在很多情况下是一个充分条件.

引理 2.3.4 如果 C 是正规矩阵, $CC^{\mathrm{H}} = C^{\mathrm{H}}C$, 其中 C^{H} 是 C 的共轭转置矩阵, 则 $\|C\|_2 = [\rho(C^{\mathrm{H}}C)]^{1/2} = \rho(C)$.

证明从略. 实对称矩阵 ($C^{\mathrm{T}} = C$)、酉矩阵 ($C^{\mathrm{H}}C = I$) 和 Hermite 阵 ($C^{\mathrm{H}} = C$) 都是正规矩阵.

定理 2.3.5 如果差分格式 (2.3.2) 中的矩阵 $C = A^{-1}B$ 是正规矩阵, 则条件 (2.3.9) 是差分格式 (2.3.2) 按谱范数, 即 $\|C\|_2 = \sqrt{\max_j\{\lambda_j(C^{\mathrm{H}}C)\}}$ 稳定的充分条件.

证明 如果 C 为正规矩阵, 则 C^n 也是正规矩阵. 由引理 2.3.4 知

$$\|C^n\|_2 = \rho(C^n) = \rho^n(C),$$

又由于 (2.3.10) 与 (2.3.9) 等价, 所以 (2.3.9) 是稳定性的充分必要条件. ■

很显然, 使用上述条件判别差分格式稳定性的关键是估计矩阵特征值的大小. 为此这里先介绍几个有关矩阵特征值计算的定理.

如果用 x 表示矩阵 C 的相应于特征值 $\lambda = \lambda(C)$ 的右特征向量, 则有 $Cx = \lambda x$. 进一步地有 $C(Cx) = \lambda Cx = \lambda^2 x$. 这说明 λ^2 是矩阵 C^2 的特征值, x 是相应的特征向量. 一般地有 $C^p x = \lambda^p x$, 其中 p 是非负整数. 如果 C 可逆, 则 p 可以取负整数.

引理 2.3.6 如果 $f(\lambda) = a_p\lambda^p + a_{p-1}\lambda^{p-1} + \cdots + a_0$ 是 p 阶多项式, $a_p \neq 0$, $p \geqslant 1$, 则成立

$$f(C)x = \left(a_pC^p + a_{p-1}C^{p-1} + \cdots + a_0 I\right)x = f(\lambda)x,$$

即 $f(\lambda)$ 是矩阵多项式 $f(A)$ 的特征值, x 是相应的特征向量.

引理 2.3.7   设 $f_1(\lambda)$ 和 $f_2(\lambda)$ 是两个多项式, $f_1(\boldsymbol{C})$ 可逆, 则 $f_2(\lambda)/f_1(\lambda)$ 是矩阵有理多项式 $[f_1(\boldsymbol{C})]^{-1} f_2(\boldsymbol{C})$ 或 $[f_2(\boldsymbol{C})][f_1(\boldsymbol{C})]^{-1}$ 的特征值, 相应的特征向量是 $\boldsymbol{x}$.

证明   由引理 2.3.6 知

$$f_1(\boldsymbol{C})\boldsymbol{x} = f_1(\lambda)\boldsymbol{x}, \quad f_2(\boldsymbol{C})\boldsymbol{x} = f_2(\lambda)\boldsymbol{x}. \tag{2.3.11}$$

两端同乘 $[f_1(\boldsymbol{C})]^{-1}$, 得

$$[f_1(\boldsymbol{C})]^{-1}\boldsymbol{x} = \frac{1}{f_1(\lambda)}\boldsymbol{x},$$

$$[f_1(\boldsymbol{C})]^{-1} f_2(\boldsymbol{C})\boldsymbol{x} = f_2(\lambda)[f_1(\boldsymbol{C})]^{-1}\boldsymbol{x}.$$

将第一个方程代入第二个方程, 得

$$[f_1(\boldsymbol{C})]^{-1} f_2(\boldsymbol{C})\boldsymbol{x} = \frac{f_1(\lambda)}{f_2(\lambda)}\boldsymbol{x}.$$

另一部分的证明可以类似地完成.   ∎

引理 2.3.8 M 阶三对角矩阵

$$\boldsymbol{C} = \begin{pmatrix} a & b & & & \\ c & a & b & & \\ & \ddots & \ddots & \ddots & \\ & & c & a & b \\ & & & c & a \end{pmatrix} =: \mathrm{tridiag}\{c, a, b\}$$

的特征值是

$$\lambda_j = a + 2\sqrt{bc}\cos(j\pi h), \quad j = 1, 2, \cdots, M,$$

其中 $h = 1/(M+1)$, 元素 a, b 和 c 可以是复数.

证明   设 λ 是矩阵 $\boldsymbol{C}$ 的特征值, $\boldsymbol{x} = (x_1, x_2, \cdots, x_M)^T \neq \boldsymbol{0}$ 是相应的右特征向量. 此时特征方程 $\boldsymbol{C}\boldsymbol{x} = \lambda\boldsymbol{x}$ 又可以写为

$$cx_{k-1} + (a-\lambda)x_k + bx_{k+1} = 0, \quad k = 1, 2, \cdots, M, \tag{2.3.12}$$

其中 $x_0 = x_{M+1} = 0$. 这是一个齐次的线性常系数差分方程, 其解可以表示为 (参见 1.5.1 小节)

$$x_k = Am_1^k + Bm_2^k, \tag{2.3.13}$$

其中 A 和 B 是任意常数, m_1 和 m_2 是二次方程

$$c + (a - \lambda)m + bm^2 = 0 \qquad (2.3.14)$$

的两个互异根. 否则, 如果 $m_1 = m_2$, 则 (2.3.12) 的解应该表示成

$$x_k = (A + kB)m_1^k, \quad k = 1, 2, \cdots, M.$$

结合边界条件 $x_0 = x_{M+1} = 0$ 知, $A = B = 0$. 从而 $x_k = 0$, $k = 1, 2, \cdots, M$, 这与特征向量不能为零矛盾.

由方程 (2.3.13) 及条件 $x_0 = x_{M+1} = 0$, 得

$$A + B = 0, \quad Am_1^{M+1} + Bm_2^{M+1} = 0.$$

由此可知

$$\left(\frac{m_1}{m_2}\right)^{M+1} = 1 = e^{i2j\pi}, \quad j = 1, 2, \cdots, M,$$

或

$$\frac{m_1}{m_2} = e^{i2jh\pi}, \quad j = 1, 2, \cdots, M, \qquad (2.3.15)$$

其中 $i = \sqrt{-1}$. 又由方程 (2.3.14) 的根与系数的关系

$$m_1 m_2 = \frac{c}{b}, \quad m_1 + m_2 = \frac{\lambda - a}{b}, \qquad (2.3.16)$$

可以得

$$m_1 = \sqrt{\frac{c}{b}} e^{ijh\pi}, \quad m_2 = \sqrt{\frac{c}{b}} e^{-ijh\pi}$$

和矩阵 C 的 M 个特征值

$$\lambda_j = a + \sqrt{bc}\left(e^{ijh\pi} + e^{-ijh\pi}\right) = a + 2\sqrt{bc}\cos(jh\pi), \quad j = 1, 2, \cdots, M.$$

将 m_1 和 m_2 的表达式代入 (2.3.13) 则可得

$$x_k = Am_1^k + Bm_2^k = A\left(\frac{c}{b}\right)^{k/2}\left(e^{ijkh\pi} - e^{-ijkh\pi}\right)$$

$$= 2iA\left(\frac{c}{b}\right)^{k/2}\sin(jkh\pi), \quad k = 1, 2, \cdots, M,$$

其中 $j = 1, 2, \cdots, M$. 由此, 相应于 λ_j 的右特征向量可以取成

$$\boldsymbol{x}_j = \left(\left(\frac{c}{b}\right)^{1/2}\sin(jh\pi), \frac{c}{b}\sin(2jh\pi), \cdots, \left(\frac{c}{b}\right)^{M/2}\sin(Mjh\pi)\right)^T. \qquad \blacksquare$$

引理 2.3.9   如果矩阵 C 可以写成

$$C = \begin{pmatrix} C_{1,1} & C_{1,2} & \cdots & C_{1,m} \\ C_{2,1} & C_{2,2} & \cdots & C_{2,m} \\ \vdots & \vdots & & \vdots \\ C_{m,1} & C_{m,2} & \cdots & C_{m,m} \end{pmatrix},$$

其中 $C_{i,j}$ 是 $\widetilde{m}$ 阶方矩阵, 且所有的子矩阵 $C_{i,j}$ 有公共的 $\widetilde{m}$ 个线性无关的特征向量, 则矩阵 C 的特征值由矩阵

$$\begin{pmatrix} \lambda_{1,1}^{(k)} & \lambda_{1,2}^{(k)} & \cdots & \lambda_{1,m}^{(k)} \\ \lambda_{2,1}^{(k)} & \lambda_{2,2}^{(k)} & \cdots & \lambda_{2,m}^{(k)} \\ \vdots & \vdots & & \vdots \\ \lambda_{m,1}^{(k)} & \lambda_{m,2}^{(k)} & \cdots & \lambda_{m,m}^{(k)} \end{pmatrix}, \quad k = 1, 2, \cdots, \widetilde{m}$$

的特征值组成, 其中 $\lambda_{i,j}^{(k)}$ 是矩阵 $C_{i,j}$ 的相应于第 k 个公共的右特征向量的特征值.

证明   假设 $\boldsymbol{x}^{(k)}$ 是所有子矩阵 $C_{i,j}$, $i,j = 1, 2, \cdots, m$ 的某一个公共的右特征向量, $\lambda_{i,j}^{(k)}$ 是矩阵 $C_{i,j}$ 的相应于 $\boldsymbol{x}^{(k)}$ 的特征值, 即

$$C_{i,j}\boldsymbol{x}^{(k)} = \lambda_{i,j}^{(k)}\boldsymbol{x}^{(k)}, \quad i,j = 1, 2, \cdots, m.$$

为了叙述简洁, 设 $m = 2$, 并略去 $\boldsymbol{x}^{(k)}$ 和 $\lambda_{i,j}^{(k)}$ 的上标. 将 j 等于奇数的方程的两端乘以参数 α_1, 而将 j 等于偶数的方程两端乘以参数 α_2, 其中 α_1 和 α_2 不同时为零, 然后再将 i 相同的两个方程分别相加得

$$\begin{pmatrix} C_{1,1} & C_{1,2} \\ C_{2,1} & C_{2,2} \end{pmatrix} \begin{pmatrix} \alpha_1\boldsymbol{x} \\ \alpha_2\boldsymbol{x} \end{pmatrix} = \begin{pmatrix} (\lambda_{1,1}\alpha_1 + \lambda_{1,2}\alpha_2)\boldsymbol{x} \\ (\lambda_{2,1}\alpha_1 + \lambda_{2,2}\alpha_2)\boldsymbol{x} \end{pmatrix}. \tag{2.3.17}$$

另一方面, 如果 λ 是矩阵

$$\begin{pmatrix} \lambda_{1,1} & \lambda_{1,2} \\ \lambda_{2,1} & \lambda_{2,2} \end{pmatrix}$$

的特征值, 即

$$\det\begin{pmatrix} \lambda_{1,1} - \lambda & \lambda_{1,2} \\ \lambda_{2,1} & \lambda_{2,2} - \lambda \end{pmatrix} = 0,$$

则线性方程组

$$(\lambda_{1,1} - \lambda)\alpha_1 + \lambda_{1,2}\alpha_2 = 0,$$

$$\lambda_{2,1}\alpha_1 + (\lambda_{2,2} - \lambda)\alpha_2 = 0$$

存在非平凡解, 即存在不同时为零的 α_1 和 α_2. 上述两个方程两端分别乘以非零向量 $\boldsymbol{x}$ 得

$$\begin{pmatrix} (\lambda_{1,1}\alpha_1 + \lambda_{1,2}\alpha_2)\boldsymbol{x} \\ (\lambda_{2,1}\alpha_1 + \lambda_{2,2}\alpha_2)\boldsymbol{x} \end{pmatrix} = \lambda \begin{pmatrix} \alpha_1\boldsymbol{x} \\ \alpha_2\boldsymbol{x} \end{pmatrix}, \tag{2.3.18}$$

其中 $\alpha_1\boldsymbol{x}$ 和 $\alpha_2\boldsymbol{x}$ 不同时为零. 比较 (2.3.17) 和 (2.3.18), 得

$$\begin{pmatrix} \boldsymbol{C}_{1,1} & \boldsymbol{C}_{1,2} \\ \boldsymbol{C}_{2,1} & \boldsymbol{C}_{2,2} \end{pmatrix} \begin{pmatrix} \alpha_1\boldsymbol{x} \\ \alpha_2\boldsymbol{x} \end{pmatrix} = \lambda \begin{pmatrix} \alpha_1\boldsymbol{x} \\ \alpha_2\boldsymbol{x} \end{pmatrix},$$

这意味着 λ 是矩阵 $\boldsymbol{C}$ 的特征值. ∎

这个定理在分析多个时间层差分方程的稳定性时有用. 现在以定解问题 (2.2.8) 为例, 说明分析稳定性的矩阵方法的应用, 以下假定 $N = [T/\tau], (M + 1)h = 1$, $r = \tau/h^2$ 是常数.

例 2.3.1 分析计算定解问题 (2.2.8) 的古典显式差分格式 (2.2.4) 的稳定性.

解 离散的初边值问题可以写成矩阵形式

$$\begin{cases} \boldsymbol{u}^{n+1} = \boldsymbol{C}\boldsymbol{u}^n + \boldsymbol{b}_n, & 0 \leqslant n < N, \\ \boldsymbol{u}^0 = [\psi_0(h), \psi_0(2h), \cdots, \psi_0(Mh)]^T, \end{cases}$$

其中 $\boldsymbol{u}^n = [u_1^n, u_2^n, \cdots, u_M^n]^T$ 和 $\boldsymbol{b}^n = [r\psi_1(n\tau), 0, \cdots, 0, r\psi_2(n\tau)]^T$, 而系数矩阵 $\boldsymbol{C} = \mathrm{tridiag}\{r, 1 - 2r, r\}$ 是 $M \times M$ 三对角矩阵. 由引理 2.3.8 知, 矩阵 $\boldsymbol{C}$ 的 M 个特征值是

$$\lambda_j = 1 - 2r + 2r\cos(j\pi h) = 1 - 4r\sin^2(j\pi h/2), \quad j = 1, 2, \cdots, M.$$

因此, 不等式 (2.3.9), 即

$$\left| 1 - 4r\sin^2(j\pi h/2) \right| \leqslant 1$$

成立的充要条件是

$$r \leqslant \frac{1}{2}. \tag{2.3.19}$$

又由于 $\boldsymbol{C}$ 是实对称矩阵, 所以由定理 2.3.5 知, (2.3.19) 是古典显式差分格式 (2.2.4) 稳定的充分必要条件. ∎

例 2.3.2 分析计算定解问题 (2.2.8) 的 Crank-Nicolson 差分格式 (2.2.19) 的稳定性.

解 离散的初边值问题可以写为

$$\begin{cases} \boldsymbol{C}_+\boldsymbol{u}^{n+1} = \boldsymbol{C}_-\boldsymbol{u}^n + \boldsymbol{b}^n, & 0 \leqslant n < N, \\ \boldsymbol{u}^0 = [\psi_0(h), \psi_0(2h), \cdots, \psi_0(Mh)]^T, \end{cases} \tag{2.3.20}$$

其中

$$C_\pm = \mathrm{tridiag} \left\{ \mp \frac{r}{2}, 1 \pm r, \mp \frac{r}{2} \right\},$$

$$\boldsymbol{b}^n = \left(\frac{r}{2}(\psi_1((n+1)\tau) + \psi_1(n\tau)), 0, \cdots, 0, \frac{r}{2}(\psi_2((n+1)\tau) + \psi_2(n\tau)) \right)^T.$$

如果记 $\boldsymbol{T}_M = \mathrm{tridiag}\{1, -2, 1\}$, 则问题 (2.3.20) 又可以进一步写为

$$\begin{cases} (2\boldsymbol{I} - r\boldsymbol{T}_M)\boldsymbol{u}^{n+1} = (2\boldsymbol{I} + r\boldsymbol{T}_M)\boldsymbol{u}^n + \boldsymbol{b}^n, & 0 \leqslant n < N, \\ \boldsymbol{u}^0 = (\psi_0(h), \psi_0(2h), \cdots, \psi_0(Mh))^T. \end{cases}$$

由引理 2.3.8 知, $M \times M$ 矩阵 $\boldsymbol{T}_M$ 的特征值是

$$\lambda_j(\boldsymbol{T}_M) = -4\sin^2(jh\pi/2), \quad 1 \leqslant j \leqslant M.$$

再由引理 2.3.7 知, 矩阵 $\boldsymbol{C} = (2\boldsymbol{I} - r\boldsymbol{T}_M)^{-1}(2\boldsymbol{I} + r\boldsymbol{T}_M)$ 的特征值是

$$\lambda_j(\boldsymbol{C}) = \frac{2 - 4r\sin^2(j\pi h/2)}{2 + 4r\sin^2(j\pi h/2)}, \quad 1 \leqslant j \leqslant M.$$

由此可见, 对所有 j 和 $r = \dfrac{\tau}{h^2}$, 均有 $|\lambda_j(\boldsymbol{C})| \leqslant 1$, 所以 Crank-Nicolson 格式 (2.2.19) 是无条件稳定的. ∎

例 2.3.3　分析计算定解问题 (2.2.8) 的六点加权隐式差分格式 (2.2.17) 的稳定性.

解　此时离散定解问题是

$$\begin{cases} (\boldsymbol{I} - \theta r\boldsymbol{T}_M)\boldsymbol{u}^{n+1} = [\boldsymbol{I} + (1-\theta)r\boldsymbol{T}_M]\boldsymbol{u}^n + \boldsymbol{b}^n, & 0 \leqslant n < N, \\ \boldsymbol{u}^0 = (\psi_0(h), \psi_0(2h), \cdots, \psi_0(Mh))^T. \end{cases}$$

于是相应于方程 (2.3.3) 中的系数矩阵是

$$\boldsymbol{C} = (\boldsymbol{I} - \theta r\boldsymbol{T}_M)^{-1} [\boldsymbol{I} + (1-\theta)r\boldsymbol{T}_M].$$

由引理 2.3.7 知, $\boldsymbol{C}$ 的特征值是

$$\lambda_j = \frac{1 - 4r(1-\theta)\sin^2(j\pi h/2)}{1 + 4r\theta\sin^2(j\pi h/2)}, \quad 1 \leqslant j \leqslant M.$$

显然, 权系数 θ 的取值会影响 $|\lambda_j|$ 的大小. 现在讨论不等式

$$-1 \leqslant \lambda_j = \frac{1 - 4r(1-\theta)\sin^2(j\pi h/2)}{1 + 4r\theta\sin^2(j\pi h/2)} \leqslant 1$$

成立的条件. 右边的不等式对任意 $\theta \in [0,1]$ 和网格比 $r > 0$ 恒成立, 而左边不等式

$$-1 - 4r\theta \sin^2 \frac{j\pi h}{2} \leqslant 1 - 4r(1-\theta) \sin^2 \frac{j\pi h}{2}$$

等价于

$$-1 \leqslant 2r(2\theta - 1) \sin^2 \frac{j\pi h}{2}.$$

因此, (i) 如果 $\theta \in \left[\dfrac{1}{2}, 1\right]$, 则上述不等式对任意 $r > 0$ 均成立, 也就是说, 此时加权六点格式是无条件稳定的. (ii) 如果 $\theta \in \left[0, \dfrac{1}{2}\right)$, 则上述不等式等价于

$$r \sin^2 \frac{j\pi h}{2} \leqslant \frac{1}{2(1-2\theta)}.$$

因此, 此时加权隐式差分格式 (2.2.17) 稳定的条件是

$$r \leqslant \frac{1}{2(1-2\theta)}.$$

这里得到的加权隐式格式 (2.2.17) 的稳定性条件要优于上一节的. ■

例 2.3.4 计算定解问题 (2.2.8) 的 Richardson 格式 (1910) 是

$$\begin{cases} \dfrac{u_j^{n+1} - u_j^{n-1}}{2\tau} = \dfrac{\delta_x^2 u_j^n}{h^2}, \ 1 \leqslant j \leqslant M, \quad 1 \leqslant n < N, \\ u_j^0 = \psi_0(jh), \quad 1 \leqslant j \leqslant M, \\ u_0^n = \psi_1(n\tau), \quad u_{M+1}^n = \psi_2(n\tau), \quad 0 \leqslant n \leqslant N. \end{cases} \tag{2.3.21}$$

这是一个三时间层差分格式, 其截断误差阶是 $O(\tau^2 + h^2)$. 利用三时间层差分格式进行数值计算时, 类似于用多步方法计算常微分方程初值问题, 除了已知的初始条件 $\{u_j^0\}$ 外, 事先还要求解在第一时间层各网格结点处的值 $\{u_j^1\}$. 上述差分问题又可写成矩阵形式

$$\begin{cases} \boldsymbol{u}^{n+1} = \boldsymbol{C}\boldsymbol{u}^n + \boldsymbol{u}^{n-1} + \boldsymbol{b}^n, \quad 1 \leqslant n < N, \\ \boldsymbol{u}^0 = (\psi_0(h), \psi_0(2h), \cdots, \psi_0(Mh))^T, \\ \boldsymbol{u}^1 \text{ 预先算出}, \end{cases} \tag{2.3.22}$$

其中

$$\boldsymbol{C} = 2r\boldsymbol{T}_M, \quad \boldsymbol{b}^n = (2r\psi_1(n\tau), 0, \cdots, 0, 2r\psi_2(n\tau))^T.$$

为了用矩阵方法分析上述问题的稳定性, 可以先将三时间层差分格式转化为一个两

时间层格式, 例如

$$\begin{cases} \boldsymbol{v}^{n+1} = \begin{pmatrix} \boldsymbol{C} & \boldsymbol{I} \\ \boldsymbol{I} & \boldsymbol{0} \end{pmatrix} \boldsymbol{v}^n + \begin{pmatrix} \boldsymbol{b}^n \\ \boldsymbol{0} \end{pmatrix}, \\ \boldsymbol{v}^n := \begin{pmatrix} \boldsymbol{u}^n \\ \boldsymbol{u}^{n-1} \end{pmatrix}, \quad \boldsymbol{v}^1 = \begin{pmatrix} \boldsymbol{u}^1 \\ \boldsymbol{u}^0 \end{pmatrix}. \end{cases}$$

根据引理 2.3.9 知, 矩阵

$$\widetilde{\boldsymbol{C}} := \begin{pmatrix} \boldsymbol{C} & \boldsymbol{I} \\ \boldsymbol{I} & \boldsymbol{0} \end{pmatrix}$$

的特征值与矩阵族

$$\begin{pmatrix} \lambda_j(\boldsymbol{C}) & 1 \\ 1 & 0 \end{pmatrix}, \quad 1 \leqslant j \leqslant M$$

的特征值相同, 其中 $\lambda_j(\boldsymbol{C}) = -8r\sin^2(j\pi h/2)$, $1 \leqslant j \leqslant M$. 因而矩阵 $\widetilde{\boldsymbol{C}}$ 的特征值可表示为

$$\lambda_j(\widetilde{\boldsymbol{C}}) = -4r\sin^2(j\pi h/2) \pm \sqrt{16r^2\sin^4(j\pi h/2) + 1}, \quad 1 \leqslant j \leqslant M.$$

由于当 h 充分小时成立不等式

$$\sin\left((1-h)\frac{\pi}{2}\right) = \cos\left(h\frac{\pi}{2}\right) > \frac{1}{2},$$

所以有

$$\begin{aligned} \rho(\widetilde{\boldsymbol{C}}) &= \max_j\{|\lambda_j(\widetilde{\boldsymbol{C}})|\} \\ &= 4r\sin^2((1-h)\pi/2) + \sqrt{16r^2\sin^4((1-h)\pi/2) + 1} \\ &> r + \sqrt{r^2+1} > 1 + r. \end{aligned}$$

这说明, 对任何步长比 $r > 0$, Richardson 格式都不满足稳定性的必要条件, 即 Richardson 格式是一个恒不稳定的差分格式, 因而它不适合实际应用. ■

例 2.3.5 现在考虑离散热传导方程 (2.2.1) 的另一个三时间层差分格式, DuFort-Frankel 格式 (1953). 此时定解问题 (2.2.8) 的离散定解问题可以写为

$$\begin{cases} \dfrac{u_j^{n+1} - u_j^{n-1}}{2\tau} = \dfrac{u_{j+1}^n - u_j^{n+1} - u_j^{n-1} + u_{j-1}^n}{h^2}, & 1 \leqslant j \leqslant M, \quad 1 \leqslant n < N, \\ u_j^0 = \psi_0(jh), & 1 \leqslant j \leqslant M, \\ u_0^n = \psi_1(n\tau), \quad u_{M+1}^n = \psi_2(n\tau), & 0 \leqslant n \leqslant N. \end{cases}$$

DuFort-Frankel 格式可以看作是对 Richardson 格式的修改, 即用时间方向的算术平均值 $(u_j^{n+1} + u_j^{n-1})/2$ 代替 Richardson 格式右端的 u_j^n, 它的截断误差阶是 $O(\tau^2 +$

$h^2 + (\tau/h)^2$, 因此为了使其与热传导方程 (2.2.1) 相容, 要求当 $\max\{\tau, h\} \to 0$ 时 $\tau/h \to 0$. 上述差分问题可以类似地写成如下矩阵形式

$$(1 + 2r)\boldsymbol{u}^{n+1} = 2r\boldsymbol{C}\boldsymbol{u}^n + (1 - 2r)\boldsymbol{u}^{n-1} + \boldsymbol{b}^n, \qquad (2.3.23)$$

其中 $\boldsymbol{C} = \mathrm{tridiag}\{1, 0, 1\}$. 如果定义向量

$$\boldsymbol{v}^n = \begin{pmatrix} \boldsymbol{u}^n \\ \boldsymbol{u}^{n-1} \end{pmatrix},$$

则方程 (2.3.23) 又可以写成

$$\boldsymbol{v}^{n+1} = \widetilde{\boldsymbol{C}}\boldsymbol{v}^n + \widetilde{\boldsymbol{b}}^n,$$

其中

$$\widetilde{\boldsymbol{C}} = \begin{pmatrix} \dfrac{2r}{1+2r}\boldsymbol{C} & \dfrac{1-2r}{1+2r}\boldsymbol{I} \\ \boldsymbol{I} & \boldsymbol{0} \end{pmatrix}, \quad \widetilde{\boldsymbol{b}}^n = \begin{pmatrix} \boldsymbol{b}^n \\ \boldsymbol{0} \end{pmatrix}.$$

由引理 2.3.9 知, 矩阵 $\widetilde{\boldsymbol{C}}$ 的特征值与矩阵族

$$\begin{pmatrix} \dfrac{2r}{1+2r}\lambda_j(\boldsymbol{C}) & \dfrac{1-2r}{1+2r} \\ 1 & 0 \end{pmatrix}, \quad 1 \leqslant j \leqslant M$$

的特征值相同, 其中 $\lambda_j(\boldsymbol{C})$ 是矩阵 $\boldsymbol{C}$ 的第 j 个特征值. 又由引理 2.3.8 知 $\lambda_j(\boldsymbol{C}) = 2r\cos(j\pi h)$. 因而矩阵 $\widetilde{\boldsymbol{C}}$ 的特征值是

$$\lambda_j(\widetilde{\boldsymbol{C}}) = \frac{1}{1+2r}\left[2r\cos(j\pi h) \pm \sqrt{1 - 4r^2\sin^2(j\pi h)}\right], \quad 1 \leqslant j \leqslant M.$$

如果 $1 - 4r^2\sin^2(j\pi h) \geqslant 0$, 则

$$\rho(\widetilde{\boldsymbol{C}}) \leqslant \frac{2r+1}{1+2r} = 1,$$

如果 $1 - 4r^2\sin^2(j\pi h) < 0$, 则

$$\begin{aligned} |\lambda_j(\widetilde{\boldsymbol{C}})|^2 &= \frac{1}{(2r+1)^2}\left[(2r\cos(j\pi h))^2 + 4r^2\sin^2(j\pi h) - 1\right] \\ &= \frac{4r^2 - 1}{4r^2 + 4r + 1} < 1, \quad 1 \leqslant j \leqslant M. \end{aligned}$$

因此, DuFort-Frankel 格式是无条件稳定的. ∎

前面已经应用矩阵方法分析了一维热传导方程的几个差分格式的稳定性, 结果综述如下: 古典显式格式计算简单, 但是条件稳定的, $r = \dfrac{\tau}{h^2} \leqslant \dfrac{1}{2}$; Crank-Nicolson

格式是无条件稳定的, 对步长比 r 没有任何限制, 因此利用它进行数值计算时, 可以把步长比取得大一些, 以减少时间步数, 但是每一个时间层都需要解线性代数方程组; 加权六点格式当 $0 \leqslant \theta < 1/2$ 时是条件稳定的, 而当 $1/2 \leqslant \theta \leqslant 1$ 时则是无条件稳定的; Richardson 格式是一个恒不稳定的格式, 因此没有任何实用价值, 但它也正好说明差分格式的稳定性分析是很重要的; DuFort-Frankel 格式是无条件稳定的, 但是由于其截断误差阶是 $O(\tau^2 + h^2 + (\tau/h)^2)$, 这要求当 $\max\{\tau, h\} \to 0$ 时 $(\tau/h)^2 \to 0$, 否则, 如果 $(\tau/h)^2$ 趋向于一个非零常数 γ, 那么 DuFort-Frankel 格式就与热传导方程 (2.2.1) 不相容, 而变成是离散如下二阶双曲型方程

$$\frac{\partial u}{\partial t} + \gamma^2 \frac{\partial^2 u}{\partial t^2} = \frac{\partial^2 u}{\partial x^2}$$

的差分格式.

2.3.3 Gerschgorin 定理及其应用

从前一小节已经看到, 矩阵特征值的估算在分析差分格式的稳定性时起关键作用. 这一小节进一步介绍两个有关估算矩阵特征值的基本定理: Gerschgorin 圆盘定理.

定理 2.3.10(Gerschgorin 第一定理) 设 $\boldsymbol{A} = (a_{i,j})$ 是一个 $M \times M$ 复矩阵, 则其特征值的按模最大值不超过该矩阵的元素的模沿着行 (或列) 求和的最大值, 即

$$\max_{1 \leqslant j \leqslant M} \{|\lambda_j(\boldsymbol{A})|\} \leqslant \max_{1 \leqslant j \leqslant M} \left\{ \sum_{i=1}^{M} |a_{i,j}| \right\},$$

或

$$\max_{1 \leqslant j \leqslant M} \{|\lambda_j(\boldsymbol{A})|\} \leqslant \max_{1 \leqslant i \leqslant M} \left\{ \sum_{j=1}^{M} |a_{i,j}| \right\}.$$

证明 设 λ_j 是矩阵 $\boldsymbol{A}$ 的某一个特征值, $\boldsymbol{0} \neq \boldsymbol{x} = (x_1, x_2, \cdots, x_M)^T$ 是相应的右特征向量, 则有 $\boldsymbol{Ax} = \lambda_j \boldsymbol{x}$, 或

$$a_{1,1}x_1 + a_{1,2}x_2 + \cdots + a_{1,M}x_M = \lambda_j x_1,$$
$$a_{2,1}x_1 + a_{2,2}x_2 + \cdots + a_{2,M}x_M = \lambda_j x_2,$$
$$\cdots \cdots$$
$$a_{M,1}x_1 + a_{M,2}x_2 + \cdots + a_{M,M}x_M = \lambda_j x_M.$$

由于 $\boldsymbol{x} \neq \boldsymbol{0}$, 所以总存在一个正整数 $j_0, 1 \leqslant j_0 \leqslant M$, 使得

$$|x_{j_0}| = \max_{1 \leqslant j \leqslant M} \{|x_j|\}.$$

将第 j_0 个方程的等式两边同除以 x_{j_0}, 得

$$\lambda_j = a_{j_0,1}\frac{x_1}{x_{j_0}} + a_{j_0,2}\frac{x_2}{x_{j_0}} + \cdots + a_{j_0,M}\frac{x_M}{x_{j_0}}. \tag{2.3.24}$$

两边取模, 得

$$|\lambda_j| \leqslant \sum_{j=1}^{M}|a_{j_0,j}| \leqslant \max_{1\leqslant i\leqslant M}\left\{\sum_{j=1}^{M}|a_{i,j}|\right\}, \quad j=1,2,\cdots,M.$$

由 λ_j 的任意性, 有

$$\max_{1\leqslant j\leqslant M}\{|\lambda_j|\} \leqslant \max_{1\leqslant i\leqslant M}\left\{\sum_{j=1}^{M}|a_{i,j}|\right\}.$$

利用矩阵 $\boldsymbol{A}$ 与其转置矩阵有相同的特征值的事实, 可以类似地得

$$\max_{1\leqslant j\leqslant M}\{|\lambda_j|\} \leqslant \max_{1\leqslant j\leqslant M}\left\{\sum_{i=1}^{M}|a_{i,j}|\right\}. \qquad\blacksquare$$

定理 2.3.11(Gerschgorin 圆盘定理或 Brauer 定理) 设 $\boldsymbol{A}=(a_{i,j})$ 是一个任意 $M\times M$ 复矩阵, 则它的特征值都落在复平面上的 M 个圆

$$|z-a_{i,i}| \leqslant R_i, \quad i=1,2,\cdots,M$$

的并集内, 其中

$$R_i = \sum_{\substack{j=1\\j\neq i}}^{M}|a_{i,j}|.$$

证明 由方程 (2.3.24) 得

$$|\lambda_j-a_{j_0,j_0}| = \left|\sum_{\substack{j=1\\j\neq j_0}}^{M}a_{j_0,j}\frac{x_j}{x_{j_0}}\right| \leqslant \sum_{\substack{j=1\\j\neq j_0}}^{M}|a_{j_0,j}| =: R_{j_0},$$

即 λ_j 落在圆 $|z-a_{j_0,j_0}| \leqslant R_{j_0}$ 内, 因而它也落在 M 个圆

$$|z-a_{i,i}| \leqslant R_i, \quad i=1,2\cdots,M$$

的并集内. $\qquad\blacksquare$

例 2.3.6 现在以离散定解问题 (2.2.8) 的 Crank-Nicolson 格式 (2.2.19) 为例说明圆盘定理的应用. 由上一小节的分析知, Crank-Nicolson 格式的稳定性分析可归结为计算矩阵

$$\boldsymbol{C} = (2\boldsymbol{I}-r\boldsymbol{T}_M)^{-1}(2\boldsymbol{I}+r\boldsymbol{T}_M)$$

的特征值. 矩阵 C 的表达式又可以改写成

$$C = (2I - rT_M)^{-1}\big[4I - (2I - rT_M)\big]$$
$$= \big[4(2I - rT_M)^{-1} - I\big] = 4B^{-1} - I,$$

其中

$$B = \text{tridiag}\{-r, 2+2r, -r\}.$$

由 Gerschgorin 圆盘定理知, 矩阵 B 的特征值 $\lambda(B)$ 落在圆

$$|\lambda(B) - (2+2r)| \leqslant 2r$$

内. 因而, $\lambda(B)$ 满足

$$2 \leqslant \lambda(B) \leqslant 2 + 4r.$$

由此可推出

$$|4/\lambda(B) - 1| \leqslant 1.$$

这说明, 矩阵 $4B^{-1} - I$ 的每一个特征值的模都不超过 1, 因此 Crank-Nicolson 格式是无条件稳定的. ■

下面再举一个应用 Gerschgorin 圆盘定理的例子.

例 2.3.7 考虑初边值问题

$$\begin{cases} \dfrac{\partial u}{\partial t} = \dfrac{\partial^2 u}{\partial x^2}, & 0 < x < 1,\ t > 0, \\ u|_{t=0} = \varphi(x), & 0 < x < 1, \\ \dfrac{\partial u}{\partial x} - h_1 u = -h_1\nu_1, & x = 0,\ t \geqslant 0, \\ \dfrac{\partial u}{\partial x} + h_2 u = h_2\nu_2, & x = 1,\ t \geqslant 0 \end{cases}$$

的差分离散, 其中 $h_i \geqslant 0$ 和 ν_i 是常数, $i = 1, 2$.

采用古典显式差分格式离散微分方程, 即

$$u_j^{n+1} = (I + r\delta_x^2)u_j^n, \quad 1 \leqslant j \leqslant M, \quad 0 \leqslant n < N = [T/\tau], \tag{2.3.25}$$

而边界条件中的微商用中心差商代替, 得

$$u_1^n = u_{-1}^n + 2hh_1(u_0^n - \nu_1), \quad u_{M+2}^n = u_M^n - 2hh_2(u_{M+1}^n - \nu_2),$$

其中 u_{-1}^n 和 u_{M+2}^n 是 u 在虚网格结点 $j = -1$ 和 $M+1$ 处的近似值 (虚拟值). 虽然它们均是虚设的, 但是可以借助差分方程 (2.3.25) 将它们消去, 例如解方程组

$$\begin{cases} u_0^{n+1} = ru_{-1}^n + (1-2r)u_0^n + ru_1^n, \\ u_1^n = u_{-1}^n + 2hh_1(u_0^n - \nu_1), \end{cases}$$

可得到 u 在边界 $j = 0$ 处的方程

$$u_0^{n+1} = \left[1 - 2r(1 + h_1 h)\right] u_0^n + 2r u_1^n + 2r h_1 h \nu_1.$$

类似地, 由

$$\begin{cases} u_{M+1}^{n+1} = r u_M^n + (1 - 2r) u_{M+1}^n + r u_{M+2}^n, \\ u_{M+2}^n = u_M^n - 2h h_2 (u_{M+1}^n - \nu_2), \end{cases}$$

消去 u_{M+2}^n 可得到 u 在边界 $j = M + 1$ 处的方程

$$u_{M+1}^{n+1} = 2r u_M^n + \left[1 - 2r(1 + h h_2)\right] u_{M+1}^n + 2r h h_2 \nu_2.$$

这样, 离散的定解问题可以表示为

$$\boldsymbol{u}^{n+1} = \boldsymbol{C} \boldsymbol{u}^n + \boldsymbol{b}^n,$$

其中

$$\boldsymbol{u}^n = (u_0^n,\ u_1^n,\ \cdots,\ u_{M+1}^n)^T,$$
$$\boldsymbol{b}^n = (2r h h_1 \nu_1,\ 0,\ \cdots,\ 0,\ 2r h h_2 \nu_2)^T,$$

而 $\boldsymbol{C}$ 是 $(M+1) \times (M+1)$ 矩阵, 具体是

$$\boldsymbol{C} = \begin{pmatrix} 1 - 2r(1 + h_1 h) & 2r & & & \\ r & 1 - 2r & r & & \\ & \ddots & \ddots & \ddots & \\ & & r & 1 - 2r & r \\ & & & 2r & 1 - 2r(1 + h h_2) \end{pmatrix}.$$

由 Gerschgorin 圆盘定理知, 矩阵 $\boldsymbol{C}$ 的特征值 $\lambda(\boldsymbol{C})$ 应落在下列圆盘

$$\begin{aligned} \left| z - \left[1 - 2r(1 + h_1 h)\right] \right| &\leqslant 2r, \\ \left| z - (1 - 2r) \right| &\leqslant 2r, \\ \left| z - \left[1 - 2r(1 + h_2 h)\right] \right| &\leqslant 2r \end{aligned} \tag{2.3.26}$$

的并集之中. 由 (2.3.26) 中的第一个不等式推得

$$|z| \leqslant \max \left\{ |1 - 2r(2 + h_1 h)|, |1 - 2r h_1 h| \right\},$$

即 $|\lambda(\boldsymbol{C})| \leqslant \max \left\{ |1 - 2r(2 + h_1 h)|, |1 - 2r h_1 h| \right\}$. 因而, 为了使离散定解问题稳定, 步长比 r 必须满足

$$|1 - 2r(2 + h_1 h)| \leqslant 1, \quad |1 - 2r h_1 h| \leqslant 1.$$

也就是说, r 必须满足

$$r \leqslant \frac{1}{2 + h_1 h}.$$

类似地, 由 (2.3.26) 中的第二个不等式知, r 必须满足

$$r \leqslant \frac{1}{2},$$

而由第三个不等式知, r 必须满足

$$r \leqslant \frac{1}{2 + h_2 h}.$$

综上所述, 为了使离散定解问题稳定, 步长比 $r = \tau/h^2$ 必须满足

$$r \leqslant \min\left\{\frac{1}{2 + h_1 h}, \frac{1}{2 + h_2 h}\right\}. \quad \blacksquare$$

2.3.4 稳定性分析的 Fourier 方法

这一小节介绍分析差分方法稳定性的 Fourier 方法 (又称作 von Neumann 方法), 它是在第二次世界大战期间由 von Neumann 首先提出的, 后来在 O'Brien, Hyman 和 Kaplan 于 1951 年发表的论文中得到详细的论述. 分析差分格式稳定性的 Fourier 方法主要是基于数值误差的 Fourier 分解, 而误差函数的 L^2 范数是 Fourier 展开系数的 L^2 范数的 L 倍 (即 Parseval 等式或定理), 这里的 L 表示误差函数的周期. 如果离散初始条件时引入了可用 Fourier 级数表示的误差, 而在差分方程求解过程中没有引入其他任何误差, 则稳定性的 Fourier 方法就是分析初始误差沿着时间 t 方向传播的情况. 目前, Fourier 方法已经成为分析线性常系数差分方程稳定性的最为广泛的方法.

每个周期 (以周期等于 1 为例) 函数 $\varepsilon(x)$ 都可以表示为无限的 Fourier 级数

$$\varepsilon(x) = \sum_{l=-\infty}^{\infty} \xi_k e^{i2\pi l x}, \quad i = \sqrt{-1}.$$

一个关键性质是每个 Fourier 模式都是微分算子的特征函数, 例如

$$\frac{d}{dx} e^{i2\pi l x} = i2\pi l e^{i2\pi l x},$$

而且 $\{e^{i2\pi l x}\}$ 形成 $L^2([0,1])$ 周期函数的基. 这些性质可用于差分方法稳定性的分析. 一个网格函数 $\{\varepsilon_j^n\}$ 可以表示为一个有限的 Fourier 级数

$$\varepsilon_j^n = \sum_{l=0}^{M} \xi_l^n e^{i2\pi l j h}, \quad h = 1/(M+1). \quad (2.3.27)$$

每个 Fourier 模式 $e^{i2\pi ljh}$ 也是差分算子的特征函数, 例如将向前差分算子作用于该函数得

$$\Delta_x e^{i2\pi ljh} = e^{i2\pi l(j+1)h} - e^{i2\pi ljh} = (e^{i2\pi lh} - 1)e^{i2\pi ljh},$$

且满足正交性

$$\frac{1}{M+1}\sum_{j=0}^{M} e^{i2\pi ljh} e^{-i2\pi \ell jh} = \begin{cases} 1, & l = \ell, \\ 0, & l \neq \ell. \end{cases} \tag{2.3.28}$$

如前所述, 一般的两时间层的线性常系数差分方程可以表示为

$$\sum_{\nu \in N_1} a_\nu T^\nu u_j^{n+1} = \sum_{\nu \in N_0} b_\nu T^\nu u_j^n, \tag{2.3.29}$$

其中 T 是位移算子, $T^{\pm\nu}u_j = u_{j\pm\nu}$, a_ν 和 b_ν 均是常数, N_0 和 N_1 分别表示第 n 时间层和第 $n+1$ 时间层上标和下标 ν 可以取值的集合. 例如古典显式差分格式 (2.2.5) 具有 (2.3.29) 的形式, 其中 $N_1 = \{0\}$, $N_0 = \{-1,0,1\}$, $a_0 = 1$, $b_{-1} = b_1 = r$, 和 $b_0 = 1 - 2r$, 而 Crank-Nicolson 格式 (2.2.19) 也具有 (2.3.29) 的形式, 其中 $N_0 = N_1 = \{-1,0,1\}$, $a_0 = 1+r$, $a_1 = a_{-1} = -r/2$, $b_0 = 1-r$, 和 $b_1 = b_{-1} = r/2$.

以下假定离散初始条件时引入的误差是 $\{\varepsilon_j^0\}$, 而在边界条件的离散和差分方程求解过程中均没有引入其他任何误差, 内网格结点集合是 $\Omega_h = \{jh | j = 1, 2, \cdots, M\}$, 而边界点是 $j = 0$ 和 $M+1$. 这样计算解 $\{\widetilde{u}_j^n\}$ 和差分方程解 $\{u_j^n\}$ 之间的误差 $\{\varepsilon_j^n\}$ 满足离散的初边值问题

$$\begin{cases} \sum_{\nu \in N_1} a_\nu T^\nu \varepsilon_j^{n+1} = \sum_{\nu \in N_0} b_\nu T^\nu \varepsilon_j^n, & 1 \leqslant j \leqslant M, 0 \leqslant n < N, \\ \varepsilon_j^0 \text{ 给定}, & 1 \leqslant j \leqslant M, \\ \varepsilon_0^n = \varepsilon_{M+1}^n = 0, & 0 \leqslant n \leqslant N. \end{cases} \tag{2.3.30}$$

定义区间 $[0,1]$ 上的函数

$$\varepsilon^n(x) = \begin{cases} \varepsilon_0^n, & x \in [0, x_{1/2}), \\ \varepsilon_j^n, & x \in [x_{j-1/2}, x_{j+1/2}), \\ \varepsilon_{M+1}^n, & x \in [x_{M+1/2}, x_{M+1}], \end{cases}$$

并将其周期延拓到整个实数轴上, 仍记为 $\varepsilon^n(x)$. 此时 (2.3.30) 中的差分方程可以写成

$$\sum_{\nu \in N_1} a_\nu T^\nu \varepsilon^{n+1}(x) = \sum_{\nu \in N_0} b_\nu T^\nu \varepsilon^n(x). \tag{2.3.31}$$

由函数的周期性知, 对于任意的 t_n, 差分方程的解 $\varepsilon^n(x)$ 都可以表示成 Fourier 级数, 即

$$\varepsilon^n(x) = \sum_{l \in \mathbb{Z}} \xi_l^n e^{i2\pi lx}, \quad x \in [0,1], \quad 0 \leqslant n < N. \tag{2.3.32}$$

将其代入 (2.3.31), 得

$$\sum_{\nu \in N_1} a_\nu \left(\sum_{l \in \mathbb{Z}} \xi_l^{n+1} e^{i2\pi l(x+\nu h)} \right) = \sum_{\nu \in N_0} b_\nu \left(\sum_{l \in \mathbb{Z}} \xi_l^n e^{i2\pi l(x+\nu h)} \right).$$

交换求和号的顺序, 得

$$\sum_{l \in \mathbb{Z}} \left(\sum_{\nu \in N_1} a_\nu e^{i2\pi \nu lh} \right) \xi_l^{n+1} e^{i2\pi lx} = \sum_{l \in \mathbb{Z}} \left(\sum_{\nu \in N_0} b_\nu e^{i2\pi \nu lh} \right) \xi_l^n e^{i2\pi lx}.$$

上式两边乘以 $e^{-i2\pi \ell x}$, 然后在 $[0,1]$ 内关于 x 积分, 利用正交性

$$\int_0^1 e^{i2\pi lx} e^{-i2\pi \ell x} \, dx = \begin{cases} 0, & l \neq \ell, \\ 1, & l = \ell \end{cases} \tag{2.3.33}$$

可得

$$\left(\sum_{\nu \in N_1} a_\nu e^{i2\pi \nu lh} \right) \xi_l^{n+1} = \left(\sum_{\nu \in N_0} b_\nu e^{i2\pi \nu lh} \right) \xi_l^n, \quad \forall l \in \mathbb{Z}, \tag{2.3.34}$$

或

$$\xi_l^{n+1} = G(\beta, h) \xi_l^n, \quad \beta = 2\pi l, \quad \forall l \in \mathbb{Z}, \tag{2.3.35}$$

其中

$$G(\beta, h) = \left(\sum_{\nu \in N_1} a_\nu e^{i\nu\beta h} \right)^{-1} \left(\sum_{\nu \in N_0} b_\nu e^{i\nu\beta h} \right). \tag{2.3.36}$$

通常称 $G(\beta, h)$ 为**增长因子**. 反复利用 (2.3.35), 则有

$$\|\xi^n\|_2 = \|G(\beta, h)\xi^{n-1}\|_2 = \cdots = \|G^n(\beta, h)\xi^0\|_2.$$

由 Parseval 等式

$$\|\varepsilon^n(x)\|_2^2 = \int_0^1 |\varepsilon^n(x)|^2 \, dx = \sum_{l \in \mathbb{Z}} |\xi_l^n|^2 = \|\xi^n\|_2^2$$

知

$$\|\varepsilon^n(x)\|_2 \leqslant |G(\beta, h)| \cdot \|\varepsilon^0(x)\|_2.$$

说明 2.3.1　　上述结果也可以不对误差 $\{\varepsilon_j^n\}$ 作周期延拓而获得, 具体步骤是: 将有限 Fourier 级数 (2.3.27) 代入 (2.3.30) 中的差分方程, 再用 $e^{-i2\pi\kappa jh}$ 乘以所得的方程, 并关于 j 求和, 最后利用 Fourier 模式 $e^{i2\pi kjh}$ 的正交性 (2.3.28) 可得到 (2.3.35).

定理 2.3.12　　差分方程 (2.3.29) 按谱范数稳定 (或平方稳定) 的充分必要条件是对于任意 $0 < \tau < \tau_0, 0 < n\tau \leqslant T$ 和一切 $\beta = 2\pi l$, 均成立不等式

$$|G^n(\beta, h)| \leqslant K, \tag{2.3.37}$$

其中 K 是一个与 $\beta = 2\pi l$ 和 τ 均无关的常数.

推论 2.3.13　　差分方程 (2.3.29) 按谱范数稳定 (或平方稳定) 当且仅当对于任意 $0 < \tau < \tau_0, 0 < n\tau \leqslant T$ 和一切 $\beta = 2\pi l$, 均成立

$$|G(\beta, h)| \leqslant 1 + O(\tau). \tag{2.3.38}$$

它是定理 2.3.3 的特殊情形. 条件 (2.3.38) 通常称作**von Neumann 条件**, 它是标量方程的差分格式稳定性的充分必要条件. 由前可知, 在分析线性常系数差分格式 (2.3.29) 的稳定性时, 只需要按 (2.3.36) 计算出增长因子 $G(\beta, h)$, 然后求出使 (2.3.38) 成立的 τ 与 h 所满足的条件即可. 事实上, 线性常系数差分方程的增长因子 $G(\beta, h)$ 的计算是非常容易的. 由于正交性 (2.3.33) 和误差 $\{\varepsilon_j^n\}$ 满足的差分方程与 (2.3.29) 一致, 所以只要把表达式

$$\varepsilon_j^n = \xi_l^n e^{i\beta jh}, \quad \forall l \in \mathbb{Z}, \tag{2.3.39}$$

直接代入 (2.3.29), 消去公共因子, 就可以得到 (2.3.36) 中的增长因子 $G(\beta, h)$.

上述方法也适用于计算 Cauchy 问题的线性常系数差分格式的稳定性分析, 此时 $\varepsilon^n(x)$ 是定义在整个实轴上的函数, 但一般不具有周期性. 如果 $\displaystyle\int_{-\infty}^{\infty} |\varepsilon^n(x)|\, dx < \infty$, 则 $\varepsilon^n(x)$ 可展成 Fourier 积分 $\varepsilon^n(x) = \displaystyle\int_{-\infty}^{\infty} \hat{\varepsilon}^n(\xi)\, e^{2\pi i\xi x}\, d\xi$, 此时就可类似地分析格式的稳定性.

现在举例说明 von Neumann 方法的应用.

例 2.3.8　　用 von Neumann 方法分析古典显式差分格式 (2.2.5) 的稳定性.

解　　将 (2.3.39) 代入 (2.2.5), 得

$$\xi_l^{n+1} e^{i\beta jh} = r\xi_l^n e^{i\beta(j-1)h} + (1-2r)\xi_l^n e^{i\beta jh} + r\xi_l^n e^{i\beta(j+1)h}.$$

等式两端同除以非零因子 $e^{i\beta jh}$, 得

$$\xi_l^{n+1} = \left[(1-2r) + r(e^{-i\beta h} + e^{i\beta h}) \right] \xi_l^n.$$

由此可见, 显式差分格式 (2.2.5) 的增长因子是

$$G(\beta, h) = 1 - 2r\big(1 - \cos(\beta h)\big) = 1 - 4r \sin^2(\beta h/2).$$

因此, 如果令 $r = \tau/h^2$ 等于非零常数, 则差分格式 (2.2.5) 的增长因子满足 von Neumann 条件 (2.3.38) 当且仅当 $r \leqslant 1/2$, 也就是说, 差分格式 (2.2.5) 稳定当且仅当 $r \leqslant 1/2$. 该结果与前面使用矩阵方法所得到的相同, 但 von Neumann 方法的使用要比矩阵方法方便. ■

例 2.3.9   用 von Neumann *方法分析* Crank-Nicolson *格式* (2.2.19) *的稳定性*.

解   将 (2.3.39) 直接代入 (2.2.19), 得

$$(1 + r)\xi_l^{n+1} e^{i\beta j h} - \frac{1}{2}r \left[\xi_l^{n+1} e^{i\beta(j+1)h} + \xi_l^{n+1} e^{i\beta(j-1)h} \right]$$
$$= (1 - r)\xi_l^n e^{i\beta j h} + \frac{1}{2}r \left[\xi_l^n e^{i\beta(j+1)h} + \xi_l^n e^{i\beta(j-1)h} \right],$$

消去公共因子 $e^{i\beta j h}$, 得

$$\left[1 + r - \frac{r}{2}(e^{i\beta h} + e^{-i\beta h}) \right] \xi_l^{n+1} = \left[1 - r + \frac{r}{2}(e^{i\beta h} + e^{-i\beta h}) \right] \xi_l^n.$$

所以 Crank-Nicolson 格式 (2.2.19) 的增长因子是

$$G(\beta, h) = \frac{1 - 2r \sin^2(\beta h/2)}{1 + 2r \sin^2(\beta h/2)}.$$

对任意 β 和 $r = \tau/h^2$, 恒有 $|G(\beta, h)| \leqslant 1$. 因此 Crank-Nicolson 格式 (2.2.19) 是无条件稳定的. ■

例 2.3.10   用 von Neumann *方法分析六点加权隐式格式* (2.2.17) *的稳定性*.

解   将 (2.3.39) 直接代入 (2.2.17), 并消去公共因子 $e^{i\beta j h}$, 可得其增长因子

$$G(\beta, h) = \frac{1 - 4r(1 - \theta) \sin^2(\beta h/2)}{1 + 4r\theta \sin^2(\beta h/2)}.$$

容易验证, 当

$$r(1 - 2\theta) \leqslant \frac{1}{2},$$

时格式 (2.2.17) 的增长因子满足 $|G(\beta, h)| \leqslant 1$ 或

$$-1 \leqslant \frac{1 - 4r(1 - \theta) \sin^2(\beta h/2)}{1 + 4r\theta \sin^2(\beta h/2)} \leqslant 1.$$

因此, (i) 如果 $0 \leqslant \theta < \frac{1}{2}$, 则六点加权隐式格式 (2.2.17) 的稳定性条件是 $r \leqslant 1/2(1 - 2\theta)$; (ii) 如果 $\theta \geqslant \frac{1}{2}$, 则格式 (2.2.17) 无条件稳定. ■

例 2.3.11 分析离散抛物型方程

$$\frac{\partial u}{\partial t} = \frac{\partial^2 u}{\partial x^2} + \frac{\partial u}{\partial x} + bu \tag{2.3.40}$$

的显式差分格式

$$\frac{u_j^{n+1} - u_j^n}{\tau} = \frac{\delta^2 u_j^n}{h^2} + a\frac{u_{j+1}^n - u_{j-1}^n}{2h} + bu_j^n \tag{2.3.41}$$

和

$$\frac{\Delta_t u_j^n}{\tau} = \frac{\theta\delta_x^2 u_j^{n+1} + (1-\theta)\delta_x^2 u_j^n}{h^2} + a\frac{\mu_x\delta_x u_j^n}{2h} + bu_j^n \tag{2.3.42}$$

的稳定性, 其中 a 和 b 均是非零常数.

解 易知格式 (2.3.41) 的截断误差阶是 $O(k+h^2)$, 因此它是与微分方程 (2.3.40) 相容的. 用 von Neumann 方法可计算出其增长因子 $G(\beta, h)$ 是

$$G(\beta, h) = 1 - 4ar\sin^2\frac{\beta h}{2} + ia\frac{\tau}{h}\sin(\beta h) + b\tau.$$

它的模可以表示为

$$|G(\beta, h)| = \sqrt{f_0(\omega) + f_1(\omega)\tau + b^2\tau^2},$$

其中 $\omega = \beta h$ 和

$$f_0(\omega) = \left(1 - 4r\sin^2\frac{\omega}{2}\right)^2,$$
$$f_1(\omega) = 2rb\left(1 - 4r\sin^2\frac{\omega}{2}\right) + a^2r\sin^2(\omega).$$

因而有

$$|G(\beta, h)| \leqslant \sqrt{|f_0(\omega)| + m_1\tau + b^2\tau^2},$$

其中 $m_1 = \max_\omega\{|f_1(\omega)|\}$. 显然, 如果 $|f_0(\omega)| \leqslant 1$, 则有 $|G(\beta, h)| \leqslant 1 + O(\tau)$, 所以格式 (2.3.41) 稳定的充要条件是

$$r \leqslant \frac{1}{2}.$$

这正好是 $a = b = 0$ 时显式差分格式 (2.2.4) 稳定的充分必要条件.

完全类似地得, 当 $0 \leqslant \theta < \frac{1}{2}$ 时格式 (2.3.42) 稳定的条件是 $r \leqslant \dfrac{1}{2(1-2\theta)}$. 当 $\frac{1}{2} \leqslant \theta \leqslant 1$ 时, 格式 (2.3.42) 是无条件稳定的. 这些稳定性条件与加权六点隐格式 (2.2.17) 的相同. ∎

现在讨论两时间层线性常系数差分方程组的稳定性. 一般的两时间层线性常系数差分方程组可以写为

$$\sum_{\nu \in N_1} \boldsymbol{A}_\nu T^\nu \boldsymbol{u}_j^{n+1} = \sum_{\nu \in N_0} \boldsymbol{B}_\nu T^\nu \boldsymbol{u}_j^n, \tag{2.3.43}$$

其中 $\boldsymbol{A}_\nu$ 和 $\boldsymbol{B}_\nu$ 均是 N 阶方阵, $\boldsymbol{u}_j^\mu = (u_{1,j}^\mu, u_{2,j}^\mu, \cdots, u_{N,j}^\mu)^T$, $\mu = n$ 或 $n+1$.

完全类似前面标量方程情形的有关增长因子的计算, 令

$$\varepsilon_j^n = \boldsymbol{\xi}_l^n e^{i\beta jh}, \quad \forall l \in \mathbb{Z}, \tag{2.3.44}$$

其中 ε_j^n 和 $\boldsymbol{\xi}_l^n$ 均是 N 维列向量. 将 (2.3.44) 代入 (2.3.43), 并消去公共因子, 得

$$\boldsymbol{\xi}_l^{n+1} = \boldsymbol{G}(\beta,h)\boldsymbol{\xi}_l^n, \quad \forall l \in \mathbb{Z}, \tag{2.3.45}$$

其中

$$\boldsymbol{G}(\beta,h) = \left(\sum_{\nu \in N_1} \boldsymbol{A}_\nu e^{i\nu\beta h}\right)^{-1} \left(\sum_{\nu \in N_0} \boldsymbol{B}_\nu e^{i\nu\beta h}\right). \tag{2.3.46}$$

由于此时 $\boldsymbol{G}(\beta,h)$ 是 $N \times N$ 矩阵, 所以又称其为**增长矩阵**.

类似地有如下结论.

定理 2.3.14　差分方程组 (2.3.43) 按谱范数稳定的充分必要条件是对任意 $0 < \tau < \tau_0, 0 < n\tau \leqslant T$ 和一切 $\beta = 2\pi l$, 均有

$$\|\boldsymbol{G}^n(\beta,h)\|_2 = \left[\lambda_{\max}(\boldsymbol{G}^H \boldsymbol{G})\right]^{n/2} \leqslant K, \tag{2.3.47}$$

其中 K 是与 τ 和 β 无关的正常数.

推论 2.3.15　差分方程组 (2.3.43) 按谱范数稳定的一个必要条件是 von Neumann 条件成立, 即对任意 $0 < \tau < \tau_0, 0 < n\tau \leqslant T$ 和一切 $\beta = 2\pi l$, 恒有

$$\rho(\boldsymbol{G}(\beta,h)) \leqslant 1 + O(\tau), \tag{2.3.48}$$

其中 $\rho(\boldsymbol{G}(\beta,h))$ 表示 $\boldsymbol{G}(\beta,h)$ 的谱半径.

在一定条件下, von Neumann 条件 (2.3.48) 也是差分方程组 (2.3.43) 稳定的充分条件.

定理 2.3.16　von Neumann 条件 (2.3.48) 是线性常系数差分格式 (2.3.43) 稳定的充分必要条件, 如果下列条件之一成立.

(i) 增长矩阵 $\boldsymbol{G}(\beta,h)$ 是正规矩阵.

(ii) 存在一个与 τ 无关的相似变换同时将 (2.3.43) 中的所有系数矩阵 $\{\boldsymbol{A}_\nu(\tau), \nu \in N_1\}$ 和 $\{\boldsymbol{B}_\nu(\tau), \nu \in N_0\}$ 变换成对角形式.

(iii) $\boldsymbol{G}(\beta, h) = \widehat{\boldsymbol{G}}(\omega)$, 其中 $\omega = \beta h$, $h = \sqrt{\tau/r}$ (二阶偏微分方程情形) 或 $h = \tau/r$ (一阶偏微分方程情形). 此外, 对所有的 $\omega \in \mathbb{R}$, 下面三种情形之一成立: (a) $\widehat{\boldsymbol{G}}(\omega)$ 有 N 个不同的特征值; (b) 如果存在正整数 J 使得 $\widehat{\boldsymbol{G}}^{(\mu)}(\omega) = \gamma_\mu \boldsymbol{I}$, $\mu = 0, 1, \cdots, J-1$, 而 $\widehat{\boldsymbol{G}}^{(J)}(\omega)$ 有 N 个不同的特征值, 其中 $\widehat{\boldsymbol{G}}^{(\mu)}(\omega)$ 表示矩阵 $\widehat{\boldsymbol{G}}$ 关于 ω 的 μ 阶导数; (c) $\rho(\widehat{\boldsymbol{G}}(\omega)) < 1$.

它的证明见文献 [50].

例 2.3.12 用 von Neumann 方法分析离散定解问题 (2.2.8) 的 Richardson 格式 (2.3.21) 的稳定性.

解 Richardson 格式 (2.3.21) 又可以写为

$$
\begin{cases}
u_j^{n+1} = 2r(u_{j+1}^n - 2u_j^n + u_{j-1}^n) + v_j^n, \\
v_j^{n+1} = u_j^n,
\end{cases}
$$

或

$$
\boldsymbol{w}_j^{n+1} = \begin{pmatrix} -2r & 0 \\ 0 & 0 \end{pmatrix} (\boldsymbol{w}_{j+1}^n + \boldsymbol{w}_{j-1}^n) + \begin{pmatrix} -4r & 1 \\ 1 & 0 \end{pmatrix} \boldsymbol{w}_j^n,
$$

其中 $\boldsymbol{w}_j^n := (u_j^n, v_j^n)^T$. 将 (2.3.44) 直接代入上式, 并消去公共因子, 得其增长矩阵

$$
\boldsymbol{G}(\beta, h) = \begin{pmatrix} -8r \sin^2 \dfrac{\beta h}{2} & 1 \\ 1 & 0 \end{pmatrix}.
$$

由于它的特征值是

$$
\lambda(\boldsymbol{G}(\beta, h)) = -4r \sin^2 \frac{\beta h}{2} \pm \sqrt{1 + 16r^2 \sin^4(\beta h/2)},
$$

所以当 $h \neq 0$ 时, 恒有

$$
\rho(\boldsymbol{G}(\beta, h)) = 4r \sin^2(\beta h/2) + \sqrt{1 + 16r^2 \sin^4(\beta h/2)} > 1,
$$

即增长矩阵 $\boldsymbol{G}(\beta, h)$ 的谱半径不满足 von Neumann 条件, 所以 Richardson 格式恒不稳定. ■

例 2.3.13 分析离散抛物型方程组的初值问题

$$
\begin{cases}
\dfrac{\partial u}{\partial t} = -a \dfrac{\partial^2 v}{\partial x^2}, \quad \dfrac{\partial v}{\partial t} = a \dfrac{\partial^2 u}{\partial x^2}, & x \in \mathbb{R}, \ 0 < t \leqslant T, \\
(u(x,0), v(x,0)) = (u_0(x), v_0(x)), & x \in \mathbb{R}
\end{cases}
$$

的差分格式

$$
\frac{u_j^{n+1} - u_j^n}{\tau} = -a \frac{v_{j+1}^n - 2v_j^n + v_{j-1}^n}{h^2},
$$

$$
\frac{v_j^{n+1} - v_j^n}{\tau} = a \frac{u_{j+1}^{n+1} - 2u_j^{n+1} + u_{j-1}^{n+1}}{h^2}
$$

的稳定性, 这里 $a \neq 0$.

解　将差分格式表示成矩阵向量形式

$$- ar\boldsymbol{B}_1\boldsymbol{w}_{j+1}^{n+1} + (\boldsymbol{I} + 2ar\boldsymbol{B}_1)\boldsymbol{w}_j^{n+1} - ar\boldsymbol{B}_1\boldsymbol{w}_{j-1}^{n+1}$$
$$= ar\boldsymbol{B}_2\boldsymbol{w}_{j+1}^n + (\boldsymbol{I} - 2ar\boldsymbol{B}_2)\boldsymbol{w}_j^n + ar\boldsymbol{B}_2\boldsymbol{w}_{j-1}^n, \tag{2.3.49}$$

其中 $r = \tau/h^2$ 和

$$\boldsymbol{B}_1 = \begin{pmatrix} 0 & 0 \\ 1 & 0 \end{pmatrix}, \quad \boldsymbol{B}_2 = \begin{pmatrix} 0 & -1 \\ 0 & 0 \end{pmatrix}, \quad \boldsymbol{w}_j^n = \begin{pmatrix} u_j^n \\ v_j^n \end{pmatrix}.$$

类似地, 将 (2.3.44) 代入 (2.3.49), 可得增长矩阵

$$\boldsymbol{G}(\beta, h) = \left[\boldsymbol{I} + 4ar\sin^2(\beta h/2)\boldsymbol{B}_1\right]^{-1} \left[\boldsymbol{I} - 4ar\sin^2(\beta h/2)\boldsymbol{B}_2\right]$$
$$= \begin{pmatrix} 1 & 4ar\sin^2(\beta h/2) \\ -4ar\sin^2(\beta h/2) & 1 - 16a^2r^2\sin^4(\beta h/2) \end{pmatrix}.$$

它的特征值可以计算为

$$\lambda_\pm = 1 - \frac{1}{2}\eta \pm \left(\frac{1}{4}\eta^2 - \eta\right)^{1/2},$$

其中 $\eta = 16a^2r^2\sin^4(\beta h/2)$.

下面分情况估计它们的大小.

情况 1: $a^2r^2 > 1/4$. 由于

$$\left|\lambda_-\right|_{\beta h=\pi} = \left|1 - \frac{1}{2}\eta - \left(\frac{1}{4}\eta^2 - \eta\right)^{1/2}\right|_{\beta h=\pi} > 1,$$

所以差分格式 (2.3.49) 此时不稳定.

情况 2: $a^2r^2 \leqslant \dfrac{1}{4}$. 显然 $|\lambda_\pm| = 1$. 当 $\beta h \neq 2k\pi, k \in \mathbb{Z}$ 时, 增长矩阵 $\boldsymbol{G}(\beta, h)$ 有两个共轭复根; 当 $\beta h = 2k\pi$ 时, $\boldsymbol{G}(\beta, h) = \widehat{\boldsymbol{G}}(\omega) = \boldsymbol{I}$, $\widehat{\boldsymbol{G}}'(\omega) = 0$, 而

$$\widehat{\boldsymbol{G}}''(\omega) = \begin{pmatrix} 0 & 2ar \\ -2ar & 0 \end{pmatrix},$$

有两个不同的特征值. 由定理 2.3.16 知, 当 $a^2r^2 \leqslant \dfrac{1}{4}$ 时差分格式 (2.3.49) 是稳定的. ∎

2.3.5　Kreiss 矩阵定理

由上一小节的 Fourier 方法知, 有限差分方程组的稳定性等价于增长矩阵的 $\boldsymbol{G}(\beta, h)$ 是一致幂有界的, 而它的一个较方便且等价的条件是矩阵族 $\mathcal{F} = \{e^{-\alpha\tau}\boldsymbol{G}\}$ 是稳定的.

定义 2.3.3(矩阵族的稳定性)   由依赖于 β 和 h 的 $m \times m$ 的复矩阵 $\boldsymbol{A}(\beta, h) = e^{-\alpha\tau}\boldsymbol{G}(\beta, h)$ 组成的矩阵族 $\mathcal{F}$ 是稳定的, 如果存在常数 C_A, 使得对任意的 $\boldsymbol{A} \in \mathcal{F}$ 和所有的正整数 ν, 均成立

条件 (A) $\|\boldsymbol{A}^\nu\| \leqslant C_A.$ (2.3.50)

这里的 $\|\cdot\|$ 是由向量的欧几里得范数诱导的矩阵范数, 即矩阵的谱范数.

引理 2.3.17   增长矩阵的 $\boldsymbol{G}(\beta, h)$ 的幂是一致有界的当且仅当矩阵族 $\mathcal{F} = \{e^{-\alpha\tau}\boldsymbol{G}\}$ 是稳定的.

证明   (i) 如果矩阵族 $\mathcal{F} = \{\boldsymbol{A}(\beta, h)\}$ 是稳定的, 则对一切 $\tau \leqslant \tau_0$ 及 $n\tau \leqslant T$, 都有

$$\|\boldsymbol{G}^n(\beta, h)\| \leqslant C_A e^{\alpha n\tau} \leqslant C_A e^{\alpha T}.$$

因此 $\|\boldsymbol{G}^n(\beta, h)\|$ 是一致有界的.

(ii) 如果当 $\tau \leqslant \tau_0, n\tau \leqslant T$ 时 $\|\boldsymbol{G}^n(\beta, h)\| \leqslant K$, 那么令 $\alpha = T^{-1}\ln K$, 并考虑矩阵族 $\mathcal{F} = \{e^{-\alpha\tau}\boldsymbol{G}\}$. 由于对任意正整数 ν, 总存在 $k \geqslant 0$ 使得 $kT \leqslant \nu\tau < (k+1)T$, 此时可将 ν 表示为 $\nu = kT/\tau + n$, 其中 $0 \leqslant n\tau \leqslant T$, 从而得到

$$\|(e^{-\alpha\tau}\boldsymbol{G})^\nu\| \leqslant \|(e^{-\alpha\tau}\boldsymbol{G})^{T/\tau}\|^k \|(e^{-\alpha\tau}\boldsymbol{G})^n\|$$
$$\leqslant K^{-k-n\tau/T}\|\boldsymbol{G}^{T/\tau}\|^k\|\boldsymbol{G}^n\| \leqslant K^{-k-n\tau/T} \cdot K^k \cdot K \leqslant K^{1-n\tau/T},$$

即矩阵族 $\mathcal{F}$ 是稳定的.   ■

由于条件(A)中的 n 是任意正整数, 为了使得矩阵族 $\mathcal{F} = \{\boldsymbol{A}(\beta, h)\}$ 稳定, 它的全部特征值的模都必须不超过 1, 从而

$$|\lambda_j(\boldsymbol{G})| \leqslant e^{\alpha\tau} = 1 + O(\tau), \quad \forall j.$$

这样就再次得到了 von Neumann 条件.

Kreiss 矩阵定理给出了矩阵族稳定的几个等价条件[54].

定理 2.3.18(Kreiss 矩阵定理)   条件(A)和下面的三个条件中的任一个等价.

条件 (R): 存在常数 C_R, 使得对所有满足 $|z| > 1$ 的复数 z 和所有的 $\boldsymbol{A} \in \mathcal{F}$, $(\boldsymbol{A} - z\boldsymbol{I})^{-1}$ 存在且满足不等式

$$\|(\boldsymbol{A} - z\boldsymbol{I})^{-1}\| \leqslant \frac{C_R}{|z| - 1}.$$ (2.3.51)

上式称为**预解 (resolvent) 条件**.

条件 (S): 存在常数 C_S 和 C_B, 且对于每个 $\boldsymbol{A} \in \mathcal{F}$, 存在满足下列条件(i)和(ii)的非奇异矩阵 $\boldsymbol{S}$:

(i) $\|\boldsymbol{S}\| \leqslant C_S$, $\|\boldsymbol{S}^{-1}\| \leqslant C_S$.

(ii) $\boldsymbol{B} = \boldsymbol{S}\boldsymbol{A}\boldsymbol{S}^{-1}$ 为如下形式的上三角矩阵

$$\boldsymbol{B} = \begin{pmatrix} \kappa_1 & B_{1,2} & B_{1,3} & \cdots & B_{1,m} \\ 0 & \kappa_2 & B_{2,3} & \cdots & B_{2,m} \\ 0 & 0 & \kappa_3 & \cdots & B_{3,m} \\ \vdots & \vdots & \vdots & \ddots & \vdots \\ 0 & 0 & 0 & \cdots & \kappa_m \end{pmatrix},$$

其中对角元和非对角元满足: $|\kappa_1| \leqslant |\kappa_2| \leqslant \cdots \leqslant |\kappa_m|$ 和

$$|\kappa_i| \leqslant 1, \quad i = 1, 2, \cdots, m, \tag{2.3.52}$$

$$|B_{i,j}| \leqslant C_B(1 - |\kappa_j|). \tag{2.3.53}$$

条件 (H): 存在正常数 $C_H > 0$, 并对于每一个 $\boldsymbol{A} \in \mathcal{F}$, 存在正定的 Hermite 矩阵 $\boldsymbol{H}$, 使得

$$C_H^{-1}\boldsymbol{I} \leqslant \boldsymbol{H} \leqslant C_H\boldsymbol{I}, \tag{2.3.54}$$

$$\boldsymbol{A}^*\boldsymbol{H}\boldsymbol{A} \leqslant \boldsymbol{H}, \tag{2.3.55}$$

这里 $\boldsymbol{A}^*$ 是 $\boldsymbol{A}$ 的共轭转置.

说明 2.3.2　条件(A), 条件(R), 条件(S) 和条件(H)指出了一切稳定格式具有的重要特征. 条件(S)表明, $\mathcal{F}$ 的稳定性由 (2.3.52) 和 (2.3.53) 决定, 其中 (2.3.52) 相当于 von Neumann 条件, 而 (2.3.53) 是对矩阵 $\boldsymbol{G}$ 三角化后的非对角元素的限制条件. 条件(S)可以看作条件(R)和条件(H)之间的桥梁, 它可以化简由条件(R)推导出条件(H)的过程. 基于条件(H)可构造向量 $\boldsymbol{u}$ 的新范数

$$\|\boldsymbol{u}\|_H^2 := \boldsymbol{u}^*\boldsymbol{H}\boldsymbol{u}.$$

基于这个新范数, 可以得到如下估计

$$\|\boldsymbol{\xi}_l^n\| \leqslant (1 + O(\tau))^{n/2} C_H \|\boldsymbol{\xi}_l^0\| \leqslant C_H e^{KT}\|\boldsymbol{\xi}_l^0\|, \tag{2.3.56}$$

其中 $0 \leqslant n\tau \leqslant T$, K 为某个常数, 而 $\boldsymbol{\xi}_l^n$ 满足方程 (2.3.45). 事实上, 方程 (2.3.45) 可改写为

$$\boldsymbol{\xi}_l^{n+1} = e^{\alpha\tau}\boldsymbol{A}\boldsymbol{\xi}_l^n. \tag{2.3.57}$$

利用 (2.3.55) 得

$$\|\boldsymbol{\xi}_l^{n+1}\|_H^2 = e^{2\alpha\tau}(\boldsymbol{\xi}_l^n)^*\boldsymbol{A}^*\boldsymbol{H}\boldsymbol{A}\boldsymbol{\xi}_l^n \leqslant e^{2\alpha\tau}(\boldsymbol{\xi}_l^n)^*\boldsymbol{H}\boldsymbol{\xi}_l^n \leqslant (1 + O(\tau))\|\boldsymbol{\xi}_l^n\|_H^2.$$

反复用这个估计, 则有

$$\|\boldsymbol{\xi}_l^n\|_H^2 \leqslant (1 + O(\tau))^n \|\boldsymbol{\xi}_l^0\|_H^2,$$

又由 (2.3.54) 得

$$\|\boldsymbol{\xi}_l^n\|_H^2 \geqslant C_H^{-1} (\boldsymbol{\xi}_l^n)^* \boldsymbol{\xi}_l^n = C_H^{-1} \|\boldsymbol{\xi}_l^n\|^2, \quad \|\boldsymbol{\xi}_l^0\|_H^2 \leqslant C_H \|\boldsymbol{\xi}_l^0\|^2.$$

由此可得 (2.3.56).

说明 2.3.3 因为 Kreiss 矩阵定理建立了稳定性的条件 (A) 和几个在不同场合下有用的等价条件的联系, 所以它具有理论意义, 但是它在实际中很少用于判定格式的稳定性. 这是因为检验任何一个等价条件的困难与检验条件 (A) 本身的困难相同. 在一些应用中, 知道何时可以由 $\mathcal{F}$ 的成员的 (局部) 连续函数构造矩阵 $\boldsymbol{H}$ 是非常重要的.

下面按如下循环顺序证明 Kreiss 矩阵定理: 条件 (A) $\Rightarrow$ 条件 (R) $\Rightarrow$ 条件 (S) $\Rightarrow$ 条件 (H) $\Rightarrow$ 条件 (A), 其中 "条件 (R) $\Rightarrow$ 条件 (S)" 最为繁琐, 将留到最后考虑.

2.3.5.1 条件 (A) $\Rightarrow$ 条件 (R)

如果矩阵族 $\mathcal{F}$ 是稳定的, 则 $\rho(\boldsymbol{A})| \leqslant 1$. 当 $|z| > 1$ 时, 矩阵 $\boldsymbol{A} - z\boldsymbol{I}$ 的特征值的模 $|\lambda(\boldsymbol{A}) - z| \geqslant |z| - |\lambda(\boldsymbol{A})| > 1 - |\lambda(\boldsymbol{A})| \geqslant 0$, 所以 $(\boldsymbol{A} - z\boldsymbol{I})^{-1}$ 存在, 且满足

$$(\boldsymbol{I} z^{-1} + \boldsymbol{A} z^{-2} + \boldsymbol{A}^2 z^{-3} + \cdots)(\boldsymbol{A} - z\boldsymbol{I}) = -\boldsymbol{I}.$$

因而有

$$\|(\boldsymbol{A} - z\boldsymbol{I})^{-1}\| = \left\| \sum_{\nu=0}^{\infty} \boldsymbol{A}^\nu z^{-\nu-1} \right\| \leqslant C_A \sum_{\nu=0}^{\infty} |z^{-\nu-1}| = C_A(|z| - 1)^{-1}.$$

由此得 (2.3.51), 其中 $C_R \geqslant C_A$.

2.3.5.2 条件 (S) $\Rightarrow$ 条件 (H)

引入对角矩阵 $\boldsymbol{D} = \mathrm{diag}(d, d^2, \cdots, d^m)$, 其中 $d > 1$. 下面证明, 可以选取适当大的 d 使得

$$\boldsymbol{D} - \boldsymbol{B}^* \boldsymbol{D} \boldsymbol{B} \geqslant 0, \tag{2.3.58}$$

也即

$$\boldsymbol{M} := \boldsymbol{I} - (\boldsymbol{D}^{-1/2} \boldsymbol{B}^* \boldsymbol{D}^{1/2})(\boldsymbol{D}^{1/2} \boldsymbol{B} \boldsymbol{D}^{-1/2}) \geqslant 0.$$

它是 (2.3.58) 左乘 $\boldsymbol{D}^{-1/2}$ 和右乘 $\boldsymbol{D}^{-1/2}$ 的结果. 显然, $\boldsymbol{M}$ 是 Hermite 矩阵, 因此要证明可以选取适当大的 d 使得 $\boldsymbol{M}$ 是非负矩阵, 只需要证明可选取到 d 使得矩阵 $\boldsymbol{M}$ 的特征值全部非负即可.

矩阵 $\boldsymbol{D}^{1/2}\boldsymbol{B}\boldsymbol{D}^{-1/2}$ 的第 l 行第 j 列元素是 $d^{(l-j)/2}B_{l,j}$, 因此

$$M_{l,l} = 1 - \sum_{k=1}^{m} |B_{k,l}|^2 d^{k-l} = 1 - |\kappa_l|^2 - \varepsilon_l, \quad \varepsilon_l = \sum_{k=1}^{l-1} |B_{k,l}|^2 d^{k-l}.$$

利用 (2.3.52) 和 (2.3.53) 及等比数列求和公式, 得

$$\varepsilon_l = \sum_{k=1}^{l-1} |B_{k,l}|^2 d^{k-l} \leqslant C_B^2 (1-|\kappa_l|)^2 \sum_{k=1}^{l-1} d^{k-l} = C_B^2(1-|\kappa_l|)^2 d^{1-l}\frac{1-d^{l-1}}{1-d}$$

$$= C_B^2(1-|\kappa_l|)^2 \frac{1-d^{1-l}}{d-1} \leqslant \frac{C_B^2}{d-1}(1-|\kappa_l|)^2, \quad d > 1,$$

而 $\boldsymbol{M}$ 中第 l 行非对角元的绝对值的和是

$$\delta_l = \sum_{1\leqslant j\leqslant m, j\neq l} |M_{l,j}| = \sum_{1\leqslant j\leqslant m, j\neq l} \Big| \sum_{1\leqslant k\leqslant m} B_{k,l}^* B_{k,j} d^{(2k-l-j)/2} \Big|.$$

因为 $\boldsymbol{B}$ 是上三角矩阵, 所以当 $k > \min\{l, j\}$ 时, 和式中相应的项是零, 因此当 $l \neq j$ 时仅对 $2k - l - j \leqslant -1$ 的项才有 $|B_{k,l}^*||B_{k,j}| \neq 0$. 又由于 $|B_{k,l}| \leqslant C_B(1-|\kappa_l|)$, $|B_{k,j}| \leqslant C_B$, $d > 1$, 所以

$$\delta_l \leqslant \sum_{1\leqslant j\leqslant m, j\neq l} \sum_{k=1}^{(l+j-1)/2} C_B^2(1-|\kappa_l|)d^{(2k-l-j)/2}$$

$$= C_B^2(1-|\kappa_l|) \sum_{1\leqslant j\leqslant m, j\neq l} \frac{d}{d-1}(d^{-1/2} - d^{-(l+j)/2})$$

$$\leqslant C_B^2(1-|\kappa_l|)\frac{2md^{1/2}}{d-1}.$$

因此, 当 d 足够大确保不等式

$$C_B^2(1-|\kappa_l| + 2md^{1/2}) \leqslant (d-1)(1+|\kappa_l|),$$

或

$$d - \frac{2mC_B^2}{1+|\kappa_l|}d^{1/2} - 1 - \frac{C_B^2}{1+|\kappa_l|}(1-|\kappa_l| + 2md^{1/2}) \geqslant 0 \tag{2.3.59}$$

成立时, 有 $\delta_l + \varepsilon_l \leqslant 1 - |\kappa_l|^2$. 这样的 d 一定是可以取到的, 因为 (2.3.59) 中不等号左侧是 $d^{1/2}$ 的二次函数, 而且二次项前面系数大于零.

由 Gerschgorin 圆盘定理知, 矩阵 $\boldsymbol{M}$ 的特征值满足

$$|\lambda(\boldsymbol{M}) - M_{l,l}| \leqslant \sum_{1\leqslant j\leqslant m, j\neq l} |M_{l,j}| = \delta_l \leqslant 1 - |\kappa_l|^2 - \varepsilon_l = M_{l,l}.$$

利用三角不等式, 得

$$M_{l,l} - |\lambda(\boldsymbol{M})| = |M_{l,l}| - |\lambda(\boldsymbol{M})| \leqslant |\lambda(\boldsymbol{M}) - M_{l,l}| \leqslant M_{l,l},$$

所以 $\lambda(\boldsymbol{M}) \geqslant 0$.

由条件 (S) 知, $\boldsymbol{B} = \boldsymbol{SAS}^{-1}$, 所以不等式 (2.3.58) 可改写为

$$(\boldsymbol{S}^{-1})^* \boldsymbol{A}^* \boldsymbol{S}^* \boldsymbol{DSAS}^{-1} - \boldsymbol{D} \leqslant 0.$$

令 $\boldsymbol{H} = \boldsymbol{S}^* \boldsymbol{DS}$, 它是可逆的 Hermite 矩阵. 由上式得

$$\boldsymbol{A}^* \boldsymbol{HA} - \boldsymbol{H} \leqslant 0,$$

这就是 (2.3.55). 另一方面, 由于矩阵 $\boldsymbol{D}$ 和 $\boldsymbol{D}^{-1}$ 的谱范数分别等于它们的最大特征值 d^m 和 d^{-1}, 以及

$$\|\boldsymbol{H}\| = \|\boldsymbol{S}^* \boldsymbol{DS}\| \leqslant \|\boldsymbol{S}\|^2 \|\boldsymbol{D}\| \leqslant d^m C_S^2,$$
$$1 = \|\boldsymbol{I}\| = \|\boldsymbol{H}(\boldsymbol{S}^* \boldsymbol{DS})^{-1}\| \leqslant \|\boldsymbol{H}\| \|\boldsymbol{S}^{-1}\|^2 \|\boldsymbol{D}^{-1}\| \leqslant \|\boldsymbol{H}\| C_S^2 d^{-1},$$
$$\|\boldsymbol{H}^{-1}\| = \|\boldsymbol{S}^{-1} \boldsymbol{D}^{-1} (\boldsymbol{S}^*)^{-1}\| \leqslant \|\boldsymbol{S}^{-1}\|^2 \|\boldsymbol{D}^{-1}\| \leqslant d^{-1} C_S^2.$$

由前两个不等式和 $d > 1$ 知, 可取 $C_H = d^m C_S^2 > d^{-1} C_S^2$. 第一个不等式隐含了 $\max\{\lambda(\boldsymbol{H})\} \leqslant C_H$, 也即 Hermite 矩阵 $C_H \boldsymbol{I} - \boldsymbol{H}$ 的特征值非负, 因而 $C_H \boldsymbol{I} - \boldsymbol{H} \geqslant 0$. 第三个不等式隐含着 $\max\{\lambda(\boldsymbol{H}^{-1})\} \leqslant C_H$, 也即 $[\min\{\lambda(\boldsymbol{H})\}]^{-1} \leqslant C_H$, 因而 $\min\{\lambda(\boldsymbol{H})\} \geqslant C_H^{-1}$ 和 $\boldsymbol{H} - C_H^{-1} \boldsymbol{I} \geqslant 0$. 这就得到了 (2.3.54).

2.3.5.3 条件 (H) ⇒ 条件 (A)

取任意非零向量 $\boldsymbol{u}^{(0)}$, 记 $\boldsymbol{u}^{(\nu)} = \boldsymbol{A} \boldsymbol{u}^{(\nu-1)} = \boldsymbol{A}^\nu \boldsymbol{u}^{(0)}$. 于是由 (2.3.55) 得

$$(\boldsymbol{u}^{(\nu)})^* \boldsymbol{H} \boldsymbol{u}^{(\nu)} = (\boldsymbol{u}^{(\nu-1)})^* \boldsymbol{A}^* \boldsymbol{HA} \boldsymbol{u}^{(\nu-1)} \leqslant (\boldsymbol{u}^{(\nu-1)})^* \boldsymbol{H} \boldsymbol{u}^{(\nu-1)} = \cdots \leqslant (\boldsymbol{u}^{(0)})^* \boldsymbol{H} \boldsymbol{u}^{(0)}.$$

由上述不等式及 (2.3.54) 得

$$\|\boldsymbol{u}^{(\nu)}\|^2 \leqslant C_H^2 \|\boldsymbol{u}^{(0)}\|^2.$$

从而, $\|\boldsymbol{A}^\nu\| = \max\limits_{\boldsymbol{u}^{(0)} \neq 0} \dfrac{\|\boldsymbol{A}^\nu \boldsymbol{u}^{(0)}\|}{\|\boldsymbol{u}^{(0)}\|} \leqslant C_H$, 即矩阵族 $\mathcal{F}$ 是稳定的.

2.3.5.4 条件 (R) ⇒ 条件 (S)

引理 2.3.19 如果 2×2 上三角矩阵 $\boldsymbol{A} = (a_{i,j})$ 对所有满足 $|z| > 1$ 的复数 z 均满足预解条件

$$\|(\boldsymbol{A} - z\boldsymbol{I})^{-1}\| \leqslant C(|z| - 1)^{-1}, \tag{2.3.60}$$

其中 C 为常数, 则

$$|a_{1,2}| \leqslant C' \max\{1 - |\kappa_2|, |\kappa_1 - \kappa_2|\}, \tag{2.3.61}$$

其中 $C' \leqslant 16C$.

证明   记矩阵 $\boldsymbol{A}$ 的对角元 $\kappa_i = a_{i,i}$, $i = 1, 2$, 则有

$$\boldsymbol{A} - z\boldsymbol{I} = \begin{pmatrix} \kappa_1 - z & a_{1,2} \\ 0 & \kappa_2 - z \end{pmatrix}$$

和

$$(\boldsymbol{A} - z\boldsymbol{I})^{-1} = \begin{pmatrix} (\kappa_1 - z)^{-1} & -\dfrac{a_{1,2}}{(\kappa_1 - z)(\kappa_2 - z)} \\ 0 & (\kappa_2 - z)^{-1} \end{pmatrix}.$$

由于

$$\|(\boldsymbol{A} - z\boldsymbol{I})^{-1}\| = \sup_{\boldsymbol{x} \neq \boldsymbol{0}} \frac{\|(\boldsymbol{A} - z\boldsymbol{I})^{-1}\boldsymbol{x}\|_2}{\|\boldsymbol{x}\|_2},$$

所以, 如果取 $\boldsymbol{x}_0 = (0, 1)^T$, 则

$$\|(\boldsymbol{A} - z\boldsymbol{I})^{-1}\| \geqslant \frac{\|(\boldsymbol{A} - z\boldsymbol{I})^{-1}\boldsymbol{x}_0\|_2}{\|\boldsymbol{x}_0\|_2} = \left| \frac{a_{1,2}}{(z - \kappa_1)(z - \kappa_2)} \right|.$$

结合条件 (2.3.60) 得, $(\boldsymbol{A} - z\boldsymbol{I})^{-1}$ 的唯一的非对角线元满足

$$\left| \frac{a_{1,2}}{(z - \kappa_1)(z - \kappa_2)} \right| \leqslant \frac{C}{|z| - 1}. \tag{2.3.62}$$

由于 $|\kappa_i| \leqslant 1$, $i = 1, 2$, 所以如果取 $z = 3$, 则

$$|a_{1,2}| \leqslant \frac{C}{2} |(3 - \kappa_1)(3 - \kappa_2)| \leqslant 8C. \tag{2.3.63}$$

如果 $|\kappa_2| \leqslant 1/2$, 则 $1 - |\kappa_2| \geqslant 1/2$, 因而 $\max\{1 - |\kappa_2|, |\kappa_1 - \kappa_2|\}$ 不比 $1/2$ 小, 这意味着, 当 $C' = 16C$ 时, 不等式 (2.3.61) 的右端大于 $8C$. 因此 (2.3.61) 已包含了 (2.3.63). 另一方面, 如果 $|\kappa_2| > 1/2$, 则取 $z = t/\bar{\kappa}_2$, 其中 $t > 1$, $\bar{\kappa}_2$ 为 κ_2 的复共轭. 由 (2.3.62) 可以给出

$$|a_{1,2}| \leqslant C \frac{(t - |\kappa_2|^2)(t - \bar{\kappa}_2 \kappa_1)}{|\kappa_2|(t - |\kappa_2|)}.$$

令 $t \to 1$, 注意, 当 $1 \geqslant |\kappa_2| > 1/2$ 时 $(1 + |\kappa_2|)/|\kappa_2| < 3$ 和

$$|1 - \bar{\kappa}_2 \kappa_1| = |1 - |\kappa_2|^2 + \bar{\kappa}_2(\kappa_2 - \kappa_1)| \leqslant 3 \max\{1 - |\kappa_2|, |\kappa_1 - \kappa_2|\}.$$

由此得

$$|a_{1,2}| \leqslant 3C(1 - \bar{\kappa}_2\kappa_1) \leqslant 9C \max\{1 - |\kappa_2|, |\kappa_1 - \kappa_2|\}.$$

它也包含在 (2.3.61) 内, 因而 (2.3.61) 得证. 通过交换 κ_1 和 κ_2, 即取 $z = t/\bar{\kappa}_1$ 重复上述过程, 最后能够证明更强的结果

$$|a_{1,2}| \leqslant 16C \max\{\min(1 - |\kappa_1|, 1 - |\kappa_2|), |\kappa_1 - \kappa_2|\}. \qquad \blacksquare$$

引理 2.3.20 如果 $m \times m$ 上三角矩阵 $\boldsymbol{A}$ 满足预解条件, 其中常数为 C_1, 且除了右上角的元素 $a_{1,m}$ 外的所有非对角元均满足

$$|a_{i,j}| \leqslant C_2(1 - |\kappa_j|), \tag{2.3.64}$$

则

$$|a_{1,m}| \leqslant C_3 \max\{1 - |\kappa_m|, |\kappa_1 - \kappa_m|\}, \tag{2.3.65}$$

其中

$$C_3 \leqslant 16C_1\big(1 + (m - 2)C_2^2\big)^{1/2}.$$

证明 这是引理 2.3.19 的扩展, 可以通过下列方法将它化为引理 2.3.19 的情形.

将 $\boldsymbol{A} - z\boldsymbol{I}$ 的第 2 行和第 m 行交换, 第 2 列和第 m 列交换, 将变换后的矩阵记为 $\boldsymbol{E}$. 经过这样的行列交换, 预解条件保持不变. 将 $\boldsymbol{E}$ 分块为

$$\boldsymbol{E} = \begin{pmatrix} \boldsymbol{E}_1 & \boldsymbol{E}_2 \\ \boldsymbol{E}_3 & \boldsymbol{E}_4 \end{pmatrix},$$

其中

$$\boldsymbol{E}_1 = \begin{pmatrix} \kappa_1 - z & a_{1,m} \\ 0 & \kappa_m - z \end{pmatrix}, \quad \boldsymbol{E}_2 = \begin{pmatrix} a_{1,3} & \cdots & a_{1,m-1} & a_{1,2} \\ 0 & \cdots & 0 & 0 \end{pmatrix},$$

$$\boldsymbol{E}_3^T = \begin{pmatrix} 0 & \cdots & 0 & 0 \\ a_{3,m} & \cdots & a_{m-1,m} & a_{2,m} \end{pmatrix},$$

而 $\boldsymbol{E}_4$ 的具体形式不需要. 很清楚 $\boldsymbol{E}_3\boldsymbol{E}_2 = \boldsymbol{0}$, $\boldsymbol{E}_3\boldsymbol{E}_1^{-1}\boldsymbol{E}_2 = \boldsymbol{0}$, 这里

$$\boldsymbol{E}_1^{-1} = \begin{pmatrix} (\kappa_1 - z)^{-1} & -(\kappa_1 - z)^{-1}(\kappa_m - z)^{-1}a_{1,m} \\ 0 & (\kappa_m - z)^{-1} \end{pmatrix},$$

$$\boldsymbol{E}_3\boldsymbol{E}_1^{-1} = \begin{pmatrix} 0 & a_{3,m}(\kappa_m - z)^{-1} \\ \vdots & \vdots \\ 0 & a_{m-1,m}(\kappa_m - z)^{-1} \\ 0 & a_{2,m}(\kappa_m - z)^{-1} \end{pmatrix}.$$

将 E 分解为 $E = LU$, 其中

$$L = \begin{pmatrix} I_2 & 0 \\ E_3 E_1^{-1} & I_{m-2} \end{pmatrix}, \quad U = \begin{pmatrix} E_1 & E_2 \\ 0 & E_4 \end{pmatrix}.$$

由 $E^{-1} = U^{-1}L^{-1}$ 及预解条件可给出

$$\|E^{-1}u\|^2 = u^*(L^{-1})^*(U^{-1})^* U^{-1} L^{-1} u \leqslant \left(\frac{C_1}{|z|-1}\right)^2 \|u\|^2, \quad \forall u, \qquad (2.3.66)$$

其中

$$U^{-1} = \begin{pmatrix} E_1^{-1} & -E_1^{-1}E_2 E_4^{-1} \\ 0 & E_4^{-1} \end{pmatrix},$$

满足 $U^{-1}U = I$. 特别选取 $u = Lv$, 其中 v 的元素中仅仅前两个元素不为零, 这里记这两个非零元素组成的二维向量为 v_1, 则

$$E^{-1}u = (U^{-1}L^{-1})Lv = U^{-1}v = \begin{pmatrix} E_1^{-1}v_1 \\ 0 \end{pmatrix},$$

进而 (2.3.66) 变为

$$\|E_1^{-1}v_1\|^2 = \|E^{-1}u\|^2 \leqslant \left(\frac{C_1}{|z|-1}\right)^2 \|Lv\|^2.$$

另外, 利用 (2.3.64) 可得

$$\|Lv\|^2 = \|v_1\|^2 + \|E_3 E_1^{-1}v_1\|^2 \leqslant \left(1 + \sum_{i=2}^{m-1} |a_{i,m}/(z-\kappa_m)|^2\right) \|v_1\|^2$$
$$\leqslant \left(1 + (m-2)C_2^2\right)\|v_1\|^2.$$

因此, E_1 满足预解条件

$$\|E_1^{-1}\| = \sup\left\{\frac{\|E_1^{-1}v_1\|}{\|v_1\|}\right\} \leqslant \frac{C_1\left(1+(m-2)C_2^2\right)^{1/2}}{|z|-1} = \frac{C}{|z|-1}.$$

最后, 将引理 2.3.19 应用于 E_1 就可以给出本引理的结论. ∎

定理 2.3.21(Schur 定理) 任意矩阵都可以用酉矩阵使其上 (或下) 三角化. 也就是说, 若假设 $\kappa_1, \cdots, \kappa_m$ 为 $m \times m$ 矩阵 F 的本征值, V_F 为酉矩阵 ($V_F^* V_F = V_F V_F^* = I$, 且 $\|V_F\| = 1$), 则任意矩阵 F 可以写成

$$V_F^* F V_F = \begin{pmatrix} \kappa_1 & s_{1,2} & s_{1,3} & \cdots & s_{1,m} \\ 0 & \kappa_2 & s_{2,3} & \cdots & s_{2,m} \\ 0 & 0 & \kappa_3 & \cdots & s_{3,m} \\ \vdots & \vdots & \vdots & \ddots & \vdots \\ 0 & 0 & 0 & \cdots & \kappa_m \end{pmatrix},$$

其中 V_F^* 为 V_F 的复共轭转置阵.

下面考虑条件 (R)⇒ 条件 (S).

由于定理 2.3.21, 任意矩阵都可以用酉矩阵化成上三角矩阵. 另一方面, 通过酉矩阵的相似变换, 矩阵的范数不变, 从而如果 V 是酉矩阵, 则

$$\|(A - zI)^{-1}\| = \|V^*(A - zI)^{-1}V\| = \|(V^*AV - zI)^{-1}\|,$$

所以对 A 用酉矩阵作相似变换化成上三角矩阵后, 条件 (R) 仍成立. 因此, 以下只需要讨论 A 是一个上三角矩阵的情形. 设 A 是一个 $m \times m$ 上三角形式的矩阵, 其中对角元为 κ_i, 对角线上面的非对角元为 $a_{i,j}, j > i$. 称对应于 $\{a_{i,i+p} : 1 \leqslant i \leqslant m-p\}$ 所在位置为第 p 条上对角线, $p = 1, 2, \cdots, m-1$.

如果上三角矩阵 A 满足条件 (R), 则 A 的每一个角落 (即 A 的左上或右下的主对角子矩阵) 也满足条件 (R), 其中常数为 C_R. 例如 A 可以表示为

$$A = \begin{pmatrix} A_1 & A_2 \\ 0 & A_3 \end{pmatrix},$$

其中 A_1 和 A_3 是可逆的上三角矩阵, 它们均是 A 的角落. 如果对任意 v_1 和 v_2 都有

$$\left\| A^{-1} \begin{pmatrix} v_1 \\ v_2 \end{pmatrix} \right\| \leqslant \alpha \left\| \begin{pmatrix} v_1 \\ v_2 \end{pmatrix} \right\|,$$

或等价地, $\|A^{-1}\| \leqslant \alpha$, 则分别令 $v_2 = 0$ 或 $v_1 = 0$ 可知, A 的左上和右下角落也分别满足

$$\|A_1^{-1}v_1\| \leqslant \alpha \|v_1\|, \quad \|A_3^{-1}v_2\| \leqslant \alpha \|v_2\|.$$

类似地, A 的一个角落的角落也满足条件 (R). 因此容易得到希望第一条上对角线的元素 $\{a_{i,i+1} : 1 \leqslant i \leqslant m-1\}$ 满足的不等式

$$|a_{i,i+1}| \leqslant C_B(1 - |\kappa_j|), \tag{2.3.67}$$

其中 $C_B \leqslant 16C_R$. 这是因为每一个元素 $a_{i,i+1}$ 都可以看成是位于 A 的一个角落的一个 2×2 的角落, 以致于可以应用引理 2.3.19 并得到

$$|a_{i,i+1}| \leqslant 16C_R \max\{1 - |\kappa_{i+1}|, |\kappa_i - \kappa_{i+1}|\}.$$

如果 $1 - |\kappa_{i+1}| \geqslant |\kappa_i - \kappa_{i+1}|$, 则 (2.3.67) 已满足. 否则, 可以通过一个有界的相似变换消去 $a_{i,i+1}$. 事实上, 一般可以由 $S_{i,j}AS_{i,j}^{-1}$ 消去 $a_{i,j}$, 其中

$$S_{i,j} = I + T_{i,j}, \quad S_{i,j}^{-1} = I - T_{i,j},$$

而 $\boldsymbol{T}_{i,j}$ 是一个矩阵, 除了第 i 行第 j 列外的元素均为零, 而 $t_{i,j} = a_{i,j}/(\kappa_i - \kappa_j)$. 例如

$$\boldsymbol{S}_{1,2} = \begin{pmatrix} 1 & t_{1,2} \\ 0 & 1 \end{pmatrix}, \quad t_{1,2} = \frac{a_{1,2}}{\kappa_1 - \kappa_2}, \quad \boldsymbol{A} = \begin{pmatrix} \kappa_1 & a_{1,2} \\ 0 & \kappa_2 \end{pmatrix}, \quad \boldsymbol{S}_{1,2}\boldsymbol{A}(\boldsymbol{S}_{1,2})^{-1} = \begin{pmatrix} \kappa_1 & 0 \\ 0 & \kappa_2 \end{pmatrix}.$$

因而, 当需要这样的相似变换时, $|t_{i,i+1}| \leqslant 16C_R$, 而且为了使第一条上对角线上的元素 $a_{i,i+1}$ 满足条件 (S) 至多执行 $(m-1)$ 个这样的相似变换, 其中 $C_S \leqslant 1+16C_R$.

可以应用引理 2.3.20 将这样的过程继续于随后的上对角线元素 $\{a_{i,j}, j \geqslant i+2\}$. 当前 $m-2$ 条上对角线已经满足 (2.3.67) 时, 第 $m-1$ 条上对角线的每个元素是 $\boldsymbol{A}$ 的一个角落的一个 $m \times m$ 的角落的右上元素, 可以应用引理 2.3.20 处理该元素. 得到的关于这些元素的不等式则允许应用上述定义的相似变换于第 $m-1$ 条上对角线以便得到 (2.3.67). 每一个这样的变换 $\boldsymbol{S}_{i,j}\boldsymbol{A}\boldsymbol{S}_{i,j}^{-1}$ 仅仅影响第 j 列 $a_{i,j}$ 上面的元素, 第 i 行右侧的元素. 因而已经处理过的上对角线不会变化, 且这个过程可以在有限步完成. 但是, 在每阶段, 引理 2.3.20 中的常数 C_1 和 C_2 由进一步的因子被增加. 发生在一个阶段后的相似变换导致在下一阶段的预解条件中的常数 C_1 变大 $(1+C_3)^2$ 倍; 当然 C_2 是前一步的 C_3. 因而条件 (R) 隐含条件 (S), 且常数 C_S 和 C_B 可只用 C_R 和 m 表示.

2.3.6   能量方法

非线性定解问题的差分方程稳定性的较有效的分析方法是能量方法. 它最早是由 Courant, Friedrichs 和 Lewy(1928) 提出的, 其基本思想是: 首先构造一种 "新" 的向量范数——能量范数, 记为 $\|\cdot\|_E$, 并证明差分格式按能量范数稳定, 即 $\|\varepsilon^{n+1}\|_E \leqslant (1+O(\tau))\|\varepsilon^n\|_E$. 然后证明构造的能量范数与谱范数等价, 进而说明格式是平方稳定的. 在使用能量方法分析差分方程稳定性的过程中, 往往可以得到误差增长和收敛速度的估计, 但是它一般只能给出稳定性的充分条件.

能量方法直接来源于守恒定律, 例如考虑一根两端固定的均匀细弦在空气中做阻尼运动, 阻尼系数 $b(x) \geqslant 0$, 此时阻力与速度成正比. 如果用 $u(x,t)$ 表示弦对平衡位置的偏移, 则它满足

$$\begin{cases} \dfrac{\partial^2 u}{\partial t^2} - \dfrac{\partial^2 u}{\partial x^2} + b(x)\dfrac{\partial u}{\partial t} = 0, & 0 < x < 1, \ 0 < t \leqslant T, \\ u(x,0) = u_0(x), \ u_t(x,0) = u_1(x), & 0 \leqslant x \leqslant 1, \\ u(0,t) = u(1,t) = 0, & 0 < t \leqslant T. \end{cases} \tag{2.3.68}$$

细弦的总能量 $E(t)$ 在 t 时刻等于它的动能 $\frac{1}{2}\|u_t\|_2^2$ 与势能 $\frac{1}{2}\|u_x\|_2^2$ 之和. 由 (2.3.68) 不难得

$$E(t) = E(0) - \int_0^t \int_0^1 b(x)\left(u_t(x,s)\right)^2 \, dxds \leqslant E(0),$$

即细弦的总能量因抵抗空气的阻力而衰减. 这就是所谓的能量不等式, 它可用于偏微分方程定解问题的适定性研究.

以一维热传导方程 (2.2.1) 的初边值问题为例, 如前, 差分问题的解或计算误差 $\{u_j^n\}$ 在所有的内网格结点处的值可以记作向量 $\boldsymbol{u}^n = (u_1^n, u_2^n, \cdots, u_M^n)^T$, 用 R_h^M 表示由所有的 $\boldsymbol{u}$ 组成的向量空间, 并在其中定义内积和范数

$$(\boldsymbol{u}, \boldsymbol{v}) = \sum_{j=1}^M u_j v_j h, \quad \|\boldsymbol{u}\|_2 = \sqrt{(\boldsymbol{u}, \boldsymbol{u})} = \left(\sum_{j=1}^M u_j^2 h \right)^{1/2}, \quad \forall \boldsymbol{u}, \boldsymbol{v} \in R_h^M.$$

现在以具体的例子说明如何使用能量方法分析差分格式的稳定性.

例 2.3.14 用能量方法分析古典隐式差分格式 (2.2.12) 的稳定性.

解 这里仅考虑离散定解问题

$$\begin{cases} \dfrac{u_j^{n+1} - u_j^n}{\tau} = \dfrac{\delta_x^2 u_j^{n+1}}{h^2}, & 1 \leqslant j \leqslant M,\ 0 \leqslant n < N, \\ u_j^0 \text{ 给定}, & 1 \leqslant j \leqslant M, \\ u_0^n = u_{M+1}^n = 0, & 0 \leqslant n \leqslant N = [T/\tau]. \end{cases} \quad (2.3.69)$$

用 $\tau h(u_j^{n+1} + u_j^n)$ 乘以 (2.3.69) 中的差分方程两端, 并关于下标 j 求和, 得

$$\begin{aligned} I := & \|\boldsymbol{u}^{n+1}\|_2^2 - \|\boldsymbol{u}^n\|_2^2 = r \left(\delta_x^2 \boldsymbol{u}^{n+1}, \boldsymbol{u}^{n+1} + \boldsymbol{u}^n \right) \\ = & r \left(\delta_x^2 \boldsymbol{u}^{n+1}, \boldsymbol{u}^{n+1} \right) + r \left(\delta_x^2 \boldsymbol{u}^{n+1}, \boldsymbol{u}^n \right) \\ = & -r \left[\left(u_1^{n+1} \right)^2 h + \|\Delta_x \boldsymbol{u}^{n+1}\|_2^2 + u_1^{n+1} u_1^n h + \left(\Delta_x \boldsymbol{u}^{n+1}, \Delta_x \boldsymbol{u}^n \right) \right]. \end{aligned}$$

由 Schwarz 不等式可得

$$\begin{aligned} \pm 2 \left(\Delta_x \boldsymbol{u}^{n+1}, \Delta_x \boldsymbol{u}^n \right) &\leqslant \left(\|\Delta_x \boldsymbol{u}^{n+1}\|_2^2 + \|\Delta_x \boldsymbol{u}^n\|_2^2 \right), \\ \pm 2 u_1^n u_1^{n+1} &\leqslant (u_1^n)^2 + (u_1^{n+1})^2. \end{aligned}$$

结合上述三个不等式, 得

$$I \leqslant -\frac{r}{2} \left[\|\Delta_x \boldsymbol{u}^{n+1}\|_2^2 - \|\Delta_x \boldsymbol{u}^n\|_2^2 + (u_1^{n+1})^2 h - (u_1^n)^2 h \right]. \quad (2.3.70)$$

如果定义能量范数

$$\|\boldsymbol{u}^n\|_E^2 = \|\boldsymbol{u}^n\|_2^2 + \frac{r}{2} \left(\|\Delta_x \boldsymbol{u}^n\|_2^2 + (u_1^n)^2 h \right), \quad (2.3.71)$$

则由 (2.3.70) 可得

$$\|\boldsymbol{u}^{n+1}\|_E^2 \leqslant \|\boldsymbol{u}^n\|_E^2.$$

这意味着 $\|\boldsymbol{u}^n\|_E^2 \leqslant \|\boldsymbol{u}^0\|_E^2$. 又由 (2.3.71) 和 Schwarz 不等式, 得

$$\|\boldsymbol{u}^n\|_2^2 \leqslant \|\boldsymbol{u}^n\|_E^2 \leqslant \|\boldsymbol{u}^0\|_E^2 = \|\boldsymbol{u}^0\|_2^2 + \frac{r}{2}\Big[(u_1^0)^2 h + \sum_{j=1}^M (\Delta_x u_j^0)^2 h\Big]$$

$$\leqslant \|\boldsymbol{u}^0\|_2^2 + 2r\|\boldsymbol{u}^0\|_2^2 = (1+2r)\|\boldsymbol{u}^0\|_2^2.$$

因此, 对任意常数 $r = \tau/h^2$, 古典隐式差分格式 (2.2.12) 均是稳定的. ∎

例 2.3.15 用能量方法分析六点加权隐式差分格式 (2.2.17) 的稳定性.

解 这里以离散的定解问题

$$\begin{cases} \dfrac{\Delta_t u_j^n}{\tau} = \dfrac{\theta \delta_x^2 u_j^{n+1} + (1-\theta)\delta_x^2 u_j^n}{h^2}, & 1 \leqslant j \leqslant M,\ 0 \leqslant n < N, \\ u_j^0\ \text{给定}, & 1 \leqslant j \leqslant M, \\ u_0^n = u_{M+1}^n = 0, & 0 \leqslant n \leqslant N = [T/\tau] \end{cases} \tag{2.3.72}$$

为例. 类似地用 $\tau h(u_j^{n+1} + u_j^n)$ 乘以 (2.3.72) 中的差分方程两端, 并关于下标 j 求和, 得

$$\begin{aligned} I :=& \|\boldsymbol{u}^{n+1}\|_2^2 - \|\boldsymbol{u}^n\|_2^2 = r\Big[(\delta_x^2 \boldsymbol{u}^n, \boldsymbol{u}^{n+1} + \boldsymbol{u}^n) \\ & + \theta\big(-\delta_x^2(\boldsymbol{u}^{n+1} - \boldsymbol{u}^n), \boldsymbol{u}^{n+1} + \boldsymbol{u}^n\big)\Big] \\ =& -r\Big[\theta(\Delta_x(\boldsymbol{u}^{n+1} - \boldsymbol{u}^n), \Delta_x(\boldsymbol{u}^{n+1} + \boldsymbol{u}^n)) + \theta\big((u_1^{n+1})^2 h \\ & - (u_1^n)^2 h\big) + (\Delta_x \boldsymbol{u}^n, \Delta_x(\boldsymbol{u}^{n+1} + \boldsymbol{u}^n)) + u_1^n(u_1^{n+1} + u_1^n)h\Big], \end{aligned}$$

即

$$\begin{aligned} I = -r\Big[&\theta\big(\|\Delta_x \boldsymbol{u}^{n+1}\|_2^2 - \|\Delta_x \boldsymbol{u}^n\|_2^2 + (u_1^{n+1})^2 h - (u_1^n)^2 h\big) \\ & + \|\Delta_x \boldsymbol{u}^n\|_2^2 + (u_1^n)^2 h + (\Delta_x \boldsymbol{u}^n, \Delta_x \boldsymbol{u}^{n+1}) + u_1^n u_1^{n+1} h\Big]. \end{aligned} \tag{2.3.73}$$

此时如何定义能量范数不很明显. 使用待定系数方法, 设 β 是待定常数, 并将能量范数选取为

$$\|\boldsymbol{u}^n\|_E^2 = \|\boldsymbol{u}^n\|_2^2 - \beta r\left(\|\Delta_x \boldsymbol{u}^n\|_2^2 + (u_1^n)^2 h\right). \tag{2.3.74}$$

下面的任务是观察使能量范数衰减的 β 所应满足的条件. 由于

$$\|\boldsymbol{u}^{n+1}\|_E^2 - \|\boldsymbol{u}^n\|_E^2 = I - \beta r\left(\|\Delta_x \boldsymbol{u}^{n+1}\|_2^2 - \|\Delta_x \boldsymbol{u}^n\|_2^2 + (u_1^{n+1})^2 h - (u_1^n)^2 h\right),$$

以及 (2.3.73), 所以

$$\begin{aligned} \|\boldsymbol{u}^{n+1}\|_E^2 - \|\boldsymbol{u}^n\|_E^2 = -r\Big[&(\theta + \beta)\big(\|\Delta_x \boldsymbol{u}^{n+1}\|_2^2 + (u_1^{n+1})^2 h\big) \\ & + (1 - \theta - \beta)\big(\|\Delta_x \boldsymbol{u}^n\|_2^2 + (u_1^n)^2 h\big) \\ & + (\Delta_x \boldsymbol{u}^n, \Delta_x \boldsymbol{u}^{n+1}) + u_1^n u_1^{n+1} h\Big]. \end{aligned}$$

由此可见, 如果 $\theta + \beta = 1 - \theta - \beta = 1/2$ 或 $\beta = (1 - 2\theta)/2$, 则上式变为

$$\|\boldsymbol{u}^{n+1}\|_E^2 - \|\boldsymbol{u}^n\|_E^2 = -r\Big[\frac{1}{2}\big(\|\Delta_x \boldsymbol{u}^{n+1}\|_2^2 + \|\Delta_x \boldsymbol{u}^n\|_2^2\big)$$
$$+ \frac{1}{2}\big((u_1^{n+1})^2 h + (u_1^n)^2 h\big) + (\Delta_x \boldsymbol{u}^n, \Delta_x \boldsymbol{u}^{n+1}) + u_1^n u_1^{n+1} h\Big].$$

由 Schwarz 不等式知, $\|\boldsymbol{u}^{n+1}\|_E^2 \leqslant \|\boldsymbol{u}^n\|_E^2$. 也就是说, 按

$$\|\boldsymbol{u}^n\|_E^2 = \|\boldsymbol{u}^n\|_2^2 - \frac{r}{2}(1 - 2\theta)\left(\|\Delta_x \boldsymbol{u}^n\|_2^2 + (u_1^n)^2 h\right), \tag{2.3.75}$$

定义的能量范数是单调减的. 显然, (i) 如果 $1/2 \leqslant \theta \leqslant 1$, 则有

$$\|\boldsymbol{u}^n\|_2^2 \leqslant \|\boldsymbol{u}^n\|_E^2 \leqslant \|\boldsymbol{u}^0\|_E^2 \leqslant \left(1 + 2r(2\theta - 1)\right)\|\boldsymbol{u}^0\|_2^2,$$

即当 $1/2 \leqslant \theta \leqslant 1$ 时, 格式 (2.2.17) 无条件稳定. (ii) 如果 $0 \leqslant \theta < 1/2$, 则 $\|\boldsymbol{u}^0\|_E^2 \leqslant \|\boldsymbol{u}^0\|_2^2$. 另一方面, 只要适当选取 r 使得 $1 - 2r(1 - 2\theta) > 0$, 就有 $\left(1 - 2r(1 - 2\theta)\right)\|\boldsymbol{u}^n\|_2^2 \leqslant \|\boldsymbol{u}^n\|_E^2$. 因此, 如果 $0 \leqslant \theta < 1/2$, 且 r 严格小于 $1/2(1 - 2\theta)$, 则恒有

$$\left(1 - 2r(1 - 2\theta)\right)\|\boldsymbol{u}^n\|_2^2 \leqslant \|\boldsymbol{u}^0\|_2^2,$$

即格式 (2.2.17) 稳定. ■

综上所述, 能量方法在分析差分方法的稳定性时基本上分成两步: (i) 对差分方程两边取平方并关于空间网格结点求和, 或者是将差分方程两边对某一适当的量作内积, 以便求得在能量范数下的不等式

$$\|\boldsymbol{u}^{n+1}\|_E^2 \leqslant \|\boldsymbol{u}^n\|_E^2 + c\tau\left(\|\boldsymbol{u}^{n+1}\|_2^2 + \|\boldsymbol{u}^n\|_2^2\right),$$

其中 $\|\boldsymbol{u}^n\|_E$ 一般是 $\boldsymbol{u}^n$ 及其差商的二次式, c 是常数. (ii) 证明范数 $\|\boldsymbol{u}^n\|_E$ 正定且与谱范数等价, 从而获得差分方法关于时间步长的稳定性条件.

2.3.7 差分方程的收敛性

如前所述, 如果用 $u(x, t)$ 表示微分方程的精确解, u_j^n 表示差分方程的精确解, 而 $\widetilde{u}_j^n$ 表示由差分方程数值计算得到的近似解, 则近似解 $\widetilde{u}_j^n$ 和微分方程的精确解 $u(x, t)$ 之间的差可以表示为

$$u(x_j, t_n) - \widetilde{u}_j^n = \left(u_j^n - \widetilde{u}_j^n\right) + \left(u(x_j, t_n) - u_j^n\right) =: \varepsilon_j^n + e_j^n,$$

即它包含了近似计算误差 ε_j^n 和差分离散误差 e_j^n 两部分. 由此可见, 为了使近似解 $\widetilde{u}_j^n$ 能够很好地反映或逼近微分方程的解 $u(x, t)$, 必须要求: (i) ε_j^n 的模随着时间发展不能无限制增长 (稳定性问题); (ii) 当网格步长趋向于零时, e_j^n 的模趋向于零 (收敛性问题).

稳定性问题和收敛性问题在前面均已经作了一些讨论, 一般说来, 差分格式的收敛性问题要比稳定性问题复杂. Lax(1953) 对适定的线性初值问题的差分方程建立了其稳定性和收敛性的等价关系, 即著名的 Lax 等价性定理.

定理 2.3.22(Lax 等价性定理) 如果给定一个适定的线性初值问题以及一个与它相容的差分方程, 则该差分方程的稳定性是收敛性的充分必要条件.

Lax 等价性定理的证明可以参阅 [11, 54]. 由此, 适定的线性初值问题的差分方程的收敛性分析就可以归结为差分方程的稳定性分析, 即如果差分方程与微分方程相容而且是稳定的, 则差分方程的解收敛到微分方程的解. 下面举例说明 Lax 等价性定理的应用.

例 2.3.16 分析热传导方程 (2.2.1) 的差分方程

$$\frac{u_j^{n+1} - u_j^{n-1}}{2\tau} - \frac{u_{j+1}^n - 2[\theta u_j^{n+1} + (1-\theta)u_j^{n-1}] + u_{j-1}^n}{h^2} = 0 \qquad (2.3.76)$$

的收敛性, 其中 θ 是权函数.

解 由 Taylor 级数展开易知

$$\frac{1}{2\tau}\big(u(x_j, t_{n+1}) - u(x_j, t_{n-1})\big) - \frac{1}{h^2}\big[u(x_{j+1}, t_n) - 2\big(\theta u(x_j, t_{n+1})$$
$$+ (1-\theta)u(x_j, t_{n-1})\big) + u(x_{j-1}, t_n)\big]$$
$$= \left[\frac{\partial u}{\partial t} - \frac{\partial^2 u}{\partial x^2}\right]_{x_j, t_n} + \left[(2\theta - 1)\frac{2\tau}{h^2}\frac{\partial u}{\partial t} + \frac{k^2}{h^2}\frac{\partial^2 u}{\partial t^2}\right.$$
$$\left. + \frac{\tau^2}{6}\frac{\partial^3 u}{\partial t^3} - \frac{h^2}{12}\frac{\partial^4 u}{\partial x^4}\right]_{x_j, t_n} + O\left(\frac{\tau^3}{h^2} + h^4 + \tau^4\right).$$

由此得到差分格式 (2.3.76) 的局部截断误差

$$R_j^n = \left[(2\theta - 1)\frac{2\tau}{h^2}\frac{\partial u}{\partial t} + \frac{k^2}{h^2}\frac{\partial^2 u}{\partial t^2} + \frac{\tau^2}{6}\frac{\partial^3 u}{\partial t^3} - \frac{h^2}{12}\frac{\partial^4 u}{\partial x^4}\right]_{x_j, t_n} + O\left(\frac{\tau^3}{h^2} + h^4 + \tau^4\right).$$

下面分情况讨论. (i) 如果 $r = \dfrac{\tau}{h}$ 是常数, 则当 $h \to 0$ 时, 有

$$R_j^n \to \left[(2\theta - 1)\frac{2r}{h}\frac{\partial u}{\partial t} + r^2\frac{\partial^2 u}{\partial t^2}\right]_{x_j, t_n}.$$

由此可知, 如果 $\theta \neq \dfrac{1}{2}$, 则上式中括号内的第一项趋向于无穷; 如果 $\theta = \dfrac{1}{2}$, 则 R_m^n 的极限仍然是有限量 $r^2\dfrac{\partial^2 u}{\partial t^2}$. 因此, 当 $r = \dfrac{\tau}{h}$ 是常数和 $\theta = \dfrac{1}{2}$ 时, 差分方程 (2.3.76) 与二阶双曲型方程

$$\frac{\partial u}{\partial t} - \frac{\partial^2 u}{\partial x^2} + r^2\frac{\partial^2 u}{\partial t^2} = 0$$

相容, 而不与热传导方程 (2.2.1) 相容.

(ii) 如果 $r = \dfrac{\tau}{h^2}$ 是常数, 则当 $h \to 0$ 时, 有

$$R_j^n \to \left[2(2\theta - 1) r \frac{\partial u}{\partial t} \right]_{x_j, t_n}.$$

由此可知, 差分格式 (2.3.76) 与热传导方程 (2.2.1) 相容当且仅当 $\theta = \dfrac{1}{2}$.

下面分析差分格式 (2.3.76) 的收敛性. 设 $r = \dfrac{\tau}{h^2}$ 是常数且 $\theta = \dfrac{1}{2}$, 则差分格式 (2.3.76) 又可以简写为

$$u_j^{n+1} = u_j^{n-1} + 2r\left(u_{j+1}^n - u_j^{n+1} - u_j^{n-1} + u_{j-1}^n\right),$$

这就是热传导方程 (2.2.1) 的 DuFort-Frankel 格式, 例 2.3.5 中已经通过矩阵方法知道它是无条件稳定的. 因此, 当 $r = \dfrac{\tau}{h^2}$ 是非零常数和 $\theta = \dfrac{1}{2}$ 时, 差分方程 (2.3.76) 问题的解收敛于热传导方程 (2.2.1) 的解. ∎

2.4 二维抛物型方程的差分方法

考虑二维抛物型方程

$$\frac{\partial u}{\partial t} = Lu(x, y, t), \quad (x, y, t) \in \Omega \cup \{0 < t \leqslant T\}, \tag{2.4.1}$$

其中

$$L = \frac{\partial}{\partial x}\left(a_1 \frac{\partial}{\partial x}\right) + \frac{\partial}{\partial x}\left(a_2 \frac{\partial}{\partial y}\right) + b_1 \frac{\partial}{\partial x} + b_2 \frac{\partial}{\partial y} + c, \tag{2.4.2}$$

而 $a_i > 0$, $c \leqslant 0$ 和 b_i 是自变量 x, y 和 t 的函数, Ω 是 (x, y) 平面上的有界或无界区域. 类似地, 方程 (2.4.1) 的定解问题主要有以下两类.

(i) 初值问题 (或 Cauchy 问题), 即在区域 $\mathbb{R}^2 \cup \{0 < t \leqslant T\}$ 上求函数 $u(x, y, t)$ 使得其满足方程 (2.4.1) 和初始条件

$$u(x, y, 0) = \varphi(x, y), \quad (x, y) \in \mathbb{R}^2, \tag{2.4.3}$$

其中 $\psi_0(x, y)$ 是一个给定的函数.

(ii) 初边值问题 (或混合问题), 即在区域 $\Omega \cup \{0 < t \leqslant T\}$ 上求函数 $u(x, y, t)$ 使得其满足方程 (2.4.1) 和下列初边值条件

$$\begin{aligned} u(x, y, 0) &= \psi_0(x, y), \quad (x, y) \in \Omega, \\ \alpha u + \beta \frac{\partial u}{\partial n} &= \psi, \quad (x, y) \in \partial\Omega, \ 0 \leqslant t \leqslant T, \end{aligned} \tag{2.4.4}$$

其中 Ω 是 (x,y) 平面上的有界或无界区域, 例如 $\Omega = \{(x,y,t)|x_L < x < x_R, y_L < y < y_R\}$, $\partial\Omega$ 是 Ω 的边界, $\dfrac{\partial}{\partial n}$ 是沿着 $\partial\Omega$ 的外法向的方向导数算子, ψ, α 和 β 是给定的自变量 x, y 和 t 的函数.

用于初值问题 (2.4.1) 和 (2.4.3) 的均匀网格是

$$t_n = n\tau, \quad n = 0, 1, \cdots, N, \quad N = [T/\tau],$$
$$x_j = jh_x, \; y_k = kh_y, \quad j, k \in \mathbb{Z},$$

其中 h_x, h_y 和 τ 分别是 x, y 和 t 方向的网格步长. 而用于初边值问题 (2.4.1) 和 (2.4.4) 的均匀网格是

$$t_n = n\tau, \quad n = 0, 1, \cdots, N, \quad N = [T/\tau],$$
$$x_j = x_L + jh_x, \quad j = 0, 1, \cdots, M_x + 1, \quad (M_x + 1)h_x = x_R - x_L,$$
$$y_k = y_L + kh_y, \quad k = 0, 1, \cdots, M_y + 1, \quad (M_y + 1)h_y = y_R - y_L.$$

如同一维情形, 如果算子 L 与 t 无关, 则有

$$u(x_j, y_k, t_{n+1}) = \exp(\tau L)u(x_j, y_k, t_n). \tag{2.4.5}$$

类似地, 将算子 L 中的微分算子 $\dfrac{\partial}{\partial x}$ 和 $\dfrac{\partial}{\partial y}$ 用差分算子表达式代替, 例如

$$\frac{\partial}{\partial x} = \frac{2}{h_x}\sinh^{-1}\frac{\delta_x}{2}, \quad \frac{\partial}{\partial y} = \frac{2}{h_y}\sinh^{-1}\frac{\delta_y}{2},$$

其中 δ_x 和 δ_y 分别是 x 和 y 方向的中心差分算子, 则 (2.4.5) 又可以写为

$$u(x_j, y_k, t_{n+1}) = \exp\left(\tau L\left(jh_x, kh_y, \frac{2}{h_x}\sinh^{-1}\frac{\delta_x}{2}, \frac{2}{h_y}\sinh^{-1}\frac{\delta_y}{2},\right.\right.$$
$$\left.\left.\frac{4}{h_x^2}\sinh^{-2}\frac{\delta_x}{2}, \frac{4}{h_y^2}\sinh^{-2}\frac{\delta_y}{2}\right)\right)u(x_j, y_k, t_n).$$

基于此式, 就可以构造逼近 (2.4.1) 的各种形式的两时间层差分格式.

2.4.1   显式差分格式

考虑二维热传导方程

$$\frac{\partial u}{\partial t} = \frac{\partial^2 u}{\partial x^2} + \frac{\partial^2 u}{\partial y^2} = \left(\frac{\partial^2}{\partial x^2} + \frac{\partial^2}{\partial y^2}\right)u(x, y, t) \tag{2.4.6}$$

的差分逼近. 这时 (2.4.5) 变为

$$u(x_j, y_k, t_{n+1}) = \exp\left(\tau(D_x^2 + D_y^2)\right) u(x_j, y_k, t_n)$$

$$= \exp(\tau D_x^2) \exp(\tau D_y^2) u(x_j, y_k, t_n)$$

$$= \left(\sum_{\mu=0}^{\infty} \frac{\tau^\mu}{\mu!} D_x^{2\mu}\right) \left(\sum_{\nu=0}^{\infty} \frac{\tau^\nu}{\nu!} D_y^{2\nu}\right) u(x_j, y_k, t_n).$$

用差分算子代替微分算子, 例如

$$D_i^2 = \frac{1}{h_i^2}\left(\delta_i^2 - \frac{1}{12}\delta_i^4 + \frac{1}{90}\delta_i^6 + \cdots\right), \quad i = x \text{ 或 } y,$$

得

$$u(x_j, y_k, t_{n+1}) = \left(I + r_x\delta_x^2 + \frac{r_x}{2}\left(r_x - \frac{1}{6}\right)\delta_x^4 + \cdots\right)\left(I + r_x\delta_y^2\right.$$

$$\left. + \frac{r_y}{2}\left(r_y - \frac{1}{6}\right)\delta_y^4 + \cdots\right) u(x_j, y_k, t_n)$$

$$= \left(I + r_x\delta_x^2 + r_y\delta_y^2 + r_xr_y\delta_x^2\delta_y^2 + \cdots\right) u(x_j, y_k, t_n), \tag{2.4.7}$$

其中 $r_x = \tau/h_x^2$ 和 $r_y = \tau/h_y^2$. 由此可以给出逼近二维热传导方程 (2.4.6) 的不同形式的显式差分格式, 例如如果只保留 (2.4.7) 中第二个等号右端括号中的前三个算子项, 则可得到二维热传导方程 (2.4.6) 的古典显式差分格式

$$u_{j,k}^{n+1} = \left(I + r_x\delta_x^2 + r_y\delta_y^2\right) u_{j,k}^n, \tag{2.4.8}$$

或写成

$$u_{j,k}^{n+1} = \left(1 - 2(r_x + r_y)\right)u_{j,k}^n + r_x(u_{j+1,k}^n + u_{j-1,k}^n) + r_y(u_{j,k+1}^n + u_{j,k-1}^n). \tag{2.4.9}$$

由 Taylor 级数展开知, 古典显式差分格式 (2.4.8) 的局部截断误差是

$$R_{j,k}^n = \left[\frac{\tau}{2}\frac{\partial^2 u}{\partial t^2} - \frac{h_x^2}{12}\frac{\partial^4 u}{\partial x^4} - \frac{h_y^2}{12}\frac{\partial^4 u}{\partial y^4} + \frac{\tau^2}{6}\frac{\partial^3 u}{\partial t^3} - \frac{h_x^4}{360}\frac{\partial^6 u}{\partial x^6} - \frac{h_y^4}{360}\frac{\partial^6 u}{\partial y^6} + \cdots\right]_{x_j, y_k, t_n}.$$

这表明, (2.4.8) 的局部截断误差阶是 $O(\tau + h_x^2 + h_y^2)$, 格式 (2.4.8) 是二维热传导方程 (2.4.6) 的一个相容逼近.

类似一维情形的古典显式格式 (2.2.4), 差分方程 (2.4.8) 有如下性质.

定理 2.4.1 如果 $0 < r_x, r_y \leqslant 1/4$, $c \leqslant u_{j,k}^0 \leqslant C$, $\forall j, k$, 则差分方程 (2.4.8) 是一致稳定的, 其解 $\{u_{j,k}^n\}$ 一致收敛到二维热传导方程 (2.4.6) 的解, 并满足不等式

$$|u_{j,k}^n - u(x_j, y_k, t_n)| \leqslant M(\tau + h_x^2 + h_y^2),$$

$$c \leqslant u_{j,k}^n \leqslant C, \quad \forall(j,k), \ n > 0,$$

其中 M, c 和 C 是不依赖网格步长的常数.

从 (2.4.7) 出发, 还可以给出二维热传导方程 (2.4.6) 的显式的维数分裂型差分格式

$$u_{j,k}^{n+1} = (I + r_x \delta_x^2)(I + r_y \delta_y^2)u_{j,k}^n, \tag{2.4.10}$$

或写成

$$u_{j,k}^* = (I + r_y \delta_y^2)u_{j,k}^n, \quad u_{j,k}^{n+1} = (I + r_x \delta_x^2)u_{j,k}^*. \tag{2.4.11}$$

显然, 上式中的两个差分方程分别可以看作是一维热传导方程

$$\frac{\partial u}{\partial t} = \frac{\partial^2 u}{\partial y^2} \text{ 和 } \frac{\partial u}{\partial t} = \frac{\partial^2 u}{\partial x^2}$$

的古典显式格式. 这就是维数分裂的思想. 如果分别用 L_{h_x} 和 L_{h_y} 表示上式中的两个一维热传导方程的差分算子, 即相应的格式分别是

$$u_{j,k}^{n+1} = L_{h_i}u_{j,k}^n, \quad i = x \text{或} y,$$

则二维热传导方程 (2.4.6) 的一般的显式维数分裂型差分格式可以表示为

$$u_{j,k}^* = L_{h_y}u_{j,k}^n, \quad u_{j,k}^{n+1} = L_{h_x}u_{j,k}^*, \tag{2.4.12}$$

或

$$u_{j,k}^* = L_{h_x}u_{j,k}^n, \quad u_{j,k}^{n+1} = L_{h_y}u_{j,k}^*. \tag{2.4.13}$$

格式 (2.4.10) 的局部截断误差阶也是 $O(\tau + h_x^2 + h_y^2)$, 其稳定性对网格步长比的限制要比格式 (2.4.8) 的宽, 并有类似于定理 2.4.1 的性质, 只需将网格步长比的条件改为 $0 < r_x, r_y \leqslant 1/2$.

也可以类似地构造一般变系数抛物型方程, 例如

$$\frac{\partial u}{\partial t} = \frac{\partial}{\partial x}\left(a\frac{\partial u}{\partial x}\right) + \frac{\partial}{\partial y}\left(b\frac{\partial u}{\partial y}\right) \tag{2.4.14}$$

的显式差分逼近, 其中 a 和 b 是自变量 x, y 和 t 的给定函数. 方程 (2.4.14) 类似于 (2.2.25), 为了构造保持守恒的差分格式, 取积分区间

$$(x_{j-1/2}, x_{j+1/2}) \times (y_{k-1/2}, y_{k+1/2}) \times [t_n, t_{n+1}],$$

并对 (2.4.14) 积分

$$h_x h_y \Delta_t u_{j,k}(t_n) = \int_{t_n}^{t_{n+1}} \int_{y_{k-1/2}}^{y_{k+1/2}} \nabla_x \left(a\frac{\partial u}{\partial x}\right)_{x=x_{j+1/2}} dydt$$

$$+ \int_{t_n}^{t_{n+1}} \int_{x_{j-1/2}}^{x_{j+1/2}} \nabla_y \left(b\frac{\partial u}{\partial y}\right)_{y=y_{k+1/2}} dxdt, \tag{2.4.15}$$

其中 $u_{j,k}(t_n)$ 表示 u 的网格单元平均值, 定义为

$$u_{j,k}(t_n) = \frac{1}{h_x h_y} \int_{x_{j-1/2}}^{x_{j+1/2}} \int_{y_{k-1/2}}^{y_{k+1/2}} u(x,y,t) \, dxdy.$$

分别用中心差商 $\dfrac{\pm 1}{h_x}(u_{j\pm 1,k}(t) - u_{j,k}(t))$ 和 $\dfrac{\pm 1}{h_y}(u_{j,k\pm 1}(t) - u_{j,k}(t))$ 近似 (2.4.15) 中的微商 $\dfrac{\partial u}{\partial x}\big|_{j\pm 1/2}$ 和 $\dfrac{\partial u}{\partial y}\big|_{k\pm 1/2}$, 并用左矩形积分公式计算 (2.4.15) 右端的积分, 则可获得显式差分方程

$$
\begin{aligned}
u_{j,k}^{n+1} =& u_{j,k}^n + r_x \left(a_{j+1/2,k}^n \Delta_x u_{j,k} - a_{j-1/2,k}^n \nabla_x u_{j,k} \right) \\
& + r_y \left(b_{j,k+1/2}^n \Delta_y u_{j,k} - b_{j,k-1/2}^n \nabla_y u_{j,k} \right),
\end{aligned}
\tag{2.4.16}
$$

其中 $a_{j+1/2,k}^n = a(x_{j+1/2}, y_k, t_n)$ 和 $b_{j,k+1/2}^n = b(x_j, y_{k+1/2}, t_n)$. 格式 (2.4.16) 的截断误差阶是 $O(\tau + h_x^2 + h_y^2)$, 其解满足离散的守恒律

$$\sum_{j,k=-\infty}^{\infty} u_{j,k}^{n+1} h_x h_y = \sum_{j,k=-\infty}^{\infty} u_{j,k}^n h_x h_y,$$

这里已经假设当 $|j|$ 或 $|k|$ 大于某个足够大的有限正整数 N 时, $a_{j+1/2,k}^n \Delta_x u_{j,k} = 0$ 和 $b_{j,k+1/2}^n \Delta_y u_{j,k} = 0$. 上述构造差分格式的积分插值方法可以应用于任意的不规则区域的边界条件的离散和多边形 (如三角形等) 控制体中心处的微分方程的离散. 有关这部分内容, 读者可以参阅第 4 章椭圆型方程的边界条件的离散和椭圆型方程的有限体积方法.

2.4.2 隐式差分格式

仍以二维热传导方程 (2.4.6) 为例. 如同一维热传导方程 (2.2.1) 的隐式差分格式的推导, 首先将 (2.4.5) 式改写成

$$\exp(-\theta\tau L)u(x_j, y_k, t_{n+1}) = \exp\big((1-\theta)\tau L\big)u(x_j, y_k, t_n),\tag{2.4.17}$$

其中 $0 \leqslant \theta \leqslant 1$. 由于此时 $L = D_x^2 + D_y^2$, 所以上式又可以写为

$$
\begin{aligned}
& \exp(-\theta\tau D_x^2) \exp(-\theta\tau D_y^2) u(x_j, y_k, t_{n+1}) \\
&= \exp\big((1-\theta)\tau D_x^2\big) \exp\big((1-\theta)\tau D_y^2\big) u(x_j, y_k, t_n).
\end{aligned}
$$

等式两端作算子的 Taylor 级数展开, 得

$$
\begin{aligned}
& \left(\sum_{\nu=0}^{\infty} \frac{(-\theta\tau)^\nu}{\nu!} D_x^{2\nu} \right) \left(\sum_{\mu=0}^{\infty} \frac{(-\theta\tau)^\mu}{\mu!} D_y^{2\mu} \right) u(x_j, y_k, t_{n+1}) \\
&= \left(\sum_{\nu=0}^{\infty} \frac{(\widetilde{\theta}\tau)^\nu}{\nu!} D_x^{2\nu} \right) \left(\sum_{\mu=0}^{\infty} \frac{(\widetilde{\theta}\tau)^\mu}{\mu!} D_y^{2\mu} \right) u(x_j, y_k, t_n),
\end{aligned}
$$

其中 $\widetilde{\theta} = 1 - \theta$. 上式也可以进一步展开为

$$\left(I - \theta\tau D_x^2 - \theta\tau D_y^2 + \theta^2\tau^2 D_x^2 D_y^2 + \cdots\right)u(x_j, y_k, t_{n+1})$$
$$= \left(I + \widetilde{\theta}\tau D_x^2 + \widetilde{\theta}\tau D_y^2 + \widetilde{\theta}^2\tau^2 D_x^2 D_y^2 + \cdots\right)u(x_j, y_k, t_n). \tag{2.4.18}$$

由此可见, 如果用适当的差分算子代替微分算子 D_x 和 D_y, 例如

$$D_x^2 \approx \frac{1}{h_x^2}\delta_x^2, \quad D_y^2 \approx \frac{1}{h_y^2}\delta_y^2,$$

则可以得到逼近二维热传导方程 (2.4.6) 的如下常见的隐式差分格式

$$(I - \theta r_x\delta_x^2 - \theta r_y\delta_y^2)u_{j,k}^{n+1} = (I + \widetilde{\theta} r_x\delta_x^2 + \widetilde{\theta} r_y\delta_y^2)u_{j,k}^n \tag{2.4.19}$$

和

$$(I - \theta r_x\delta_x^2)(I - \theta r_y\delta_y^2)u_{j,k}^{n+1} = (I + \widetilde{\theta} r_x\delta_x^2)(I + \widetilde{\theta} r_y\delta_y^2)u_{j,k}^n. \tag{2.4.20}$$

方程 (2.4.19) 除了包含了 $\theta = 0$ 时的古典显式格式 (2.4.8) 外, 还包含了如下两个特殊的格式.

(i) 古典隐式差分格式 ($\theta = 1$)

$$(I - r_x\delta_x^2 - r_y\delta_y^2)u_{j,k}^{n+1} = u_{j,k}^n, \tag{2.4.21}$$

其局部截断误差是 $O(\tau + h_x^2 + h_y^2)$.

(ii) Crank-Nicolson 差分格式 $\left(\theta = \dfrac{1}{2}\right)$

$$\left(I - \frac{1}{2}r_x\delta_x^2 - \frac{1}{2}r_y\delta_y^2\right)u_{j,k}^{n+1} = \left(I + \frac{1}{2}r_x\delta_x^2 + \frac{1}{2}r_y\delta_y^2\right)u_{j,k}^n, \tag{2.4.22}$$

其局部截断误差阶为 $O(\tau^2 + h_x^2 + h_y^2)$.

古典显式格式 (2.4.8)、古典隐式差分格式 (2.4.21) 和 Crank-Nicolson 差分格式 (2.4.22) 等均可以用差商代替 (2.4.6) 中的微商得到. 例如为了得到 Crank-Nicolson 差分格式 (2.4.22), 只需令

$$\left(\frac{\partial u}{\partial t}\right)_{j,k}^{n+1/2} \approx \frac{u_{j,k}^{n+1} - u_{j,k}^n}{\tau}, \quad \left(\frac{\partial^2 u}{\partial z^2}\right)_{j,k}^{n+1/2} \approx \frac{1}{2}\left(\frac{\delta_z^2 u_{j,k}^{n+1} + \delta_z^2 u_{j,k}^n}{h_z^2}\right),$$

其中 $z = x$ 或 y.

类似地, 当 $\theta = 0$ 时方程 (2.4.20) 就是显式差分格式 (2.4.10), 而当 $\theta = 1$ 时方程 (2.4.20) 变为

$$(I - r_x\delta_x^2)(I - r_y\delta_y^2)u_{j,k}^{n+1} = u_{j,k}^n, \tag{2.4.23}$$

或

$$(I - r_x\delta_x^2)u_{j,k}^* = u_{j,k}^n, \quad (I - r_y\delta_y^2)u_{j,k}^{n+1} = u_{j,k}^*. \tag{2.4.24}$$

这是隐式的维数分裂格式, 每一小步只需求解一个三对角线性方程组, 从而避免了像古典隐式差分格式 (2.4.21) 和 Crank-Nicolson 差分格式 (2.4.22) 那样每步需要求解一个较复杂的线性方程组. 当 $\theta = 1/2$ 时方程 (2.4.20) 变为

$$\left(I - \frac{r_x}{2}\delta_x^2\right)\left(I - \frac{r_y}{2}\delta_y^2\right)u_{j,k}^{n+1} = \left(I + \frac{r_x}{2}\delta_x^2\right)\left(I + \frac{r_y}{2}\delta_y^2\right)u_{j,k}^n, \tag{2.4.25}$$

或

$$\left(I - \frac{r_x}{2}\delta_x^2\right)u_{j,k}^* = \left(I + \frac{r_x}{2}\delta_x^2\right)\left(I + \frac{r_y}{2}\delta_y^2\right)u_{j,k}^n,$$
$$(I - r_y\delta_y^2)u_{j,k}^{n+1} = u_{j,k}^*. \tag{2.4.26}$$

此格式称为**D'Yakonov 分数步或交替方向隐式格式**.

2.4.3 差分格式的稳定性分析

前面介绍的分析差分方程稳定性的矩阵方法, Fourier 方法和能量方法均可以应用于二维线性常系数差分方程稳定性的分析. 这一小节以 Fourier 方法为例, 简单讨论二维两时间层线性常系数差分方程的稳定性分析.

为了叙述方便, 这里仅限于二维热传导方程 (2.4.6) 的初边值问题, 并假定区域 $\Omega = \{(x,y)|0 < x,y < 1\}$, 初边值条件 (2.4.4) 中的 $\alpha = 1$ 和 $\beta = 0$, 初始条件的离散引入了误差 $\{\varepsilon_{j,k}^0\}$, 而在边界条件的离散和差分方程求解过程中均没有引入其他任何误差, 内网格结点集合是 $\Omega_h = \{(jh_x, kh_y)|j = 1, 2, \cdots, M_x; k = 1, 2, \cdots, M_y\}$, 而边界结点集合 $\partial\Omega_h$ 等于 $\{(0, kh_y), (1, kh_y), k = 1, 2, \cdots, M_y\} \cup \{(jh_x, 0), (jh_x, 1), j = 1, 2, \cdots, M_x\}$.

先考虑古典显式差分方程 (2.4.8). 计算解 $\widetilde{u}_{j,k}^n$ 和差分方程的解 $u_{j,k}^n$ 之间的误差 $\varepsilon_{j,k}^n$ 满足

$$\begin{cases} \varepsilon_{j,k}^{n+1} = (I + r_x\delta_x^2 + r_y\delta_y^2)\varepsilon_{j,k}^n, & (j,k) \in \Omega_h, \ 0 \leqslant n < N, \\ \varepsilon_{j,k}^0 \ \text{给定}, & (j,k) \in \Omega_h, \\ \varepsilon_{0,k}^n = \varepsilon_{M_x+1,k}^n = 0, & 0 \leqslant k \leqslant M_y + 1, \\ \varepsilon_{j,0}^n = \varepsilon_{j,M_y+1}^n = 0, & 0 \leqslant j \leqslant M_x + 1. \end{cases} \tag{2.4.27}$$

如前面一维情形, 用 $\varepsilon^n(x,y)$ 表示由网格结点处的误差值 $\varepsilon_{j,k}^n$ 定义的 Ω 内的分片常数函数. 这样 (2.4.27) 中的差分方程可以改写为

$$\varepsilon^{n+1}(x,y) = (1 - 2r_x - 2r_y)\varepsilon^n(x,y) + r_x\big(\varepsilon^n(x+h_x,y) + \varepsilon^n(x-h_x,y)\big) + r_y\big(\varepsilon^n(x,y+h_y) + \varepsilon^n(x,y-h_y)\big). \tag{2.4.28}$$

由于 $\varepsilon^n(x,y)$ 在区域边界处具有周期性, 所以可以将 $\varepsilon(x,y)$ 周期延拓到整个空间 $\mathbb{R}^2$ 上, 并仍用 $\varepsilon(x,y)$ 表示. 此时可以将周期函数 $\varepsilon(x,y)$ 展成二维 Fourier 级数

$$\varepsilon^n(x,y) = \sum_{l_x,l_y=-\infty}^{+\infty} \xi_{l_x,l_y}^n e^{i2\pi(l_x x+l_y y)}, \tag{2.4.29}$$

其中系数 ξ_{l_x,l_y}^n 满足 Parseval 等式

$$\int_0^1 \int_0^1 |\varepsilon^n(x,y)|^2 \, dxdy = \sum_{l_x,l_y=-\infty}^{+\infty} |\xi_{l_x,l_y}^n|^2. \tag{2.4.30}$$

将 (2.4.29) 代入 (2.4.28), 得

$$\sum_{l_x,l_y=-\infty}^{\infty} \xi_{l_x,l_y}^{n+1} e^{i2\pi(l_x x+l_y y)}$$

$$= \sum_{l_x,l_y=-\infty}^{\infty} \xi_{l_x,l_y}^n \Big[(1-2r_x-2r_y)$$

$$+ r_x(e^{i2\pi l_x h_x}+e^{-i2\pi l_x h_x}) + r_y(e^{i2\pi l_y h_y}+e^{-i2\pi l_y h_y})\Big] e^{i2\pi(l_x x+l_y y)},$$

由正交性

$$\int_0^1 \int_0^1 e^{i2\pi(\mu_x x+\mu_y y)} e^{-i2\pi(\nu_x x+\nu_y y)} \, dxdy$$

$$= \begin{cases} 0, & \mu_x \neq \nu_x \text{ 或 } \mu_y \neq \nu_y, \\ 1, & \mu_x = \nu_x \text{ 和 } \mu_y = \nu_y, \end{cases}$$

得

$$\xi_{l_x,l_y}^{n+1} = G(\beta_x,\beta_y,\tau)\xi_{l_x,l_y}^n, \tag{2.4.31}$$

其中 $\beta_x = 2\pi l_x$ 和 $\beta_y = 2\pi l_y$, 而增长因子的表达式是

$$G(\beta_x,\beta_y,\tau) = \big(1-2r_x-2r_y+2r_x\cos(\beta_x h_x)+2r_y\cos(\beta_y h_y)\big)$$

$$= 1-4\big(r_x\sin^2(\beta_x h_x/2)+r_y\sin^2(\beta_y h_y/2)\big).$$

注意, 这里为了书写简洁, 增长因子的写法与一维情形的不同. 上述过程也可以应用到类似 (2.3.29) 的一般形式的两时间层线性常系数差分方程 (组). 因此, 类似地有下列结论.

定理 2.4.2　二维两时间层线性常系数差分方程按谱范数稳定 (或平方稳定) 的充分必要条件是对于任意 $0 < \tau < \tau_0, 0 < n\tau \leqslant T$ 和一切 $\beta_x = 2\pi l_x, \beta_y = 2\pi l_y$, 均成立不等式

$$|G^n(\beta_x, \beta_y, \tau)| \leqslant K, \tag{2.4.32}$$

其中 K 是一个与 β_x, β_y 和 τ 均无关的常数.

推论 2.4.3　二维两时间层线性常系数差分方程按谱范数稳定 (或平方稳定) 当且仅当对于任意 $0 < \tau < \tau_0, 0 < n\tau \leqslant T$ 和一切 β_x, β_y, 均成立

$$|G(\beta_x, \beta_y, \tau)| \leqslant 1 + O(\tau). \tag{2.4.33}$$

有关一维线性常系数差分方程 (组) 的稳定性的其他命题均可以类推到二维情况, 这里不再重复. 由

$$|G(\beta_x, \beta_y, \tau)| = \left|1 - 4(r_x \sin^2(\beta_x h_x/2) + r_y \sin^2(\beta_2 h_y/2)\right| \leqslant 1,$$

可以得到古典显式差分格式 (2.4.8) 稳定的充分必要条件是

$$r_x = \tau/h_x^2 \leqslant 1/4, \quad r_y = \tau/h_y^2 \leqslant 1/4. \tag{2.4.34}$$

从上面的分析知, 因为计算误差 $\varepsilon_{j,k}^{n+1}$ 满足的方程就是原来的差分方程, 所以在分析二维抛物型方程初边值问题的线性常系数差分格式的稳定性时, 只需将

$$\varepsilon_{l_x,l_y}^n = \xi_{l_x,l_y}^n e^{i(\beta_x j h_x + \beta_y k h_y)}, \tag{2.4.35}$$

直接代入差分方程, 然后将方程两端的公共因子消去就可以获得增长因子 $G(\beta_x, \beta_y, \tau)$.

再以二维热传导方程的古典隐式差分格式 (2.4.21) 和 Crank-Nicolson 格式 (2.4.22) 为例说明 Fourier 方法在差分方程稳定性分析中的应用. 将表达式 (2.4.35) 直接代入差分方程 (2.4.21), 得

$$\left(1 + 4r_x \sin^2(\beta_x h_x/2) + 4r_y \sin^2(\beta_y h_y/2)\right)\xi_{l_x,l_y}^{n+1} = \xi_{l_x,l_y}^n.$$

由此可见, 差分格式 (2.4.21) 的增长因子是

$$G(\beta_x, \beta_y, \tau) = \left(1 + 4r_x \sin^2(\beta_x h_x/2) + 4r_y \sin^2(\beta_y h_y/2)\right)^{-1}.$$

显然, 对一切 β_x, β_y 和 $r_x, r_y > 0$, $|G(\beta_x, \beta_y, \tau)|$ 不超过 1, 因此古典隐式差分格式 (2.4.21) 是无条件稳定的.

类似地, 将表达式 (2.4.35) 代入 (2.4.22), 可得 Crank-Nicolson 格式 (2.4.22) 的增长因子是

$$G(\beta_x, \beta_y, \tau) = \frac{1 - 2r_x \sin^2(\beta_x h_x/2) - 2r_y \sin^2(\beta_y h_y/2)}{1 + 2r_x \sin^2(\beta_x h_x/2) + 2r_y \sin^2(\beta_y h_y/2)}. \tag{2.4.36}$$

易知, 对一切 β_x, β_y 和 $r_x, r_y > 0$, 二维热传导方程的 Crank-Nicolson 格式 (2.4.22) 的增长因子的模不超过 1, 所以它也是无条件稳定的.

2.4.4   交替方向隐式差分格式

由前面介绍的二维抛物型方程 (2.4.6) 的差分方法的构造及其稳定性分析知, 古典显式差分格式 (2.4.8) 的稳定性条件是 $0 < r_x, r_y \leqslant 1/4$. 这比一维显式格式 (2.2.4) 的稳定性条件 $0 < r_x \leqslant 1/2$ 苛刻. 类似地, 如果考虑三维热传导方程

$$\frac{\partial u}{\partial t} = \frac{\partial^2 u}{\partial x^2} + \frac{\partial^2 u}{\partial y^2} + \frac{\partial^2 u}{\partial z^2}, \tag{2.4.37}$$

则不难发现, 它的古典显式差分格式的稳定性条件将是 $0 < r_x, r_y, r_y \leqslant 1/8$. 这意味着, 空间维数越高, 古典显式差分格式的稳定性对时间步长的限制越大. 这将导致计算的时间步数和开销的增加. 鉴于此, 尽管这样的古典显式差分格式的程序实现很简单, 但它却很少用于高维数的抛物型方程定解问题的计算中. 隐式差分格式 (2.4.21) 和 Crank-Nicolson 格式 (2.4.22) 均是无条件稳定的, 在保证计算精度的前提下, 时间步长可以适当地取大, 但不幸的是, 它们均只是给出差分解满足的一个较复杂的线性方程组, 而这些方程组已经不再是一维情形的三对角方程组. 由于每一时间层求解这样较复杂的代数方程组的计算开销很大, 所以用隐式差分格式 (2.4.21) 或 Crank-Nicolson 格式 (2.4.22) 计算定解问题的总开销可能远远超过显式差分格式的总开销. 因此, 构造含多空间变量的时间依赖的偏微分方程的无条件稳定或条件稳定但稳定性条件不苛刻而且计算开销小的数值方法是非常重要的. 前面介绍的二维抛物型方程 (2.4.6) 的维数分裂格式 (2.4.11) 和 (2.4.24) 或 (2.4.26) 基本上满足此目的. 由 Fourier 方法可知, 显式维数分裂格式 (2.4.11) 的一致稳定性的充分条件与一维古典显式差分格式 (2.2.4) 的相同, 而当 $0 \leqslant \theta < 1/2$ 时隐式格式 (2.4.20) 的稳定性条件是 $0 < r_x, r_y \leqslant 1/2(1 - 2\theta)$, 当 $1/2 \leqslant \theta \leqslant 1$ 时 (2.4.20) 是无条件稳定的. 因此, 维数分裂格式 (2.4.11) 和隐式格式 (2.4.20) 的稳定性条件分别要优于古典显式差分格式 (2.4.8) 和隐式格式 (2.4.19). 此外, 隐式格式 (2.4.20) 在实现时也可以变化为类似于 (2.4.25) 的变形 (2.4.26), 即每一时间层分两小步, 而每一小步只需求解一个方向 (x 或 y 方向) 的三对角方程组. 这正是下面将要介绍的交替方向隐式差分格式 (alternating direction implicit scheme, ADI 格式) 的稚形.

2.4.4.1　Peaceman-Rachford 格式

类似于格式 (2.4.24) 或 (2.4.26), 为了设计单方向隐式的差分格式, Peaceman 和 Rachford(1955) 先将一个时间步 (例如从 t_n 到 t_{n+1}) 的计算分成两个小的计算步, 每个小计算步的时间步长分别是 $\tau/2$. 然后在第一个小计算步构造逼近 (2.4.6) 的在 x(或 y) 方向隐式的两时间层格式 (从第 n 层到第 $n+1/2$ 层), 例如微分方程 (2.4.6) 中的 $D_x^2 u$(或 $D_y^2 u$) 用 $n+1/2$ 层上的中心差商代替, 而 $D_y^2 u$(或 $D_x^2 u$) 用 n 层上的中心差商代替, 即

$$\frac{u_{j,k}^{n+1/2} - u_{j,k}^n}{\tau/2} = \frac{\delta_x^2 u_{j,k}^{n+1/2}}{h_x^2} + \frac{\delta_y^2 u_{j,k}^n}{h_y^2}, \tag{2.4.38}$$

或

$$\frac{u_{j,k}^{n+1/2} - u_{j,k}^n}{\tau/2} = \frac{\delta_x^2 u_{j,k}^n}{h_x^2} + \frac{\delta_y^2 u_{j,k}^{n+1/2}}{h_y^2}, \tag{2.4.39}$$

而在第二小步构造逼近 (2.4.6) 的在 y(或 x) 方向隐式的两时间层格式 (从第 $n+1/2$ 层到第 $n+1$ 层), 例如方程 (2.4.6) 中的 $D_x^2 u$(或 $D_y^2 u$) 用 $n+1/2$ 层上的中心差商代替, 而 $D_y^2 u$(或 $D_x^2 u$) 用 $n+1$ 层上的中心差商代替, 即

$$\frac{u_{j,k}^{n+1} - u_{j,k}^{n+1/2}}{\tau/2} = \frac{\delta_x^2 u_{j,k}^{n+1/2}}{h_x^2} + \frac{\delta_y^2 u_{j,k}^{n+1}}{h_y^2}, \tag{2.4.40}$$

或

$$\frac{u_{j,k}^{n+1} - u_{j,k}^{n+1/2}}{\tau/2} = \frac{\delta_x^2 u_{j,k}^{n+1}}{h_x^2} + \frac{\delta_y^2 u_{j,k}^{n+1/2}}{h_y^2}. \tag{2.4.41}$$

差分方程 (2.4.38) 和 (2.4.40) 或 (2.4.39) 和 (2.4.41) 就是著名的 Peaceman-Rachford 的 ADI 格式, 它们又可以写为

$$\left(I - \frac{r_x}{2}\delta_x^2\right)u_{j,k}^{n+1/2} = \left(I + \frac{r_y}{2}\delta_y^2\right)u_{j,k}^n,$$
$$\left(I - \frac{r_y}{2}\delta_y^2\right)u_{j,k}^{n+1} = \left(I + \frac{r_x}{2}\delta_x^2\right)u_{j,k}^{n+1/2}, \tag{2.4.42}$$

或

$$\left(I - \frac{r_y}{2}\delta_y^2\right)u_{j,k}^{n+1/2} = \left(I + \frac{r_x}{2}\delta_x^2\right)u_{j,k}^n,$$
$$\left(I - \frac{r_x}{2}\delta_x^2\right)u_{j,k}^{n+1} = \left(I + \frac{r_y}{2}\delta_y^2\right)u_{j,k}^{n+1/2}. \tag{2.4.43}$$

现在分析格式 (2.4.42) 或 (2.4.43) 的精度和稳定性. 为了避免重复, 下面以格式 (2.4.42) 为例. 对 (2.4.42) 中的第一和第二个差分方程两端分别同时作用差分算

子 $\left(I + \frac{r_x}{2}\delta_x^2\right)$ 和 $\left(I - \frac{r_x}{2}\delta_x^2\right)$, 得

$$\left(I + \frac{r_x}{2}\delta_x^2\right)\left(I - \frac{r_x}{2}\delta_x^2\right)u_{j,k}^{n+1/2} = \left(I + \frac{r_x}{2}\delta_x^2\right)\left(I + \frac{r_y}{2}\delta_y^2\right)u_{j,k}^n,$$
$$\left(I - \frac{r_x}{2}\delta_x^2\right)\left(I - \frac{r_y}{2}\delta_y^2\right)u_{j,k}^{n+1} = \left(I - \frac{r_x}{2}\delta_x^2\right)\left(I + \frac{r_x}{2}\delta_x^2\right)u_{j,k}^{n+1/2}.$$

由于差分算子 $\left(I + \frac{r_x}{2}\delta_x^2\right)$ 和 $\left(I - \frac{r_x}{2}\delta_x^2\right)$ 是可交换的, 所以将上两式相加可得

$$\left(I - \frac{r_x}{2}\delta_x^2\right)\left(I - \frac{r_y}{2}\delta_y^2\right)u_{j,k}^{n+1} = \left(I + \frac{r_x}{2}\delta_x^2\right)\left(I + \frac{r_y}{2}\delta_y^2\right)u_{j,k}^n,$$

即 (2.4.25). 展开该式两端, 得

$$\frac{u_{j,k}^{n+1} - u_{j,k}^n}{\tau} = \frac{\delta_x^2}{2h_x^2}\left(u_{j,k}^{n+1} + u_{j,k}^n\right) + \frac{\delta_y^2}{2h_y^2}\left(u_{j,k}^{n+1} + u_{j,k}^n\right) - \tau\frac{\delta_x^2}{2h_x^2}\frac{\delta_y^2}{2h_y^2}(\Delta_t u_{j,k}^n).$$

从这里可以看到, Peaceman-Rachford 格式 (2.4.42) 非常像二维 Crank-Nicolson 格式 (2.4.22), 只是前者比后者多了一个额外项

$$-\tau\frac{\delta_x^2}{2h_x^2}\frac{\delta_y^2}{2h_y^2}(\Delta_t u_{j,k}^n) = -\frac{\tau^2}{4}\left(\frac{\partial^5 u}{\partial t\partial x^2\partial y^2}\right)_{x_j,y_k}^n + O\big(\tau^2(h_x^2 + h_y^2) + \tau^3\big),$$

由此可推断, Peaceman-Rachford 格式 (2.4.42) 的局部截断误差阶是 $O(\tau^2 + h_x^2 + h_y^2)$.

应用 Fourier 方法可以得到 Peaceman-Rachford 格式 (2.4.42) 的增长因子是

$$G(\beta_x,\beta_y,\tau) = \frac{\big(1 - 2r_x\sin^2(\beta_x h_x/2)\big)\big(1 - 2r_y\sin^2(\beta_y h_y/2)\big)}{\big(1 + 2r_x\sin^2(\beta_x h_x/2)\big)\big(1 + 2r_y\sin^2(\beta_y h_y/2)\big)}.$$

由此不难知, Peaceman-Rachford 格式 (2.4.42) 是无条件稳定的. 如果仅考虑 Peaceman-Rachford 格式 (2.4.42) 中的某一小步, 则不难发现它们的增长因子分别是

$$G^{(1)}(\beta_x,\beta_y,\tau) = \big(1 + 2r_x\sin^2(\beta_x h_x/2)\big)^{-1}\big(1 - 2r_y\sin^2(\beta_y h_y/2)\big),$$
$$G^{(2)}(\beta_x,\beta_y,\tau) = \big(1 + 2r_y\sin^2(\beta_y h_y/2)\big)^{-1}\big(1 - 2r_x\sin^2(\beta_x h_x/2)\big).$$

这表明, (2.4.42) 中的每一小步的稳定性条件是 $0 < r_x \leqslant 1$ 或 $0 < r_y \leqslant 1$. 最后还要说明的是, 当 Peaceman-Rachford 格式被推广到三维热传导方程 (2.4.37) 时, 它就会变成是条件稳定的格式. 类似于格式 (2.4.42) 的构造, 在均匀的长方体网格上可以给出逼近 (2.4.37) 的如下 ADI 差分格式

$$\left(I - \frac{r_x}{3}\delta_x^2\right)u_{j,k,l}^{n+1/3} = \left(I + \frac{r_y}{3}\delta_y^2 + \frac{r_z}{3}\delta_z^2\right)u_{j,k,l}^n,$$
$$\left(I - \frac{r_y}{3}\delta_y^2\right)u_{j,k,l}^{n+2/3} = \left(I + \frac{r_x}{3}\delta_x^2 + \frac{r_z}{3}\delta_z^2\right)u_{j,k,l}^{n+1/3}, \qquad (2.4.44)$$
$$\left(I - \frac{r_z}{3}\delta_z^2\right)u_{j,k,l}^{n+1} = \left(I + \frac{r_x}{3}\delta_x^2 + \frac{r_y}{3}\delta_y^2\right)u_{j,k,l}^{n+2/3}.$$

它是条件稳定的, 截断误差阶是 $O(\tau + h_x^2 + h_y^2 + h_z^2)$, 见习题.

2.4.4.2 Douglas-Rachford 格式

Douglas 和 Rachford 于 1956 年提出了另一个 ADI 差分格式, 即 Douglas-Rachford 格式, 它是第一个被推广至三维情形时仍是无条件稳定的 ADI 格式. 逼近二维抛物型方程 (2.4.6) 的 Douglas-Rachford 格式可以写为

$$
\begin{aligned}
(I - r_x\delta_x^2)u_{j,k}^* &= (I + r_y\delta_y^2)u_{j,k}^n, \\
(I - r_y\delta_y^2)u_{j,k}^{n+1} &= u_{j,k}^* - r_y\delta_y^2 u_{j,k}^n.
\end{aligned}
\tag{2.4.45}
$$

从第二个方程中解出 $u_{j,k}^*$ 并代入第一个方程, 得

$$
(I - r_x\delta_x^2)(I - r_y\delta_y^2)u_{j,k}^{n+1} = (I + r_xr_y\delta_x^2\delta_y^2)u_{j,k}^n,
\tag{2.4.46}
$$

或

$$
(I - r_x\delta_x^2 - r_y\delta_y^2 + r_xr_y\delta_x^2\delta_y^2)u_{j,k}^{n+1} = (I + r_xr_y\delta_x^2\delta_y^2)u_{j,k}^n.
\tag{2.4.47}
$$

因此, (2.4.45) 可以看作是对古典隐式格式 (2.4.21) 作修正得到的, 即在第 n 层和第 $n+1$ 层分别添加了项 $r_xr_y\delta_x^2\delta_y^2 u_{j,k}^{n+1}$ 和 $r_xr_y\delta_x^2\delta_y^2 u_{j,k}^n$, 使得古典隐式格式 (2.4.21) 的左端变为如 (2.4.46) 左端的乘积形式. 由此可见, Douglas-Rachford 格式 (2.4.45) 的截断误差阶是 $O(\tau + h_x^2 + h_y^2)$, 比 Peaceman-Rachford 格式 (2.4.42) 在时间方向低一阶. 应用 Fourier 方法可计算出 Douglas-Rachford 格式 (2.4.45) 的增长因子是

$$
G(\beta_x, \beta_y, \tau) = \frac{1 + 16r_xr_y\sin^2(\beta_xh_x/2)\sin^2(\beta_yh_y/2)}{\left(1 + 4r_x\sin^2(\beta_xh_x/2)\right)\left(1 + 4r_y\sin^2(\beta_yh_y/2)\right)}.
$$

由此可知, 对于任意的 $r_x > 0$ 和 $r_y > 0$, 均成立 $|G(\beta_x, \beta_y, \tau)| \leqslant 1$, 所以 Douglas-Rachford 格式 (2.4.45) 无条件稳定.

可以完全类似地构造出逼近三维热传导方程 (2.4.37) 的 Douglas-Rachford 格式

$$
\begin{aligned}
(I - r_x\delta_x^2)u_{j,k,l}^* &= (I + r_y\delta_y^2 + r_z\delta_z^2)u_{j,k,l}^n, \\
(I - r_y\delta_y^2)u_{j,k,l}^{**} &= u_{j,k,l}^* - r_y\delta_y^2 u_{j,k,l}^n, \\
(I - r_z\delta_z^2)u_{j,k,l}^{n+1} &= u_{j,k,l}^{**} - r_z\delta_z^2 u_{j,k,l}^n.
\end{aligned}
\tag{2.4.48}
$$

如果消去中间变量 $u_{j,k,l}^*$ 和 $u_{j,k,l}^{**}$, 则三维 Douglas-Rachford 格式 (2.4.48) 变为

$$
\begin{aligned}
&(I - r_x\delta_x^2)(I - r_y\delta_y^2)(I - r_z\delta_z^2)u_{j,k,l}^{n+1} \\
&= (I + r_xr_y\delta_x^2\delta_y^2 + r_xr_z\delta_x^2\delta_z^2 + r_yr_z\delta_y^2\delta_z^2 - r_xr_yr_z\delta_x^2\delta_y^2\delta_z^2)u_{j,k,l}^n.
\end{aligned}
\tag{2.4.49}
$$

其截断误差阶是 $O(\tau + h_x^2 + h_y^2 + h_z^2)$, 增长因子是

$$
\begin{aligned}
G(\beta_x, \beta_y, \beta_z, \tau) =& \left(1 + 4r_x \sin^2(\beta_x h_x/2)\right)^{-1} \left(1 + 4r_y \sin^2(\beta_y h_y/2)\right)^{-1} \\
&\cdot \left(1 + 4r_z \sin^2(\beta_z h_z/2)\right)^{-1} \left(1 + 16r_x r_y \sin^2(\beta_x h_x/2) \sin^2(\beta_y h_y/2)\right. \\
&+ 16 r_x r_z \sin^2(\beta_x h_x/2) \sin^2(\beta_z h_z/2) \\
&+ 16 r_z r_y \sin^2(\beta_z h_z/2) \sin^2(\beta_y h_y/2) \\
&\left. + 64 r_x r_y r_z \sin^2(\beta_x h_x/2) \sin^2(\beta_y h_y/2) \sin^2(\beta_z h_z/2)\right).
\end{aligned}
$$

由此可知, 格式 (2.4.48) 是无条件稳定的.

Douglas 于 1962 年还提出了一个具有较高阶精度的 ADI 格式, 称为 Douglas 格式. 以二维抛物型方程 (2.4.6) 为例, 它可以表示为

$$
\begin{aligned}
\left(I - \frac{r_x}{2}\delta_x^2\right) u_{j,k}^* &= \left(I + \frac{r_x}{2}\delta_x^2 + r_y \delta_y^2\right) u_{j,k}^n, \\
\left(I - \frac{r_y}{2}\delta_y^2\right) u_{j,k}^{n+1} &= u_{j,k}^* - \frac{r_y}{2}\delta_y^2 u_{j,k}^n.
\end{aligned} \tag{2.4.50}
$$

如果消去中间变量 $u_{j,k}^*$, 则 (2.4.50) 变为

$$
\left(I - \frac{r_x}{2}\delta_x^2\right)\left(I - \frac{r_y}{2}\delta_y^2\right)(u_{j,k}^{n+1} - u_{j,k}^n) = (r_x \delta_x^2 + r_y \delta_y^2)u_{j,k}^n.
$$

该格式是无条件稳定的, 其截断误差阶为 $O(\tau^2 + h_x^2 + h_y^2)$. 由于在 (2.4.50) 的第二个方程中同时出现 $u_{j,k}^n$, $u_{j,k}^{n+1}$ 和 $u_{j,k}^*$, 所以 Douglas 格式 (2.4.50) 需要的存储比 Peaceman-Rachford 格式 (2.4.42) 的大.

2.4.4.3 Michell-Fairweather 格式

在 (2.4.18) 中取 $\theta = 1/2$, 并分别保留左右两端算子级数展开式中的前四项, 则可得

$$
\begin{aligned}
&\left(I - \frac{\tau}{2}D_x^2\right)\left(I - \frac{\tau}{2}D_y^2\right) u(x_j, y_k, t_{n+1}) \\
&= \left(I + \frac{\tau}{2}D_x^2\right)\left(I + \frac{\tau}{2}D_y^2\right) u(x_j, y_k, t_n).
\end{aligned}
$$

如果将上式中的微分算子近似为

$$
D_x^2 \approx \frac{1}{h_x^2}\left(I + \frac{1}{12}\delta_x^2\right)^{-1}, \quad D_y^2 \approx \frac{1}{h_y^2}\left(I + \frac{1}{12}\delta_y^2\right)^{-1},
$$

则可得二维热传导方程 (2.4.6) 的差分格式

$$
\begin{aligned}
&\left(I - \frac{1}{2}\left(r_x - \frac{1}{6}\right)\delta_x^2\right)\left(I - \frac{1}{2}\left(r_y - \frac{1}{6}\right)\delta_y^2\right) u_{j,k}^{n+1} \\
&= \left(I + \frac{1}{2}\left(r_x - \frac{1}{6}\right)\delta_x^2\right)\left(I + \frac{1}{2}\left(r_y - \frac{1}{6}\right)\delta_y^2\right) u_{j,k}^n,
\end{aligned} \tag{2.4.51}
$$

它形式上与 (2.4.25) 相似, 它的得到类似于一维热传导方程 (2.2.1) 的 Douglas 差分格式, 截断误差阶是 $O(\tau^2 + h_x^4 + h_y^4)$, 增长因子是

$$G(\beta_x, \beta_y, \tau) = \frac{\big(1 - (2r_x + 1/3)\alpha\big)\big(1 - (2r_y + 1/3)\beta\big)}{\big(1 + (2r_x - 1/3)\alpha\big)\big(1 + (2r_y - 1/3)\beta\big)},$$

其中 $\alpha = \sin^2(\beta_x h_x/2)$ 和 $\beta = \sin^2(\beta_y h_y/2)$. 可以验证, 对任意 $r_x, r_y > 0$, 均有 $|G(\beta_x, \beta_y, \tau)| \leqslant 1$. 事实上, 不等式 $|G(\beta_x, \beta_y, \tau)| \leqslant 1$ 等价于

$$-1 \leqslant \frac{\big(1 - (2r_x + 1/3)\alpha\big)\big(1 - (2r_y + 1/3)\beta\big)}{\big(1 + (2r_x - 1/3)\alpha\big)\big(1 + (2r_y - 1/3)\beta\big)} \leqslant 1. \tag{2.4.52}$$

左边的不等号成立当且仅当

$$-\Big(1 + \Big(2r_x - \frac{1}{3}\Big)\alpha\Big)\Big(1 + \Big(2r_y - \frac{1}{3}\Big)\beta\Big) \leqslant \Big(1 - \Big(2r_x + \frac{1}{3}\Big)\alpha\Big)\Big(1 - \Big(2r_y + \frac{1}{3}\Big)\beta\Big).$$

展开不等号的两边, 整理得

$$0 \leqslant 4r_x r_y \alpha\beta + \frac{1}{9}\alpha\beta + 1 - \frac{1}{3}(\alpha + \beta) = 4r_x r_y \alpha\beta + \frac{1}{9}(3 - \alpha)(3 - \beta).$$

类似地, (2.4.52) 中的右边不等号成立当且仅当

$$\Big(1 - \Big(2r_x + \frac{1}{3}\Big)\alpha\Big)\Big(1 - \Big(2r_y + \frac{1}{3}\Big)\beta\Big) \leqslant \Big(1 + \Big(2r_x - \frac{1}{3}\Big)\alpha\Big)\Big(1 + \Big(2r_y - \frac{1}{3}\Big)\beta\Big).$$

展开不等号的两边, 并整理得

$$r_y \beta(3 - \alpha) + r_x \alpha(3 - \beta) \geqslant 0.$$

由此可见, 对任意 $r_x > 0$ 和 $r_y > 0$, (2.4.52) 中的两个不等号均恒成立.

为了有效地实现 (2.4.51), 采用 Peaceman-Rachford 格式 (2.4.42) 的做法, 格式 (2.4.51) 可以分裂为

$$\begin{aligned}
\Big(1 - \frac{1}{2}\Big(r_x - \frac{1}{6}\Big)\delta_x^2\Big) u_{j,k}^{n+1/2} &= \Big(1 + \frac{1}{2}\Big(r_y + \frac{1}{6}\Big)\delta_y^2\Big) u_{j,k}^n, \\
\Big(1 - \frac{1}{2}\Big(r_y - \frac{1}{6}\Big)\delta_y^2\Big) u_{j,k}^{n+1} &= \Big(1 + \frac{1}{2}\Big(r_x + \frac{1}{6}\Big)\delta_x^2\Big) u_{j,k}^{n+1/2}.
\end{aligned} \tag{2.4.53}$$

这就是 Mitchell-Fairweather 的 ADI 差分格式, 它是无条件稳定的, 其局部截断误差阶是 $O(\tau^2 + h_x^4 + h_y^4)$.

2.4.5 辅助应变量的边界条件

在应用 ADI 差分格式解热传导方程的初边值问题时, 除了需要 $u_{j,k}^n$ 和 $u_{j,k}^{n+1}$ 在边界处的值外, 还需要 $u_{j,k}^{n+1/2}$ 或 $u_{j,k}^*$ 等在边界处的值. 以二维热传导方程 (2.4.6) 的初边值问题为例, 其中区域 $\Omega = \{(x, y) : 0 < x, y < 1\}$, 边界条件是

$$\begin{aligned}
u(0, y, t) &= \psi_1(y, t), & u(1, y, t) &= \psi_2(y, t), & 0 \leqslant y \leqslant 1, 0 \leqslant t \leqslant [T/\tau], \\
u(x, 0, t) &= \widetilde{\psi}_1(x, t), & u(x, 1, t) &= \widetilde{\psi}_2(x, t), & 0 \leqslant x \leqslant 1, 0 \leqslant t \leqslant [T/\tau].
\end{aligned}$$

对区域 Ω 均匀剖分, 记内网格结点集合为 $\Omega_h = \{(jh_x, kh_y) : j = 1, 2, \cdots, M_x; k = 1, 2, \cdots, M_y\}$, 而边界结点集合 $\partial\Omega_h$ 为 $\{(0, kh_y), (1, kh_y), k = 1, 2, \cdots, M_y\} \cup \{(jh_x, 0), (jh_x, 1), j = 1, 2, \cdots, M_x\}$.

从 Peaceman-Rachford 格式 (2.4.42) 和 Mitchell-Fairweather 格式 (2.4.53) 可以看出, 它们均只需要补充 $u_{j,k}^{n+1/2}$ 在 x 方向的边界 (即 $x = 0$ 和 1) 处的值. 如果将 (2.4.42) 中的两式相减, 并分别令 $j = 0$ 和 $M_x + 1$, 则可得到 Peaceman-Rachford 格式 (2.4.42) 中的辅助应变量 $u_{j,k}^{n+1/2}$ 的边界条件

$$
\begin{cases}
u_{0,k}^{n+1/2} = \dfrac{1}{2}\big[\psi_1(kh_y, (n+1)\tau) + \psi_1(kh_y, n\tau)\big] \\
\qquad\quad - \dfrac{r_y}{4}\delta_y^2\big[\psi_1(kh_y, (n+1)\tau) - \psi_1(kh_y, n\tau)\big], \\
u_{M_x+1,k}^{n+1/2} = \dfrac{1}{2}\big[\psi_2(kh_y, (n+1)\tau) + \psi_2(kh_y, n\tau)\big] \\
\qquad\quad - \dfrac{r_y}{4}\delta_y^2\big[\psi_2(kh_y, (n+1)\tau) - \psi_2(kh_y, n\tau)\big],
\end{cases}
\tag{2.4.54}
$$

其中 $k = 1, 2, \cdots, M_y$, $n = 0, 1, \cdots, N$. 类似地, 可得到 Mitchell-Fairweather 格式 (2.4.53) 中的辅助应变量 $u_{j,k}^{n+1/2}$ 的边界条件

$$
\begin{cases}
u_{0,k}^{n+1/2} = \dfrac{a_x^+}{r_x}(I + a_y^+\delta_y^2)\psi_1(kh_y, n\tau) \\
\qquad\quad + \dfrac{a_x^-}{r_x}(I - a_y^-\delta_y^2)\psi_1(kh_y, (n+1)\tau), \\
u_{M_x+1,k}^{n+1/2} = \dfrac{a_x^+}{r_x}(I + a_y^+\delta_y^2)\psi_2(kh_y, n\tau) \\
\qquad\quad + \dfrac{a_x^-}{r_x}(I - a_y^-\delta_y^2)\psi_2(kh_y, (n+1)\tau),
\end{cases}
\tag{2.4.55}
$$

其中 $a_z^\pm = r_z/2 \pm 1/12$, $z = x$ 或 y, $k = 1, 2, \cdots, M_y$, $n = 0, 1, \cdots, N$.

Douglas-Rachford 格式 (2.4.45) 和 Douglas 格式 (2.4.50) 中的辅助应变量 $u_{j,k}^*$ 的边界条件 (只需要 x 方向的条件) 的确定相对容易些. 它们可以分别由 (2.4.45) 和 (2.4.50) 中的第二个方程得到, 例如 Douglas-Rachford 格式 (2.4.45) 中的辅助应变量 $u_{j,k}^*$ 的边界条件是

$$
\begin{cases}
u_{0,k}^* = r_y\delta_y^2\psi_1(kh_y, n\tau) + (I - r_y\delta_y^2)\psi_1(kh_y, (n+1)\tau), \\
u_{M_x+1,k}^* = r_y\delta_y^2\psi_2(kh_y, n\tau) + (I - r_y\delta_y^2)\psi_2(kh_y, (n+1)\tau),
\end{cases}
\tag{2.4.56}
$$

其中 $k = 1, 2, \cdots, M_y$, $n = 0, 1, \cdots, N$. Douglas 格式 (2.4.50) 中的辅助应变量 $u_{j,k}^*$

的边界条件是

$$
\begin{cases}
u_{0,k}^* = \left(I - \dfrac{1}{2}r_y\delta_y^2\right)\psi_1(kh_y,(n+1)\tau) + \dfrac{1}{2}r_y\delta_y^2\psi_1(kh_y,n\tau), \\[3mm]
u_{M_x+1,k}^* = \left(I - \dfrac{1}{2}r_y\delta_y^2\right)\psi_2(kh_y,(n+1)\tau) + \dfrac{1}{2}r_y\delta_y^2\psi_2(kh_y,n\tau),
\end{cases}
\tag{2.4.57}
$$

其中 $k = 1, 2, \cdots, M_y$; $n = 0, 1, \cdots, N$.

习　题　2

1. 证明: 当 $r > \dfrac{1}{2}$ 时, 热传导方程 (2.2.1) 的古典显式差分格式 (2.2.5) 是不稳定的.

2. 编写用古典显式、古典隐式和 Crank-Nicolson 差分格式计算热传导方程初边值问题

$$
\begin{cases}
\dfrac{\partial u}{\partial t} = \dfrac{\partial^2 u}{\partial x^2}, & 0 < x < 1, \\[2mm]
u(x,0) = \sin(\pi x), & 0 \leqslant x \leqslant 1, \\[2mm]
u(0,t) = u(1,t) = 0, & t > 0
\end{cases}
$$

的程序, 输出在 $t = 0.005, 0.1$ 和 0.2 时刻的数值解, 并将其与解析解 $u(x,t) = e^{-\pi^2 t}\sin(\pi x)$ 进行比较.

3. 构造计算常系数抛物型方程初边值问题

$$
\begin{cases}
\dfrac{\partial u}{\partial t} = \alpha\dfrac{\partial^2 u}{\partial x^2} - \beta u, & 0 < x < 1,\ t > 0, \\[2mm]
u(x,0) = f(x), & 0 \leqslant x \leqslant 1, \\[2mm]
u(0,t) = g_1(t), \quad u(1,t) = g_2(t), & t > 0
\end{cases}
$$

的古典显式格式和 Crank-Nicolson 格式, 其中 $\alpha, \beta > 0$, 并用矩阵方法分析它们的稳定性.

4. 已知离散线性对流扩散方程

$$
\frac{\partial u}{\partial t} + c\frac{\partial u}{\partial x} = \mu\frac{\partial^2 u}{\partial x^2}
\tag{2.1}
$$

的 leap frog/DuFort-Frankel 方法

$$
\frac{u_j^{n+1} - u_j^{n-1}}{2\tau} + c\frac{u_{j+1}^n - u_{j-1}^n}{2h} = \mu\frac{u_{j+1}^n - u_j^{n+1} - u_j^{n-1} + u_{j-1}^n}{h^2}.
$$

用 von Neumann 方法分析它的稳定性, 并给出截断误差阶. 这里 c 和 μ 均是常数, $\mu > 0$.

5. 分析离散线性对流扩散方程 (2.1) 的 Roache(1972) 方法

$$
\frac{u_j^{n+1} - u_j^n}{\tau} + c\frac{u_{j+1}^n - u_{j-1}^n}{2h} = \mu\frac{u_{j+1}^n - 2u_j^n + u_{j-1}^n}{h^2}
$$

的稳定性, 并给出截断误差阶.

6. 设 $0 < \mu \ll 1$, 将题 5 中的时间离散 (显式 Euler 方法) 换为二阶、三阶和四阶精度的显式 Runge-Kutta 方法, 然后讨论相应格式的稳定性.

7. 已知离散 Korteweg-de Vries 方程

$$\frac{\partial u}{\partial t} + 6u\frac{\partial u}{\partial x} + \frac{\partial^3 u}{\partial x^3} = 0, \tag{2.2}$$

的 Zabusky-Kruskal(1965) 方法

$$\begin{aligned}
u_j^{n+1} =& u_j^{n-1} - 2\frac{\tau}{h}(u_{j+1}^n + u_j^n + u_{j-1}^n)(u_{j+1}^n - u_{j-1}^n) \\
& - \frac{\tau}{h^3}(u_{j+2}^n - 2u_{j+1}^n + 2u_{j-1}^n - u_{j-2}^n),
\end{aligned}$$

Goda(1975) 方法

$$\begin{aligned}
u_j^{n+1} =& u_j^n - \frac{\tau}{h}[u_{j+1}^{n+1}(u_j^n + u_{j+1}^n) - u_{j-1}^{n+1}(u_j^n + u_{j-1}^n)] \\
& - \frac{\tau}{2h^3}(u_{j+2}^{n+1} - 2u_{j+1}^{n+1} + 2u_{j-1}^{n+1} - u_{j-2}^{n+1})
\end{aligned}$$

和 Kruskal(1981) 方法

$$\begin{aligned}
u_j^{n+1} =& u_j^n - \frac{\tau}{2h^3}(u_{j+2}^{n+1} - 3u_{j+1}^{n+1} + 3u_j^{n+1} - u_{j-1}^{n+1}) \\
& - \frac{\tau}{2h^3}(u_{j+1}^n - 3u_j^n + 3u_{j-1}^n - u_{j-2}^n) \\
& - \frac{3\tau}{h}\Big[\frac{\theta}{4}\big((u^2)_{j+1}^{n+1} - (u^2)_{j-1}^{n+1} + (u^2)_{j+1}^n - (u^2)_{j-1}^n\big) \\
& + \frac{1-\theta}{2}\big(u_j^{n+1}(u_{j+1}^{n+1} - u_{j-1}^{n+1}) + u_j^n(u_{j+1}^n - u_{j-1}^n)\big)\Big].
\end{aligned}$$

用 von Neumann 方法分析它们的稳定性, 并给出截断误差阶.

8. 用题 7 中给出的差分方法计算 Korteweg-de Vries 方程 (2.2) 的数值解, 其中计算区域取成 $[-20, 20]$, 在 $x = \pm 20$ 处设定周期边界, 即 $u(x \pm 20, t) = u(x, t)$, 初始条件分别根据以下两组精确解确定. 第一组精确解是

$$u(x, t) = A \operatorname{sech}^2(kx - \omega t - \eta_0), \quad x \in \mathbb{R},$$

其中 $\omega = 2A = 4k^2$, η_0 是常数, 而第二组精确解是

$$u(x, t) = 2(\log f)_{xx}, \quad x \in \mathbb{R},$$

其中

$$f = 1 + e^{\eta_1} + e^{\eta_2} + e^{\eta_1 + \eta_2 + A_{12}},$$
$$\eta_i = k_i x - k_i^3 t + \eta_i^{(0)}, \quad e^{A_{ij}} = \left(\frac{k_i - k_j}{k_i + k_j}\right)^2,$$

参数 k_i 和 $\eta_i^{(0)}$ 分别取为

$$\{k_1 = 1, \quad k_2 = \sqrt{2}, \quad \eta_1^{(0)} = 0, \quad \eta_2^{(0)} = 2\sqrt{2}\}$$

和

$$\{k_1 = 1, k_2 = \sqrt{5}, \eta_1^{(0)} = 0, \eta_2^{(0)} = 10.73\}.$$

9. 已知离散 Schrödinger 方程

$$i\frac{\partial q}{\partial t} = \frac{\partial^2 q}{\partial x^2} + 2|q|^2 q, \quad i = \sqrt{-1} \tag{2.3}$$

的古典显式方法

$$i\frac{q_j^{n+1} - q_j^{n-1}}{2\tau} = \frac{\delta_x^2 q_j^n}{h^2} + 2(|q|_j^n)^2 q_j^n,$$

和 Crank-Nicolson 方法

$$i\frac{q_j^{n+1} - q_j^n}{\tau} = \frac{\delta_x^2(q_j^{n+1} + q_j^n)}{2h^2} + (|q|_j^{n+1})^2 q_j^{n+1} + (|q|_j^n)^2 q_j^n.$$

用 von Neumann 方法分析它们的稳定性, 并给出截断误差阶.

10. 用题 9 中给出的差分方法计算 Schrödinger 方程 (2.3) 的数值解, 其中计算区域取成 $[-20, 20]$, 在 $x = \pm 20$ 处设定周期边界, 即 $q(x \pm 20, t) = q(x, t)$, 初始条件分别根据以下两组精确解确定. 第一组精确解是

$$q(x, t) = 2\eta e^{-i[2\xi x - 4(\xi^2 - \eta^2)t + (\psi_0 + \pi/2)]}$$
$$\cdot \operatorname{sech}(2\eta x - 8\xi\eta t - x_0), \quad -\infty < x < \infty,$$

式中 $x_0 = \psi_0 = 0$, $\xi = 1$, η 取为 0.5, 1, 2 或 3, 而第二组精确解是

$$q(x, t) = \frac{G(x, t)}{F(x, t)},$$

其中

$$F(x, t) = 1 + \sum_{i,j=1}^{2} a(i, j^*)e^{\eta_i + \eta_j^*} + a(1, 2, 1^*, 2^*)e^{\eta_1 + \eta_2 + \eta_1^* + \eta_2^*},$$

$$G(x, t) = \sum_{j=1}^{2} \left[e^{\eta_j} + a(1, 2, j^*)e^{\eta_1 + \eta_2 + \eta_j^*} \right],$$

$$a(i, j^*) = (P_i + P_j^*), \quad a(i, j) = (P_i - P_j)^2,$$

$$a(i^*, j^*) = (P_i^* - P_j^*)^2, \quad a(i, j, k^*) = a(i, j)a(i, k^*)a(j, k^*),$$

$$a(i, j, k^*, l^*) = a(i, j)a(i, k^*)a(i, l^*)a(j, k^*)a(j, l^*)a(k^*, l^*).$$

上标 $*$ 表示复共轭, $\eta_j = P_j x - \Omega_j t - \eta_j^{(0)}$, $\Omega_j = iP_j^2$, 而 P_j 和 $\eta_j^{(0)}$ 是复常数, 可取为 (i) $P_1 = 1 - 0.25i$, $P_2 = 0.5 + 0.15i$, $\eta_1^{(0)} = -2$, $\eta_2^{(0)} = 0$; (ii) $P_1 = 4 - 2i$, $P_2 = 3 + i$, $\eta_1^{(0)} = -9.04$, $\eta_2^{(0)} = 2.1$; (iii) $P_1 = 2 - 0.5i$, $P_2 = 1 + 0.75i$, $\eta_1^{(0)} = -2$, $\eta_2^{(0)} = 1$.

11. 已知方程

$$\alpha\frac{\partial u}{\partial t} + \frac{\partial u}{\partial x} - f(x, t) = 0, \quad \alpha \text{为常数}$$

在网格结点 $(jh, n\tau)$ 处的差分近似是

$$\frac{\alpha}{\tau}\left[u_j^{n+1} - \frac{1}{2}(u_{j+1}^n + u_{j-1}^n)\right] + \frac{1}{2h}(u_{j+1}^n - u_{j-1}^n) - f_j^n = 0.$$

分别讨论下列两种情况

$$\text{(i)} \ \tau = rh, \quad \text{(ii)} \ \tau = rh^2$$

下差分格式的相容性.

12. 给出逼近抛物型方程初边值问题

$$\begin{cases} \dfrac{\partial u}{\partial t} = a\dfrac{\partial^2 u}{\partial x^2} + b\dfrac{\partial u}{\partial x} + cu, & 0 < x < 1, \ t > 0, \\[2mm] u|_{t=0} = f(x), & 0 \leqslant x \leqslant 1, \\[2mm] u|_{x=0} = g_1(t), \quad u|_{x=1} = g_2(t), & t > 0 \end{cases}$$

的加权隐式差分格式, 分析其截断误差阶, 并用矩阵方法分析它的稳定性, 其中 $a > 0, b, c < 0$ 是给定的常数.

13. 方程

$$\frac{\partial u}{\partial t} = \alpha\frac{\partial^2 u}{\partial x^2} - \beta u, \quad 0 < x < 1, \ t > 0$$

在点 $(jh, n\tau)$ 处的差分格式为

$$\frac{1}{\tau}\Delta_t u_j^n = \frac{\alpha}{h^2}\delta_x^2 u_j^n - \beta u_j^n,$$

其中 α, β 为正实数, 给定初始条件及边值条件, 即 $u(x,0), u(0,t)$ 和 $u(1,t)$ 均已知. 用 Gerschgorin 圆盘定理给出差分格式稳定性的条件.

14. 用矩阵方法分析一维热传导方程 (2.2.1) 在点 $(jh, n\tau)$ 处的差分格式

$$\frac{3}{2}\left(\frac{u_j^{n+1} - u_j^n}{\tau}\right) - \frac{1}{2}\left(\frac{u_j^n - u_j^{n-1}}{\tau}\right) = \frac{1}{h^2}\delta_x^2 u_j^{n+1}$$

的稳定性, 其中初边值条件已知.

15. 分析逼近一维热传导方程 (2.2.1) 的三层差分格式

$$(1+\theta)\frac{u_j^{n+1} - u_j^n}{\tau} - \theta\frac{u_j^n - u_j^{n-1}}{\tau} = \frac{u_{j+1}^{n+1} - 2u_j^{n+1} + u_{j-1}^{n+1}}{h^2}$$

的稳定性和截断误差.

16. 分别讨论逼近抛物型方程

$$\frac{\partial u}{\partial t} = \frac{\partial^2 u}{\partial x^2} + \frac{\partial^2 u}{\partial y^2} + cu$$

的差分格式

$$u_{j,k}^{n+1} = [I + r(\delta_x^2 + \delta_y^2) + crh^2]u_{j,k}^n$$

和

$$[1 - crh^2 - r(\delta_x^2 + \delta_y^2)]u_{j,k}^{n+1} = u_{j,k}^n$$

的稳定性, 其中 $r = \dfrac{k}{h^2}$, $h_x = h_y = h$, c 是常数.

17. 分析抛物型方程组

$$\frac{\partial u}{\partial t} = -a\frac{\partial^2 v}{\partial x^2}, \quad \frac{\partial v}{\partial t} = a\frac{\partial^2 u}{\partial x^2}$$

的差分格式

$$\frac{u_j^{n+1} - u_j^n}{\tau} = -\frac{a}{2}\left(\frac{v_{j+1}^n - 2v_j^n + v_{j-1}^n}{h^2} + \frac{v_{j+1}^{n+1} - 2v_j^{n+1} + v_{j-1}^{n+1}}{h^2}\right),$$

$$\frac{v_j^{n+1} - v_j^n}{\tau} = \frac{a}{2}\left(\frac{u_{j+1}^{n+1} - 2u_j^{n+1} + u_{j-1}^{n+1}}{h^2} + \frac{u_{j+1}^n - 2u_j^n + u_{j-1}^n}{h^2}\right)$$

的稳定性.

18. 构造抛物型方程

$$\frac{\partial u}{\partial t} = \frac{\partial^2 u}{\partial x^2} + \frac{\partial^2 u}{\partial y^2} + cu$$

的 Peaceman-Rachford 的 ADI 格式, 并分析其截断误差阶和稳定性, 其中 c 是常数.

19. 分析三维 Peaceman-Rachford 的 ADI 格式 (2.4.44) 的截断误差阶和稳定性.

20. 分析 Douglas 的 ADI 格式 (2.4.50) 的稳定性和截断误差阶.

21. 分析三维热传导方程 (2.4.37) 的 Douglas 格式

$$\left(I - \frac{r_x}{2}\delta_x^2\right)u_{j,k,l}^* = \left(I + \frac{r_x}{2}\delta_x^2 + r_y\delta_y^2 + r_z\delta_z^2\right)u_{j,k,l}^n,$$

$$\left(I - \frac{r_y}{2}\delta_y^2\right)u_{j,k,l}^{**} = u_{j,k,l}^* - \frac{r_y}{2}\delta_y^2 u_{j,k,l}^n,$$

$$\left(I - \frac{r_z}{2}\delta_z^2\right)u_{j,k,l}^{n+1} = u_{j,k,l}^{**} - \frac{r_z}{2}\delta_z^2 u_{j,k,l}^n$$

的稳定性和截断误差意义下的精度.

22. 分析三维热传导方程 (2.4.37) 的 Douglas-Gunn 格式

$$\left(I - \frac{r_x}{2}\delta_x^2\right)\delta u_{j,k,l}^* = \left(\frac{r_x}{2}\delta_x^2 + r_y\delta_y^2 + r_z\delta_z^2\right)u_{j,k,l}^n,$$

$$\left(I - \frac{r_y}{2}\delta_y^2\right)\delta u_{j,k,l}^{**} = \delta u_{j,k,l}^*,$$

$$\left(I - \frac{r_z}{2}\delta_z^2\right)(u_{j,k,l}^{n+1} - u_{j,k,l}^n) = \delta u_{j,k,l}^{**}$$

的稳定性和截断误差意义下的精度.

第3章 双曲型方程的差分方法

双曲型方程 (组) 是描述振动或波动现象的一类重要的偏微分方程, 它的一个典型例子是波动方程 (2.0.6), 它可刻画在空间以特定形式传播的物理量或它的扰动, 即所谓波的运动, 它在很多科学与工程领域中有着重要应用, 例如空气动力学、非线性弹性力学、水力学和石油勘探等. 本章介绍离散线性和拟线性双曲型方程 (组) 的差分方法, 包括特征线方法和双曲型守恒律方程 (组) 的守恒型差分方法, 重点介绍一维一阶拟线性双曲型方程 (组) 的数值解法.

3.1 一维双曲型方程的特征线方法

特征是偏微分方程理论中的一个重要概念, 它决定了方程的分类和定解问题的提法, 也对偏微分方程解的性质及求解方法有很大的影响, 特征曲面是偏微分方程弱间断解的弱间断奇性的载体, 相关知识可参阅 [2, 7]. 这一节介绍含两个自变量的双曲型方程的特征线方法, 它是一种基于特征理论的求解双曲型偏微分方程 (组) 的计算方法.

3.1.1 一阶线性双曲型方程

物理信号 (或波) 主要沿着双曲型方程 (组) 的特征线传播, 而双曲型方程 (组) 的特征线知识又是建立双曲型方程 (组) 的数值方法的重要理论基础.

考虑简单的双曲型方程 (线性对流或输运方程) 的初值问题

$$\frac{\partial u}{\partial t} + a\frac{\partial u}{\partial x} = 0, \quad x \in \mathbb{R}, \ t > 0, \tag{3.1.1}$$

$$u(x,0) = u_0(x), \quad x \in \mathbb{R}, \tag{3.1.2}$$

其中 a 是非零常数. 与常微分方程相比较, 方程 (3.1.1) 的复杂之处在于它包含了两个自变量 x 和 t 的微商 (偏导数), 那么是否可以将方程 (3.1.1) 的左边写成 u 关于一个自变量的微商呢? 设 $x = \xi(t)$ 是 (x,t) 平面内的光滑曲线, 则在该曲线上, 对流方程 (3.1.1) 的解 $u(x,t)$ 可以看作是单个自变量 t 的函数, 即 $u(x,t)|_{x=\xi(t)} = u(\xi(t),t)$, 而且 $u(x,t)$ 沿着曲线 $x = \xi(t)$ 的变化率是

$$\frac{du}{dt}\Big|_{x=\xi(t)} = \frac{\partial u}{\partial t} + \xi'(t)\frac{\partial u}{\partial x}. \tag{3.1.3}$$

因此, 如果曲线 $x = \xi(t)$ 满足常微分方程

$$\xi'(t) = \frac{dx}{dt} = a, \tag{3.1.4}$$

则结合 (3.1.3) 和 (3.1.4) 就可以将偏微分方程 (3.1.1) 化为一个常微分方程

$$\left.\frac{du}{dt}\right|_{x=\xi(t)} = \left(\frac{\partial u}{\partial t} + a\frac{\partial u}{\partial x}\right)_{x=\xi(t)} = 0. \tag{3.1.5}$$

此时, 称满足常微分方程 (3.1.4) 的曲线 $x = \xi(t)$ 为线性对流方程 (3.1.1) 的**特征线**, 在 (x, t) 平面内, 它的切方向是 $(dt, dx) = (1, a)$, 法方向为 $(dt, dx) = (-a, 1)$. 称特征线 $x = \xi(t)$ 的斜率 $\xi'(t) = a$ 为**特征速度**. 由于方程 (3.1.1) 中的系数 a 是常数, 所以对流方程 (3.1.1) 的特征线是 (x, t) 平面内的直线族

$$x = \xi(t) = at + c, \tag{3.1.6}$$

其中 c 是任意常数. 特别地, 过 x 轴上任一点 $(x_0, 0)$ 的特征线方程是 $x = at + x_0$. 当 $a > 0$ 时, 特征线向左倾斜; 而当 $a < 0$ 时, 特征线向右倾斜. 由方程 (3.1.5) 知, 微分方程 (3.1.1) 的解 $u(x, t)$ 在特征线 $x = at + c$ 上恒为常数, 即

$$u(x, t) = u(at + c, t) = u(c, 0) = u_0(c) = u_0(x - at). \tag{3.1.7}$$

可以验证, 当 $u_0(x)$ 是 x 的可微函数时, 它就是初值问题 (3.1.1)—(3.1.2) 的解. 事实上, 由于

$$\frac{\partial u}{\partial t} = -au_0'(x - at), \quad \frac{\partial u}{\partial x} = u_0'(x - at),$$

所以有

$$\frac{\partial u}{\partial t} + a\frac{\partial u}{\partial x} = -au_0'(x - at) + au_0'(x - at) = 0,$$

即 $u_0(x - at)$ 满足 (3.1.1), 而 $u_0(x - at)$ 满足初始条件 (3.1.2) 是显然的. 从解的表达式 (3.1.7) 可以看出, 如果 $a > 0$, 则初始波 $u_0(x)$ 以速度 a 向右传播, 即沿着特征线传播, 且波的形状保持不变; 如果 $a < 0$, 则初始波 $u_0(x)$ 以固定形状和速度 $|a|$ 向左移动. 图 3.1.1 给出的是 $u_0(x - at)$ 在 $t = 0$ 和 1 时刻的图像, 其中 $u_0(x) = e^{-30(x+0.5)^2}$ 和 $a = 1$.

上述分析给出了双曲型方程的特征线方法的雏形. 特征线方法就是沿着双曲型方程 (组) 的特征线将其转化为一个常微分方程组, 然后精确求解它或者用第 1 章介绍的常微分方程组的差分方法求解它. 特征线方法也可以被看作是一类差分方法, 只是它的网格结点是落在 (或近似地落在) 双曲型方程 (组) 的特征线上. 在后面介绍的差分方法中还将进一步地看到双曲型方程 (组) 特征的重要性.

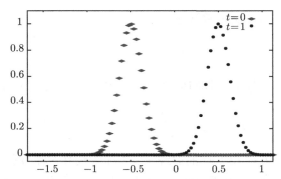

图 3.1.1 $u_0(x - at)$ 在 $t = 0$("$\blacklozenge$") 和 1("$\bullet$") 时刻的图像, 其中 $u_0(x) = e^{-30(x+0.5)^2}$ 和
$$a = 1$$

由于在任一点 (x,t) 处的微分方程 (3.1.1) 的解 $u(x,t)$ 的值仅依赖于初始函数 $u_0(x)$ 在点 $x_0 = x - at$ 处的值, 其中 x_0 是过点 (x,t) 的特征线与 x 轴的交点的横坐标, $t > 0$, 所以称 x_0 为 u 在点 (x,t) 处的**依赖区域**. 又由于在直线 $x - at = x_0$ 上各点处 u 的值都依赖于 $u_0(x)$ 在点 x_0 处的值, 所以称直线 $x - at = x_0$ 为 u 在点 $(x_0, 0)$ 处的**影响区域**. 如果求解区域是 $\{(x,t)|x_L \leqslant x \leqslant x_R, t > 0\}$, 则需要在区域的边界给出适当的边界条件. 由于对流方程 (3.1.1) 的解在其特征线上是不变的, 所以非周期边界条件的给定需要遵循如下原则: 如果 $a > 0$, 则在 $x = x_L$ 处设定边界条件; 如果 $a < 0$, 则在 $x = x_R$ 处设定边界条件.

下面考虑较一般的一阶线性偏微分方程

$$a(x,t)\frac{\partial u}{\partial x} + b(x,t)\frac{\partial u}{\partial t} = c(x,t), \tag{3.1.8}$$

其中 a, b 和 c 均是已知函数, 它们具有连续的一阶导数, $a^2 + b^2 \neq 0$. 若把 x, t, u 作为直角坐标系来考虑, 则 (3.1.8) 的解 $u(x,t)$ 在 (x, t, u) 空间中可以用一个曲面表示, 曲面图像记为 $S = \{(x, t, u(x,t))\}$, 它的法向可以表示为

$$\left(\frac{\partial u}{\partial x}(x,t), \frac{\partial u}{\partial t}(x,t), -1\right).$$

与方程 (3.1.8) 等价的几何陈述是, 在每一点 (x, t, u) 处向量场 $(a(x,t), b(x,t), c(x,t))$ 都与曲面 $u = u(x,t)$ 相切, 因为上述两个向量的内积恒等于零. 这也意味着, 向量 $(a(x,t), b(x,t), c(x,t))$ 落在 S 的切平面上. 曲面 $u = u(x,t)$ 在点 (x, t, u) 处的切平面位置不是任意的, 它在一个平面束中, 该平面束的轴向就是 (a, b, c), 称该平面束为**Monge 束**, 平面束的轴为**Monge 轴**, 向量 (a, b, c) 为**Monge 向量**. 所有 Monge 向量在 (x, t, u) 空间形成一个向量场, 这个向量场的积分曲线称为**特征线**. 换言之, 解的图像 S 必须是向量场 $(a(x,t), b(x,t), c(x,t))$ 的积分曲线的整体, 而这些积分曲

线就是原偏微分方程的特征曲线. 决定特征曲线的方程是

$$\frac{dx}{a(x,t)} = \frac{dt}{b(x,t)} = \frac{du}{c(x,t)},$$

或

$$\frac{dx}{ds} = a(x(s),t(s)), \quad \frac{dt}{ds} = b(x(s),t(s)), \quad \frac{du}{ds} = c(x(s),t(s)),$$

其中 $s > 0$ 是参数. 称它们为原方程的**特征方程组**, 有时也称 $\mathbb{R}^3$ 中特征曲线在 (x,t) 平面中的投影为特征曲线. 因此, 方程 (3.1.8) 的解和它的特征线有如下关系: $u = u(x,t)$ 是 (3.1.8) 的解的充分必要条件是, 经过解曲面 $u = u(x,t)$ 上每一点的特征线均落在解曲面 $u = u(x,t)$ 上. 换言之, 方程 (3.1.8) 的解的积分曲面是由它的特征方程组的解即特征线所织成的.

3.1.2 一阶拟线性双曲型方程

考虑一阶偏微分方程

$$a\frac{\partial u}{\partial t} + b\frac{\partial u}{\partial x} = c, \tag{3.1.9}$$

其中 a, b 和 c 均是 t, x 和 u 的函数, 即 $a = a(x,t,u)$, $b = b(x,t,u)$, $c = c(x,t,u)$, $a^2 + b^2 \neq 0$. 这样的微分方程属于拟线性偏微分方程. 类似地, 如果在 (x,t) 平面上有一条曲线 $x = \xi(t)$ 或 $t = \eta(x)$ 满足

$$a\,dx - b\,dt = 0, \tag{3.1.10}$$

则沿着该曲线, 可以将偏微分方程 (3.1.9) 化为常微分方程

$$c\,dt - a\,du = 0, \tag{3.1.11}$$

或

$$c\,dx - b\,du = 0. \tag{3.1.12}$$

因而, 满足 (3.1.10) 的曲线 $x = \xi(t)$ 是拟线性方程 (3.1.9) 的特征曲线, 且 (3.1.9) 的解 $u(x,t)$ 也可以通过求解常微分方程 $a\,du = c\,dt$ 或 $b\,du = c\,dx$ 得到. 方程 (3.1.10)—(3.1.12) 可统一表示成

$$\frac{dt}{a(x,t,u)} = \frac{dx}{b(x,t,u)} = \frac{du}{c(x,t,u)}. \tag{3.1.13}$$

一般不能像线性方程 (3.1.1) 那样, 通过特征方程给出拟线性方程 (3.1.9) 的解的显式表达式. 为此, 只能力图给出计算拟线性方程的近似解的方法. 假设给定

了 $u(x,t)$ 在某条不是特征线的曲线 Γ 上的值, 并设 $R(t_R, x_R)$ 是曲线 Γ 上的一点, $P(t_P, x_P)$ 是过点 R 的特征线上的另一点, 且 $|t_P - t_R|$ 很小. 为了方便起见, 下面将用 $x^{(i)}$ 和 $u^{(i)}$ 分别表示 x 和 u 的 i 次近似, 其中 i 是非负整数.

一旦选定满足上述要求的 t_P, 则常微分方程 (3.1.10) 就可以近似为

$$a_R \left(x_P^{(1)} - x_R \right) = b_R \left(t_P - t_R \right). \tag{3.1.14}$$

由此可解得 x_P 的一次近似 $x_P^{(1)}$, 即给出了过点 R 的特征曲线上的点 P 的在 (x,t) 平面上的近似坐标 $(x_P, t_P) \approx (x_P^{(1)}, t_P)$, 这里 $u_R = u(x_R, t_R)$, $a_R = a(t_R, x_R, u_R)$, $b_R = b(t_R, x_R, u_R)$. 其次, 再由常微分方程 (3.1.11) 的一次近似式

$$a_R(u_P^{(1)} - u_R) = c_R(t_P - t_R) \tag{3.1.15}$$

可解得 $u(x,t)$ 在点 P 处的一次近似值 $u(x_P, t_P) \approx u_P^{(1)}$, 其中 $c_R = c(t_R, x_R, u_R)$. 依次类推, 可以计算出 $u(x,t)$ 在过点 R 的特征曲线上的任意一点 Q 处的近似值. 由于上面给出的常微分方程 (3.1.10) 和 (3.1.11) 的近似式均是一次, 所以近似解的精度较低.

通常可以采用下列循环迭代的方法计算出精度较高的近似解. 算法具体如下: 在前面一次近似计算的基础上, 分别用系数 a, b 和 c 在点 R 处的已知值和它们在点 P 处的一次近似值的算术平均值作为它们在弧线段 RP 上的数值, 即

$$\frac{1}{2}(a_R + a_P^{(1)})(x_P^{(2)} - x_R) = \frac{1}{2}(b_R + b_P^{(1)})(t_P - x_R), \tag{3.1.16}$$

其中 $w_P^{(1)} = w(x_P^{(1)}, t_P, u_P^{(1)})$, $w = a$ 或 b 或 c. 解方程 (3.1.16) 得 $x_P^{(2)}$. 其次, 再由

$$\frac{1}{2}(a_R + a_P^{(1)})(u_P^{(2)} - u_R) = \frac{1}{2}(c_R + c_P^{(1)})(t_P - t_R), \tag{3.1.17}$$

可解得 $u_P^{(2)}$ 值. 重复上述过程, 直到所要求的精度达到为止.

例 3.1.1 用特征线方法解偏微分方程

$$\sqrt{x}\frac{\partial u}{\partial x} + u\frac{\partial u}{\partial y} = -u^2, \tag{3.1.18}$$

其中 $u(x,0) = 1$, $x > 0$.

解 首先求方程 (3.1.18) 的过点 $R(x_R, 0)$ 的特征线, 其中 $x_R > 0$. 由于

$$\frac{dx}{\sqrt{x}} = \frac{dy}{u} = \frac{du}{-u^2} \tag{3.1.19}$$

及 $u(x,y)$ 在 $(x_R, 0)$ 处的值等于 1, 所以

$$y = \ln\frac{1}{u}. \tag{3.1.20}$$

同理由方程 (3.1.19) 及已知条件 $u(x,y)$ 在 $(x_{\mathrm{R}},0)$ 处的值等于 1, 还可解得

$$\frac{1}{u} = 2\sqrt{x} + 1 - 2\sqrt{x_{\mathrm{R}}}. \tag{3.1.21}$$

如果将方程 (3.1.20) 和 (3.1.21) 中的 u 消去, 则可得方程 (3.1.18) 过点 $(x_{\mathrm{R}},0)$ 处的特征线方程

$$y = \ln(2\sqrt{x} + 1 - 2\sqrt{x_{\mathrm{R}}}). \tag{3.1.22}$$

此外, 沿该特征线, 方程 (3.1.18) 的解可以表示为

$$u = e^{-y} = \frac{1}{2\sqrt{x} + 1 - 2\sqrt{x_{\mathrm{R}}}}. \tag{3.1.23}$$

下面计算 u 在过点 $(x_{\mathrm{R}},0)$ 的特征线上的某一点 $(x_{\mathrm{P}}, y_{\mathrm{P}})$ 处的近似值, 其中 $x_{\mathrm{R}} = 1$, $x_{\mathrm{P}} = 1.1$, $y_{\mathrm{P}} = y$. 为了便于比较, 可以由方程 (3.1.22) 和 (3.1.23) 分别计算出 y_{P} 和 u_{P} 的解析值是 0.0934 和 0.9111.

由方程 (3.1.19) 的近似方程

$$\sqrt{x_{\mathrm{R}}}(y_{\mathrm{P}}^{(1)} - y_{\mathrm{R}}) = \sqrt{x_{\mathrm{R}}}(y_{\mathrm{P}}^{(1)} - 0) = u_{\mathrm{R}} dx$$

和

$$\sqrt{x_{\mathrm{R}}}(u_{\mathrm{P}}^{(1)} - u_{\mathrm{R}}) = \sqrt{x_{\mathrm{R}}}(u_{\mathrm{P}}^{(1)} - 1) = -u_{\mathrm{R}}^2 dx,$$

分别可解得 $y_{\mathrm{P}}^{(1)} = 0.1$ 和 $u_{\mathrm{P}}^{(1)} = 0.9$, 这里 $dx = 0.1$.

为了计算 u 的二次近似值, 对方程 (3.1.19) 中的系数采用取平均值的方法, 得

$$\frac{1}{2}(u_{\mathrm{R}} + u_{\mathrm{P}}^{(1)})dx = \frac{1}{2}(\sqrt{x_{\mathrm{R}}} + \sqrt{x_{\mathrm{P}}})(y_{\mathrm{P}}^{(2)} - y_{\mathrm{R}}),$$
$$\frac{1}{2}(\sqrt{x_{\mathrm{R}}} + \sqrt{x_{\mathrm{P}}})(u_{\mathrm{P}}^{(2)} - u_{\mathrm{R}}) = -\frac{1}{2}(u_{\mathrm{R}}^2 + (u_{\mathrm{P}}^{(1)})^2)dx,$$

即

$$(1 + 0.9)(0.1) = (1 + 1.0488)(y_{\mathrm{P}}^{(2)} - 0),$$
$$(1 + 1.0488)(x_{\mathrm{P}}^{(2)} - 1) = -(1 + 0.81)(0.1).$$

由此可以解得 $y_{\mathrm{P}}^{(2)} = 0.0927$ 和 $u_{\mathrm{P}}^{(2)} = 0.9117$.

另外, 如果将微分方程 (3.1.19) 写成

$$dy = \frac{u}{\sqrt{x}}dx, \qquad du = -\frac{u^2}{\sqrt{x}}dx,$$

则 y_{P} 和 u_{P} 的二次近似值又可以由方程

$$y_{\mathrm{P}}^{(2)} = \frac{1}{2}\left(\left(\frac{u}{\sqrt{x}}\right)_{\mathrm{R}} + \left(\frac{u}{\sqrt{x}}\right)_{\mathrm{P}}\right)dx,$$

$$u_{\mathrm{P}}^{(2)} - u_{\mathrm{R}} = \frac{1}{2}\left(-\left(\frac{u^2}{\sqrt{x}}\right)_{\mathrm{R}} - \left(\frac{u^2}{\sqrt{x}}\right)_{\mathrm{P}}\right)dx,$$

计算得到. 由这两式算得的近似值是 $y_{\mathrm{P}}^{(2)} = 0.0929$ 和 $u_{\mathrm{P}}^{(2)} = 0.9114$. 虽然上面采用了两种系数平均的方法计算 $y_{\mathrm{P}}^{(2)}$ 和 $u_{\mathrm{P}}^{(2)}$, 但是这两种结果是基本一致的, 且逼近解析值的程度要比一次近似值好. ■

3.1.3　二阶拟线性双曲型方程

考虑二阶拟线性偏微分方程

$$a\frac{\partial^2 u}{\partial x^2} + b\frac{\partial^2 u}{\partial x \partial y} + c\frac{\partial^2 u}{\partial y^2} + e = 0, \tag{3.1.24}$$

其中系数 a, b, c 和 e 是 x, y, u, $\dfrac{\partial u}{\partial x}$ 和 $\dfrac{\partial u}{\partial y}$ 的函数, 且 $b^2 - 4ac > 0$.

类似于前两小节中讨论的那样, 需要先分析偏微分方程的 "特征", 即是否存在 (x,y) 平面上的某条曲线, 使得偏微分方程沿着该曲线可以化成一个全微分方程的形式? 假定 L 是 (x,y) 平面上的一条要找的 "特征" 曲线, 记

$$p := \frac{\partial u}{\partial x}, \quad q := \frac{\partial u}{\partial y}, \quad s_1 := \frac{\partial^2 u}{\partial x^2}, \quad s_2 := \frac{\partial^2 u}{\partial x \partial y}, \quad s_3 := \frac{\partial^2 u}{\partial y^2}, \tag{3.1.25}$$

且设沿着曲线 L, 方程 (3.1.24) 的解 u 以及 p 和 q 的值都已知, 则问题就是要在曲线 L 上找适当的 s_i, $i = 1, 2, 3$, 使其满足偏微分方程 (3.1.24), 即

$$as_1 + bs_2 + cs_3 + e = 0. \tag{3.1.26}$$

另一方面, u 以及 p 和 q 沿着曲线 L 的全微分分别可以表示为

$$du = \frac{\partial u}{\partial x}dx + \frac{\partial u}{\partial y}dy = pdx + qdy, \tag{3.1.27}$$

$$dp = \frac{\partial p}{\partial x}dx + \frac{\partial p}{\partial y}dy = s_1 dx + s_2 dy, \tag{3.1.28}$$

$$dq = \frac{\partial q}{\partial x}dx + \frac{\partial q}{\partial y}dy = s_2 dx + s_3 dy, \tag{3.1.29}$$

其中 $\dfrac{dy}{dx}$ 是曲线 L 的斜率. 从方程 (3.1.28) 和 (3.1.29) 中解出 s_1 和 s_3, 即将它们表示成 dp, dq, dx, dy 和 s_2 的代数式, 再将它们代入方程 (3.1.26) 中, 则得

$$\frac{a}{dx}(dp - s_2 dy) + bs_2 + \frac{c}{dy}(dq - s_2 dx) + e = 0. \tag{3.1.30}$$

方程两边同乘 L 的斜率 $\dfrac{dy}{dx}$, 并整理得

$$s_2 \left(a\left(\frac{dy}{dx}\right)^2 - b\frac{dy}{dx} + c \right) = a\frac{dp}{dx}\frac{dy}{dx} + c\frac{dq}{dx} + e\frac{dy}{dx}. \tag{3.1.31}$$

由于方程 (3.1.26) 中的系数 a, b, c 和 e 与 s_i 无关, 且沿着曲线 L, 方程 (3.1.24) 的解 u 以及 p 和 q 的值都已知, 所以等式 (3.1.31) 的左端仅是 s_2 的线性函数, 而右端不显含 s_i. 如果选取的曲线 L 的斜率满足

$$a\left(\frac{dy}{dx}\right)^2 - b\frac{dy}{dx} + c = 0, \tag{3.1.32}$$

则方程 (3.1.31) 变为

$$a\frac{dp}{dx}\frac{dy}{dx} + c\frac{dq}{dx} + e\frac{dy}{dx} = 0. \tag{3.1.33}$$

因此, 如果在 (x,y) 平面上的点 (x,y) 处方程 (3.1.32) 有两个不同的实根, 对应于 $b^2 - 4ac > 0$, 则在点 (x,y) 处由方程 (3.1.32) 的根可以确定出两个方向, 而且沿着这两个方向, 全微分 dp 和 dq 满足方程 (3.1.33), 同时它们与其他方向的偏导数无关, 由方程 (3.1.32) 的根确定的两个方向就是微分方程 (3.1.24) 的特征方向, 相应的曲线是微分方程 (3.1.24) 的特征线. 根据方程 (3.1.32) 的根的可能情况, 可将偏微分方程 (3.1.24) 分成三类. 偏微分方程 (3.1.24) 在点 (x,y) 处是双曲型的, 如果在点 (x,y) 处 $b^2 - 4ac > 0$, 即在该点处方程 (3.1.32) 有两个不同的实根; 方程 (3.1.24) 在点 (x,y) 处是抛物型的, 如果在点 (x,y) 处 $b^2 - 4ac = 0$, 即在该点处方程 (3.1.32) 有两个相同的实根; 方程 (3.1.24) 在点 (x,y) 处是椭圆型的, 如果在点 (x,y) 处 $b^2 - 4ac < 0$, 即在该点处方程 (3.1.32) 没有实根.

　　本章仅考虑偏微分方程 (3.1.24) 在 (x,y) 平面内是双曲型的情形. 记方程 (3.1.32) 的两个不同的实根为

$$\frac{dy}{dx} = f, \quad \frac{dy}{dx} = g, \tag{3.1.34}$$

并将方程 (3.1.33) 改写成如下形式

$$a\left(\frac{dy}{dx}\right)dp + cdq + edy = 0. \tag{3.1.35}$$

现在假定 Γ 是一条非特征曲线, 函数 u, p 和 q 在 Γ 上的值已知, P 和 Q 是 Γ 上两个相邻点, 过 P 点的特征线 L_1 和过 Q 点的特征线 L_2 相交于点 $\mathrm{R}(x_{\mathrm{R}}, y_{\mathrm{R}})$, 如图 3.1.2 所示.

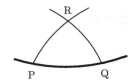

图 3.1.2　非特征曲线 Γ(粗线) 与特征线 (细线)

为了方便起见, 将弧线 PR 和弧线 QR 分别看作斜率为 f_P 和 g_Q 的两条直线段, 记 $u_R = u(x_R, y_R)$, $p_R = p(x_R, y_R)$, $q_R = q(x_R, y_R)$, 和 $w_R = w(x_R, y_R, u_R)$ 等, 其中 w 是 (3.1.24) 中的任一系数, 即 $w = a$ 或 b 或 c 或 e. 将采用类似的记号表示这些函数在其他点例如 Q 和 P 等处的取值.

首先考虑 u 的一次近似计算, 此时 (3.1.34) 中的两个方程分别近似为

$$y_R - y_P = f_P(x_R - x_P),\tag{3.1.36}$$

$$y_R - y_Q = g_Q(x_R - x_Q).\tag{3.1.37}$$

由这两个方程解出未知量 x_R 和 y_R. 又由 (3.1.35) 知, 沿两条特征线的微分关系分别是

$$afdp + cdq + edy = 0,\tag{3.1.38}$$

$$agdp + cdq + edy = 0.\tag{3.1.39}$$

沿着弧线 PR, 方程 (3.1.38) 可近似为

$$a_P f_P(p_R - p_P) + c_P(q_R - q_P) + e_P(y_R - y_P) = 0,\tag{3.1.40}$$

而沿着弧线 QR, 方程 (3.1.39) 可近似为

$$a_Q g_Q(p_R - p_Q) + c_Q(q_R - q_Q) + e_Q(y_R - y_Q) = 0.\tag{3.1.41}$$

计算出点 R 的坐标 (x_R, y_R) 后, 就可以由方程 (3.1.40) 和 (3.1.41) 计算出未知量 p_R 和 q_R, 进而可以通过

$$du = \frac{\partial u}{\partial x}dx + \frac{\partial u}{\partial y}dy = pdx + qdy$$

计算出 u 在 R 点处的近似值. 例如由近似式

$$u_R - u_P = \frac{1}{2}(p_P + p_R)(x_R - x_P) + \frac{1}{2}(q_P + q_R)(y_R - y_P),\tag{3.1.42}$$

计算出 u_R 的值, 这里已经采用沿弧线 PR 的 p 和 q 的各自的平均值来代替 p 和 q.

由于上述给出的 u 的一次近似计算的精度较低, 所以可以像一阶双曲型方程的特征线方法那样将系数用平均值代替以便达到对一次近似计算值 u_R 改进的目的. 对方程 (3.1.36) 和 (3.1.37) 中的系数采用平均值代替, 则它们分别变为

$$y_R - y_P = \frac{1}{2}(f_R + f_P)(x_R - x_P), \tag{3.1.43}$$

$$y_R - y_Q = \frac{1}{2}(g_Q + g_R)(x_R - x_Q). \tag{3.1.44}$$

类似地, 分别替换方程 (3.1.40) 和 (3.1.41) 为

$$\frac{1}{4}(a_P + a_R)(f_P + f_R)(p_R - p_P) + \frac{1}{2}(c_P + c_R)(q_R - q_P) + \frac{1}{2}(e_P + e_R)(y_R - y_P) = 0, \tag{3.1.45}$$

$$\frac{1}{4}(a_Q + a_R)(g_Q + g_R)(p_R - p_Q) + \frac{1}{2}(c_Q + c_R)(q_R - q_Q) + \frac{1}{2}(e_Q + e_R)(y_R - y_Q) = 0. \tag{3.1.46}$$

方程 (3.1.42) 和 (3.1.43)—(3.1.46) 就是计算 u_R 的改进算法. 如果需要的话, 则需按 (3.1.43)—(3.1.46) 重复上述过程直到所要求的精度达到为止. 如果点 P 和点 Q 相距很近, 则只需很少的重复次数就可以得到理想的近似解.

例 3.1.2 用特征线方法计算二阶拟线性双曲型方程

$$\frac{\partial^2 u}{\partial x^2} - u^2 \frac{\partial^2 u}{\partial y^2} = 0, \quad 0 \leqslant x \leqslant 1, \quad y > 0$$

在 $x = 0.2$ 和 0.3 之间的第一个特征网格点处的解, 已知 u 在直线 $y = 0$ 上满足

$$u = 0.2 + 5x^2, \quad \frac{\partial u}{\partial y} = 3x, \quad 0 \leqslant x \leqslant 1.$$

解 对照方程 (3.1.24), 此时二阶拟线性双曲型方程的系数是

$$a = 1, \quad b = 0, \quad c = -u^2, \quad e = 0.$$

因而特征线的斜率是方程

$$\left(\frac{dy}{dx}\right)^2 - u^2 = 0$$

的根, 即

$$f := \left(\frac{dy}{dx}\right)_1 = u, \quad g := \left(\frac{dy}{dx}\right)_2 = -u.$$

由此可知, 沿着直线 $y = 0$, 有

$$f = 0.2 + 5x^2, \quad g = -0.2 - 5x^2,$$

$$p := \frac{\partial u}{\partial x} = 10x, \quad q := \frac{\partial u}{\partial y} = 3x.$$

现在用 P 表示点 $(0.2, 0)$, Q 表示点 $(0.3, 0)$, 则在这两点处, 有

$$u_{\mathrm{P}} = f_{\mathrm{P}} = 0.4, \quad p_{\mathrm{P}} = 2.0, \quad q_{\mathrm{P}} = 0.6, \quad c_{\mathrm{P}} = -0.16,$$

$$u_{\mathrm{Q}} = -g_{\mathrm{Q}} = 0.65, \quad p_{\mathrm{Q}} = 3.0, \quad q_{\mathrm{Q}} = 0.9, \quad c_{\mathrm{Q}} = -0.4225.$$

将它们代入方程 (3.1.34) 和 (3.1.36) 得

$$y_{\mathrm{R}} = 0.4(x_{\mathrm{R}} - 0.2), \quad y_{\mathrm{R}} = -0.65(x_{\mathrm{R}} - 0.3).$$

由此可以解得点 R 的一次近似坐标

$$x_{\mathrm{R}} = 0.26190, \quad y_{\mathrm{R}} = 0.024762.$$

又由沿着特征线的微分关系, 即方程 (3.1.40) 和 (3.1.41), 可得方程

$$0.4(p_{\mathrm{R}} - 2.0) - 0.16(q_{\mathrm{R}} - 0.6) = 0,$$

$$-0.65(p_{\mathrm{R}} - 3.0) - 0.4225(q_{\mathrm{R}} - 0.9) = 0.$$

解之得

$$p_{\mathrm{R}} = 2.45524, \quad q_{\mathrm{R}} = 1.73810.$$

最后, 由方程 (3.1.42) 得

$$u_{\mathrm{R}} = 0.4 + \frac{1}{2}(2.0 + 2.45524)(0.0619) + \frac{1}{2}(1.73810 + 0.6)(0.024762) = 0.56684.$$

在上述计算的基础上, 可以对 u 的一次近似值作改进. 将

$$f_{\mathrm{R}} = -g_{\mathrm{R}} = u_{\mathrm{R}} = 0.56684, \quad c_{\mathrm{R}} = -u_{\mathrm{R}}^2 = -0.32131$$

代入方程 (3.1.43) 和 (3.1.44), 得

$$y_{\mathrm{R}} = \frac{1}{2}(0.4 + 0.56684)(x_{\mathrm{R}} - 0.2),$$

$$y_{\mathrm{R}} = -\frac{1}{2}(-0.65 + 0.56684)(x_{\mathrm{R}} - 0.3).$$

解之得

$$x_{\mathrm{R}} = 0.25572, \quad y_{\mathrm{R}} = 0.026938.$$

类似地, 将已知数据代入方程 (3.1.45) 和 (3.1.46), 得

$$\frac{1}{2}(0.4 + 0.56684)(p_{\mathrm{R}} - 2.0) - \frac{1}{2}(0.16 + 0.32131)(q_{\mathrm{R}} - 0.6) = 0,$$

$$-\frac{1}{2}(0.65 + 0.56684)(p_{\mathrm{R}} - 3.0) - \frac{1}{2}(0.4225 + 0.32131)(q_{\mathrm{R}} - 0.9) = 0.$$

解之得

$$p_{\mathrm{R}} = 2.53117, \quad q_{\mathrm{R}} = 1.66700.$$

最后, 将上述算得的 $x_{\mathrm{R}}, y_{\mathrm{R}}, p_{\mathrm{R}}$ 和 q_{R} 的二次近似值代入方程 (3.1.42) 即可算出 u_{R} 的二次近似值

$$u_{\mathrm{R}} = 0.4 + \frac{1}{2}\big((2 + 2.53117)(0.05572) + (0.6 + 1.6670)(0.026938)\big) = 0.55677.$$

如果再重复一次上面的 "改进", 则可得到 $x_{\mathrm{R}}, y_{\mathrm{R}}, p_{\mathrm{R}}, q_{\mathrm{R}}$ 和 u_{R} 的进一步改进的近似值: $x_{\mathrm{R}} = 0.25578$, $y_{\mathrm{R}} = 0.02668$, $p_{\mathrm{R}} = 2.52876$, $q_{\mathrm{R}} = 1.67637$ 和 $u_{\mathrm{R}} = 0.55667$. ∎

3.2 一维一阶线性双曲型方程的差分方法

3.2.1 双曲型方程的初值问题

这一小节介绍线性对流方程的初值问题 (3.1.1)—(3.1.2) 的差分方法. 用平行于 x 轴和 t 轴的等间隔的直线构成的网格覆盖求解区域 $\{(x,t) : t \geqslant 0, x \in \mathbb{R}\}$, x 方向和 t 方向的网格步长分别用 h 和 τ 表示, 并记 $r = \dfrac{\tau}{h}$.

3.2.1.1 显式差分格式

设问题 (3.1.1)—(3.1.2) 的解 $u(x,t)$ 充分光滑, 则可以直接用差商代替微商的方法建立逼近对流方程 (3.1.1) 的三个显式差分格式

$$\frac{u_j^{n+1} - u_j^n}{\tau} + a\frac{u_j^n - u_{j-1}^n}{h} = 0, \tag{3.2.1}$$

$$\frac{u_j^{n+1} - u_j^n}{\tau} + a\frac{u_{j+1}^n - u_j^n}{h} = 0, \tag{3.2.2}$$

$$\frac{u_j^{n+1} - u_j^n}{\tau} + a\frac{u_{j+1}^n - u_{j-1}^n}{2h} = 0, \tag{3.2.3}$$

或分别写为

$$u_j^{n+1} = u_j^n - ar(u_j^n - u_{j-1}^n), \tag{3.2.4}$$

$$u_j^{n+1} = u_j^n - ar(u_{j+1}^n - u_j^n), \tag{3.2.5}$$

$$u_j^{n+1} = u_j^n - \frac{ar}{2}(u_{j+1}^n - u_{j-1}^n). \tag{3.2.6}$$

它们分别称为方程 (3.1.1) 的**左偏心差分格式**、**右偏心差分格式**和**中心差分格式**. 它们的局部截断误差阶分别是 $O(\tau + h)$, $O(\tau + h)$ 和 $O(\tau + h^2)$.

现在用 von Neumann 方法来分析格式 (3.2.4)—(3.2.6) 的稳定性. 将 $u_j^n = \xi_l^n e^{i\beta jh}$ 代入方程 (3.2.4), 得增长因子

$$G(\beta, h) = 1 - ar(1 - e^{-i\beta h}),$$

其中 $\beta = 2\pi l$. 由于

$$|G(\beta, h)|^2 = 1 - 4ar(1 - ar)\sin^2\left(\frac{\beta h}{2}\right),$$

所以格式 (3.2.4) 的稳定性条件是

$$0 \leqslant ar \leqslant 1.$$

类似地, 格式 (3.2.5) 和 (3.2.6) 的增长因子分别是

$$G(\beta, h) = 1 - ar(e^{i\beta h} - 1), \quad G(\beta, h) = 1 - iar\sin(\beta h).$$

由此可见, 格式 (3.2.5) 的稳定性条件是

$$-1 \leqslant ar \leqslant 0,$$

而显式中心差分格式 (3.2.6) 是恒不稳定的.

还可以用能量方法分析对流方程的差分格式的稳定性. 这里仅以格式 (3.2.4) 为例. 假设 $\sum\limits_{j=-\infty}^{\infty} (u_j^0)^2 h < \infty$, 且 u_j^0 关于 j 是周期的, 对方程 (3.2.4) 两边取平方并关于 j 求和得

$$\sum_{j=-\infty}^{\infty} (u_j^{n+1})^2 h = \sum_{j=-\infty}^{\infty} \left((1-\nu)^2 (u_j^n)^2 + 2(1-\nu)\nu u_j^n u_{j-1}^n + \nu^2 (u_{j-1}^n)^2\right)h. \quad (3.2.7)$$

应用 Schwarz 不等式, 得

$$\sum_{j=-\infty}^{\infty} u_j^n u_{j-1}^n h \leqslant \left(\sum_{j=-\infty}^{\infty} (u_j^n)^2\right)^{1/2} h \cdot \left(\sum_{j=-\infty}^{\infty} (u_{j-1}^n)^2\right)^{1/2} h.$$

注意, 对下标 j 作平移有

$$\sum_{j=-\infty}^{\infty} (u_j^n)^2 h = \sum_{j=-\infty}^{\infty} (u_{j-1}^n)^2 h.$$

将上两式代入 (3.2.7) 得

$$\sum_{j=-\infty}^{\infty} (u_j^{n+1})^2 h \leqslant \sum_{j=-\infty}^{\infty} \left((1-\nu)^2 + 2(1-\nu)\nu + \nu^2\right)(u_j^n)^2 h = \sum_{j=-\infty}^{\infty} (u_j^n)^2 h,$$

这里已经假设了 $\nu(1-\nu) \geqslant 0$. 该不等式表明, 当 n 递增时格式 (3.2.4) 的总能量是不增的, 因而如果 $0 \leqslant \nu \leqslant 1$, 则格式 (3.2.4) 是 L^2 稳定的.

还可以从几何的角度来构造差分格式(3.2.4)和(3.2.5). 设 $u(x,t)$ 在点 $(x_{j\pm1}, t_n)$ 和 (x_j, t_n) 处的值已知, $|ar| \leqslant 1$. 为了构造计算 $u(x,t)$ 在网格点 (x_j, t_{n+1}) 的近似公式, 过网格点 (x_j, t_{n+1}) 作斜率为 $\dfrac{dx}{dt} = a$ 的特征线. 如果 $a > 0$, 则特征线与网格线 $t = t_n = n\tau$ 的交点 (记为 Q) 落在网格点 (x_j, t_n) 的左侧, 特别地, 由于 $|ar| \leqslant 1$, 所以点 Q 介于网格点 (x_{j-1}, t_n) 和 (x_j, t_n) 之间 (图 3.2.1(a)). 注意到微分方程 (3.1.1) 的解 $u(x,t)$ 沿着特征线 $\dfrac{dx}{dt} = a$ 是常数, 所以

$$u(x_j, t_{n+1}) = u(x_Q, t_n).$$

但是 $u(x_Q, t_n)$ 一般是未知的, 这是因为点 Q 不一定正好落在网格点处. 注意到 Q 与网格点 (x_j, t_n) 之间的距离是 $a\tau \leqslant h$, 所以由线性插值得

$$u(x_j, t_{n+1}) \approx aru(x_{j-1}, t_n) + (1-ar)u(x_j, t_n).$$

用网格点值 u_j^n 代替 $u(x_j, t_n)$, 则由上式可得左偏心差分格式 (3.2.4). 由格式 (3.2.4) 的几何构造不难知道: 稳定性条件 $0 \leqslant ar \leqslant 1$ 意味着只有当点 Q 落在网格点 (x_{j-1}, t_n) 和 (x_j, t_n) 之间时, 才能使用函数值 $u(x_{j-1}, t_n)$ 和 $u(x_j, t_n)$ 线性插值解 $u(x,t)$ 在点 Q 处的值或在网格点 (x_j, t_{n+1}) 处的值, 即差分方程的依赖区域包含微分方程的依赖区域. 同理, 当 $a < 0$ 时, 过网格点 (x_j, t_{n+1}) 的特征线与网格线 $t = t_n$ 的交点 Q 落在网格点 (x_j, t_n) 的右侧, 特别地, 当 $|ar| \leqslant 1$ 时, 点 Q 介于网格点 (x_j, t_n) 和 (x_{j+1}, t_n) 之间 (图 3.2.1(b)). 此时可以用函数值 $u(x_j, t_n)$ 和 $u(x_{j+1}, t_n)$ 线性插值解 $u(x,t)$ 在点 Q 处的值或在网格点 (x_j, t_{n+1}) 处的值.

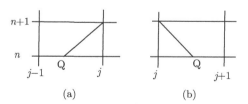

图 3.2.1 偏心格式的几何构造

另外, 也可以将偏心差分格式 (3.2.4) 和 (3.2.5) 写成统一的形式

$$u_j^{n+1} = u_j^n - \frac{ar}{2}(u_{j+1}^n - u_{j-1}^n) + \frac{|ar|}{2}(u_{j+1}^n - 2u_j^n + u_{j-1}^n), \qquad (3.2.8)$$

或

$$u_j^{n+1} = \begin{cases} u_j^n - ar(u_j^n - u_{j-1}^n), & a \geqslant 0 \\ u_j^n - ar(u_{j+1}^n - u_j^n), & a < 0, \end{cases} \qquad (3.2.9)$$

或

$$\frac{u_j^{n+1} - u_j^n}{\tau} + a^+ \frac{u_j^n - u_{j-1}^n}{h} - a^- \frac{u_{j+1}^n - u_j^n}{h} = 0, \tag{3.2.10}$$

其中 $a^\pm = \frac{1}{2}(|a| \pm a)$. 格式 (3.2.8) 或 (3.2.9) 或 (3.2.10) 称为 Courant-Isaacson-Rees 格式 (又简称为 CIR 格式), 属于迎风 (upwind) 格式. 比较 (3.2.8) 和 (3.2.6) 可以发现, CIR 格式 (3.2.8) 是在不稳定的中心差分格式 (3.2.6) 的右端添加了二阶差商项 $\frac{|ar|}{2}\delta_x^2 u_j^n$ 后得到的, 该添加的项是 $\frac{\tau h}{2}\frac{\partial^2 u}{\partial x^2}$ 的差分逼近, 所以它通常又被称为**数值粘性项**.

如果用 $\frac{1}{2}(u_{j+1}^n + u_{j-1}^n)$ 代替中心差分格式 (3.2.6) 中的 u_j^n, 则得

$$u_j^{n+1} = \frac{1}{2}(u_{j+1}^n + u_{j-1}^n) - \frac{ar}{2}(u_{j+1}^n - u_{j-1}^n). \tag{3.2.11}$$

这就是著名的 Lax-Friedrichs 格式 (LF 格式). LF 格式是一个显式差分格式, 其截断误差阶为 $O(\tau + h^2/\tau)$, 它的增长因子是

$$G(\beta, h) = \cos(\beta h) - iar \sin(\beta h).$$

由于

$$|G(\beta, h)| = \sqrt{1 + (a^2 r^2 - 1)\sin^2(\beta h)},$$

所以 LF 格式的稳定性条件是

$$|a|r \leqslant 1. \tag{3.2.12}$$

格式 (3.2.11) 也可以改写为

$$u_j^{n+1} = u_j^n - \frac{ar}{2}(u_{j+1}^n - u_{j-1}^n) + \frac{1}{2}(u_{j+1}^n - 2u_j^n + u_{j-1}^n). \tag{3.2.13}$$

比较 (3.2.13) 和 (3.2.6) 不难发现, LF 格式 (3.2.11) 或 (3.2.13) 也可以看作在不稳定的中心差分格式 (3.2.6) 的右端添加了二阶差商 $\frac{1}{2}\delta_x^2 u_j^n$ 后得到的, 该添加的项是 $\frac{h^2}{2}\frac{\partial^2 u}{\partial x^2}$ 的差分逼近, 即 LF 格式的数值粘性项为 $\frac{1}{2}\delta_x^2 u_j^n$. CIR 格式 (3.2.8) 或 (3.2.9) 和 LF 格式 (3.2.11) 或 (3.2.13) 具有如下性质.

引理 3.2.1　在条件 (3.2.12) 下, CIR 格式 (3.2.8) 或 (3.2.9) 或 (3.2.10) 和 LF 格式 (3.2.11) 或 (3.2.13) 的解 $\{u_j^{n+1}\}$ 均满足局部极值原理

$$\min\left\{u_{j-1}^n, u_j^n, u_{j+1}^n\right\} \leqslant u_j^{n+1} \leqslant \max\left\{u_{j-1}^n, u_j^n, u_{j+1}^n\right\}, \quad \forall j. \tag{3.2.14}$$

证明 将 CIR 格式 (3.2.8) 或 (3.2.9) 或 (3.2.10) 和 LF 格式 (3.2.11) 或 (3.2.13) 统一写成下列形式

$$u_j^{n+1} = u_j^n - \frac{ar}{2}(u_{j+1}^n - u_{j-1}^n) + \frac{\alpha}{2}(u_{j+1}^n - 2u_j^n + u_{j-1}^n), \tag{3.2.15}$$

其中 $\alpha = |ar|$(CIR 格式) 或 1(LF 格式). 上式又可以改写为下列形式

$$u_j^{n+1} = Au_{j-1}^n + Bu_j^n + Cu_{j+1}^n,$$

其中

$$A = \frac{1}{2}(\alpha + ar), \quad B = 1 - \alpha, \quad C = \frac{1}{2}(\alpha - ar).$$

由于在稳定性条件 (3.2.12) 下, $A, B, C \geqslant 0$ 且 $A + B + C = 1$, 所以不等式 (3.2.14) 成立. ■

引理 3.2.2 在条件 (3.2.12) 下, CIR 格式 (3.2.8) 或 (3.2.9) 或 (3.2.10) 和 LF 格式 (3.2.11) 或 (3.2.13) 的解 $\{u_j^{n+1}\}$ 均满足

$$TV(u^{n+1}) \leqslant TV(u^n), \tag{3.2.16}$$

其中 $TV(u) := \sum_{j \in \mathbb{Z}} |u_{j+1} - u_j|$ 表示差分解 $\{u_j\}$ 的总变差.

证明 将 CIR 格式和 LF 格式的统一形式 (3.2.15) 改写为

$$u_j^{n+1} = u_j^n + C(u_{j+1}^n - u_j^n) - D(u_j^n - u_{j-1}^n), \tag{3.2.17}$$

其中 $C = \frac{1}{2}(\alpha - ar), D = \frac{1}{2}(\alpha + ar)$. 不难知道, 在已知条件 (3.2.12) 下, 上式中的增量系数 C 和 D 满足

$$C \geqslant 0, \quad D \geqslant 0, \quad 1 - C - D = 1 - ar \geqslant 0.$$

如果将 (3.2.17) 中的下标 j 向右平移一个网格, 则可以得到一个关于 u_{j+1}^{n+1} 的差分方程. 将 u_{j+1}^{n+1} 的差分方程与 (3.2.17) 相减, 得

$$\Delta_x u_j^{n+1} = C\Delta_x u_{j+1}^n + (1 - C - D)\Delta_x u_j^n + D\Delta_x u_{j-1}^n, \tag{3.2.18}$$

其中 $\Delta_x u_j^n = u_{j+1}^n - u_j^n$. 上式两端取绝对值, 则有

$$\begin{aligned}|\Delta_x u_j^{n+1}| =& |C\Delta_x u_{j+1}^n + (1 - C - D)\Delta_x u_j^n + D\Delta_x u_{j-1}^n| \\ \leqslant& (1 - C - D)|\Delta_x u_j^n| + C|\Delta_x u_{j+1}^n| + D|\Delta_x u_{j-1}^n|.\end{aligned}$$

对该不等式的两端关于下标 j 在整数域 $\mathbb{Z}$ 内求和, 则有

$$\sum_{j\in\mathbb{Z}}|\Delta_x u_j^{n+1}| \leqslant \sum_{j\in\mathbb{Z}}C|\Delta_x u_{j+1}^n| + \sum_{j\in\mathbb{Z}}(1-C-D)|\Delta_x u_j^n| + \sum_{j\in\mathbb{Z}}D|\Delta_x u_{j-1}^n|$$
$$= \sum_{j\in\mathbb{Z}}|\Delta_x u_j^n|,$$

即不等式 (3.2.16) 成立. ∎

说明 3.2.1 引理 3.2.2 隐含了, 当 $\{u_j^n\}$ 关于 j 单调时, t_{n+1} 时刻的差分解 $\{u_j^{n+1}\}$ 的极值点数目不会超过 t_n 时刻的差分解 $\{u_j^n\}$ 的极值点的数目.

前面介绍的几个两时间层显式差分格式的截断误差都只有一阶. 下面介绍一个截断误差具有时空二阶精度的显式差分格式, Lax-Wendroff 格式 (LW 格式), 它是一个两时间层格式, 在一阶双曲型方程组和非线性双曲型守恒律的差分方法的研究中有着重要的地位.

设微分方程 (3.1.1) 的解足够光滑. 由 Taylor 级数展开知

$$u(x_j, t_{n+1}) = \left(u + \tau\frac{\partial u}{\partial t} + \frac{\tau^2}{2}\frac{\partial^2 u}{\partial t^2}\right)_{(x_j, t_n)} + O(\tau^3). \tag{3.2.19}$$

利用 (3.1.1) 将上式中 u 关于 t 的偏导数换成 u 关于 x 的偏导数, 即将

$$\frac{\partial u}{\partial t} = -a\frac{\partial u}{\partial x}, \quad \frac{\partial^2 u}{\partial t^2} = a^2\frac{\partial^2 u}{\partial x^2},$$

代入 (3.2.19), 得

$$u(x_j, t_{n+1}) = \left(u - a\tau\frac{\partial u}{\partial x} + \frac{(a\tau)^2}{2}\frac{\partial^2 u}{\partial x^2}\right)_{(x_j, t_n)} + O(\tau^3). \tag{3.2.20}$$

将上式中 u 关于 x 的偏导数分别用中心差商代替, 即将

$$\left(\frac{\partial u}{\partial x}\right)_j^n = \frac{u(x_{j+1}, t_n) - u(x_{j-1}, t_n)}{2h} + O(h^2),$$
$$\left(\frac{\partial^2 u}{\partial x^2}\right)_j^n = \frac{u(x_{j+1}, t_n) - 2u(x_j, t_n) + u(x_{j-1}, t_n)}{h^2} + O(h^2),$$

代入 (3.2.20), 并用 u_{j+q}^{n+p} 代替 $u(x_{j+q}, t_{n+p})$, 略去含 h 和 τ 的高阶项, 其中 $p = 0$, 1, $q = -1, 0, 1$, 则得如下显式差分格式

$$u_j^{n+1} = u_j^n - \frac{ar}{2}(u_{j+1}^n - u_{j-1}^n) + \frac{(ar)^2}{2}(u_{j+1}^n - 2u_j^n + u_{j-1}^n). \tag{3.2.21}$$

这就是著名的 LW 差分格式. 由 LW 格式的推导不难知道, 它的截断误差阶为 $O(\tau^2 + h^2)$.

由 Fourier 方法可以算得 LW 格式的增长因子是

$$G(\beta, h) = 1 - 2(ar)^2 \sin^2\left(\frac{\beta h}{2}\right) - iar\sin(\beta h).$$

由于

$$|G(\beta, h)|^2 = 1 - 4(ar)^2\left(1 - (ar)^2\right)\sin^4\left(\frac{\beta h}{2}\right),$$

所以当 $(ar)^2 \leqslant 1$ 时, LW 格式也是线性稳定的. 但是 LW 格式的解 $\{u_j^{n+1}\}$ 不满足如引理 3.2.1 和引理 3.2.2 所示的局部极值原理和总变差不增原理.

除了前述的稳定性分析方法外, 还可以借助于修正方程获得差分方法稳定性的启发式条件. 获得差分格式修正方程的过程是, 将差分方程的每一项作 Taylor 级数展开, 再利用该展开式逐步消去高阶的时间导数项即可. 一般地, r 阶精度的差分格式的修正方程可以表示为

$$u_t + au_x = \sum_{s=r}^{\infty} \nu_s h^s \frac{\partial^s u}{\partial x^s}, \tag{3.2.22}$$

这里 ν_s 是差分格式截断误差中的系数.

例 3.2.1 迎风格式 (3.2.8) 的修正方程是

$$u_t + au_x = \frac{1}{2}ah(1 - \nu)u_{xx} + \cdots.$$

右端项给出了迎风格式 (3.2.8) 的局部截断误差, 而截断误差的主项是二阶耗散项. 如果丢弃右端的三阶及以上的项, 则获得熟悉的对流扩散方程. 由这里的修正方程可获得格式 (3.2.8) 的启发式稳定性条件, 它是截断误差的主项的系数为正, 即 $ah(1 - \nu) > 0$. 该条件几乎与由 von Neumann 方法得到的条件相同. ■

上述例子讨论了 $r = 2$ 的特殊情况. 对于 $r > 2$ 情况下的方程 (3.2.22), 微分方程 (3.1.1) 和修正方程 (3.2.22) 的解之间的误差满足

$$\varepsilon_t + a\varepsilon_x = \sum_{s=r}^{\infty} \nu_s h^s \frac{\partial^s \varepsilon}{\partial x^s}. \tag{3.2.23}$$

假设 $t = 0$ 时的误差是

$$\varepsilon(x, 0) = Ae^{ikx},$$

其中 k 是波数, A 是初始振幅. 方程 (3.2.23) 具有如下形式的解

$$\varepsilon(x, t) = Ae^{i(kx - \omega t)} = Ae^{\alpha(k)t}e^{ik[x - (a - \beta(k))t]}, \quad t \geqslant 0,$$

其中

$$\alpha(k) = \sum \nu_{2s} h^{2s}(-1)^s k^{2s}, \quad \beta(k) = \sum \nu_{2s+1} h^{2s+1}(-1)^s k^{2s}.$$

相应的色散关系是

$$\omega(k) = ak - \beta(k)k + i\alpha(k),$$

它决定了时间振荡 $e^{i\omega t}$ 是如何与波数为 k 的空间振荡 e^{ikx} 联系在一起的. 换言之, 微分方程的色散关系是一个频率和波数之间的函数关系, 它使得平面波 $e^{ik\cdot x}e^{-i\omega(k)t}$ 是微分方程的解. 给定色散关系 $\omega = \omega(k)$ 后, 波的**相速度**和**群速度**分别可由 $\omega(k)/k$ 和 $d\omega(k)/dk$ 算出. 前者是波的任何一个频率分量的相移动的速度, 而后者则是波振幅的整体形状即波的包络在空间传播的速度.

例 3.2.2　LW 格式 (3.2.21) 的修正方程是

$$u_t + au_x = -\frac{1}{6}ah^2\left(1-\nu^2\right)u_{xxx} + \cdots.$$

丢弃右端的高阶项则得到一个色散方程, 它的色散关系是 $\omega(k) = ak - \frac{1}{6}ah^2(1-\nu^2)k^3$. 如果 $|\nu| < 1$, 则对所有波数 k, 相应的群速度 $\omega'(k) = a\left(1 - \frac{1}{2}h^2(1-\nu^2)k^2\right)$ 均小于 a.　∎

例 3.2.3　设 $a > 0$, 逼近 (3.1.1) 的一个二阶精度的迎风格式, Beam-Warming 格式

$$\frac{u_j^{n+1} - u_j^n}{\tau} + a\frac{3u_j^n - 4u_{j-1}^n + u_{j-2}^n}{2h} - \tau a^2\frac{u_j^n - 2u_{j-1}^n + u_{j-2}^n}{2h^2} = 0 \qquad (3.2.24)$$

的修正方程是

$$u_t + au_x = \frac{1}{6}ah^2(2-\nu)(1-\nu)u_{xxx} + \cdots.$$

丢弃右端的高阶项则也得到一个色散方程, 它的色散关系是 $\omega(k) = ak + \frac{1}{6}ah^2(2-\nu)(1-\nu)k^3$. 相应的群速度是 $\omega'(k) = a\left(1 + \frac{1}{2}h^2(2-\nu)(1-\nu)k^2\right)$. 因而, 如果 $0 < \nu < 1$, 则对所有波数 k, 群速度均大于 a, 数值振荡会出现在波的前方; 如果 $1 < \nu < 2$, 则群速度均小于 a, 数值振荡落在波的后方.　∎

3.2.1.2　隐式差分格式

对应于显式差分格式 (3.2.4)—(3.2.6), 可以构造逼近对流方程 (3.1.1) 的隐式格式

$$\frac{u_j^{n+1} - u_j^n}{\tau} + a\frac{u_j^{n+1} - u_{j-1}^{n+1}}{h} = 0, \qquad (3.2.25)$$

$$\frac{u_j^{n+1} - u_j^n}{\tau} + a\frac{u_{j+1}^{n+1} - u_j^{n+1}}{h} = 0, \qquad (3.2.26)$$

$$\frac{u_j^{n+1} - u_j^n}{\tau} + a\frac{u_{j+1}^{n+1} - u_{j-1}^{n+1}}{2h} = 0, \qquad (3.2.27)$$

或写为

$$(1 + \nu)u_j^{n+1} - \nu u_{j-1}^{n+1} = u_j^n, \qquad (3.2.28)$$

$$(1 - \nu)u_j^{n+1} + \nu u_{j+1}^{n+1} = u_j^n, \qquad (3.2.29)$$

$$-\frac{\nu}{2}u_{j-1}^{n+1} + u_j^{n+1} + \frac{\nu}{2}u_{j+1}^{n+1} = u_j^n, \qquad (3.2.30)$$

其中 $\nu = ar$, 称为 Courant 数. 它们的增长因子分别是

$$G(\beta, h) = \frac{1}{1 + \nu - \nu e^{-i\beta h}},$$

$$G(\beta, h) = \frac{1}{1 - \nu + \nu e^{i\beta h}},$$

$$G(\beta, h) = \frac{1}{1 + i\nu \sin(\beta h)}.$$

因为 $|1 + \nu - \nu e^{-i\beta h}|^2 = 1 + 2\nu(1 + \nu)(1 - \cos(\beta h))$, 所以当 $\nu \geqslant 0$ 或 $\nu \leqslant -1$ 时, 差分格式 (3.2.25) 的增长因子的模不超过 1, 即 (3.2.25) 线性稳定. 类似地, 当 $\nu \geqslant 1$ 或 $\nu \leqslant 0$ 时 $|1 - \nu + \nu e^{i\beta h}|^2 = 1 + 2\nu(\nu - 1)(1 - \cos(\beta h)) \geqslant 1$, 因而 (3.2.26) 是稳定的. 易知, 差分格式 (3.2.27) 是无条件稳定的.

引理 3.2.3 如果对流方程 (3.1.1) 中系数 a 恒大于(或小于)零, 则隐式差分格式 (3.2.28)(或 (3.2.29)) 的解 u_j^n 满足

$$TV(u^{n+1}) \leqslant TV(u^n). \qquad (3.2.31)$$

证明 以 $a > 0$ 为例. 首先, 将 (3.2.28) 改写为

$$u_j^{n+1} = \frac{\nu}{1 + \nu}u_{j-1}^{n+1} + \frac{1}{1 + \nu}u_j^n. \qquad (3.2.32)$$

如果将 (3.2.32) 中的下标 j 向右平移一个网格, 则可以得到一个关于 u_{j+1}^{n+1} 的差分方程. 将 u_{j+1}^{n+1} 的差分方程与 (3.2.32) 相减, 得

$$\Delta_x u_j^{n+1} = \frac{\nu}{1 + \nu}\Delta_x u_{j-1}^{n+1} + \frac{1}{1 + \nu}\Delta_x u_j^n. \qquad (3.2.33)$$

对方程两端取绝对值, 且对右端进行不等式放大, 则得

$$|\Delta_x u_j^{n+1}| \leqslant \frac{\nu}{1 + \nu}|\Delta_x u_{j-1}^{n+1}| + \frac{1}{1 + \nu}|\Delta_x u_j^n|.$$

再对上述不等式的两端关于下标 j 在整数域 $\mathbb{Z}$ 内求和, 则得

$$\sum_{j \in \mathbb{Z}}|\Delta_x u_j^{n+1}| \leqslant \sum_{j \in \mathbb{Z}}\frac{\nu}{1 + \nu}|\Delta_x u_{j-1}^{n+1}| + \sum_{j \in \mathbb{Z}}\frac{1}{1 + \nu}|\Delta_x u_j^n|$$

$$= \sum_{j \in \mathbb{Z}}\frac{\nu}{1 + \nu}|\Delta_x u_j^{n+1}| + \sum_{j \in \mathbb{Z}}\frac{1}{1 + \nu}|\Delta_x u_j^n|.$$

如果将不等式两边同时减去不等式右端的第一项, 则可以完成引理的证明.   ■

下面构造对流方程 (3.1.1) 的一个时空一致二阶精度的隐式差分格式, Crank-Nicolson 格式. 类似于逼近抛物型方程的 Crank-Nicolson 格式的构造, 分别用在点 $(x_j, t_{n+1/2})$ 处的中心差商近似方程 (3.1.1) 中的微商, 即

$$\left(\frac{\partial u}{\partial t}\right)_{(x_j, t_{n+1/2})} = \frac{1}{\tau}\Delta_t u(x_j, t_n) + O(\tau^2),$$

$$\left(\frac{\partial u}{\partial x}\right)_{(x_j, t_{n+1/2})} = \frac{1}{h}\mu_x \delta_x \left(\frac{u(x_j, t_{n+1}) + u(x_j, t_n)}{2}\right) + O(\tau^2 + h^2),$$

得 Crank-Nicolson 差分格式

$$\frac{u_j^{n+1} - u_j^n}{\tau} + \frac{a}{4h}(u_{j+1}^{n+1} - u_{j-1}^{n+1} + u_{j+1}^n - u_{j-1}^n) = 0, \tag{3.2.34}$$

或

$$-\frac{\nu}{4}u_{j-1}^{n+1} + u_j^{n+1} + \frac{\nu}{4}u_{j+1}^{n+1} = \frac{\nu}{4}u_{j-1}^n + u_j^n - \frac{\nu}{4}u_{j+1}^n. \tag{3.2.35}$$

它的截断误差阶是 $O(\tau^2 + h^2)$. 由于其增长因子是

$$G(\beta, h) = \frac{1 - \dfrac{i\nu}{2}\sin(\beta h)}{1 + \dfrac{i\nu}{2}\sin(\beta h)},$$

所以它是无条件稳定的.

3.2.1.3 三层差分格式

在构造逼近微分方程 (3.1.1) 的高精度差分格式时, 还可以直接用中心差商代替微分方程 (3.1.1) 中的 u 关于 x 和 t 的偏导数, 即将

$$\left(\frac{\partial u}{\partial t}\right)_j^n = \frac{u(x_j, t_{n+1}) - u(x_j, t_{n-1})}{2\tau} + O(\tau^2),$$

$$\left(\frac{\partial u}{\partial x}\right)_j^n = \frac{u(x_{j+1}, t_n) - u(x_{j-1}, t_n)}{2h} + O(h^2),$$

代入 (3.1.1), 用 u_{j+q}^{n+p} 代替 $u(x_{j+q}, t_{n+p})$, 并略去含 h 和 τ 的高阶项, 其中 $p = 0, 1, -1, q = -1, 0, 1$, 则得如下显式差分格式

$$\frac{u_j^{n+1} - u_j^{n-1}}{2\tau} + a\frac{u_{j+1}^n - u_{j-1}^n}{2h} = 0, \tag{3.2.36}$$

或写成

$$u_j^{n+1} = u_j^{n-1} - \nu(u_{j+1}^n - u_{j-1}^n). \tag{3.2.37}$$

从上式可以看出, 计算 u_j^{n+1} 的值时, 需要知道 u 在第 $n-1$ 时间层和第 n 时间层上网格结点处的值. 格式 (3.2.36) 或 (3.2.37) 是一个三时间层的显式差分格式, 格式的截断误差中只包含奇数阶偏导数, 截断误差阶为 $O(\tau^2 + h^2)$. 在用这样的三时间层格式计算定解问题时, 除了要求给定在 $t = 0$ 时刻的初始值 $\{u_j^0\}$ 外, 还需要给出在 $t = \tau$ 时间层上 u 的网格结点值, 即 $\{u_j^1\}$. 通常称 (3.2.36) 或 (3.2.37) 为**蛙跳** (leap frog) **格式**. 蛙跳格式 (3.2.37) 也可以看作是恒不稳定的中心差分格式 (3.2.6) 的修改, 即将 (3.2.6) 的右端的 u_j^n 修改为 u_j^{n-1}.

下面分析蛙跳格式的稳定性. 在讨论格式的稳定性之前, 先引入辅助的应变量

$$v_j^{n+1} := u_j^n, \quad \boldsymbol{w}_j^n := (u_j^n, v_j^n)^T.$$

这样, 三层格式 (3.2.37) 可以改写成如下两时间层格式

$$\boldsymbol{w}_j^{n+1} = \begin{pmatrix} \nu & 0 \\ 0 & 0 \end{pmatrix} \boldsymbol{w}_{j-1}^n + \begin{pmatrix} 0 & 1 \\ 1 & 0 \end{pmatrix} \boldsymbol{w}_j^n + \begin{pmatrix} -\nu & 0 \\ 0 & 0 \end{pmatrix} \boldsymbol{w}_{j+1}^n.$$

将 $\boldsymbol{w}_j^n = \boldsymbol{\xi}_l^n e^{i\beta jh}$ 代入上式, 得增长矩阵

$$\boldsymbol{G}(\beta, h) = \begin{pmatrix} -2i\nu\sin(\beta h) & 1 \\ 1 & 0 \end{pmatrix},$$

其中 $\beta = 2\pi l$. 矩阵 $\boldsymbol{G}(\beta, h)$ 的特征值可以计算为

$$\lambda_\pm = -i\nu\sin(\beta h) \pm \sqrt{1 - \nu^2\sin^2(\beta h)}.$$

分情况讨论. (i) 当 $\nu^2\sin^2(\beta h) > 1$ 时, $\lambda_\pm$ 的表达式中的平方根项是虚数. 此时上式可以改写为

$$\lambda_\pm = i\Big(-\nu\sin(\beta h) \pm \sqrt{\nu^2\sin^2(\beta h) - 1}\Big).$$

由于

$$|\lambda_\pm|^2 = 2\sqrt{\nu^2\sin^2(\beta h) - 1}\left(\sqrt{\nu^2\sin^2(\beta h) - 1} \mp \nu\sin(\beta h)\right) + 1,$$

所以矩阵 $\boldsymbol{G}(\beta, h)$ 的谱半径不能小于等于 1, 也就是说, 此时蛙跳格式线性不稳定. (ii) 当 $\nu^2\sin^2(\beta h) \leqslant 1$ 时, 由于

$$|\lambda_\pm|^2 = \nu^2\sin^2(\beta h) + \big(1 - \nu^2\sin^2(\beta h)\big) = 1,$$

所以 $|\nu| \leqslant 1$ 是蛙跳格式线性稳定的必要条件.

3.2.2 双曲型方程的初边值问题

考虑如下初边值问题

$$\frac{\partial u}{\partial t} + a\frac{\partial u}{\partial x} = 0, \quad 0 < t \leqslant T, \, 0 < x < \infty, \tag{3.2.38}$$

$$u(x,0) = \varphi(x), \quad 0 \leqslant x < \infty, \tag{3.2.39}$$

$$u(0,t) = \psi(t), \quad 0 \leqslant t \leqslant T, \tag{3.2.40}$$

其中 $a > 0$ 是给定的正常数, $\varphi(0) = \psi(0)$. 前一节介绍的差分格式均可以用来解该初边值问题, 但为了避免重复, 这里仅介绍两个隐式差分格式. 给定离散区域的网格 $\{(x_j, t_n), j, n = 0, 1, \cdots\}$. 初边值问题 (3.2.38)—(3.2.40) 中的初边值条件可以简单地离散为

$$u_j^0 = \varphi(jh), \quad j \geqslant 0, \tag{3.2.41}$$

$$u_0^n = \psi(n\tau), \quad n \geqslant 0. \tag{3.2.42}$$

3.2.2.1 经典隐式差分格式

在内网格结点处, 用经典隐式差分格式 (3.2.25) 可以将微分方程 (3.2.38) 离散为

$$u_j^{n+1} = \frac{\nu}{1+\nu}u_{j-1}^{n+1} + \frac{1}{1+\nu}u_j^n, \quad j \geqslant 1, \, n \geqslant 0, \tag{3.2.43}$$

其中 $\nu = ar, r = \dfrac{\tau}{h}$.

结合离散的初边值条件 (3.2.41) 和 (3.2.42), 则可以采用格式 (3.2.43) 显式地计算出在网格结点 (x_j, t_n) 处 u_j^n 的值. 离散的初边值问题 (3.2.41)—(3.2.43) 的解 $\{u_j^n\}$ 满足下列离散的极值原理.

引理 3.2.4　如果 $a > 0$, 则离散的初边值问题 (3.2.41)—(3.2.43) 的解 u_j^n 满足

$$\min\left\{\min_{n\geqslant 0}\{\psi(n\tau)\}, \min_{j\geqslant 0}\{\varphi(jh)\}\right\} \leqslant u_j^n$$

$$\leqslant \max\left\{\max_{n\geqslant 0}\{\psi(n\tau)\}, \max_{j\geqslant 0}\{\varphi(jh)\}\right\}. \tag{3.2.44}$$

3.2.2.2 Wendroff 格式

现在考虑将微分方程 (3.2.38) 在点 $(x_{j-1/2}, t_{n+1/2})$ 处的差分离散. 首先将该点处的 (3.2.38) 中的偏导数 $\dfrac{\partial u}{\partial t}$ 和 $\dfrac{\partial u}{\partial x}$ 近似为

$$\left(\frac{\partial u}{\partial t}\right)_{j-1/2}^{n+1/2} = \frac{1}{2}\left(\left(\frac{\partial u}{\partial t}\right)_{j-1}^{n+1/2} + \left(\frac{\partial u}{\partial t}\right)_{j}^{n+1/2}\right) + O(h^2)$$

和

$$\left(\frac{\partial u}{\partial x}\right)_{j-1/2}^{n+1/2} = \frac{1}{2}\left(\left(\frac{\partial u}{\partial x}\right)_{j-1/2}^{n+1} + \left(\frac{\partial u}{\partial x}\right)_{j-1/2}^{n}\right) + O(\tau^2).$$

其次, 再分别用中心差商近似上式中的微商, 则可得到离散微分方程 (3.2.38) 的 Wendroff 格式

$$\left(\frac{u_j^{n+1}-u_j^n}{2\tau} + \frac{u_{j-1}^{n+1}-u_{j-1}^n}{2\tau}\right) + a\left(\frac{u_j^{n+1}-u_{j-1}^{n+1}}{2h} + \frac{u_j^n-u_{j-1}^n}{2h}\right) = 0, \quad (3.2.45)$$

其中 $j \geqslant 1$, $n \geqslant 0$. 格式 (3.2.45) 还可以写成如下紧凑形式

$$u_j^{n+1} = u_{j-1}^n + \frac{1-\nu}{1+\nu}(u_j^n - u_{j-1}^{n+1}). \tag{3.2.46}$$

由上述格式的推导不难知, 它的局部截断误差阶是 $O(\tau^2 + h^2)$. 虽然 Wendroff 格式是一个隐式差分格式, 但是一旦给定初始条件 (3.2.41) 和左边界处的边界条件 (3.2.42), 就可以采用格式 (3.2.46) 显式地计算出在网格结点 (x_j, t_{n+1}) 处 u_j^{n+1} 的值, 这并不需要求解方程组. Wendroff 格式的解 $\{u_j^{n+1}\}$ 不满足如引理 3.2.4 所示的结论.

3.3　一维一阶线性双曲型方程组的差分方法

考虑含两个自变量的一阶线性双曲型方程组的初值问题

$$\begin{cases} \dfrac{\partial \boldsymbol{u}}{\partial t} + \boldsymbol{A}\dfrac{\partial \boldsymbol{u}}{\partial x} = \boldsymbol{0}, & x \in \mathbb{R},\ t > 0, \\ \boldsymbol{u}(x,0) = \boldsymbol{u}_0(x), & x \in \mathbb{R}, \end{cases} \tag{3.3.1}$$

其中 $\boldsymbol{u} = (u_1, u_2, \cdots, u_m)^T \in \mathbb{R}^m$, $\boldsymbol{u}_0(x)$ 是给定的向量函数, $\boldsymbol{A} = (a_{k,l}) \in \mathbb{R}^{m\times m}$ 可以实对角化, 即

$$\boldsymbol{LAR} = \boldsymbol{\Lambda} = \mathrm{diag}(\lambda_1, \lambda_2, \cdots, \lambda_m), \quad \boldsymbol{LR} = \boldsymbol{I},$$

这里 $\lambda_i \in \mathbb{R}$ 是矩阵 $\boldsymbol{A}$ 的第 i 个实特征值, $\boldsymbol{L}$ 的行向量是相应的左特征向量, $\boldsymbol{R}$ 的列向量是相应的右特征向量, $a_{k,l} = a_{k,l}(x,t)$.

初值问题 (3.3.1) 中的双曲型方程组可以对称化为

$$\left(\boldsymbol{L}^T\boldsymbol{L}\right)\boldsymbol{u}_t + \left(\boldsymbol{L}^T\boldsymbol{\Lambda}\boldsymbol{L}\right)\boldsymbol{u}_x = \boldsymbol{0}, \tag{3.3.2}$$

其中 $\boldsymbol{L}^T\boldsymbol{L}$ 是实对称正定阵, 而矩阵 $\boldsymbol{L}^T\boldsymbol{\Lambda}\boldsymbol{L}$ 是实对称的. 这也说明, 一维情形下双曲与对称双曲是等价的. 对称双曲方程组是一类重要的双曲型方程组, 因为相应的

初值问题是适定的. 这里以初值问题为例说明, 假设 A 是常数矩阵, 且当 $|x| \to \infty$ 时 $u \to 0$. 用 u^T 左乘以 (3.3.2) 得

$$u^T \left(L^T L \right) u_t + u^T \left(L^T \Lambda L \right) u_x = 0. \tag{3.3.3}$$

由于 $L^T L$ 和 $L^T \Lambda L$ 是对称的, 所以 (3.3.3) 可以写为

$$\frac{1}{2} \left(u^T L^T L u \right)_t + \frac{1}{2} \left(u^T L^T \Lambda L u \right)_x = 0.$$

在 $\mathbb{R}$ 上对 x 积分得

$$\begin{aligned} 0 &= \frac{d}{dt} \int_{\mathbb{R}} \frac{1}{2} \left(u^T L^T L u \right) \, dx + \int_{\mathbb{R}} \frac{1}{2} \left(u^T L^T \Lambda L u \right)_x \, dx \\ &= \frac{d}{dt} \int_{\mathbb{R}} \frac{1}{2} \left(u^T L^T L u \right) \, dx + \frac{1}{2} \left(u^T L^T \Lambda L u \right)_{-\infty}^{+\infty}. \end{aligned}$$

因为无边界, 式中第二项消失. 定义 $E(t) := \int_{\mathbb{R}} \frac{1}{2} \left(u^T L^T L u \right)$. 由于矩阵 $L^T L$ 是正定的, 所以 $E(t)$ 是非负函数, 并可以看作 (3.3.1) 中的双曲型方程组或 (3.3.2) 的总能量. 上述推导表明, (3.3.1) 中的双曲型方程组或 (3.3.2) 的总能量是守恒的.

如果 (3.3.1) 中的双曲型方程组存在满足

$$q'(u) = \eta'(u) A$$

的凸函数 $\eta(u)$ 和标量函数 $q(u)$, 则 (3.3.1) 中的双曲型方程组还可以借助于由标量函数对 $(\eta(u), q(u))$ 确定的应变量变换 $u = u(v)$ 对称化为

$$u'(v) v_t + A u'(v) v_x = 0,$$

其中 $u'(v)$ 是实对称正定阵, $A u'(v)$ 是对称阵. 事实上, 如果定义应变量变换 $v^T = \eta'(u)$ 和函数对 $(\eta(u), q(u))$ 的共轭函数对

$$\eta^*(v) := v^T u(v) - \eta(u(v)), \quad q^*(v) := v^T A u(v) - q(u(v)),$$

则由它们的导数 $(\eta^*)'(v) = (u(v))^T$ 和 $(q^*)'(v) = (A u(v))^T$ 可知, $(\eta^*)''(v) = u'(v)$ 和 $(q^*)''(v) = A u'(v)$ 是对称的. 另外, $u'(v)$ 还是正定的, 这是因为由 $v^T = \eta'(u)$ 关于 v 的导数和 η 的凸性知 $u'(v) = \left(\eta''(u(v)) \right)^{-1} > 0$.

原则上, 前面介绍的逼近一阶标量双曲型方程的差分格式均可以被推广应用到 (3.3.1) 中的方程组. 下面选择几例加以说明.

3.3.1　Lax-Friedrichs 格式

设 A 为实常数矩阵, 类似前面单个方程的情况, 离散 (3.3.1) 中的一阶线性双曲型方程组的 LF 格式可以表示为

$$\frac{u_j^{n+1} - \frac{1}{2}(u_{j+1}^n + u_{j-1}^n)}{\tau} + A \frac{u_{j+1}^n - u_{j-1}^n}{2h} = 0, \tag{3.3.4}$$

或写成

$$\boldsymbol{u}_j^{n+1} = \left(\frac{1}{2}(\boldsymbol{I} - r\boldsymbol{A})T_x + \frac{1}{2}(\boldsymbol{I} + r\boldsymbol{A})T_x^{-1} \right) \boldsymbol{u}_j^n, \tag{3.3.5}$$

其中 $\boldsymbol{I}$ 是 m 阶单位矩阵, $\boldsymbol{u}_j^n = (u_{1,j}^n, \cdots, u_{m,j}^n)^T$. LF 格式 (3.3.4) 或 (3.3.5) 的增长矩阵是

$$\boldsymbol{G}(\beta, h) = \cos(\beta h)\boldsymbol{I} - ir\sin(\beta h)\boldsymbol{A}. \tag{3.3.6}$$

如果用 $\lambda(\boldsymbol{A})$ 表示矩阵 $\boldsymbol{A}$ 的特征值, 则增长矩阵 $\boldsymbol{G}(\beta, h)$ 的特征值可以表示为

$$\lambda(\boldsymbol{G}) = \cos(\beta h) - i\lambda(\boldsymbol{A})r\sin(\beta h).$$

由于

$$|\lambda(\boldsymbol{G})|^2 = \cos^2(\beta h) + \left(r\lambda(\boldsymbol{A})\right)^2\sin^2(\beta h) = 1 + \left(\left(r\lambda(\boldsymbol{A})\right)^2 - 1\right)\sin^2(\beta h).$$

所以 LF 格式 (3.3.4) 或 (3.3.5) 稳定的必要条件是

$$r\rho(\boldsymbol{A}) \leqslant 1, \tag{3.3.7}$$

其中 $\rho(\boldsymbol{A})$ 是矩阵 $\boldsymbol{A}$ 的谱半径. 如果 $\boldsymbol{A}$ 是实对称矩阵, 则增长矩阵 $\boldsymbol{G}$ 是正规矩阵, 这是因为

$$\boldsymbol{G}^{\mathrm{H}}\boldsymbol{G} = \cos^2(\beta h)\boldsymbol{I} + r^2\sin^2(\beta h)\boldsymbol{A}^2 = \boldsymbol{G}\boldsymbol{G}^{\mathrm{H}},$$

其中 $\boldsymbol{G}^{\mathrm{H}}$ 是 $\boldsymbol{G}$ 的共轭转置矩阵. 此时 (3.3.6) 是 LF 格式稳定的充要条件.

如果 $\boldsymbol{A} = (a_{k,l})$ 的元素依赖于自变量, 即 $a_{k,l} = a_{k,l}(x, t)$, 则 LF 格式可以表示为

$$\frac{\boldsymbol{u}_j^{n+1} - \frac{1}{2}(\boldsymbol{u}_{j+1}^n + \boldsymbol{u}_{j-1}^n)}{\tau} + \boldsymbol{A}_j^n \frac{\boldsymbol{u}_{j+1}^n - \boldsymbol{u}_{j-1}^n}{2h} = \boldsymbol{0}, \tag{3.3.8}$$

其中

$$\boldsymbol{A}_j^n = \left(a_{k,l}(x_j, t_n)\right)_{m \times m}.$$

此时, LF 格式 (3.3.8) 稳定的必要条件是

$$r\max_{(x,t) \in \Omega}\rho\left(\boldsymbol{A}(x, t)\right) \leqslant 1,$$

其中 $\rho\left(\boldsymbol{A}(x, t)\right)$ 表示矩阵 $\boldsymbol{A}(x, t) = \left(a_{k,l}(x, t)\right)_{m \times m}$ 的谱半径, Ω 为微分方程在 (x, t) 上半平面内的求解区域.

3.3.2 Lax-Wendroff 格式

类似于单个线性对流方程的 LW 格式的构造, 假设 (3.3.1) 中的一阶线性双曲型方程组的解足够光滑, 则它在点 (x_j, t_n) 附近有 Taylor 级数展开式

$$\boldsymbol{u}(x_j, t_{n+1}) = \boldsymbol{u} + \tau \frac{\partial \boldsymbol{u}}{\partial t} + \frac{\tau^2}{2} \frac{\partial^2 \boldsymbol{u}}{\partial t^2} + O(\tau^3). \tag{3.3.9}$$

利用 (3.3.1) 中的第一个方程, 将上式中 $\boldsymbol{u}$ 关于 t 的偏导数换成 $\boldsymbol{u}$ 关于 x 的偏导数, 即将

$$\frac{\partial \boldsymbol{u}}{\partial t} = -\boldsymbol{A} \frac{\partial \boldsymbol{u}}{\partial x},$$
$$\frac{\partial^2 \boldsymbol{u}}{\partial t^2} = -\frac{\partial}{\partial t}\left(\boldsymbol{A}\frac{\partial \boldsymbol{u}}{\partial x}\right) = -\boldsymbol{A}_t \frac{\partial \boldsymbol{u}}{\partial x} - \boldsymbol{A}\frac{\partial}{\partial x}\left(\frac{\partial \boldsymbol{u}}{\partial t}\right)$$
$$= -\boldsymbol{A}_t \frac{\partial \boldsymbol{u}}{\partial x} + \boldsymbol{A}\frac{\partial}{\partial x}\left(\boldsymbol{A}\frac{\partial \boldsymbol{u}}{\partial x}\right),$$

代入 (3.3.9), 得

$$\boldsymbol{u}(x_j, t_{n+1}) = \boldsymbol{u} - \tau\left(\boldsymbol{A} + \frac{\tau \boldsymbol{A}_t}{2}\right)\frac{\partial \boldsymbol{u}}{\partial x} + \frac{\tau^2 \boldsymbol{A}}{2}\frac{\partial}{\partial x}\left(\boldsymbol{A}\frac{\partial \boldsymbol{u}}{\partial x}\right) + O(\tau^3). \tag{3.3.10}$$

再将上式中 $\boldsymbol{u}$ 关于 x 的偏导数分别用中心差商代替, 即将

$$\left(\frac{\partial \boldsymbol{u}}{\partial x}\right)_j^n = \frac{\boldsymbol{u}(x_{j+1}, t_n) - \boldsymbol{u}(x_{j-1}, t_n)}{2h} + O(h^2),$$
$$\left(\frac{\partial^2 \boldsymbol{u}}{\partial x^2}\right)_j^n = \frac{\boldsymbol{u}(x_{j+1}, t_n) - 2\boldsymbol{u}(x_j, t_n) + \boldsymbol{u}(x_{j-1}, t_n)}{h^2} + O(h^2),$$

代入 (3.3.10), 并用 $\boldsymbol{u}_{j+q}^{n+p}$ 代替 $\boldsymbol{u}(x_{j+q}, t_{n+p})$, 略去含 h 和 τ 的高阶项, $p = 0, 1$, $q = -1, 0, 1$, 则得 LW 差分格式

$$\boldsymbol{u}_j^{n+1} = \boldsymbol{u}_j^n - \frac{r}{2}\big(\boldsymbol{A}_j^n + \tau(\boldsymbol{A}_t)_j^n\big)(\boldsymbol{u}_{j+1}^n - \boldsymbol{u}_{j-1}^n) + \frac{\boldsymbol{A}_j^n r^2}{2}\nabla_x\big(\boldsymbol{A}_{j+1/2}^n(\boldsymbol{u}_{j+1}^n - \boldsymbol{u}_j^n)\big). \tag{3.3.11}$$

由上面 LW 格式的推导不难知道, LW 格式的截断误差阶为 $O(\tau^2 + h^2)$.

如果 $\boldsymbol{A}$ 是常数矩阵, 则 (3.3.11) 变为

$$\boldsymbol{u}_j^{n+1} = \boldsymbol{u}_j^n - \frac{r\boldsymbol{A}}{2}(\boldsymbol{u}_{j+1}^n - \boldsymbol{u}_{j-1}^n) + \frac{r^2 \boldsymbol{A}^2}{2}\delta_x^2 \boldsymbol{u}_j^n. \tag{3.3.12}$$

形式上, 它与单个线性常系数对流方程 (3.1.1) 的 LW 格式 (3.2.21) 一致.

由 Fourier 方法可以算得 LW 格式 (3.3.12) 的增长矩阵是

$$\boldsymbol{G}(\beta, h) = \boldsymbol{I} - 2(\boldsymbol{A}r)^2 \sin^2\left(\frac{\beta h}{2}\right) - i\boldsymbol{A}r\sin(\beta h).$$

因此, LW 格式 (3.3.12) 稳定的必要条件是

$$r\rho(\boldsymbol{A}) \leqslant 1. \tag{3.3.13}$$

应用 LW 格式 (3.3.11) 或 (3.3.12) 计算 $u(x,t)$ 在网格点 (x_j, t_{n+1}) 处的值时, 需要计算 $\boldsymbol{A}^2$, 这一般需要 m^3 的乘法和 $(m-1)m^2$ 的加法运算. 因此当 m 很大时, LW 格式 (3.3.11) 或 (3.3.12) 的计算开销很大. 鉴于此, 下面介绍两个计算开销小的变形的 LW 格式: Richtmyer 格式和 MacCormack 格式. 以下仅考虑 $\boldsymbol{A}$ 是常数矩阵的情况.

首先, 将 (3.3.9) 改写为

$$\boldsymbol{u}(x_j, t_{n+1}) = \boldsymbol{u} + \tau\frac{\partial}{\partial t}\left(\boldsymbol{u} + \frac{\tau}{2}\frac{\partial \boldsymbol{u}}{\partial t}\right) + O(\tau^3) = \boldsymbol{u} + \tau\frac{\partial \overline{\boldsymbol{u}}}{\partial t} + O(\tau^3), \tag{3.3.14}$$

其中

$$\overline{\boldsymbol{u}} = \boldsymbol{u} + \frac{\tau}{2}\frac{\partial \boldsymbol{u}}{\partial t}. \tag{3.3.15}$$

应用 (3.3.1) 中的第一个方程, 将上面两个式子中的 $\boldsymbol{u}$ 关于 t 的偏导数分别换成 $\boldsymbol{u}$ 关于 x 的偏导数, 则得

$$\overline{\boldsymbol{u}} = \boldsymbol{u} - \frac{\boldsymbol{A}\tau}{2}\frac{\partial \boldsymbol{u}}{\partial x}, \tag{3.3.16}$$

$$\boldsymbol{u}(x_j, t_{n+1}) = \boldsymbol{u} - \boldsymbol{A}\tau\frac{\partial \overline{\boldsymbol{u}}}{\partial x} + O(\tau^3). \tag{3.3.17}$$

为了进一步给出上式的高精度的空间离散, 类似前面的处理, (3.3.16) 和 (3.3.17) 中的 $\boldsymbol{u}$ 关于 x 的偏导数也将分别用中心差商代替. 具体方案如下: 将方程 (3.3.16) 在点 $(x_{j+1/2}, t_n)$ 处离散, 得差分方程

$$\overline{\boldsymbol{u}}_{j+1/2} = \frac{1}{2}(\boldsymbol{u}_{j+1}^n + \boldsymbol{u}_j^n) - \frac{r\boldsymbol{A}}{2}(\boldsymbol{u}_{j+1}^n - \boldsymbol{u}_j^n). \tag{3.3.18}$$

在此基础上, 忽略 (3.3.17) 中的 $O(\tau^3)$, 并将方程在点 x_j 处进一步离散为

$$\boldsymbol{u}_j^{n+1} = \boldsymbol{u}_j^n - r\boldsymbol{A}(\overline{\boldsymbol{u}}_{j+1/2} - \overline{\boldsymbol{u}}_{j-1/2}). \tag{3.3.19}$$

由 (3.3.18) 和 (3.3.19) 形成的两步格式称为**Richtmyer 格式**.

另一方面, 又可以将 (3.3.9) 改写为

$$
\begin{aligned}
\boldsymbol{u}(x_j, t_{n+1}) &= \frac{1}{2}\boldsymbol{u} + \frac{1}{2}\left(\boldsymbol{u} + \tau\frac{\partial \boldsymbol{u}}{\partial t}\right) + \frac{\tau}{2}\frac{\partial}{\partial t}\left(\boldsymbol{u} + \tau\frac{\partial \boldsymbol{u}}{\partial t}\right) + O(\tau^3) \\
&= \frac{1}{2}\boldsymbol{u} + \frac{1}{2}\left(\overline{\boldsymbol{u}} + \tau\frac{\partial \overline{\boldsymbol{u}}}{\partial t}\right) + O(\tau^3),
\end{aligned} \tag{3.3.20}
$$

其中

$$
\overline{\boldsymbol{u}} = \boldsymbol{u} + \tau\frac{\partial \boldsymbol{u}}{\partial t}. \tag{3.3.21}
$$

应用 (3.3.1) 中的第一个方程, 将上面两个式子中的 $\boldsymbol{u}$ 关于 t 的偏导数分别换成 $\boldsymbol{u}$ 关于 x 的偏导数, 则得

$$
\overline{\boldsymbol{u}} = \boldsymbol{u} - \boldsymbol{A}\tau\frac{\partial \boldsymbol{u}}{\partial x}, \tag{3.3.22}
$$

$$
\boldsymbol{u}(x_j, t_{n+1}) = \frac{1}{2}\boldsymbol{u} + \frac{1}{2}\left(\overline{\boldsymbol{u}} - \boldsymbol{A}\tau\frac{\partial \overline{\boldsymbol{u}}}{\partial x}\right) + O(\tau^3). \tag{3.3.23}
$$

MacCormack(1969) 提出了对上述两式中 $\boldsymbol{u}$ 关于 x 的偏导数分别采用前差 (或后差) 和后差 (或前差) 离散, 得如下两个两步差分格式

$$
\overline{\boldsymbol{u}}_j = \boldsymbol{u}_j^n - r\boldsymbol{A}(\boldsymbol{u}_{j+1}^n - \boldsymbol{u}_j^n), \tag{3.3.24}
$$

$$
\boldsymbol{u}_j^{n+1} = \frac{1}{2}\boldsymbol{u}_j^n + \frac{1}{2}\left(\overline{\boldsymbol{u}}_j - r\boldsymbol{A}(\overline{\boldsymbol{u}}_j - \overline{\boldsymbol{u}}_{j-1})\right) \tag{3.3.25}
$$

和

$$
\overline{\boldsymbol{u}}_j = \boldsymbol{u}_j^n - r\boldsymbol{A}(\boldsymbol{u}_j^n - \boldsymbol{u}_{j-1}^n), \tag{3.3.26}
$$

$$
\boldsymbol{u}_j^{n+1} = \frac{1}{2}\boldsymbol{u}_j^n + \frac{1}{2}\left(\overline{\boldsymbol{u}}_j - r\boldsymbol{A}(\overline{\boldsymbol{u}}_{j+1} - \overline{\boldsymbol{u}}_j)\right). \tag{3.3.27}
$$

说明 3.3.1 当 $\boldsymbol{A}$ 是常数矩阵时, Richtmyer 格式 (3.3.18)—(3.3.19) 与 LW 格式 (3.3.12) 等价; MacCormack 格式 (3.3.24)—(3.3.25) 或 (3.3.26)—(3.3.27) 也与 LW 格式 (3.3.12) 等价. 当 $\boldsymbol{A}$ 不是常数矩阵时, 可以仿照上述过程构造相应的 Richtmyer 格式和 MacCormack 格式.

3.3.3 Courant-Isaacson-Rees 格式

现在推导 (3.3.1) 中的一阶双曲型方程组的 CIR 或迎风格式. 设 $\boldsymbol{A}$ 是实常数矩阵, 且有 m 个实特征值, $\lambda_1 \leqslant \lambda_2 \leqslant \cdots \leqslant \lambda_m$, 和相应的 m 个线性无关的特征向量, 左右特征向量分别记为 $\boldsymbol{L}_k = (l_{k,1}, l_{k,2}, \cdots, l_{k,m})$ 和 $\boldsymbol{R}_l = (r_{1,l}, r_{2,l}, \cdots, r_{m,l})^T$, $k, l = 1, 2, \cdots, m$, 它们满足 $\boldsymbol{L}_k \boldsymbol{R}_l = \delta_{k,l}$, 其中

$$
\delta_{k,l} = \begin{cases} 1, & k = l, \\ 0, & k \neq l. \end{cases}
$$

如果令 $\boldsymbol{R} = (\boldsymbol{R}_1, \cdots, \boldsymbol{R}_m)$, $\boldsymbol{L} = (\boldsymbol{L}_1^T, \cdots, \boldsymbol{L}_m^T)^T$, 则有

$$\boldsymbol{L}\boldsymbol{A}\boldsymbol{R} = \boldsymbol{\Lambda} = \mathrm{diag}\{\lambda_1, \lambda_2, \cdots, \lambda_m\}, \quad \boldsymbol{L}\boldsymbol{R} = \boldsymbol{I}. \tag{3.3.28}$$

用 $\boldsymbol{L}$ 左乘 (3.3.1) 中的第一个方程, 得

$$\boldsymbol{L}\frac{\partial \boldsymbol{u}}{\partial t} + \boldsymbol{L}\boldsymbol{A}\frac{\partial \boldsymbol{u}}{\partial x} = 0.$$

应用关系式 (3.3.28) 可以将上式改写为

$$\boldsymbol{L}\frac{\partial \boldsymbol{u}}{\partial t} + \boldsymbol{\Lambda}\boldsymbol{L}\frac{\partial \boldsymbol{u}}{\partial x} = 0,$$

或

$$\sum_{l=1}^{m} l_{k,l}\left(\frac{\partial u_l}{\partial t} + \lambda_k \frac{\partial u_l}{\partial x}\right) = 0, \tag{3.3.29}$$

其中 $k = 1, 2, \cdots, m$. 该方程通常称为 (3.3.1) 中的双曲型方程组的**正规形式**或**特征形式**.

当 $\boldsymbol{A}$ 是常数矩阵时, $\boldsymbol{L}$ 也是常数矩阵. 此时, 方程 (3.3.29) 又可以表示为

$$\frac{\partial}{\partial t}\left(\sum_{l=1}^{m} l_{k,l} u_l\right) + \lambda_k \frac{\partial}{\partial x}\left(\sum_{l=1}^{m} l_{k,l} u_l\right) = 0, \tag{3.3.30}$$

或

$$\frac{\partial}{\partial t}w_k + \lambda_k \frac{\partial}{\partial x}w_k = 0, \tag{3.3.31}$$

其中

$$w_k = \sum_{l=1}^{m} l_{k,l} u_l, \quad k = 1, 2, \cdots, m. \tag{3.3.32}$$

通常称 w_k 为特征变量.

由于 (3.3.31) 是一个独立的线性对流方程, 所以当 $|\lambda_k|r \leqslant 1$ 时, 逼近它的 CIR 格式或一阶精度的迎风格式是

$$\frac{(w_k)_j^{n+1} - (w_k)_j^n}{\tau} + (\lambda_k)^+ \frac{(w_k)_j^n - (w_K)_{j-1}^n}{h} - (\lambda_k)^- \frac{(w_k)_{j+1}^n - (w_k)_j^n}{h} = 0, \quad (3.3.33)$$

其中 $(\lambda_k)^{\pm} = \frac{1}{2}(|\lambda_k| \pm \lambda_k)$, $k = 1, 2, \cdots, m$. 实际上, 这就是逼近 (3.3.1) 中的一阶

线性双曲型方程组的 CIR 格式. 方程 (3.3.33) 也可以写成

$$\sum_{l=1}^{m} l_{k,l} \left(\frac{(u_l)_j^{n+1} - (u_l)_j^n}{\tau} + (\lambda_k)^+ \frac{(u_l)_j^n - (u_l)_{j-1}^n}{h} - (\lambda_k)^- \frac{(u_l)_{j+1}^n - (u_l)_j^n}{h} \right) = 0,$$

(3.3.34)

其中 $k = 1, 2, \cdots, m$. 进一步, 还可以将上述 CIR 格式表示成关于变量 $\boldsymbol{u}$ 的差分方程, 即

$$\boldsymbol{u}_j^{n+1} = r\boldsymbol{A}^- \boldsymbol{u}_{j+1}^n + (\boldsymbol{I} - r|\boldsymbol{A}|)\boldsymbol{u}_j^n + r\boldsymbol{A}^+ \boldsymbol{u}_{j-1}^n,$$

(3.3.35)

其中

$$\boldsymbol{A}^\pm = \boldsymbol{R}\boldsymbol{\Lambda}^\pm \boldsymbol{L}, \quad |\boldsymbol{A}| = \boldsymbol{R}(\boldsymbol{\Lambda}^+ + \boldsymbol{\Lambda}^-)\boldsymbol{L},$$
$$\boldsymbol{\Lambda}^\pm = \text{diag}\{\lambda_1^\pm, \lambda_2^\pm, \cdots, \lambda_m^\pm\}.$$

格式 (3.3.35) 建立了第 $n+1$ 时间层的网格结点 (x_j, t_{n+1}) 处的

$$\boldsymbol{u}_j^{n+1} = \left((u_1)_j^{n+1}, \cdots, (u_m)_j^{n+1} \right)^T$$

与第 n 时间层的网格结点 (x_{j+p}, t_n) 处的

$$\boldsymbol{u}_{j+p}^n = \left((u_1)_{j+p}^n, \cdots, (u_m)_{j+p}^n \right)^T, \quad p = 0, \pm 1$$

之间的关系, 即它给出了一个仅由 $\{\boldsymbol{u}_{j+p}^n, p = 0, \pm 1\}$ 计算 $\boldsymbol{u}_j^{n+1}$ 的显式公式.

　　由 Fourier 方法可以计算出 CIR 格式的增长矩阵

$$\boldsymbol{G}(\beta, h) = r\boldsymbol{A}^+ e^{-i\beta h} + (\boldsymbol{I} - r|\boldsymbol{A}|) + r\boldsymbol{A}^- e^{i\beta h},$$

或写成

$$\boldsymbol{G}(\beta, h) = \boldsymbol{R}\left(r\boldsymbol{\Lambda}^+ e^{-i\beta h} + \boldsymbol{I} - r(\boldsymbol{\Lambda}^+ + \boldsymbol{\Lambda}^-) + r\boldsymbol{\Lambda}^- e^{i\beta h}\right)\boldsymbol{L}.$$

对上式两端分别左乘矩阵 $\boldsymbol{L}$, 右乘矩阵 $\boldsymbol{R}$, 得

$$\boldsymbol{L}\boldsymbol{G}(\beta, h)\boldsymbol{R} = r\boldsymbol{\Lambda}^+ e^{-i\beta h} + \boldsymbol{I} - r(\boldsymbol{\Lambda}^+ + \boldsymbol{\Lambda}^-) + r\boldsymbol{\Lambda}^- e^{i\beta h},$$

它是一个对角矩阵. 如果用 $\lambda(\boldsymbol{A})$ 表示矩阵 $\boldsymbol{A}$ 的特征值, 则 $\boldsymbol{G}$ 的特征值 $\lambda(\boldsymbol{G})$ 可以表示为

$$\lambda(\boldsymbol{G}) = r\lambda^+(\boldsymbol{A})e^{-i\beta h} + 1 - r|\lambda(\boldsymbol{A})| + r\lambda^-(\boldsymbol{A})e^{i\beta h}.$$

显然, 当 $\lambda(\boldsymbol{A}) > 0$ 时 $\lambda(\boldsymbol{G}) = r\lambda(\boldsymbol{A})e^{-i\beta h} + 1 - r\lambda(\boldsymbol{A})$; 当 $\lambda(\boldsymbol{A}) < 0$ 时 $\lambda(\boldsymbol{G}) = r|\lambda(\boldsymbol{A})|e^{i\beta h} + 1 - r|\lambda(\boldsymbol{A})|$. 由于

$$|\lambda(\boldsymbol{G})|^2 = 1 - 4r|\lambda(A)|\big(1 - r|\lambda(A)|\big)\sin^2\left(\frac{\beta h}{2}\right),$$

所以 CIR 格式稳定的必要条件是

$$r\rho(\boldsymbol{A}) \leqslant 1. \tag{3.3.36}$$

如果 $\boldsymbol{A}$ 是变系数矩阵, 即 $a_{k,l} = a_{k,l}(x,t)$, 仍然假设 $\boldsymbol{A}$ 有 m 个实特征值及相应的 m 个线性无关的特征向量, 则方程组的正规形式是

$$\sum_{l=1}^{m} l_{k,l}(x,t)\left(\frac{\partial u_l}{\partial t} + \lambda_k(x,t)\frac{\partial u_l}{\partial x}\right) = 0, \quad k = 1, 2, \cdots, m. \tag{3.3.37}$$

类似前面差分方程 (3.3.34) 的建立, 逼近变系数双曲型方程组的 CIR 格式可以构造如下

$$\sum_{l=1}^{m}(l_{k,l})_j^n\left(\frac{(u_l)_j^{n+1} - (u_l)_j^n}{\tau} + (\lambda_k)_j^{+,n}\frac{(u_l)_j^n - (u_l)_{j-1}^n}{h} - (\lambda_k)_j^{-,n}\frac{(u_l)_{j+1}^n - (u_l)_j^n}{h}\right) = 0, \tag{3.3.38}$$

其中

$$(\lambda_k)_j^{\pm,n} = \frac{1}{2}\big(|(\lambda_k)_j^n| \pm (\lambda_k)_j^n\big), \quad (\lambda_k)_j^n = \lambda_k(x_j, t_n),$$

$$(l_{k,l})_j^n = l_{k,l}(x_j, t_n), \quad k = 1, 2, \cdots, m.$$

格式 (3.3.38) 稳定的必要条件是

$$r\max_{k,n,j}\{|(\lambda_k)_j^n|\} \leqslant 1.$$

例 3.3.1 写出波动方程

$$\frac{\partial^2 u}{\partial t^2} = \frac{\partial^2 u}{\partial x^2} \tag{3.3.39}$$

的 CIR 格式.

解 二阶波动方程 (3.3.39) 等价于一阶方程组

$$\frac{\partial}{\partial t}\begin{pmatrix} u_1 \\ u_2 \end{pmatrix} + \begin{pmatrix} 0 & -1 \\ -1 & 0 \end{pmatrix}\frac{\partial}{\partial x}\begin{pmatrix} u_1 \\ u_2 \end{pmatrix} = 0.$$

它的正规形式是

$$\frac{\partial(u_1 - u_2)}{\partial t} + \frac{\partial(u_1 - u_2)}{\partial x} = 0,$$

$$\frac{\partial(u_1 + u_2)}{\partial t} - \frac{\partial(u_1 + u_2)}{\partial x} = 0.$$

由此可得逼近波动方程的 CIR 格式

$$\frac{(u_1 - u_2)_j^{n+1} - (u_1 - u_2)_j^n}{\tau} + \frac{(u_1 - u_2)_j^n - (u_1 - u_2)_{j-1}^n}{h} = 0,$$

$$\frac{(u_1 + u_2)_j^{n+1} - (u_1 + u_2)_j^n}{\tau} - \frac{(u_1 + u_2)_{j+1}^n - (u_1 + u_2)_j^n}{h} = 0.$$

其稳定性条件是 $r \leqslant 1$或$\tau \leqslant h$.

例 3.3.2　写出在 Euler 坐标下的一维非定常等熵流体力学方程组

$$\frac{\partial}{\partial t}\begin{pmatrix} \rho \\ u \end{pmatrix} + \begin{pmatrix} u & \rho \\ \dfrac{a^2}{\rho} & u \end{pmatrix}\frac{\partial}{\partial x}\begin{pmatrix} \rho \\ u \end{pmatrix} = 0$$

的 CIR 格式, 其中 a 是正常数, ρ 和 u 分别表示流体的密度和速度.

解　由于一维非定常等熵流体力学方程组的正规形式是

$$\left(\frac{\partial \rho}{\partial t} + (u+a)\frac{\partial \rho}{\partial x}\right) + \frac{\rho}{a}\left(\frac{\partial u}{\partial t} + (u+a)\frac{\partial u}{\partial x}\right) = 0,$$

$$\left(\frac{\partial \rho}{\partial t} + (u-a)\frac{\partial \rho}{\partial x}\right) - \frac{\rho}{a}\left(\frac{\partial u}{\partial t} + (u-a)\frac{\partial u}{\partial x}\right) = 0,$$

所以逼近它的 CIR 格式可以表示为

$$\frac{\rho_j^{n+1} - \rho_j^n}{\tau} + (u+a)_j^{+,n}\frac{\rho_j^n - \rho_{j-1}^n}{h} + (u+a)_j^{-,n}\frac{\rho_{j+1}^n - \rho_j^n}{h}$$

$$+ \frac{\rho_j^n}{a_j^n}\left(\frac{u_j^{n+1} - u_j^n}{\tau} + (u+a)_j^{+,n}\frac{u_j^n - u_{j-1}^n}{h}\right.$$

$$\left. + (u+a)_j^{-,n}\frac{u_{j+1}^n - u_j^n}{h}\right) = 0,$$

$$\frac{\rho_j^{n+1} - \rho_j^n}{\tau} + (u-a)_j^{+,n}\frac{\rho_j^n - \rho_{j-1}^n}{h} + (u-a)_j^{-,n}\frac{\rho_{j+1}^n - \rho_j^n}{h}$$

$$- \frac{\rho_j^n}{a_j^n}\left(\frac{u_j^{n+1} - u_j^n}{\tau} + (u-a)_j^{+,n}\frac{u_j^n - u_{j-1}^n}{h}\right.$$

$$\left. + (u-a)_j^{-,n}\frac{u_{j+1}^n - u_j^n}{h}\right) = 0,$$

其中

$$(u+a)_j^{\pm,n} = \frac{1}{2}\left(|u_j^n + a_j^n| \pm (u_j^n + a_j^n)\right),$$

$$(u-a)_j^{\pm,n} = \frac{1}{2}\left(|u_j^n - a_j^n| \pm (u_j^n - a_j^n)\right).$$

此时, CIR 格式的稳定性条件为

$$r \max_{j}\{|u_j^n| + a_j^n\} \leqslant 1.$$ ∎

3.4 高维一阶线性双曲型方程的差分方法

这一节介绍高维一阶线性双曲型方程 (组) 的差分方法. 重点介绍 Lax-Wendroff 格式和 Strang 分裂格式的构造.

考虑 d 维方程组

$$\frac{\partial \boldsymbol{u}}{\partial t} + \sum_{i=1}^{d} \boldsymbol{A}_i \frac{\partial \boldsymbol{u}}{\partial x_i} = \boldsymbol{0}, \tag{3.4.1}$$

其中 $\boldsymbol{A}_i$ 是 $m \times m$ 实常数矩阵, $i = 1, 2, \cdots, d$, $\boldsymbol{u}$ 是 m 维列向量. 称 (3.4.1) 是**双曲型方程组**, 如果对于任意 m 维单位实向量 $\boldsymbol{\alpha} = (\alpha_1, \alpha_2, \cdots, \alpha_m)$, 矩阵

$$\boldsymbol{P}(\boldsymbol{\alpha}) = \sum_{i=1}^{d} \alpha_i \boldsymbol{A}_i$$

均有 m 个实特征值和 m 个线性独立的特征向量. 如果 $\boldsymbol{P}(\boldsymbol{\alpha})$ 的 m 个实特征值互相不同, 则称 (3.4.1) 是**严格双曲型方程组**.

说明 3.4.1 高维双曲型方程组的定义与一维双曲型方程组的定义之间是有联系的. 考虑方程组 (3.4.1) 的 "平面波" 形式的解 $\boldsymbol{u}(\boldsymbol{x}, t) = \boldsymbol{w}(\xi, t)$, 其中 $\xi = \boldsymbol{x} \cdot \boldsymbol{\alpha}$, $\boldsymbol{\alpha}$ 是给定的单位向量, $\boldsymbol{x} = (x_1, x_2, \cdots, x_m)$. 将其代入 (3.4.1), 得一维一阶偏微分方程组

$$\frac{\partial \boldsymbol{w}}{\partial t} + \left(\sum_{i=1}^{d} \alpha_i \boldsymbol{A}_i\right) \frac{\partial \boldsymbol{w}}{\partial \xi} = \frac{\partial \boldsymbol{w}}{\partial t} + \boldsymbol{P}(\boldsymbol{\alpha}) \frac{\partial \boldsymbol{w}}{\partial \xi} = \boldsymbol{0}.$$

当矩阵 $\boldsymbol{P}(\boldsymbol{\alpha})$ 有 m 个实特征值和 m 个线性独立的特征向量时, 它是一个一维双曲型方程组.

例 3.4.1 考虑三维 Maxwell 方程

$$\begin{cases} \dfrac{\partial \boldsymbol{B}}{\partial t} + \operatorname{rot} \boldsymbol{E} = \boldsymbol{0}, \\[2mm] \dfrac{\partial \boldsymbol{E}}{\partial t} - \operatorname{rot} \boldsymbol{B} = \boldsymbol{0}, \end{cases} \tag{3.4.2}$$

其中 $\boldsymbol{E} = (E_1, E_2, E_3)^T$ 和 $\boldsymbol{B} = (B_1, B_2, B_3)^T$ 分别表示电场强度和磁感应强度. 如果记

$$\boldsymbol{u} = (E_1, E_2, E_3, B_1, B_2, B_3)^T,$$

则方程组 (3.4.2) 又可以写为

$$\frac{\partial \boldsymbol{u}}{\partial t} + \boldsymbol{A}_1 \frac{\partial \boldsymbol{u}}{\partial x_1} + \boldsymbol{A}_2 \frac{\partial \boldsymbol{u}}{\partial x_2} + \boldsymbol{A}_3 \frac{\partial \boldsymbol{u}}{\partial x_3} = \boldsymbol{0},$$

其中 $\boldsymbol{A}_i,\ i = 1, 2, 3$ 是 6×6 矩阵, 定义为

$$\boldsymbol{A}_i = \begin{pmatrix} \boldsymbol{0} & \boldsymbol{C}_i \\ \boldsymbol{C}_i^T & \boldsymbol{0} \end{pmatrix}, \quad \boldsymbol{C}_1 = \begin{pmatrix} 0 & 0 & 0 \\ 0 & 0 & 1 \\ 0 & -1 & 0 \end{pmatrix},$$

$$\boldsymbol{C}_2 = \begin{pmatrix} 0 & 0 & -1 \\ 0 & 0 & 0 \\ 1 & 0 & 0 \end{pmatrix}, \quad \boldsymbol{C}_3 = \begin{pmatrix} 0 & 1 & 0 \\ -1 & 0 & 0 \\ 0 & 0 & 0 \end{pmatrix}.$$

如果任意选取单位向量 $\alpha = (\alpha_1, \alpha_2, \alpha_3) \in \mathbb{R}^3$, 则有

$$\boldsymbol{P}(\alpha) = \begin{pmatrix} \boldsymbol{0} & \boldsymbol{C} \\ \boldsymbol{C}^T & \boldsymbol{0} \end{pmatrix}, \quad \boldsymbol{C} = \begin{pmatrix} 0 & \alpha_3 & -\alpha_2 \\ -\alpha_3 & 0 & \alpha_1 \\ \alpha_2 & -\alpha_1 & 0 \end{pmatrix}.$$

显然, 矩阵 $\boldsymbol{P}(\alpha)$ 是实对称矩阵, 所以方程组 (3.4.2) 是一阶双曲型方程组. ∎

为了叙述方便起见, 下面仅考虑 $d = 2$ 的情形, 并将 (3.4.1) 改写为

$$\frac{\partial \boldsymbol{u}}{\partial t} + \boldsymbol{A} \frac{\partial \boldsymbol{u}}{\partial x} + \boldsymbol{B} \frac{\partial \boldsymbol{u}}{\partial y} = \boldsymbol{0}, \tag{3.4.3}$$

其中 $\boldsymbol{A}$ 和 $\boldsymbol{B}$ 是满足上面双曲型方程组定义的实常数矩阵. 为了构造逼近方程组 (3.4.3) 的差分方法, 首先用矩形网格覆盖计算区域, 网格结点记为 $(x_j, y_k, t_n) = (jh, kh, n\tau)$.

3.4.1   Lax-Wendroff 格式

设方程组 (3.4.3) 的解足够光滑, 则由 (3.4.3) 知

$$\begin{aligned} \frac{\partial^2 \boldsymbol{u}}{\partial t^2} &= \frac{\partial}{\partial t} \left(-\boldsymbol{A} \frac{\partial \boldsymbol{u}}{\partial x} - \boldsymbol{B} \frac{\partial \boldsymbol{u}}{\partial y} \right) = -\boldsymbol{A} \frac{\partial}{\partial x} \left(\frac{\partial \boldsymbol{u}}{\partial t} \right) - \boldsymbol{B} \frac{\partial}{\partial y} \left(\frac{\partial \boldsymbol{u}}{\partial t} \right) \\ &= \boldsymbol{A}^2 \frac{\partial^2 \boldsymbol{u}}{\partial x^2} + (\boldsymbol{A}\boldsymbol{B} + \boldsymbol{B}\boldsymbol{A}) \frac{\partial^2 \boldsymbol{u}}{\partial x \partial y} + \boldsymbol{B}^2 \frac{\partial^2 \boldsymbol{u}}{\partial y^2}. \end{aligned} \tag{3.4.4}$$

将其代入 Taylor 级数展式

$$\boldsymbol{u}(x_j, y_k, t_{n+1}) = \left(\boldsymbol{u} + \tau \frac{\partial \boldsymbol{u}}{\partial t} + \frac{\tau^2}{2} \frac{\partial^2 \boldsymbol{u}}{\partial t^2} \right)_{(x_j, y_k, t_n)} + O(\tau^3), \tag{3.4.5}$$

得

$$\boldsymbol{u}(x_j, y_k, t_{n+1}) = \left(\boldsymbol{u} - \tau \left(\boldsymbol{A} \frac{\partial \boldsymbol{u}}{\partial x} + \boldsymbol{B} \frac{\partial \boldsymbol{u}}{\partial y} \right) \right.$$
$$\left. + \frac{\tau^2}{2} \left(\boldsymbol{A}^2 \frac{\partial^2 \boldsymbol{u}}{\partial x^2} + (\boldsymbol{A}\boldsymbol{B} + \boldsymbol{B}\boldsymbol{A}) \frac{\partial^2 \boldsymbol{u}}{\partial x \partial y} + \boldsymbol{B}^2 \frac{\partial^2 \boldsymbol{u}}{\partial y^2} \right) \right)_{(x_j, y_k, t_n)} + O(\tau^3).$$

如果用中心差商近似上式中的各阶微商, 并忽略含 h 和 τ 的高阶项, 则可得二维方程组 (3.4.3) 的 LW 格式

$$\boldsymbol{u}_{j,k}^{n+1} = \left(\boldsymbol{I} - r\boldsymbol{A}\mu_x\delta_x - r\boldsymbol{B}\mu_y\delta_y + \frac{1}{2}r^2\boldsymbol{A}^2\delta_x^2 \right.$$
$$\left. + \frac{1}{2}r^2\boldsymbol{B}^2\delta_y^2 + r^2(\boldsymbol{A}\boldsymbol{B} + \boldsymbol{B}\boldsymbol{A})\mu_x\delta_x\mu_y\delta_y \right) \boldsymbol{u}_{j,k}^n. \tag{3.4.6}$$

Lax 和 Wendroff 已经证明: 如果 $\boldsymbol{A}$ 和 $\boldsymbol{B}$ 是常数矩阵, 则 LW 格式 (3.4.6) 稳定的必要条件是

$$r \max\{|\lambda(\boldsymbol{A})|, |\lambda(\boldsymbol{B})|\} \leqslant \frac{1}{2\sqrt{2}}, \tag{3.4.7}$$

其中 $\lambda(\boldsymbol{A})$ 和 $\lambda(\boldsymbol{B})$ 分别是矩阵 $\boldsymbol{A}$ 和 $\boldsymbol{B}$ 的特征值. 显然, 条件 (3.4.7) 要比一维 LW 方法的稳定性条件苛刻.

如果矩阵 $\boldsymbol{A}$ 和 $\boldsymbol{B}$ 的元素依赖于 x, y, t, 则在点 (x_j, y_k, t_n) 处, 有 Taylor 级数展式

$$\boldsymbol{u}(x_j, y_k, t_{n+1}) = \boldsymbol{u} - \left(\tau\boldsymbol{A} + \frac{\tau^2}{2}\boldsymbol{A}_t \right) \frac{\partial \boldsymbol{u}}{\partial x} - \left(\tau\boldsymbol{B} + \frac{\tau^2}{2}\boldsymbol{B}_t \right) \frac{\partial \boldsymbol{u}}{\partial y}$$
$$+ \frac{\tau^2\boldsymbol{A}}{2} \frac{\partial}{\partial x} \left(\boldsymbol{A} \frac{\partial u}{\partial x} + \boldsymbol{B} \frac{\partial \boldsymbol{u}}{\partial y} \right) + \frac{\tau^2\boldsymbol{B}}{2} \frac{\partial}{\partial y} \left(\boldsymbol{A} \frac{\partial u}{\partial x} + \boldsymbol{B} \frac{\partial \boldsymbol{u}}{\partial y} \right) + O(\tau^3).$$

用中心差商近似上式中的各阶微商, 并忽略含 h 和 τ 的高阶项, 则可得如下 LW 格式

$$\boldsymbol{u}_{j,k}^{n+1} = \boldsymbol{u}_{j,k}^n - \left(r\boldsymbol{A} + \frac{\tau r}{2}\boldsymbol{A}_t \right)_{j,k}^n \mu_x\delta_x\boldsymbol{u}_{j,k}^n - \left(r\boldsymbol{B} + \frac{\tau r}{2}\boldsymbol{B}_t \right)_{j,k}^n \mu_y\delta_y\boldsymbol{u}_{j,k}^n$$
$$+ \boldsymbol{A}_{j,k}^n\nabla_x\left(\boldsymbol{A}_{j+1/2,k}^n\Delta_x\boldsymbol{u}_{j,k}^n + \boldsymbol{B}_{j+1/2,k}^n(\mu_y\delta_y)(\boldsymbol{u}_{j+1,k}^n + \boldsymbol{u}_{j,k}^n) \right)$$
$$+ \boldsymbol{B}_{j,k}^n\nabla_y\left(\boldsymbol{B}_{j,k+1/2}^n\Delta_y\boldsymbol{u}_{j,k}^n + \boldsymbol{A}_{j,k+1/2}^n(\mu_x\delta_x)(\boldsymbol{u}_{j,k+1}^n + \boldsymbol{u}_{j,k}^n) \right). \tag{3.4.8}$$

3.4.2 显式 MacCormack 格式

类似一维情形, 将 Taylor 级数展式 (3.4.5) 改写为

$$\boldsymbol{u}(x_j, y_k, t_{n+1}) = \frac{1}{2}\boldsymbol{u}(x_j, y_k, t_n) + \frac{1}{2}\left(\boldsymbol{u} + \tau\frac{\partial \boldsymbol{u}}{\partial t} \right)(x_j, y_k, t_n)$$
$$+ \frac{\tau}{2}\frac{\partial}{\partial t}\left(\boldsymbol{u} + \tau\frac{\partial \boldsymbol{u}}{\partial t} \right) + O(\tau^3). \tag{3.4.9}$$

如果引进辅助变量

$$\bar{\boldsymbol{u}}(x_j, y_k, t_{n+1}) = \left(\boldsymbol{u} + \tau \frac{\partial \boldsymbol{u}}{\partial t}\right)_{(x_j, y_k, t_n)}, \tag{3.4.10}$$

则 (3.4.9) 可以减为

$$\boldsymbol{u}(x_j, y_k, t_{n+1}) = \frac{1}{2}\boldsymbol{u}(x_j, y_k, t_n) + \frac{1}{2}\left(\bar{\boldsymbol{u}} + \tau \frac{\partial \bar{\boldsymbol{u}}}{\partial t}\right)_{(x_j, y_k, t_{n+1})} + O(\tau^3). \tag{3.4.11}$$

应用方程组 (3.4.3) 将 (3.4.10) 和 (3.4.11) 中的时间微商换成空间微商, 得

$$\bar{\boldsymbol{u}}(x_j, y_k, t_{n+1}) = \left(\boldsymbol{u} - \tau \left(\boldsymbol{A}\frac{\partial \boldsymbol{u}}{\partial x} + \boldsymbol{B}\frac{\partial \boldsymbol{u}}{\partial y}\right)\right)_{(x_j, y_k, t_n)}, \tag{3.4.12}$$

$$\boldsymbol{u}(x_j, y_k, t_{n+1}) = \frac{1}{2}\boldsymbol{u}(x_j, y_k, t_n) + \frac{1}{2}\left(\bar{\boldsymbol{u}} - \tau \left(\boldsymbol{A}\frac{\partial \bar{\boldsymbol{u}}}{\partial x} + \boldsymbol{B}\frac{\partial \bar{\boldsymbol{u}}}{\partial y}\right)\right)_{(x_j, y_k, t_{n+1})} + O(\tau^3).$$
$$\tag{3.4.13}$$

如果用向前差商 (或向后差商) 近似 (3.4.12) 中的微商, 向后差商 (或向前差商) 近似 (3.4.13) 中的微商, 则有显式的 MacCormack 格式

$$\begin{cases} \bar{\boldsymbol{u}}_{j,k} = (\boldsymbol{I} - r\boldsymbol{A}\Delta_x - r\boldsymbol{B}\Delta_y)\boldsymbol{u}_{j,k}^n, \\ \boldsymbol{u}_{j,k}^{n+1} = \frac{1}{2}\boldsymbol{u}_{j,k}^n + \frac{1}{2}(\boldsymbol{I} - r\boldsymbol{A}\nabla_x - r\boldsymbol{B}\nabla_y)\bar{\boldsymbol{u}}_{j,k}, \end{cases} \tag{3.4.14}$$

或

$$\begin{cases} \bar{\boldsymbol{u}}_{j,k} = (\boldsymbol{I} - r\boldsymbol{A}\nabla_x - r\boldsymbol{B}\nabla_y)\boldsymbol{u}_{j,k}^n, \\ \boldsymbol{u}_{j,k}^{n+1} = \frac{1}{2}\boldsymbol{u}_{j,k}^n + \frac{1}{2}(\boldsymbol{I} - r\boldsymbol{A}\Delta_x - r\boldsymbol{B}\Delta_y)\bar{\boldsymbol{u}}_{j,k}, \end{cases} \tag{3.4.15}$$

或

$$\begin{cases} \bar{\boldsymbol{u}}_{j,k} = (\boldsymbol{I} - r\boldsymbol{A}\Delta_x - r\boldsymbol{B}\nabla_y)\boldsymbol{u}_{j,k}^n, \\ \boldsymbol{u}_{j,k}^{n+1} = \frac{1}{2}\boldsymbol{u}_{j,k}^n + \frac{1}{2}(\boldsymbol{I} - r\boldsymbol{A}\nabla_x - r\boldsymbol{B}\Delta_y)\bar{\boldsymbol{u}}_{j,k}, \end{cases} \tag{3.4.16}$$

或

$$\begin{cases} \bar{\boldsymbol{u}}_{j,k} = (\boldsymbol{I} - r\boldsymbol{A}\nabla_x - r\boldsymbol{B}\Delta_y)\boldsymbol{u}_{j,k}^n, \\ \boldsymbol{u}_{j,k}^{n+1} = \frac{1}{2}\boldsymbol{u}_{j,k}^n + \frac{1}{2}(\boldsymbol{I} - r\boldsymbol{A}\Delta_x - r\boldsymbol{B}\nabla_y)\bar{\boldsymbol{u}}_{j,k}. \end{cases} \tag{3.4.17}$$

3.4.3   Strang 分裂格式

高维双曲型方程组的差分方法的稳定性分析一般是困难的, 即使在诸如微分方程组 (3.4.3) 中的 $\boldsymbol{A}$ 和 $\boldsymbol{B}$ 均是常数矩阵时也如此. 此外, 类似高维抛物型方程的情

形, 高维双曲型方程组的显式差分方法的稳定性条件一般要比一维的苛刻. 为了降低稳定性条件对步长比的限制, Strang(1963, 1964), Gourlay 和 Morris(1968) 分别适当地修改了二维 LW 格式, 使得其稳定性条件放宽为

$$r|\lambda(\boldsymbol{A})|, r|\lambda(\boldsymbol{B})| \leqslant 1. \tag{3.4.18}$$

下面将限于介绍 Strang 格式及其分裂形式. 设方程组 (3.4.3) 中的 $\boldsymbol{A}$ 和 $\boldsymbol{B}$ 均是常数矩阵, 如果分别用 $\boldsymbol{M}_x$ 和 $\boldsymbol{M}_y$ 表示 x 方向和 y 方向的 LW 差分算子, 即

$$\boldsymbol{M}_x = \left(\boldsymbol{I} - r\boldsymbol{A}\mu_x\delta_x + \frac{r^2\boldsymbol{A}^2}{2}\delta_x^2\right),$$
$$\boldsymbol{M}_y = \left(\boldsymbol{I} - r\boldsymbol{B}\mu_y\delta_y + \frac{r^2\boldsymbol{B}^2}{2}\delta_y^2\right),$$

则 Strang 差分格式可以写为

$$\boldsymbol{u}_{j,k}^{n+1} = \frac{1}{2}(\boldsymbol{M}_x\boldsymbol{M}_y + \boldsymbol{M}_y\boldsymbol{M}_x)\boldsymbol{u}_{j,k}^n. \tag{3.4.19}$$

展开上式右端的差分算子, 并与 (3.4.6) 中的差分算子比较, 则不难发现, Strang 格式 (3.4.19) 比 (3.4.6) 多出了如下两项

$$-\frac{1}{8}r^3\Big((\boldsymbol{A}\boldsymbol{B}^2 + \boldsymbol{B}^2\boldsymbol{A})(\Delta_x + \nabla_x)\Delta_y\nabla_y + (\boldsymbol{B}\boldsymbol{A}^2 + \boldsymbol{A}^2\boldsymbol{B})(\Delta_y + \nabla_y)\Delta_x\nabla_x\Big)\boldsymbol{u}_{j,k}^n$$
$$-\frac{1}{8}r^4(\boldsymbol{A}^2\boldsymbol{B}^2 + \boldsymbol{B}^2\boldsymbol{A}^2)\Delta_x\nabla_x\Delta_y\nabla_y\boldsymbol{u}_{j,k}^n.$$

Burstein(1964) 证明, Strang 格式 (3.4.19) 的稳定性条件是 (3.4.18).

在具体实现过程中, 可以将 Strang 格式 (3.4.19) 表示成如下多步形式

$$\overline{\boldsymbol{v}}_{j,k} = \boldsymbol{M}_y\boldsymbol{u}_{j,k}^n, \ \overline{\boldsymbol{w}}_{j,k} = \boldsymbol{M}_x\boldsymbol{u}_{j,k}^n, \tag{3.4.20}$$
$$\widetilde{\boldsymbol{v}}_{j,k} = \boldsymbol{M}_x\overline{\boldsymbol{v}}_{j,k}, \ \widetilde{\boldsymbol{w}}_{j,k} = \boldsymbol{M}_y\overline{\boldsymbol{w}}_{j,k}, \tag{3.4.21}$$
$$\boldsymbol{u}_{j,k}^{n+1} = \frac{1}{2}(\widetilde{\boldsymbol{v}}_{j,k} + \widetilde{\boldsymbol{w}}_{j,k}), \tag{3.4.22}$$

即将一个二维格式按几个 "局部一维格式" 实现, 从而可以简化问题. 这个有点类似前面的交替方向隐式 (ADI) 格式的思想, Strang 分裂保证了整体格式在时间方向具有较高的精度.

下面讨论一般形式的微分方程

$$\boldsymbol{u}_t = (\mathcal{A} + \mathcal{B})\boldsymbol{u} \tag{3.4.23}$$

的分裂方法的分裂误差, 式中 $\mathcal{A}$ 和 $\mathcal{B}$ 可以是微分算子, 例如它们分别是 (3.4.3) 中的 $\mathbf{A}\dfrac{\partial}{\partial x}$ 和 $\mathbf{B}\dfrac{\partial}{\partial y}$. 假设 $\mathcal{A}$ 和 $\mathcal{B}$ 不依赖于 t, 则有

$$\boldsymbol{u}_{tt} = (\mathcal{A} + \mathcal{B})\boldsymbol{u}_t = (\mathcal{A} + \mathcal{B})^2\boldsymbol{u}.$$

事实上, 一般有

$$\partial_t^m \boldsymbol{u} = (\mathcal{A} + \mathcal{B})^m \boldsymbol{u}, \quad m \geqslant 1.$$

如果 $\mathcal{A}$ 和 $\mathcal{B}$ 依赖于 t, 则这些表达式会复杂很多, 例如

$$\boldsymbol{u}_{tt} = (\mathcal{A} + \mathcal{B})\boldsymbol{u}_t + (\mathcal{A}_t + \mathcal{B}_t)\boldsymbol{u}.$$

这里仅考虑不依赖 t 的简单情况, 将解 $\boldsymbol{u}(x, \tau)$ 在时间 $t = 0$ 处展开为 Taylor 级数

$$\boldsymbol{u}(x, \tau) = \left(I + \tau(\mathcal{A} + \mathcal{B}) + \frac{\tau^2}{2}(\mathcal{A} + \mathcal{B})^2 + \cdots\right)\boldsymbol{u}(x, 0)$$

$$= \sum_{m=0}^{\infty} \frac{\tau^m}{m!}(\mathcal{A} + \mathcal{B})^m \boldsymbol{u}(x, 0) = e^{\tau(\mathcal{A} + \mathcal{B})}\boldsymbol{u}(x, 0).$$

考虑计算 (3.4.23) 的分步方法

$$\boldsymbol{u}^*(x, \tau) = e^{\tau \mathcal{A}}\boldsymbol{u}(x, 0), \quad \boldsymbol{u}^{**}(x, \tau) = e^{\tau \mathcal{B}}e^{\tau \mathcal{A}}\boldsymbol{u}(x, 0).$$

利用 Taylor 级数展开可以给出

$$\boldsymbol{u}^{**}(x, \tau) = \left(I + \tau\mathcal{B} + \frac{\tau^2}{2}\mathcal{B}^2 + \cdots\right)\left(I + \tau\mathcal{A} + \frac{\tau^2}{2}\mathcal{A}^2 + \cdots\right)\boldsymbol{u}(x, 0)$$

$$= \left(I + \tau(\mathcal{A} + \mathcal{B}) + \frac{\tau^2}{2}(\mathcal{A}^2 + 2\mathcal{B}\mathcal{A} + \mathcal{B}^2) + \cdots\right)\boldsymbol{u}(x, 0).$$

因此上述分裂方法的分裂误差是

$$\boldsymbol{u}(x, \tau) - \boldsymbol{u}^{**}(x, \tau) = \left(e^{\tau(\mathcal{A} + \mathcal{B})} - e^{\tau\mathcal{B}}e^{\tau\mathcal{A}}\right)\boldsymbol{u}(x, 0) = \frac{\tau^2}{2}(\mathcal{A}\mathcal{B} - \mathcal{B}\mathcal{A})\boldsymbol{u}(x, 0) + O(\tau^3).$$

仅当算子 $\mathcal{A}$ 和 $\mathcal{B}$ 可交换时, 上式右端的首项消失. 事实上, 此时上式右端的高阶项也会消失.

对应于 (3.4.19) 的 Strang 分裂方法是用 $\dfrac{1}{2}\left(e^{\tau\mathcal{A}}e^{\tau\mathcal{B}} + e^{\tau\mathcal{B}}e^{\tau\mathcal{A}}\right)$ 近似 $e^{\tau(\mathcal{A}+\mathcal{B})}$. 前者的 Taylor 级数展开式是

$$\frac{1}{2}\left(e^{\tau\mathcal{A}}e^{\tau\mathcal{B}} + e^{\tau\mathcal{B}}e^{\tau\mathcal{A}}\right) = I + \tau(\mathcal{A} + \mathcal{B}) + \frac{\tau^2}{2}(\mathcal{A}^2 + \mathcal{A}\mathcal{B} + \mathcal{B}\mathcal{A} + \mathcal{B}^2) + O(\tau^3).$$

该式右端前三项均与 $e^{\tau(\mathcal{A}+\mathcal{B})}$ 的 Taylor 级数展式中的一致, 但 $O(\tau^3)$ 项一般不一致, 除非 $\mathcal{A}$ 和 $\mathcal{B}$ 可交换.

计算 (3.4.23) 的另一个 Strang 分裂方法是用 $e^{\frac{\tau}{2}\mathcal{A}}e^{\tau\mathcal{B}}e^{\frac{\tau}{2}\mathcal{A}}$ 或 $e^{\frac{\tau}{2}\mathcal{B}}e^{\tau\mathcal{A}}e^{\frac{\tau}{2}\mathcal{B}}$ 近似 $e^{\tau(\mathcal{A}+\mathcal{B})}$. 前者的 Taylor 级数展开式是

$$e^{\frac{\tau}{2}\mathcal{A}}e^{\tau\mathcal{B}}e^{\frac{\tau}{2}\mathcal{A}} = I + \tau(\mathcal{A}+\mathcal{B}) + \frac{\tau^2}{2}(\mathcal{A}^2 + \mathcal{A}\mathcal{B} + \mathcal{B}\mathcal{A} + \mathcal{B}^2) + O(\tau^3).$$

该式右端的 (从左往右) 直至 $O(\tau^2)$ 的项均与 $e^{\tau(\mathcal{A}+\mathcal{B})}$ 的 Taylor 级数展式中的一致, 但 $O(\tau^3)$ 项一般不一致, 除非 $\mathcal{A}$ 和 $\mathcal{B}$ 可交换.

3.5 二阶线性双曲型方程的差分方法

这一节介绍二阶线性双曲型方程的差分方法的构造及其稳定性等的分析.

3.5.1 一维波动方程

双曲型方程的另一个典型例子是例 2.0.1 中介绍过的二阶波动方程 (2.0.6). 这里给出达朗贝尔 (D'Alembert) 公式 (2.0.8) 的推导. 引入坐标变换 $\xi = x - at, \eta = x + at$, 则方程 (2.0.6) 可以变换为

$$\frac{\partial^2 u}{\partial\xi\partial\eta} = 0.$$

由此可见, 方程 (2.0.6) 的通解可以表示为

$$u(x,t) = F^+(\xi) + F^-(\eta) = F^+(x-at) + F^-(x+at).$$

在初始条件 (2.0.7) 下, 波动方程 (2.0.6) 的解具有如下形式

$$u(x,t) = \frac{\varphi(x+at) + \varphi(x-at)}{2a} + \frac{1}{2a}\int_{x-at}^{x+at} \psi(\xi)d\xi. \tag{3.5.1}$$

这就是著名的 D'Alembert 公式. 由此不难看出, 初值问题 (2.0.6)—(2.0.7) 的解 $u(x,t)$ 在点 $(\tilde{x},\tilde{t})$ 的值 $u(\tilde{x},\tilde{t})$ 仅仅依赖于在 x 轴上介于区间 $[\tilde{x}-a\tilde{t},\tilde{x}+a\tilde{t}]$ 内的初值 φ 和 ψ, 通常称区间 $[\tilde{x}-a\tilde{t},\tilde{x}+a\tilde{t}]$ 是点 $(\tilde{x},\tilde{t})$ 的**依赖区间**. 显然, 如果给定函数 $u(x,t)$ 及其时间导数 $u_t(x,t)$ 在 $t_0 \in (0,\tilde{t})$ 时刻的值作为初始条件, 则 $u(x,t)$ 在点 $(\tilde{x},\tilde{t})$ 的值也将仅仅依赖于在直线 $t = t_0$ 上介于区间 $[\tilde{x}-a(\tilde{t}-t_0),\tilde{x}+a(\tilde{t}-t_0)]$ 内的初值. 由点 $(\tilde{x}-a\tilde{t},0), (\tilde{x}+a\tilde{t},0)$ 和 $(\tilde{x},\tilde{t})$ 围成的三角形区域通常被称为点 $(\tilde{x},\tilde{t})$ 的**依赖区域**. 为了绘制出点 $(\tilde{x},\tilde{t})$ 的依赖区域, 只需过该点作两条特征线, 它们在 x 轴截出的区间即是依赖区间. 另一方面, x 轴上任意一点 $(\tilde{x},0)$ 的初始值都将对由

射线 $x \pm at = \tilde{x}$ 形成的扇形区域内的任意点处的解 $u(x,t)$ 发生影响, 称这样的扇形区域为点 $(\tilde{x},0)$ 的**影响区域**.

下面讨论初值问题 (2.0.6)—(2.0.7) 的差分逼近.

3.5.1.1   显式差分格式

为了构造方程 (2.0.6) 的差分逼近, 首先用两族平行直线

$$x = x_j = jh, \quad j \in \mathbb{Z},$$
$$t = t_n = n\tau, \quad n = 0,1,2,\cdots$$

剖分 (x,t) 空间中的上半平面. 如果在网格结点 $(jh, n\tau)$ 处分别用中心差商近似方程 (2.0.6) 中的微商, 则可得差分方程

$$\frac{1}{\tau^2}\delta_t^2 u_j^n = \frac{a^2}{h^2}\delta_x^2 u_j^n, \quad j \in \mathbb{Z},$$

或写成

$$u_j^{n+1} = \nu^2(u_{j-1}^n + u_{j+1}^n) + 2(1-\nu^2)u_j^n - u_j^{n-1}, \tag{3.5.2}$$

其中 $\nu = ar$. 这是一个三时间层显式差分格式, 其局部截断误差阶是 $O(\tau^2 + h^2)$.

由于双曲型方程的初始条件 (2.0.7) 含时间导数, 因而它的离散要比二阶抛物型方程的复杂些. 方程 (2.0.7) 中的第一个初始条件可以直接离散为

$$u_j^0 = \varphi(jh),$$

而第二个初始条件则通常可以按下列方法作差分近似.

简单地用显式 Euler 方法近似 (2.0.7) 中的第二个方程, 得

$$u_j^1 = \varphi(jh) + \tau\psi(jh). \tag{3.5.3}$$

这样离散的截断误差阶是 $O(\tau)$. 为了提高逼近初始条件的离散精度, 可以改用中向差商近似 (2.0.7) 中的微商, 即

$$\frac{u(x_j, \tau) - u(x_j, -\tau)}{2\tau} = \frac{\partial u(x_j, 0)}{\partial t} + O(\tau^2).$$

由此可得第二初始条件的一个二阶差分逼近

$$u_j^1 - u_j^{-1} = 2\tau\psi(jh). \tag{3.5.4}$$

值得注意的是, 上式中引入了一个新的未知量 u_j^{-1}. 为了消去这个新的未知量, 在差分方程 (3.5.2) 中令 $n = 0$, 即

$$u_j^1 = 2(1-\nu^2)u_j^0 + \nu^2(u_{j+1}^0 + u_{j-1}^0) - u_j^{-1},$$

再将其与 (3.5.4) 相加, 则可得到计算 u_j^1 的一个显式差分方程 (即第二个离散的初始条件)

$$u_j^1 = \tau\psi(jh) + \left(I + \frac{\nu^2}{2}\delta_x^2\right)\varphi(jh). \tag{3.5.5}$$

至此, 得到了逼近 (2.0.6)—(2.0.7) 的差分方程初值问题

$$\begin{cases} u_j^{n+1} = 2(1-\nu^2)u_j^n + \nu^2(u_{j+1}^n + u_{j-1}^n) - u_j^{n-1}, \\ u_j^1 = \tau\psi(jh) + \left(I + \dfrac{\nu^2}{2}\delta_x^2\right)\varphi(jh), \\ u_j^0 = \varphi(jh), \quad j \in \mathbb{Z},\ n = 1, 2, \cdots, N-1. \end{cases} \tag{3.5.6}$$

如果给定波动方程 (2.0.6) 的初边值条件

$$\begin{cases} u(x,0) = \varphi(x),\ u_t(x,0) = \psi(x), \quad 0 \leqslant x \leqslant 1, \\ u(0,t) = \omega_1(t),\ u(1,t) = \omega_2(t), \quad 0 \leqslant t \leqslant T, \end{cases} \tag{3.5.7}$$

其中 $\varphi(x)$, $\psi(x)$, $\omega_1(t)$ 和 $\omega_2(t)$ 是已知函数, 并满足 $\varphi(0) = \omega_1(0)$, $\varphi(1) = \omega_2(0)$, $\psi(0) = \omega_1'(0)$ 和 $\psi(1) = \omega_2'(0)$, 则逼近 (2.0.6) 和 (3.5.7) 的显式差分方程的混合问题是

$$\begin{cases} u_j^{n+1} = 2(1-\nu^2)u_j^n + \nu^2(u_{j+1}^n + u_{j-1}^n) - u_j^{n-1}, \\ u_j^1 = \tau\psi(jh) + (I + \frac{\nu^2}{2}\delta_x^2)\varphi(jh), \\ u_j^0 = \varphi(jh), \quad 1 \leqslant j \leqslant M,\ 1 \leqslant n < N, \\ u_0^n = \omega_1(n\tau),\ u_M^n = \omega_2(n\tau), \quad 1 \leqslant n \leqslant N. \end{cases} \tag{3.5.8}$$

下面研究显式差分格式 (3.5.2) 的稳定性. 引进辅助变量

$$v := \frac{\partial u}{\partial t}, \quad w := a\frac{\partial u}{\partial x},$$

将波动方程 (2.0.6) 化为如下一阶偏微分方程组

$$\begin{pmatrix} v \\ w \end{pmatrix}_t = \begin{pmatrix} 0 & a \\ a & 0 \end{pmatrix}\begin{pmatrix} v \\ w \end{pmatrix}_x. \tag{3.5.9}$$

因此, 也可以通过离散该一阶微分方程组给出波动方程 (2.0.6) 的差分方法. 例如一阶微分方程组 (3.5.9) 可以近似为

$$\begin{cases} \dfrac{v_j^{n+1} - v_j^n}{\tau} = a\dfrac{w_{j+1/2}^n - w_{j-1/2}^n}{h}, \\ \dfrac{w_{j-1/2}^{n+1} - w_{j-1/2}^n}{\tau} = a\dfrac{v_j^{n+1} - v_{j-1}^{n+1}}{h}. \end{cases} \tag{3.5.10}$$

这个两时间层显式格式与三时间层差分格式 (3.5.2) 等价. 事实上, 如果令

$$v_j^n = \frac{1}{\tau}(u_j^n - u_j^{n-1}), \quad w_{j-1/2}^n = \frac{a}{h}(u_j^n - u_{j-1}^n),$$

并将它们代入格式 (3.5.10), 则可以给出 (3.5.2). 因此, 三时间层差分格式 (3.5.2) 的稳定性等同于两时间层格式 (3.5.10) 的稳定性. 将 $v_j^n = \xi_l^n e^{i\beta jh}$ 和 $w_j^n = \eta_l^n e^{i\beta jh}$ 代入差分方程组 (3.5.10), 得格式 (3.5.10) 的增长矩阵为

$$\boldsymbol{G}(\beta, h) = \begin{pmatrix} 1 & i2\nu\sin(\beta h) \\ i2\nu\sin(\beta h) & 1 - 4\nu^2\sin^2(\beta h) \end{pmatrix}.$$

如果令 $\zeta = 4\nu^2\sin^2(\beta h)$, 则矩阵 $\boldsymbol{G}$ 的特征值可以计算为

$$\lambda_\pm = 1 - \frac{1}{2}\zeta \pm \sqrt{\frac{1}{4}\zeta^2 - \zeta}.$$

如果 $\nu > 1$, 则当 $\beta h = 2\pi$ 时, $\zeta > 4$. 这意味着矩阵 $\boldsymbol{G}$ 的两个特征值均是实数, 且 $|\lambda_-| > 1$, 所以当 $\nu > 1$ 时, 格式恒不稳定.

如果 $\nu < 1$, 则当 $\beta h \neq k\pi$, $k \in \mathbb{Z}$ 时, $|\lambda_\pm| = 1$ 且 $\lambda_+ \neq \lambda_-$; 当 $\beta h = k\pi$ 时, $\boldsymbol{G}(\beta, h) = \boldsymbol{I}$ 且 $\boldsymbol{G}(\beta, h)$ 关于 βh 的导数有两个不同的特征值 $\pm i2\nu$. 所以当 $\nu < 1$ 时, 差分格式 (3.5.2) 是线性稳定的.

如果 $\nu = 1$, 则当 $\beta h = k\pi$, $k \in \mathbb{Z}$ 时, 增长矩阵 $\boldsymbol{G}(\beta, h)$ 有两个重特征值 $\lambda_\pm = -2$, 且存在非奇异矩阵 $\boldsymbol{S}$, 使得

$$\boldsymbol{G}(\beta, h) = \boldsymbol{S}\begin{pmatrix} -1 & 1 \\ 0 & -1 \end{pmatrix}\boldsymbol{S}^{-1}.$$

由此不难得

$$\boldsymbol{G}^\ell(\beta, h) = \boldsymbol{S}\begin{pmatrix} (-1)^\ell & (-1)^{\ell-1}\ell \\ 0 & (-1)^\ell \end{pmatrix}\boldsymbol{S}^{-1}.$$

因此, 当 $\beta h = k\pi, \ell \to \infty$ 时, 矩阵族 $\{\boldsymbol{G}^\ell(\beta, h)\}$ 不是一致有界的, 也就是说, 当 $ar = 1$ 时格式不稳定.

综上所述, 显式差分格式 (3.5.2) 稳定的充分必要条件是

$$0 < ar = a\frac{\tau}{h} < 1. \tag{3.5.11}$$

稳定性条件 (3.5.11) 通常也称为**Courant 条件**. 它的直观意义是差分方程的依赖区域包含微分方程的依赖区域. 当这个条件不成立时, 差分格式既不稳定也不收敛. 也可以从几何角度来分析差分方法 (3.5.2) 的稳定性. 差分方程的解 u_j^n 的依赖区间是

直线 $t = 0$ 上的区间 $[x_{j-n}, x_{j+n}]$, 它由过点 (x_j, t_n) 的两条直线 $t - t_n = \pm r(x - x_j)$ 与 x 轴的交点所界定, 而过点 (x_j, t_n) 的两条特征线是 $t - t_n = \pm \frac{1}{a}(x - x_j)$, 它们在 x 轴上所截的区间为 $[x_j - at_n, x_j + at_n]$, 这是微分方程的依赖区间. 因而, 当 $r \leqslant 1/a$ 时, $[x_j - at_n, x_j + at_n] \subset [x_{j-n}, x_{j+n}]$, 即差分方程的依赖区间包含微分方程的依赖区间; 当 $ar > 1$ 时, $[x_{j-n}, x_{j+n}] \subset [x_j - at_n, x_j + at_n]$.

显然, 当 $ar > 1$ 时, 如果改变区间 $(x_j - at_n, x_{j-n})$ 和 $(x_{j+n}, x_j + at_n)$ 上的初值, 而 $[x_{j-n}, x_{j+n}]$ 上的初值不变, 则微分方程的解 $u(x_j, t_n)$ 可以取不同的值, 但差分方程的解 u_j^n 是一确定的数列, 当 $h, \tau \to 0$, r 是常数时, 即差分方程的解 u_j^n 与区间 $(x_j - at_n, x_{j-n})$ 和 $(x_{j+n}, x_j + at_n)$ 上的初值无关, 所以差分解不可能收敛到 $u(x_j, t_n)$.

3.5.1.2 隐式差分格式

用第 $n-1, n$ 和 $n+1$ 时间层上二阶中心差商的加权平均去逼近二阶空间导数, 则可得到逼近波动方程 (2.0.6) 的如下隐式差分格式

$$\frac{1}{\tau^2} \delta_t^2 u_j^n = \frac{a^2}{h^2} \delta_x^2 \big(\theta(u_j^{n+1} + u_j^{n-1}) + (1 - 2\theta)u_j^n \big), \tag{3.5.12}$$

其中 $0 \leqslant \theta \leqslant 1$. 当 $\theta = 0$ 时, (3.5.12) 减为显式差分格式 (3.5.2); 而当 $\theta \neq 0$ 时, 它是隐式的. 较常用的隐式格式是 $\theta = \dfrac{1}{4}$ 的特殊情况, 此时差分格式 (3.5.12) 变为

$$\delta_t^2 u_j^n = \frac{\nu^2}{4} \delta_x^2 (u_j^{n+1} + 2u_j^n + u_j^{n-1}). \tag{3.5.13}$$

结合初边值条件, 算出第 $n-1$ 和 n 时间层的网格点处的 u_j^n 和 u_j^{n-1} 后, 就可以用解三对角方程组的追赶法计算出第 $n+1$ 时间层网格结点处的 u_j^{n+1} 值. 格式 (3.5.13) 的局部截断误差为

$$-\frac{h^2}{12}(4\nu^2 + 1)\frac{\partial^4 u}{\partial x^2} - \frac{h^4}{720}(13\nu^4 + 15\nu^2 + 1)\frac{\partial^6 u}{\partial x^6} + O(h^6).$$

如果令

$$v_j^n = \frac{1}{\tau}(u_j^n - u_j^{n-1}), \quad w_{j+1/2}^n = \frac{a}{2h}\Delta_x(u_j^n + u_j^{n-1}),$$

则 (3.5.13) 可以表示成如下等价的两时间层格式

$$\begin{cases} v_j^{n+1} = v_j^n + \dfrac{\nu}{2}\Delta_x(w_{j-1/2}^n + w_{j-1/2}^{n+1}), \\ w_{j-1/2}^{n+1} = w_{j-1/2}^n + \dfrac{\nu}{2}\nabla_x(v_j^n + v_j^{n+1}). \end{cases} \tag{3.5.14}$$

该两时间层格式的增长矩阵是

$$\boldsymbol{G}(\beta, h) = \frac{1}{4 + \zeta^2} \begin{pmatrix} 4 - \zeta^2 & 4i\zeta \\ 4i\zeta & 4 - \zeta^2 \end{pmatrix},$$

其中 $\zeta = 2\nu \sin\left(\dfrac{\beta h}{2}\right)$. 由于 $\boldsymbol{G}(\beta, h)$ 是酉矩阵, 即 $\boldsymbol{G}^H \boldsymbol{G} = \boldsymbol{I}$, 且 $\|\boldsymbol{G}\|_2 = 1$, 所以当 $r > 0$ 时, 差分格式 (3.5.14) 或 (3.5.13) 线性稳定. 事实上, 还可以证明, 当 $\theta \geqslant \dfrac{1}{4}$ 时格式 (3.5.12) 无条件线性稳定; 而当 $0 \leqslant \theta \leqslant \dfrac{1}{4}$ 时格式稳定的充要条件是

$$ar = \frac{a\tau}{h} \leqslant \frac{1}{\sqrt{1 - 4\theta}}.$$

最后给出波动方程 (2.0.6) 的几个四阶精度差分格式. 设方程 (2.0.6) 的解 u 充分光滑, 并将 u_j^{n+1} 和 u_j^{n-1} 在点 (x_j, t_n) 处分别展成 Taylor 级数, 得

$$u_j^{n+1} + u_j^{n-1} = 2u_j^n + \tau^2 \left(\frac{\partial^2 u}{\partial t^2}\right)_j^n + \frac{1}{12}\tau^4 \left(\frac{\partial^4 u}{\partial t^4}\right)_j^n + O(\tau^6).$$

由方程 (2.0.6) 得

$$\frac{\partial^{2k} u}{\partial t^{2k}} = a^{2k} \frac{\partial^{2k} u}{\partial x^{2k}}, \quad k \in \mathbb{Z}^+.$$

所以有

$$\delta_t^2 u_j^n = (a\tau)^2 \left(\frac{\partial^2 u}{\partial x^2}\right)_j^n + \frac{1}{12}(a\tau)^4 \left(\frac{\partial^4 u}{\partial x^4}\right)_j^n + O(\tau^6). \tag{3.5.15}$$

由于

$$\frac{\partial^2 u}{\partial x^2} = \frac{1}{h^2}\left(\delta_x^2 - \frac{1}{12}\delta_x^4 + \frac{1}{90}\delta_x^6 + \cdots\right)u = \frac{1}{h^2}\left(\delta_x^2 - \frac{1}{12}\delta_x^4\right)u + O(h^4),$$

所以

$$\frac{\partial^4 u}{\partial x^4} = \frac{\partial^2}{\partial x^2}\left(\frac{\partial^2 u}{\partial x^2}\right) = \frac{1}{h^4}\delta_x^4 u + O(h^2).$$

将这些表达式代入 (3.5.15) 式, 得

$$\delta_t^2 u_j^n = \nu^2 \left(I + \frac{1}{12}(\nu^2 - 1)\delta_x^2\right)\delta_x^2 u_j^n, \tag{3.5.16}$$

其中 $\nu = \dfrac{\tau}{h}a$. 如果将 $\left(I + \dfrac{1}{12}(\nu^2 - 1)\delta_x^2\right)^{-\frac{1}{2}}$ 作用于方程两端, 并对相应算子项展开成直到 δ_x^4 的级数, 则可得波动方程 (2.0.6) 的如下隐式差分格式

$$\left(I - \frac{1}{2}D + \frac{3}{4}D^2\right)\delta_t^2 u_j^n = \nu^2 \left(I + \frac{1}{2}D - \frac{1}{4}D^2\right)\delta_x^2 u_j^n, \tag{3.5.17}$$

其中 $D = \dfrac{1}{12}(\nu^2 - 1)\delta_x^2$. 类似地, 如果将算子 $\left(I + \dfrac{1}{12}(\nu^2 - 1)\delta_x^2\right)^{-1}$ 作用于方程 (3.5.16) 两边, 则可得相应的隐式差分格式为

$$\delta_t^2 u_j^n = \left(\nu^2\delta_x^2 + \frac{1}{12}(\nu^2 - 1)\delta_x^2\delta_t^2 - \frac{(\nu^2-1)^2}{144}\delta_x^4\delta_t^2\right) u_j^n. \tag{3.5.18}$$

差分方程 (3.5.16)—(3.5.18) 是逼近 (2.0.6) 的三个四阶精度的差分格式.

3.5.2 二维波动方程

考虑二维波动方程的初值问题

$$\frac{\partial^2 u}{\partial t^2} = \frac{\partial^2 u}{\partial x^2} + \frac{\partial^2 u}{\partial y^2}, \quad (x,y) \in \mathbb{R}^2,\ 0 < t \leqslant T, \tag{3.5.19}$$

$$u(x,y,0) = \varphi(x,y), \quad u_t(x,y,0) = \psi(x,y), \quad (x,y) \in \mathbb{R}^2 \tag{3.5.20}$$

的差分逼近. 将 $\mathbb{R}^2 \cup \{0 < t \leqslant T\}$ 剖分为均匀的网格

$$t_n = n\tau, \quad n = 0, 1, \cdots, N,\ N = [T/\tau],$$
$$x_j = jh_x,\ y_k = kh_y, \quad j, k \in \mathbb{Z},$$

其中 h_x, h_y 和 τ 分别是 x, y 和 t 方向的网格步长.

3.5.2.1 显式差分格式

如果在网格点 (x_j, y_k, t_n) 处分别用二阶中心差商近似 (3.5.19) 中的二阶微商, 则可得显式差分格式

$$\frac{\delta_t^2 u_{j,k}^n}{\tau^2} = \frac{\delta_x^2 u_{j,k}^n}{h_x^2} + \frac{\delta_y^2 u_{j,k}^n}{h_y^2}. \tag{3.5.21}$$

它又可以改写为

$$\begin{aligned} u_{j,k}^{n+1} = {} & 2(1 - r_x^2 - r_y^2)u_{j,k}^n + r_x^2(u_{j+1,k}^n + u_{j-1,k}^n) \\ & + r_y^2(u_{j,k+1}^n + u_{j,k-1}^n) - u_{j,k}^{n-1}, \end{aligned} \tag{3.5.22}$$

其中 $r_x = \dfrac{\tau}{h_x}, r_y = \dfrac{\tau}{h_y}$.

类似地, 初始条件 (3.5.19) 可以用二阶中心差分离散为

$$u_{j,k}^0 = \varphi_{j,k}, \quad u_{j,k}^1 = u_{j,k}^{-1} + 2\tau\psi_{j,k}. \tag{3.5.23}$$

借助于内点格式 (3.5.22) 消去 (3.5.24) 中引进的辅助变量 $u_{j,k}^{-1}$, 即在 (3.5.22) 中令 $n = 0$, 并将其与 (3.5.24) 中的第二式相加, 得

$$
\begin{cases}
u_{j,k}^0 = \varphi_{j,k}, \\
u_{j,k}^1 = (1 - r_x^2 - r_y^2)\varphi_{j,k} + \dfrac{r_x^2}{2}(\varphi_{j+1,k} \\
\qquad + \varphi_{j-1,k}) + \dfrac{r_y^2}{2}(\varphi_{j,k+1} + \varphi_{j,k-1}) + \tau\phi_{j,k}.
\end{cases}
\tag{3.5.24}
$$

用 Fourier 方法可以证明格式 (3.5.22) 线性稳定的充要条件是

$$
r_x, r_y \leqslant \frac{1}{\sqrt{2}}. \tag{3.5.25}
$$

一般地, 逼近 $d \geqslant 2$ 维波动方程

$$
\frac{\partial^2 u}{\partial t^2} = \sum_{l=1}^{d} \frac{\partial^2 u}{\partial x_l^2} \tag{3.5.26}
$$

的显式差分格式

$$
\frac{1}{\tau^2}\delta_t^2 u_{j_1,\cdots,j_d}^n = \sum_{l=1}^{d} \frac{1}{h_{x_l}^2}\delta_{x_l}^2 u_{j_1,\cdots,j_d}^n
$$

的稳定性的条件是

$$
r_{x_l} = \frac{\tau}{h_{x_l}} < \frac{1}{\sqrt{d}}.
$$

由此可见, 形如 (3.5.21) 的显式差分格式不适用于多个空间变量的情形, 这类似于上一章抛物型方程的离散. 如果用形如 (3.5.12) 的隐式格式逼近方程 (3.5.26) 的初边值问题, 则在每个时间层都需要求解一个大型的具有一般系数矩阵的线性方程组, 这需要很大的计算机开销.

3.5.2.2 交替方向隐式格式

由于通常的显式格式和隐式格式均不太适用于多个空间变量的波动方程计算, 类似于多维抛物型方程的 ADI 格式的构造, 也可以建立逼近多维二阶双曲型方程初边值问题的 ADI 格式, 它们不但具有较宽松的稳定性条件, 而且在每个时间层上只需求解一个三对角线性代数方程组 (可用追赶法来求解).

考虑二维波动方程的初边值问题

$$
\begin{cases}
\dfrac{\partial^2 u}{\partial t^2} = \dfrac{\partial^2 u}{\partial x^2} + \dfrac{\partial^2 u}{\partial y^2}, \quad 0 < t \leqslant T, \ (x,y) \in \Omega, \\
u(x,y,0) = \varphi(x,y), \ u_t(x,y,0) = \psi(x,y), \quad (x,y) \in \overline{\Omega}, \\
u(x,y,t) = 0, \quad (x,y) \in \partial\Omega,
\end{cases}
\tag{3.5.27}
$$

其中 $\overline{\Omega} = \{(x,y)|0 \leqslant x,y \leqslant 1\}$, $\partial\Omega$ 表示区域 $\overline{\Omega}$ 的边界. 下面主要给出几个 ADI 格式.

这里介绍的第一个 ADI 格式是

$$\frac{1}{\tau^2}(u_{j,k}^* - 2u_{j,k}^n + u_{j,k}^{n-1})$$
$$= \frac{1}{h^2}\Big(\delta_x^2(\theta u_{j,k}^* + (1-2\theta)u_{j,k}^n + \theta u_{j,k}^{n-1}) + \delta_y^2((1-2\theta)u_{j,k}^n + 2\theta u_{j,k}^{n-1})\Big), \quad (3.5.28)$$
$$\frac{1}{\tau^2}(u_{j,k}^{n+1} - u_{j,k}^*) = \frac{\theta}{h^2}\delta_y^2(u_{j,k}^{n+1} - u_{j,k}^{n-1}), \tag{3.5.29}$$

其中 $0 \leqslant \theta \leqslant 1$. 这是一个三时间层格式, 其计算可分两步进行. 如果第 $n-1$ 和 n 时间层上的解已知, 则由 (3.5.29) 中的第一式解出过渡值 $u_{j,k}^*$, 然后再由第二式计算出 $u_{j,k}^{n+1}$. 初边值条件的离散同前.

为了检查格式 (3.5.29) 是否与微分方程 (3.5.27) 相容, 由方程组 (3.5.29) 的第一式解出 $u_{j,k}^*$ 并代入第二式内, 得

$$\frac{1}{\tau^2}\delta_t^2 u_{j,k}^n = \frac{1}{h^2}\delta_x^2\Big(\theta(u_{j,k}^{n+1} + u_{j,k}^{n-1}) + (1-2\theta)u_{j,k}^n\Big)$$
$$+ \frac{1}{h^2}\delta_y^2\Big(\theta(u_{j,k}^{n+1} + u_{j,k}^{n-1}) + (1-2\theta)u_{j,k}^n\Big)$$
$$- \frac{r^2\theta^2}{h^2}\delta_x^2\delta_y^2(u_{j,k}^{n+1} - u_{j,k}^{n-1}). \tag{3.5.30}$$

由于

$$\frac{r^2\theta^2}{h^2}\delta_x^2\delta_y^2(u_{j,k}^{n+1} - u_{j,k}^{n-1}) \approx 2\tau^3\theta^2\frac{\partial^5 u}{\partial x^2\partial y^2\partial t},$$

所以如果略去 (3.5.30) 中最后一项, 则得二维加权格式

$$\frac{1}{\tau^2}\delta_t^2 u_{j,k}^n = \frac{1}{h^2}(\delta_x^2 + \delta_y^2)\big(\theta u_{j,k}^{n+1} + (1-2\theta)u_{j,k}^n + \theta u_{j,k}^{n-1}\big). \tag{3.5.31}$$

利用格式 (3.5.29) 和 (3.5.30) 的等价性和 Fourier 方法可以证明, 当 $\theta \geqslant \dfrac{1}{4}$ 时, 格式 (3.5.29) 是无条件稳定的.

这里介绍的第二个 ADI 格式是 Less 格式

$$\frac{1}{\tau^2}(u_{j,k}^* - 2u_{j,k}^n + u_{j,k}^{n-1}) = \frac{1}{h^2}\Big(\delta_x^2\big(\theta(u_{j,k}^* + u_{j,k}^{n-1}) + (1-2\theta)u_{j,k}^n\big) + \delta_y^2 u_{j,k}^n\Big),$$
$$\tag{3.5.32}$$
$$\frac{1}{\tau^2}\delta_t^2 u_{j,k}^n = \frac{1}{h^2}\Big(\delta_x^2\big(\theta(u_{j,k}^* + u_{j,k}^{n-1}) + (1-2\theta)u_{j,k}^n\big)$$
$$+ \delta_y^2\big(\theta(u_{j,k}^{n+1} + u_{j,k}^{n-1}) + (1-2\theta)u_{j,k}^n\big)\Big), \tag{3.5.33}$$

其中 $0 \leqslant \theta \leqslant 1$. 上述格式是二维情形加权格式的又一变形. 事实上, 用 (3.5.32) 减去 (3.5.33), 得

$$u_{j,k}^* = u_{j,k}^{n+1} - \theta r^2 \delta_y^2 \delta_t^2 u_{j,k}^n.$$

将其代入 (3.5.33), 得

$$\frac{1}{\tau^2} \delta_t^2 u_{j,k}^n = \frac{1}{h^2} (\delta_x^2 + \delta_y^2) \big(\theta(u_{j,k}^{n+1} + u_{j,k}^{n-1}) + (1 - 2\theta) u_{j,k}^n \big) - \frac{r^2 \theta^2}{h^2} \delta_x^2 \delta_y^2 \delta_t^2 u_{j,k}^n. \quad (3.5.34)$$

略去上式最后项, 则得二维情形加权格式 (3.5.31). 同样可以证明, 当 $\theta \geqslant \dfrac{1}{4}$ 时格式 (3.5.33) 是无条件稳定的.

为了给出其他形式的 ADI 格式, 考虑如下一般形式的隐格式

$$\big(I + a(\delta_x^2 + \delta_y^2) + d \delta_x^2 \delta_y^2 \big) u_{j,k}^{n+1}$$
$$= \big(2I - b(\delta_x^2 + \delta_y^2) - e \delta_x^2 \delta_y^2 \big) u_{j,k}^n - \big(I + c(\delta_x^2 + \delta_y^2) + f \delta_x^2 \delta_y^2 \big) u_{j,k}^{n-1}, \quad (3.5.35)$$

其中 a, b, c, d, e 和 f 是待定系数, 它们的选取要保证 (3.5.35) 与所考虑的二维波动方程相容.

当 $d = a^2$ 时, (3.5.35) 左端的作用于 $u_{j,k}^{n+1}$ 的差分算子可以进行因式分解, 即

$$(I + a\delta_x^2)(I + a\delta_y^2) u_{j,k}^{n+1}$$
$$= \big(2I - b(\delta_x^2 + \delta_y^2) - e \delta_x^2 \delta_y^2 \big) u_{j,k}^n - \big(I + c(\delta_x^2 + \delta_y^2) + f \delta_x^2 \delta_y^2 \big) u_{j,k}^{n-1}. \quad (3.5.36)$$

下面讨论格式 (3.5.36) 的局部截断误差. 由方程 (3.5.27) 知

$$\frac{\partial^2 u}{\partial t^2} = \frac{\partial^2 u}{\partial x^2} + \frac{\partial^2 u}{\partial y^2}, \quad \frac{\partial^4 u}{\partial t^4} = \frac{\partial^4 u}{\partial x^4} + 2\frac{\partial^4 u}{\partial x^2 \partial y^2} + \frac{\partial^4 u}{\partial y^4},$$

等等, 再由 Taylor 展开, 截断到含 h^6 的项, 则近似地有

$$\delta_t^2 u_{j,k}^n = r^2 C_2 + \frac{1}{12} r^4 C_4 + \frac{1}{6} r^4 D_4 + \frac{1}{720} r^6 C_6 + \frac{1}{240} r^6 D_6,$$

$$(\delta_x^2 + \delta_y^2) u_{j,k}^{n\pm 1} = C_2 \pm r C_3 + \frac{1}{2}\left(r^2 + \frac{1}{6} \right) C_4$$
$$+ r^2 D_4 \pm \frac{1}{6} r \left(r^2 + \frac{1}{2} \right) C_5 \pm \frac{1}{3} r^3 D_5$$
$$+ \left(\frac{1}{24} r^4 + \frac{1}{24} r^3 + \frac{1}{3600} \right) C_6 + \frac{1}{8} r^2 \left(r^2 + \frac{1}{3} \right) D_6,$$

$$\delta_x^2 \delta_y^2 u_{j,k}^{n\pm 1} = D_4 \pm r D_5 + \frac{1}{2}\left(r^2 + \frac{1}{180} \right) D_6,$$

$$(\delta_x^2 + \delta_y^2) u_{j,k}^n = C_2 + \frac{1}{12} C_4 + \frac{1}{360} C_6,$$

$$\delta_x^2 \delta_y^2 u_{j,k}^n = D_4 + \frac{1}{360} D_6,$$

其中

$$C_2 = h^2\Big(\frac{\partial^2 u}{\partial x^2}\Big)_{j,k}^n, \quad C_3 = h^2\Big(\frac{\partial}{\partial t}\big(\frac{\partial^2 u}{\partial x^2} + \frac{\partial^2 u}{\partial y^2}\big)\Big)_{j,k}^n,$$

$$C_4 = h^4\Big(\frac{\partial^4 u}{\partial x^4} + \frac{\partial^4 u}{\partial y^4}\Big)_{j,k}^n, \quad C_5 = h^5\Big(\frac{\partial}{\partial t}\big(\frac{\partial^4 u}{\partial x^4} + \frac{\partial^4 u}{\partial y^4}\big)\Big)_{j,k}^n,$$

$$C_6 = h^6\Big(\frac{\partial^6 u}{\partial x^6} + \frac{\partial^6 u}{\partial y^6}\Big)_{j,k}^n, \quad D_4 = h^4\Big(\frac{\partial^4 u}{\partial x^2 \partial y^2}\Big)_{j,k}^n,$$

$$D_5 = h^5\Big(\frac{\partial^5 u}{\partial t \partial x^2 \partial y^2}\Big)_{j,k}^n, \quad D_6 = h^6\Big(\frac{\partial^4}{\partial x^2 \partial y^2}\big(\frac{\partial^2 u}{\partial x^2} + \frac{\partial^2 u}{\partial y^2}\big)\Big)_{j,k}^n.$$

因此, 如果在 (3.5.36) 中选取

$$a = c = \frac{1}{12}(1 - 6r^2), \quad b = -\frac{1}{6},$$

$$e = -\frac{1}{72}(1 + 36r^4), \quad f = \frac{1}{144}(1 - 6r^2)^2,$$

则格式的局部截断误差阶是 $O(\tau^2 + h^4)$, 此时 (3.5.36) 具体为

$$\Big(I + \frac{1}{12}(1 - 6r^2)\delta_x^2\Big)\Big(I + \frac{1}{12}(1 - 6r^2)\delta_y^2\Big)\delta_t^2 u_{j,k}^n = r^2\Big(\delta_x^2 + \delta_y^2 + \frac{1}{6}\delta_x^2\delta_y^2\Big)u_{j,k}^n.$$

如果在 (3.5.36) 中取

$$a = c = \frac{1}{12}(1 - r^2), \quad b = -\frac{1}{6}(1 + 5r^2),$$

$$e = -\frac{1}{72}(1 + 10r^2 + r^4), \quad f = \frac{1}{144}(1 - r^2),$$

则格式的局部截断误差为 $O(\tau^4 + h^4)$. 由于上述这些系数满足 $b = -(2a + r^2)$, $c = a$, $f = a^2$, 所以 (3.5.36) 具体变化为

$$(I + a\delta_x^2)(I + a\delta_y^2)\delta_t^2 u_{j,k}^n = \big(r^2(\delta_x^2 + \delta_y^2) - (e + 2a^2)\delta_x^2\delta_y^2\big)u_{j,k}^n. \tag{3.5.37}$$

由 (3.5.37) 出发, 可以给出多种 ADI 隐格式. 例如 ADI-1 格式为

$$(I + a\delta_x^2)u_{j,k}^* = r^2(\delta_x^2 + \delta_y^2 + \beta\delta_x^2\delta_y^2)u_{j,k}^n + (I + a\delta_x^2)(I + a\delta_y^2)(2u_{j,k}^n - u_{j,k}^{n-1}), \tag{3.5.38}$$

$$(I + a\delta_y^2)u_{j,k}^{n+1} = u_{j,k}^*, \tag{3.5.39}$$

其中 β 是适当的参数. ADI-2 格式为

$$(I + a\delta_x^2)(u_{j,k}^* - 2u_{j,k}^n + u_{j,k}^{n-1}) = r^2(\delta_x^2 + \delta_y^2 - \beta a^{-1}\delta_y^2)u_{j,k}^n, \tag{3.5.40}$$

$$(I + a\delta_y^2)u_{j,k}^{n+1} = u_{j,k}^* + (2a + r^2\beta a^{-1})\delta_y^2 u_{j,k}^n - a\delta_y^2 u_{j,k}^n, \tag{3.5.41}$$

或

$$(I + a\delta_x^2)u_{j,k}^* = r^2(\delta_x^2 + \delta_y^2 - \beta a^{-1}\delta_y^2)u_{j,k}^n, \tag{3.5.42}$$

$$(I + a\delta_y^2)\delta_t^2 u_{j,k}^n = u_{j,k}^* + r^2\beta a^{-1}\delta_y^2 u_{j,k}^n. \tag{3.5.43}$$

ADI-3 格式为

$$(I + a\delta_x^2)u_{j,k}^* = r^2(\delta_x^2 + \delta_y^2 + \beta\delta_x^2\delta_y^2)u_{j,k}^n, \tag{3.5.44}$$

$$(I + a\delta_y^2)\delta_t^2 u_{j,k}^n = u_{j,k}^*. \tag{3.5.45}$$

ADI-4 格式为

$$(I + a\delta_x^2)u_{j,k}^* = r^2 a^{-1}(-I + (\alpha - \beta)\delta_y^2)u_{j,k}^n, \tag{3.5.46}$$

$$(I + a\delta_x^2)\delta_t^2 u_{j,k}^n = u_{j,k}^* + r^2 a^{-1}(I + \beta\delta_y^2)u_{j,k}^n. \tag{3.5.47}$$

可以应用 Fourier 方法分析这些 ADI 格式的线性稳定性, 这里略.

3.6 拟线性双曲型守恒律的差分方法

这一节介绍一类特殊的一阶双曲型方程 (组)—— 守恒律方程 (组) 的差分方法及其基本理论. 守恒律方程 (组) 在很多科学和工程问题中有着重要的应用, 例如流体力学、空气动力学、航空航天和造船等领域. 守恒律的理论也非常丰富, 且有很多独特之处. 相关知识的详细介绍可以参阅论著 [20, 37, 38, 44, 48, 57, 63].

至今为止, 双曲型守恒律方程的差分方法已经取得了很大的发展和应用. 较具有代表型的工作是: Lax 和 Wendroff (1954, 1957) 提出 Lax 格式, 并建立了著名的 Lax-Wendroff 定理; Boris 和 Book(1973) 提出了 FCT (flux-corrected transport, 校正通量输运) 格式, 并采用了限制器函数; Kolgan (1972) 和 van Leer(1979) 提出了线性重构技术, 并构造了一个 MUSCL (monotonic upstream scheme for conservation laws) 型的二阶 Godunov 格式; Harten(1983) 提出了 TVD (total variation diminishing) 概念, 通过修正通量技术构造了一类高分辨 TVD 格式, 并成功地应用于激波的捕捉计算; Harten 等 (1987, 1989) 和 Shu 等 (1989, 1990) 进一步提出了高阶精度的基本无振荡 (essential non–oscillatory, ENO) 和加权的基本无振荡 (WENO) 的格式.

3.6.1 守恒律与弱解

定义 3.6.1 称具有散度形式的一阶方程组

$$\frac{\partial \boldsymbol{u}}{\partial t} + \sum_{i=1}^{d} \frac{\partial \boldsymbol{f}_i}{\partial x_i} = \boldsymbol{0}, \tag{3.6.1}$$

为**守恒律**方程 (组), 其中 d 是空间变量 $\boldsymbol{x} = (x_1, x_2, \cdots, x_d)$ 的维数, 应变量向量 $\boldsymbol{u} = (u_1, u_2, \cdots, u_m)^T$ 的每个分量均是空间变量 $\boldsymbol{x}$ 和时间变量 t 的函数, $\boldsymbol{f}_i$ 是 $\boldsymbol{x}, t$ 和 $\boldsymbol{u}$ 的 m 维向量函数. 通常称守恒律 (3.6.1) 中的 $\boldsymbol{u}$ 是**守恒变量**, $\boldsymbol{f}_i$ 是 x_i 方向的**通量向量**.

称形如

$$\frac{\partial \boldsymbol{u}}{\partial t} + \sum_{i=1}^{d} \frac{\partial \boldsymbol{f}_i}{\partial x_i} = \boldsymbol{g} \tag{3.6.2}$$

的非齐次方程为**平衡律**方程 (组), 其中 $\boldsymbol{g}$ 是 $\boldsymbol{x}, t$ 和 $\boldsymbol{u}$ 的 m 维向量函数.

以下将总假设 $\boldsymbol{f}_i = \boldsymbol{f}_i(\boldsymbol{u})$, $i = 1, 2, \cdots, d$, 并主要以 $d = 1$ 为例进行讨论, 此时 (3.6.1) 可以写为

$$\frac{\partial \boldsymbol{u}}{\partial t} + \frac{\partial \boldsymbol{f}(\boldsymbol{u})}{\partial x} = \boldsymbol{0}, \tag{3.6.3}$$

其中 $\boldsymbol{u} = (u_1, u_2, \cdots, u_m)^T$, $\boldsymbol{f} = \left(f_1(\boldsymbol{u}), f_2(\boldsymbol{u}), \cdots, f_m(\boldsymbol{u})\right)^T$. 当 $d = m = 1$ 时, (3.6.1) 减为一维标量守恒律方程, 记为

$$\frac{\partial u}{\partial t} + \frac{\partial f(u)}{\partial x} = 0. \tag{3.6.4}$$

如果 $\boldsymbol{f}_i(\boldsymbol{u})$ 是 $\boldsymbol{u}$ 的可微函数, $\boldsymbol{u}$ 是光滑函数, 则 (3.6.1) 又可以写成拟线性形式

$$\frac{\partial \boldsymbol{u}}{\partial t} + \sum_{i=1}^{d} \boldsymbol{A}_i \frac{\partial \boldsymbol{u}}{\partial x_i} = \boldsymbol{0}, \tag{3.6.5}$$

其中 $\boldsymbol{A}_i = \dfrac{\partial \boldsymbol{f}_i(\boldsymbol{u})}{\partial \boldsymbol{u}}$, 即通量向量 $\boldsymbol{f}_i(\boldsymbol{u})$ 关于守恒变量 $\boldsymbol{u}$ 的 Jacobi 矩阵. 方程组 (3.6.5) 的形式同 (3.4.1), 类似地有下列定义.

定义 3.6.2 如果对于任意单位实向量 $(\alpha_1, \alpha_2, \cdots, \alpha_d)$, 矩阵 $\displaystyle\sum_{i=1}^{d} \alpha_i \boldsymbol{A}_i$ 对任何 $\boldsymbol{u}$ 均有 m 个实特征值和相应的 m 个线性无关的特征向量, 则称 (3.6.1) 或 (3.6.5) 为**双曲型方程组**. 进一步, 如果这 m 个实特征值互相不同, 则称它们是**严格双曲型方程组**.

守恒律的例子很多, 下面是几个具体的例子.

例 3.6.1 无粘 Burgers 方程 (也称为 Hopf 方程) 具有 (3.6.4) 的形式, 其中通量是

$$f(u) = \frac{1}{2} u^2. \tag{3.6.6}$$

该方程的拟线性形式是

$$u_t + u u_x = 0.$$

例 3.6.2　在复变函数论中遇到的 Cauchy-Riemann 方程可以表示为守恒律形式

$$\frac{\partial}{\partial x}\begin{pmatrix} u \\ v \end{pmatrix} + \frac{\partial}{\partial y}\begin{pmatrix} -v \\ u \end{pmatrix} = 0. \tag{3.6.7}$$

这是一个一阶椭圆型方程组. ∎

例 3.6.3　一维完全气体动力学 Euler 方程组可以写成 (3.6.3) 的形式, 其中

$$\boldsymbol{u} = (\rho, \rho u, E)^T, \quad \boldsymbol{f}(\boldsymbol{u}) = (\rho u, \rho u^2 + p, u(E + p))^T, \tag{3.6.8}$$

这里 ρ, u 和 p 分别是流体密度, 速度和压力, E 是总能量, 一般地, $E = \rho e + \dfrac{1}{2}\rho u^2$. 完全气体的热力学状态方程是 $p = (\gamma - 1)\rho e$, γ 是比热比, 它一般为常数. 通量向量关于守恒变量的 Jacobi 矩阵有三个实特征值 $u - c$, u 和 $u + c$, 其中 $c = \sqrt{\gamma\dfrac{p}{\rho}}$ 表示声速. 因而, 这是一个严格双曲型方程组. ∎

为了方便起见, 下面将只讨论一维双曲型方程组 (3.6.3) 的 Cauchy 问题, 其中 $\dfrac{\partial \boldsymbol{f}}{\partial \boldsymbol{u}}$ 有 m 个实特征值和 m 个线性无关的实特征向量. 初始条件表示为

$$\boldsymbol{u}(x, 0) = \boldsymbol{u}_0(x), \quad x \in \mathbb{R}. \tag{3.6.9}$$

如果

$$\boldsymbol{u}_0(x) = \begin{cases} \boldsymbol{u}_L, & x < 0, \\ \boldsymbol{u}_R & x > 0, \end{cases} \tag{3.6.10}$$

其中 $\boldsymbol{u}_L$ 和 $\boldsymbol{u}_R$ 是两个常向量, 称这样特殊的初值问题为 (3.6.3) 的**Riemann 问题**.

分别用 $\lambda_i(\boldsymbol{u})$ 和 $\boldsymbol{R}_i(\boldsymbol{u}) = (r_{1,i}, r_{2,i}, \cdots, r_{m,i})^T$ 表示双曲型守恒律方程 (3.6.3) 的第 i 个实特征值及相应的右特征向量, $i = 1, 2, \cdots, m$. 称由微分方程 $\dfrac{dx}{dt} = \lambda_i(\boldsymbol{u})$ 定义的曲线为 (3.6.3) 的i-**特征线**, $i = 1, 2, \cdots, m$; 对应每个特征速度 $\lambda_i(\boldsymbol{u})$ 或特征向量 $\boldsymbol{R}_i(\boldsymbol{u})$ 可以定义一个特征场, 称其为λ_i-**特征场**, 有时也被称为R_i-**场**, 它可以理解为是在解空间 $\{\boldsymbol{u}\}$ 内由特征向量 $\boldsymbol{R}_i$ 定义的 "特征线"[63], 即

$$\frac{du_1}{r_{1,i}} = \frac{du_2}{r_{2,i}} = \cdots = \frac{du_m}{r_{m,i}}.$$

定义 3.6.3　如果

$$\nabla_{\boldsymbol{u}}\lambda_i(\boldsymbol{u}) \cdot \boldsymbol{R}_i(\boldsymbol{u}) = \sum_{k=1}^{m}\frac{\partial \lambda_i(\boldsymbol{u})}{\partial u_k}r_{k,i} = 0, \quad \forall \boldsymbol{u} \in \mathbb{R}^m, \tag{3.6.11}$$

则称 λ_i-特征场是**线性退化的**; 如果

$$\nabla_{\boldsymbol{u}}\lambda_i(\boldsymbol{u}) \cdot \boldsymbol{R}_i(\boldsymbol{u}) = \sum_{k=1}^{m} \frac{\partial \lambda_i(\boldsymbol{u})}{\partial u_k} r_{k,i} \neq 0, \quad \forall \boldsymbol{u} \in \mathbb{R}^m, \tag{3.6.12}$$

则称 λ_i-特征场是**真正非线性的**.

说明 3.6.1 当 $m = 1$ 时, (3.6.11) 减为 $\dfrac{\partial \lambda_i(\boldsymbol{u})}{\partial u} \cdot R_i(\boldsymbol{u}) = f''(\boldsymbol{u}) = 0$ 即 $f(\boldsymbol{u})$ 是 u 的线性函数, 而 (3.6.12) 就是通量函数的 "凸条件". 这是因为: (3.6.12) 变为 $\dfrac{\partial \lambda_i(\boldsymbol{u})}{\partial u} \cdot R_i(\boldsymbol{u}) = f''(\boldsymbol{u}) \neq 0$, 所以不妨设 $\dfrac{\partial^2 f}{\partial u^2} > 0$. 如果 $\dfrac{\partial^2 f}{\partial u^2} < 0$, 则可以将方程 (3.6.4) 改写为

$$\frac{\partial \boldsymbol{u}}{\partial t} + \frac{\partial(-f)}{\partial(-x)} = 0.$$

例 3.6.4 一维完全气体动力学 Euler 方程组 (3.6.3) 和 (3.6.8) 的第一和第三特征场是真正非线性的, 而第二特征场则是线性退化的. ■

如果线性常系数方程组

$$\frac{\partial \boldsymbol{u}}{\partial t} + \boldsymbol{A} \frac{\partial \boldsymbol{u}}{\partial x} = \boldsymbol{0} \tag{3.6.13}$$

的系数矩阵 $\boldsymbol{A}$ 可以实对角化, 即存在矩阵 $\boldsymbol{L}$ 和 $\boldsymbol{R}$, 使得 $\boldsymbol{L}\boldsymbol{A}\boldsymbol{R} = \mathrm{diag}\{\lambda_i\}$, $\boldsymbol{L}\boldsymbol{R} = \boldsymbol{I}$, 则它可以变换为

$$\frac{\partial w_i}{\partial t} + \lambda_i \frac{\partial w_i}{\partial x} = 0, \quad i = 1, 2, \cdots, m, \tag{3.6.14}$$

其中 w_i 是 $\boldsymbol{L}\boldsymbol{u}$ 的第 i 个分量. 由此可知, 沿着特征线 $\dfrac{dx}{dt} = \lambda_i$, 函数 $w_i = w_i(u_1, u_2, \cdots, u_m)$ 是常数, 是一个不变量.

定义 3.6.4 对双曲型方程组 (3.6.3) 而言, 如果非常数的标量函数 $w(\boldsymbol{u})$ 满足

$$\nabla_{\boldsymbol{u}} w(\boldsymbol{u}) \cdot \boldsymbol{R}_i(\boldsymbol{u}) = \sum_{k=1}^{m} r_{k,i} \frac{\partial w}{\partial u_k} = 0, \tag{3.6.15}$$

则称 $w(\boldsymbol{u})$ 是 (3.6.3) 的 i-Riemann **不变量**.

现在的问题是, 对于一般的非线性方程组 (3.6.3) 是否存在 "不变量" 将原方程组转化为一组独立的对流方程 (3.6.14)?

当 $m = 2$ 时, 答案是肯定的. 设 $w_i(u_1, u_2)$ 是 i-Riemann 不变量, $i = 1, 2$. 由

$$r_{1,i} \frac{\partial w_i}{\partial u_1} + r_{2,i} \frac{\partial w_i}{\partial u_2} = 0$$

知, 向量 $\left(\dfrac{\partial w_1}{\partial u_1}, \dfrac{\partial w_1}{\partial u_2}\right)$ 是 Jacobi 矩阵的属于第二特征值的左特征向量; 而 $\left(\dfrac{\partial w_2}{\partial u_1}, \dfrac{\partial w_2}{\partial u_2}\right)$ 是 Jacobi 矩阵的属于第一特征值的左特征向量. 用它们形成的矩阵左乘

(3.6.3), 得

$$\left(\frac{\partial w_2}{\partial u_1}\frac{\partial u_1}{\partial t}+\frac{\partial w_2}{\partial u_2}\frac{\partial u_2}{\partial t}\right)+\lambda_1\left(\frac{\partial w_2}{\partial u_1}\frac{\partial u_1}{\partial x}+\frac{\partial w_2}{\partial u_2}\frac{\partial u_2}{\partial x}\right)=0,$$

$$\left(\frac{\partial w_1}{\partial u_1}\frac{\partial u_1}{\partial t}+\frac{\partial w_1}{\partial u_2}\frac{\partial u_2}{\partial t}\right)+\lambda_2\left(\frac{\partial w_1}{\partial u_1}\frac{\partial u_1}{\partial x}+\frac{\partial w_1}{\partial u_2}\frac{\partial u_2}{\partial x}\right)=0,$$

即有

$$\frac{\partial w_2}{\partial t}+\lambda_1\frac{\partial w_2}{\partial x}=0,\quad \frac{\partial w_1}{\partial t}+\lambda_2\frac{\partial w_1}{\partial x}=0.$$

这表明, 1-Riemann 不变量 $w_1(u_1,u_2)$ 沿特征线 $\frac{dx}{dt}=\lambda_2$ 是常数; 而 2-Riemann 不变量 $w_2(u_1,u_2)$ 沿特征线 $\frac{dx}{dt}=\lambda_1$ 是常数.

当 $m>2$ 时, 上述结果一般不成立. 这是因为, 尽管 i-Riemann 不变量 $w(\boldsymbol{u})$ 的梯度向量 $\nabla_{\boldsymbol{u}}w(\boldsymbol{u})$ 与向量 $\boldsymbol{R}_i(\boldsymbol{u})$ 正交, 但是它可以是其他的 $m-1$ 个左特征向量的任意线性组合.

显然, 如果非线性方程组 (3.6.3) 的 λ_i-特征场是线性退化的, 则 $\lambda_i(\boldsymbol{u})$ 是 i-Riemann 不变量. 一般地, 有下列结论[20, 57].

引理 3.6.1　以 $u_1,u_2,\cdots,u_m$ 为自变量的一阶线性方程 (3.6.15) 有 $m-1$ 个梯度向量是线性无关的 i-Riemann 不变量; 任意 m 个 i-Riemann 不变量的梯度一定线性相关.

引理 3.6.2　在 m 维 $\boldsymbol{u}$ 空间中, 沿着曲线

$$\frac{du_1}{r_{1,i}}=\frac{du_2}{r_{2,i}}=\cdots=\frac{du_m}{r_{m,i}},\tag{3.6.16}$$

方程组 (3.6.3) 的 i-Riemann 不变量 $w(\boldsymbol{u})$ 是常数; 反之, 如果非常数函数 $w(\boldsymbol{u})$ 沿 $\boldsymbol{u}$ 空间中的曲线 (3.6.16) 是常数, 则 $w(\boldsymbol{u})$ 是 (3.6.3) 的 i-Riemann 不变量.

如果考虑 (3.6.3) 的如下形式的解

$$\boldsymbol{u}(x,t)=\boldsymbol{U}(\xi),\quad c_1\leqslant\xi:=\frac{x}{t}\leqslant c_2,\quad t\geqslant0,\tag{3.6.17}$$

其中 c_1 和 c_2 是两个有限数, $\boldsymbol{U}(\xi)$ 是可微函数, 但不是常数. 将其代入 (3.6.3), 则得

$$\left(\frac{\partial\boldsymbol{f}}{\partial\boldsymbol{u}}-\xi I\right)\boldsymbol{U}'(\xi)=0.\tag{3.6.18}$$

由此可知, ξ 是 Jacobi 矩阵 $\frac{\partial\boldsymbol{f}}{\partial\boldsymbol{u}}$ 的特征值, $\boldsymbol{U}'(\xi)$ 是相应的特征向量. 当 (3.6.3) 是严格双曲型方程时, 由 $\boldsymbol{U}(\xi)$ 的连续性不难知, 在所考虑的区域内, ξ 只能是同一族

的特征值, $\boldsymbol{U}'(\xi)$ 是相应的右特征向量, 且该特征场是真正非线性的. 事实上, 如果 $\xi = \lambda_i(\boldsymbol{u}) = \lambda_i(\boldsymbol{U}(\xi))$, 两边关于 ξ 求导, 则得 $\nabla_{\boldsymbol{u}}\lambda_i \cdot \boldsymbol{U}' = 1 > 0$. 通常称形如 (3.6.17) 的函数为 (3.6.3) 的一个 i-**中心稀疏波**, 相应的区域为 i-**中心稀疏波区域**.

由定义知, 在 i-中心稀疏波区域内, 恒成立 $\dfrac{\partial \boldsymbol{u}}{\partial t} + \lambda_i(\boldsymbol{U})\dfrac{\partial \boldsymbol{u}}{\partial x} = \dfrac{\partial \boldsymbol{u}}{\partial t} + \xi\dfrac{\partial \boldsymbol{u}}{\partial x} = 0.$ 因此, 如果 $w(\boldsymbol{u})$ 是 i-Riemann 不变量, 则沿着特征线 $\dfrac{dx}{dt} = \lambda_i$, 有 $\dfrac{dw}{dt} = \nabla_{\boldsymbol{u}}w \cdot \left(\dfrac{\partial \boldsymbol{u}}{\partial t} + \lambda_i(\boldsymbol{U})\dfrac{\partial \boldsymbol{u}}{\partial x}\right) = 0$ 和 $\dfrac{dw\left(\boldsymbol{U}(\xi)\right)}{d\xi} = \nabla_{\boldsymbol{u}}w \cdot \boldsymbol{U}'(\xi) = \nabla_{\boldsymbol{u}}w \cdot \boldsymbol{R}_i\left(\boldsymbol{U}(\xi)\right) = 0.$ 这说明, 在 i- 中心稀疏波区域内, i-Riemann 不变量是常数, 且 $\xi = \lambda_i(\boldsymbol{U})$ 是 ξ 的单调增函数.

例 3.6.5 给出 p-方程组

$$\frac{\partial}{\partial t}\begin{pmatrix} v \\ u \end{pmatrix} + \frac{\partial}{\partial x}\begin{pmatrix} -u \\ p(v) \end{pmatrix} = 0, \tag{3.6.19}$$

的 Riemann 不变量, 其中 $p' < 0$ 和 $p'' > 0$.

解 容易计算方程组 (3.6.19) 的 Jacobi 矩阵和它的两个特征值 $\lambda_1 = -c$ 和 $\lambda_2 = c$, 其中 $c = \sqrt{-p'} \in \mathbb{R}$. 这两个特征场均是真正非线性的. 对应的左右特征向量矩阵分别是

$$\boldsymbol{L} = \frac{1}{2c}\begin{pmatrix} c & 1 \\ c & -1 \end{pmatrix}, \quad \boldsymbol{R} = \begin{pmatrix} 1 & -1 \\ c & c \end{pmatrix}.$$

设 $w_1(v, u)$ 和 $w_2(u, v)$ 是两个 Riemann 不变量, 则它们满足

$$\frac{\partial w_1}{\partial v} + c\frac{\partial w_1}{\partial u} = 0, \quad \frac{\partial w_2}{\partial v} - c\frac{\partial w_2}{\partial u} = 0.$$

解之得

$$w_1 = u - \int^v \sqrt{-p'(\xi)}\, d\xi, \quad w_2 = u + \int^v \sqrt{-p'(\xi)}\, d\xi. \qquad \blacksquare$$

例 3.6.6 一维完全气体动力学 Euler 方程组 (3.6.3) 和 (3.6.8) 有六个 Riemann 不变量, 它们是

$$u + \frac{2c}{\gamma - 1}, \quad S \quad 对应于特征值 \lambda_1 = u - c,$$

$$u, \quad p \quad 对应于特征值 \lambda_2 = u,$$

$$u - \frac{2c}{\gamma - 1}, \quad S \quad 对应于特征值 \lambda_3 = u + c,$$

其中 $S = C_v\ln(p/\rho^\gamma)$ 是物理熵, C_v 是等容比热. $\qquad \blacksquare$

当 $f(u) = au$, a 是常数时, 方程 (3.6.4) 的 Cauchy 问题的解是 $u(x, t) = u_0(x - at)$. 因此, 如果初始函数 $u_0(x)$ 连续可微, 则解 $u(x, t)$ 也是连续可微的. 这一点

也可以从几何角度去解释, 由于方程 (3.6.4) 的所有特征线均具有相同的斜率 $\dfrac{dt}{dx} = a^{-1}$ (常数), 所以有唯一的一条特征线经过上半平面中的任何一点 $(\tilde{x}, \tilde{t})$, 解在该点的值等于 $u_0(\tilde{x} - a\tilde{t})$. 但是, 对一般的 $f(u)$, 守恒律方程 (3.6.4) 的 Cauchy 问题, 即使初始函数 $u_0(x)$ 充分光滑, 解 $u(x,t)$ 可能会在某一有限时刻发生间断, 换言之, 方程 (3.6.4) 的特征线可能会在某一区域内发生相交. 下面就来说明这点.

由方程式 (3.6.4) 的特征方程及特征关系

$$\frac{dx}{dt} = \lambda(u) = f'(u), \quad \frac{du}{dt} = 0$$

知, 初值问题的解可以表示为

$$u(x,t) = u_0(x_0), \quad x = x_0 + \lambda\big(u_0(x_0)\big)t,$$

或者由

$$x_0 = x - \lambda\big(u_0(x_0)\big)t = x - \lambda\big(u(x,t)\big)t$$

得

$$u = u_0\big(x - \lambda(u)t\big).$$

该式给出了标量方程 (3.6.4) 的初值问题的光滑解的隐式解析表达式. 由该式不难计算得

$$\frac{\partial u}{\partial x} = \frac{\partial u}{\partial x_0}\frac{\partial x_0}{\partial x}, \quad \frac{\partial u}{\partial t} = \frac{\partial u}{\partial x_0}\frac{\partial x_0}{\partial t},$$

$$\frac{\partial x_0}{\partial x} = \frac{1}{1 + \lambda'(u_0)u_0'(x_0)t}, \quad \frac{\partial x_0}{\partial t} = -\frac{\lambda'(u_0)}{1 + \lambda'(u_0)u_0'(x_0)t}.$$

由此可知, 当 $\lambda'(u_0)u_0'(x) \geqslant 0$ 时, $\dfrac{\partial u}{\partial x}$ 和 $\dfrac{\partial u}{\partial t}$ 有界, 初值问题有古典解, 而当 $\lambda'(u_0)u_0'(x) < 0, t = -1/\lambda'(u_0)u_0'(x)$ 时, 古典解不存在.

例 3.6.7　非守恒形式的无粘 Burgers 方程

$$\frac{\partial u}{\partial t} + u\frac{\partial u}{\partial x} = 0 \tag{3.6.20}$$

的特征线的斜率是 $\dfrac{dt}{dx} = u^{-1}$. 如果取 $u_0(x) = -\tanh\left(\dfrac{x}{\varepsilon}\right)$, 其中 ε 是任意给定的正常数, 则经过点 $(\pm\tilde{x}, 0)$ 的特征线是

$$x = \pm\tilde{x} - tu = \pm\tilde{x} - t\tanh\left(\frac{\pm\tilde{x}}{\varepsilon}\right).$$

不难知道, 这两条特征线相交于点 $\left(0, \tilde{x}\tanh^{-1}\left(\dfrac{\tilde{x}}{\varepsilon}\right)\right)$, 且当 $\tilde{x} \to 0$ 时, 交点趋向于点 $(0, \varepsilon)$. 因而, 对于无穷次可微的初始函数 $u_0(x) = -\tanh\left(\dfrac{x}{\varepsilon}\right)$, 当 $t > \varepsilon > 0$ 时, 就出现特征线相交的区域. ∎

上述例子表明, 有必要拓广古典解的概念, 而引进广义意义下的解或弱解的概念.

定义 3.6.5 设 $u(x,t)$ 是分片连续可微的函数. 如果下列三个条件之一成立, 则称 $u(x,t)$ 是守恒律方程 (3.6.4) 的**弱解**.

(i) $u(x,t)$ 在其连续可微的区域内是守恒律方程 (3.6.4) 的古典解, 即满足微分方程 (3.6.4), 而在它的间断线 $x = \xi(t)$ 上满足关系式

$$f^+ - f^- = (u^+ - u^-)\frac{d\xi(t)}{dt}, \quad u^\pm = u\big(\xi(t) \pm 0, t\big), \quad f^\pm = f(u^\pm). \tag{3.6.21}$$

(ii) 对于 $t > 0$ 的半平面上与 $u(x,t)$ 的间断线只相交有限个点的任意逐段光滑的闭曲线 Γ, 均成立如下积分关系式

$$\oint_\Gamma u\, dx - f\, dt = 0. \tag{3.6.22}$$

(iii) $u(x,t)$ 满足

$$\iint_{t \geqslant 0} \left(\frac{\partial \varphi}{\partial t} u + \frac{\partial \varphi}{\partial x} f \right) dxdt = 0, \quad \forall \varphi(x,t) \in C_0^\infty(\mathbb{R} \times \mathbb{R}^+), \tag{3.6.23}$$

这里 $C_0^\infty(\mathbb{R} \times \mathbb{R}^+)$ 表示定义在 (x,t) 上半平面中具有紧支集的试验函数的集合, 即在 (x,t) 上半平面中的某个有界区域以外 (含其边界) 恒等于零的连续可微函数的集合.

进一步, 如果方程 (3.6.4) 的弱解 $u(x,t)$ 在定义区域内除了在有限条光滑曲线上有第一类间断外, 均具有连续的一阶微商, 则称 $u(x,t)$ 是方程 (3.6.4) 的一个**分片光滑解**.

说明 3.6.2 (i) 通常称 (3.6.21) 为**间断条件**或**Rankine-Hugoniot 条件**;

(ii) 如果考虑的是初值问题的弱解, 则可以将式 (3.6.23) 改为

$$\int_{t \geqslant 0} \left(\frac{\partial \varphi}{\partial t} u + \frac{\partial \varphi}{\partial x} f \right) dxdt + \int_\mathbb{R} \varphi(x,0)u_0(x)\, dx = 0, \quad \forall \varphi(x,t) \in \Phi, \tag{3.6.24}$$

其中 Φ 是 (x,t) 上半平面中的某个有限区域及其边界上 (除了和 x 轴重合的一段) 以外恒等于零的连续可微函数的集合.

定理 3.6.3 定义 3.6.5中的三个条件互相等价.

证明 第一步: 条件 (i) $\Rightarrow$ 条件 (ii). 设 Γ 是半平面 $t > 0$ 上的任意光滑的闭曲线. 如果 $u(x,t)$ 在 Γ 所围的区域 Ω 内连续可微, 则条件 (ii) 成立, 即

$$\oint_\Gamma u\, dx - f\, dt = \iint_\Omega \left(\frac{\partial u}{\partial t} + \frac{\partial f}{\partial x} \right) dxdt = 0.$$

如果 Γ 所围的区域 Ω 仅与 $u(x,t)$ 的一条间断线 $x = \xi(t)$ 相交, 交点记为 $(\xi(t_1), t_1)$ 和 $(\xi(t_2), t_2)$, 其中 $t_1 < t_2$, 此时区域 Ω 被间断线 $x = \xi(t)$ 分割成两个子区域 $\Omega^{\pm}$, 记间断线 $x = \xi(t)$ 作为子区域 $\Omega^{\pm}$ 的边界的一部分为 $\gamma^{\pm}$, 则

$$
\begin{aligned}
\oint_{\Gamma} u\, dx - f\, dt &= \int_{\partial\Omega^+ \cup \partial\Omega^-} u\, dx - f\, dt - \int_{\gamma^+ \cup \gamma^-} u\, dx - f\, dt, \\
&= \left(\iint_{\Omega^+} + \iint_{\Omega^-} \right) \left(\frac{\partial u}{\partial t} + \frac{\partial f}{\partial x} \right) dx dt \\
&\quad + \int_{t_1}^{t_2} \left((u^+ - u^-) \frac{d\xi}{dt} - (f(u^+) - f(u^-)) \right) dt.
\end{aligned}
$$

由 (3.6.21) 知, (3.6.22) 成立. 对于 Ω 与 $u(x,t)$ 的有限条间断线相交的情况, 可以完全类似地给出证明.

第二步: 条件 (i) $\Rightarrow$ 条件 (iii). 在集合 Φ 中任意选取试验函数 $\varphi(x,t)$, 并记其支集为 D. 如果 $u(x,t)$ 在区域 D 上连续可微, 则

$$
\begin{aligned}
&\iint_{t \geqslant 0} \left(u \frac{\partial\varphi}{\partial t} + f \frac{\partial\varphi}{\partial x} \right) dx dt \\
&= \iint_D \left(\frac{\partial(\varphi u)}{\partial t} + \frac{\partial(\varphi f)}{\partial t} - \varphi \left(\frac{\partial u}{\partial t} + \frac{\partial f}{\partial x} \right) \right) dx dt \\
&= -\oint_{\partial D} \varphi u\, dx - \varphi f\, dt - \iint_D \varphi \left(\frac{\partial u}{\partial t} + \frac{\partial f}{\partial x} \right) dx dt = 0.
\end{aligned}
$$

这里已经用到了条件: 当 $(x,t) \in \partial D$ 时, $\varphi = 0$, 而当 $(x,t) \in D$ 时, u 是古典解. 由于 $\varphi(x,t)$ 的任意性, 所以微分方程 (3.6.4) 成立. 如果区域 D 仅与 $u(x,t)$ 的一条间断线 $x = \xi(t)$ 相交, 交点记为 $(\xi(t_1), t_1)$ 和 $(\xi(t_2), t_2)$, 其中 $t_1 < t_2$, 此时区域 Ω 被间断线 $x = \xi(t)$ 分割成两个子区域 $D^{\pm}$, 记间断线 $x = \xi(t)$ 作为子区域 $D^{\pm}$ 的边界的一部分为 $\gamma^{\pm}$, 则

$$
\begin{aligned}
&\iint_{t \geqslant 0} \left(u \frac{\partial\varphi}{\partial t} + f \frac{\partial\varphi}{\partial x} \right) dx dt = \iint_{D^+ \cup D^-} \left(u \frac{\partial\varphi}{\partial t} + f \frac{\partial\varphi}{\partial x} \right) dx dt \\
&= -\int_{\partial D^+ \cup \partial D^-} \varphi(u\, dx - f\, dt) = -\int_{\gamma^+ \cup \gamma^-} \varphi(u\, dx - f\, dt) \\
&= \int_{t_1}^{t_2} \varphi(\xi(t), t) \left((u^+ - u^-) \frac{d\xi}{dt} - (f(u^+) - f(u^-)) \right) dt = 0.
\end{aligned}
$$

对于区域 D 不止含有 $u(x,t)$ 的一条间断线的情况, 可以完全类似地给出证明.

第三步: 条件 (ii) $\Rightarrow$ 条件 (i). 设 $u(x,t)$ 在区域 Ω 上连续可微, 则对于任意区域 $D \subset \Omega$, 有

$$
\iint_D \left(\frac{\partial u}{\partial t} + \frac{\partial f}{\partial x} \right) dx dt = \oint_{\partial D} u\, dx - f\, dt = 0,
$$

因而, 在区域 Ω 上 $u(x,t)$ 满足方程 (3.6.4), 即 $u(x,t)$ 是方程 (3.6.4) 的古典解.

如果曲线 $x = \xi(t)$ 是解 $u(x,t)$ 的一条间断线, 设 $(\xi(\hat{t}), \hat{t})$ 是其上的任意一点, $\Gamma_\varepsilon^\delta$ 表示由如下四条曲线: $t = \hat{t} \pm \delta$, $x = \xi(t) \pm \varepsilon$ 构成的闭曲线, 则由条件 (ii) 知

$$
\begin{aligned}
0 = \oint_{\Gamma_\varepsilon^\delta} u \; dx - f \; dt = & \int_{\hat{t}-\delta}^{\hat{t}+\delta} \left(u(\xi(t)+\varepsilon, t)\frac{d\xi}{dt} - f\big(u(\xi(\hat{t})+\varepsilon, t)\big) \right) dt \\
& + \int_{\hat{t}+\delta}^{\hat{t}-\delta} \left(u(\xi(t)-\varepsilon, t)\frac{d\xi}{dt} - f\big(u(\xi(\hat{t})-\varepsilon, t)\big) \right) dt \\
& + \int_{\xi(\hat{t}+\delta)-\varepsilon}^{\xi(\hat{t}+\delta)+\varepsilon} u(x, \hat{t}+\delta) \; dx + \int_{\xi(\hat{t}-\delta)-\varepsilon}^{\xi(\hat{t}-\delta)+\varepsilon} u(x, \hat{t}-\delta) \; dx.
\end{aligned}
$$

如果令 $\varepsilon \to 0$, 则上式变为

$$
\int_{\hat{t}-\delta}^{\hat{t}+\delta} \left((u^+ - u^-)\frac{d\xi}{dt} - \big(f(u^+) - f(u^-)\big) \right) dt = 0.
$$

又由于 $\hat{t}$ 和 δ 的任意性, 所以在间断线上 $u(x,t)$ 满足关系式 (3.6.21).

第四步: 条件 (iii) $\Rightarrow$ 条件 (i). 由前面的证明不难看出, (i) 和 (ii) 的过程完全类似, 因而按 (iii) 的过程, 就可以完成这一步的论证.

至此, 就完成了等价性的证明. ■

下面以具体的例子来说明定义 3.6.5 中的弱解是不唯一的.

例 3.6.8 给出例 3.6.1 中的 Burgers 方程的 Riemann 问题的解, 其中初始条件是

$$
u(x, 0) = \begin{cases} 0, & x < 0, \\ 1, & x > 0. \end{cases} \tag{3.6.25}
$$

解 应用 Rankine-Hugoniot 条件 (3.6.21), 可计算出间断的传播速度

$$
s = \xi'(t) = \frac{f(u_L) - f(u_R)}{u_L - u_R} = \frac{1}{2}.
$$

由此可得 Riemann 问题的一个弱解是

$$
u(x, t) = \begin{cases} 0, & x < \dfrac{t}{2}, \\ 1, & x > \dfrac{t}{2}. \end{cases} \tag{3.6.26}
$$

另一方面, 根据初始数据, 可以在 (x,t) 平面上画出由 x 轴上的点引出的特征线族, 如图 3.6.1 所示. 从图中不难知, 当 $x < 0$ 时, $u(x,t) = 0$; 当 $x > t$ 时, $u(x,t) = 1$. 在由直线 $x = 0$ 和 $x = t$ 之间的扇形区域内, 如果引出过坐标原点的射线族 $\dfrac{x}{t} = C$,

参见图 3.6.1 中的虚线, 其中 C 是属于区间 $(0,1)$ 内的任意实常数. 容易验证, 在扇形区域内, $u(x,t) = \dfrac{x}{t}$ 是问题的古典解. 因此, 由上述分析又给出已知的 Riemann 问题的一个解, 即

$$u(x,t) = \begin{cases} 0, & x < 0, \\ \dfrac{x}{t}, & 0 \leqslant \dfrac{x}{t} \leqslant 1, \\ 1, & x > t. \end{cases} \tag{3.6.27}$$

这个解是连续的, 但是它的一阶导数在直线 $x = 0$ 和 $x = t$ 处不连续. 通常称这样的间断为**弱间断**.

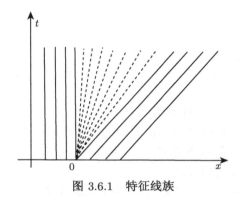

图 3.6.1   特征线族

3.6.2   熵条件和可容许解

这一小节给出可容许解的定义. Oleinik(1959) 首先提出了所谓的熵条件, 并论证了单个守恒律方程 (3.6.4) 的满足熵条件的弱解的存在唯一性.

定理 3.6.4   如果单个守恒律方程 (3.6.4) 的 Cauchy 问题的弱解 $u(x,t)$ 在其间断线上满足不等式 (几何熵条件)

$$\frac{f(u^+) - f(u)}{u^+ - u} \leqslant \frac{f(u^-) - f(u^+)}{u^- - u^+} \leqslant \frac{f(u^-) - f(u)}{u^- - u}, \tag{3.6.28}$$

其中 $\min\{u^+, u^-\} \leqslant u \leqslant \max\{u^+, u^-\}$, 则它在函数类 $\mathcal{K}$ 中是唯一的, 其中 $\mathcal{K}$ 是所有定义在上半平面中的除了在有限条光滑曲线上间断外的连续可微函数的集合. 定理的证明可以参见 [13].

定义 3.6.6   如果单个守恒律方程 (3.6.4) 的 Cauchy 问题的弱解 $u(x,t)$ 满足熵条件 (3.6.28), 则称其为**可容许解**或**物理解**.

说明 3.6.3   如果在 (3.6.28) 的左边令 $u \to u^+$, 而在右边令 $u \to u^-$, 则有

$$a(u^+) \leqslant s \leqslant a(u^-), \tag{3.6.29}$$

其中 $a(u) = \dfrac{\partial f}{\partial u}$ 和 $s = \left(f(u^-) - f(u^+)\right)/(u^- - u^+)$.

下面考虑严格双曲型方程组 (3.6.3), $m > 1$, 并假定 Jacobi 矩阵 $\boldsymbol{A} = \dfrac{\partial \boldsymbol{f}}{\partial \boldsymbol{u}}$ 的 m 个互相不同的实特征值满足 $\lambda_1(\boldsymbol{u}) < \lambda_2(\boldsymbol{u}) < \cdots < \lambda_m(\boldsymbol{u})$.

定义 3.6.7 如果 i-特征场是真正非线性的, 且在严格双曲型方程组 (3.6.3) 的分片光滑解 $\boldsymbol{u}(x,t)$ 的间断线 $x = \xi(t)$ 处成立不等式 (几何熵条件)

$$\lambda_{i-1}(\boldsymbol{u}^-) < \xi' < \lambda_i(\boldsymbol{u}^-), \quad \lambda_i(\boldsymbol{u}^+) < \xi' < \lambda_{i+1}(\boldsymbol{u}^+), \tag{3.6.30}$$

其中 $\boldsymbol{u}^\pm = \boldsymbol{u}\big(\xi(t) \pm 0, t\big)$, 则称该间断线为一个 i-**激波**; 如果 i-特征场是线性退化的, 且在严格双曲型方程组 (3.6.3) 的分片光滑解 $\boldsymbol{u}(x,t)$ 的间断线 $x = \xi(t)$ 处成立

$$\xi' = \lambda_i(\boldsymbol{u}^-) = \lambda_i(\boldsymbol{u}^+), \tag{3.6.31}$$

则该间断线 $x = \xi(t)$ 间断线为 i-**接触间断**.

说明 3.6.4 从不等式 (3.6.30) 不难看出, 有

$$\lambda_i(\boldsymbol{u}^+) < \xi' < \lambda_i(\boldsymbol{u}^-). \tag{3.6.32}$$

该不等式形式上与单个方程的熵条件 (3.6.29) 相同.

引理 3.6.5 如果方程

$$\frac{\partial \boldsymbol{u}}{\partial t} + \frac{\partial \boldsymbol{f}(\boldsymbol{u})}{\partial x} = \varepsilon \frac{\partial^2 \boldsymbol{u}}{\partial x^2}, \quad \varepsilon > 0 \tag{3.6.33}$$

有一族局部一致有界的古典解 $\boldsymbol{u}^\varepsilon(x,t)$, 且当 $\varepsilon \to 0$ 时 $\boldsymbol{u}^\varepsilon$ 几乎处处收敛到函数 $\boldsymbol{u}(x,t)$, 则 $\boldsymbol{u}(x,t)$ 是方程 (3.6.3) 的一个**可容许解**.

守恒律的可容许解还可以从另一个角度定义.

定义 3.6.8 如果标量函数 $\eta(\boldsymbol{u})$ 和 $q(\boldsymbol{u})$ 使得方程 (3.6.3) 的任一古典解都同时满足下列额外的守恒律

$$\frac{\partial \eta(\boldsymbol{u})}{\partial t} + \frac{\partial q(\boldsymbol{u})}{\partial x} = 0, \tag{3.6.34}$$

则分别称 $\eta(\boldsymbol{u})$ 和 $q(\boldsymbol{u})$ 是 (3.6.3) 的**熵**和**熵通量**或**熵流量**, (η, q) 是一个**熵对**.

说明 3.6.5 (i) 式 (3.6.24) 成立的充分必要条件是

$$\frac{\partial \eta}{\partial \boldsymbol{u}} \frac{\partial f}{\partial \boldsymbol{u}} = \frac{\partial q}{\partial \boldsymbol{u}}.$$

对于标量方程式 $(m = 1)$, 由上式可得 $q(u) = \displaystyle\int^u \eta'(\xi) f'(\xi)\, d\xi$; 当 $m \geqslant 3$ 时上式是一个超定方程组, 一般不具有非平凡解.

(ii) 方程 (3.6.3) 的弱解一般不满足额外的守恒律 (3.6.34).

下面从引理 3.6.5 出发, 推导方程 (3.6.3) 的物理解所满足的条件.

设 $\eta(\boldsymbol{u})$ 是任意光滑函数, 且 $\eta''(\boldsymbol{u}) \geqslant 0$. 用 $\eta'(\boldsymbol{u}^\varepsilon)$ 乘以方程 (3.6.33) 的两边, 得

$$\frac{\partial \eta(\boldsymbol{u}^\varepsilon)}{\partial t} + \frac{\partial q(\boldsymbol{u}^\varepsilon)}{\partial x} = \varepsilon \left(\frac{\partial^2 \eta(\boldsymbol{u}^\varepsilon)}{\partial x^2} - \eta''(\boldsymbol{u}^\varepsilon) \left(\frac{\partial \boldsymbol{u}^\varepsilon}{\partial x} \right)^2 \right) \leqslant \varepsilon \frac{\partial^2 \eta(\boldsymbol{u}^\varepsilon)}{\partial x^2}.$$

再用非负函数 $\psi(x,t) \in C_0^\infty(\mathbb{R} \times \mathbb{R}^+)$ 乘以上式两端, 然后关于 x 和 t 积分得

$$-\iint_\Omega \left(\eta(\boldsymbol{u}^\varepsilon) \frac{\partial \psi}{\partial t} + q(\boldsymbol{u}^\varepsilon) \frac{\partial \psi}{\partial x} \right) dxdt \leqslant \varepsilon \iint_\Omega \eta(\boldsymbol{u}^\varepsilon) \frac{\partial^2 \psi}{\partial x^2} dxdt,$$

其中 $\Omega = \mathbb{R} \times \mathbb{R}^+$. 由于当 $\varepsilon \to 0$ 时, $\boldsymbol{u}^\varepsilon$ 几乎处处收敛到函数 $\boldsymbol{u}(x,t)$, 所以有

$$\iint_\Omega \left(\eta(\boldsymbol{u}^\varepsilon) \frac{\partial \psi}{\partial t} + q(\boldsymbol{u}^\varepsilon) \frac{\partial \psi}{\partial x} \right) dxdt \geqslant 0,$$

即在广义意义下满足

$$\frac{\partial \eta(\boldsymbol{u}^\varepsilon)}{\partial t} + \frac{\partial q(\boldsymbol{u}^\varepsilon)}{\partial x} \leqslant 0. \tag{3.6.35}$$

定义 3.6.9   设守恒律方程 (3.6.3) 有严格凸熵对 $(\eta(\boldsymbol{u}), q(\boldsymbol{u}))$, 即 $\dfrac{\partial^2 \eta}{\partial \boldsymbol{u}^2}$ 是正定矩阵, $\boldsymbol{u}(x,t)$ 是它的弱解. 如果对所有的严格凸熵对 $(\eta(\boldsymbol{u}), q(\boldsymbol{u}))$, 不等式 (3.6.35) 均成立, 则称 $\boldsymbol{u}(x,t)$ 是方程组 (3.6.3) 的一个**可容许解**或**物理解**. 有时也称之为 (3.6.3) 的**熵解**.

说明 3.6.6   上面给出的两个可容许解的定义是互相等价的.

下面给出一个可容许解的充分必要条件, 并建立条件 (3.6.35) 和几何熵条件 (3.6.30) 的关系[20].

引理 3.6.6   设守恒律方程 (3.6.3) 有严格凸熵对 $(\eta(\boldsymbol{u}), q(\boldsymbol{u}))$, $\boldsymbol{u}(x,t)$ 是它的分片光滑解. $\boldsymbol{u}(x,t)$ 在定义 3.6.9 意义下是 (3.6.3) 的可容许解当且仅当对所有的严格凸熵 $\eta(\boldsymbol{u})$ 和对应的熵通量 $q(\boldsymbol{u})$, 在间断线 $x = \xi(t)$ 上均成立如下不等式

$$(\eta^+ - \eta^-) \xi'(t) \geqslant q^+ - q^-. \tag{3.6.36}$$

定理 3.6.7   设方程组 (3.6.3) 是严格双曲型方程组, Jacobi 矩阵 $\boldsymbol{A} = \dfrac{\partial \boldsymbol{f}}{\partial \boldsymbol{u}}$ 的每一个特征值 $\lambda_i(\boldsymbol{u})$ 或者是真正非线性的或者是线性退化的, 且具有严格凸熵对 (η, q), 则 (3.6.3) 的分片光滑解 $\boldsymbol{u}(x,t)$ 在其任一间断线 $x = \xi(t)$ 上, 当 $\boldsymbol{u}^+ = \boldsymbol{u}(\xi(t)+0,t)$ 和 $\boldsymbol{u}^- = \boldsymbol{u}(\xi(t)-0,t)$ 充分接近时, 几何熵条件 (3.6.30) 和 (3.6.36) 等价.

定理 3.6.8 当 $m = 1$ 时, 如果 $u(x, t)$ 和 $v(x, t)$ 是方程 (3.6.4) 在定义 3.6.9 意义下的两个可容许解, 且在 L_{loc}^1 范数意义下满足

$$\lim_{t \to 0^+} u(x, t) = u(x, 0) = v(x, 0) = \lim_{t \to 0^+} v(x, t), \qquad (3.6.37)$$

则当 $t \geqslant 0$ 时, $u(x, t)$ 和 $v(x, t)$ 几乎处处相等.

当 $m > 1$ 时, 目前还没有类似的唯一性结果, 但是可以加强问题的古典解的唯一性结果.

定理 3.6.9 当 $m > 1$ 时, 设方程组 (3.6.3) 有严格凸熵对 (η, q), $\boldsymbol{u}_0(x)$ 是光滑的初始函数. 如果 $\boldsymbol{u}(x, t)$ 是问题的可容许解, 并在在 L_{loc}^1 范数意义下满足初始条件, $\boldsymbol{v}(x, t)$ 是同一问题的古典解, 则 $\boldsymbol{u}(x, t)$ 与 $\boldsymbol{v}(x, t)$ 几乎处处相等.

Kruzkov 于 1970 年在有界可测函数类中也给出了可容许解的另一种定义.

定义 3.6.10 称 $u(x, t)$ 是 (3.6.4) 的 Cauchy 问题的**可容许解**或**物理解**, 如果它满足:

(i) 对于任意常数 k 和非负的试验函数 $\varphi(x, t) \in \Phi$, 成立

$$\iint_\Omega s\left((u - k)\frac{\partial \varphi}{\partial t} + (f(u) - f(k))\frac{\partial \varphi}{\partial x}\right) dx dt \geqslant 0, \qquad (3.6.38)$$

其中 $\Omega = \{(x, t) | 0 \leqslant t \leqslant T, x \in \mathbb{R}\}$ 包含试验函数 $\varphi(x, t)$ 的支集, $s = \text{sign}(u - k)$.

(ii) 在区间 $[0, T]$ 上存在一个零测度集 δ, 在区域 $\{(x, t) | t \in [0, T] \setminus \delta, x \in \mathbb{R}\}$ 上几乎处处有定义, 并对任意球 $\{|x| < r\} \subset \mathbb{R}$ 和 $t \in [0, T] \setminus \delta$, 成立

$$\lim_{t \to 0} \int_{|x| < r} |u(x, t) - u_0(x)| \, dx = 0. \qquad (3.6.39)$$

定理 3.6.10 如果标量方程 (3.6.4) 的可容许解是分片连续可微函数, 则在其间断面上有

$$s^+ \left((u^+ - k)\cos(\alpha_t) + (f(u^+) - f(k))\cos(\alpha_x)\right)$$
$$\leqslant s^- \left((u^- - k)\cos(\alpha_t) + (f(u^-) - f(k))\cos(\alpha_x)\right), \qquad (3.6.40)$$

其中 $s^\pm = \text{sign}(u^\pm - k)$, α_t 和 α_x 分别是间断面上的法矢量与 x 轴和 t 轴的夹角.

说明 3.6.7 可以从 (3.6.40) 推导出 (3.6.28).

在结束这一小节前, 简单地介绍守恒律 (3.6.3) 的 Riemann 问题的几个基本波解: 激波, 接触间断和稀疏波. 由前面的知识知道, 如果曲线 $x = \xi(t)$ 是 (3.6.3) 的解 $\boldsymbol{u}(x, t)$ 的一条间断线, 其中 $s = \xi'(t)$, 则一定有 Rankine-Hugoniot 条件

$$\boldsymbol{f}(\boldsymbol{u}_R) - \boldsymbol{f}(\boldsymbol{u}_L) = s(\boldsymbol{u}_R - \boldsymbol{u}_L),$$

其中 u_L 和 u_R 是 $u(x,t)$ 在间断线上的左右极限.

对于激波, 两个常数状态 u_L 和 u_R 由对应于真正非线性的 λ_i-特征场的单个跳跃间断相联结, 它们满足下列条件 (以下用 s_i 表示间断移动速度):

(i) Rankine-Hugoniot 条件: $\boldsymbol{f}(\boldsymbol{u}_R) - \boldsymbol{f}(\boldsymbol{u}_L) = s_i(\boldsymbol{u}_R - \boldsymbol{u}_L)$,

(ii) 熵条件: $\lambda_{i-1}(\boldsymbol{u}_L) < s < \lambda_i(\boldsymbol{u}_L)$, $\lambda_i(\boldsymbol{u}_R) < s < \lambda_{i+1}(\boldsymbol{u}_R)$.

对于接触间断, 两个常数状态 u_L 和 u_R 是由对应于线性退化的 λ_i-特征场中的单个跳跃间断相联结, 它们满足下列条件 (以下用 s_i 表示间断移动速度):

(i) Rankine-Hugoniot 条件: $\boldsymbol{f}(\boldsymbol{u}_R) - \boldsymbol{f}(\boldsymbol{u}_L) = s_i(\boldsymbol{u}_R - \boldsymbol{u}_L)$,

(ii) 跨过接触间断波, i-Riemann 不变量是常数,

(iii) 熵条件或特征线平行: $s_i = \lambda_i(\boldsymbol{u}_L) = \lambda_i(\boldsymbol{u}_R)$.

对于稀疏波 (或简单波), 两个常数状态 u_L 和 u_R 是由对应于真正非线性的 λ_i-特征场中的一个光滑函数相联结, 它们满足下列条件:

(i) 在稀疏波区域内, i-Riemann 不变量是常数,

(ii) 特征线发散: $\lambda_i(\boldsymbol{u}_L) < \lambda_i(\boldsymbol{u}_R)$.

3.6.3   守恒型差分方法

为了叙述方便, 这里仅限于一维守恒律的初值问题 (3.6.4) 和 (3.6.9).

定义 3.6.11   *如果差分格式*

$$u_j^{n+1} = H(u_{j-l}^n, u_{j-l+1}^n, \cdots, u_{j+l}^n) \tag{3.6.41}$$

的右端项可以写成

$$H(u_{j-l}^n, u_{j-l+1}^n, \cdots, u_{j+l}^n) = u_j^n - r\left(\hat{f}_{j+\frac{1}{2}}^n - \hat{f}_{j-\frac{1}{2}}^n\right), \tag{3.6.42}$$

其中 $r = \dfrac{\tau}{h}$ 和

$$\hat{f}_{j+\frac{1}{2}} := \hat{f}(u_{j-l+1}, u_{j-l+2}, \cdots, u_{j+l}), \tag{3.6.43}$$

*则称 (3.6.41) 为**守恒型差分格式**, 网格函数 $\hat{f}_{j+\frac{1}{2}}^n$ 为**数值通量**, 其中 $\{u_j^n\}$ 是定义在 $\Omega_h := \{(n\tau, jh), n = 0, 1, 2, \cdots; j \in \mathbb{Z}\}$ 上的网格函数, τ 和 h 分别是时间和空间步长. 如果 $\hat{f}$ 满足*

$$\hat{f}(v, v, \cdots, v) = f(v), \tag{3.6.44}$$

*则称 (3.6.41) 与 (3.6.4)**相容**.*

说明 3.6.8   (i) 相容性条件 (3.6.44) 可以由 Taylor 级数展开得到, 而差分格式的守恒形式意味着, 如果当 $j \to \pm\infty$ 时有 $u_j^n \to 0$, 则

$$\sum_{j \in \mathbb{R}} u_j^{n+1} h = \sum_{j \in \mathbb{R}} u_j^n h.$$

(ii) 如果

$$u_j^n \approx \frac{1}{h} \int_{x_{j-\frac{1}{2}}}^{x_{j+\frac{1}{2}}} u(x, t_n) \, dx,$$

则上述守恒型格式可以看成是守恒型有限体积格式, 它是基于微分方程在有限控制体内积分, 利用散度定理将某些体积分项转为控制体边界上的积分, 然后再作适当近似得到的.

(iii) 上述定义可以推广到隐式格式、多时间层格式和高维格式等, 例如一维方程的一个两时间层的隐式守恒格式是

$$u_j^{n+1} = u_j^n - r\left(\hat{f}_{j+\frac{1}{2}}^{n+1} - \hat{f}_{j-\frac{1}{2}}^{n+1}\right). \tag{3.6.45}$$

下面举几个具体的逼近标量守恒律方程 (3.6.4) 的守恒型差分格式.

例 3.6.9 逼近 (3.6.4) 的 LF 格式

$$u_j^{n+1} = \frac{u_{j+1}^n + u_{j-1}^n}{2} - \frac{r}{2}\big(f(u_{j+1}^n) - f(u_{j-1}^n)\big), \tag{3.6.46}$$

可以改写为

$$u_j^{n+1} = u_j^n - r\big(\hat{f}_{j+1/2}^n - \hat{f}_{j-1/2}^n\big), \tag{3.6.47}$$

其中

$$\hat{f}_{j+1/2} = \frac{1}{2}\big(f(u_{j+1}) + f(u_j)\big) - \frac{1}{2r}(u_{j+1} - u_j). \tag{3.6.48}$$

由此可知, 逼近 (3.6.4) 的 LF 格式是守恒型差分格式. ■

例 3.6.10 逼近 (3.6.4) 的 LW 格式

$$\begin{aligned} u_j^{n+1} = u_j^n - \frac{r}{2}\big(f(u_{j+1}^n) - f(u_{j-1}^n)\big) \\ + \frac{(\nu_{j+1/2}^n)^2}{2}(u_{j+1}^n - u_j^n) - \frac{(\nu_{j-1/2}^n)^2}{2}(u_j^n - u_{j-1}^n), \end{aligned} \tag{3.6.49}$$

也可以表示成 (3.6.47) 的形式, 其中

$$\hat{f}_{j+1/2} = \frac{1}{2}\big(f(u_{j+1}) + f(u_j)\big) - \frac{|\nu_{j+1/2}|^2}{2r}(u_{j+1} - u_j). \tag{3.6.50}$$

这里 $\nu_{j+1/2} = r a_{j+1/2}$, $a_{j+1/2}$ 满足

$$f(u_{j+1}) - f(u_j) = a_{j+1/2}(u_{j+1} - u_j). \tag{3.6.51}$$

因此逼近 (3.6.4) 的 LW 格式是守恒型差分格式. ■

例 3.6.11   逼近 (3.6.4) 的迎风格式

$$u_j^{n+1} = u_j^n - \frac{r}{2}\big(f(u_{j+1}^n) - f(u_{j-1}^n)\big)$$

$$+ \frac{|\nu_{j+1/2}^n|}{2}(u_{j+1}^n - u_j^n) - \frac{|\nu_{j-1/2}^n|}{2}(u_j^n - u_{j-1}^n) \tag{3.6.52}$$

是守恒型差分格式, 其数值通量可以写为

$$\hat{f}_{j+1/2} = \frac{1}{2}\big(f(u_{j+1}) + f(u_j)\big) - \frac{|\nu_{j+1/2}|}{2r}(u_{j+1} - u_j). \tag{3.6.53}$$

∎

例 3.6.12   逼近 (3.6.4) 的 Godunov 格式

$$u_j^{n+1} = u_j^n - r\Big(f\big(w(0; u_{j+1}^n, u_j^n)\big) - f\big(w(0; u_{j+1}^n, u_j^n)\big)\Big) \tag{3.6.54}$$

是守恒型差分格式, 其中 $w\left(\dfrac{x}{t}; u_L, u_R\right)$ 是 Riemann 问题

$$\begin{cases} \dfrac{\partial u}{\partial t} + \dfrac{\partial f(u)}{\partial x} = 0, \\ u(x,0) = \begin{cases} u_L, & x < 0, \\ u_R, & x \geqslant 0 \end{cases} \end{cases} \tag{3.6.55}$$

的自相似解. 由于当 $u_L = u_R$ 时, Riemann 问题的解恒等于常数, 即 $w\left(\dfrac{x}{t}; \bar{u}, \bar{u}\right) = \bar{u}$, 所以 Godunov 格式与方程 (3.6.4) 相容. ∎

以上列举的几个格式均是三点守恒型差分格式. 它们在双曲型守恒律方程 (3.6.4) 的数值分析中有着重要应用. 另外, 它们的数值通量又可以统一表示成

$$\hat{f}_{j+1/2} = \frac{1}{2}\big(f(u_{j+1}) + f(u_j)\big) - \frac{Q(\nu_{j+1/2})}{2r}\Delta_x u_j, \tag{3.6.56}$$

通常称 $Q(\nu_{j+1/2})$ 为**数值粘性系数**. 例如 LF 格式、LW 格式和迎风格式的数值粘性系数分别是 1, $|\nu_{j+1/2}|^2$, 和 $|\nu_{j+1/2}|$; 而 Godunov 格式的数值粘性系数是

$$Q(\nu_{j+1/2}) = r\frac{f(u_{j+1}) + f(u_j) - 2f\big(w(0; u_{j+1}, u_j)\big)}{u_{j+1} - u_j}.$$

定理 3.6.11   如果在 CFL 条件

$$0 \leqslant |\nu_{j+1/2}^n| \leqslant \mu_0 \leqslant 1, \quad \mu_0 \text{ 是常数} \tag{3.6.57}$$

下, 三点守恒型差分格式 (3.6.47) 和 (3.6.56) 的数值粘性系数 $Q(x)$ 满足

$$|x| \leqslant Q(x) \leqslant 1, \tag{3.6.58}$$

则格式 (3.6.47) 和 (3.6.56) 的解满足

$$TV(u^{n+1}) \leqslant TV(u^n), \quad TV(u) := \sum_j |\Delta_x u_j|. \tag{3.6.59}$$

证明 将格式 (3.6.47) 和 (3.6.56) 改写成下列增量形式

$$u_j^{n+1} = u_j^n + \frac{1}{2}\big(Q(\nu_{j+1/2}^n) - \nu_{j+1/2}^n\big)\Delta_x u_j^n - \frac{1}{2}\big(Q(\nu_{j-1/2}^n) + \nu_{j-1/2}^n\big)\nabla_x u_j^n.$$

如果令 $C_{j\pm1/2}^{n,\pm} = \frac{1}{2}\big(Q(\nu_{j\pm1/2}^n) \mp \nu_{j\pm1/2}^n\big)$, 则上式简化为

$$u_j^{n+1} = u_j^n + C_{j+1/2}^{n,+}\Delta_x u_j^n - C_{j-1/2}^{n,-}\nabla_x u_j^n. \tag{3.6.60}$$

显然, 在 CFL 条件 (3.6.57) 和条件 (3.6.58) 下, $C_{j+1/2}^{n,\pm}$ 满足

$$C_{j\pm1/2}^{n,\pm} \geqslant 0, \quad C_{j+1/2}^{n,+} + C_{j+1/2}^{n,-} \leqslant 1. \tag{3.6.61}$$

在 (3.6.60) 中令 $j = i$ 和 $j = i+1$ 并相减, 得

$$\Delta_x u_i^{n+1} = C_{i-1/2}^{n,-}\nabla_x u_i^n + (1 - C_{i+1/2}^{n,+} - C_{i+1/2}^{n,-})\Delta_x u_i^n + C_{i+3/2}^{n,+}\Delta_x u_{i+1}^n.$$

条件 (3.6.61) 说明了上式增量前的系数均是非负的. 对上式两端取绝对值, 并关于 i 求和, 得

$$\begin{aligned}
TV(u^{n+1}) &\leqslant \sum_i C_{i-1/2}^{n,-}|\nabla_x u_i^n| + \sum_i C_{i+3/2}^{n,+}|\Delta_x u_{i+1}^n| \\
&\quad + \sum_i (1 - C_{i+1/2}^{n,+} - C_{i+1/2}^{n,-})|\Delta_x u_i^n| = TV(u^n),
\end{aligned}$$

即 (3.6.59) 成立. ∎

说明 3.6.9 通常将具有性质 $TV(u^{n+1}) \leqslant TV(u^n)$ 的差分格式称作 **TVD 格式**. 易知, LF 格式 (3.6.46)、迎风格式 (3.6.52) 和 Godunov 格式 (3.6.54) 均是 TVD 格式, 而二阶精度的 LW 格式 (3.6.49) 不是.

引理 3.6.12 TVD 格式保持解的单调性, 即如果初始值是单调非减或非增的, 则差分格式的解也是单调非减或非增的.

通常称在引理 3.6.12 意义下保持解的单调性的格式为**保单调格式**.

定理 3.6.13 如果三点守恒型差分格式 (3.6.47) 和 (3.6.56) 的数值粘性系数 $Q(x)$ 满足 (3.6.58), 则它至多有一阶精度.

证明 由于二阶精度的 LW 格式 (3.6.49) 的数值粘性系数是 $|\nu_{j+1/2}|^2$, 所以对于 (3.6.4) 的光滑解 $u_j = u(jh,t)$, 任何一个二阶精度三点守恒型差分格式的数值通量都应该满足

$$\hat{f}_{j+1/2} - \hat{f}_{j+1/2}^{LW} = \frac{1}{2r}\big(Q(\nu_{j+1/2}) - |\nu_{j+1/2}|^2\big)\Delta_x u_j = O(h^2),$$

其中 $\hat{f}_{j+1/2}^{LW}$ 是 LW 格式 (3.6.49) 的数值通量, 其定义见 (3.6.50). 另一方面, 如果 $Q(\nu_{j+1/2})$ 满足 (3.6.58), 则

$$|\hat{f}_{j+1/2} - \hat{f}_{j+1/2}^{LW}| \geqslant \frac{1}{2r}(|\nu_{j+1/2}| - |\nu_{j+1/2}|^2)|\Delta_x u_j| = O(h).$$

由于当 $0 < h \ll 1$ 时, $O(h^2) < O(h)$, 所以数值粘性系数 $Q(x)$ 满足 (3.6.58) 的三点守恒型差分格式 (3.6.47) 和 (3.6.56) 至多只有一阶精度. ∎

如果将网格函数 $\{u_j^n\}$ 延拓到整个上半空间, 并定义阶梯函数

$$u_h(x,t) = u_j^n, \quad (x,t) \in [x_{j-1/2}, x_{j+1/2}] \times [t_n, t_{n+1}), \tag{3.6.62}$$

则有以下结论.

定理 3.6.14(Lax-Wendroff 定理)　设守恒型差分格式 (3.6.41)—(3.6.42) 与方程 (3.6.4) 相容. 如果当 $\max\{\tau, h\} \to 0$ 时, 差分格式 (3.6.41) 满足初始条件

$$u_h(x,0) = \frac{1}{h}\int_{x_{j-1/2}}^{x_{j+1/2}} u_0(s)\,ds, \quad x \in [x_{j-1/2}, x_{j+1/2}] \tag{3.6.63}$$

的解 $u_h(x,t)$ 几乎处处有界并收敛到函数 $u(x,t)$, 则 $u(x,t)$ 是 (3.6.4) 的一个弱解.

证明　将格式 (3.6.41)—(3.6.42) 改写为

$$\frac{1}{\tau}(u_j^{n+1} - u_j^n) + \frac{1}{h}(\hat{f}_{j+1/2}^n - \hat{f}_{j-1/2}^n) = 0,$$

或

$$\frac{1}{\tau}\Delta_t u_h(x,t) + \frac{1}{h}\delta_x \hat{f}_h(x,t) = 0, \tag{3.6.64}$$

其中 $\hat{f}_h(x + \frac{h}{2}, t) = \hat{f}(u_h(x - (l-1)h, t), \cdots, u_h(x + lh, t))$. 任意选取试验函数 $\varphi(x,t) \in C_0^\infty(\mathbb{R} \times [0,T))$, 然后将它与方程 (3.6.64) 相乘, 并对 x 和 t 积分, 即

$$\int_0^T \iint_{\mathbb{R}} \varphi(x,t)\frac{u_h(x,t+\tau) - u_h(x,t)}{\tau} + \frac{\hat{f}_h\left(x + \frac{h}{2}, t\right) - \hat{f}_h\left(x - \frac{h}{2}, t\right)}{h}\,dxdt = 0.$$

作变量替换, 则上式变为

$$\int_\tau^T \iint_{\mathbb{R}} u_h(x,t)\frac{\varphi(x,t-\tau) - \varphi(x,t)}{\tau}dxdt + \int_0^T \iint_{\mathbb{R}} \hat{f}_h(x,t)\frac{\varphi\left(x - \frac{h}{2}, t\right) - \varphi\left(x + \frac{h}{2}, t\right)}{h}dxdt$$

$$-\frac{1}{\tau}\int_0^\tau \iint_{\mathbb{R}} \varphi(x,t)u_h(x,t)\,dxdt = 0. \tag{3.6.65}$$

由于当 $\max\{\tau, h\} \to 0$ 时, $u_h(x,t)$ 几乎处处有界并收敛到函数 $u(x,t)$, $\hat{f}_h(x,t)$ 的值趋于 $\hat{f}(u, u, \cdots, u) = f(u)$ (相容性), 所以 (3.6.65) 趋于积分关系式

$$\int_\tau^T \iint_{\mathbb{R}} \left(u\frac{\partial \varphi}{\partial t} + f(u)\frac{\partial \varphi}{\partial x}\right)dxdt + \int_{\mathbb{R}} \varphi(x,0)u_0(x)\,dxdt = 0.$$

因而, $u(x,t)$ 是 (3.6.4) 的一个弱解. ■

Lax-Wendroff 定理的重要性在于: 它说明了即使双曲型方程 (组) 的古典解不存在, 守恒型差分格式仍然是有意义的, 而且其解逼近双曲型方程 (组) 的弱解. 但是, 方程 (3.6.4) 的弱解是不唯一的. 另一个重要问题是: 什么样的差分格式的解会收敛到方程 (3.6.4) 的唯一的可容许解 (物理解)? 根据上一小节的定义知道, 如果 (3.6.4) 的弱解 $u(x,t)$ 对所有严格的凸熵 $\eta(u)$ 及相应的熵通量 $q(u)$ 在广义函数意义下满足熵不等式 (3.6.35), 即

$$\int_0^T \int_{\mathbb{R}} \left(\eta(u)\frac{\partial \varphi}{\partial t} + q(u)\frac{\partial \varphi}{\partial x} \right) \, dxdt \geqslant 0, \tag{3.6.66}$$

则弱解 $u(x,t)$ 就是 (3.6.4) 的可容许解, 其中 $\varphi(x,t)$ 是任意非负光滑函数, 即 $\varphi(x,t) \in C_0^\infty(\mathbb{R} \times [0,T))$, $\varphi(x,t) \geqslant 0$.

定义 3.6.12 如果对于守恒律方程 (3.6.4) 的任意的严格凸熵对 $(\eta(u), q(u))$, 均存在多元函数 $\hat{q}_{j+1/2} := \hat{q}(u_{j-l+1}, \cdots, u_{j+l})$ 使得守恒型差分格式 (3.6.41)—(3.6.42) 的解满足离散不等式

$$\eta(u_j^{n+1}) \leqslant \eta(u_j^n) - r(\hat{q}_{j+1/2}^n - \hat{q}_{j-1/2}^n), \tag{3.6.67}$$

其中 $\hat{q}_{j+1/2}$ 与熵通量 $q(u)$ 相容, 即 $\hat{q}(u, \cdots, u) = q(u)$, 则称差分格式 (3.6.41)—(3.6.42)**满足离散熵条件**. 通常称 $\hat{q}_{j+1/2}$ 为数值熵通量.

定理 3.6.15 在Lax-Wendroff定理的假设条件下, 如果守恒型差分格式(3.6.41)—(3.6.42) 的解还满足离散不等式 (3.6.67), 则 $u(x,t)$ 是守恒律方程 (3.6.4) 的可容许解.

该定理的证明类似于 Lax-Wendroff 定理的证明, 这里略. 下面介绍单调差分格式, 它是一类重要的差分格式.

定义 3.6.13 如果守恒型差分格式 (3.6.41)—(3.6.42) 中的函数 $H(u_{j-l}^n, u_{j-l+1}^n, \cdots, u_{j+l}^n)$ 是每个参变量的单调非减函数, 则称 (3.6.41)—(3.6.42) 是守恒型的**单调差分格式**.

例 3.6.13 由 (3.6.47) 给出的 LF 格式在 CFL 条件

$$r \max_j \{|f'(u_j)|\} \leqslant 1 \tag{3.6.68}$$

下是单调格式, 但 LW 格式 (3.6.49) 在任何非平凡条件下都不是单调格式. ■

例 3.6.14 逼近守恒律方程 (3.6.4) 的 Engquist-Osher 格式

$$u_j^{n+1} = u_j^n - r\big(f^+(u_j^n) + f^-(u_{j+1}^n) - f^+(u_{j-1}^n) - f^-(u_j^n)\big) \tag{3.6.69}$$

是守恒型差分格式, 其数值通量是

$$\hat{f}_{j+1/2} = f^+(u_j) + f^-(u_{j+1}), \tag{3.6.70}$$

其中 $f^\pm(u)$ 定义为

$$\begin{cases} f^+(u) = \displaystyle\int_0^u \max\{f'(s), 0\}\, ds + f(0), \\ f^-(u) = \displaystyle\int_0^u \min\{f'(s), 0\}\, ds. \end{cases} \tag{3.6.71}$$

不难看出, Engquist-Osher 格式在 CFL 条件 (3.6.68) 下是单调差分格式. ∎

例 3.6.15　逼近守恒律方程 (3.6.4) 的 Godunov 格式是单调格式. 考虑初值问题

$$\begin{cases} 方程 (3.6.4), \\ u(x,0) = \begin{cases} u_L, & x \leqslant -\dfrac{h}{2}, \\ u_M, & -\dfrac{h}{2} < x \leqslant \dfrac{h}{2}, \\ u_R, & x > \dfrac{h}{2}, \end{cases} \end{cases} \tag{3.6.72}$$

其中 u_L, u_M 和 u_R 是常值. 由守恒律方程的理论知, 该初值问题的可容许解 $w(x,t; u_L, u_M, u_R)$ 存在唯一, 且是 u_L, u_M 和 u_R 的单调非减函数. 在 CFL 条件假设下, 在矩形区域 $\left[-\dfrac{h}{2}, \dfrac{h}{2}\right] \times [0,\tau]$ 上积分守恒律方程, 得

$$\frac{1}{h} \int_{-h/2}^{h/2} w(x,\tau; u_L, u_M, u_R)\, dx = u_M - r\big(f(w(0; u_M, u_L)) - f(w(0; u_R, u_M)))\big),$$

即

$$H(u_L, u_M, u_R) = \frac{1}{h} \int_{-h/2}^{h/2} w(x,\tau; u_L, u_M, u_R)\, dx.$$

由于可容许解 $w(x/t; u_L, u_M, u_R)$ 是 u_L, u_M 和 u_R 的单调非减函数, 所以 $H(u_L, u_M, u_R)$ 是其每个参变量的单调非减函数, 即 Godunov 格式是单调格式. ∎

定理 3.6.16　如果守恒型单调差分格式 (3.6.41)—(3.6.42) 与逼近守恒律方程 (3.6.4) 相容, 则它满足离散熵条件 (3.6.67), 且其截断误差阶是 $O(h)$, 相应的修正方程可以写成

$$\frac{\partial u}{\partial t} + \frac{\partial f(u)}{\partial x} = \tau \frac{\partial}{\partial x}\left(\beta(u,r)\frac{\partial u}{\partial x}\right), \tag{3.6.73}$$

其中

$$\beta(u,r) = \frac{1}{2}\left(\sum_{k=-l}^{l} k^2 H_k(u,\cdots,u) - \nu^2\right), \quad H_k(u_1,\cdots,u_{2l+1}) = \frac{\partial H}{\partial u_k}.$$

定理的证明可以参阅 [13, 20].

定理 3.6.17 设守恒型单调差分格式(3.6.41)—(3.6.42)与 (3.6.4) 相容. 如果当 $\max\{\tau, h\} \to 0$ 时, 单调格式 (3.6.41)—(3.6.42) 满足初始条件 (3.6.63) 的解 $u_h(x,t)$ 几乎处处有界且收敛到函数 $u(x,t)$, 则 $u(x,t)$ 是初值问题的可容许解.

守恒型单调差分格式 (3.6.41)—(3.6.42) 的另一个重要性质是它的解按 $L^1 \cap L^\infty \cap BV$ 模有界, 且在 L^1 范数意义下稳定, 这里 $BV(\mathbb{R})$ 表示所有定义在 $\mathbb{R}$ 上的具有有限总变差的函数集合.

定理 3.6.18 守恒型单调差分格式 (3.6.41)—(3.6.42) 的解 $u_h(x,t)$ 满足:

(i) 如果 $v_h(x,t)$ 也是 (3.6.41)—(3.6.42) 的解, 且对于任意 $x \in \mathbb{R}$ 成立 $v_h(x,0) \leqslant u_h(x,0)$, 则对任意 $(x,t) \in \mathbb{R} \times \mathbb{R}^+$, 均有 $v_h(x,t) \leqslant u_h(x,t)$.

(ii) 如果 $\inf\limits_{x \in \mathbb{R}} u_h(x,0)$ 和 $\sup\limits_{x \in \mathbb{R}} u_h(x,0)$ 均有限, 则

$$\inf_{x \in \mathbb{R}} u_h(x,0) \leqslant u_h(x,t) \leqslant \sup_{x \in \mathbb{R}} u_h(x,0),$$

$$\|u_h(\cdot,t)\|_{L^\infty(\mathbb{R})} \leqslant \|u_h(\cdot,0)\|_{L^\infty(\mathbb{R})}.$$

(iii) 如果 $u_h(x,0), v_0(x,0) \in L^1(\mathbb{R})$, $\hat{f}$ 是 Lipschitz 连续函数, 则

$$\|u_h(\cdot,t) - v_h(\cdot,t)\|_{L^1(\mathbb{R})} \leqslant \|u_h(\cdot,0) - v_h(\cdot,0)\|_{L^1(\mathbb{R})},$$

$$\|u_h(\cdot,t)\|_{L^1(\mathbb{R})} \leqslant \|u_h(\cdot,0)\|_{L^1(\mathbb{R})},$$

$$\sup_{\delta \neq 0} \frac{1}{|\delta|} \|u_h(x+\delta,t) - u_h(x,t)\|_{L^1(\mathbb{R})} \leqslant \sup_{\delta \neq 0} \frac{1}{|\delta|} \|u_h(x+\delta,0) - u_h(x,0)\|_{L^1(\mathbb{R})}$$

和

$$\|u_h(\cdot,t_2) - u_h(\cdot,t_1)\|_{L^1(\mathbb{R})} \leqslant c(|t_2 - t_1| + \tau) \sup_{\delta \neq 0} \frac{1}{|\delta|} \|u_h(x+\delta,0) - u_h(x,0)\|_{L^1(\mathbb{R})},$$

其中 $c = (2l+1)L$, L 是 $\hat{f}$ 的 Lipschitz 常数.

定理的证明可以参阅 [20].

3.6.4 高分辨 TVD 格式

这一节将介绍几类高分辨 TVD 格式的构造, 它们是初始重构方法、通量加权方法、校正通量输运方法和修正通量方法.

3.6.4.1 初始重构方法

这一小节介绍构造高分辨 TVD 格式的初始重构方法. 这里主要考虑逼近标量方程 (3.6.4) 的半离散三点守恒型差分格式.

给定 $\mathbb{R}$ 的一个等步长的网格剖分: $x_j = jh$, $j \in \mathbb{Z}$, h 为网格步长, $x_{j+1/2} = (j+1/2)h$. 在控制体 $I_j = [x_{j-1/2}, x_{j+1/2}]$ 内对方程 (3.6.4) 关于 x 积分得

$$\frac{d}{dt}\left(\frac{1}{h}\int_{I_j} u(s,t)\,ds\right) = -\frac{1}{h}\Big(f\big(u(x_{j+1/2},t)\big) - f\big(u(x_{j-1/2},t)\big)\Big). \quad (3.6.74)$$

定义网格函数

$$u_h(x,t) = \frac{1}{h}\int_{I_j} u(s,t)\,ds := u_j(t), \quad x \in I_j. \quad (3.6.75)$$

显然, $u_h(x,t)$ 是一个分片常数函数, I_j 的端点 $x_{j\pm1/2}$ 是它的第一类间断点, 参见图 3.6.2.

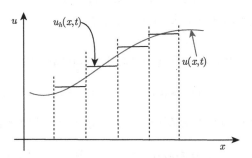

图 3.6.2 函数 $u(x,t)$ 和分片常数函数 $u_h(x,t)$

用 $u_h(x,t)$ 代替方程 (3.6.74) 中的 $u(x,t)$, 则得 (3.6.74) 的一个近似方程

$$\frac{du_h(x,t)}{dt}\Big|_{x\in I_j} = -\frac{1}{h}\Big(f\big(u_h(x_{j+1/2},t)\big) - f\big(u_h(x_{j-1/2},t)\big)\Big), \quad \forall j \in \mathbb{Z}. \quad (3.6.76)$$

又由于点 $x_{j+1/2}$ 是函数 $u_h(x,t)$ 的第一类间断点, 所以需要对 $f\big(u_h(x_{j+1/2},t)\big)$ 作适当的近似. 一般可以用数值通量函数

$$\hat{f}\big(u_h(x_{j+1/2}-0,t), u_h(x_{j+1/2}+0,t)\big) = \hat{f}(u_j, u_{j+1}), \quad \hat{f}(u,u) = f(u), \quad (3.6.77)$$

来近似它, 由此可得如下形式的半离散三点守恒型格式

$$\frac{du_j(t)}{dt} = -\frac{1}{h}\big(\hat{f}(u_j, u_{j+1}) - \hat{f}(u_{j-1}, u_j)\big). \quad (3.6.78)$$

这是逼近守恒律 (3.6.4) 的一个半离散型有限体积方法.

由于

$$u_h(x_{j+1/2}-0,t) = u(x_{j+1/2},t) + O(h),$$
$$u_h(x_{j+1/2}+0,t) = u(x_{j+1/2},t) + O(h),$$

所以三点型格式 (3.6.78) 的截断误差一般只有一阶精度. 事实上, 如果假设数值通量 $\hat{f}(a,b)$ 关于其自变量 a 和 b 可微, 则由 Taylor 级数展开知

$$\hat{f}\big(u(x_j,t),u(x_{j+1},t)\big)$$
$$=\hat{f}\big(u(x_{j+1/2},t)-\frac{h}{2}u_x(x_{j+1/2},t)+O(h^2),u(x_{j+1/2},t)+\frac{h}{2}u_x(x_{j+1/2},t)+O(h^2)\big)$$
$$=f\big(u(x_{j+1/2},t)\big)-\frac{h}{2}(u_x\hat{f}_1)(x_{j+1/2},t)+\frac{h}{2}(u_x\hat{f}_2)(x_{j+1/2},t)+O(h^2),$$

其中 $\hat{f}_1=\dfrac{\partial\hat{f}(a,b)}{\partial a}$, $\hat{f}_2=\dfrac{\partial\hat{f}(a,b)}{\partial b}$. 因此, 为了提高 (3.6.78) 的截断误差阶, 可以提高 $u(x,t)$ 在 $x_{j\pm1/2}$ 处的值的逼近. 如果用 $w_h(x,t)$ 表示 $u(x,t)$ 的一个新的离散近似, 它满足

$$\int_{I_j}w_h(s,t)\,ds=\int_{I_j}u(s,t)\,ds,$$
$$w_h(x_{j+1/2}-0,t)=u(x_{j+1/2},t)+O(h^p), \tag{3.6.79}$$
$$w_h(x_{j+1/2}+0,t)=u(x_{j+1/2},t)+O(h^p),$$

其中 $p\geqslant2$, 将其代替方程 (3.6.74) 中的 $u(x,t)$, 并应用数值通量 (3.6.77), 则可得到逼近 (3.6.74) 的一个新的数值格式

$$\frac{du_j(t)}{dt}=-\frac{1}{h}\nabla_x\hat{f}\big(u^L_{j+1/2},u^R_{j+1/2}\big), \tag{3.6.80}$$

其中 $u^L_{j+1/2}=w_h(x_{j+1/2}-0,t)$, $u^R_{j+1/2}=w_h(x_{j+1/2}+0,t)$.

引理 3.6.19 如果数值通量函数 $\hat{f}(a,b)$ 是 Lipschitz 连续的, 而 $w_h(x,t)$ 满足 (3.6.79), 则格式 (3.6.80) 至少是一个二阶精度的半离散格式.

函数 $w_h(x,t)$ 可以是某分片多项式函数, 例如分片线性函数

$$w_h(x,t)=u_j(t)+\frac{x-x_j}{h}s_j,\quad x\in I_j, \tag{3.6.81}$$

其中 s_j 表示 $u(x,t)$ 在 I_j 内的近似斜率, 即 hu_x 的某种近似, 可参见图 3.6.3. 图 3.6.4 给出了选取不同斜率 s_j 的线性重构函数的示意图, 左侧的 $w_h(x,t)$ 的局部极值点数和分片常数函数的相同, 而右侧的局部极值点数大于分片常数函数的, 这就有产生数值振荡的可能.

下面研究格式 (3.6.80) 的 TVD 性质.

引理 3.6.20 如果格式 (3.6.80) 中的数值通量满足

$$\mp\frac{\hat{f}^{TVD}_{j\pm1/2}-f_j}{u_{j+1}-u_j}\geqslant0,\quad\forall j\in\mathbb{Z}, \tag{3.6.82}$$

即对应的一阶格式 (3.6.78) 是 TVD 格式, 且

$$D_1 := \frac{u_{j+1/2}^R - u_{j+1/2}^L}{\Delta_x u_j} \geqslant 0, \quad D_2 := \frac{u_{j-1/2}^R - u_{j+1/2}^L}{\Delta_x u_j} \leqslant 0,$$

$$D_3 := \frac{u_{j+1/2}^R - u_{j+1/2}^L}{\nabla_x u_j} \leqslant 0, \quad D_4 := \frac{u_{j-1/2}^R - u_{j-1/2}^L}{\nabla_x u_j} \geqslant 0,$$

则格式 (3.6.80) 是 TVD 的.

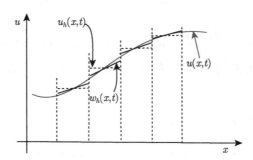

图 3.6.3　函数 $u(x,t)$、分片常数函数 $u_h(x,t)$ 和分片线性函数 $w_h(x,t)$

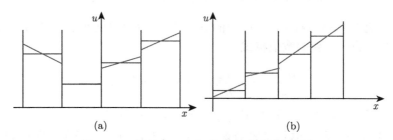

图 3.6.4　好的 (a) 和坏的 (b) 分片线性重构

证明　将 $-\nabla_x \hat{f}\big(u_{j+1/2}^L, u_{j+1/2}^R\big)$ 改写为

$$\Big[-\big(\hat{f}(u_{j+1/2}^L, u_{j+1/2}^R) - f(u_{j+1/2}^L)\big) + \big(\hat{f}(u_{j+1/2}^L, u_{j-1/2}^R) - f(u_{j+1/2}^L)\big)\Big]$$

$$- \Big[\big(\hat{f}(u_{j+1/2}^L, u_{j-1/2}^R) - f(u_{j-1/2}^R)\big) - \big(\hat{f}(u_{j-1/2}^L, u_{j-1/2}^R) - f(u_{j-1/2}^R)\big)\Big]$$

$$= \widetilde{C}_{j+1/2}^+ \Delta_x u_j - \widetilde{C}_{j-1/2}^- \nabla_x u_j,$$

其中

$$\widetilde{C}_{j+1/2}^+ = -\frac{\hat{f}(u_{j+1/2}^L, u_{j+1/2}^R) - f(u_{j+1/2}^R)}{u_{j+1/2}^R - u_{j+1/2}^L} D_1 + \frac{\hat{f}(u_{j+1/2}^L, u_{j-1/2}^R) - f(u_{j+1/2}^L)}{u_{j-1/2}^R - u_{j+1/2}^L} D_2,$$

$$\widetilde{C}_{j-1/2}^- = \frac{\hat{f}(u_{j+1/2}^L, u_{j-1/2}^R) - f(u_{j-1/2}^R)}{u_{j-1/2}^R - u_{j+1/2}^L} D_3 - \frac{\hat{f}(u_{j-1/2}^L, u_{j-1/2}^R) - f(u_{j-1/2}^L)}{u_{j-1/2}^R - u_{j-1/2}^L} D_4.$$

显然, 在已知条件下, $\widetilde{C}^{\pm}_{j+1/2} \geqslant 0$. 因而, 格式是 TVD 的. ■

引理 3.6.21 如果格式 (3.6.80) 中的 $\hat{f}(a,b)$ 是单调格式的数值通量, 即 $\hat{f}_1 := \dfrac{\partial \hat{f}}{\partial a} > 0$, $\hat{f}_2 := \dfrac{\partial \hat{f}}{\partial b} < 0$, 且

$$E_1 := \frac{u^R_{j+1/2} - u^R_{j-1/2}}{\Delta_x u_j} \geqslant 0, \quad E_2 := \frac{u^L_{j+1/2} - u^L_{j-1/2}}{\nabla_x u_j} \geqslant 0,$$

则格式 (3.6.80) 是 TVD 的.

证明 将 $-\nabla_x \hat{f}\big(u^L_{j+1/2}, u^R_{j+1/2}\big)$ 改写为

$$- \big(\hat{f}(u^L_{j+1/2}, u^R_{j+1/2}) - \hat{f}(u^L_{j+1/2}, u^R_{j-1/2})\big)$$
$$- \big(\hat{f}(u^L_{j+1/2}, u^R_{j-1/2}) - \hat{f}(u^L_{j-1/2}, u^R_{j-1/2})\big)$$
$$= \widetilde{C}^+_{j+1/2} \Delta_x u_j - \widetilde{C}^-_{j-1/2} \nabla_x u_j,$$

其中

$$\widetilde{C}^+_{j+1/2} = -\int_0^1 \hat{f}_1(u^L_{j+1/2}, u^R_{j-1/2} + \theta \Delta_x u^R_{j-1/2})\, d\theta \cdot E_1,$$

$$\widetilde{C}^-_{j-1/2} = \int_0^1 \hat{f}_2(u^L_{j-1/2} + \theta \Delta_x u^L_{j-1/2}, u^R_{j-1/2})\, d\theta \cdot E_2.$$

显然, 在已知条件下, 恒有 $\widetilde{C}^{\pm}_{j+1/2} \geqslant 0$. 所以格式是 TVD 的. ■

对于定义在 (3.6.81) 中的分片线性函数 $w_h(x,t)$ 和 TVD 数值通量 $\hat{f}(a,b)$, 引理 3.6.20 中的几个不等式变为

$$1 - \frac{1}{2}\frac{s_j + s_{j+1}}{\Delta_x u_j} \geqslant 0, \quad \frac{s_j}{\Delta_x u_j} \geqslant 0, \quad \frac{s_j}{\nabla_x u_j} \geqslant 0. \tag{3.6.83}$$

由此不难看出, 当 $\Delta_x u_j \nabla_x u_j < 0$ 时, 必须有 $s_j = 0$, 也就是说, 在极值点处格式需要退化为一阶精度. 为了使格式具有二阶精度, 则需要

$$w_h(x_{j+1/2} + 0, t) = u_{j+1} - \frac{1}{2}s_{j+1} = u_{j+1/2} + O(h^2),$$
$$w_h(x_{j+1/2} - 0, t) = u_j + \frac{1}{2}s_j = u_{j+1/2} + O(h^2).$$

将两式相减, 得

$$\frac{1}{2}(s_{j+1} + s_j) = \Delta_x u_j + O(h^2).$$

根据这些分析, 如果选取

$$s_j = \mathrm{minmod}\{\Delta_x u_j, \nabla_x u_j\}, \tag{3.6.84}$$

其中

$$\operatorname{minmod}\{a,b\} = \begin{cases} 0, & ab \leqslant 0, \\ \operatorname{sign}(a)\min\{|a|,|b|\}, & ab > 0, \end{cases} \tag{3.6.85}$$

则相应的 (3.6.80) 是二阶精度的高分辨 TVD 格式.

对于定义在 (3.6.81) 中的分片线性函数 $w_h(x,t)$ 和单调数值通量 $\hat{f}(a,b)$, 引理 3.6.21 中的两个不等式变为

$$1 \pm \frac{1}{2}\frac{s_{j+1} - s_j}{\Delta_x u_j} \geqslant 0, \quad \text{或} \quad |\Delta_x s_j| \leqslant 2|\Delta_x u_j|. \tag{3.6.86}$$

如果 s_j 取成下列形式

$$s_j = \begin{cases} 0, & \Delta_x u_j \nabla_x u_j \leqslant 0, \\ B(\Delta_x u_j, \nabla_x u_j), & \Delta_x u_j \nabla_x u_j > 0, \end{cases} \tag{3.6.87}$$

则 $\operatorname{sign}(s_j) = \operatorname{sign}(s_{j+1}) = \operatorname{sign}(\Delta_x u_j)$. 因而, 恒成立 $\max\{|s_j|,|s_{j+1}|\} \leqslant 2|\Delta_x u_j|$, 这意味着函数 $B(x,y)$ 需要满足

$$|B(x,y)| \leqslant 2\min\{|x|,|y|\}. \tag{3.6.88}$$

下面列举一些常见的近似斜率 s_j.

例 3.6.16 由 minmod 函数定义的近似斜率 (3.6.84)—(3.6.85) 满足上述条件 (3.6.88). 这是因为

$$|B(x,y)| = |\operatorname{sign}(x)\min\{|x|,|y|\}| = \min\{|x|,|y|\}.$$

van Leer 的近似斜率可以写成 (3.6.87) 形式, 其中

$$B(x,y) = \frac{2xy}{x+y}.$$

它满足条件 (3.6.88). 这是因为, 当 $xy > 0$ 时, 成立

$$|B(x,y)| = \frac{2|x|\cdot|y|}{|x|+|y|} \leqslant \frac{2|x|}{1+|x/y|} \leqslant 2|x|,$$
$$|B(x,y)| = \frac{2|x|\cdot|y|}{|x|+|y|} \leqslant \frac{2|y|}{1+|y/x|} \leqslant 2|y|.$$

Superbee 的近似斜率可以写成 (3.6.87) 形式, 其中

$$B(x,y) = \begin{cases} \operatorname{sign}(x)\max\{|x|,|y|\}, & \frac{1}{2}x \leqslant y \leqslant 2y, \\ 2\operatorname{sign}(x)\min\{|x|,|y|\}, & y < \frac{x}{2} \text{ 或 } y > 2x. \end{cases}$$

它满足条件 (3.6.88).

另外, 也可以将 s_j 定义成下列形式

$$s_j = \phi(r_j)\Delta_x u_j = \phi\left(\frac{1}{r_j}\right)\nabla_x u_j, \tag{3.6.89}$$

其中 $\phi(r)$ 是限制器 (limiter) 函数, 满足 $\phi(r) = r\phi(1/r)$. 例如 van Leer 限制器函数是

$$\phi(r) = \begin{cases} \dfrac{2r}{r+1}, & r > 0, \\ 0, & r \leqslant 0, \end{cases} \tag{3.6.90}$$

而 minmod 限制器函数是

$$\phi(r) = \begin{cases} \min\{1, r\}, & r > 0, \\ 0, & r \leqslant 0. \end{cases} \tag{3.6.91}$$

定理 3.6.22 如果限制器函数 $\phi(r)$ 是 Lipschitz 连续函数, 且对任意 r 均满足

$$\phi(1) = 1, \quad m \leqslant \phi(r) \leqslant M,$$
$$M + 2 - 2A \leqslant \frac{1}{r}\phi(r) \leqslant m + 2,$$

其中 $m > -1$, M 和 A 是某些常数, 则由 (3.6.80), (3.6.81) 和 (3.6.89) 给出的格式是二阶精度的半离散格式. 进一步, 如果 (3.6.80) 中的 $\hat{f}_{j+1/2}$ 是单调数值通量, 则它是 TVD 的.

3.6.4.2 通量加权方法

这一小节将基于通量加权的思想引进一类高分辨 TVD 格式. 所谓通量加权就是将低阶 TVD 格式的数值通量和高阶非 TVD 格式的数值通量加权组合生成一个新的混合数值通量, 希望如此得到的新格式是 TVD 的, 且在方程 (3.6.4) 的解的光滑区域具有高阶精度, 但在解的不连续 (间断) 区域降低为一阶格式.

分别用 $\hat{f}_{j+1/2}^{TVD}$ 和 $\hat{f}_{j+1/2}^{LW}$ 表示逼近方程 (3.6.4) 的一阶 TVD 格式和二阶 LW 格式 (3.6.49) 的数值通量, 它们的粘性系数分别记为 $Q(\nu_{j+1/2})$ 和 $Q^{LW}(\nu_{j+1/2})$. 将它们加权后的数值通量可以表示为

$$\hat{f}_{j+1/2}^{W} = (1 - \omega_{j+1/2})\hat{f}_{j+1/2}^{TVD} + \omega_{j+1/2}\hat{f}_{j+1/2}^{LW}, \tag{3.6.92}$$

其中 $\omega_{j+1/2}$ 是权函数, 满足下列要求: 当解 $u(x,t)$ 光滑时, $\omega_{j+1/2} \approx 1$; 在解 $u(x,t)$ 的间断附近, $\omega_{j+1/2} \approx 0$.

下面, 以方程 (3.6.4) 的特殊情况 $f = au$ 且 a 是常数为例研究具体的通量加权方法. 如果以一阶迎风格式和二阶 LW 格式加权, 则所得的通量加权的数值通量是

$$\hat{f}^W_{j+1/2} = \frac{a}{2}(u_{j+1} + u_j) - \frac{1}{2r}|\nu|\Delta_x u_j + \frac{1}{2r}\omega_{j+1/2}\big(|\nu| - \nu^2\big)\Delta_x u_j, \tag{3.6.93}$$

其中 $\nu = ra$. 典型的权函数的例子有

$$\omega_{j+1/2} = \begin{cases} \phi(r_j), & a > 0, \\ \phi\left(\dfrac{1}{r_{j+1}}\right), & a < 0 \end{cases} \tag{3.6.94}$$

和

$$\omega_{j+1/2} = \phi(r_j) + \phi\left(\frac{1}{r_{j+1}}\right) - 1, \tag{3.6.95}$$

其中

$$r_j = \frac{\nabla_x u_j}{\Delta_x u_j},$$

是一个刻画解局部光滑性的量.

这里的 $\phi(r)$ 就是限制器函数, 要求满足 $\phi(1) = 1$, 以便保证加权格式在解的光滑区域内具有二阶精度. 事实上, 如果当 $r_j \to 1$ 时, 成立

$$\phi(r_j) = 1 + O(h), \quad \phi\left(\frac{1}{r_j}\right) = 1 + O(h),$$

则在远离极值点的光滑区域内, 有

$$\hat{f}^W = \hat{f}^{LW} + (1 - \omega)(\hat{f}^{TVD} - \hat{f}^{LW}) = \hat{f}^{LW} + O(h^2).$$

定理 3.6.23　在 CFL 条件

$$|\nu| = r|a| \leqslant 1 \tag{3.6.96}$$

下, 如果 $\phi(r)$ 满足

$$0 \leqslant \phi(r), \quad \frac{\phi(r)}{r} \leqslant 2, \tag{3.6.97}$$

则以 (3.6.93) 和 (3.6.94) 定义的数值通量对应的加权格式 (3.6.47) 是 TVD 的.

证明　设 $a > 0$. 此时格式可以写成

$$u_j^{n+1} = u_j^n - \nu\nabla_x u_j^n - \frac{1}{2}(\nu - \nu^2)\big(\phi(r_j)\Delta_x u_j^n - \phi(r_{j-1})\nabla_x u_j^n\big)$$
$$= u_j^n - C_{j-1/2}^{n,-}\nabla_x u_j^n,$$

其中

$$C_{j-1/2}^{n,-} = \nu + \frac{1}{2}(\nu - \nu^2)\left(\frac{\phi(r_j)}{r_j} - \phi(r_{j-1})\right).$$

显然, 在 CFL 条件 (3.6.96) 和条件 (3.6.97) 下, 有

$$-2 \leqslant \frac{1}{r_j}\phi(r_j) - \phi(r_{j-1}) \leqslant 2.$$

因此系数 $C_{j-1/2}^{n,-}$ 满足

$$0 \leqslant C_{j-1/2}^{n,-} \leqslant 1.$$

由**定理 3.6.11**的证明知, 格式是 TVD 的. ∎

说明 3.6.10 前面的 van Leer 限制器函数 (3.6.90) 和 minmod 限制器函数 (3.6.91) 均满足条件 (3.6.97).

说明 3.6.11 通常上述以 (3.6.94) 定义的 TVD 格式为迎风型 TVD 格式; 而以 (3.6.95) 定义的 TVD 格式为对称型 TVD 格式.

除了可以用一阶 TVD 格式与 LW 格式加权来建立高分辨 TVD 格式外, 还可以考虑采用一阶 TVD 格式与其他的一些高精度格式的加权.

下面介绍另一类通量加权方法, 一阶 TVD 格式和二阶中心差分格式的加权. 这里将仅讨论半离散的高分辨通量加权的 TVD 格式

$$\frac{du_j(t)}{dt} = -\frac{1}{h}\Delta_x \hat{f}_{j+1/2}^W \tag{3.6.98}$$

的构造, 其中加权混合数值通量取为

$$\hat{f}_{j+1/2}^W = \hat{f}_{j+1/2}^{TVD} + \frac{\phi(r_j^+)}{2}(f_{j+1} - \hat{f}_{j+1/2}^{TVD}) + \frac{\phi(r_{j+1}^-)}{2}(f_j - \hat{f}_{j+1/2}^{TVD}), \tag{3.6.99}$$

这里 $f_j = f(u_j)$, $\hat{f}_{j+1/2}^{TVD}$ 是一阶 TVD 格式的数值通量, $\phi(r)$ 是限制器函数, 而 $r_j^{\pm}$ 的定义如下

$$r_j^+ = \frac{f_j - \hat{f}_{j-1/2}^{TVD}}{f_{j+1} - \hat{f}_{j+1/2}^{TVD}}, \quad r_j^- = \frac{f_j - \hat{f}_{j+1/2}^{TVD}}{f_{j-1} - \hat{f}_{j-1/2}^{TVD}}.$$

下面分析格式 (3.6.98)—(3.6.99) 的 TVD 性质.

引理 3.6.24 如果半离散格式可以写成如下增量形式

$$\frac{du_j(t)}{dt} = C_{j+1/2}^+ \Delta_x u_j - C_{j-1/2}^- \nabla_x u_j, \tag{3.6.100}$$

其中的增量系数 $C_{j+1/2}^{\pm}$ 满足

$$C_{j+1/2}^{\pm} \geqslant 0, \quad \forall j \in \mathbb{Z},$$

则它是 TVD 的.

证明　将在 x_{j+1} 和 x_j 处的对应于 (3.6.100) 的两个方程相减, 得

$$\frac{d\Delta_x u_j(t)}{dt} = C^+_{j+3/2}\Delta_x u_{j+1} - (C^+_{j+1/2} + C^-_{j+1/2})\Delta_x u_j + C^-_{j-1/2}\nabla_x u_j.$$

两边同乘以 $s_{j+1/2} = \mathrm{sign}(\Delta_x u_j)$, 再对 j 求和, 得

$$\begin{aligned}
\frac{d}{dt}\sum_{j\in\mathbb{Z}}|\Delta_x u_j(t)| &= \sum_{j\in\mathbb{Z}} s_{j+1/2}\big(C^+_{j+3/2}\Delta_x u_{j+1} + C^-_{j-1/2}\nabla_x u_j\big)\\
&\quad - \sum_{j\in\mathbb{Z}}(C^+_{j+1/2} + C^-_{j+1/2})|\Delta_x u_j|\\
&\leqslant \sum_{j\in\mathbb{Z}} C^+_{j+3/2}|\Delta_x u_{j+1}| + \sum_{j\in\mathbb{Z}} C^-_{j-1/2}\nabla_x u_j\\
&\quad - \sum_{j\in\mathbb{Z}}(C^+_{j+1/2} + C^-_{j+1/2})|\Delta_x u_j| = 0.
\end{aligned}$$

由此可见, 如果 $t_2 \geqslant t_1$, 则 $TV\big(u(t_2)\big) \leqslant TV\big(u(t_1)\big)$. ■

定理 3.6.25　如果一阶 TVD 格式的数值通量 $\hat{f}^{TVD}_{j+1/2}$ 满足 (3.6.82), 而且限制器函数 $\phi(r)$ 满足

$$0 \leqslant 1 - \frac{1}{2}\phi(r) + \frac{1}{2s}\phi(s), \quad \forall r,s, \tag{3.6.101}$$

则半离散格式 (3.6.98) 是 TVD 的.

证明　将 $-\Delta_x \hat{f}^W_{j+1/2}$ 改写为

$$\begin{aligned}
-\Delta_x \hat{f}^W_{j+1/2} &= -\big(1 - \tfrac{1}{2}\phi(r^-_{j+1})\big)(\hat{f}^{TVD}_{j+1/2} - f_j) + \tfrac{1}{2}\phi(r^-_j)(f_{j-1} - \hat{f}^{TVD}_{j-1/2})\\
&\quad - \big(1 - \tfrac{1}{2}\phi(r^+_{j-1})\big)(f_j - \hat{f}^{TVD}_{j-1/2}) - \tfrac{1}{2}\phi(r^+_j)(f_{j+1} - \hat{f}^{TVD}_{j+1/2}),\\
&= C^+_{j+1/2}\Delta_x u_j - C^-_{j-1/2}\nabla_x u_j,
\end{aligned}$$

其中

$$C^\pm_{j\pm1/2} = \mp\frac{\hat{f}^{TVD}_{j\pm1/2} - f_j}{u_{j\pm1} - u_j}\left(1 - \frac{1}{2}\phi(r^\mp_{j\pm1}) + \frac{1}{2r^\mp_j}\phi(r^\mp_j)\right).$$

由已知条件不难知, $C^\pm_{j\pm1/2} \geqslant 0$, 所以半离散格式 (3.6.98) 是 TVD 的. ■

进一步, 有如下结论.

定理 3.6.26　如果限制器函数 $\phi(r)$ 满足

$$\phi(1) = 1, \quad \phi(r) \leqslant M, \quad \frac{1}{r}\phi(r) \geqslant M - 2, \tag{3.6.102}$$

其中 $M < 2$ 是一个常数, 则半离散格式 (3.6.98) 是二阶 TVD 的.

说明 3.6.12 (i) 也可以简单地将一阶 TVD 格式和二阶中心差分格式加权为

$$
\begin{aligned}
\hat{f}^W_{j+1/2} &= (1 - \omega_{j+1/2})\hat{f}^{TVD}_{j+1/2} + \omega_{j+1/2}\hat{f}^C_{j+1/2} \\
&= \hat{f}^{TVD}_{j+1/2} + \omega_{j+1/2}\left(\frac{1}{2}f_j + \frac{1}{2}f_{j+1} - \hat{f}^{TVD}_{j+1/2}\right),
\end{aligned} \tag{3.6.103}
$$

其中权函数 $\omega_{j+1/2}$ 可以定义为 (3.6.95) 中的形式, 这里

$$
r_j = \frac{Q(\nu_{j-1/2})\nabla_x u_j}{Q(\nu_{j+1/2})\Delta_x u_j}.
$$

对 $\phi(r)$ 作适当限制后, 格式仍可以是 TVD 的.

(ii) 可以用 Runge-Kutta 等时间离散方法离散半离散型格式中的时间导数项.

3.6.4.3 校正通量输运方法

前面介绍的方法均可以写成下列一般形式

$$
u^{n+1} = L(u^n) + M(u^n),
$$

其中 L 表示一阶 TVD 格式, 而 M 表示修正项, 以便保证格式仍具有 TVD 性质, 且在远离解的局部极值点的光滑区域变成 LW 格式.

这一小节将仍然基于修改 LW 格式的思想介绍另一类高分辨 TVD 格式, 这类格式具有预估–校正形式

$$
\overline{u} = L(u^n), \quad u^{n+1} = \overline{u} + M(\overline{u}).
$$

校正通量输运 (FCT) 方法就可以表示成上述预估–校正形式, 例如

$$
\overline{u}_j = u^n_j - r(\hat{f}^n_{j+1/2} - \hat{f}^n_{j-1/2}), \tag{3.6.104}
$$

$$
u^{n+1}_j = \overline{u}_j - (b_{j+1/2} - b_{j-1/2}), \tag{3.6.105}
$$

其中

$$
b_{j+1/2} = \begin{cases} 0, & \nabla_x \overline{u}_j \Delta_x \overline{u}_j < 0 \text{ 或 } \nabla_x \overline{u}_{j+1} \Delta_x \overline{u}_{j+1} < 0, \\ s\min\left\{\frac{1}{2}|\nabla_x \overline{u}_j|, d_{j+1/2}|\Delta_x \overline{u}_j|, \frac{1}{2}|\Delta_x \overline{u}_{j+1}|\right\}, & \text{否则,} \end{cases} \tag{3.6.106}
$$

这里 $s = \text{sign}(\Delta_x \overline{u}_j)$, $d_{j+1/2} = \frac{1}{2}\big(Q(\nu_{j+1/2}) - \nu^2_{j+1/2}\big)$, $\hat{f}_{j+1/2}$ 和 $Q(\nu_{j+1/2})$ 分别是一阶 TVD 格式的数值通量和数值粘性系数.

下面分析 FCT 格式 (3.6.104)—(3.6.106) 的性质.

定理 3.6.27　在 CFL 条件 (3.6.57) 下, FCT 格式 (3.6.104)—(3.6.106) 是 TVD 的, 且在远离极值点的光滑区域内具有二阶精度.

证明　先证明格式的 TVD 性质. 由于 $TV(\overline{u}) \leqslant TV(u^n)$, 所以如果可以证明 $TV(u^{n+1}) \leqslant TV(\overline{u})$, 则就可以推断 FCT 格式 (3.6.104)—(3.6.106) 是 TVD 的.

将 (3.6.105) 改写为

$$u_j^{n+1} = \overline{u}_j + \overline{C}_{j+1/2}^{+} \Delta_x \overline{u}_j - \overline{C}_{j-1/2}^{-} \nabla_x \overline{u}_j,$$

其中

$$\overline{C}_{j+1/2}^{+} = \frac{-b_{j+1/2} + g_j}{\Delta_x \overline{u}_j}, \quad \overline{C}_{j-1/2}^{-} = \frac{-b_{j-1/2} + g_j}{\nabla_x \overline{u}_j}$$

和

$$g_j = \begin{cases} 0, & \nabla_x \overline{u}_j \Delta_x \overline{u}_j < 0, \\ s \min\left\{ \frac{1}{2}|\nabla_x \overline{u}_j|, \frac{1}{2}|\Delta_x \overline{u}_j| \right\}, & \text{否则}, \end{cases}$$

这里 s 的定义同 (3.6.106) 中的定义.

在极值点处, $b_{j+1/2} = 0$, 而且 $C_{j\pm1/2}^{\pm}$ 是非负的. 以下假设 $\nabla_x \overline{u}_j \Delta_x \overline{u}_j > 0$. 由于 $0 \leqslant d_{j+1/2} \leqslant 1/2$, 所以成立

$$\overline{C}_{j+1/2}^{+} = \frac{1}{|\Delta_x \overline{u}_j|} \bigg(\min\left\{ \frac{1}{2}|\Delta_x \overline{u}_j|, \frac{1}{2}|\nabla_x \overline{u}_j| \right\} $$
$$- \min\left\{ \frac{1}{2}|\Delta_x \overline{u}_{j+1}|, d_{j+1/2}|\Delta_x \overline{u}_j|, \frac{1}{2}|\nabla_x \overline{u}_j| \right\} \bigg) \geqslant 0,$$
$$\overline{C}_{j+1/2}^{-} = \frac{1}{|\Delta_x \overline{u}_j|} \bigg(\min\left\{ \frac{1}{2}|\Delta_x \overline{u}_{j+1}|, \frac{1}{2}|\Delta_x \overline{u}_j| \right\} $$
$$- \min\left\{ \frac{1}{2}|\Delta_x \overline{u}_{j+1}|, d_{j+1/2}|\Delta_x \overline{u}_j|, \frac{1}{2}|\nabla_x \overline{u}_j| \right\} \bigg) \geqslant 0,$$

和

$$\overline{C}_{j+1/2}^{+} + \overline{C}_{j+1/2}^{-} = \frac{g_{j+1} + g_j - 2b_{j+1/2}}{\Delta_x \overline{u}_j}$$
$$\leqslant \frac{\frac{1}{2}|\Delta_x \overline{u}_j| + \frac{1}{2}\Delta_x \overline{u}_j| - 2|b_{j+1/2}|}{|\Delta_x \overline{u}_j|} \leqslant 1.$$

因此, 有 $TV(u^{n+1}) \leqslant TV(\overline{u})$.

其次, 检查格式的精度. 假设 u_j 是光滑的, 且不存在局部极值点. 由 $0 \leqslant$

$d_{j+1/2} \leqslant 1/2$ 知

$$b_{j+1/2} = s \min \left\{ \frac{1}{2} |\Delta_x \overline{u}_j + O(h^2)|, d_{j+1/2} |\Delta_x \overline{u}_j|, \frac{1}{2} |\Delta_x \overline{u}_j + O(h^2)| \right\}$$
$$= d_{j+1/2} \Delta_x \overline{u}_j + O(h^2).$$

又由于 $\overline{u}_j = u_j + O(h)$, 所以有

$$b_{j+1/2} = \frac{1}{2} \left(Q(\nu_{j+1/2}) - |\nu_{j+1/2}|^2 \right) \Delta_x u_j + O(h^2).$$

因而, FCT 格式 (3.6.104)—(3.6.106) 的数值通量满足

$$\hat{f}_{j+1/2} = \hat{f}_{j+1/2}^{TVD} + \frac{1}{r} b_{j+1/2} = \hat{f}_{j+1/2}^{LW} + O(h^2). \qquad ∎$$

说明 3.6.13 传统的人工压缩方法 (artificial compression method) 可以看作一种 FCT 方法, 其中

$$b_{j+1/2} = \begin{cases} 0, & \nabla_x \overline{u}_j \Delta_x \overline{u}_j < 0 \text{ 或 } \nabla_x \overline{u}_{j+1} \Delta_x \overline{u}_{j+1} < 0, \\ s \min\{|\nabla_x \overline{u}_j|, |\Delta_x \overline{u}_j|, |\Delta_x \overline{u}_{j+1}|\}, & \text{否则}. \end{cases} \qquad (3.6.107)$$

这种校正可以使间断变陡, 格式具有 TVD 性质, 但是即使在远离极值点的光滑区域内, 这种方法一般不具有二阶精度.

3.6.4.4 修正通量方法

前面已经知道, 方程 (3.6.4) 的三点守恒型差分格式一般只有一阶精度, 其最佳的精度阶是 2, 例如 LW 格式 (3.6.49), 但是这样的二阶精度差分格式不是 TVD 的. 下面将说明如何仅在解的间断 (如激波等) 附近修改 LW 格式的数值粘性系数使得它成为一个 TVD 格式.

如果分别用 $\hat{f}_{j+1/2}^n$ 和 $\hat{f}_{j+1/2}^{LW,n}$ 表示逼近方程 (3.6.4) 的一阶 TVD 格式和二阶 LW 格式 (3.6.49) 的数值通量, 它们的粘性系数分别记为 $Q(\nu_{j+1/2})$ 和 $Q^{LW}(\nu_{j+1/2})$, 则有

$$\frac{\nabla_t u_j^{n+1}}{\tau} + \frac{\nabla_x \hat{f}_{j+1/2}^n}{h} = Lu(x_j, t_n) + R_1 h + O(h^2) \qquad (3.6.108)$$

和

$$\frac{\nabla_t u_j^{n+1}}{\tau} + \frac{\nabla_x \hat{f}_{j+1/2}^{LW,n}}{h} = Lu(x_j, t_n) + O(h^2), \qquad (3.6.109)$$

其中 $R_1 h$ 表示一阶截断误差项. 利用 (3.6.109) 消去 (3.6.108) 中的 $R_1 h$ 项, 得

$$\frac{\nabla_t u_j^{n+1}}{\tau} + \frac{\nabla_x \hat{f}_{j+1/2}^n}{h} = Lu(x_j, t_n) - \frac{\nabla_x \left(\frac{1}{r} \hat{g}_{j+1/2}^n \right)}{h} + O(h^2), \qquad (3.6.110)$$

其中

$$\hat{g}_{j+1/2} = r(\hat{f}_{j+1/2}^{LW} - \hat{f}_{j+1/2}) = \frac{1}{2}\big(Q(\nu_{j+1/2}) - Q^{LW}(\nu_{j+1/2})\big)\Delta_x u_j.$$

引理 3.6.28　如果

$$\hat{f}_{j+1/2}^n - \hat{f}_{j+1/2}^{LW,n} = O(h^2), \tag{3.6.111}$$

或

$$Q(\nu_{j+1/2}) - Q^{LW}(\nu_{j+1/2}) = O(h), \tag{3.6.112}$$

且误差主项是光滑的, 则由 $\hat{f}_{j+1/2}^n$ 给出的守恒型差分格式具有二阶精度.

另一方面, 由定理 3.6.16 知, 由 $\hat{f}_{j+1/2}^n$ 给出一阶 TVD 格式逼近修正方程 (3.6.73) 具有二阶精度. 如果将原来的一阶 TVD 格式应用于下列 "修正" 守恒律 方程

$$\frac{\partial u}{\partial t} + \frac{\partial \bar{f}}{\partial x} = 0, \quad \bar{f} = f + \frac{1}{r}g, \tag{3.6.113}$$

其中 $g = h\beta(u,r)\dfrac{\partial u}{\partial x}$, 则相应的修正方程是

$$u_t + \left(f + \frac{1}{r}g\right)_x = h\left(\frac{1}{r}\bar{\beta}(u,r)u_x\right)_x + O(h^2).$$

由于 $\bar{\beta}(u,r) = \beta(u,r) + O(h)$, 所以上式变为

$$u_t + f_x = O(h^2).$$

这说明, 将原来的逼近 (3.6.4) 的一阶 TVD 格式应用于 "修正" 守恒律方程 (3.6.113) 就可以得到一个逼近原方程 (3.6.4) 的新的二阶差分格式, 此时数值通量具体可以 写为

$$\hat{f}_{j+1/2}^{M,n} = \frac{1}{2}(f_{j+1}^n + f_j^n) - \frac{1}{2r}\big(Q(r\bar{a}_{j+1/2})\Delta_x u_j^n - (g_{j+1}^n + g_j^n)\big), \tag{3.6.114}$$

其中 $\bar{a}_{j+1/2}\Delta_x u_j = \Delta_x \bar{f}_j$.

又由定理 3.6.11 知, 由数值通量 (3.6.114) 给出一个逼近 "修正" 守恒律 (3.6.113) 的 TVD 格式的条件是

$$\big|r\bar{a}_{j+1/2}\big| \leqslant Q(r\bar{a}_{j+1/2}) \leqslant 1. \tag{3.6.115}$$

要想构造满足条件 (3.6.115) 的二阶 TVD 格式, 它的网格基点数必须大于 3 才有 可能. 比较逼近方程 (3.6.4) 的 LW 格式, 得

$$Q(r\bar{a}_{j+1/2}) - \frac{g_{j+1} + g_j}{\Delta_x u_j} = Q^{LW}(\nu_{j+1/2}) + O(h). \tag{3.6.116}$$

引理 3.6.29 如果 $Q(x)$ 是 Lipschitz 连续函数, g_j 的 Taylor 级数展开满足

$$g_j + g_{j+1} = (Q(\nu_{j+1/2}) - \nu_{j+1/2}^2)\Delta_x u_j + O(h^2), \quad g_{j+1} - g_j = O(h^2), \quad (3.6.117)$$

则由修正通量 (3.6.114) 给出的守恒型差分格式逼近原方程 (3.6.4) 具有二阶精度.

如果引入记号

$$d_{j+1/2} = \frac{1}{2}\big(Q(\nu_{j+1/2}) - Q^{LW}(\nu_{j+1/2})\big)\Delta_x u_j, \quad (3.6.118)$$

并定义

$$g_j = \frac{s^+ + s^-}{2}\min\{|d_{j+1/2}|, |d_{j-1/2}|\}, \quad (3.6.119)$$

其中 $s^+ = \text{sign}(\Delta_x u_j)$ 和 $s^- = \text{sign}(\nabla_x u_j)$, 则有下列结论.

定理 3.6.30 (i) 由 (3.6.119) 定义的 g_j^n 满足 (3.6.117) 和

$$|\gamma_{j+1/2}| := \left|\frac{\Delta_x g_j}{\Delta_x u_j}\right| \leqslant \frac{1}{2}\big(Q(\nu_{j+1/2}) - (\nu_{j+1/2})^2\big). \quad (3.6.120)$$

(ii) 如果

$$|\nu_{j+1/2}| \leqslant Q(\nu_{j+1/2}) \leqslant 1, \quad (3.6.121)$$

则由 (3.6.114) 和 (3.6.119) 定义的逼近方程 (3.6.4) 的守恒型格式是 TVD 的, 且在远离极值点 $u_x = 0$ 的光滑区域内具有二阶精度.

证明 (i) 由 (3.6.119) 知, g_j 和 g_{j+1} 不反号, 所以

$$|\gamma_{j+1/2}| := \left|\frac{\Delta_x g_j}{\Delta_x u_j}\right| \leqslant \frac{\max\{|g_j|, |g_{j+1}|\}}{|\Delta_x u_j|}$$
$$\leqslant \frac{|d_{j+1/2}|}{|\Delta_x u_j|} = \frac{1}{2}\big(Q(\nu_{j+1/2}) - Q^{LW}(\nu_{j+1/2})\big).$$

(ii) 只要证明条件 (3.6.121) 可以充分地保证 (3.6.115) 的成立即可. 事实上, 在条件 (3.6.121) 下, 有

$$|\nu_{j+1/2} + \gamma_{j+1/2}| \leqslant |\nu_{j+1/2}| + |\gamma_{j+1/2}| \leqslant |\nu_{j+1/2}| + \frac{1}{2}\big(Q(\nu_{j+1/2})$$
$$- (\nu_{j+1/2})^2\big) \leqslant |\nu_{j+1/2}| + \frac{1}{2} - \frac{1}{2}(\nu_{j+1/2})^2$$
$$= 1 - \frac{1}{2}(1 - \nu_{j+1/2})^2 \leqslant 1. \quad \blacksquare$$

在结束这一小节之前, 简单地将上述格式推广到一维拟线性双曲型守恒律方程组的情形.

对于线性常系数方程组 (3.6.13), 只需将上述格式直接应用于相应的特征变量分量 w_i 满足的方程 (3.6.14) 即可. 另一方面, 特征变量分量 w_i 又可以看作是向

量 $\boldsymbol{u} \in \mathbb{R}^m$ 按右特征向量 $\{\boldsymbol{R}_i, i = 1, 2, \cdots, m\}$ 展开的系数, 即 $\boldsymbol{u} = \sum_{i=1}^{m} w_i \boldsymbol{R}_i$. 进

一步地有 $(\Delta_x u) = \sum_{i=1}^{m} (\Delta_x w_i) \boldsymbol{R}_i$. 基于特征变量的这种解释, 可以将前述标量方程

的高分辨守恒型差分格式推广应用于一般的一维拟线性双曲型守恒律方程组. 用
$\boldsymbol{L}_i$ 和 $\boldsymbol{R}_i$ 表示 $m \times m$ 的 Jacobi 矩阵 $\dfrac{\partial \boldsymbol{f}}{\partial \boldsymbol{u}}$ 的对应于特征值 λ_i 的左右特征向量,
$i = 1, 2, \cdots, m$, 用 $\boldsymbol{u}_{j+1/2} = V(\boldsymbol{u}_j, \boldsymbol{u}_{j+1})$ 表示 $\boldsymbol{u}_j$ 和 $\boldsymbol{u}_{j+1}$ 的某种平均, 满足

$$V(\boldsymbol{u}, \boldsymbol{u}) = V(\boldsymbol{u}), \quad V(\boldsymbol{u}, \boldsymbol{v}) = V(\boldsymbol{v}, \boldsymbol{u}).$$

令 $\alpha_{j+1/2}^i$ 为 $\Delta_x \boldsymbol{u}_j$ 在坐标系 $\{\boldsymbol{R}_i(\boldsymbol{u}_{j+1/2})\}$ 下的坐标, 即

$$\Delta_x u_j = \sum_{i=1}^{m} \alpha_{j+1/2}^i \boldsymbol{R}_i(\boldsymbol{u}_{j+1/2}), \quad \alpha_{j+1/2}^i = \boldsymbol{L}_i(\boldsymbol{u}_{j+1/2}) \Delta_x u_j.$$

前面的修正通量格式 (3.6.114) 和 (3.6.119) 推广应用于一般的拟线性双曲型守恒律
方程组时的具体形式是

$$\boldsymbol{u}_j^{n+1} = \boldsymbol{u}_j^n - r(\hat{\boldsymbol{f}}_{j+1/2}^n - \hat{\boldsymbol{f}}_{j-1/2}^n), \tag{3.6.122}$$

其中

$$\hat{\boldsymbol{f}}_{j+1/2} = \frac{1}{2}(\boldsymbol{f}_j + \boldsymbol{f}_{j+1}) - \frac{1}{2r} \sum_{i=1}^{m} \beta_{j+1/2}^i \boldsymbol{R}_i(\boldsymbol{u}_{j+1/2}),$$

$$\beta_{j+1/2}^i = Q^i(\nu_{j+1/2}^i + \gamma_{j+1/2}^i) \alpha_{j+1/2}^i - g_j^i - g_{j+1}^i,$$

这里

$$\nu_{j+1/2}^i = r\lambda_i(\boldsymbol{u}_{j+1/2}),$$

$$g_j^i = \frac{s_+^i + s_-^i}{2} \min\{|d_{j+1/2}^i|, |d_{j-1/2}^i|\}, \quad s_{\pm}^i = \operatorname{sign}(d_{j\pm1/2}^i),$$

$$d_{j+1/2}^i = \frac{1}{2}\left(Q^i(\nu_{j+1/2}^i) - (\nu_{j+1/2}^i)^2\right)\alpha_{j+1/2}^i,$$

$$\gamma_{j+1/2}^i = \begin{cases} \Delta_x g_j^i / \alpha_{j+1/2}^i, & \alpha_{j+1/2}^i \neq 0, \\ 0, & \alpha_{j+1/2}^i = 0. \end{cases}$$

习　题　3

1. 用特征线方法计算一阶线性方程 Cauchy 问题

$$\begin{cases} \dfrac{\partial u}{\partial x} + 3x^2 \dfrac{\partial u}{\partial y} = x + y, \\ u(x, 0) = x^2 \end{cases}$$

的解在点 $(3, 19)$ 处的一次近似值和二次近似值, 并将它们与精确值比较.

2. 设函数 $u(x, y)$ 是下列问题

$$\begin{cases} \dfrac{\partial u}{\partial x} + \dfrac{x}{\sqrt{u}} \dfrac{\partial u}{\partial y} = 2x, \\ u(0, y) = 0, & y \geqslant 0, \\ u(x, 0) = 0, & x > 0 \end{cases}$$

的解. 用特征线方法计算 u 在点 $(2, 5)$ 和 $(5, 4)$ 处的值, 并画出过这两点的微分方程的特征线. 将在 $y = 0$ 上的初始条件修改为 $u(x, 0) = x$, 并求出此时过点 $(4, 0)$ 的特征线上的点 $(4.05, y)$ 处的 u 和 y 的近似值, 并将它们与解析值比较.

3. 用特征线法计算 Cauchy 问题

$$\begin{cases} (x - y) \dfrac{\partial u}{\partial x} + u \dfrac{\partial u}{\partial y} = x + y, \\ u(x, 0) = 1 \end{cases}$$

的解 $u(x, y)$ 在过点 $(1, 0)$ 的特征线上的点 $(1.1, y)$ 处的近似值.

4. 分别用 CIR 格式、LW 格式和 LF 格式计算初值问题

$$\begin{cases} \dfrac{\partial u}{\partial t} + \dfrac{\partial u}{\partial x} = 0, \\ u(x, 0) = u_0(x) \end{cases}$$

在 $t = 1$ 时刻的解, 并与解析解比较, 其中

$$u_0(x) = \begin{cases} 1, & x < 0, \\ \dfrac{1}{2}, & x = 0, \\ 0, & x > 0. \end{cases}$$

5. 证明逼近线性常系数方程

$$\frac{\partial u}{\partial t} + a \frac{\partial u}{\partial x} = 0,$$

的隐式差分格式

$$\frac{u_j^{n+1} - u_j^n}{\tau} + a \frac{u_{j+1}^{n+1} - u_{j-1}^{n+1}}{2h} = 0$$

是稳定的, 并绘制特征线以作出几何说明.

6. 已知在点 $(x_{j+1/2}, t_{n+1/2})$ 处逼近方程

$$a \frac{\partial u}{\partial x} + b \frac{\partial u}{\partial t} = c$$

的隐式 LW 格式可以表示为

$$(b + ar)u_{j-1}^{n+1} + (b - ar)u_j^{n+1} - (b - ar)u_{j+1}^n - (b + ar)u_j^n = 2\tau c,$$

其中 $r = \dfrac{\tau}{h}$. 证明格式是无条件稳定的, 且在点 $(x_{j+1/2}, t_{n+1/2})$ 处的截断误差的主项是

$$\frac{h^2}{12}\left(3b\frac{\partial^3 u}{\partial x^2 \partial t} + a\frac{\partial^3 u}{\partial x^3}\right) + \frac{\tau^2}{12}\left(b\frac{\partial^3 u}{\partial t^3} + 3a\frac{\partial^3 u}{\partial x \partial t^2}\right).$$

7. 分析逼近方程组

$$\frac{\partial u}{\partial t} = \frac{\partial v}{\partial x}, \quad \frac{\partial v}{\partial t} = \frac{\partial u}{\partial x}$$

的两个差分格式

$$\begin{cases} \dfrac{1}{\tau}\left(u_j^{n+1} - \dfrac{1}{2}(u_{j+1}^n + u_{j-1}^n)\right) = \dfrac{1}{2h}(v_{j+1}^n - v_{j-1}^n), \\[3mm] \dfrac{1}{\tau}\left(v_j^{n+1} - \dfrac{1}{2}(v_{j+1}^n + v_{j-1}^n)\right) = \dfrac{1}{2h}(u_{j+1}^n - u_{j-1}^n) \end{cases}$$

和

$$\begin{cases} \dfrac{1}{\tau}(u_j^{n+1} - u_j^n) = \dfrac{1}{h}(v_{j+1/2}^n - v_{j-1/2}^n), \\[3mm] \dfrac{1}{\tau}(v_{j-1/2}^{n+1} - v_{j-1/2}^n) = \dfrac{1}{h}(u_j^{n+1} - u_{j-1}^{n+1}) \end{cases}$$

的稳定性.

8. 给定初边值问题

$$\begin{cases} \dfrac{\partial^2 u}{\partial t^2} = \dfrac{\partial^2 u}{\partial x^2}, & 0 < x < 1, \\[3mm] u(0,t) = u(1,t) = 0, & t > 0, \\[3mm] u_t(x,0) = 0, \ u(x,0) = \dfrac{1}{8}\sin(\pi x), & 0 \leqslant x \leqslant 1. \end{cases}$$

用显式差分格式

$$u_j^{n+1} - 2u_j^n + u_j^{n-1} = r^2(u_{j+1}^n - 2u_j^n + u_{j-1}^n),$$

计算出 $u(x,t)$ 在点 (x_j, t_n) 处的值, 定解条件中的导数用中心差商代替, 其中 $j = 1, 2, \cdots, 9$, $n = 1, 2, \cdots, 5$, 步长取为 $\tau = h = 0.1$.

9. 用显式格式计算下列初边值问题

$$\begin{cases} \dfrac{\partial^2 u}{\partial t^2} = \dfrac{\partial^2 u}{\partial x^2}, & 0 < x < 1, \ 0 < t \leqslant T, \\[3mm] u(x,0) = \sin(\pi x), \ u_t(x,0) = 0, & 0 \leqslant x \leqslant 1, \\[3mm] u(0,t) = u(1,t) = 0, & 0 \leqslant t \leqslant 1, \end{cases}$$

其中网格步长比可以取为 $r = \dfrac{2}{3}$.

10. 分析逼近双曲型方程 $\dfrac{\partial^2 u}{\partial t^2} = \dfrac{\partial^2 u}{\partial x^2}$ 的隐式差分格式

$$\frac{1}{\tau^2}\delta_x^2 u_j^n = \frac{1}{4h^2}\left(\delta_x^2 u_j^{n+1} + 2\delta_x^2 u_j^n + \delta_x^2 u_j^{n-1}\right)$$

的稳定性.

11. 建立二维波动方程

$$\frac{\partial^2 u}{\partial t^2} = \frac{\partial^2 u}{\partial x^2} + \frac{\partial^2 u}{\partial y^2} + cu$$

的 ADI 格式, 并推导其稳定性的必要条件.

12. 检验一维完全气体动力学 Euler 方程组 (3.6.3) 和 (3.6.8) 的第一和第三特征场 $u \pm c$ 均是真正非线性的, 而第二特征场 u 则是线性退化的.

13. 证明逼近标量方程 (3.6.4) 的 Godunov 格式 (3.6.54) 是 TVD 格式.

14. 证明定理 3.6.15 的结论成立.

15. 根据单调差分格式的定义证明定理 3.6.18.

16. 检查由 van Albada 斜率限制器定义的斜率

$$s_j = \frac{(\Delta_x u_j)^2 (\nabla_x u_j) + (\Delta_x u_j)(\nabla_x u_j)^2}{(\Delta_x u_j)^2 + (\nabla_x u_j)^2}$$

是否满足条件 (3.6.88)?

17. 证明定理 3.6.22.

18. 用迎风格式计算标量方程 (3.6.4) 的 Riemann 问题, 其中 $f(u) = \frac{1}{4}(u^2 - 1)(u^2 - 4)$,

$$u(x, 0) = \begin{cases} 2, & x < 0, \\ -2, & x > 0, \end{cases}$$

这里取计算区域为 $[-1, 1]$, 输出时刻 $t = 1.2$.

19. 用迎风格式计算标量方程 (3.6.4) 的 Riemann 问题, 其中 $f(u) = \frac{1}{4}(u^2 - 1)(u^2 - 4)$,

$$u(x, 0) = \begin{cases} -3, & x < 0, \\ -3, & x > 0, \end{cases}$$

这里取计算区域为 $[-1, 1]$, 输出时刻 $t = 0.2$.

20. 用差分格式

$$u_j^{n+1} = u_j^n - \frac{r}{2}\big(f(u_{j+1}^n) - f(u_{j-1}^n)\big) + \nabla_x \left(\frac{r\alpha_{j+1/2}^n}{2} \Delta_x u_j^n \right),$$

计算标量方程 (3.6.4) 的 Cauchy 问题, 其中 $f(u) = \dfrac{4u^2}{4u^2 + (u-1)^2}$ 和

$$u(x, 0) = \begin{cases} 1, & x \in \left[-\frac{1}{2}, 0 \right], \\ 0, & \text{否则}. \end{cases}$$

这里 $r = \dfrac{\tau}{h}$ 和

$$\alpha_{j+1/2} = \max_{u \in I_{j+1/2}} \left\{ \left| \frac{\partial f}{\partial u} \right| \right\}, \quad I_{j+1/2} = [\min\{u_j, u_{j+1}\}, \min\{u_j, u_{j+1}\}],$$

取计算区域为 $[-1.5, 2.5]$, 输出时刻为 $t = 1$.

第 4 章　椭圆型方程的差分方法

椭圆型偏微分方程通常用于描述平衡或定常问题, 例如不可压缩无旋流动. 较具代表性的椭圆型方程是 Poisson 方程

$$\Delta u = f,$$

其中 f 是给定的函数, Δ 是 Laplace 算子, 在三维笛卡儿坐标下, 它可以表示为 $\Delta = \dfrac{\partial^2}{\partial x^2} + \dfrac{\partial^2}{\partial y^2} + \dfrac{\partial^2}{\partial z^2}$. 当 f 恒为零时, 上述方程变为 Laplace 方程.

二维二阶线性椭圆型方程一般可写成如下形式

$$Lu := a(x,y)\frac{\partial^2 u}{\partial x^2} + 2b(x,y)\frac{\partial^2 u}{\partial x \partial y} + c(x,y)\frac{\partial^2 u}{\partial y^2} + d(x,y)\frac{\partial u}{\partial x}$$

$$+ e(x,y)\frac{\partial u}{\partial y} + f(x,y)u = g(x,y), \quad (x,y) \in \Omega, \tag{4.0.1}$$

其中系数 $a(x,y)$, $b(x,y)$ 和 $c(x,y)$ 满足

$$b(x,y)^2 - a(x,y)c(x,y) < 0, \quad \forall (x,y) \in \Omega,$$

这里假设 Ω 是 (x,y) 平面中的一个有界或无界区域, 其边界记为 $\partial\Omega$. 方程 (4.0.1) 的定解条件的类型主要有下列三种.

(i) 第一类边界条件或者 Dirichlet 边界条件

$$u(x,y) = \gamma(x,y), \quad (x,y) \in \partial\Omega, \tag{4.0.2}$$

(ii) 第二类边界条件或者 Neumann 边界条件

$$\frac{\partial u}{\partial n} = \gamma(x,y), \quad (x,y) \in \partial\Omega, \tag{4.0.3}$$

(iii) 第三类边界条件或者混合边界条件 (也称为 Robin 条件)

$$\alpha(x,y)u + \beta(x,y)\frac{\partial u}{\partial n} = \gamma(x,y), \quad (x,y) \in \partial\Omega, \tag{4.0.4}$$

这里 $\dfrac{\partial u}{\partial n}$ 表示 u 在 $\partial\Omega$ 的单位外法向矢量 $\boldsymbol{n}$ 上的方向导数, $\alpha(x,y)$, $\beta(x,y)$ 和 $\gamma(x,y)$ 是给定的实值函数, 且 $\alpha(x,y) \neq 0$, $\beta(x,y) \neq 0$.

方程 (4.0.1) 的 Dirichlet 问题和 Robin 问题可以有唯一解, 但 Neumann 问题的解不唯一 [39], 因为如果 $u(x, y)$ 是 (4.0.1) 和 (4.0.3) 的解, $v(x, y)$ 是相应的齐次方程和齐次边界条件组成的 Neumann 问题的解, 则 $u(x, y) + cv(x, y)$ 也是问题 (4.0.1) 和 (4.0.3) 的解, 其中 c 是任意非零常数.

4.1 Poisson 方程边值问题的差分方法

4.1.1 五点差分格式

考虑二维 Poisson 方程

$$\Delta u = f(x, y), \quad (x, y) \in \Omega. \tag{4.1.1}$$

为了叙述方便, 假设 $\Omega = \{(x, y) | 0 < x, y < 1\}$, 并将其剖分成规则的正方形网格, 其中网格线是两组分别平行于坐标轴的直线

$$x_j = jh, \quad y_k = kh, \quad 0 \leqslant j, k \leqslant M + 1.$$

如前, 网格中两组平行线的交点称为网格结点, $h = 1/(M + 1)$ 是网格步长.

如果 (4.1.1) 的解 $u(x, y)$ 足够光滑, 则在网格结点 (jh, kh) 或简记为 (j, k) 处有

$$u(x_j \pm h, y_k) = \left(u \pm h\frac{\partial u}{\partial x} + \frac{h^2}{2}\frac{\partial^2 u}{\partial x^2} \pm \frac{h^3}{6}\frac{\partial^3 u}{\partial x^3} + \frac{h^4}{24}\frac{\partial^4 u}{\partial x^4} + \cdots \right)_{j,k},$$

$$u(x_j, y_k \pm h) = \left(u \pm h\frac{\partial u}{\partial y} + \frac{h^2}{2}\frac{\partial^2 u}{\partial y^2} \pm \frac{h^3}{6}\frac{\partial^3 u}{\partial y^3} + \frac{h^4}{24}\frac{\partial^4 u}{\partial y^4} + \cdots \right)_{j,k}.$$

因而有

$$\frac{\delta_x^2 u(jh, kh)}{h^2} = \left(\frac{\partial^2 u}{\partial x^2} + \frac{h^2}{12}\frac{\partial^4 u}{\partial x^4} + \cdots \right)_{j,k},$$

$$\frac{\delta_y^2 u(jh, kh)}{h^2} = \left(\frac{\partial^2 u}{\partial y^2} + \frac{h^2}{12}\frac{\partial^4 u}{\partial y^4} + \cdots \right)_{j,k},$$

其中 $\delta_x^2 u(jh, kh) = u((j+1)h, kh) - 2u(jh, kh) + u((j-1)h, kh)$, $\delta_y^2 u(jh, kh) = u(jh, (k+1)h) - 2u(jh, kh) + u(jh, (k-1)h)$. 两式相加得

$$\frac{(\delta_x^2 + \delta_y^2)u(jh, kh)}{h^2} = \Delta u(x_j, y_k) + R_{j,k}, \tag{4.1.2}$$

其中

$$R_{j,k} = \frac{h^2}{12}\left[\frac{\partial^4 u}{\partial x^4} + \frac{\partial^4 u}{\partial y^4} \right]_{j,k} + O(h^4). \tag{4.1.3}$$

这样, 在每个内网格结点 (jh, kh) 处, $1 \leqslant j, k \leqslant M$, Poisson 方程 (4.1.1) 可以离散
为

$$\Delta_h u_{j,k} := \frac{(\delta_x^2 + \delta_y^2)u_{j,k}}{h^2} = f(x_j, y_k), \tag{4.1.4}$$

或写成

$$u_{j+1,k} + u_{j-1,k} + u_{j,k+1} + u_{j,k-1} - 4u_{j,k} = h^2 f(x_j, y_k). \tag{4.1.5}$$

这是一个常用的五点差分格式, 其截断误差是 $R_{j,k}$, 即差分格式 (4.1.5) 逼近微分
方程 (4.1.1) 的阶是 $O(h^2)$.

说明 4.1.1 (i) 如果将 $R_{j,k}$ 的首项也作适当的差分离散, 则可给出逼近 Poisson
方程 (4.1.1) 的一个四阶精度的九点格式

$$\Delta_h u_{j,k} - \frac{1}{12}[4u_{j,k} - 2(u_{j-1,k} + u_{j,k-1} + u_{j+1,k} + u_{j,k+1})$$
$$+ u_{j-1,k-1} + u_{j+1,k-1} + u_{j-1,k+1} + u_{j+1,k+1}]$$
$$= f(x_j, y_k) + \frac{h^2}{12}\Delta f(x_j, y_k). \tag{4.1.6}$$

(ii) 还可建立逼近 Poisson 方程 (4.1.1) 的另一个五点差分格式

$$\frac{u_{j+1,k+1} + u_{j-1,k+1} + u_{j+1,k-1} + u_{j-1,k-1} - 4u_{j,k}}{2h^2} = f(x_j, y_k), \tag{4.1.7}$$

它与前面的五点差分格式具有相同的截断误差首项.

(iii) 如果区域被剖分成非均匀的长方形网格

$$0 = x_0 < x_1 < \cdots < x_{M+1} = 1, \quad 0 = y_0 < y_1 < \cdots < y_{N+1} = 1,$$

其中 $x_{j+1} - x_j \neq x_j - x_{j-1}, y_{k+1} - y_k \neq y_k - y_{k-1}$, 则差分方程 (4.1.5) 和 (4.1.6)
均要作相应的变化. 以均匀的长方形网格为例, 此时 $x_{j+1} - x_j = x_j - x_{j-1} =: h_x$,
$y_{k+1} - y_k = y_k - y_{k-1} =: h_y$, $1 \leqslant j \leqslant M, 1 \leqslant k \leqslant N$, 差分方程 (4.1.5) 替代为

$$\frac{\delta_x^2 u_{j,k}}{h_x^2} + \frac{\delta_y^2 u_{j,k}}{h_y^2} = f(x_j, y_k).$$

注意, 此时得不到逼近 (4.1.1) 的形如 (4.1.7) 的五点差分格式.

4.1.2　边界条件的离散

4.1.2.1　Dirichlet 边界条件

如果区域 Ω 是矩形区域, 则总可以使得 Ω 的边界落在网格线上. 此时 Dirichlet
边界条件 (4.0.2) 可以直接离散为

$$\begin{aligned} u_{0,k} = \gamma(0, y_k), \quad u_{M+1,k} = \gamma(1, y_k), \quad 0 \leqslant k \leqslant M+1, \\ u_{j,0} = \gamma(x_j, 0), \quad u_{j,M+1} = \gamma(x_j, 1), \quad 0 \leqslant j \leqslant M+1, \end{aligned} \tag{4.1.8}$$

这里没有引入任何截断误差. 至此, (4.1.5) 和 (4.1.8) 可以构成一个逼近边值问题 (4.1.1) 和 (4.0.2) 的离散的 Dirichlet 问题. 类似第 1 章中介绍的离散的两点边值问题, 它可以转化成线性方程组的求解问题. 对 M^2 个内网格结点处的未知量 $\{u_{j,k}, 1 \leqslant j, k \leqslant M\}$ 按从左往右 $(j\uparrow)$, 由下而上 $(k\uparrow)$ 的顺序 (网格结点的自然次序) 排列, 得

$$\boldsymbol{u} := (u_{1,1}, u_{2,1}, \cdots, u_{M,1}, u_{1,2}, u_{2,2}, \cdots, u_{M,2}, \cdots, u_{1,M}, u_{2,M}, \cdots, u_{M,M})^T,$$

这里上标 T 表示向量的转置. 如未加特别说明, 下面都将采用这种自然次序排列网格结点上的未知函数值. 根据这种排列次序, 问题 (4.1.5) 和 (4.1.8) 可以写成如下矩阵向量的形式

$$\boldsymbol{Au} = \boldsymbol{b}, \tag{4.1.9}$$

其中

$$\boldsymbol{A} = \begin{pmatrix} \boldsymbol{B} & -\boldsymbol{I} & & & \\ -\boldsymbol{I} & \boldsymbol{B} & -\boldsymbol{I} & & \\ \ddots & \ddots & \ddots & & \\ & -\boldsymbol{I} & \boldsymbol{B} & -\boldsymbol{I} \\ & & -\boldsymbol{I} & \boldsymbol{B} \end{pmatrix},$$

而 $\boldsymbol{I}$ 是 M 阶单位方阵, M 阶方阵 $\boldsymbol{B}$ 定义为

$$\boldsymbol{B} = \begin{pmatrix} 4 & -1 & & & \\ -1 & 4 & -1 & & \\ \ddots & \ddots & \ddots & & \\ & -1 & 4 & -1 \\ & & -1 & 4 \end{pmatrix},$$

向量 $\boldsymbol{b}$ 的元素由右端函数 $f(x,y)$ 和函数 $\gamma(x,y)$ 在边界结点上的值确定, 它的 M 个元素是

$$\{-h^2 f(x_1, y_1) + \gamma(x_1, 0) + \gamma(0, y_1), -h^2 f(x_2, y_1) + \gamma(x_2, 0), \cdots,$$

$$-h^2 f(x_{M-1}, y_1) + \gamma(x_{M-1}, 0), -h^2 f(x_M, y_1) + \gamma(x_M, 0) + \gamma(1, y_1)\}.$$

线性方程组 (4.1.9) 的解法将在后面详细讨论. 注意: 方程组的系数矩阵和右端项均依赖于未知量 $\{u_{j,k}, 1 \leqslant j, k \leqslant M\}$ 的排列方式.

如果区域 Ω 是不规则的, 则其边界一般很难全部落在网格线上. 如图 4.1.1 所示的点 P 不在区域边界上, 而边界与相应的网格线相交于点 A 和 B. 此时 $u(x,y)$ 在点 P 处的值 $u(\text{P})$ 通常可以按下列方式近似.

(i) 如果点 A 到点 P 的距离 $\overline{\mathrm{AP}}$ 比点 B 到点 P 的距离 $\overline{\mathrm{BP}}$ 近, 则 $u(\mathrm{P}) = \gamma(\mathrm{A})$, 否则, $u(\mathrm{P}) = \gamma(\mathrm{B})$. 此时引入了 $O(h)$ 的误差. 这种近似方法通常称为**直接转移法**.

(ii) 为了保证边界处理具有较高的精度, $u(\mathrm{P})$ 可以用线性插值得到, 例如用点 B 和点 G 处的值插值, 即

$$u(\mathrm{P}) = \frac{h}{h + \overline{\mathrm{BP}}}\gamma(\mathrm{B}) + \frac{\overline{\mathrm{BP}}}{h + \overline{\mathrm{BP}}}u(\mathrm{G}),$$

此时截断误差是 $O(h^2)$.

(iii) 上面两种方法均是将点 P 看作 "边界点" 处理的. 事实上, 还可将点 P 作为网格内结点处理, 由点 A, B, Q, G 和 P 处的值构造 Poisson 方程 (4.1.1) 的一个 "非等距五点" 差分格式

$$\frac{2}{h+\overline{\mathrm{BP}}}\left(\frac{u(\mathrm{G})-u(\mathrm{P})}{h} - \frac{u(\mathrm{P})-\gamma(\mathrm{B})}{\overline{\mathrm{BP}}}\right) + \frac{2}{h+\overline{\mathrm{AP}}}\left(\frac{\gamma(\mathrm{A})-u(\mathrm{P})}{\overline{\mathrm{AP}}} - \frac{u(\mathrm{P})-u(\mathrm{Q})}{h}\right)$$
$$= f(\mathrm{P}),$$

此时截断误差首项是

$$\frac{h - \overline{\mathrm{BP}}}{3}\frac{\partial^3 u}{\partial x^3} + \frac{h - \overline{\mathrm{AP}}}{3}\frac{\partial^3 u}{\partial y^3}.$$

这种处理方法的一个缺点是会破坏五点差分格式 (4.1.5) 的固有对称性和正定性.

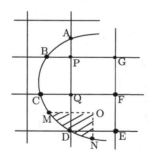

图 4.1.1　不规则区域边界

4.1.2.2　Neumann 边界条件

仅当

$$\int_{\partial\Omega} \gamma(x,y)\, ds = \iint_{\Omega} f(x,y)\, dxdy \tag{4.1.10}$$

时, Neumann 边值问题 (4.1.1) 和 (4.0.3) 存在解, 但是, 该解不是唯一的.

首先考虑简单区域 $\Omega = \{(x,y)|0 < x,y < 1\}$. 此时在正方形区域的四个角点上法向导数 $\dfrac{\partial u}{\partial n}$ 没有定义, 这意味着 $\gamma(x,y)$ 在区域角点处不连续. 在这样的不连续点处函数 $u(x,y)$ 的值一般用平均值来近似. 以左边界 $x = 0$ 为例, 在边界 $x = 0$ 的

左边引一条直线, $x = -h$, 并将平行于 x 轴的网格线 $y_k = kh$ 向左延伸使其与它相交. 在区域 Ω 外添加的这一排网格点 $(j, k) = (-1, k)$ 通常称为**虚网格点**. 为了使得边界条件的离散精度不低于微分方程在内网格结点处离散的精度, 可以用中心差商代替法向导数, 则 Neumann 边界条件可以离散为

$$\frac{u_{-1,k} - u_{1,k}}{2h} = \gamma(0, y_k), \quad 1 \leqslant k \leqslant M. \tag{4.1.11}$$

在其他边界的边值条件可以类似地处理. 但鉴于在虚网格点 $(-1, k)$ 处问题 (4.1.1) 和 (4.0.3) 的解 $u(x, y)$ 无定义, 需要消去 (4.1.11) 中的 $u_{-1,k}$. 为此, 可令 (4.1.5) 中的下标 $j = 0$, 即有

$$(\delta^2 x + \delta_y^2)u_{0,k} = h^2 f(0, y_k),$$

或

$$u_{-1,k} = 2u_{0,k} - u_{1,k} - u_{0,k-1} + 2u_{0,k} - u_{0,k+1} + h^2 f(0, y_k).$$

将其代入 (4.1.11), 得

$$2u_{0,k} - 2u_{1,k} - \delta_y^2 u_{0,k} = 2h\gamma(0, y_k) - h^2 f(0, y_k), \quad 1 \leqslant k \leqslant M. \tag{4.1.12}$$

同理, 在边界 $x = 1$, $y = 0$ 和 $y = 1$ 处可分别得到如下离散差分方程

$$2u_{M+1,k} - 2u_{M,k} - \delta_y^2 u_{M+1,k} = 2h\gamma(1, y_k) - h^2 f(1, y_k), \tag{4.1.13}$$

$$2u_{j,0} - 2u_{j,1} - \delta_x^2 u_{j,0} = 2h\gamma(x_j, 0) - h^2 f(x_j, 0), \tag{4.1.14}$$

$$2u_{j,M+1} - 2u_{j,M} - \delta_x^2 u_{j,M+1} = 2h\gamma(x_j, 1) - h^2 f(x_j, 1), \tag{4.1.15}$$

这里 $1 \leqslant j, k \leqslant M$. 为了得到在区域 Ω 的角点处 u 的平均值或近似值, 令 (4.1.5) 中的下标 $j = k = 0$, (4.1.12) 中的下标 $k = 0$, (4.1.14) 中的下标 $j = 0$, 并将相应的三个方程相加, 则可得到 $u(x, y)$ 在区域角点 $(0, 0)$ 处的近似值满足的方程

$$4u_{0,0} - 2u_{1,0} - 2u_{0,1} = 4h\gamma(0, 0) - h^2 f(0, 0). \tag{4.1.16}$$

类似地, 在区域角点 $(0, M+1)$, $(M+1, 0)$ 和 $(M+1, M+1)$ 处有

$$4u_{0,M+1} - 2u_{1,M+1} - 2u_{0,M} = 4h\gamma(0, 1) - h^2 f(0, 1),$$
$$4u_{M+1,0} - 2u_{M+1,1} - 2u_{M,0} = 4h\gamma(1, 0) - h^2 f(1, 0), \tag{4.1.17}$$
$$4u_{M+1,M+1} - 2u_{M,M+1} - 2u_{M+1,M} = 4h\gamma(1, 1) - h^2 f(1, 1).$$

至此, 就完成了 Neumann 问题 (4.1.1) 和 (4.0.3) 的差分离散, 它们由方程 (4.1.5) 和 (4.1.13)—(4.1.15) 组成, 而且也可以写成如 (4.1.9) 的矩阵向量形式, 即

$$\boldsymbol{Au} = \boldsymbol{b}, \tag{4.1.18}$$

其中未知向量是

$$\boldsymbol{u} = \begin{aligned}&[u_{0,1}, u_{0,2}, \cdots, u_{0,M+1}, u_{1,1}, u_{1,2}, \cdots, u_{1,M+1}, \cdots, \\ &u_{M+1,1}, u_{M+1,2}, \cdots, u_{M+1,M+1}]^T,\end{aligned}$$

系数矩阵 $\boldsymbol{A}$ 是一个 $(M+2)^2$ 阶方阵

$$\boldsymbol{A} = \begin{pmatrix} \boldsymbol{B} & -2\boldsymbol{I} & & & \\ -\boldsymbol{I} & \boldsymbol{B} & -\boldsymbol{I} & & \\ \ddots & \ddots & \ddots & \\ & -\boldsymbol{I} & \boldsymbol{B} & -\boldsymbol{I} \\ & & -2\boldsymbol{I} & \boldsymbol{B} \end{pmatrix},$$

这里 $\boldsymbol{I}$ 是 $M+2$ 阶单位方阵, $\boldsymbol{B}$ 是 $M+2$ 阶方阵, 具体是

$$\boldsymbol{B} = \begin{pmatrix} 4 & -2 & & & \\ -1 & 4 & -1 & & \\ \ddots & \ddots & \ddots & \\ & -1 & 4 & -1 \\ & & -2 & 4 \end{pmatrix}.$$

右端向量 $\boldsymbol{b}$ 主要取决于右端函数 $f(x,y)$ 和 $\gamma(x,y)$, 其前 $M+2$ 个分量是 $\{-h^2 f(0,0) +4h\gamma(0,0),\ -h^2 f(1,0)+2h\gamma(1,0),\ \cdots,\ -h^2 f(x_M,0)+2h\gamma(x_M,0),\ -h^2 f(1,0)+ 4h\gamma(1,0)\}$. 不难验证, 方程组 (4.1.18) 中的系数矩阵 $\boldsymbol{A}$ 是奇异矩阵, 这不同于 Dirichlet 边值问题的情形. 这是因为, 如果用 $\boldsymbol{v}$ 表示 $(M+2)^2$ 维向量, 其元素均为 1, 则不难知, 此时恒有 $\boldsymbol{Av}=\boldsymbol{0}$. 因而, 如果 $\boldsymbol{u}$ 是 (4.1.18) 的解, 则 $\boldsymbol{u}+c\boldsymbol{v}$ 也是 (4.1.18) 的解, 这里 c 是任意非零常数. 这对应于 Neumann 问题 (4.1.1) 和 (4.0.3) 的解的不唯一性.

例 4.1.1 考虑Neumann问题 (4.1.1) 和 (4.0.3). 设 $f(x,y)=0$, $h=1/2$, 应用网格结点的自然排列次序, 则方程组 (4.1.18) 中的系数矩阵 $\boldsymbol{A}$ 是

$$\begin{pmatrix} 4 & -2 & 0 & -2 & 0 & 0 & 0 & 0 & 0 \\ -1 & 4 & -1 & 0 & -2 & 0 & 0 & 0 & 0 \\ 0 & -2 & 4 & 0 & 0 & -2 & 0 & 0 & 0 \\ -1 & 0 & 0 & 4 & -2 & 0 & -1 & 0 & 0 \\ 0 & -1 & 0 & -1 & 4 & -1 & 0 & -1 & 0 \\ 0 & 0 & -1 & 0 & -2 & 4 & 0 & 0 & -1 \\ 0 & 0 & 0 & -2 & 0 & 0 & 4 & -2 & 0 \\ 0 & 0 & 0 & 0 & -2 & 0 & -1 & 4 & -1 \\ 0 & 0 & 0 & 0 & 0 & -2 & 0 & -2 & 4 \end{pmatrix}, \tag{4.1.19}$$

未知向量 u 和右端向量 b 分别是 $u = (u_1, u_2, \cdots, u_9)^T$ 和

$$b = 2h \left(2\gamma_1, \gamma_2, 2\gamma_3, \gamma_4, 0, \gamma_6, 2\gamma_7, \gamma_8, 2\gamma_9\right)^T,$$

其中 $u_i = u_{j,k}$, $\gamma_i = \gamma(x_j, y_k)$, $i = j + 3k + 1$. 显然, A 是一个奇异矩阵. 如果分别用

$$\frac{1}{4}, \quad \frac{1}{2}, \quad \frac{1}{4}, \quad \frac{1}{2}, \quad 1, \quad \frac{1}{2}, \quad \frac{1}{4}, \quad \frac{1}{2}, \quad \frac{1}{4}$$

乘以上面的九个方程, 则得到的新方程组的系数矩阵是对称矩阵, 再将它们相加, 则有

$$\sum_{i=1}^{4} \gamma_i + \sum_{i=6}^{9} \gamma_i = 0. \tag{4.1.20}$$

所以, 仅当 (4.1.20) 成立时, 方程组 (4.1.18) 的解存在, 否则线性方程组与微分方程的边值问题不相容.

另一方面, 由复化梯形积分公式知

$$\sum_{i=1}^{4} \gamma_i + \sum_{i=6}^{9} \gamma_i \approx \int_{\partial\Omega} \gamma(x,y) \, ds = 0.$$

由此可见, 即使 (4.1.20) 不能满足, 也可期望 $\sum_{\substack{i=1 \\ i\neq 5}}^{9} \gamma_i$ 非常小, 此时可令某一分量, 譬如 u_9, 为自由参数, 然后由方程组 (4.1.18) 和 (4.1.19) 的前八个方程解出其他的八个分量. ∎

其次, 考虑不规则区域 Ω 的情况. 此时将采用积分插值方法来离散 Neumann 边界条件 (4.0.3). 以图 4.1.1 中的点 D 为例, 过正方形 DEFQ 的中心点 O 分别作平行于两族网格线的射线使其与边界 $\partial\Omega$ 交于两点, 点 M 和 N, 这样就得到一个曲边三角形 OMDN, 见图 4.1.1 中的阴影部分. 记曲边三角形 OMDN 的边界为 Γ. 以曲边三角形 OMDN 为积分区域, 对 Poisson 方程 (4.1.1) 两边积分, 并应用散度定理, 得

$$\int_{\Gamma} \frac{\partial u}{\partial n} \, ds = \iint_{\triangle \text{OMDN}} f(x,y) \, dxdy. \tag{4.1.21}$$

由于

$$\int_{\text{MO}} \frac{\partial u}{\partial n} \, ds \approx \frac{u(\text{Q}) - u(\text{D})}{h} \overline{\text{OM}}, \quad \int_{\text{NO}} \frac{\partial u}{\partial n} \, ds \approx \frac{u(\text{E}) - u(\text{D})}{h} \overline{\text{ON}},$$

$$\int_{\text{MDN}} \frac{\partial u}{\partial n} \, ds = \int_{\text{MDN}} \gamma(x,y) \, ds \approx \gamma(\text{D}) \overline{\text{MDN}},$$

则 Neumann 边界条件 (4.0.3) 在点 D 处可近似为

$$\frac{u(\mathrm{Q})-u(\mathrm{D})}{h}\overline{\mathrm{OM}} + \frac{u(\mathrm{E})-u(\mathrm{D})}{h}\overline{\mathrm{ON}} + \gamma(\mathrm{D})\overline{\mathrm{MDN}} = \iint_{\triangle\mathrm{OMDN}} f(x,y)\ dxdy.$$

说明 4.1.2　(i) 不难看出, 用积分插值方法来处理含导数的边界条件是比较方便的, 其关键是选取适当的积分区域.

(ii) 上述 Neumann 边界条件的处理方法也适合于 Robin 边界条件的数值处理.

4.2　极坐标下 Poisson 方程的差分方法

如果二维区域 Ω 是圆形或扇形区域, 则采用极坐标 (r,θ) 可以方便区域的离散, 因为此时可以在 (r,θ) 坐标下采用矩形网格剖分相应的计算区域.

在坐标变换 $x=r\cos(\theta), y=r\sin(\theta)$ 或 $r=\sqrt{x^2+y^2}$ 和 $\tan(\theta)=y/x$ 下, Poisson 方程 (4.1.1) 被变换为

$$\frac{1}{r}\frac{\partial}{\partial r}\left(r\frac{\partial u}{\partial r}\right) + \frac{1}{r^2}\frac{\partial^2 u}{\partial\theta^2} = f(r,\theta), \tag{4.2.1}$$

而整个 (x,y) 平面则变换成 (r,θ) 平面中的带形区域 $\{(r,\theta)|0\leqslant r<\infty, 0\leqslant\theta\leqslant 2\pi\}$. 很明显, 方程 (4.2.1) 的系数在 $r=0$ 处出现奇性, 换言之, 它只在 $r>0$ 时才有意义. 为了确定出感兴趣的解, 需要补充解 $u(x,y)$ 在 $r=0$ 处的 "边界条件". 一般说来, 当 $r\to 0^+$ 时, 方程 (4.2.1) 的左端第一项应当是有界的, 由此可知

$$\lim_{r\to 0^+} r\frac{\partial u}{\partial r} = 0. \tag{4.2.2}$$

在 (r,θ) 平面内引入两族分别平行于 r 和 θ 坐标轴的直线

$$r_j=(j+0.5)h_r, \quad \theta_k=kh_\theta, \quad 0\leqslant j\leqslant M+1, \quad 0\leqslant k\leqslant N+1,$$

其中 h_r 和 h_θ 分别是 r 方向和 θ 方向的网格步长, 这里将 r 方向的网格线平移 $0.5h_r$ 的目的是避免 $r=0$ 落在网格线上. 如果利用中心差商近似偏导数, 则方程 (4.2.1) 在网格结点 (j,k) 处可以离散为

$$\frac{1}{r_j}\frac{r_{j+1/2}(u_{j+1,k}-u_{j,k})-r_{j-1/2}(u_{j,k}-u_{j-1,k})}{h_r^2} + \frac{1}{r_j^2}\frac{\delta_\theta^2 u_{j,k}}{h_\theta^2}$$

$$=f(r_j,\theta_k), \quad 1\leqslant j\leqslant M+1, 0\leqslant k\leqslant N+1. \tag{4.2.3}$$

为了导出 Poisson 方程 (4.2.1) 在 $j=0$ 网格线处的差分方程, 将 (4.2.1) 改写为

$$\frac{\partial}{\partial r}\left(r\frac{\partial u}{\partial r}\right) + \frac{\partial^2(u/r)}{\partial\theta^2} = rf(r,\theta), \tag{4.2.4}$$

并在区域 $I_\varepsilon = [\varepsilon, h_r] \times [\theta_{k-1/2}, \theta_{k+1/2}]$ 上积分 (4.2.4), 得

$$\int_{\theta_{k-1/2}}^{\theta_{k+1/2}} \left[\left(r\frac{\partial u}{\partial r} \right)_{r=h_r} - \left(r\frac{\partial u}{\partial r} \right)_{r=\varepsilon} \right] d\theta$$

$$+ \int_\varepsilon^{h_r} \left[\left(\frac{\partial(u/r)}{\partial\theta} \right)_{\theta=\theta_{k+1/2}} - \left(\frac{\partial(u/r)}{\partial\theta} \right)_{\theta=\theta_{k-1/2}} \right] dr$$

$$= \iint_{I_\varepsilon} r f(r,\theta) \, dr d\theta,$$

其中 ε 是充分小的正数, $\theta_{k+1/2} = (k+1/2)h_\theta$. 令 $\varepsilon \to 0$, 并应用条件 (4.2.4), 得

$$\int_{\theta_{k-1/2}}^{\theta_{k+1/2}} \left(r\frac{\partial u}{\partial r} \right)_{r=h_r} d\theta + \int_0^{h_r} \left[\left(\frac{\partial(u/r)}{\partial\theta} \right)_{\theta=\theta_{k+1/2}} - \left(\frac{\partial(u/r)}{\partial\theta} \right)_{\theta=\theta_{k-1/2}} \right] dr$$

$$= \iint_{I_\varepsilon} r f(r,\theta) \, dr d\theta.$$

如果用中心差商近似上式中的偏导数, 并用矩形公式计算积分, 则得方程 (4.2.1) 在网格线 $j=0$ 处的差分方程

$$h_\theta(u_{1,k} - u_{0,k}) + 2\frac{\delta_\theta^2 u_{0,k}}{h_\theta} = \frac{1}{2}h_r^2 h_\theta f(r_0, \theta_k).$$

一旦方程 (4.2.1) 的定解条件确定, 就可给出相应的线性方程组.

4.3　Poisson 方程的有限体积方法

这节介绍用积分插值法构造 Poisson 方程 (4.1.1) 在不规则区域上的非矩形网格上的计算方法——有限体积方法. 下面以三角形网格为例, 说明 Poisson 方程 (4.1.1) 的有限体积方法的构造. 前面介绍的矩形网格上的差分方法的优点是差分方程的形式简洁, 程序实现简单, 对应的线性方程组易于求解, 但当区域 Ω 的几何形状很复杂时, 区域边界 $\partial\Omega$ 的离散就会引入大的误差, 网格的粗细也难以灵活地作局部的调整. 如果采用三角形网格覆盖区域 Ω, 则可以克服此缺点. 设区域 Ω 剖分成三角形网格, 参见图 4.3.1, 函数 $u(x,y)$ 的近似值被定义在三角形顶点 P_i 处, 如果作三角形的每条边的垂直平分线, 则它们依次交于三角形的外心, 从而得到围绕顶点 P_i 的小多边形区域, 例如图 4.3.1 中的阴影部分, 这样的多边形单元 (又叫作**对偶单元**), 它也形成了区域 Ω 的一个剖分, 称为**对偶剖分**. 如果三角形的顶点落在边界 $\partial\Omega$ 上, 则它也是其对偶单元的一个顶点, 例如图 4.3.1 中的结点 P_0'.

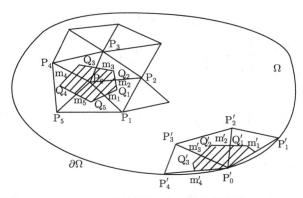

图 4.3.1   区域的三角剖分和控制体

现在考虑在某一内网格结点处离散 Poisson 方程 (4.1.1). 为了方便起见, 限于考虑图 4.3.1 中的结点 P_0, 并用 A_0 表示其对偶单元, 即多边形 $\overline{Q_1Q_2Q_3Q_4Q_5Q_6}$, 用 ∂A_0 表示其边界, 图中的点 m_i 表示边 P_0P_i 的中点. 对于每一个内网格结点, 取其对偶单元作为有限控制体, 并对 Poisson 方程 (4.1.1) 积分, 即

$$\iint_{A_0} \Delta u \, dxdy = \iint_{A_0} f(x,y) \, dxdy.$$

应用散度定理, 得

$$\int_{\partial A_0} \frac{\partial u}{\partial n} \, ds = \iint_{A_0} f(x,y) \, dxdy, \tag{4.3.1}$$

其中 $\dfrac{\partial u}{\partial n}$ 表示 u 在 ∂A_0 的单位外法向矢量 $\boldsymbol{n}$ 上的方向导数. 由于

$$\int_{\partial A_0} \frac{\partial u}{\partial n} \, ds = \sum_{i=1}^{6} \int_{\overline{Q_i Q_{i_1}}} \frac{\partial u}{\partial n} \, ds \approx \sum_{i=1}^{6} \frac{\overline{Q_i Q_{i_1}}}{\overline{P_0 P_{i_1}}} \left[u(P_{i_1}) - u(P_i) \right],$$

式中 i_1 定义为

$$i_1 = \begin{cases} i+1, & i < 6, \\ 1, & i = 6. \end{cases}$$

从而可得 Poisson 方程 (4.1.1) 在点 P_0 处的离散方程

$$\sum_{i=1}^{6} \frac{\overline{Q_i Q_{i_1}}}{\overline{P_0 P_{i_1}}} \left[u(P_{i_1}) - u(P_i) \right] = \iint_{A_0} f(x,y) \, dxdy. \tag{4.3.2}$$

其次, 以图 4.3.1 中的 P_0' 为例, 考虑 Poisson 方程 (4.1.1) 在边界结点处的离散方程的建立. 此时的对偶单元是多边形 $\overline{m_1' Q_1' Q_2' Q_3' m_4'}$, 记其为 A_0', 其边界用 $\partial A_0'$

表示, 图中的点 m_i' 表示边 $P_0'P_i'$ 的中点. 如果在 $\partial\Omega$ 上给定的是 Dirichlet 边界条件 (4.0.2), 则只要令

$$u(P_0') = \gamma(P_0').\tag{4.3.3}$$

如果在 $\partial\Omega$ 上给定的是 Neumann 边界条件 (4.0.3) 或 Robin 边界条件 (4.0.4), 则可以通过积分插值法给出需要的离散方程.

在有限控制体 A_0' 上对 Poisson 方程 (4.1.1) 积分, 并应用散度定理, 得

$$\int_{\partial A_0'} \frac{\partial u}{\partial n}\, ds = \iint_{A_0'} f(x,y)\, dxdy,$$

即

$$\left(\int_{\overline{P_0'm_1'}} + \int_{\overline{m_4'P_0'}} + \int_{\overline{m_1'Q_1'}} + \int_{\overline{Q_1'Q_2'}} + \int_{\overline{Q_2'Q_3'}} + \int_{\overline{Q_3'm_4'}}\right) \frac{\partial u}{\partial n}\, ds$$
$$= \iint_{A_0'} f(x,y)\, dxdy.\tag{4.3.4}$$

现在以 Neumann 边界条件 (4.0.3) 为例, 则有

$$\int_{\overline{P_0'm_1'}} \frac{\partial u}{\partial n}\, ds = \int_{\overline{P_0'm_1'}} \gamma(x,y)\, ds,$$

$$\int_{\overline{m_4'P_0'}} \frac{\partial u}{\partial n}\, ds = \int_{\overline{m_4'P_0'}} \gamma(x,y)\, ds,$$

而

$$\int_{\overline{m_1'Q_1'}} \frac{\partial u}{\partial n}\, ds \approx \frac{\overline{m_1'Q_1'}}{\overline{P_0'P_1'}} \left[u(P_1') - u(P_0') \right],$$

$$\int_{\overline{Q_3'm_4'}} \frac{\partial u}{\partial n}\, ds \approx \frac{\overline{m_4'Q_3'}}{\overline{P_0'P_4'}} \left[u(P_4') - u(P_0') \right],$$

$$\int_{\overline{Q_i'Q_{i+1}'}} \frac{\partial u}{\partial n}\, ds \approx \frac{\overline{Q_i'Q_{i+1}'}}{\overline{P_0'P_{i+1}'}} \left[u(P_{i+1}') - u(P_0') \right], \quad i = 1, 2.$$

将它们代入 (4.3.4) 就可以得到在边界结点 P_0' 处的离散方程. 所有的内网格结点和边界结点的离散方程组成一个封闭的线性代数方程组, 其系数矩阵是稀疏阵.

从上面离散方程的推导可以看出, 用积分插值法构造不同形状网格上的离散方程是完全类似的, 尤其是在处理边界条件时显得更灵活.

也可以利用积分插值法构造 Poisson 方程 (4.1.1) 的另一类有限体积方法. 为了方便起见, 记第 i 个三角形单元的三个顶点分别是 $P_{i,n}$, $n = 1,2,3$, 它们按逆

时针方向排列, 参见图 4.3.2, 其外心是点 O_i. 如果 $\triangle P_{i,1}P_{i,2}P_{i,3}$ 最多只有一个顶点落在边界 $\partial\Omega$ 上, 则它有三个与其相邻的三角形单元, 用 $O_{i,n}$ 表示与其有公共边 $\overline{P_{i,n}P_{i,n_1}}$ 的三角形单元的外心, $n = 1, 2, 3$, 而 $n_1 = n + 1$ 如果 $n = 1, 2$; 否则 $n_1 = 1$. 此时将函数 $u(x,y)$ 的近似值定义在每个三角形的外心处, 并以三角形单元 $\triangle P_{i,1}P_{i,2}P_{i,3}$ 为有限控制体, 对方程 (4.1.1) 积分, 得

$$\sum_{n=1}^{3} \int_{\overline{P_{i,n}P_{i,n_1}}} \frac{\partial u}{\partial n}\, ds = \iint_{\triangle P_{i,1}P_{i,2}P_{i,3}} f(x,y)\, dxdy.$$

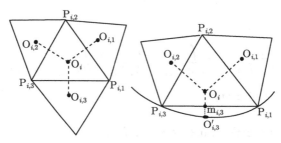

图 4.3.2　三角形控制体

因而, 可类似地给出在点 O_i 处微分方程 (4.1.1) 的一种离散

$$\sum_{n=1}^{3} \frac{\overline{P_{i,n}P_{i,n_1}}}{\overline{O_iO_{i,n}}} \left[u(O_{i,n}) - u(O_i)\right] = \iint_{\triangle P_{i,1}P_{i,2}P_{i,3}} f(x,y)\, dxdy. \tag{4.3.5}$$

如果三角形 $\triangle P_{i,1}P_{i,2}P_{i,3}$ 有两个顶点 $P_{i,1}$ 和 $P_{i,3}$ 落在边界 $\partial\Omega$ 上, 则它在区域 Ω 内只有两个相邻的三角形单元, 此时方程 (4.1.1) 在点 O_i 处的离散需要借助于给定的边界条件. 如果给定的是 Dirichlet 边界条件, 则方程 (4.1.1) 可以近似为

$$\sum_{n=1}^{2} \frac{\overline{P_{i,n}P_{i,n_1}}}{\overline{O_iO_{i,n}}} \left[u(O_{i,n}) - u(O_i)\right]$$

$$= \iint_{\triangle P_{i,1}P_{i,2}P_{i,3}} f(x,y)\, dxdy - \frac{\overline{P_{i,3}P_{i,1}}}{\overline{O_im_{i,3}}} \left[u(m_{i,3}) - u(O_i)\right], \tag{4.3.6}$$

其中 $u(m_{i,3})$ 的值可以由 $\gamma(P_{i,3})$ 和 $\gamma(P_{i,1})$ 作线性插值给出, 或者

$$\sum_{n=1}^{2} \frac{\overline{P_{i,n}P_{i,n_1}}}{\overline{O_iO_{i,n}}} \left[u(O_{i,n}) - u(O_i)\right]$$

$$= \iint_{\triangle P_{i,1}P_{i,2}P_{i,3}} f(x,y)\, dxdy - \frac{\overline{P_{i,3}P_{i,1}}}{\overline{O_iO_{i,3}'}} \left[u(O_{i,3}') - u(O_i)\right]. \tag{4.3.7}$$

如果给定的是 Neumann 边界条件, 则方程 (4.1.1) 可以离散为

$$\sum_{n=1}^{2} \frac{\overline{P_{i,n}P_{i,n_1}}}{\overline{O_iO_{i,n}}} [u(O_{i,n}) - u(O_i)]$$

$$= \iint_{\triangle P_{i,1}P_{i,2}P_{i,3}} f(x,y) \, dxdy - \int_{\overline{P_{i,3}P_{i,1}}} \gamma(x,y) \, ds. \tag{4.3.8}$$

Robin 边界条件和三角形 $\triangle P_{i,1}P_{i,2}P_{i,3}$ 的顶点全落在边界 $\partial\Omega$ 的情况均可以类似处理, 这里不再重复. 上面介绍的第一种方法通常称为**格点型有限体积方法**, 而第二种方法则称为**格心型有限体积方法**.

4.4 差分方法的收敛性和误差估计

考虑 Poisson 方程的第一边值问题

$$\begin{cases} Lu(x,y) := \Delta u = f(x,y), & (x,y) \in \Omega, \\ u(x,y) = \gamma(x,y), & (x,y) \in \partial\Omega. \end{cases} \tag{4.4.1}$$

如前所述, 设区域 $\Omega = \{(x,y)|0 < x < 1, 0 < y < 1\}$, 并被剖分成 $(M+1)^2$ 等份. 记所有内网格结点的集合为 Ω_h, 即 $\Omega_h = \{(x_j,y_k)|x_j = jh, y_k = kh, 1 \leqslant j, k \leqslant M\}$, 所有边界上的网格点的集合记为 $\partial\Omega_h$. 由前面的讨论知道, 边值问题 (4.4.1) 可以用相应的离散第一边值问题逼近, 例如在网格结点 $(x_j,y_k) \in \Omega_h$ 处 Poisson 方程用五点差分格式

$$L_h u_{j,k} := \frac{1}{h^2}(\delta_x^2 + \delta_y^2)u_{j,k} = f(x_j,y_k) =: f_{j,k}, \tag{4.4.2}$$

逼近, 而在网格结点 $(x_j,y_k) \in \partial\Omega_h$ 处, 网格函数 $u_{j,k}$ 满足边值条件

$$u_{j,k} = \gamma(x_j,y_k) =: \gamma_{j,k}. \tag{4.4.3}$$

4.4.1 离散边值问题的可解性

在研究离散边值问题的可解性之前, 先论证一个重要的引理.

引理 4.4.1(极值原理) 假设: (i) $\{u_{j,k}\}$ 是定义在离散区域 $\overline{\Omega}_h = \Omega_h \cup \partial\Omega_h$ 上的网格函数;

(ii) 网格函数 $\{u_{j,k}\}$ 在区域 $\overline{\Omega}_h$ 内不恒等于某一常数;

(iii) 对于所有的 $(j,k) \in \Omega_h$ 恒有 $L_h u_{j,k} \geqslant 0$(或者$L_h u_{j,k} \leqslant 0$), 则 $u_{j,k}$ 不可能在内结点 $(x_j,y_k) \in \Omega_h$ 处达到最大值(或者最小值).

证明 用反证法, 已知对于所有的 $(j,k) \in \Omega_h$ 恒有 $L_h u_{j,k} \geqslant 0$, 假设 $u_{j,k}$ 在某内结点 $(x_{j_0},y_{k_0}) \in \Omega_h$ 处取到最大值, 并记其为 $\overline{M}$. 因为网格函数 $\{u_{j,k}\}$ 在区域

内不恒等于某一常数, 所以不妨假定在与 (x_{j_0}, y_{k_0}) 相邻的网格结点处, $u_{j,k} < \overline{M}$, $i = i_0 + 1$ 或 $i_0 - 1$ 或 i_0 ($i = j$ 或 k). 从而有

$$
\begin{aligned}
L_h u_{j_0, k_0} &= \frac{1}{h^2}(u_{j_0+1,k_0} + u_{j_0-1,k_0} + u_{j_0,k_0+1} + u_{j_0,k_0-1} - 4u_{j_0,k_0}) \\
&< \frac{1}{h^2}(\overline{M} + \overline{M} + \overline{M} + \overline{M} - 4\overline{M}) = 0.
\end{aligned}
$$

这与假设矛盾. 所以 $u_{j,k}$ 不可能在 Ω_h 内取到最大值. 第二部分结论的证明可以类似地完成. ■

应用极值原理, 可证明如下定理.

定理 4.4.2　*离散边值问题 (4.4.2) 和 (4.4.3) 存在唯一的解.*

证明　实际上, 只需要证明对应的齐次边值问题

$$
\begin{cases}
L_h u_{j,k} = 0, & (j,k) \in \Omega_h, \\
u_{j,k} = 0, & (j,k) \in \partial\Omega_h,
\end{cases}
$$

只有零解即可.

由于 $L_h u_{j,k} = 0$, 则可以应用极值原理的第一部分结论知, 网格函数 $\{u_{j,k}\}$ 只能在边界上取最大值, 但是由于 $u_{j,k} = 0$, $\forall (j,k) \in \partial\Omega_h$, 所以有

$$
u_{j,k} \leqslant 0, \quad (j,k) \in \overline{\Omega}_h. \tag{4.4.4}
$$

类似地应用极值原理的第二部分结论知网格函数 $\{u_{j,k}\}$ 只能在边界上取最小值, 但 $u_{j,k} = 0$, $\forall (j,k) \in \partial\Omega_h$, 所以只能有

$$
u_{j,k} \geqslant 0, \quad (j,k) \in \overline{\Omega}_h. \tag{4.4.5}
$$

比较 (4.4.4) 和 (4.4.5), 得

$$
u_{j,k} = 0, \quad (j,k) \in \overline{\Omega}_h. \quad ■
$$

说明 4.4.1　差分问题 (4.4.2) 和 (4.4.3) 的可解性还可以从线性方程组的角度加以论证, 由于差分问题 (4.4.2) 和 (4.4.3) 等价于解线性方程组 (4.1.9), 因此只要能证明方程组 (4.1.9) 的系数矩阵是非奇异的, 就可以说明问题 (4.4.2) 和 (4.4.3) 存在唯一的解 $\boldsymbol{u} = \boldsymbol{A}^{-1}\boldsymbol{b}$. 定义在单连通域上的微分方程的离散方程通常是对角占势且不可约的(参见本章后面的习题12 和习题13), 因而离散方程组存在唯一的解.

4.4.2　差分格式的收敛性和误差估计

为了研究差分格式 (4.4.2) 的收敛性, 需要估计问题 (4.4.1) 的精确解 $u(x,y)$ 和问题 (4.4.2)—(4.4.3) 的解 $u_{j,k}$ 之间的差 $e_{j,k} := u(x_j, y_k) - u_{j,k}$. 如果假设 $u(x,y) \in$

$C^{4,4}(\overline{\Omega})$, 并且记

$$M_4 := \max\left\{ \max_{(x,y)\in\overline{\Omega}}\left\{\left|\frac{\partial^4 u}{\partial x^4}(x,y)\right|\right\}, \max_{(x,y)\in\overline{\Omega}}\left\{\left|\frac{\partial^4 u}{\partial y^4}(x,y)\right|\right\}\right\},$$

则 $e_{j,k}$ 满足

$$L_h e_{j,k} = L_h u(x_j, y_k) - L_h u_{j,k} = L_h u(x_j, y_k) - f_{j,k} = R_{j,k},$$

其中 $\overline{\Omega} = \Omega \cup \partial\Omega$, $R_{j,k}$ 是截断误差, 可以表示为

$$R_{j,k} = \frac{1}{12}h^2\left[\frac{\partial^4 u}{\partial x^4}(\xi_j, y_k) + \frac{\partial^4 u}{\partial y^4}(x_j, \eta_k)\right],$$

这里 $\xi_j \in (x_j - h, x_j + h)$, $\eta_k \in (y_k - h, y_k + h)$. 因而, 有

$$\max_{\Omega_h}\{|L_h e_{j,k}|\} = \max_{\Omega_h}\{|R_{j,k}|\} \leqslant \frac{1}{6}M_4 h^2. \tag{4.4.6}$$

此外, 由极值原理还可以得到如下比较定理.

定理 4.4.3(比较定理) 假设 $v_{j,k}$ 和 $V_{j,k}$ 是定义在区域 $\overline{\Omega}_h$ 上的两个网格函数, 并满足

$$|L_h v_{j,k}| \leqslant -L_h V_{j,k}, \quad (j,k) \in \Omega_h,$$
$$|v_{j,k}| \leqslant V_{j,k}, \quad (j,k) \in \partial\Omega_h,$$

则在 $\overline{\Omega}_h$ 上恒有

$$|v_{j,k}| \leqslant V_{j,k}.$$

证明 定义两个网格函数 $w_{j,k}^{\pm} = V_{j,k} \pm v_{j,k}$. 由假设条件易知

$$L_h w_{j,k}^{\pm} \leqslant 0, \quad (j,k) \in \Omega_h,$$
$$w_{j,k}^{\pm} \geqslant 0, \quad (j,k) \in \partial\Omega_h.$$

因而, 由极值原理得

$$V_{j,k} \pm v_{j,k} = w_{j,k}^{\pm} \geqslant 0, \quad (j,k) \in \overline{\Omega}_h,$$

即

$$|v_{j,k}| \leqslant V_{j,k}, \quad (j,k) \in \overline{\Omega}_h. \qquad \blacksquare$$

为了应用比较定理给出误差 $e_{j,k}$ 的估计, 需要寻找一个辅助的网格函数 $V_{j,k}$ 使其满足

$$|L_h e_{j,k}| \leqslant \frac{1}{6}M_4 h^2 = -L_h V_{j,k}, \quad (j,k) \in \Omega_h,$$
$$|e_{j,k}| \leqslant V_{j,k} \quad (j,k) \in \partial\Omega_h \tag{4.4.7}$$

即可. 因为

$$L_h V_{j,k} = -\frac{1}{6} M_4 h^2,$$

所以希望构造的函数 $V(x,y)$ 是一个简单的二次曲面并覆盖网格曲面 $e_{j,k}$. 基于此考虑, 可以定义函数

$$V(x,y) = \frac{M_4 h^2}{24} \left[r_0^2 - (x-x_0)^2 - (y-y_0)^2 \right],$$

其中 (x_0, y_0) 是 (x,y) 平面上的某一点的坐标, r_0 是足够大的正常数以便保证二次曲面 $V(x,y)$ 覆盖网格曲面 $e_{j,k}$.

显然, $0 \leqslant V(x,y) \in C^{4,4}(\overline{\Omega})$, 所以它满足

$$L_h V(x_j, y_k) = LV|_{(x_j,y_k)} + R_{j,k} = -\frac{1}{6} M_4 h^2,$$

即 $V(x,y)$ 满足 (4.4.7) 中的第一个条件. 又由于在 $\partial \Omega_h$ 上 $u_{j,k} = u(x_j, y_k) = \gamma(x_j, y_k)$, 即 $e_{j,k} = 0$, 所以 $V(x,y)$ 也满足 (4.4.7) 中的第二个条件. 因而, 由比较定理得

$$|e_{j,k}| \leqslant V_{j,k} \leqslant \frac{r_0^2}{24} M_4 h^2.$$

综上所述, 有如下结果.

定理 4.4.4　如果 Poisson 方程的第一边值问题 (4.4.1) 的解 $u(x,y) \in C^{4,4}(\overline{\Omega})$, 则离散的边值问题 (4.4.2)—(4.4.3) 的解一致收敛到 $u(x,y)$, 并且有如下误差估计

$$\max_{\Omega_h} \{|e_{j,k}|\} = \max_{\Omega_h} \{|u(x_j,y_k) - u_{j,k}|\} \leqslant \frac{r_0^2}{24} M_4 h^2,$$

其中 M_4 和 r_0 是与 h 无关的常数.

4.5　一般二阶线性椭圆型方程差分方法

考虑一般的二阶线性椭圆型方程的第一边值问题

$$\begin{cases} a\dfrac{\partial^2 u}{\partial x^2} + b\dfrac{\partial^2 u}{\partial y^2} + c\dfrac{\partial u}{\partial x} + d\dfrac{\partial u}{\partial y} + eu = f(x,y), & (x,y) \in \Omega, \\ u(x,y) = \gamma(x,y), & (x,y) \in \partial\Omega, \end{cases} \tag{4.5.1}$$

其中 a, b, c, d, e 和 f 均是定义在区域 Ω 上的关于自变量 x 和 y 的连续函数, 且 $a(x,y) \geqslant a_0 > 0$, $b(x,y) \geqslant b_0 > 0$, $e(x,y) \leqslant 0$.

类似于前面的讨论, 作两族平行于坐标轴的直线

$$x_j = jh, \quad y_k = kh,$$

它们形成覆盖区域 Ω 的正方形网格, 其中 j 和 k 是整数.

设问题 (4.5.1) 的解 u 足够光滑, 则它的一阶和二阶偏导数在网格结点 (x_j, y_k) 处均可以用中心差商逼近, 即

$$\left(\frac{\partial u}{\partial x}\right)_{j,k} \approx \frac{u_{j+1,k} - u_{j-1,k}}{2h},$$

$$\left(\frac{\partial u}{\partial y}\right)_{j,k} \approx \frac{u_{j,k+1} - u_{j,k-1}}{2h},$$

$$\left(\frac{\partial^2 u}{\partial x^2}\right)_{j,k} \approx \frac{u_{j+1,k} - 2u_{j,k} + u_{j-1,k}}{h^2},$$

$$\left(\frac{\partial^2 u}{\partial y^2}\right)_{j,k} \approx \frac{u_{j,k+1} - 2u_{j,k} + u_{j,k-1}}{h^2}.$$

将其代入微分方程 (4.5.1), 则得差分格式

$$a_{j,k}\frac{\delta_x^2 u_{j,k}}{h^2} + b_{j,k}\frac{\delta_y^2 u_{j,k}}{h^2} + c_{j,k}\frac{\mu_x \delta_x u_{j,k}}{2h} d_{j,k}\frac{\mu_y \delta_y u_{j,k}}{2h} + e_{j,k}u_{j,k} = f_{j,k}, \qquad (4.5.2)$$

其中 $\mu_x u_{j,k} = \frac{1}{2}(u_{j+1/2,k} + u_{j-1/2,k})$, $\delta_x u_{j,k} = u_{j+1/2,k} - u_{j-1/2,k}$, 而算子 μ_y 和 δ_y 的定义类似, $v_{j,k} = v(x_j, y_k)$, $v = a, b, c, d, e$ 或 f. 格式 (4.5.2) 的截断误差是

$$R_{j,k} = \left[\frac{ah^2}{12}\frac{\partial^4 u}{\partial x^4} + \frac{bh^2}{12}\frac{\partial^4 u}{\partial y^4} + \frac{ch^2}{6}\frac{\partial^3 u}{\partial x^3} + \frac{dh^2}{6}\frac{\partial^3 u}{\partial y^3}\right]_{j,k} + O(h^3).$$

如果问题 (4.5.1) 的解 $u(x, y)$ 的三阶和四阶偏导数均有界, 并分别用 M_3 和 M_4 表示此界, 则当 $h \to 0$ 时, 有

$$|R_{j,k}| \leqslant \frac{h^2}{12}(a_{j,k} + b_{j,k})M_4 + \frac{h^2}{6}(|c_{j,k}| + |d_{j,k}|)M_3 = O(h^2).$$

差分方程 (4.5.2) 还可以写成

$$L_h u_{j,k} := \alpha_{-2}u_{j-1,k} + \alpha_{-1}u_{j,k-1} - \alpha_0 u_{j,k} + \alpha_1 u_{j+1,k} + \alpha_2 u_{j,k+1} = h^2 f_{j,k}, \quad (4.5.3)$$

其中

$$\alpha_{-2} = a_{j,k} - \frac{h}{2}c_{j,k}, \quad \alpha_{-1} = b_{j,k} - \frac{h}{2}d_{j,k},$$

$$\alpha_1 = a_{j,k} + \frac{h}{2}c_{j,k}, \quad \alpha_2 = b_{j,k} + \frac{h}{2}d_{j,k},$$

$$\alpha_0 = 2(a_{j,k} + b_{j,k}) - h^2 e_{j,k}.$$

显然, 如果适当选取 h 使其满足

$$0 < h < 2\min_{\Omega_h}\left\{\frac{a_{j,k}}{|c_{j,k}|},\ \frac{b_{j,k}}{|d_{j,k}|}\right\}, \tag{4.5.4}$$

则系数 $\alpha_{\pm i}$ 非负, $i = 1, 2$, 而系数 α_0 恒正. 此外系数 α_i 还满足

$$\alpha_{-2} + \alpha_{-1} + \alpha_1 + \alpha_2 \leqslant \alpha_0.$$

如果对边界条件采用直接转移的方法, 则就可以得到相应的离散边值问题

$$\begin{cases} L_h u_{j,k} = h^2 f_{j,k}, & (j,k) \in \Omega_h, \\ u_{j,k} = \gamma(P), & (j,k) \in \partial\Omega_h, \end{cases} \tag{4.5.5}$$

其中点 P 表示在 $\partial\Omega$ 上最靠近边界网格结点 (x_j, y_k) 的点.

完全类似上一节的分析, 可以建立极值原理和比较定理, 而由极值原理又不难证明离散边值问题 (4.5.5) 的解是存在唯一的. 同样可证明离散边值问题 (4.5.5) 的解是收敛的.

定理 4.5.1　假设函数 a, b, c, d, e, f 在 $\overline{\Omega}$ 上连续, 并且满足

$$a \geqslant a_0 > 0, \quad b \geqslant b_0 > 0, \quad e \leqslant 0,$$

$$Q(x,y) := \frac{a}{p^2} + \frac{b}{q^2} - \frac{|c|}{p} - \frac{|d|}{q} > 0,$$

则有

$$|u(x_j, y_k) - u_{j,k}| \leqslant 2\delta M_1 + \frac{h^2}{24} \frac{\max_{\Omega_h}\{(a+b)M_4 + 2(|c|+|d|)M_3\}}{\min_{\Omega_h}\{Q(x_j, y_k)\}},$$

其中 p 和 q 是包含区域 $\overline{\Omega}$ 的椭圆

$$\left(\frac{x - x_0}{p}\right)^2 + \left(\frac{y - y_0}{q}\right)^2 = 1$$

的两个半轴之长, $M_1 = \max\limits_{\overline{\Omega}}\left\{\left|\dfrac{\partial u}{\partial x}\right|, \left|\dfrac{\partial u}{\partial y}\right|\right\}$, $\delta = \max\{|x_{j_0} - x(P)|, |y_{j_0} - y(P)|\}$.

例 4.5.1　用差分方法离散二阶椭圆型方程的边值问题

$$\begin{cases} a(x,y)\dfrac{\partial^2 u}{\partial x^2} + 2b(x,y)\dfrac{\partial^2 u}{\partial x \partial y} + c(x,y)\dfrac{\partial^2 u}{\partial y^2} = 0, & (x,y) \in \Omega, \\ u(x,y) = \gamma(x,y), & (x,y) \in \partial\Omega, \end{cases} \tag{4.5.6}$$

其中 $a(x,y) > 0, c(x,y) > 0, ac - b^2 > 0$. 设问题 (4.5.6) 的解充分光滑, 区域 Ω 被剖分成正方形网格, 并记网格步长为 h. 类似地, 在内网格结点 (j,k) 处有

$$\frac{\partial^2 u}{\partial l^2} = \frac{\delta_l^2 u_{j,k}}{h^2} + O(h^2), \quad l = x \text{ 或 } y.$$

假设混合偏导数 $\partial^2 u/\partial x \partial y$ 用差商

$$\frac{1}{h^2}[\alpha_1(u_{j+1,k+1} - u_{j,k+1} - u_{j+1,k} + u_{j,k})$$

$$+\alpha_2(u_{j,k+1} - u_{j-1,k+1} - u_{j,k} + u_{j-1,k})$$

$$+\alpha_3(u_{j+1,k} - u_{j,k} - u_{j+1,k-1} + u_{j,k-1})$$

$$+\alpha_4(u_{j,k} - u_{j-1,k} - u_{j,k-1} + u_{j-1,k-1}), \tag{4.5.7}$$

近似, 其中 α_i 是待定系数. 在网格结点 (j,k) 处作Taylor级数展开, 得

$$\left(\sum_{i=1}^4 \alpha_i\right) \frac{\partial^2 u}{\partial x \partial y} + \frac{h}{2}(\alpha_1 - \alpha_2 + \alpha_3 - \alpha_4)\frac{\partial^3 u}{\partial x^2 \partial y}$$

$$+\frac{h}{2}(\alpha_1 + \alpha_2 - \alpha_3 - \alpha_4)\frac{\partial^3 u}{\partial x \partial y^2} + O(h^2).$$

因此, 如果待定系数 α_i 满足

$$\alpha_1 + \alpha_2 + \alpha_3 + \alpha_4 = 0,$$

$$\alpha_1 - \alpha_2 + \alpha_3 - \alpha_4 = 0,$$

$$\alpha_1 + \alpha_2 - \alpha_3 - \alpha_4 = 0,$$

或

$$\alpha_1 = \alpha_4 =: \alpha, \quad \alpha_2 = \alpha_3 = \frac{1}{2} - \alpha,$$

则 (4.5.7) 中的差商逼近混合偏导数 $\partial^2 u/\partial x \partial y$ 的阶是 $O(h^2)$, 此时差分方程可以写成

$$a_1 u_{j+1,k} + a_2 u_{j-1,k} + a_3 u_{j,k+1} + a_4 u_{j,k-1} + a_5 u_{j+1,k+1}$$

$$+a_6 u_{j+1,k-1} + a_7 u_{j-1,k+1} + a_8 u_{j-1,k-1} - a_0 u_{j,k} = 0, \tag{4.5.8}$$

其中系数 a_i 定义为

$$a_0 = 2[a_{j,k} + c_{j,k} + b_{j,k}(1 - 4\alpha)],$$

$$a_1 = a_{j,k} + b_{j,k}(1 - 4\alpha), \quad a_2 = a_{j,k} + b_{j,k}(1 - 4\alpha),$$

$$a_3 = c_{j,k} + b_{j,k}(1 - 4\alpha), \quad a_4 = c_{j,k} + b_{j,k}(1 - 4\alpha),$$

$$a_5 = 2b_{j,k}\alpha, \quad a_6 = b_{j,k}(2\alpha - 1),$$

$$a_7 = b_{j,k}(2\alpha - 1), \quad a_8 = 2b_{j,k}\alpha.$$

由此不难看出, 如果 $|b_{j,k}(1-4\alpha)| \leqslant \min\{a_{j,k}, c_{j,k}\}$, 且当 $b_{j,k} \geqslant 0$ 时 $\alpha \geqslant \dfrac{1}{2}$, 而当 $b_{j,k} < 0$ 时 $\alpha \leqslant 0$, 则 (4.5.8) 中的系数 a_i 均非负. ∎

4.6　椭圆型差分方程的迭代解法

如前所述, 利用差分方法和有限体积方法解线性椭圆型方程边值问题都归结为线性代数方程组的求解问题, 此时系数矩阵常常是大型稀疏阵, 即非零元素占的比例很小且有一定的分布规律性, 例如是三对角或块三对角矩阵. 解线性代数方程组的方法主要有两类, 直接方法和迭代方法. 第 1 章介绍的追赶法就属于直接方法, 这节将主要介绍迭代方法, 由于其程序实现比较简单, 解大型稀疏方程组时只要求相对比较少的计算机存储量, 所以它一直是解椭圆型离散问题的主要方法.

4.6.1　迭代法的基本理论

考虑线性代数方程组

$$Ax = b, \tag{4.6.1}$$

其中 $A = (a_{i,j})$ 是 $M \times M$ 非奇异矩阵, $x = (x_1, \cdots, x_M)^T$, $b = (b_1, \cdots, b_M)^T$. 解方程组 (4.6.1) 的迭代法就是构造一个收敛于方程组 (4.6.1) 的解 $x^* := A^{-1}b$ 的序列 $\{x^{[\nu]}\}$, 其中 $x^{[0]}$ 是选择的一个 M 阶向量, 作为方程组 (4.6.1) 的解的一个初始猜测, 换句话说, 迭代法就是根据某种方法对初始猜测 $x^{[0]}$ 进行修正, 并得到一个新的向量 $x^{[1]}$, 将它作为解 x^* 的一个新的初始猜测, 再按前面的方法对其作修正, 从而可以得到一个向量 $x^{[2]}$, 依此类推, 就有一个序列 $\{x^{[\nu]}\}$, 希望 $\lim\limits_{\nu \to \infty} x^{[\nu]} = x^*$. 迭代公式通常可以表示成如下形式

$$x^{[\nu+1]} = \Psi(A, b, x^{[\nu]}, \cdots, x^{[\nu-p+1]}), \quad \nu = 0, 1, \cdots, \tag{4.6.2}$$

其中 p 是某一正整数, 称这样的公式为 p **阶迭代方法**, 特别地, $p = 1$ 的公式称为**一阶迭代方法**, 它也是最常用的迭代方法, 下面将主要限于介绍此类方法.

如果 B 是一个非奇异矩阵, 则方程组 (4.6.1) 可以写为

$$x = (I - B^{-1}A)x + B^{-1}b, \tag{4.6.3}$$

或者

$$x = Gx + c, \quad G = I - B^{-1}A, \quad c = B^{-1}b. \tag{4.6.4}$$

这样就可以建立一个一阶迭代公式

$$x^{[\nu+1]} = Gx^{[\nu]} + c, \quad \nu = 0, 1, \cdots, \tag{4.6.5}$$

其中 $\boldsymbol{x}^{[0]}$ 是给定的初始猜测, $\boldsymbol{G}$ 通常称为**迭代矩阵**.

记第 ν 迭代步的误差为 $\boldsymbol{e}^{[\nu]} = \boldsymbol{x}^* - \boldsymbol{x}^{[\nu]}$. 由于 $\boldsymbol{x}^*$ 满足 $\boldsymbol{x}^* = \boldsymbol{G}\boldsymbol{x}^* + \boldsymbol{c}$, 所以 $\boldsymbol{e}^{[\nu]}$ 满足方程

$$\boldsymbol{e}^{[\nu+1]} = \boldsymbol{G}\boldsymbol{e}^{[\nu]}. \tag{4.6.6}$$

由此递推公式得

$$\boldsymbol{e}^{[\nu]} = \boldsymbol{G}\boldsymbol{e}^{[\nu-1]} = \boldsymbol{G}^2\boldsymbol{e}^{[\nu-2]} = \cdots = \boldsymbol{G}^\nu\boldsymbol{e}^{[0]}. \tag{4.6.7}$$

因此, 对于任意的初始向量 $\boldsymbol{x}^{[0]}$, 当 $\nu \to \infty$ 时序列 $\{\boldsymbol{x}^{[\nu]}\}$ 收敛到解 $\boldsymbol{x}^*$ 等价于

$$\lim_{\nu \to \infty} \boldsymbol{e}^{[\nu]} = \boldsymbol{0}.$$

定理 4.6.1 对任意的右端向量 $\boldsymbol{c}$ 和任意初始向量 $\boldsymbol{x}^{[0]}$, 解方程组 (4.6.1) 的迭代公式 (4.6.5) 收敛的充分必要条件是

$$\lim_{\nu \to \infty} \boldsymbol{G}^\nu = \boldsymbol{0}, \tag{4.6.8}$$

或者

$$\rho(\boldsymbol{G}) := \max_{1 \leqslant i \leqslant M} \{|\lambda_i(\boldsymbol{G})|\} < 1, \tag{4.6.9}$$

其中 $\lambda_i(\boldsymbol{G})$ 表示矩阵 $\boldsymbol{G}$ 的第 i 个特征值.

该定理的证明可参见文献 [1, 58], 这里略. 条件 (4.6.9) 的检验一般是比较困难的, 但是由于矩阵的谱半径不超过矩阵的范数, 因而可以给出如下关于迭代方法收敛的充分条件.

推论 4.6.2 如果迭代矩阵 $\boldsymbol{G}$ 的某一范数 $||\boldsymbol{G}|| < 1$, 则迭代方法 (4.6.5) 收敛.

线性代数方程组的迭代解法与直接解法不同, 它不能通过有限次的算术运算给出方程组的精确解 $\boldsymbol{x}^*$, 而只能逐步逼近它, 即迭代方法只能得到线性代数方程组的近似解 $\boldsymbol{x}^{[\nu]}$, 换句话说, 在迭代过程中, 存在着迭代误差 $\boldsymbol{x}^{[\nu]} - \boldsymbol{x}^*$. 关于迭代误差 $\boldsymbol{x}^{[\nu]} - \boldsymbol{x}^*$, 有如下估计.

定理 4.6.3 如果迭代方法 (4.6.5) 的迭代矩阵 $\boldsymbol{G}$ 满足 $||\boldsymbol{G}|| < 1$, 而这里的范数满足 $||\boldsymbol{I}|| = 1$, 则有

$$||\boldsymbol{x}^{[\nu]} - \boldsymbol{x}^*|| \leqslant \frac{||\boldsymbol{G}||^\nu}{1 - ||\boldsymbol{G}||}||\boldsymbol{x}^{[1]} - \boldsymbol{x}^{[0]}|| \tag{4.6.10}$$

和

$$||\boldsymbol{x}^{[\nu]} - \boldsymbol{x}^*|| \leqslant \frac{||\boldsymbol{G}||}{1 - ||\boldsymbol{G}||}||\boldsymbol{x}^{[\nu]} - \boldsymbol{x}^{[\nu-1]}||, \tag{4.6.11}$$

其中 $\boldsymbol{x}^*$ 表示线性代数方程组 (4.6.1) 的精确解.

证明 由已知条件知, 迭代方法 (4.6.5) 收敛, 因此成立

$$x^{[\nu]} - x^* = \sum_{l=\nu}^{\infty} (x^{[l]} - x^{[l+1]}),$$

由此可得

$$||x^{[\nu]} - x^*|| \leqslant \sum_{l=\nu}^{\infty} ||x^{[l]} - x^{[l+1]}|| \leqslant \sum_{l=\nu}^{\infty} ||G||^l ||x^{[0]} - x^{[1]}|| = \frac{||G||^\nu}{1 - ||G||} ||x^{[1]} - x^{[0]}||.$$

再证明第二个不等式 (4.6.11). 由于 x^* 是线性代数方程组 (4.6.1) 的解, 即满足 $(I - G)x^* = c$, 将其代入 (4.6.5), 并整理可得

$$(I - G)(x^{[\nu]} - x^*) = G(x^{[\nu-1]} - x^{[\nu]}).$$

又由于 $||G|| < 1$ 和 $||I|| = 1$, 所以矩阵 $I - G$ 是非奇异的, 且 $||(I - G)^{-1}|| \leqslant (1 - ||G||)^{-1}$. 因此有

$$||x^{[\nu]} - x^*|| = ||(I - G)^{-1}G(x^{[\nu-1]} - x^{[\nu]})|| \leqslant \frac{||G||}{1 - ||G||} ||x^{[\nu]} - x^{[\nu-1]}||. \quad \blacksquare$$

由误差估计式 (4.6.10) 知, $||G||$ 越小, 序列 $\{x^{[\nu]}\}$ 收敛越快, 同时也可看出初始猜测对收敛快慢的影响, 如果 $||x^{[1]} - x^{[0]}|| = ||c - (I - G)x^{[0]}||$ 越小, 即 $x^{[0]}$ 满足线性代数方程组 (4.6.1) 的程度越好, 则 $x^{[1]}$ 逼近 x^* 越好. 而又由误差估计式 (4.6.11) 知, 可以采用相邻两迭代步的近似解向量之差的范数来判断是否可以终止迭代过程. 实际中, 还可以用残向量 $r^{[\nu]} := b - Ax^{[\nu]}$ 的范数来判断是否可以终止迭代过程, 这是因为, 由 (4.6.4) 和 (4.6.5) 知 $x^{[\nu+1]} - x^{[\nu]}$ 和 $r^{[\nu]}$ 具有如下关系:

$$x^{[\nu+1]} - x^{[\nu]} = c - (I - G)x^{[\nu]} = B^{-1}(b - Ax^{[\nu]}) = B^{-1}r^{[\nu]}.$$

这说明, 残向量 $r^{[\nu]}$ 在一定程度上可以度量近似解向量 $x^{[\nu]}$ 逼近精确解 x^* 的误差.

最后, 再考察一下迭代方法 (4.6.5) 的收敛速度. 设矩阵 G 有 M 个线性无关的特征向量 $\{R_1, \cdots, R_M\}$, 它们分别对应于 M 个特征值 $\lambda_i(G)$, 而特征值的大小排序如下

$$|\lambda_1(G)| > |\lambda_2(G)| \geqslant \cdots \geqslant |\lambda_M(G)|.$$

此时将第 0 迭代步的误差 $e^{[0]}$ 表示成特征向量的线性组合, 即

$$e^{[0]} = \sum_{i=1}^{M} \alpha_i R_i,$$

并代入 (4.6.7), 得

$$\boldsymbol{e}^{[\nu]} = \sum_{i=1}^{M} \alpha_i \lambda_i^{\nu}(\boldsymbol{G}) \boldsymbol{R}_i = \lambda_1^{\nu}(\boldsymbol{G}) \left[\alpha_1 \boldsymbol{R}_1 + \sum_{i=2}^{M} \alpha_i \left(\frac{\lambda_i}{\lambda_1(\boldsymbol{G})} \right)^{\nu} \boldsymbol{R}_i \right].$$

因而, 当 ν 充分大时, $\boldsymbol{e}^{[\nu]} \approx \alpha_1 \lambda_1^{\nu}(\boldsymbol{G}) \boldsymbol{R}_1$; 类似地, 也有 $\boldsymbol{e}^{[\nu+1]} \approx \alpha_1 \lambda_1^{\nu+1}(\boldsymbol{G}) \boldsymbol{R}_1$. 比较它们的非零分量, 得

$$\left| \frac{e_i^{[\nu+1]}}{e_i^{[\nu]}} \right| \approx |\lambda_1(\boldsymbol{G})| = \rho(\boldsymbol{G}).$$

由此近似式可以看出, $\rho(\boldsymbol{G})$ 越小, 逐层误差衰减就越迅速, 即迭代矩阵 $\boldsymbol{G}$ 的谱半径 $\rho(\boldsymbol{G})$ 的大小决定着迭代方法的收敛快慢. 如果已知第 ν 步的迭代误差是 $\boldsymbol{e}^{[\nu]}$, 则为了使得第 $(\nu+n)$ 步的误差 $\boldsymbol{e}^{[\nu+n]}$ 与其相比衰减 α 倍, $0 < \alpha < 1$, 即

$$||\boldsymbol{e}^{[\nu+n]}||/||\boldsymbol{e}^{[\nu]}|| \approx (\rho(\boldsymbol{G}))^n \leqslant \alpha,$$

迭代步数 n 需要满足

$$n \geqslant \frac{-\ln(\alpha)}{-\ln(\rho(\boldsymbol{G}))}.$$

这就是说对于给定的 α, 迭代步数 n 与 $-\ln(\rho(\boldsymbol{G}))$ 成反比. 所以如果 $\rho(\boldsymbol{G})$ 越小, 即 $-\ln(\rho(\boldsymbol{G}))$ 越大, 则迭代步数 n 可以越小, 即迭代方法收敛越快; 反之, 如果 $\rho(\boldsymbol{G})$ 越大, 即 $-\ln(\rho(\boldsymbol{G}))$ 越小, 则需要迭代步数 n 越大, 即迭代方法收敛越慢. 因而可以用 $-\ln(\rho(\boldsymbol{G}))$ 的大小来刻画一个迭代方法收敛的快慢程度.

定义 4.6.1 迭代方法 (4.6.5) 的**(渐近) 收敛速度**定义为 $R(\boldsymbol{G}) = -\ln(\rho(\boldsymbol{G}))$.

4.6.2 Jacobi 迭代方法和 Gauss-Seidel 迭代方法

现在介绍两个经典的迭代方法, Jacobi 迭代方法和 Gauss–Seidel 迭代方法.

首先将方程组 (4.6.1) 中的系数矩阵 $\boldsymbol{A} = (a_{i,j})$ 作如下形式的分解:

$$\boldsymbol{A} = \boldsymbol{D} - \boldsymbol{L} - \boldsymbol{R},$$

其中 $\boldsymbol{D} = (d_{i,j})$ 是由矩阵 $\boldsymbol{A}$ 的主对角元素形成的对角矩阵, 即

$$d_{i,j} = \begin{cases} a_{i,j}, & i = j, \\ 0, & i \neq j, \end{cases} \tag{4.6.12}$$

$\boldsymbol{L} = (l_{i,j})$ 是严格下三角形矩阵, 其元素定义为

$$l_{i,j} = \begin{cases} -a_{i,j}, & i > j, \\ 0, & i \leqslant j, \end{cases} \tag{4.6.13}$$

而 $\boldsymbol{R} = (r_{i,j})$ 是严格上三角形矩阵, 其元素定义为

$$r_{i,j} = \begin{cases} -a_{i,j}, & i < j, \\ 0, & i \geqslant j. \end{cases} \tag{4.6.14}$$

如果假设 $a_{i,i} \neq 0, 1 \leqslant i \leqslant M$, 并取矩阵 $\boldsymbol{B} = \boldsymbol{D}$, 则迭代方法 (4.6.5) 变为

$$\boldsymbol{x}^{[\nu+1]} = \boldsymbol{D}^{-1}(\boldsymbol{L} + \boldsymbol{R})\boldsymbol{x}^{[\nu]} + \boldsymbol{D}^{-1}\boldsymbol{b}, \tag{4.6.15}$$

这就是经典的**Jacobi 迭代方法**, 对应的迭代矩阵是 $\boldsymbol{G}_{\mathrm{J}} := \boldsymbol{D}^{-1}(\boldsymbol{L} + \boldsymbol{R})$.

Jacobi 迭代公式 (4.6.15) 也可写成分量形式

$$x_i^{[\nu+1]} = \frac{b_i}{a_{i,i}} - \sum_{j \neq i} \frac{a_{i,j}}{a_{i,i}} x_j^{[\nu]}, \quad i = 1, \cdots, M, \tag{4.6.16}$$

或者

$$a_{1,1}x_1^{[\nu+1]} + a_{1,2}x_2^{[\nu]} + a_{1,3}x_3^{[\nu]} + \cdots + a_{1,M}x_M^{[\nu]} = b_1,$$
$$a_{2,1}x_1^{[\nu]} + a_{2,2}x_2^{[\nu+1]} + a_{2,3}x_3^{[\nu]} + \cdots + a_{2,M}x_M^{[\nu]} = b_2,$$
$$a_{3,1}x_1^{[\nu]} + a_{3,2}x_2^{[\nu]} + a_{3,3}x_3^{[\nu+1]} + \cdots + a_{3,M}x_M^{[\nu]} = b_3, \tag{4.6.17}$$
$$\cdots\cdots$$
$$a_{M,1}x_1^{[\nu]} + a_{M,2}x_2^{[\nu]} + a_{M,3}x_3^{[\nu]} + \cdots + a_{M,M}x_M^{[\nu+1]} = b_M.$$

很显然, 如果按 i 增长的次序用 Jacobi 迭代公式计算向量 $\boldsymbol{x}^{[\nu+1]}$ 的每个分量, 则在计算分量 $x_i^{[\nu+1]}$ 之前, 分量 $\{x_j^{[\nu+1]}, 1 \leqslant j < i\}$ 的值均已经给出. 原则上, $x_j^{[\nu+1]}$ 逼近线性方程组的精确解 $\boldsymbol{x}^*$ 的分量 x_j 要比 $x_j^{[\nu]}$ 好, $1 \leqslant j < i$, 因此在计算分量 $x_i^{[\nu+1]}$ 时, 可以考虑用已经算出的分量值 $x_j^{[\nu+1]}$ 代替原来的分量值 $x_j^{[\nu]}$, $1 \leqslant j < i$, 这样 Jacobi 迭代公式 (4.6.16) 或 (4.6.17) 可以分别修改为

$$x_i^{[\nu+1]} = \frac{b_i}{a_{i,i}} - \sum_{j < i} \frac{a_{i,j}}{a_{i,i}} x_j^{[\nu+1]} + \sum_{j > i} \frac{a_{i,j}}{a_{i,i}} x_j^{[\nu]}, \quad 1 \leqslant i \leqslant M, \tag{4.6.18}$$

或者

$$a_{1,1}x_1^{[\nu+1]} + a_{1,2}x_2^{[\nu]} + a_{1,3}x_3^{[\nu]} + \cdots + a_{1,M}x_M^{[\nu]} = b_1,$$
$$a_{2,1}x_1^{[\nu+1]} + a_{2,2}x_2^{[\nu+1]} + a_{2,3}x_3^{[\nu]} + \cdots + a_{2,M}x_M^{[\nu]} = b_2,$$
$$a_{3,1}x_1^{[\nu+1]} + a_{3,2}x_2^{[\nu+1]} + a_{3,3}x_3^{[\nu+1]} + \cdots + a_{3,M}x_M^{[\nu]} = b_3, \tag{4.6.19}$$
$$\cdots\cdots$$
$$a_{M,1}x_1^{[\nu+1]} + a_{M,2}x_2^{[\nu+1]} + a_{M,3}x_3^{[\nu+1]} + \cdots + a_{M,M}x_M^{[\nu+1]} = b_M.$$

这就是经典的**Gauss-Seidel 迭代方法**. 如果在 (4.6.3) 中取矩阵 $B = D - L$, 则 Gauss-Seidel 迭代方法也可以表示成 (4.6.5) 的形式, 对应的迭代矩阵是 $G_{\mathrm{GS}} := (D\text{-}L)^{-1}R$.

根据 Jacobi 迭代方法和 Gauss-Seidel 迭代方法的迭代矩阵的表达式以及定理 4.6.1, 有如下推论.

推论 4.6.4 Jacobi 迭代方法和 Gauss–Seidel 迭代方法收敛的充要条件分别是

$$\rho(D^{-1}(L + R)) < 1$$

和

$$\rho((D - L)^{-1}R) < 1.$$

推论 4.6.5 Jacobi 迭代方法收敛的充分条件是

$$\|G_{\mathrm{J}}\|_1 = \max_j \sum_{\substack{i=1 \\ i \neq j}}^{N} \left| \frac{a_{i,j}}{a_{i,i}} \right| < 1,$$

或

$$\|G_{\mathrm{J}}\|_\infty = \max_i \sum_{\substack{j=1 \\ j \neq i}}^{N} \left| \frac{a_{i,j}}{a_{i,i}} \right| < 1,$$

或

$$\|G_{\mathrm{J}}\|_F^2 = \sum_{i=1}^{N} \sum_{\substack{j=1 \\ j \neq i}}^{N} \left| \frac{a_{i,j}}{a_{i,i}} \right|^2 < 1.$$

推论 4.6.6 (i) 如果系数矩阵 A 严格对角占势, 或者不可约且对角占势, 则 Jacobi 迭代方法和 Gauss-Seidel 迭代方法均收敛; (ii) 如果系数矩阵 A 是对称正定的, 则 Gauss-Seidel 迭代方法是收敛的; (iii) 如果系数矩阵 A 的元素满足

$$a_{i,i} \neq 0, \quad \sum_{\substack{j=1 \\ j \neq i}}^{M} \left| \frac{a_{i,j}}{a_{i,i}} \right|^2 \leqslant 1, \quad 1 \leqslant i \leqslant M,$$

则 Jacobi 迭代方法和 Gauss-Seidel 迭代方法均收敛.

最后还要说明的是: Gauss-Seidel 迭代方法与 Jacobi 迭代方法相比较的一个明显的优点是节省内存 (如果不用 $x^{[\nu+1]} - x^{[\nu]}\|$ 的大小来判断是否终止迭代过程), 收敛速度快, 但是 Gauss-Seidel 迭代方法与各个方程的排列次序有关, 通常采用的顺序是从左往右 ($j\uparrow$), 由下而上 ($k\uparrow$). 排列次序可能会改变有关迭代法的收敛性, 对一个给定的线性代数方程组 (4.6.1), 两种迭代法可能都收敛, 也可能都不收敛, 也

可能 Gauss-Seidel 迭代方法收敛而 Jacobi 迭代方法不收敛, 或者相反. 下面用两个具体的例子说明 Gauss-Seidel 迭代方法和 Jacobi 迭代方法的收敛速度以及它们与排列次序的相关性.

例 4.6.1 考虑用五点差分格式 (4.1.5) 离散二维Laplace方程 $\Delta u = 0$ 的 Dirichlet边值问题, 并用Jacobi迭代方法和Gauss–Seidel迭代方法解相应的线性代数方程组 (4.1.9), 其中区域 $\Omega = \{(x,y)|0 < x, y < 1\}$, x 和 y 方向的网格步长为常数 h, $h = \dfrac{1}{M+1}$, 试估计它们的收敛速度.

解   如前所述, 微分方程按五点差分格式(4.1.5)离散, 即

$$u_{j-1,k} + u_{j,k-1} + u_{j+1,k} + u_{j,k+1} - 4u_{j,k} = 0, \quad 1 \leqslant j,k \leqslant M, \qquad (4.6.20)$$

而边界条件(4.0.2)直接离散, 如(4.1.8). 这样的差分问题又可以写成矩阵向量形式(4.1.9), 这里考虑自然次序, 即 $\boldsymbol{u} = (u_{1,1}, u_{2,1}, \cdots, u_{M,1}, u_{1,2}, u_{2,2}, \cdots, u_{M,2}, \cdots, u_{1,M}, u_{2,M}, \cdots, u_{M,M})^T$. 为了估计 Jacobi 迭代方法和 Gauss-Seidel 迭代方法的收敛速度, 就需要计算迭代矩阵的谱半径 $\rho(\boldsymbol{G}_{\text{J}})$ 和 $\rho(\boldsymbol{G}_{\text{GS}})$ 或者迭代矩阵的特征值 $\lambda(\boldsymbol{G}_{\text{J}})$ 和 $\lambda(\boldsymbol{G}_{\text{GS}})$.

设 $\boldsymbol{v}$ 是迭代矩阵 $\boldsymbol{G}_{\text{J}}$ 的对应于特征值 $\lambda(\boldsymbol{G}_{\text{J}})$ 的特征向量, 则

$$\boldsymbol{G}_{\text{J}}\boldsymbol{v} = \lambda(\boldsymbol{G}_{\text{J}})\boldsymbol{v},$$

也即

$$\begin{aligned} &\frac{1}{4}(v_{j-1,k} + v_{j,k-1} + v_{j+1,k} + v_{j,k+1}) = \lambda(\boldsymbol{G}_{\text{J}})v_{j,k}, \quad 1 \leqslant j,k \leqslant M, \\ &v_{0,k} = v_{M+1,k} = v_{j,0} = v_{j,M+1} = 0, \quad 0 \leqslant j,k \leqslant M+1, \end{aligned} \qquad (4.6.21)$$

它是一个线性齐次差分方程的齐次边值问题. 为了计算 $v_{j,k}$ 和 $\lambda(\boldsymbol{G}_{\text{J}})$, 考虑该问题的如下形式的解

$$v_{j,k} = x(j)y(k).$$

将其代入(4.6.21)中, 得

$$\begin{aligned} &4\lambda(\boldsymbol{G}_{\text{J}}) - \frac{x(j+1) + x(j-1)}{x(j)} = \frac{y(k+1) + y(k-1)}{y(k)}, \\ &x(0) = x(M+1) = 0, \quad y(0) = y(M+1) = 0. \end{aligned}$$

显然, 第一个方程的左端仅依赖于 j, 而右端仅依赖于 k, 所以它们应该是一个与 j 和 k 均无关的量, 不妨记为 $2r$. 从而有如下两个线性齐次差分方程

$$y(k+1) - 2ry(k) + y(k-1) = 0, \quad 1 \leqslant k \leqslant M \qquad (4.6.22)$$

和

$$x(j+1) + 2(r - 2\lambda(G_J))x(j) + x(j-1) = 0, \quad 1 \leqslant j \leqslant M. \tag{4.6.23}$$

根据第 1 章中的线性齐次差分方程解的理论知, (4.6.22)的非平凡通解是

$$y(k) = c_1 \left(r + \sqrt{r^2 - 1} \right)^k + c_2 \left(r - \sqrt{r^2 - 1} \right)^k, \tag{4.6.24}$$

又由边界条件 $y(0) = y(M+1) = 0$, 得

$$c_1 + c_2 = 0,$$
$$c_1 \left(r + \sqrt{r^2 - 1} \right)^{M+1} + c_2 \left(r - \sqrt{r^2 - 1} \right)^{M+1} = 0.$$

从而, 有

$$\left[\frac{r + \sqrt{r^2 - 1}}{r - \sqrt{r^2 - 1}} \right]^{M+1} = 1,$$

或者

$$\left(r \pm \sqrt{r^2 - 1} \right)^{\pm 2(M+1)} = 1.$$

因而, 有

$$r_q \pm \sqrt{r_q^2 - 1} = e^{\pm ip\pi/(M+1)} = e^{\pm iqh\pi}, \quad q = 1, 2, \cdots, M, \tag{4.6.25}$$

其中 i 表示虚数单位. 将它们代入(4.6.24), 得

$$y_q(k) = c_1 \left[e^{ikqh\pi} - e^{-ikqh\pi} \right] = 2ic_1 \sin(kqh\pi), \quad q = 1, 2, \cdots, M. \tag{4.6.26}$$

将 (4.6.25) 中的两式相加, 则又可以得

$$r_q = \frac{1}{2}(e^{iqh\pi} + e^{-iqh\pi}) = \cos(qh\pi), \quad q = 1, 2, \cdots, M.$$

将 r_q 的表达式代入(4.6.23), 则(4.6.23)的非平凡通解可以表示为

$$x(j) = c_3 \left[(2\lambda(\boldsymbol{G}_J) - r_q) + \sqrt{(2\lambda(\boldsymbol{G}_J) - r_q)^2 - 1} \right]^j$$
$$+ c_4 \left[(2\lambda(\boldsymbol{G}_J) - r_q) - \sqrt{(2\lambda(\boldsymbol{G}_J) - r_q)^2 - 1} \right]^j.$$

类似地, 结合边界条件 $x(0) = x(M+1) = 0$, 可得

$$(2\lambda(\boldsymbol{G}_J) - r_q) \pm \sqrt{(2\lambda(\boldsymbol{G}_J) - r_q)^2 - 1} = e^{\pm iph\pi}, \quad p = 1, 2, \cdots, M.$$

从而, 有

$$\lambda_{p,q}(\boldsymbol{G}_{\mathrm{J}}) = \tfrac{1}{2}(r_q + \cos(ph\pi)) = \tfrac{1}{2}(\cos(qh\pi) + \cos(ph\pi)),$$
$$x_p(j) = 2ic_3\sin(jph\pi), \quad p,q = 1,2,\cdots,M,$$

而对应于 $\boldsymbol{G}_{\mathrm{J}}$ 的特征值 $\lambda_{p,q}(\boldsymbol{G}_{\mathrm{J}})$ 的特征向量的分量 $v_{j,k}$ 可以取为

$$v_{j,k} = x_p(j)y_q(k) = \sin(jph\pi)\sin(kqh\pi), \quad 1 \leqslant j,k \leqslant M.$$

由此可知, $\rho(\boldsymbol{G}_{\mathrm{J}}) = \dfrac{1}{2}(\cos(h\pi) + \cos(h\pi)) = \cos(h\pi) \approx 1 - \dfrac{\pi^2 h^2}{2} + O(h^4)$.

由于 Gauss-Seidel 迭代方法可以看作下一小节将介绍的逐次超松弛迭代法的特殊情形 ($\omega = 1$), 而逐次超松弛迭代法的迭代矩阵的特征值也将在下一小节作详细的讨论, 所以为了避免重复, 这里省略 $\lambda(\boldsymbol{G}_{\mathrm{GS}})$ 的计算过程, 并借用后面的结果, 根据 Young 建立的重要关系式(4.6.40), 知

$$\lambda(\boldsymbol{G}_{\mathrm{GS}}) = \left(\rho(\boldsymbol{G}_{\mathrm{J}})\right)^2.$$

因此 Jacobi 迭代方法的收敛速度是

$$R(\boldsymbol{G}_{\mathrm{J}}) = -\ln(\rho(\boldsymbol{G}_{\mathrm{J}})) \approx \frac{\pi^2 h^2}{2},$$

而 Gauss-Seidel 迭代方法的收敛速度是

$$R(\boldsymbol{G}_{\mathrm{GS}}) = -\ln(\rho(\boldsymbol{G}_{\mathrm{GS}}) = -2\ln(\rho(\boldsymbol{G}_{\mathrm{J}})) \approx \pi^2 h^2.$$

这说明 Gauss-Seidel 迭代方法的收敛速度是 Jacobi 迭代方法的两倍. ■

例 4.6.2　考虑在区域 $\Omega = \{(x,y)|0 < x,y < 1\}$ 上用五点差分格式 (4.1.5) 离散二维Poisson方程的Dirichlet边值问题 (4.1.1) 和 (4.0.2). 试写出用于解差分方程的Jacobi迭代公式和Gauss-Seidel迭代公式.

解　取 x 和 y 方向的网格步长为常数 h, $h = \dfrac{1}{M+1}$, 则微分方程(4.1.1)的五点差分格式(4.1.5)可以写为

$$u_{j-1,k} + u_{j,k-1} + u_{j+1,k} + u_{j,k+1} - 4u_{j,k} = h^2 f_{j,k}, \tag{4.6.27}$$

其中 $f_{j,k} = f(x_j, y_k)$. 此时 Jacobi 迭代公式(4.6.16)可以具体写为

$$u_{j,k}^{[\nu+1]} = \frac{1}{4}\left[u_{j-1,k}^{[\nu]} + u_{j,k-1}^{[\nu]} + u_{j+1,k}^{[\nu]} + u_{j,k+1}^{[\nu]} - h^2 f_{j,k}\right], \tag{4.6.28}$$

而 Gauss-Seidel 迭代公式的表达式依赖于计算顺序, 例如, 考虑采用自然顺序, 即从左往右 ($j\uparrow$), 由下而上 ($k\uparrow$), 当计算 $u_{j,k}^{[\nu+1]}$ 时, 由于$u_{j-1,k}^{[\nu+1]}$ 和 $u_{j,k-1}^{[\nu+1]}$ 已经算出, 所以可以用它们分别代替 (4.6.28) 中的 $u_{j-1,k}^{[\nu]}$ 和 $u_{j,k-1}^{[\nu]}$, 即

$$u_{j,k}^{[\nu+1]} = \frac{1}{4}\left[u_{j-1,k}^{[\nu+1]} + u_{j,k-1}^{[\nu+1]} + u_{j+1,k}^{[\nu]} + u_{j,k+1}^{[\nu]} - h^2 f_{j,k}\right].$$

类似地, 如果考虑从右往左 ($j \downarrow$) 和由下而上 ($k \uparrow$) 的次序, 则 Gauss-Seidel 迭代公式是

$$u_{j,k}^{[\nu+1]} = \frac{1}{4}\left[u_{j-1,k}^{[\nu]} + u_{j,k-1}^{[\nu+1]} + u_{j+1,k}^{[\nu+1]} + u_{j,k+1}^{[\nu]} - h^2 f_{j,k}\right].$$

如果考虑从右往左($j \downarrow$)和由上而下($k \downarrow$)的次序, 则 Gauss-Seidel 迭代公式是

$$u_{j,k}^{[\nu+1]} = \frac{1}{4}\left[u_{j-1,k}^{[\nu]} + u_{j,k-1}^{[\nu]} + u_{j+1,k}^{[\nu+1]} + u_{j,k+1}^{[\nu+1]} - h^2 f_{j,k}\right].$$

如果将所有的内网格结点 $(j,k) \in \Omega_h$ 分成两组, 一组是 $\Omega_{h,1} = \{(j,k)|j+k = $ 偶数$, (j,k) \in \Omega_h\}$, 另一组是 $\Omega_{h,2} = \{(j,k)|j+k = $ 奇数$, (j,k) \in \Omega_h\}$, 则 Jacobi 公式(4.6.21)可以实现如下

$$u_{j,k}^{[\nu+1]} = \frac{1}{4}\left[u_{j-1,k}^{[\nu]} + u_{j,k-1}^{[\nu]} + u_{j+1,k}^{[\nu]} + u_{j,k+1}^{[\nu]} - h^2 f_{j,k}\right], \quad (j,k) \in \Omega_{h,1},$$

$$u_{j,k}^{[\nu+1]} = \frac{1}{4}\left[u_{j-1,k}^{[\nu]} + u_{j,k-1}^{[\nu]} + u_{j+1,k}^{[\nu]} + u_{j,k+1}^{[\nu]} - h^2 f_{j,k}\right], \quad (j,k) \in \Omega_{h,2},$$

即先在 $\Omega_{h,1}$ 上用公式(4.6.28)进行迭代计算, 然后再在 $\Omega_{h,2}$ 上用迭代(4.6.28)计算 $u_{j,k}^{[\nu+1]}$. 由于在 $\Omega_{h,2}$ 上计算 $u_{j,k}^{[\nu+1]}$ 时, $u_{j\pm1,k}^{[\nu+1]}$ 和 $u_{j,k\pm1}^{[\nu+1]}$ 已经算出, 所以可以用它们分别代替 $u_{j\pm1,k}^{[\nu]}$ 和 $u_{j,k\pm1}^{[\nu]}$, 由此可得如下形式的 Gauss-Seidel 迭代公式

$$u_{j,k}^{[\nu+1]} = \frac{1}{4}\left[u_{j-1,k}^{[\nu]} + u_{j,k-1}^{[\nu]} + u_{j+1,k}^{[\nu]} + u_{j,k+1}^{[\nu]} - h^2 f_{j,k}\right], \quad (j,k) \in \Omega_{h,1},$$

$$u_{j,k}^{[\nu+1]} = \frac{1}{4}\left[u_{j-1,k}^{[\nu+1]} + u_{j,k-1}^{[\nu+1]} + u_{j+1,k}^{[\nu+1]} + u_{j,k+1}^{[\nu+1]} - h^2 f_{j,k}\right], \quad (j,k) \in \Omega_{h,2}.$$

这种排列次序通常称为**"红黑次序"**. ∎

4.6.3 逐次超松弛迭代法

逐次超松弛迭代 (successive overrelaxation) 方法是 Young 和 Frankel 于 1950 年提出的, 又简称为**SOR 方法**. 它是在每个 Gauss-Seidel 迭代步 (4.6.18) 后, 对线性代数方程组 (4.6.1) 的近似解作进一步的松弛校正, 具体的迭代格式是

$$\begin{aligned}
\widetilde{x}_i^{[\nu+1]} &= \frac{b_i}{a_{i,i}} - \sum_{j<i}\frac{a_{i,j}}{a_{i,i}}x_j^{[\nu+1]} + \sum_{j>i}\frac{a_{i,j}}{a_{i,i}}x_j^{[\nu]}, \\
x_i^{[\nu+1]} &= x_i^{[\nu]} + \omega(\widetilde{x}_i^{[\nu+1]} - x_i^{[\nu]}), \quad 1 \leqslant i \leqslant M,
\end{aligned} \tag{4.6.29}$$

其中实参数 ω 称为**松弛因子**. 如果 $0 < \omega < 1$, 则称迭代方法 (4.6.29) 为**逐次低松弛方法**; 如果 $\omega > 1$, 则称迭代方法 (4.6.29) 是**逐次超松弛方法**; 如果 $\omega = 1$, 则

(4.6.29) 就是 Gauss-Seidel 迭代方法 (4.6.18). 为了方便起见, 今后不论 $0 < \omega < 1$ 还是 $\omega > 1$, 都将统一地称 (4.6.29) 为 SOR 方法.

消去中间变量 $\tilde{x}_i^{[\nu+1]}$, 迭代公式 (4.6.29) 又可以写成

$$x_i^{[\nu+1]} = (1-\omega)x_i^{[\nu]} + \omega\Big[\frac{b_i}{a_{i,i}} - \sum_{j<i}\frac{a_{i,j}}{a_{i,i}}x_j^{[\nu+1]} - \sum_{j>i}\frac{a_{i,j}}{a_{i,i}}x_j^{[\nu]}\Big], \quad 1 \leqslant i \leqslant M,$$
(4.6.30)

或者

$$\boldsymbol{x}^{[\nu+1]} = (1-\omega)\boldsymbol{x}^{[\nu]} + \omega\Big(\boldsymbol{D}^{-1}\boldsymbol{L}\boldsymbol{x}^{[\nu+1]} + \boldsymbol{D}^{-1}\boldsymbol{R}\boldsymbol{x}^{[\nu]} + \boldsymbol{D}^{-1}\boldsymbol{b}\Big),$$
(4.6.31)

其中矩阵 $\boldsymbol{D}$, $\boldsymbol{L}$ 和 $\boldsymbol{R}$ 的定义分别见 (4.6.12), (4.6.13) 和 (4.6.14).

迭代公式 (4.6.31) 又可以写成显式形式

$$
\begin{aligned}
\boldsymbol{x}^{[\nu+1]} &= (\boldsymbol{I}-\omega\boldsymbol{D}^{-1}\boldsymbol{L})^{-1}\Big[\big((1-\omega)\boldsymbol{I}+\omega\boldsymbol{D}^{-1}\boldsymbol{R}\big)\boldsymbol{x}^{[\nu]} + \omega\boldsymbol{D}^{-1}\boldsymbol{b}\Big]\\
&= (\boldsymbol{D}-\omega\boldsymbol{L})^{-1}\big((1-\omega)\boldsymbol{D}+\omega\boldsymbol{R}\big)\boldsymbol{x}^{[\nu]} + \omega(\boldsymbol{D}-\omega\boldsymbol{L})^{-1}\boldsymbol{b},
\end{aligned}
$$
(4.6.32)

即一阶迭代公式 (4.6.5) 的形式. 由此可知, SOR 迭代公式 (4.6.32) 的迭代矩阵是

$$\boldsymbol{G}_{\mathrm{SOR}} := (\boldsymbol{D}-\omega\boldsymbol{L})^{-1}((1-\omega)\boldsymbol{D}+\omega\boldsymbol{R}).$$

对于 SOR 方法 (4.6.32), 有如下结论.

定理 4.6.7　SOR 方法收敛的充要条件为 $\rho(\boldsymbol{G}_{\mathrm{SOR}}) < 1$, 或者等价地要求方程

$$\det\big((1-\omega)\boldsymbol{D}+\omega\boldsymbol{R}-(\boldsymbol{D}-\omega\boldsymbol{L})\eta\big) = 0$$
(4.6.33)

的根 η 按模小于 1.

定理 4.6.8　对所有 ω 均成立不等式

$$\rho(\boldsymbol{G}_{\mathrm{SOR}}) \geqslant |\omega - 1|.$$
(4.6.34)

当 ω 是实数时, SOR方法收敛的一个必要条件是 $0 < \omega < 2$.

证明　先计算矩阵 $\boldsymbol{G}_{\mathrm{SOR}}$ 的行列式

$$
\begin{aligned}
\det(\boldsymbol{G}_{\mathrm{SOR}}) &= \det\big((\boldsymbol{D}-\omega\boldsymbol{L})^{-1}((1-\omega)\boldsymbol{D}+\omega\boldsymbol{R})\big)\\
&= \det\big((\boldsymbol{I}-\omega\boldsymbol{D}^{-1}\boldsymbol{L})^{-1}((1-\omega)\boldsymbol{I}+\omega\boldsymbol{D}^{-1}\boldsymbol{R})\big)\\
&= \det\big((\boldsymbol{I}-\omega\boldsymbol{D}^{-1}L)^{-1}\det((1-\omega)\boldsymbol{I}+\omega\boldsymbol{D}^{-1}\boldsymbol{R})\\
&= (1-\omega)^M.
\end{aligned}
$$

这意味着矩阵 G_{SOR} 的所有特征值之积等于 $(1-\omega)^M$, 因此不等式 (4.6.34) 得证. (4.6.34) 中的等号仅当 G_{SOR} 的所有特征值的模相等时才成立.

如果 SOR 方法收敛, 则 $\rho(G_{\text{SOR}}) < 1$. 利用不等式 (4.6.34) 得 $|\omega - 1| < 1$. 如果 ω 是实数, 则 ω 必须满足 $0 < \omega < 2$. ■

定理 4.6.9 如果系数矩阵 A 是 Hermite 矩阵, 则 SOR 方法收敛的充要条件是 A 正定和 $0 < \omega < 2$.

该定理的证明可以参见 [1].

4.6.4 相容次序和性质 A

SOR 方法的核心任务是如何选取最佳松弛因子 ω_{opt}, 使得 $\rho(G_{\text{SOR}}(\omega_{opt})) = \min\{\rho(G_{\text{SOR}}(\omega))\}$, 即如何选取最佳松弛因子 ω_{opt} 使得 SOR 方法收敛最快. 对于一般的线性代数方程组而言, 目前还没有计算最佳松弛因子 ω_{opt} 的有效公式. 但是大部分离散偏微分方程的差分方程的系数矩阵都具有一些特殊性质, 例如具有性质 A 等, 此时相应于 SOR 方法的最佳松弛因子往往是可以确定的.

定义 4.6.2 设 A 是 M 阶方阵. 如果将集合 $W = \{1, 2, \cdots, M\}$ 分成两个互不相交的子集合 S_1 和 S_2, 即 $W = S_1 \cup S_2$, $S_1 \cap S_2 = \varnothing$, 并且使得矩阵 A 对角线以外的每一个非零元素 $a_{i,j}$, $i \neq j$ 的足标对 (i,j) 均满足: $i \in S_1$ 和 $j \in S_2$, 或者 $i \in S_2$ 和 $j \in S_1$, 则称矩阵 A 具有**性质 A**.

值得注意的是, 定义中的子集合 S_1 或 S_2 可以是空集, 此时矩阵 A 一定是对角阵.

例 4.6.3 已知矩阵

$$
\begin{pmatrix}
a_{1,1} & a_{1,2} & 0 & a_{1,4} \\
a_{2,1} & a_{2,2} & a_{2,3} & 0 & a_{2,5} \\
 & a_{3,2} & a_{3,3} & 0 & 0 & a_{3,6} \\
a_{4,1} & 0 & 0 & a_{4,4} & a_{4,5} & 0 & a_{4,7} \\
 & a_{5,2} & 0 & a_{5,4} & a_{5,5} & a_{5,6} & 0 & a_{5,8} \\
 & & a_{6,3} & 0 & a_{6,5} & a_{6,6} & 0 & 0 & a_{6,9} \\
 & & & a_{7,4} & 0 & 0 & a_{7,7} & a_{7,8} & 0 \\
 & & & & a_{8,5} & 0 & a_{8,7} & a_{8,8} & a_{8,9} \\
 & & & & & a_{9,6} & 0 & a_{9,8} & a_{9,9}
\end{pmatrix},
$$

其中 $a_{i,j} \neq 0$. 如果将正整数构成的集合 $W = \{1, 2, 3, \cdots, 9\}$ 分成如下两个互不相交的子集 $S_1 = \{1, 3, 5, 7, 9\}$ 和 $S_2 = \{2, 4, 6, 8\}$, 则不难验证, 对于任一个 $a_{i,j}$, $i \neq j$ 的足标对 (i,j) 均满足定义 4.6.2 中的条件, 所以该矩阵具有性质 A. ■

定义 4.6.3 如果能将 M 个正整数 $1, 2, \cdots, M$ 所构成的集合 W 分成 n 个互不相交的子集 $W_1, W_2, \cdots, W_n$, 即 $\cup_{k=1}^{n} W_k = W$, $W_i \cap W_j = \varnothing, i \neq j$, 并且使得 $M \times M$ 矩阵 A 的任意非对角非零元素 $a_{i,j} \neq 0, i \neq j$ 的足标对 (i,j) 满足如下条件: 当 $i \in W_k$ 时 $j \in W_{k-1}$(如果 $j < i$)或 $j \in W_{k+1}$(如果 $j > i$), 则称矩阵 A 具有**相容次序**.

定理 4.6.10 如果矩阵 A 具有相容次序, 则它一定具有性质A.

证明 由已知条件知, 存在如定义 4.6.3中的 n 个互不相交的子集 $W_1, W_2, \cdots, W_n$. 定义 $S_1 = \cup_{i=奇数} W_i$ 和 $S_2 = \cup_{i=偶数} W_i$, 则不难验证它们满足定义 4.6.2中的条件, 所以矩阵 A 具有性质 A. ■

注意, 定理 4.6.10的逆命题不一定成立, 即具有性质 A 的矩阵 A 未必具有相容次序. 但是可以证明, 具有性质 A 的矩阵 A 经过行列重排 (参见习题 13) 之后可以获得具有相容次序矩阵.

定理 4.6.11 矩阵 A 具有性质 A 的充分必要条件是存在排列矩阵 P 使得矩阵 PAP^T 具有相容次序.

定理的证明可以参见 [1].

定理 4.6.12 如果矩阵 A 具有性质A, 则 PAP^T 也具有性质A, 其中 P 是排列矩阵.

定理 4.6.13 如果存在排列矩阵 P 使得 PAP^T 具有如下块三对角形式

$$
\begin{pmatrix}
D_1 & F_1 & & & \\
E_1 & D_2 & F_2 & & \\
\ddots & & \ddots & & \ddots \\
& & E_{M-2} & D_{M-1} & F_{M-1} \\
& & & E_{M-1} & D_M
\end{pmatrix},
\tag{4.6.35}
$$

其中 $\{D_i, 1 \leqslant i \leqslant M\}$ 均是对角矩阵, 但它们阶数并不一定相同, $M \geqslant 2$, 则矩阵 A 具有性质A.

证明 只要将式 (4.6.35) 中属于对角线子块 D_k 之行编号记为集合 W_k, 显然 $\cup_{k=1}^{M} W_k = W$, 而且 $W_i \cap W_j = \varnothing, i \neq j$. 另外, 矩阵 (4.6.35) 的任意非对角线非零元素 $a_{i,j}$ 的足标对 (i,j) 也都满足 (4.6.3) 中的条件, $i \neq j$, 所以形如 (4.6.35) 的矩阵具有相容次序, 从而也具有性质 A. ■

定理 4.6.14 设 A 具有块三对角表示 (4.6.35), 定义矩阵 $A(\alpha) := D - \alpha L - \alpha^{-1} R$, 其中 $\alpha \neq 0$, 以及

$$
D = \mathrm{diag}\{D_1, D_2, \cdots, D_M\},
\tag{4.6.36}
$$

$$-L = \begin{pmatrix} 0 & & & \\ E_1 & \ddots & & \\ & \ddots & \ddots & \\ & & E_{M-1} & 0 \end{pmatrix} \tag{4.6.37}$$

和

$$-R = \begin{pmatrix} 0 & F_1 & & \\ & \ddots & \ddots & \\ & & \ddots & F_{M-1} \\ & & & 0 \end{pmatrix}, \tag{4.6.38}$$

则恒有

$$\det[A(\alpha)] = \det(A), \tag{4.6.39}$$

即矩阵 $A(\alpha)$ 和矩阵 A 的行列式相等.

证明　令

$$C = \text{diag}\{I_1, \alpha I_2, \cdots, \alpha^{M-1} I_M\},$$

其中单位矩阵 I_i 分别与矩阵 D_i 同阶, $i = 1, 2, \cdots, M$. 显然

$$C^{-1} = \text{diag}\{I_1, \alpha^{-1}, \cdots, \alpha^{-(M-1)} I_M\}.$$

又由于

$$CAC^{-1} = \begin{pmatrix} I_1 & \alpha^{-1} F_1 & & & \\ \alpha E_1 & D_2 & \alpha^{-1} F_2 & & \\ & \ddots & \ddots & \ddots & \\ & \alpha E_{M-2} & D_{M-1} & \alpha^{-1} F_{M-1} \\ & & \alpha E_{M-1} & D_M \end{pmatrix}$$

$$= D - \alpha L - \alpha^{-1} R = A(\alpha),$$

所以 $\det[A(\alpha)] = \det(C) \det(A) \det(C^{-1}) = \det(A)$.　■

假设线性代数方程组 (4.6.1) 的系数矩阵 A 具有性质 A, 且具有块三对角表示 (4.6.35). 由上一小节知, SOR 方法的迭代矩阵的特征多项式可以表示为

$$\begin{aligned} Q(\eta) :&= \det\left[\eta I - (I - \omega D^{-1} L)^{-1}((1 - \omega) I + \omega D^{-1} R)\right] \\ &= \det\left[(\eta + \omega - 1) I - \omega(\eta E + F)\right], \end{aligned}$$

其中 $\boldsymbol{E} = \boldsymbol{D}^{-1}\boldsymbol{L}$, $\boldsymbol{F} = \boldsymbol{D}^{-1}\boldsymbol{R}$. 应用定理4.6.14, 得

$$\boldsymbol{Q}(\eta) = \det\left[(\eta + \omega - 1)\boldsymbol{I} - \omega\eta^{1/2}(\boldsymbol{E} + \boldsymbol{F})\right]$$
$$= \omega^M \eta^{M/2} \det\left[\omega^{-1}\eta^{-1/2}(\eta + \omega - 1)\boldsymbol{I} - \boldsymbol{E} - \boldsymbol{F}\right].$$

由此可知, η 是 SOR 方法 (4.6.29) 的迭代矩阵的非零特征值当且仅当 $\omega^{-1}\eta^{-1/2}(\eta + \omega - 1)$ 是 Jacobi 方法 (4.6.16) 的迭代矩阵的特征值, 即 $\lambda(\boldsymbol{G}_J) = \omega^{-1}\eta^{-1/2}(\eta + \omega - 1)$. 结论归纳如下.

定理 4.6.15 如果线性代数方程组 (4.6.1) 的未知数按相容次序排列, 其系数矩阵 $\boldsymbol{A}$ 具有性质A, 则解方程组 (4.6.1) 的 Jacobi 方法 (4.6.16) 的迭代矩阵的特征值 $\lambda(\boldsymbol{G}_J)$ 和 SOR 方法 (4.6.29) 的迭代矩阵的特征值 η 满足下列关系式

$$\omega^{-1}\eta^{-1/2}(\eta + \omega - 1) = \lambda(\boldsymbol{G}_J). \tag{4.6.40}$$

在此基础上, 进一步可获得如下结果.

定理 4.6.16 如果 (4.6.1) 中的系数矩阵 $\boldsymbol{A}$ 具有相容次序, 其对角元素均不等于零, 而且 Jacobi 方法 (4.6.16) 的迭代矩阵的特征值全是实数, 则 SOR 方法收敛的充分必要条件是

$$0 < \omega < 2, \quad \rho(\boldsymbol{G}_J) < 1. \tag{4.6.41}$$

在实际问题中, 满足定理条件的系数矩阵 $\boldsymbol{A}$ 是存在的, 例如对称正定并具有相容次序的矩阵. 如果 Jacobi 方法 (4.6.16) 的迭代矩阵有非实的特征值, 则情况比较复杂, 上述结论将不一定成立. 为了确定 ω_{opt}, 以下将都假设矩阵 $\boldsymbol{G}_J$ 的特征值全是实数, 由此可以限制于条件 (4.6.41) 下进行讨论.

关系式 (4.6.40) 又可以写成

$$(\sqrt{\eta})^2 - \lambda(\boldsymbol{G}_J)\omega\sqrt{\eta} + (\omega - 1) = 0. \tag{4.6.42}$$

这是一个关于 $\sqrt{\eta}$ 的二次方程, 其根可以表示为

$$(\sqrt{\eta})_{1,2} = \frac{\omega\lambda(\boldsymbol{G}_J)}{2} \pm \sqrt{\frac{\omega^2\lambda^2(\boldsymbol{G}_J)}{4} - (\omega - 1)}. \tag{4.6.43}$$

给定 $\lambda(\boldsymbol{G}_J)$, 如果 $\omega > 1 + \omega^2\lambda^2(\boldsymbol{G}_J)/4$, 则 (4.6.43) 中的两个根均是复数, 它们的模等于 $\sqrt{\omega - 1}$, 它是 ω 的增函数; 如果 $\omega < 1 + \omega^2\lambda^2(\boldsymbol{G}_J)/4$, 则方程 (4.6.42) 有两个不同的实根, 其中两根的绝对值中最大者是

$$|\sqrt{\eta}|_{\max} := \frac{\omega|\lambda(\boldsymbol{G}_J)|}{2} + \sqrt{\frac{\omega^2\lambda^2(\boldsymbol{G}_J)}{4} - (\omega - 1)}. \tag{4.6.44}$$

由定理 4.6.7知, SOR 方法收敛的充要条件是 $|\sqrt{\eta}|_{\max} < 1$. 在该条件和 (4.6.41) 下, $|\sqrt{\eta}|_{\max}$ 关于 ω 的一阶微商满足

$$\frac{|\lambda(\boldsymbol{G}_{\mathrm{J}})|\left[\sqrt{\frac{\omega^2\lambda^2(\boldsymbol{G}_{\mathrm{J}})}{4} - (\omega-1)} + \frac{\omega|\lambda(\boldsymbol{G}_{\mathrm{J}})|}{2}\right] - 1}{2\sqrt{\frac{\omega^2\lambda^2(\boldsymbol{G}_{\mathrm{J}})}{4} - (\omega-1)}} < 0.$$

这表明, $|\sqrt{\eta}|_{\max}$ 是 ω 的单调减函数. 由 (4.6.44) 和条件 $0 < \omega < 2$ 知, 只有当条件 $\omega = 1 + \omega^2\lambda^2(\boldsymbol{G}_{\mathrm{J}})/4$(等价于 $\omega = 2/[1 + \sqrt{1 - \lambda^2(\boldsymbol{G}_{\mathrm{J}})}]$) 成立时, $|\sqrt{\eta}|_{\max}$ 才取到其最小值 $\sqrt{\omega - 1}$. 而此时 $|\sqrt{\eta}|^2_{\max} = \omega - 1 = -1 + 2/[1 + \sqrt{1 - \lambda^2(\boldsymbol{G}_{\mathrm{J}})}]$ 是 $|\lambda(\boldsymbol{G}_{\mathrm{J}})|$ 的增函数, 所以当 $|\lambda(\boldsymbol{G}_{\mathrm{J}})|$ 等于矩阵 $\boldsymbol{G}_{\mathrm{J}}$ 的谱半径时, $|\sqrt{\eta}|^2_{\max}$ 会达到最大值. 因此, 有

$$\rho(\boldsymbol{G}_{\mathrm{SOR}}(\omega_{opt})) = \min_{\omega}\{\rho(\boldsymbol{G}_{\mathrm{SOR}}(\omega))\} = \omega_{opt} - 1, \tag{4.6.45}$$

其中

$$\omega_{opt} = \frac{2}{1 + \sqrt{1 - (\rho(\boldsymbol{G}_{\mathrm{J}}))^2}}. \tag{4.6.46}$$

对于一般的系数矩阵 $\boldsymbol{A}$, 目前还没有计算 ω_{opt} 的理论公式, 即使有理论公式 (4.6.46), 其中 $\rho(\boldsymbol{G}_{\mathrm{J}})$ 也难以计算, 所以在实际计算中往往只能通过某些近似算法给出 ω_{opt}. 这里介绍一个较常用的近似计算 ω_{opt} 的算法.

先取一组不同的松弛因子 $\omega_i, i = 1, 2, \cdots$, 并从同一个初始猜测 $\boldsymbol{x}^{[0]}$ 出发, 用 SOR 迭代公式进行迭代 ν 步, 其中 ν 不应太小, 然后比较用它们算出的残向量 $\boldsymbol{r}_{\omega_i} = \boldsymbol{b} - A\boldsymbol{x}^{[\nu]}_{\omega_i}$, 或者误差 $\|\boldsymbol{x}^{[\nu]}_{\omega_i} - \boldsymbol{x}^{[\nu-1]}_{\omega_i}\|, i = 1, 2, \cdots$, 其中 $\boldsymbol{x}^{[\nu]}_{\omega_i}$ 是用松弛因子取为 ω_i 的 SOR 方法迭代 ν 次得到的线性代数方程组 $\boldsymbol{A}\boldsymbol{x} = \boldsymbol{b}$ 的近似解. 最后从 $\{\omega_i\}$ 中选取一个作为 ω_{opt} 的近似值, 使得

$$\|\boldsymbol{r}_{\omega_{opt}}\| = \min_{i}\{\|\boldsymbol{r}_{\omega_i}\|\},$$

或者

$$\|\boldsymbol{x}^{[\nu]}_{\omega_{opt}} - \boldsymbol{x}^{[\nu-1]}_{\omega_{opt}}\| = \min_{i}\{\|\boldsymbol{x}^{[\nu]}_{\omega_i} - \boldsymbol{x}^{[\nu-1]}_{\omega_i}\|\}.$$

这个方法简单而有效, 特别是在用户需要多次解具有相同系数矩阵的方程组时很有效. 如果用户对于所求解的方程组有较深入的了解或积累了一定经验, 则常常可以事先定出一个包含 ω_{opt} 的不大的区间 $[\omega_a, \omega_b]$, 以便减少试算次数并较快地确定 ω_{opt} 的近似值, 也可以采用优选法的原则从区间 $[\omega_a, \omega_b]$ 中选取进行试算的 ω 值, 以便更快地找到 ω_{opt} 的较好的近似值.

最后通过一个具体例子比较 Jacobi 迭代方法 (4.6.16), Gauss–Seidel 迭代方法 (4.6.18) 和 SOR 迭代方法 (4.6.29) 的收敛速度.

例 4.6.4　考虑用五点差分格式 (4.1.5) 离散二维Laplace方程 $\Delta u = 0$ 的 Dirichlet边值问题, 其中区域 $\Omega = \{(x,y)|0 < x,y < 1\}$, x 和 y 方向的网格步长均为常数 h, $h = \dfrac{1}{M+1}$. 分别估计解相应的代数方程组 (4.1.9) 的Jacobi迭代方法 (4.6.16), Gauss-Seidel迭代方法 (4.6.18) 和SOR迭代方法 (4.6.29) 的收敛速度.

解　前面已经计算出 $\rho(G_J) = \dfrac{1}{2}(\cos(h\pi) + \cos(h\pi)) = \cos(h\pi) \approx 1 - \dfrac{\pi^2 h^2}{2} + O(h^4)$. 现在仍然考虑自然次序, SOR 方法中的松弛因子取成最佳松弛因子 ω_{opt}, 则根据 (4.6.45) 和 (4.6.46) 知

$$\omega_{opt} = \frac{2}{1 + \sqrt{1 - [\rho(G_J)]^2}} = \frac{2}{1 + \sin\pi h}$$

和

$$\rho(G_{\text{SOR}}(\omega_{opt})) = \omega_{opt} - 1 = \frac{1 - \sin\pi h}{1 + \sin\pi h} = 1 - 2\pi h + O(h^2).$$

所以 Jacobi 迭代方法, Gauss-Seidel 迭代方法和 SOR 迭代方法的收敛速度分别是

$$R(G_J) = -\ln(\rho(G_J)) \approx \frac{\pi^2 h^2}{2},$$
$$R(G_{\text{GS}}) = -\ln(\rho(G_{\text{GS}}) = -2\ln(\rho(G_J)) \approx \pi^2 h^2,$$
$$R(G_{\text{SOR}}(\omega_{opt})) = -\ln\rho(G_{\text{SOR}}(\omega_{opt})) \approx 2\pi h.$$

由此可知, SOR 方法的收敛速度最快. ∎

4.6.5　共轭梯度方法

这一小节介绍计算系数矩阵是对称正定的线性代数方程组 (4.6.1) 的共轭梯度 (conjugate gradient) 方法, 又简称为 CG 方法, 它是由 Hestenes 和 Stiefel 于 1952 年提出的. 理论上它属于直接方法, 但在实际计算时, 由于不可避免舍入误差的引入, 因而它常作为迭代方法使用. 共轭梯度法的主要优点是, 解某些大型稀疏线性代数方程组时往往只需要比方程组阶数小很多的迭代步数就能够给出具有所要求精度的近似解, 此外, 它对系数矩阵的非零元素的分布也没有特殊要求 (例如相容次序等), 也不需要像逐次超松弛方法那样选取松弛因子.

设线性代数方程组 (4.6.1) 中的实系数矩阵 $\boldsymbol{A}$ 是对称正定的. 如果 M 维线性空间 $\mathbb{R}^M$ 有一组基 $\{\boldsymbol{p}^{(0)}, \boldsymbol{p}^{(1)}, \cdots, \boldsymbol{p}^{(M-1)}\}$, 并满足

$$(\boldsymbol{A}\boldsymbol{p}^{(i)}, \boldsymbol{p}^{(j)}) = (\boldsymbol{p}^{(i)}, \boldsymbol{A}\boldsymbol{p}^{(j)}) = 0, \quad i \neq j, \tag{4.6.47}$$

即关于矩阵 $\boldsymbol{A}$ 共轭 (正交), 则方程组 (4.6.1) 的解 $\boldsymbol{x}^*$ 可以表示为

$$\boldsymbol{x}^* = \sum_{i=0}^{M-1} \alpha_i \boldsymbol{p}^{(i)}. \tag{4.6.48}$$

将此式代入 (4.6.1), 得

$$\boldsymbol{A}\boldsymbol{x}^* = \sum_{i=0}^{M-1} \alpha_i \boldsymbol{A}\boldsymbol{p}^{(i)} = \boldsymbol{b}.$$

等式两边与向量 $\boldsymbol{p}^{(i)}$ 作内积, 并利用条件 (4.6.47), 得

$$\alpha_i = \frac{(\boldsymbol{b}, \boldsymbol{p}^{(i)})}{(\boldsymbol{A}\boldsymbol{p}^{(i)}, \boldsymbol{p}^{(i)})}, \quad i = 1, 2, \cdots, M-1. \tag{4.6.49}$$

因而方程组 (4.6.1) 的解 $\boldsymbol{x}^*$ 是

$$\boldsymbol{x}^* = \sum_{i=0}^{M-1} \frac{(\boldsymbol{b}, \boldsymbol{p}^{(i)})}{(\boldsymbol{A}\boldsymbol{p}^{(i)}, \boldsymbol{p}^{(i)})} \boldsymbol{p}^{(i)}. \tag{4.6.50}$$

在此基础上, 可以构造迭代公式. 选取初始猜测 $\boldsymbol{x}^{[0]}$, 令 $\boldsymbol{x}^{[\nu]} = \boldsymbol{x}^{[0]} + \sum_{i=0}^{\nu-1} \alpha_i \boldsymbol{p}^{(i)}$, 则有 "迭代公式"

$$\boldsymbol{x}^{[\nu+1]} = \boldsymbol{x}^{[\nu]} + \alpha_\nu \boldsymbol{p}^{(\nu)}, \quad \nu = 0, 1, \cdots. \tag{4.6.51}$$

显然, 如果 $\boldsymbol{x}^{[0]} = 0$, 则最多需要 M 步就可以得到方程组 (4.6.1) 的解 $\boldsymbol{x}^*$. 迭代公式 (4.6.51) 可以理解为: 向量 $\boldsymbol{x}^{[\nu+1]}$ 是由向量 $\boldsymbol{x}^{[\nu]}$ 沿着基本 "坐标" 向量 $\boldsymbol{p}^{(\nu)}$ 移动了长度为 α_ν 的距离得到的, 而且由 (4.6.49) 给出的距离 α_ν 是 "最小" 的. 这是因为, 当 $\boldsymbol{A}$ 是对称正定时, 方程组 (4.6.1) 的求解等价于二次函数 $\phi(\boldsymbol{x})$ 的极小点的计算, 其中 $\phi(\boldsymbol{x})$ 定义为

$$\phi(\boldsymbol{x}) = \big(\boldsymbol{A}(\boldsymbol{x}^* - \boldsymbol{x}), (\boldsymbol{x}^* - \boldsymbol{x})\big).$$

因为系数矩阵 $\boldsymbol{A}$ 是对称正定的, 所以 $\phi(\boldsymbol{x}) \geqslant 0$, 当且仅当 $\boldsymbol{x} = \boldsymbol{x}^*$ 时等号成立. 此时 "$\phi(\boldsymbol{x}) = $ 正常数" 在线性空间 $\mathbb{R}^M$ 中表示一个椭球面, 而方程组 (4.6.1) 的解就是通过寻找一系列的向量 $\{\boldsymbol{x}^{[\nu+1]}\}$ 使得 $\{\phi(\boldsymbol{x}^{[\nu+1]})\}$ 逐步减小而得. 如果 $\boldsymbol{x}^{[\nu+1]}$ 具有形式 $\boldsymbol{x}^{[\nu]} + t\boldsymbol{p}^{(\nu)}$, 并使得 $\phi(\boldsymbol{x}^{[\nu+1]}) = \phi(\boldsymbol{x}^{[\nu]} + t\boldsymbol{p}^{(\nu)})$ 最小, 则 t 必须满足

$$\frac{d\phi}{dt} = 0,$$

即

$$\begin{aligned}
\frac{d\phi(\boldsymbol{x}^{[\nu]} + t\boldsymbol{p}^{(\nu)})}{dt} &= \frac{d}{dt}\Big[\phi(\boldsymbol{x}^{[\nu]}) - 2(\boldsymbol{p}^{(\nu)}, \boldsymbol{b} - A\boldsymbol{x}^{[\nu]})t + (\boldsymbol{p}^{(\nu)}, \boldsymbol{A}\boldsymbol{p}^{(\nu)})t^2\Big] \\
&= 2(\boldsymbol{p}^{(\nu)}, \boldsymbol{A}\boldsymbol{p}^{(\nu)})t - 2(\boldsymbol{p}^{(\nu)}, \boldsymbol{b} - A\boldsymbol{x}^{[\nu]}) = 0. \tag{4.6.52}
\end{aligned}$$

该方程的根是

$$t_\nu := \frac{(\boldsymbol{p}^{(\nu)}, \boldsymbol{b} - A\boldsymbol{x}^{[\nu]})}{(\boldsymbol{p}^{(\nu)}, \boldsymbol{A}\boldsymbol{p}^{(\nu)})} = \frac{(\boldsymbol{p}^{(\nu)}, \boldsymbol{b})}{(\boldsymbol{p}^{(\nu)}, A\boldsymbol{p}^{(\nu)})} - \frac{(\boldsymbol{p}^{(\nu)}, \boldsymbol{A}\boldsymbol{x}^{[\nu]})}{(\boldsymbol{p}^{(\nu)}, \boldsymbol{A}\boldsymbol{p}^{(\nu)})},$$

因此, 如果 $\boldsymbol{x}^{[0]} = 0$, $\boldsymbol{x}^{[\nu+1]} = \boldsymbol{x}^{[\nu]} + t_\nu \boldsymbol{p}^{(\nu)}$, 则 $\boldsymbol{x}^{[\nu]} = \sum_{i=0}^{\nu-1} t_i \boldsymbol{p}^{(i)}$, 由此可得

$$t_\nu = \frac{(\boldsymbol{p}^{(\nu)}, \boldsymbol{b})}{(\boldsymbol{p}^{(\nu)}, A\boldsymbol{p}^{(\nu)})} = \alpha_\nu.$$

这说明迭代公式 (4.6.51) 中的 α_ν 满足

$$\phi(\boldsymbol{x}^{[\nu]} + \alpha_\nu \boldsymbol{p}^{(\nu)}) = \min_t \left\{ \phi(\boldsymbol{x}^{[\nu]} + t\boldsymbol{p}^{(\nu)}) \right\}.$$

如果 $\boldsymbol{x}^{[\nu]}$ 是椭球面 "$\phi(\boldsymbol{x}) = $ 正常数" 上的任意一点, 则函数 $\phi(\boldsymbol{x})$ 在该点处的梯度 $\nabla\phi(\boldsymbol{x})$ 的第 i 个分量是

$$\begin{aligned}
\left.\frac{\partial \phi(\boldsymbol{x})}{\partial x_i}\right|_{x=x^{[\nu]}} &= \frac{\partial}{\partial x_i} \sum_{j,k=1}^{M} a_{j,k}(x_j^* - x_j^{[\nu]})(x_k^* - x_k^{[\nu]}) \\
&= -2\left(b_i - \sum_{k=1}^{M} a_{i,k} x_k^{[\nu]}\right) =: -2r_i^{[\nu]}.
\end{aligned}$$

该式说明函数 $\phi(\boldsymbol{x})$ 在点 $\boldsymbol{x}^{[\nu]}$ 处的梯度方向与残向量 $\boldsymbol{r}^{[\nu]} = (r_1^{[\nu]}, \cdots, r_M^{[\nu]})^T$ 相反.

迭代算法 (4.6.51) 简单而直观, 但它的关键是: 对任意初始猜测 $\boldsymbol{x}^{[0]}$, 能否构造一组关于系数矩阵 $\boldsymbol{A}$ 共轭 (正交) 的基 $\{\boldsymbol{p}^{(0)}, \boldsymbol{p}^{(1)}, \cdots, \boldsymbol{p}^{(M-1)}\}$, 使得经过有限步 (至多 M 步) 迭代给出方程组 (4.6.1) 的解 $\boldsymbol{x}^*$? 答案是肯定的. 在介绍算法时, 先介绍一个引理.

引理 4.6.17 如果任意给定 M 个线性无关向量 $\{\boldsymbol{u}^{(i)}\}$, 则可以按递推公式

$$\begin{aligned}
\boldsymbol{v}^{(1)} &= \boldsymbol{u}^{(1)}, \\
\boldsymbol{v}^{(\nu+1)} &= \boldsymbol{u}^{(\nu+1)} - \sum_{i=1}^{\nu} \frac{(A\boldsymbol{u}^{(\nu+1)}, \boldsymbol{v}^{(i)})}{(A\boldsymbol{v}^{(i)}, \boldsymbol{v}^{(i)})} \boldsymbol{v}^{(i)}, \quad \nu = 1, 2, \cdots, M-1
\end{aligned} \tag{4.6.53}$$

构造一组关于矩阵 $\boldsymbol{A}$ 的共轭向量 $\{\boldsymbol{v}^{(i)}\}$.

算法 (4.6.53) 类似于 Gram-Schmidt 正交化方法, 特别地, 当 $\boldsymbol{A}$ 是单位矩阵时, 算法 (4.6.53) 就是通常的 Gram-Schmidt 正交化方法.

构造 $\{\boldsymbol{p}^{(i)}\}$ 的第一个算法是: 任意选取初始猜测 $\boldsymbol{x}^{[0]}$, 计算相应的残向量

$$\boldsymbol{r}^{[0]} = \boldsymbol{b} - \boldsymbol{A}\boldsymbol{x}^{[0]},$$

并定义 $\boldsymbol{p}^{(0)} = \boldsymbol{r}^{[0]}$. 然后根据 (4.6.49) 计算出 α_0, 并按 (4.6.51) 给出新的近似解

$$\boldsymbol{x}^{[1]} = \boldsymbol{x}^{[0]} + \alpha_0 \boldsymbol{p}^{(0)}.$$

相应于 $\boldsymbol{x}^{[1]}$ 的残向量是

$$\begin{aligned}\boldsymbol{r}^{[1]} &= \boldsymbol{b} - A\boldsymbol{x}^{[1]} = \boldsymbol{b} - A(\boldsymbol{x}^{[0]} + \alpha_0\boldsymbol{p}^{(0)})\\ &= \boldsymbol{r}^{[0]} - \alpha_0 A\boldsymbol{p}^{(0)}) =: \boldsymbol{r}^{[0]} + \alpha_0\widetilde{\boldsymbol{p}}^{(0)}.\end{aligned}$$

由 $\boldsymbol{p}^{(0)}$ 和 $\boldsymbol{r}^{[1]}$ 按 (4.6.53) 构造向量 $\boldsymbol{p}^{(1)}$, 使得 $\boldsymbol{p}^{(1)}$ 和 $\boldsymbol{p}^{(0)}$ 关于矩阵 A 共轭. 类似地, 可以按 (4.6.51) 计算新的近似解

$$\boldsymbol{x}^{[2]} = \boldsymbol{x}^{[1]} + \alpha_1\boldsymbol{p}^{(1)}$$

及相应的残向量

$$\boldsymbol{r}^{[2]} = \boldsymbol{b} - A\boldsymbol{x}^{[2]} = \boldsymbol{r}^{[1]} - \alpha_1 A\boldsymbol{p}^{(1)} =: \boldsymbol{r}^{[1]} + \alpha_1\widetilde{\boldsymbol{p}}^{(1)},$$

其中 α_1 按 (4.6.49) 计算. 再由 $\boldsymbol{p}^{(0)}$, $\boldsymbol{p}^{(1)}$ 和 $\boldsymbol{r}^{[2]}$ 按 (4.6.53) 构造向量 $\boldsymbol{p}^{(2)}$, 使得它与 $\boldsymbol{p}^{(0)}$ 和 $\boldsymbol{p}^{(1)}$ 关于矩阵 A 共轭. 一般地, 如果已经构造出向量 $\boldsymbol{p}^{(\nu)}$, 则可以按 (4.6.51) 计算新的近似解 $\boldsymbol{x}^{[\nu+1]}$ 及相应的残向量 $\boldsymbol{r}^{[\nu+1]}$, 即

$$\boldsymbol{x}^{[\nu+1]} = \boldsymbol{x}^{[\nu]} + \alpha_\nu\boldsymbol{p}^{(\nu)},$$
$$\boldsymbol{r}^{[\nu+1]} = \boldsymbol{b} - A\boldsymbol{x}^{[\nu+1]} = \boldsymbol{r}^{[\nu]} - \alpha_\nu A\boldsymbol{p}^{(\nu)} =: \boldsymbol{r}^{[\nu]} + \alpha_\nu\widetilde{\boldsymbol{p}}^{(\nu)}.$$

这里是逐次利用残向量 $\{\boldsymbol{r}^{[i]}\}$ 来按 (4.6.53) 构造关于矩阵 A 共轭的向量 $\{\boldsymbol{p}^{(i)}\}$ 和近似解向量 $\{\boldsymbol{x}^{[i]}\}$ 的. 因为残向量 $\boldsymbol{r}^{[i]}$ 就是二次函数 $\phi(\boldsymbol{x})$ 在点 $\boldsymbol{x}^{[i]}$ 处的梯度, 所以通常称向量 $\{\boldsymbol{p}^{(i)}\}$ 为**共轭梯度**, 而利用共轭梯度 $\{\boldsymbol{p}^{(i)}\}$ 来解线性代数方程组 (4.6.1) 的方法被称为**共轭梯度方法**.

由于 (4.6.53) 的工作量将随着 ν 的增加而增加, 为此希望有计算共轭梯度 $\{\boldsymbol{p}^{(i)}\}$ 的更有效的算法. 如果在引理 4.6.17中构造线性无关向量 $\{\boldsymbol{u}^{(i)}\}$ 的关于矩阵 A 的共轭向量时, 共轭向量 $\{\boldsymbol{v}^{(i)}\}$ 具有形式

$$\boldsymbol{v}^{(\nu+1)} = \boldsymbol{v}^{(\nu)} + \beta_\nu\boldsymbol{u}^{(\nu+1)} + \sum_{i=1}^{\nu-1}\beta_i\boldsymbol{v}^{(i)}, \tag{4.6.54}$$

则类似地可以计算出所有的系数 $\{\beta_i\}$. 例如当 A 是单位矩阵时, 递推公式 (4.6.53) 变化为

$$\boldsymbol{v}^{(1)} = \boldsymbol{u}^{(1)},$$
$$\boldsymbol{v}^{(\nu+1)} = \boldsymbol{v}^{(\nu)} + \frac{(\boldsymbol{v}^{(\nu)}, \boldsymbol{v}^{(\nu)})}{(\boldsymbol{u}^{(\nu+1)}, \boldsymbol{v}^{(\nu)})}\left[\sum_{i=1}^{\nu-1}\frac{(\boldsymbol{u}^{(\nu+1)}, \boldsymbol{v}^{(i)})}{(\boldsymbol{v}^{(i)}, \boldsymbol{v}^{(i)})}\boldsymbol{v}^{(i)} - \boldsymbol{u}^{(\nu+1)}\right]. \tag{4.6.55}$$

基于此考虑, 可以导出如下的算法. 假设已经算出

$$\boldsymbol{r}^{[0]},\ \boldsymbol{p}^{(0)},\ \boldsymbol{r}^{[1]},\ \boldsymbol{p}^{(1)}, \cdots,\ \boldsymbol{r}^{[\nu]},\ \boldsymbol{p}^{(\nu)}.$$

然后由 $\boldsymbol{p}^{(0)}$ 和 $\{\widetilde{\boldsymbol{p}}^{(0)}, \widetilde{\boldsymbol{p}}^{(1)}, \cdots, \widetilde{\boldsymbol{p}}^{(\nu)}\}$ 按递推公式 (4.6.55) 计算向量 $\boldsymbol{r}^{[\nu+1]}$, 即

$$\boldsymbol{r}^{[\nu+1]} = \boldsymbol{r}^{[\nu]} + \frac{\|\boldsymbol{r}^{[\nu]}\|_2^2}{(\widetilde{\boldsymbol{p}}^{(\nu)}, \boldsymbol{r}^{[\nu]})} \left[\sum_{i=1}^{\nu-1} \frac{(\widetilde{\boldsymbol{p}}^{(i)}, \boldsymbol{r}^{[i]})}{\|\boldsymbol{r}^{[i]}\|_2^2} \boldsymbol{r}^{[i]} - \widetilde{\boldsymbol{p}}^{(\nu)} \right], \tag{4.6.56}$$

其中 $\widetilde{\boldsymbol{p}}^{(i)} = A\boldsymbol{p}^{(i)}$. 再由 $\boldsymbol{p}^{(0)}, \boldsymbol{p}^{(1)}, \cdots, \boldsymbol{p}^{(\nu)}$ 和 $\boldsymbol{r}^{[\nu+1]}$ 按递推公式 (4.6.53) 计算向量 $\boldsymbol{p}^{(\nu+1)}$, 即

$$\boldsymbol{p}^{(\nu+1)} = \boldsymbol{r}^{[\nu+1]} - \sum_{i=1}^{\nu} \frac{(A\boldsymbol{r}^{[\nu+1]}, \boldsymbol{p}^{(i)})}{(A\boldsymbol{p}^{(i)}, \boldsymbol{p}^{(i)})} \boldsymbol{p}^{(i)}. \tag{4.6.57}$$

最后根据 (4.6.49) 和 (4.6.51) 分别计算出 $\alpha_{\nu+1}$ 和新的近似解.

由 CG 方法 (4.6.49), (4.6.51), (4.6.56) 和 (4.6.57) 的推导过程可以得到如下性质.

定理 4.6.18　设方程组 (4.6.1) 的系数矩阵 A 对称正定, 对任意初始猜测 $\boldsymbol{x}^{[0]}$, 由 (4.6.56) 和 (4.6.57) 确定的向量组 $\{\boldsymbol{r}^{[i]}\}$ 和 $\{\boldsymbol{p}^{(i)}\}$ 满足:

(i) $(\boldsymbol{r}^{[i]}, \boldsymbol{r}^{[j]}) = (\boldsymbol{p}^{(i)}, \widetilde{\boldsymbol{p}}^{(j)}) = 0$, $i \neq j$,

(ii) $(\boldsymbol{p}^{(j)}, \boldsymbol{r}^{[i]}) = (\boldsymbol{r}^{[j]}, \widetilde{\boldsymbol{p}}^{(i)}) = 0$, $i > j$,

(iii) $(A\boldsymbol{r}^{[i]}, \boldsymbol{p}^{(j)}) = (\widetilde{\boldsymbol{p}}^{(j)}, \boldsymbol{r}^{[i]}) = 0$, $i > j + 1$,

(iv) $(\boldsymbol{p}^{(i)}, \boldsymbol{r}^{[j]}) = \|\boldsymbol{r}^{[i]}\|_2^2$, $i \geqslant j$,

(v) $\alpha_i > 0$, $\beta_i > 0$.

据此定理, 公式 (4.6.56) 和 (4.6.57) 可以简洁地表示为

$$\begin{aligned}
\boldsymbol{r}^{[\nu+1]} &= \boldsymbol{r}^{[\nu]} - \frac{\|\boldsymbol{r}^{[\nu]}\|_2^2}{(\widetilde{\boldsymbol{p}}^{(\nu)}, \boldsymbol{r}^{[\nu]})} \widetilde{\boldsymbol{p}}^{(\nu)} =: \boldsymbol{r}^{[\nu]} - \alpha_\nu A\boldsymbol{p}^{(\nu)}, \\
\boldsymbol{p}^{(\nu+1)} &= \boldsymbol{r}^{[\nu+1]} - \frac{(A\boldsymbol{r}^{[\nu+1]}, \boldsymbol{p}^{(\nu)})}{(\widetilde{\boldsymbol{p}}^{(\nu)}, \boldsymbol{p}^{(\nu)})} \boldsymbol{p}^{(\nu)} =: \boldsymbol{r}^{[\nu+1]} + \beta_\nu \boldsymbol{p}^{(\nu)},
\end{aligned} \tag{4.6.58}$$

而系数 α_i 和 β_i 可以计算为

$$\alpha_i = \frac{\|\boldsymbol{r}^{[i]}\|_2^2}{(\boldsymbol{p}^{(i)}, \widetilde{\boldsymbol{p}}^{(i)})}, \quad \beta_i = \frac{\|\boldsymbol{r}^{[i+1]}\|_2^2}{\|\boldsymbol{r}^{[i]}\|_2^2}. \tag{4.6.59}$$

定理 4.6.19　设线性方程组 (4.6.1) 的系数矩阵 A 对称正定, 对任意初始猜测 $\boldsymbol{x}^{[0]}$, 由 CG 方法 (4.6.49), (4.6.51), (4.6.56) 和 (4.6.57) 确定的向量 $\boldsymbol{r}^{[\nu]}$ 是残向量, 即 $\boldsymbol{r}^{[\nu]} = \boldsymbol{b} - A\boldsymbol{x}^{[\nu]}$.

证明　用数学归纳法. 先考虑 $k = 1$ 的情况, 并设 $\boldsymbol{r}^{[0]} = \boldsymbol{b} - A\boldsymbol{x}^{[0]}$. 根据 (4.6.58) 知

$$r^{[1]} = r^{[0]} - \alpha_1 Ap^{(0)} = b - Ax^{[0]} - \alpha_1 Ap^{(0)} = b - Ax^{[1]},$$

即 $r^{[1]}$ 是 $x^{[1]}$ 的残向量. 设 $k = \nu$ 时命题成立, 即 $r^{[\nu]}$ 是对应于近似解 $x^{[\nu]}$ 的残向量. 类似地根据 (4.6.58) 可计算得

$$r^{[\nu+1]} = r^{[\nu]} - \alpha_\nu Ap^{(\nu)} = b - A\big(x^{[\nu]} + \alpha_\nu p^{(\nu)}\big) = b - Ax^{[\nu+1]}. \quad \blacksquare$$

综合上面的分析, CG 方法可以描述为: (i) 给定任意初始猜测 $x^{[0]}$, 按公式

$$p^{(0)} = r^{[0]} = b - Ax^{[0]},$$

计算出 $r^{[0]}$ 和 $p^{(0)}$; (ii) 对 $\nu = 0, 1, \cdots$, 计算

$$\alpha_\nu = \frac{\|r^{[\nu]}\|_2^2}{(p^{(\nu)}, \widetilde{p}^{(\nu)})} = \frac{(p^{(\nu)}, r^{[\nu]})}{(p^{(\nu)}, \widetilde{p}^{(\nu)})},$$

$$x^{[\nu+1]} = x^{[\nu]} + \alpha_\nu p^{(\nu)},$$

$$r^{[\nu+1]} = r^{[\nu]} - \alpha_\nu Ap^{(\nu)} = b - Ax^{[\nu+1]}, \quad (4.6.60)$$

$$\beta_\nu = \frac{\|r^{[\nu+1]}\|_2^2}{\|r^{[\nu]}\|_2^2} = \frac{(r^{[\nu+1]}, Ap^{(\nu)})}{(p^{(\nu)}, Ap^{(\nu)})},$$

$$p^{(\nu+1)} = r^{[\nu+1]} + \beta_\nu p^{(\nu)}.$$

定理 4.6.20 如果 $\{x^{[i]}\}$ 是由 CG 方法 (4.6.60) 给出的近似解序列, 则当 $i < j$ 时, $x^{[j]}$ 比 $x^{[i]}$ 更接近方程组 (4.6.1) 的解 x^*, 即 $\|x^{[j]} - x^*\| \leqslant \|x^{[i]} - x^*\|$.

证明 设算法 (4.6.60) 经过 N 步后可以得到方程组 (4.6.1) 的精确解, 即 $x^* = x^{[N]}$, 这里 $i < j \leqslant N \leqslant M$. 由算法 (4.6.60) 知

$$x^{[\nu]} = x^{[0]} + \sum_{k=0}^{\nu-1} \alpha_k p^{(k)}. \quad (4.6.61)$$

如果记 $e^{[\nu]} = x^* - x^{[\nu]}$, 则 $e^{[\nu]}$ 满足

$$e^{[\nu]} = e^{[\nu+1]} + \alpha_\nu p^{(\nu)}.$$

由此得

$$(e^{[\nu]}, e^{[\nu]}) = (e^{[\nu+1]}, e^{[\nu+1]}) + 2\alpha_\nu(p^{(\nu)}, e^{[\nu+1]}) + \alpha_\nu^2(p^{(\nu)}, p^{(\nu)}). \quad (4.6.62)$$

另一方面, 因为由算法 (4.6.60) 还可知

$$\boldsymbol{p}^{(\nu)} = \boldsymbol{r}^{[\nu]} + \beta_{\nu-1}\boldsymbol{r}^{[\nu-1]} + \beta_{\nu-1}\beta_{\nu-2}\boldsymbol{r}^{[\nu-2]} + \cdots + \prod_{k=0}^{\nu-1}\beta_k\boldsymbol{r}^{[0]}$$

$$= \|\boldsymbol{r}^{[\nu]}\|_2^2 \sum_{k=0}^{\nu} \frac{\boldsymbol{r}^{[k]}}{\|\boldsymbol{r}^{[k]}\|_2^2},$$

所以当 $i < j$ 时, 恒有

$$(\boldsymbol{p}^{(i)}, \boldsymbol{p}^{(j)}) = \|\boldsymbol{r}^{[i]}\|_2^2 \|\boldsymbol{r}^{[j]}\|_2^2 \sum_{k=0}^{i} \frac{1}{\|\boldsymbol{r}^{[k]}\|_2^2} > 0.$$

因而等式 (4.6.62) 右端的第二项和第三项均非负, 从而有

$$\|e^{[\nu]}\| = (e^{[\nu]}, e^{[\nu]}) > (e^{[\nu+1]}, e^{[\nu+1]}) = \|e^{[\nu+1]}\|.$$

所以, 当 $i < j \leqslant N \leqslant M$ 时恒成立 $\|e^{[i]}\| > \|e^{[j]}\|$. ∎

　　CG 方法 (4.6.60) 常常可以用于大型稀疏线性代数方程组的求解, 其收敛速度取决于系数矩阵 $\boldsymbol{A}$ 的条件数 $\max\{\lambda(\boldsymbol{A})\}/\min\{\lambda(\boldsymbol{A})\}$. 如果 $\boldsymbol{A}$ 的条件数大, 则 CG 方法 (4.6.60) 收敛慢. 反之, 如果 $\boldsymbol{A}$ 的条件数小, 则 CG 方法 (4.6.60) 收敛快[58].

　　如果线性方程组 (4.6.1) 的系数矩阵是一般的非奇异矩阵, 原则上可以对其等价的方程组

$$\boldsymbol{A}^T\boldsymbol{A}\boldsymbol{x} = \boldsymbol{A}^T\boldsymbol{b}$$

采用 CG 方法 (4.6.60) 迭代求解, 但这样收敛速度比较慢, 而且计算工作量也有所增加. 当矩阵 $\boldsymbol{A}$ 的条件数很大时, 一般不直接将 CG 方法 (4.6.60) 用于相应的方程组 (4.6.1) 的求解. Meijerink 和 van der Vorst 于 1977 年提出了预处理 CG 方法, 其主要思想是寻找一个性质较好的 "预处理子" $\boldsymbol{P}$(它是一个 M 阶矩阵) 使得矩阵 $\boldsymbol{P}^{-1}\boldsymbol{A}$ 或 $\boldsymbol{A}\boldsymbol{P}^{-1}$ 几乎是一个近似单位矩阵. 由于对称正定矩阵 $\widetilde{\boldsymbol{A}} := \boldsymbol{P}^{-1/2}\boldsymbol{A}\boldsymbol{P}^{-1/2}$ 与 $\boldsymbol{P}^{-1}\boldsymbol{A}$ 和 $\boldsymbol{A}\boldsymbol{P}^{-1}$ 均相似, 所以 $\widetilde{\boldsymbol{A}}$ 的条件数比 $\boldsymbol{A}$ 的要小得多. 因而, 可以用 CG 方法 (4.6.60) 迭代求解与 (4.6.1) 等价的方程组

$$\widetilde{\boldsymbol{A}}\widetilde{\boldsymbol{x}} = \widetilde{\boldsymbol{b}}, \quad \widetilde{\boldsymbol{x}} = \boldsymbol{P}^{1/2}\boldsymbol{x}, \quad \widetilde{\boldsymbol{b}} = \boldsymbol{P}^{-1/2}\boldsymbol{b}. \tag{4.6.63}$$

这种用于方程组 (4.6.1) 求解的迭代算法统称为**预处理 CG 方法**, 简称为**PCG** (preconditioned CG)**方法**. 当前, 预处理技术已经不限于只和 CG 方法的结合了. 事实上, 对给定的问题, 都可以先采用预处理技术化为一个条件数小的问题.

　　预处理 CG 方法可以描述为: (i) 给定任意初始猜测 $\boldsymbol{x}^{[0]}$, 按公式

$$\boldsymbol{r}^{[0]} = \boldsymbol{b} - \boldsymbol{A}\boldsymbol{x}^{[0]}, \quad \boldsymbol{p}^{(0)} = \boldsymbol{q}^{(0)} = \boldsymbol{P}^{-1}\boldsymbol{r}^{[0]},$$

计算出 $\boldsymbol{r}^{[0]}$, $\boldsymbol{q}^{(0)}$ 和 $\boldsymbol{p}^{(0)}$; (ii) 对 $\nu = 0, 1, \cdots$, 计算

$$\alpha_\nu = \frac{(\boldsymbol{r}^{[\nu]}, \boldsymbol{q}^{(\nu)})}{(\boldsymbol{p}^{(\nu)}, \widetilde{\boldsymbol{p}}^{(\nu)})},$$

$$\boldsymbol{x}^{[\nu+1]} = \boldsymbol{x}^{[\nu]} + \alpha_\nu \boldsymbol{p}^{(\nu)},$$

$$\boldsymbol{r}^{[\nu+1]} = \boldsymbol{r}^{[\nu]} - \alpha_\nu \boldsymbol{A}\boldsymbol{p}^{(\nu)} = \boldsymbol{b} - \boldsymbol{A}\boldsymbol{x}^{[\nu+1]},$$

$$\boldsymbol{q}^{(\nu+1)} = \boldsymbol{P}^{-1}\boldsymbol{r}^{[\nu+1]}, \qquad (4.6.64)$$

$$\beta_\nu = \frac{(\boldsymbol{r}^{[\nu+1]}, \boldsymbol{q}^{(\nu+1)})}{(\boldsymbol{r}^{[\nu]}, \boldsymbol{q}^{(\nu)})},$$

$$\boldsymbol{p}^{(\nu+1)} = \boldsymbol{r}^{[\nu+1]} + \beta_\nu \boldsymbol{p}^{(\nu)}.$$

PCG 方法 (4.6.64) 和 CG 方法 (4.6.60) 的主要差别是前者在每一步迭代过程中需要求解额外的线性方程组 $\boldsymbol{P}\boldsymbol{q} = \boldsymbol{r}$, 而且需要适当地选取矩阵 $\boldsymbol{P}$, 参见 [27]. 这里仅举两个例子.

例 4.6.5 最简单的预处理子是Jacobi预处理子, $\boldsymbol{P}$ 的元素定义为

$$p_{i,j} = \begin{cases} a_{i,j}, & i = j, \\ 0, & i \neq j. \end{cases}$$

另一个较有用的预处理子是对称SOR预处理子, 定义为

$$\boldsymbol{P} = \frac{1}{2-\omega}\left(\frac{1}{\omega}\boldsymbol{D} - \boldsymbol{L}\right)\left(\frac{1}{\omega}\boldsymbol{D}\right)^{-1}\left(\frac{1}{\omega}\boldsymbol{D} - \boldsymbol{U}\right),$$

其中 $\boldsymbol{D}$, $\boldsymbol{L}$ 和 $\boldsymbol{U}$ 的定义见 (4.6.12)—(4.6.14), $\omega \in (0, 2)$. ∎

4.7 多重网格方法

在用简单的迭代方法如 Jacobi 迭代方法等求解由微分方程定解问题离散产生的代数方程组时, 一般需要很多次的迭代步数才可能获得理想的近似解, 而且迭代步数将随着网格步长的减小而增大. 这一节将介绍一类收敛速度基本不随着离散的精细化而改变的迭代方法——多重网格 (multigrid) 方法, 简称为 MG 方法.

MG 方法最早是由 Fedorenko 于 1961 年给出的, 直到 1972 年 Brandt 说明了它的有效性后, 西方科学家才开始关注 MG 方法. 目前, MG 方法是用于求解由离散微分方程而产生的线性方程组的最有效的迭代方法, 并已被广泛地应用于各类科学工程问题的计算. 由于 MG 方法非常灵活, 所以有很多形式的 MG 算法, 本节只以简单的模型问题介绍其基本思想和性质.

4.7.1　双重网格方法

考虑两点边值问题

$$Lu := -u''(x) = f(x), \quad x \in \Omega = (0,1), \tag{4.7.1}$$

$$u(0) = u(1) = 0. \tag{4.7.2}$$

如果将区域 Ω 剖分成 $M+1$ 等份, 内网格结点记为 $x_j = jh$, $j = 1, 2, \cdots, M$, $h = 1/(M+1)$ 表示网格步长, 则离散方程 (4.7.1) 的最简单的差分格式是

$$(L_h \boldsymbol{u})_j := -\frac{u_{j+1} - 2u_j + u_{j+1}}{h^2} = f_j, \quad f_j = f(x_j). \tag{4.7.3}$$

将边界条件 (4.7.2) 和格式 (4.7.3) 联立, 得相应的离散边值问题

$$\boldsymbol{Au} = \boldsymbol{b}, \tag{4.7.4}$$

其中

$$\boldsymbol{A} = \frac{1}{h^2} \begin{pmatrix} 2 & -1 & & & \\ -1 & 2 & -1 & & \\ & \ddots & \ddots & \ddots & \\ & & -1 & 2 & -1 \\ & & & -1 & 2 \end{pmatrix},$$

$$\boldsymbol{u} = (u_1, u_2, \cdots, u_M)^T, \quad \boldsymbol{b} = (f_1, f_2, \cdots, f_M)^T.$$

可以用前面介绍的迭代方法求解线性方程组 (4.7.4). 为了方便起见, 这里以阻尼 Jacobi 迭代方法为例, 迭代公式可以写为

$$\begin{aligned} \widetilde{u}_j^{[\nu+1]} &= \frac{h^2}{2} f_j + \frac{1}{2}\left(u_{j+1}^{[\nu]} + u_{j-1}^{[\nu]}\right), \\ u_j^{[\nu+1]} &= \omega \widetilde{u}_j^{[\nu+1]} + (1-\omega)u_j^{[\nu]}, \end{aligned} \tag{4.7.5}$$

其中 $u_0^{[\nu]} = u_{M+1}^{[\nu]} = 0$, ω 是松弛因子, 当 $\omega = 1$ 时, 上式就是通常的 Jacobi 迭代方法. 如果用 $\boldsymbol{u}$ 表示线性方程组 (4.7.4) 的精确解, 则迭代误差 $e^{[\nu]} := \boldsymbol{u} - \boldsymbol{u}^{[\nu]}$ 满足齐次线性方程组

$$e^{[\nu+1]} = \boldsymbol{G}_{J_\omega} e^{[\nu]}, \tag{4.7.6}$$

其中 $\boldsymbol{G}_{J_\omega}$ 是阻尼 Jacobi 迭代方法 (4.7.5) 的迭代矩阵, 具体是

$$\boldsymbol{G}_{J_\omega} = \begin{pmatrix} 1-\omega & \frac{\omega}{2} & & & \\ \frac{\omega}{2} & 1-\omega & \frac{\omega}{2} & & \\ & \ddots & \ddots & \ddots & \\ & & \frac{\omega}{2} & 1-\omega & \frac{\omega}{2} \\ & & & \frac{\omega}{2} & 1-\omega \end{pmatrix}.$$

很容易计算出迭代矩阵 $\boldsymbol{G}_{J_\omega}$ 的 M 个特征值

$$\lambda_k(\boldsymbol{G}_{J_\omega}) = 1 - 2\omega \sin^2\left(\frac{kh\pi}{2}\right), \quad k = 1, 2, \cdots, M,$$

以及相应的 M 个特征向量

$$\boldsymbol{v}_k = (\sin(kh\pi), \sin(2kh\pi), \cdots, \sin(Mkh\pi))^T, \quad k = 1, 2, \cdots, M. \tag{4.7.7}$$

显然, k 影响着特征向量的频率: k 越大则特征向量的频率越高. 由于 M 个线性无关的特征向量 $\{\boldsymbol{v}_k\}$ 形成了 M 维线性空间的一组基, 所以初始误差 $\boldsymbol{e}^{[0]}$ 可以写成它们的线性组合, 即

$$\boldsymbol{e}^{[0]} = \sum_{k=1}^{M} \alpha_k \boldsymbol{v}_k.$$

由方程 (4.7.6) 得

$$\boldsymbol{e}^{[\nu+1]} = \sum_{k=1}^{M} \alpha_k \big(\lambda_k(\boldsymbol{G}_{J_\omega})\big)^{\nu+1} \boldsymbol{v}_k.$$

这说明迭代矩阵 $\boldsymbol{G}_{J_\omega}$ 的特征向量可以用来表示误差分量, 而对应的特征值则表示误差分量的增长系数. 从特征值 $\lambda_k(\boldsymbol{G}_{J_\omega})$ 的表达式可以知道, 仅当 $0 < \omega \leqslant 1$ 时, 才能保证 $\rho(\boldsymbol{G}_{J_\omega}) < 1$, 即只有当 $0 < \omega \leqslant 1$ 时, 阻尼 Jacobi 迭代方法 (4.7.5) 才收敛.

通常将误差分量 $\boldsymbol{v}_k$ 或 $\{v_{k,j} = \sin(\frac{jk\pi}{M}), j = 1, 2, \cdots, M\}$ 分成两组: 低频误差分量 (如果 $0 < kh \leqslant 1/2$ 或 $1 \leqslant k < M/2$) 和高频误差分量 (如果 $1/2 < kh \leqslant 1$ 或 $M/2 \leqslant k \leqslant M - 1$), 并分析和观察它们在迭代过程中的变化. 图 4.7.1中的 (a) 图显示了 $M = 12$ 时的几个不同频率的误差分量, $k = 1, 2, 3, 4, 6, 8, 9$. 从图中可以看出, 低频误差分量 ($k = 1, 2, 3$ 和 4) 是相对光滑的, 而高频误差分量 ($k = 6, 8$ 和 9) 是相对振荡的, 所以通常又称低频误差分量为**光滑误差分量**, 高频误差分量为**振荡误差分量**. 图 4.7.1中的 (b) 图给出了误差分量 $v_{k,j}$ 的衰减因子 $\lambda_k(\boldsymbol{G}_{J_\omega})$ 随着频率变化的曲线 (由上至下的四条曲线分别对应于 $\omega = \frac{1}{3}, \frac{1}{2}, \frac{2}{3}, 1$). 由图可知, 无论如何选取 $\omega \in (0, 1]$, 低频误差分量的衰减因子 $\lambda_k(\boldsymbol{G}_{J_\omega})$ 都不可能非常小, 特别地, 当 $k = 1$ 时, 误差分量的衰减因子

$$\lambda_1(\boldsymbol{G}_{J_\omega}) = 1 - 2\omega \sin^2(h\pi/2) \approx 1 - \frac{\omega}{2} h^2 \pi^2, \quad M \gg 1,$$

相对最大, 且很接近于 1. 而对于高频误差分量, 只要适当地选取松弛因子 ω, 就可以使得它的衰减因子 $\lambda_k(\boldsymbol{G}_{J_\omega})$ 足够地小, 例如取 $\omega = 2/3$, 高频误差分量的衰减因子均低于 $1/3$, 即一次阻尼 Jacobi 迭代 ($\omega = 2/3$) 就可以将高频误差分量衰减到

初始误差分量的 1/3. 这些结果表明: 低频误差分量衰减慢是阻尼 Jacobi 迭代方法收敛慢的主要原因, 而在用阻尼 Jacobi 方法迭代求解过程中, 高频误差分量衰减很快, 换句话说, 在阻尼 Jacobi 迭代过程中误差分量的光滑性随着迭代次数的增加而增加. 对于其他的迭代方法, 这一现象也同样存在. 但是, 又由误差分量的表示式 (4.7.7) 知道, 其频率也依赖于网格步长, 即网格的选取, 因而误差分量的高频和低频的区分是相对的, 也就是说, 在细网格上的低频误差分量可能是粗网格上的高频分量, 从而就可以借助于粗网格上的迭代方法来将细网格上的低频误差分量消除掉. 这就启发人们采用多层网格, $\Omega_{h_1}, \Omega_{h_2}, \cdots, \Omega_{h_N}$, 其中 $h_1 < h_2 < \cdots < h_N$, 来消除误差分量, 即一旦迭代方法在细网格 Ω_{h_i} 上的收敛速度减慢 (表明误差已经光滑), 则将问题转移 (投影或限制) 到较粗的网格 $\Omega_{h_{i+1}}$ 上消除掉在其上属于高频的那些误差分量, 这样一层层地做下去直到将各种误差分量消去, 以便达到迅速衰减细网格上的低频误差分量的目的. 最后, 还需要将求解问题一层层地返回 (插值或延拓), 直到最初的细网格 Ω_{h_1} 上. 这就是多重 (或多层) 网格方法的基本思想.

现在针对模型问题 (4.7.1)—(4.7.2) 介绍最简单的多重网格算法——两重网格方法. 假设对区域 Ω 引入了两套网格: 细网格 $\Omega_{h_1} = \{x_j | x_j = jh_1, j = 1, 2, \cdots, M_1\}$ 和粗网格 $\Omega_{h_2} = \{x_j | x_j = jh_2, j = 1, 2, \cdots, M_2\}$, 其中 M_1 是奇数, $M_2 = (M_1 - 1)/2$, 即 $h_2 = 2h_1$, 如图 4.7.2所示. 以下将分别用下标 h_1 和 h_2 区分细网格 Ω_{h_1} 和粗网格 Ω_{h_2} 上的函数和差分算子. 这样解问题 (4.7.1)—(4.7.2) 的两重网格方法可以描述如下.

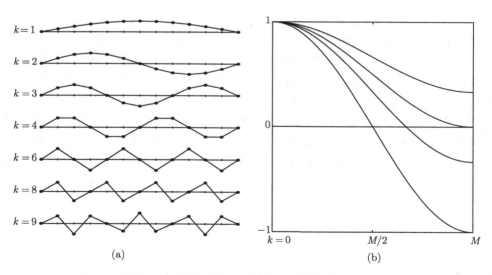

图 4.7.1   误差分量 v_k 及其衰减因子 $\lambda_k(G_{J_\omega})$

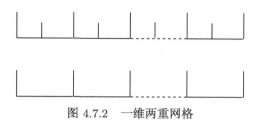

图 4.7.2　一维两重网格

(i) 在细网格 Ω_{h_1} 上用迭代方法求解离散问题

$$\begin{cases} (L_{h_1}u_{h_1})_j = f_{h_1,j}, & j = 1, 2, \cdots, M_1, \\ u_{h_1,0} = u_{h_1,M_1+1} = 0. \end{cases} \tag{4.7.8}$$

设迭代了 ν_1 步, 对应的近似解记为 $v_{h_1,j} := u_{h_1,j}^{[\nu_1]}$, 并计算相应的残向量

$$r_{h_1,j} = f_{h_1,j} - (L_{h_1}\boldsymbol{v}_{h_1})_j, \quad j = 1, 2, \cdots, M_1.$$

因此, ν_1 步迭代得到的差分方程的近似解 $v_{h_1,j}$ 和差分方程精确解 $u_{h_1,j}$ 之间的误差 $e_{h_1,j} := u_{h_1,j} - v_{h_1,j}$ 满足

$$\begin{cases} (L_{h_1}\boldsymbol{e}_{h_1})_j = f_{h_1,j} - (L_{h_1}\boldsymbol{v}_{h_1})_j = r_{h_1,j}, & j = 1, 2, \cdots, M_1, \\ e_{h_1,0} = e_{h_1,M_1+1} = 0. \end{cases}$$

这也说明, 细网格 Ω_{h_1} 上的迭代误差 $e_{h_1,j}$ 由相应的残向量 $r_{h_1,j}$ 唯一确定, 即

$$\boldsymbol{u}_{h_1} = \boldsymbol{v}_{h_1} + L_{h_1}^{-1}\boldsymbol{r}_{h_1}.$$

(ii) 将细网格上的 "误差" 转移到粗网格 Ω_{h_2} 上, 即将残向量 $r_{h_1,j}$ 限制到 Ω_{h_2} 上. 如果用 $I_{h_1}^{h_2}$ 表示 Ω_{h_1} 到 Ω_{h_2} 的限制算子, 则限制过程可以表示为 $\boldsymbol{r}_{h_2} = I_{h_1}^{h_2}\boldsymbol{r}_{h_1}$. 通常的限制方法是对残向量 $r_{h_1,j}$ 进行加权, 例如

$$r_{h_2,j} = \frac{1}{4}\left(r_{h_1,2j-1} + 2r_{h_1,2j} + r_{h_1,2j+1}\right), \quad j = 1, 2, \cdots, M_2,$$

$$r_{h_2,0} = r_{h_2,M_2+1} = 0.$$

(iii) 在粗网格 Ω_{h_2} 上解离散问题

$$\begin{cases} (L_{h_2}e_{h_2})_j = r_{h_2,j}, & j = 1, 2, \cdots, M_2, \\ e_{h_2,0} = 2_{h_2,M_2+1} = 0, \end{cases}$$

得 $e_{h_2} = L_{h_2}^{-1}\boldsymbol{r}_{h_2}$. 求解方法可以是直接方法, 也可以是迭代方法. 此外, 算子 L_{2h} 不一定要与 L_h 相同.

(iv) 将粗网格 Ω_{h_2} 上误差插值或延拓到细网格上. 如果用 $I_{h_2}^{h_1}$ 表示 Ω_{h_2} 到 Ω_{h_1} 的延拓算子, 则延拓过程可以表示为 $\widetilde{e}_{h_1} = I_{h_2}^{h_1} e_{h_2}$. 一个具体的延拓过程是

$$\widetilde{e}_{h_1,2j-1} = \tfrac{1}{2}\left(e_{h_2,j-1} + e_{h_2,j}\right),$$
$$\widetilde{e}_{h_1,2j} = e_{h_2,j}, \quad j = 1, 2, \cdots, M_2.$$

(v) 对第 (i) 步中的近似解 $v_{h_1,j}$ 作修正

$$v_{h_1,j} \leftarrow v_{h_1,j} + \widetilde{e}_{h_1,j}, \quad j = 1, 2, \cdots, M_1,$$

也即

$$\boldsymbol{v}_{h_1} \leftarrow \boldsymbol{v}_{h_1} + I_{h_2}^{h_1} L_{h_2}^{-1} I_{h_1}^{h_2} \boldsymbol{r}_{h_1} = \boldsymbol{v}_{h_1} + I_{h_2}^{h_1} L_{h_2}^{-1} I_{h_1}^{h_2}(\boldsymbol{f}_{h_1} - L_{h_1} \boldsymbol{v}_{h_1}).$$

再以 $v_{h,j}$ 为初始猜测, 在细网格 Ω_{h_1} 上迭代求解 (4.7.8), 设迭代步数为 ν_2, 从而得到新的近似解, 然后回到第 (i) 步, 并开始下一个循环. 这一循环过程通常记为 **V 循环**.

说明 4.7.1 上述两重网格算法可以自然地延拓到偏微分方程的边值问题的数值求解, 只是细网格到粗网格的限制算子 $I_{h_1}^{h_2}$ 和粗网格到细网格的延拓算子 $I_{h_2}^{h_1}$ 的定义形式需作适当的变化. 现以二维区域 $\Omega = \{(x,y) | 0 < x, y < 1\}$ 为例. 如果假设对区域 Ω 引入两套网格(图 4.7.3):

$$\Omega_1 = \{(x_j, y_k) | x_j = jh_1, y_k = kh_1, \ j, k = 1, 2, \cdots, M_1\},$$
$$\Omega_2 = \{(x_j, y_k) | x_j = jh_2, y_k = kh_2, \ j, k = 1, 2, \cdots, M_2\},$$

其中 M_1 是奇数, $M_2 = (M_1 - 1)/2$, $h_2 = 2h_1$, 则此时限制过程 $\boldsymbol{u}_{h_2} = I_{h_1}^{h_2} \boldsymbol{u}_{h_1}$ 一般可以取为

$$u_{h_2}(x_j, y_k) := u_{h_1}(x_j, y_k), \quad j, k = 1, 2, \cdots, M_2,$$

或者

$$
\begin{aligned}
u_{h_2}(x_j, y_k) := \frac{1}{16}\big[& 4u_{h_1}(x_{2j}, y_{2k}) + 2u_{h_1}(x_{2j}, y_{2k-1}) \\
& + 2u_{h_1}(x_{2j}, y_{2k+1}) + 2u_{h_1}(x_{2j-1}, y_{2k}) + 2u_{h_1}(x_{2j+1}, y_{2k}) \\
& + u_{h_1}(x_{2j+1}, y_{2k+1}) + u_{h_1}(x_{2j+1}, y_{2k-1}) + u_{h_1}(x_{2j-1}, y_{2k+1}) \\
& + u_{h_1}(x_{2j-1}, y_{2k-1}) \big].
\end{aligned}
$$

而延拓算式 $\boldsymbol{u}_{h_1} = I_{h_2}^{h_1} \boldsymbol{u}_{h_2}$ 则可以定义为

$$u_{h_1}(x_{2j}, y_{2k}) := u_{h_2}(x_j, y_k), \quad j, k = 1, 2, \cdots, M_2,$$

$$u_{h_1}(x_{2j\pm 1}, y_{2k}) := \frac{1}{2}\left[u_{h_2}(x_j, y_k) + u_{h_2}(x_{j\pm 1}, y_k)\right],$$

$$u_{h_1}(x_{2j}, y_{2k\pm 1}) := \frac{1}{2}\left[u_{h_2}(x_j, y_k) + u_{h_2}(x_j, y_{k\pm 1})\right], \quad 1 \leqslant j, k \leqslant M_2,$$

和

$$u_{h_1}(x_{2j-1}, y_{2k-1}) := \frac{1}{4}\Big[u_{h_2}(x_{j-1}, y_{k-1}) + u_{h_2}(x_{j-1}, y_{k+1})$$
$$+ u_{h_2}(x_{j+1}, y_{k-1}) + u_{h_2}(x_{j+1}, y_{k+1})\Big], \quad j, k = 1, 2, \cdots, M_2.$$

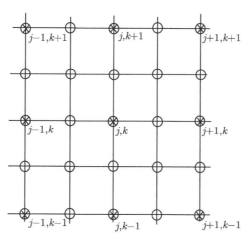

图 4.7.3 二维两重网格: ×和○分别表示粗网格和细网格结点

4.7.2 多重网格方法

顾名思义, MG 方法就是利有多层粗网格对细网格上的残向量作修正. 现在假设已经给出了区域 Ω 的 N 套网格剖分, $\Omega_{h_1}, \cdots, \Omega_{h_N}$, 其中它们的步长满足: $h_1 < h_2 < \cdots < h_N$. 此时 MG 方法可描述如下.

V 循环算法 (i) 在细网格 Ω_{h_1} 上用迭代方法解边值问题

$$\begin{cases} (L_{h_1}\boldsymbol{u}_{h_1})_{j,k} = f_{h_1,j,k}, & (j,k) \in \Omega_{h_1}, \\ u_{h_1,j,k} = \gamma_{h_1,j,k}, & (j,k) \in \partial\Omega_{h_1}. \end{cases}$$

记经过 ν_1 次迭代后的近似解是 $\boldsymbol{v}_{h_1}$, 相应的误差 $e_{h_1,j,k} = v_{h_1,j,k} - u_{h_1,j,k}$ 满足

$$\begin{cases} (L_{h_1}\boldsymbol{e}_{h_1})_{j,k} = f_{h_1,j,k} - (L_{h_1}\boldsymbol{v}_{h_1})_{j,k} =: r_{h_1,j,k}, & (j,k) \in \Omega_{h_1}, \\ e_{h_1,j,k} = 0, & (j,k) \in \partial\Omega_{h_1}. \end{cases}$$

(ii) 对每个 $i = 2, 3, \cdots, N$, 执行下列操作. 将残向量 $\boldsymbol{r}_{h_{i-1}}$ 从细网格 $\Omega_{h_{i-1}}$ 限

制到粗网格 Ω_{h_i} 上, 并以 $e_{h_i}=0$ 为初始猜测用迭代方法计算

$$
\begin{cases}
(L_{h_i} e_{h_i})_{j,k} = (I_{h_{i-1}}^{h_i} r_{h_{i-1}})_{j,k}, & (j,k) \in \Omega_{h_i}, \\
e_{h_i,j,k} = 0, & (j,k) \in \partial\Omega_{h_i}.
\end{cases}
\tag{4.7.9}
$$

计算残向量 r_{h_i}, 可以取迭代次数等于 ν_1.

(iii) 对每个 $i = N-1, N-2, \cdots, 1$, 执行下列操作. 将粗网格 $\Omega_{h_{i+1}}$ 上的误差 $e_{h_{i+1}}$ 插值到细网格 Ω_{h_i} 并修正 e_{h_i}, 即计算 $e_{h_i} \leftarrow e_{h_i} + I_{h_{i+1}}^{h_i} e_{h_{i+1}}$. 对误差 e_{h_i} 进行光滑, 即以 e_{h_i} 为初始猜测用迭代方法近似求解问题 (4.7.9), 设迭代次数为 ν_2. 当 $i=1$ 时, 完成第 (i) 步中的近似解 v_{h_1} 的修正.

V 循环结构参见图 4.7.4(a). MG 方法的另一种典型的算法是 W 循环算法. 下面以图 4.7.4(b) 为例给出 W 循环算法.

W 循环算法　(i) 在细网格 Ω_{h_1} 上用迭代方法解边值问题

$$
\begin{cases}
(L_{h_1} u_{h_1})_{j,k} = f_{h_1,j,k}, & (j,k) \in \Omega_{h_1}, \\
u_{h_1,j,k} = \gamma_{h_1,j,k}, & (j,k) \in \partial\Omega_{h_1}.
\end{cases}
$$

记经过 ν_1 次迭代后的近似解是 v_{h_1}, 相应的误差 $e_{h_1,j,k} = v_{h_1,j,k} - u_{h_1,j,k}$ 满足

$$
\begin{cases}
(L_{h_1} e_{h_1})_{j,k} = f_{h_1,j,k} - (L_{h_1} v_{h_1})_{j,k} =: r_{h_1,j,k}, & (j,k) \in \Omega_{h_1}, \\
e_{h_1,j,k} = 0, & (j,k) \in \partial\Omega_{h_1}.
\end{cases}
$$

(ii) 对每个 $i = 2, 3, \cdots, N$, 执行如下操作. 将残向量 $r_{h_{i-1}}$ 从细网格 $\Omega_{h_{i-1}}$ 限制到粗网格 Ω_{h_i} 上, 并用迭代方法计算

$$
\begin{cases}
(L_{h_i} e_{h_i})_{j,k} = (I_{h_{i-1}}^{h_i} r_{h_{i-1}})_{j,k}, & (j,k) \in \Omega_{h_i}, \\
e_{h_i,j,k} = 0, & (j,k) \in \partial\Omega_{h_i}.
\end{cases}
\tag{4.7.10}
$$

计算残向量 r_{h_i}, 可以取迭代次数等于 ν_1.

(iii) 对每个 $i = N-1$ 和 $N-2$, 执行如下操作. 将粗网格 $\Omega_{h_{i+1},j,k}$ 上的误差 $e_{h_{i+1},j,k}$ 插值回细网格 Ω_{h_i} 并修正 e_{h_i}, 并对误差 e_{h_i} 进行光滑; 然后对每个 i ($i = N-1$ 和 N) 将残向量从细网格 $\Omega_{h_{i-1}}$ 限制到粗网格 Ω_{h_i} 上, 用迭代方法光滑误差.

(iv) 对每个 i ($i = N-1, N-2, \cdots, 1$), 将粗网格 $\Omega_{h_{i+1}}$ 上的误差 $e_{h_{i+1},j,k}$ 插值回细网格 Ω_{h_i} 并修正 e_{h_i}, 即计算 $e_{h_i} \leftarrow e_{h_i} + I_{h_{i+1}}^{h_i} e_{h_{i+1}}$. 对误差 e_{h_i} 进行光滑, 即以 e_{h_i} 为初始猜测用迭代方法近似求解问题 (4.7.10), 设迭代次数为 ν_2. 当 $i=1$ 时, 完成第 (i) 步中的近似解 v_{h_1} 的修正.

MG 方法的 W 循环算法还可以有其他的形式, 如图 4.7.4(c) 等, 这里不再逐一说明. 对 MG 方法感兴趣的读者可以参见文献 [28, 31, 40, 49, 60, 64], 也可以从 http://www.mgnet.org 处获得最新的有关 MG 方法及其软件的信息.

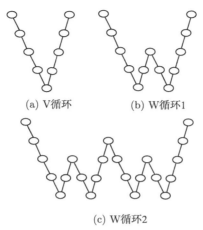

(a) V循环　　　　　(b) W循环1

(c) W循环2

图 4.7.4　多重网格结构图

习　题　4

1. 已知差分算子 L_h 定义为

$$
(L_h \boldsymbol{u})_{j,k} = \frac{1}{6h^2}[u_{j+1,k+1} + u_{j+1,k-1} + u_{j-1,k+1} + u_{j-1,k-1}
$$
$$
+ 4(u_{j+1,k} + u_{j-1,k} + u_{j,k+1} + u_{j,k-1}] - 20u_{j,k}].
$$

检验方程 $(L_h \boldsymbol{u})_{j,k} = 0$ 是逼近 Laplace 方程 $\Delta u = 0$ 的差分方程, 并给出其截断误差阶.

2. 用五点差分格式离散边值问题

$$
\begin{cases}
\dfrac{\partial^2 u}{\partial x^2} + \dfrac{\partial^2 u}{\partial y^2} - 32u = 0, \quad (x,y) \in \Omega, \\
u|_{y=1} = 0,\ u|_{y=-1} = 1,\ \dfrac{\partial u}{\partial x}\big|_{x=\pm 1} = \mp \dfrac{1}{2},
\end{cases}
$$

其中 $\overline{\Omega} = \{(x,y)|-1 \leqslant x, y \leqslant 1\}$, 和 Robin 问题

$$
\begin{cases}
\Delta u = 0, \quad (x,y) \in \Omega = \{(x,y)|0 < x, y < 1\}, \\
u_x - u|_{x=0} = 1 + y,\ u_x + u|_{x=1} = 2 - y,\ 0 \leqslant y \leqslant 1, \\
u_y - u|_{y=0} = -1 - x,\ u_y + u|_{y=1} = x - 2, \quad 0 \leqslant x \leqslant 1,
\end{cases}
$$

网格步长取为 $h = \dfrac{1}{4}$, 分别用矩阵向量的形式表示离散的边值问题, 并解之.

3. 用中心差分格式离散微分方程

$$
\frac{\partial^2 u}{\partial x^2} + \frac{\partial^2 u}{\partial y^2} + d\frac{\partial u}{\partial x} + e\frac{\partial u}{\partial y} + fu = 0, \quad f < 0,
$$

并证明差分方程的解满足极值原理.

4. 验证方程组 (4.1.9) 的系数矩阵的特征值是

$$\lambda_{j,k} = -4 + 2\left(\cos\frac{j\pi}{p} + \cos\frac{k\pi}{q}\right), \quad 1 \leqslant j, k \leqslant M,$$

以及相应的 Jacobi 迭代矩阵的谱半径是

$$\frac{1}{2}\left(\cos\frac{\pi}{p} + \cos\frac{\pi}{q}\right).$$

5. 证明解线性代数方程组

$$\begin{aligned} x_1 + 2x_2 - 2x_3 &= 1, \\ x_1 + x_2 + x_3 &= 3, \\ 2x_1 + 2x_2 + x_3 &= 5 \end{aligned}$$

的 Jacobi 迭代方法是收敛的, 而 Guass-Seidel 迭代方法却是发散的.

6. 证明用于线性代数方程组

$$\begin{aligned} 5x_1 + 3x_2 + 4x_3 &= 12, \\ 3x_1 + 6x_2 + 4x_3 &= 13, \\ 4x_1 + 4x_2 + 5x_3 &= 13 \end{aligned}$$

的 Guass-Seidel 迭代方法是收敛的, 而 Jacobi 迭代方法却是发散的.

7. 考虑在区域 $\{(x,y)|0 < x < 4, 0 < y < 3\}$ 上用五点差分格式离散 Laplace 方程, 步长取为 1, 用 Jacobi 迭代、Guass-Seidel 迭代和 SOR 迭代求解相应的离散边值问题, 并比较它们的收敛性, 其中边界条件是

$$u|_{x=0} = y(3-y),\ u|_{x=4} = 0, \quad 0 \leqslant y \leqslant 3,$$
$$u|_{y=0} = \sin\frac{\pi}{4}x,\ u|_{y=3} = 0, \quad 0 \leqslant x \leqslant 4.$$

8. 证明定理 4.5.1.

9. 用中心差商代替偏导数的方法构造逼近边值问题

$$\begin{cases} (x+1)\dfrac{\partial^2 u}{\partial x^2} + (y^2+1)\dfrac{\partial^2 u}{\partial y^2} - u = 1, & (x,y) \in \Omega, \\ u(0,y) = y, \quad u(1,y) = y^2, \quad u(x,0) = 0, \quad u(x,1) = 1 \end{cases}$$

的差分边值问题, 其中 $\Omega = \{(x,y)|0 < x, y < 1\}$, 并用 Jacobi 迭代方法、Gauss-Seidel 迭代方法和超松弛迭代方法分别求解相应的线性方程组, 比较它们的收敛速度.

10. 构造自伴线性椭圆型方程的

$$\frac{\partial\left(a(x,y)\dfrac{\partial u}{\partial x}\right)}{\partial x} + \frac{\partial\left(b(x,y)\dfrac{\partial u}{\partial y}\right)}{\partial y} + c(x,y)u = f(x,y)$$

五点差分格式, 其中 $a, b > 0$, $c \leqslant 0$. 给定的边界条件是

$$u(x,y) = \gamma(x,y), \quad (x,y) \in \partial\Omega,$$

其中 $\Omega = \{(x,y)|0 < x < 1, 0 < y < 1\}$, 建立相应的离散问题的收敛性.

11. 证明具有严格对角优势的矩阵是非奇异的. 所谓 $M \times M$ 矩阵 $\boldsymbol{A} = (a_{i,j})$ 具有**对角优势**是指其元素满足

$$|a_{i,i}| \geqslant \sum_{j \neq i} |a_{i,j}|, \quad 1 \leqslant i \leqslant M,$$

且至少有某一个 i 使得上式成为严格不等式; 如果对任意 i 均有严格不等式成立, 则称矩阵 $\boldsymbol{A}$ 具有**严格对角优势**.

12. 证明具有对角优势的不可约矩阵是非奇异的. $M \times M$ 矩阵 $\boldsymbol{A} = (a_{i,j})$ 是**可约**的, 如果其经过若干次的行列重排后可以将其化为如下块的形式

$$\begin{pmatrix} \boldsymbol{A}_1 & \boldsymbol{0} \\ \boldsymbol{A}_2 & \boldsymbol{A}_3 \end{pmatrix},$$

其中 $\boldsymbol{A}_1$ 和 $\boldsymbol{A}_3$ 是方阵, $\boldsymbol{0}$ 表示零矩阵. 否则, 称矩阵 $\boldsymbol{A}$ 是**不可约**的. 这里矩阵 $\boldsymbol{A}$ 的一次行列重排是指将矩阵 $\boldsymbol{A}$ 的第 i 行和第 j 行交换, 并同时也将其第 i 列和第 j 列进行交换.

13. 证明, 如果矩阵 $\boldsymbol{A}$ 是对称正定的, 并且具有相容次序, 则解方程组 $\boldsymbol{A}\boldsymbol{x} = \boldsymbol{b}$ 的 Jacobi 方法 (4.6.16) 的迭代矩阵的特征值全是实数, 而且 $\rho(\boldsymbol{G}_{\mathrm{J}}) < 1$.

14. 编写共轭梯度方法的计算程序用于题 2 中给出的边值问题的数值计算, 并比较它和 Jacobi 迭代方法、Gauss-Seidel 方法、SOR 方法的数值收敛速度.

15. 编写多重网格方法的计算程序, 并用于题 9 中给出的边值问题的数值计算, 并比较它和 Jacobi 迭代方法、Gauss–Seidel 方法、SOR 方法的数值收敛速度.

第 5 章   有限元方法

5.1   引   言

有限元方法是求解椭圆型方程边值问题的一类最重要的数值方法. 有限元离散化的思想早在二十世纪四十年代初就已被提出 (R.Courant, 1943), 并在五十年代便被西方的一些结构工程师所采用. 到了六十年代以后, 有限元方法已得到越来越广泛的应用. 但有限元方法数学理论的建立则相对来说稍晚些. 直到六十年代才有数学家涉足有限元数学理论研究并开始奠定其理论基础. 我国数学家冯康院士 (1920—1993) 就是在六十年代初独立于西方创始了有限元数学理论, 为有限元方法的发展做出了历史性的贡献[3, 4].

有限元方法是用简单方法解决复杂问题的范例. 冯康院士曾归纳其要点为 "化整为零、裁弯取直、以简驭繁、化难于易". 其基础是变分原理及剖分插值. 一方面, 有限元方法以一种大范围、全过程的数学分析即变分原理为出发点, 而不是从自然规律的局部的、瞬时的数学描述即微分方程出发, 因此它是传统的 Ritz-Galerkin 方法的变形, 与经典的差分方法不同. 另一方面, 有限元方法又采用了分片多项式逼近来实现离散化过程, 它依赖于由小支集基函数构成的有限维子空间, 其离散化代数方程组的系数矩阵是稀疏的, 这又与传统的 Ritz-Galerkin 方法不同, 而可看作是差分方法的变种. 有限元方法正是这两类方法相结合而进一步发展的结果. 它具有广泛的适用性, 特别适合几何与物理条件比较复杂的问题, 且便于程序标准化, 从而适于工程应用. 由于有限元方法有上述优越性, 它自六十年代以来已作为一种独立的数值计算方法获得了迅速发展和广泛应用[6, 10, 14, 19, 30, 32].

5.2   变 分 原 理

5.2.1   一个典型例子

许多椭圆型方程边值问题等价于适当的变分原理. 作为典型例子, 考察平面区域 Ω 上的如下二阶变系数椭圆型微分方程:

$$-\left(\frac{\partial}{\partial x}\beta\frac{\partial u}{\partial x} + \frac{\partial}{\partial y}\beta\frac{\partial u}{\partial y}\right) = f, \tag{5.2.1}$$

这里 $\beta = \beta(x, y) > 0$ 及 $f = f(x, y)$ 都是已知函数. 物理上许多平衡态和定常态问题都归结为这个典型方程及其简化或推广的形式, 包括弹性膜的平衡、弹性柱体的扭转、定常态的热传导和扩散、不可压缩无旋流、定常渗流、静电磁场, 等等.

由于方程 (5.2.1) 对于导数是二阶的, 为保证唯一定解, 要在边界上给定条件. 通常有如下三类边界条件.

第一类边界条件 (Dirichlet 条件):

$$u = \bar{u},$$

第二类边界条件 (Neumann 条件):

$$\beta \frac{\partial u}{\partial n} = q,$$

第三类边界条件:

$$\beta \frac{\partial u}{\partial n} + \eta u = q,$$

这里 $\bar{u}, q$ 及 $\eta \geqslant 0$ 为边界上的已知函数, β 即方程系数 $\beta(x,y)$ 在边界上的值, n 为边界上的外法线方向. 在边界的不同部分可以取不同类型的边界条件. 若将第二类边界条件看作第三类边界条件当 $\eta = 0$ 时的特例, 则边界条件一般可表示为

$$\begin{cases} u = \bar{u}, & \Gamma_0 上 \\ \beta \dfrac{\partial u}{\partial n} + \eta u = q, & \Gamma_1 上, \end{cases} \tag{5.2.2}$$

其中 Γ_0 及 Γ_1 是求解区域 Ω 的边界 Γ 的互补的两部分 (图 5.2.1).

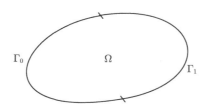

图 5.2.1 求解区域与边界

对应于方程 (5.2.1) 和边界条件 (5.2.2) 可以构造能量积分:

$$J(u) = \iint_{\Omega} \left\{ \frac{\beta}{2} \left[\left(\frac{\partial u}{\partial x} \right)^2 + \left(\frac{\partial u}{\partial y} \right)^2 \right] - fu \right\} dxdy + \int_{\Gamma_1} \left(\frac{1}{2} \eta u^2 - qu \right) ds, \tag{5.2.3}$$

它是 u 及其偏导数的二次泛函. 可以证明变分问题

$$\begin{cases} J(u) = 极小, \\ u = \bar{u}, & \Gamma_0 上 \end{cases} \tag{5.2.4}$$

等价于边值问题

$$
\begin{cases}
-\left(\dfrac{\partial}{\partial x}\beta\dfrac{\partial u}{\partial x}+\dfrac{\partial}{\partial y}\beta\dfrac{\partial u}{\partial y}\right)=f, & \Omega\text{内,}\\[2mm]
u=\bar{u}, & \Gamma_0\text{上,}\\[2mm]
\beta\dfrac{\partial u}{\partial n}+\eta u=q, & \Gamma_1\text{上,}
\end{cases}
\tag{5.2.5}
$$

即二者有相同的解. 这里变分问题的可取函数应有适当的光滑性以使得能量积分有意义. 我们通常取此函数类为 Sobolev 空间 $H^1(\Omega)$.

由 (5.2.3) 可得 $J(u)$ 的一次变分

$$
\delta J=\iint_\Omega\left[\beta\dfrac{\partial u}{\partial x}\dfrac{\partial\delta u}{\partial x}+\beta\dfrac{\partial u}{\partial y}\dfrac{\partial\delta u}{\partial y}-f\delta u\right]dxdy+\int_{\Gamma_1}(\eta u-q)\delta uds,
\tag{5.2.6}
$$

以及二次变分

$$
\delta^2 J=\iint_\Omega\left[\beta\left(\dfrac{\partial}{\partial x}\delta u\right)^2+\beta\left(\dfrac{\partial}{\partial y}\delta u\right)^2\right]dxdy+\int_\Gamma\eta(\delta u)^2 ds
$$
$$
\geqslant 0.
\tag{5.2.7}
$$

由于二次变分正定, 函数 u 在 $H^1(\Omega)$ 内达到极小的充分必要条件是一次变分恒为零, 即

$$
\delta J=0,\quad\forall\delta u\in H_0^1(\Omega),
\tag{5.2.8}
$$

其中

$$
H_0^1(\Omega)=\{v\in H^1(\Omega)|v=0\text{ on }\Gamma_0\}.
$$

对 (5.2.6) 式应用 Gauss 公式并使之为零可得

$$
\delta J=-\iint_\Omega\left[\dfrac{\partial}{\partial x}\beta\dfrac{\partial u}{\partial x}+\dfrac{\partial}{\partial y}\beta\dfrac{\partial u}{\partial y}+f\right]\delta udxdy+\int_{\Gamma_1}\left(\beta\dfrac{\partial u}{\partial n}+\eta u-q\right)\delta uds
$$
$$
=0.
\tag{5.2.9}
$$

此式应对一切 $\delta u\in H_0^1(\Omega)$ 成立. 于是由 u 为变分问题 (5.2.4) 的解推得它必满足边值问题 (5.2.5). 反之亦然.

当然, 上面建立边值问题与变分问题等价性时应用了 Gauss 公式, 而该公式仅当有关函数有一定光滑性时才成立, 例如系数 β 必须为连续函数. 当系数 β 有间断时, 设间断线为 L, 它把区域分为几个子区域, 例如 $\Omega=\Omega^-\cup L\cup\Omega^+$, 在 L 上规定从 Ω^- 指向 Ω^+ 的方向为 L 上的法线方向, 则我们可分别在 Ω^- 与 Ω^+ 应用

Gauss 公式. 不难得到

$$\delta J = - \iint_{\Omega \backslash L} \left[\frac{\partial}{\partial x} \beta \frac{\partial u}{\partial x} + \frac{\partial}{\partial y} \beta \frac{\partial u}{\partial y} + f \right] \delta u \, dx \, dy$$

$$+ \int_L \left[\left(\beta \frac{\partial u}{\partial n} \right)_- - \left(\beta \frac{\partial u}{\partial n} \right)_+ \right] \delta u \, ds$$

$$+ \int_{\Gamma_1} (\beta \frac{\partial u}{\partial n} + \eta u - q) \delta u \, ds. \qquad (5.2.10)$$

由此可知, 此时变分问题 (5.2.4) 便等价于如下边值问题:

$$\begin{cases} -\left(\dfrac{\partial}{\partial x} \beta \dfrac{\partial u}{\partial x} + \dfrac{\partial}{\partial y} \beta \dfrac{\partial u}{\partial y} \right) = f, & \Omega \backslash L \text{内,} \\[2mm] u = \bar{u}, & \Gamma_0 \text{上,} \\[2mm] \beta \dfrac{\partial u}{\partial n} + \eta u = q, & \Gamma_1 \text{上,} \\[2mm] \left(\beta \dfrac{\partial u}{\partial n} \right)_- - \left(\beta \dfrac{\partial u}{\partial n} \right)_+ = 0, & L \text{上.} \end{cases} \qquad (5.2.11)$$

与 (5.2.5) 比较, 这里多了一个在间断线上的交界条件 (图 5.2.2).

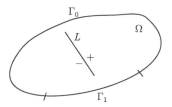

图 5.2.2　带间断线的区域

　　从上述简单例子可以看出, 问题的变分形式已将边值问题中的自然边界条件, 即第二、三类边界条件吸收入能量泛函的极值问题中, 只将约束边界条件, 即第一类边界条件作为定解条件单独列出. 此外, 原微分方程含有二阶导数, 而相应的变分问题仅含有一阶导数, 因此直接从变分原理出发进行数值求解还是有利的.

5.2.2　二次泛函的变分问题

　　现在考察较一般的二次泛函的变分问题. 设有如下对称双线性泛函:

$$Q(u, v) = \iint_{\Omega} (a u_x v_x + b(u_x v_y + u_y v_x) + c u_y v_y + g u v) \, dx \, dy + \int_{\Gamma_1} \alpha u v \, ds, \quad (5.2.12)$$

其中 a, b, c, g 是 (x,y) 的足够光滑的函数, α 是 s 的函数. 假定 $a > 0, ac > b^2$, $g \geqslant 0, \alpha \geqslant 0$, 则 $Q(u,v)$ 为椭圆型对称双线性泛函. 由于

$$
\begin{aligned}
Q(v,v) &= \iint_\Omega (av_x^2 + 2bv_xv_y + cv_y^2 + gv^2)dxdy + \int_{\Gamma_1} \alpha v^2 ds \\
&= \iint_\Omega \left[a\left(v_x + \frac{b}{a}v_y\right)^2 + \frac{1}{a}(ac-b^2)v_y^2 + gv^2 \right]dxdy + \int_{\Gamma_1} \alpha v^2 ds \\
&\geqslant 0,
\end{aligned} \tag{5.2.13}
$$

我们有 $Q(v,v) \geqslant 0$, 且由 $Q(v,v) = 0$ 可得 $v_x = v_y = 0$, 即 $Q(u,v)$ 为半正定. 又若 $g > 0$ 或 $\alpha > 0$, 便可由 $Q(v,v) = 0$ 得 $v = 0$, 即 $Q(u,v)$ 正定.

又设线性泛函

$$
F(v) = \iint_\Omega fvdxdy + \int_{\Gamma_1} qvds, \tag{5.2.14}
$$

其中 f, q 分别为 Ω 内及 Γ_1 上的已知函数. 定义能量泛函

$$
J(v) = \frac{1}{2}Q(v,v) - F(v), \tag{5.2.15}
$$

其可取函数集为 $M = \{v \in H^1(\Omega), v|_{\Gamma_0} = \bar{u}\}$, 其中 $H^1(\Omega)$ 为 Sobolev 空间 (见 5.4 节). 今考察变分问题

$$
\begin{cases} \text{求}u \in M \quad \text{使得} \\ J(u) = \inf_{v \in M} J(v). \end{cases} \tag{5.2.16}
$$

由于对任意 $v \in H_0^1(\Omega)$ 及实数 ε 均应有

$$
J(u + \varepsilon v) - J(u) = \varepsilon\{Q(u,v) - F(v)\} + \frac{1}{2}\varepsilon^2 Q(v,v) \geqslant 0,
$$

于是变分问题 (5.2.16) 等价于

$$
\begin{cases} \text{求}u \in M \qquad \text{使得} \\ Q(u,v) = F(v), \quad \forall v \in H_0^1(\Omega). \end{cases} \tag{5.2.17}
$$

(5.2.17) 式称为虚功方程. 其物理意义是: 应变能的改变等于外力对虚位移做的虚功.

又利用 Gauss 公式有

$$
Q(u,v) = -\iint_\Omega vLudxdy + \int_{\Gamma_1} vluds, \tag{5.2.18}
$$

其中 L 及 l 分别为 Ω 内的微分算子及 Γ_1 上的微分边值算子:

$$Lu = (au_x + bu_y)_x + (bu_x + cu_y)_y - gu, \tag{5.2.19}$$

$$lu = \alpha u + [a\cos(n, x) + b\cos(n, y)]u_x$$

$$+ [b\cos(n, x) + c\cos(n, y)]u_y. \tag{5.2.20}$$

于是由虚功方程得到

$$-\iint_{\Omega} (Lu + f)v dx dy + \int_{\Gamma_1} (lu - q)v ds = 0, \quad \forall v \in H_0^1(\Omega).$$

注意到 v 的任意性, 即得虚功方程 (5.2.17) 等价于如下微分方程边值问题:

$$\begin{cases} -Lu = f, & \Omega 内, \\ lu = q, & \Gamma_1 上, \\ u = \bar{u}, & \Gamma_0 上. \end{cases} \tag{5.2.21}$$

综上所述, 我们有如下等价关系: 能量泛函的极值问题 (5.2.16) 等价于虚功方程 (5.2.17), 又等价于微分方程边值问题 (5.2.21).

显然, 特别取 $a = c$, $b = 0$, $g = 0$, 便得上一小节的简单例子.

5.2.3 Ritz 法与 Galerkin 法

许多微分方程边值问题有等价的变分形式即虚功方程, 其中自共轭边值问题还等价于能量泛函的极值问题, 因此我们不仅可以直接从微分方程出发应用差分方法进行数值求解, 还可从能量泛函的极值问题或虚功方程出发求其数值解. 这就是 Ritz 法与 Galerkin 法.

由于变分问题涉及的函数导数阶比原微分方程低, 且变分问题以积分形式表示, 一个函数只需几乎处处被定义, 因此变分问题的定义域比原方程的定义域广, 我们称其解为原问题的广义解, 而原来意义下的微分方程的解则被称为经典解.

设可取函数空间为 H, 例如 Sobolev 函数空间 $H^1(\Omega)$, 其范数 $\|\cdot\|_H$ 已被适当定义.

所谓 Ritz 法便是把自共轭微分方程边值问题化为能量泛函的极值问题然后离散化求解. 其基本步骤如下:

(1) 写出能量泛函的极值问题。

$$J(u) = \inf_{v \in M} J(v);$$

(2) 在可取函数空间 H 中寻找一个坐标函数列 $\{\varphi_n\}$, 使其线性包在 H 中稠密, 即 $\{\varphi_n\}$ 是 H 的完全系;

(3) 取定有限个坐标函数 φ_j, $j = 1, \cdots, N$, 令 E_N 为其张成的 H 的线性子空间, 寻找 $u_N \in E_N$, 使得

$$J(u_N) = \min_{v_N \in E_N} J(v_N); \tag{5.2.22}$$

(4) 设近似解为

$$u_N = \sum_{j=1}^{N} U_j \varphi_j, \tag{5.2.23}$$

为使 (5.2.22) 满足, 也即

$$J(u_N) = \frac{1}{2} \sum_{i=1}^{N} \sum_{j=1}^{N} Q(\varphi_i, \varphi_j) U_i U_j - \sum_{i=1}^{N} F(\varphi_i) U_i$$

在 E_N 中达到极小, 只要取 U_j, $j = 1, \cdots, N$, 满足

$$\sum_{j=1}^{N} Q(\varphi_j, \varphi_i) U_j = F(\varphi_i), \quad i = 1, \cdots, N, \tag{5.2.24}$$

于是自共轭微分方程边值问题近似地化为线性代数方程组;

(5) 求解线性代数方程组 (5.2.24).

可以证明, 这样求得的近似解 u_N 逼近原问题的真解 u:

$$\lim_{N \to \infty} \|u_N - u\|_H = 0.$$

若将微分方程边值问题化为等价的虚功方程, 然后离散化求解, 则导致 Galerkin 法. Galerkin 法的基本步骤是:

(1) 写出等价的虚功方程:

$$Q(u, v) = F(v), \quad \forall v \in H_0^1(\Omega);$$

(2) 在可取函数空间 H 中寻找一个坐标函数列 $\{\varphi_n\}$, 使其线性包在 H 中稠密, 即 $\{\varphi_n\}$ 是 H 的完全系;

(3) 取定有限个坐标函数 φ_j, $j = 1, \cdots, N$, 令 E_N 为其张成的 H 的线性子空间, 寻找 $u_N \in E_N$, 使得

$$Q(u_N, v_N) = F(v_N), \quad \forall v_N \in E_N; \tag{5.2.25}$$

(4) 设近似解为

$$u_N = \sum_{j=1}^{N} U_j \varphi_j, \tag{5.2.26}$$

为使 (5.2.25) 满足, 只要取 $U_j, j = 1, \cdots, N,$ 满足

$$\sum_{j=1}^{N} Q(\varphi_j, \varphi_i)U_j = F(\varphi_i), \quad i = 1, \cdots, N, \tag{5.2.27}$$

于是微分方程边值问题被近似地化为线性代数方程组;

(5) 求解线性代数方程组 (5.2.27).

同样可以证明, 近似解 u_N 逼近原问题的真解 u:

$$\lim_{N \to \infty} \|u_N - u\|_H = 0.$$

显然, 与 Ritz 法相比, Galerkin 法的适用范围更广泛些. 特别当 $Q(\cdot, \cdot)$ 对称时, 由 Ritz 法及由 Galerkin 法得到的线性代数方程组完全相同.

应用 Ritz 法或 Galerkin 法的关键是写出等价的变分形式并找到解函数空间的一组坐标函数. 例如对正方形区域 $\Omega = [0,1] \times [0,1]$ 上的 Poisson 方程边值问题

$$\begin{cases} -\Delta u = f, & \Omega内, \\ u = 0, & \partial\Omega上, \end{cases}$$

可取 $\{\varphi_{mn}\}$ 为坐标函数系, 其中

$$\varphi_{mn} = \sin m\pi x \sin n\pi y.$$

但对一般区域或稍复杂的约束边界条件, 便不易找到适用的坐标函数系, 因此这两种方法的应用并不广泛. 直到二十世纪六十年代初出现将变分原理与网格剖分相结合的基于变分原理的差分方法, 并进而发展为更系统的有限元方法后, Galerkin 法才被广泛使用, 但此时这一名称已不是指古典的 Galerkin 法, 而是指通常已被称为有限元方法的那种新方法了.

5.3 几何剖分与分片插值

有限元方法与经典的 Ritz-Galerkin 方法的共同点是基于变分原理. 但经典的 Ritz-Galerkin 法采用全局分布的坐标函数, 因此得到的线性代数方程组的系数矩阵是满矩阵. 而有限元方法则将变分原理与分片插值结合起来, 采用了局部分布的坐标函数. 它吸收了网格法即差分法的优点, 将求解区域分成有限个单元, 然后用分片插值函数来逼近解函数. 这些单元具有尽可能简单的形状, 并采用只有小支集的简单的插值基函数. 有限元基函数通常由次数较低的分片多项式函数构成, 从而导致带状稀疏的刚度矩阵. 这为问题的离散化及数值求解带来许多便利.

　　用尽可能简单的方法将较复杂的问题化成易于求解的形式, 正是许多科学研究包括计算数学研究追求的目标. 有限元方法成功地体现了这一点, 因而很快获得了极其广泛的应用.

5.3.1　三角形单元剖分

　　在对平面区域作单元剖分时, 基本单元可取为三角形、矩形、四边形及曲边多边形等. 单纯的三角形剖分最简单, 适应性强, 与矩形剖分相比对边界的逼近更接近, 在几何上有更大的灵活性, 因此最常被采用.

　　设 Ω 为平面区域, 其曲线边界 Γ 可裁弯取直, 用适当的折线来逼近. 这样 Ω 就被近似为一个多边形区域, 仍记为 Ω. 多边形区域总可剖分成许多三角形: $\overline{\Omega} = \sum_{j=1}^{N} \overline{K}_j$, 其中 $K_j, j = 1, \cdot, N$, 均为三角形单元 (图 5.3.1). 这种剖分基本上是任意的, 其灵活性正是有限元方法的重要优点. 但我们通常也要遵守一些规定. 一个重要的规定是:

　　若 $i \neq j$, 则

$$\overline{K}_i \cap \overline{K}_j = \begin{cases} \text{空集,} \\ \text{或一个点,} \\ \text{或一条公共边.} \end{cases}$$

这就要求每个单元的顶点只能是相邻单元的顶点, 而不能是相邻单元边上的内点.

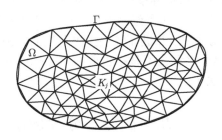

图 5.3.1　单元剖分

　　这里讲通常这样规定, 是因为这是标准有限元方法中的规定, 而在有些非标准有限元方法中, 例如在自适应有限元方法中, 则允许违反这一规定的剖分存在.

　　为了使剖分更合理、更有利于保证近似解的收敛性和精度, 还有如下一些剖分原则:

　　(1) 剖分应与问题原有的物理与几何分割相协调, 若微分方程的系数、右端项或边界条件在区域内或边界上有间断, 则应使间断线与单元的边相重合, 使间断点

与单元的顶点相重合;

(2) 剖分应使每个三角形单元不要太扁, 尤其不要出现接近于 $180°$ 的大钝角;

(3) 剖分应在关键或关心的部位如裂缝、凹角 (图 5.3.2) 及解函数可能有剧烈变化处较密, 在相反的部位放疏;

(4) 剖分疏密要逐渐过渡; 等等.

图 5.3.2　凹角与裂缝

将区域进行三角形剖分后, 我们称所有三角形单元为面元, 其边为线元, 其顶点为点元. 若将点元、线元和面元都编号并给出点元坐标、线元二顶点编号及面元三顶点编号, 则剖分完全确定. 结点编号可任意, 但编号的顺序影响总刚度矩阵的带宽. 一般要求所有相邻结点对的编号差的绝对值的最大值越小越好.

在对区域作三角形规则剖分的情况下, 点元数 N_0、线元数 N_1 和面元数 N_2 之间存在一定关系. 首先有 Euler 公式:

$$N_0 - N_1 + N_2 = 1 - p, \tag{5.3.1}$$

其中 p 为区域的孔数, 对单连通区域则为 0. 这一公式不仅适用于三角形剖分, 对其他多边形剖分也成立. 对三角形剖分, N_0, N_1 和 N_2 之间还有一定的近似比例关系.

由于每个面元以三个线元为其边, 每个内部线元邻接两个面元 (图 5.3.3) 而边界线元仅为一个面元的边, 且边界线元数又远少于内部线元数, 因此由 $3N_2 \approx 2N_1$ 可得 $N_2 : N_1 \approx 2 : 3$. 又由 (5.3.1) 即得

$$N_0 : N_1 : N_2 \approx 1 : 3 : 2. \tag{5.3.2}$$

它仅对三角形剖分成立.

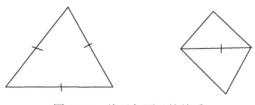

图 5.3.3　线元与面元的关系

点元数与面元数的近似比例关系也可通过如下分析得到: 每个面元的内角和为 180°, 每个区域内点元的周角和为 360°, 而边界点元相应的顶角和虽小于 360° (图 5.3.4), 但其个数又远少于内部点元, 于是由区域内单元总内角和 $180N_2 \approx 360N_0$ 可得 $N_0{:}N_2 \approx 1{:}2$.

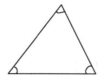

图 5.3.4   点元与面元的关系

5.3.2   三角形线性元与面积坐标

在有限元方法中, 解函数在各单元上用适当的插值函数来代替, 最简单的插值就是三角形上以三顶点为结点的线性插值 (图 5.3.5). 二维线性函数的一般形式是

$$u = ax + by + c, \tag{5.3.3}$$

它有三个待定系数, 以三角形三顶点的值来确定之.

图 5.3.5   三角形线性元

任取单元 K, 其三顶点为 P_1, P_2, P_3, 记为 $K = P_1P_2P_3$. 为使 (5.3.3) 在这三顶点分别取值 u_1, u_2, u_3, 系数 a, b, c 应满足

$$\begin{cases} ax_1 + by_1 + c = u_1, \\ ax_2 + by_2 + c = u_2, \\ ax_3 + by_3 + c = u_3. \end{cases}$$

解之即得

$$a = \frac{1}{2\Delta_K} \begin{vmatrix} u_1 & y_1 & 1 \\ u_2 & y_2 & 1 \\ u_3 & y_3 & 1 \end{vmatrix},$$

$$b = \frac{1}{2\Delta_K} \begin{vmatrix} x_1 & u_1 & 1 \\ x_2 & u_2 & 1 \\ x_3 & u_3 & 1 \end{vmatrix},$$

$$c = \frac{1}{2\Delta_K} \begin{vmatrix} x_1 & y_1 & u_1 \\ x_2 & y_2 & u_2 \\ u_3 & y_3 & u_3 \end{vmatrix},$$

其中

$$2\Delta_K = \begin{vmatrix} x_1 & y_1 & 1 \\ x_2 & y_2 & 1 \\ x_3 & y_3 & 1 \end{vmatrix},$$

Δ_K 为三角形单元 K 的面积.

由 $\Delta_K \neq 0$ 知上述方程组是唯一可解的. 其几何意义即: 过不在同一直线上的三点能且只能作一张平面.

将 a, b, c 代入 (5.3.3) 便得单元 K 上的插值函数

$$u = N_1(x,y)u_1 + N_2(x,y)u_2 + N_3(x,y)u_3, \tag{5.3.4}$$

其中

$$N_1(x,y) = \frac{1}{2\Delta_K} \begin{vmatrix} 1 & x & y \\ 1 & x_2 & y_2 \\ 1 & x_3 & y_3 \end{vmatrix}, \tag{5.3.5}$$

$N_2(x,y)$ 及 $N_3(x,y)$ 的表达式则可通过轮换脚标得到.

这里 $N_i(x,y)$, $i = 1,2,3$, 称为单元 K 上的线性插值基函数. 它们具有以下一些性质:

(1) 基函数 $N_i(x,y)$, $i = 1,2,3$, 在 K 上均为一次多项式;

(2) 基函数满足:

$$N_i(x_j,y_j) = \delta_{ij}, \quad i,j = 1,2,3, \tag{5.3.6}$$

其中

$$\delta_{ij} = \begin{cases} 1, & i = j, \\ 0, & i \neq j; \end{cases}$$

(3) 在几何上, $u = N_1(x,y)$ 表示在 (x,y,u) 空间中的通过 $(x_1,y_1,1)$, $(x_2,y_2,0)$ 及 $(x_3,y_3,0)$ 三点的平面 (图 5.3.6), 对 $u = N_2(x,y)$ 及 $u = N_3(x,y)$ 也有相应结论;

(4) 根据线性插值的唯一性, 线性函数的插值函数即其自身, 从而在单元 K 上有如下恒等式:

$$\begin{cases} 1 = N_1 + N_2 + N_3, \\ x = x_1 N_1 + x_2 N_2 + x_3 N_3, \\ y = y_1 N_1 + y_2 N_2 + y_3 N_3. \end{cases} \tag{5.3.7}$$

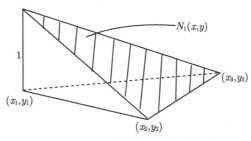

图 5.3.6　线性基函数的几何意义

给定函数 $f(x,y) \in C(\overline{\Omega})$ 及 $\overline{\Omega}$ 上的三角形剖分, 我们可逐单元按上述方法得到该函数在给定剖分下的线性插值函数 $(I_1 f)(x,y)$, 且这样的插值函数是唯一确定的.

由于三角形上的线性插值在一条边上的限制就是这条边上以其二端点为结点所作的线性插值, 故由一维线性插值的唯一性即知, 在任意两个相邻三角形单元的公共边上按上述方法得到的分片线性插值函数连续, 从而它在整个区域也连续, 即 $I_1 f(x,y) \in C(\overline{\Omega})$.

为分析上述插值的逼近度, 我们先给出逼近定理.

定理 5.3.1 (逼近定理)　设 f 是给定在 Ω 上的函数, 它使得 $|f|_{t,\Omega} (0 \leqslant t \leqslant k+1)$ 有意义, Πf 是函数 f 的插值函数, 它在足够光滑的区域 $\overline{\Omega}$ 上有 $l-1$ 阶连续微商, 且 l 阶微商在 $\overline{\Omega}$ 上分块连续, 如果 $\Pi p_k = p_k$, 即插值对于任意不高于 k 次的多项式都是准确的, 则有估计式

$$|\Pi f - f|_{s,\Omega} \leqslant M h^{k+1-s} |f|_{k+1,\Omega}, \quad 0 \leqslant s \leqslant \min(k+1, l), \tag{5.3.8}$$

其中 h 是所有插值单元的最大直径, M 是与 h, f 无关的常数.

其证明可见文献 [12] 或其他介绍插值逼近的书籍.

于是由逼近定理, 对三角形剖分下的分片线性插值有如下估计:

$$|I_1 f - f|_{s,\Omega} \leqslant M h^{2-s} |f|_{2,\Omega}, \quad s = 0,1. \tag{5.3.9}$$

上述分片线性插值的总体自由度即为剖分的点元数 N_0.

显然, 前面得到的分片线性插值基函数的表达式 (5.3.4) 不够简洁, 更不必说要写出高阶的插值基函数了. 这是因为对于一般的三角形而言, 直角坐标系并非最好的局部坐标系. 为此我们引入面积坐标.

考察三角形 $K = Q_1Q_2Q_3$ 及其内点 $Q = (x, y)$(图 5.3.7), 则由 (5.3.4) 可得

$$\begin{cases} \lambda_1 = N_1(x, y) = \dfrac{\Delta_{QQ_2Q_3}}{\Delta_K}, \\[2mm] \lambda_2 = N_2(x, y) = \dfrac{\Delta_{Q_1QQ_3}}{\Delta_K}, \\[2mm] \lambda_3 = N_3(x, y) = \dfrac{\Delta_{Q_1Q_2Q}}{\Delta_K}, \end{cases} \tag{5.3.10}$$

其中 Δ_{ABC} 表示三角形 ABC 的面积, $\lambda_i \geqslant 0$, $i = 1, 2, 3$. 又由 (5.3.7) 有

$$\begin{cases} 1 = \lambda_1 + \lambda_2 + \lambda_3, \\ x = x_1\lambda_1 + x_2\lambda_2 + x_3\lambda_3, \\ y = y_1\lambda_1 + y_2\lambda_2 + y_3\lambda_3. \end{cases} \tag{5.3.11}$$

易见 (x, y) 与 $(\lambda_1, \lambda_2, \lambda_3)$ 是一一对应的, 从而也可取 $(\lambda_1, \lambda_2, \lambda_3)$ 为局部坐标系. 由于其几何意义, 通常称之为面积坐标或重心坐标. λ_1, λ_2 及 λ_3 三个变量中只有两个是独立的自变量, 它们受方程 $\lambda_1 + \lambda_2 + \lambda_3 = 1$ 的约束.

在面积坐标下, 三角形上的线性插值基函数有最简单的表达形式

$$\begin{cases} N_1 = \lambda_1, \\ N_2 = \lambda_2, \\ N_3 = \lambda_3, \end{cases} \tag{5.3.12}$$

此时

$$I_1 f(x, y) = \sum_{i=1}^{3} f(Q_i)\lambda_i. \tag{5.3.13}$$

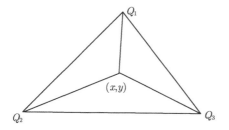

图 5.3.7 三角形及其内点

面积坐标还有以下一些性质:

(1) 三角形三顶点及形心的面积坐标分别为

$$(1,0,0), \quad (0,1,0), \quad (0,0,1), \quad \left(\frac{1}{3},\frac{1}{3},\frac{1}{3}\right);$$

(2) 三角形三边方程分别为 $\lambda_1 = 0$, $\lambda_2 = 0$ 及 $\lambda_3 = 0$;

(3) 三角形内平行于边 Q_2Q_3, Q_3Q_1 及 Q_1Q_2 的直线段分别满足方程 $\lambda_i = c_i$, $c_i \in (0,1)$ 为常数, $i = 1,2,3$;

(4) 任一 x,y 的 k 次多项式是 λ_i, $i = 1,2,3$ 的 k 次齐次多项式.

5.3.3 其他三角形 Lagrange 型单元

5.3.3.1 三角形二次单元

三角形上的三点线性插值是最简单的插值方法, 但只有较低的精度. 为获得较高精度常采用六点二次插值.

设已知函数 $f(x,y) \in C(\overline{\Omega})$ 在各单元顶点和各边中点的值, 求其二次插值函数 $I_2 f(x,y)$, 使得在任一单元 $K = A_1 A_2 A_3$ 上为二次多项式, 且满足

$$\begin{cases} I_2 f(A_i) = f(A_i), \\ I_2 f(B_i) = f(B_i), \end{cases} i = 1,2,3,$$

其中 B_i 是顶点 A_i 的对边中点 (图 5.3.8).

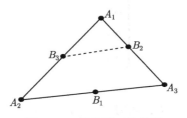

图 5.3.8　三角形二次单元

今求其基函数 $N_i(x,y)$, $M_i(x,y)$, $i = 1,2,3$, 它们在单元 K 上均为二次多项式, 且满足

$$\begin{cases} N_i(A_j) = \delta_{ij}, \quad N_i(B_j) = 0, \\ M_i(A_j) = 0, M_i(B_j) = \delta_{ij}, \end{cases} i,j = 1,2,3.$$

由于基函数 N_1 应在边 $A_2A_3(\lambda_1 = 0)$ 及中位线 $B_2B_3\left(\lambda_1 - \dfrac{1}{2} = 0\right)$ 上为零, 故取

$$N_1 = C\lambda_1 \left(\lambda_1 - \frac{1}{2}\right),$$

再以 $N_1(A_1) = 1$ 确定 C. 同样可得 N_2 及 N_3. 于是

$$
\begin{cases}
N_1 = \lambda_1(2\lambda_1 - 1), \\
N_2 = \lambda_2(2\lambda_2 - 1), \\
N_3 = \lambda_3(2\lambda_3 - 1).
\end{cases}
\tag{5.3.14}
$$

而基函数 M_1 应在边中点 B_1 为 1, 在边 $A_1A_2(\lambda_3 = 0)$ 及 $A_1A_3(\lambda_2 = 0)$ 上为零, 由此可得 M_1. 同样可得 M_2 及 M_3. 从而

$$
\begin{cases}
M_1 = 4\lambda_2\lambda_3, \\
M_2 = 4\lambda_3\lambda_1, \\
M_3 = 4\lambda_1\lambda_2.
\end{cases}
\tag{5.3.15}
$$

这样我们得到

$$
I_2 f(x,y) = \sum_{i=1}^{3} [f(A_i)N_i(x,y) + f(B_i)M_i(x,y)].
\tag{5.3.16}
$$

易见三角形二次单元有下列性质.

唯一可解性. 只需证明若 $f(A_i) = f(B_i) = 0$, $i = 1, 2, 3$, 则必有 $I_2 f(x,y) \equiv 0$. 显然, 若 $I_2 f$ 在各插值结点为零, 则其必在三角形三边为零, 从而可得 $I_2 f = C\lambda_1\lambda_2\lambda_3$, 于是只能取 $C = 0$, 也即 $I_2 f \equiv 0$.

整体连续性. 在任意两个相邻三角形的公共边上, 两个端点及中点的值唯一确定其二次插值, 故 $I_2 f(x,y)$ 在越过单元边界时连续, 从而 $I_2 f \in C(\overline{\Omega})$.

插值逼近度. 因为 $I_2 p_2(x,y) = p_2(x,y)$, 其中 $p_2(x,y) \in P_2$ 为任意二次多项式, 故根据插值逼近定理, 有估计式

$$
|I_2 f(x,y) - f(x,y)|_{s,\Omega} \leqslant Mh^{3-s}|f|_{3,\Omega}, \quad s = 0, 1.
\tag{5.3.17}
$$

总体自由度. $N_0 + N_1 \approx 4N_0$.

5.3.3.2　三角形高次单元

前述利用面积坐标构造 Lagrange 插值多项式的方法可以推广到高次单元.

已知三角形 K 上任何一个 k 次多项式可表示为

$$
p_k(x,y) = \alpha_1\lambda_1^k + \alpha_2^k + \alpha_3\lambda_3^k + \alpha_4\lambda_1^{k-1}\lambda_2 + \cdots + \alpha_{n_k}\lambda_1\lambda_2\lambda_3^{k-2},
$$

其中 $n_k = \dfrac{1}{2}(k+1)(k+2)$ 为 K 上 k 次多项式空间基函数的个数. 再根据插值基函数应满足的 n_k 个条件即可定出相应系数.

例如对三角形上三次 Lagrange 单元, 以三个顶点、三边上共六个三等分点及重心为插值结点 (图 5.3.9), 共有十个插值基函数. 其表达式为

$$
\begin{cases}
N_1 = \dfrac{1}{2}\lambda_1(3\lambda_1 - 1)(3\lambda_1 - 2), \\[2mm]
N_2 = \dfrac{1}{2}\lambda_2(3\lambda_2 - 1)(3\lambda_2 - 2), \\[2mm]
N_3 = \dfrac{1}{2}\lambda_3(3\lambda_3 - 1)(3\lambda_3 - 2);
\end{cases}
$$

$$
\begin{cases}
M_1 = \dfrac{9}{2}\lambda_2\lambda_3(3\lambda_2 - 1), \quad M_2 = \dfrac{9}{2}\lambda_1\lambda_3(3\lambda_3 - 1), \\[2mm]
M_3 = \dfrac{9}{2}\lambda_1\lambda_2(3\lambda_1 - 1), \quad M_4 = \dfrac{9}{2}\lambda_2\lambda_3(3\lambda_3 - 1), \\[2mm]
M_5 = \dfrac{9}{2}\lambda_1\lambda_3(3\lambda_1 - 1), \quad M_6 = \dfrac{9}{2}\lambda_1\lambda_2(3\lambda_2 - 1);
\end{cases}
$$

$$
N_0 = 27\lambda_1\lambda_2\lambda_3.
$$

三角形三次单元有下列性质.

唯一可解性. 若 I_3f 在各插值结点为零, 则由其在三角形三边为零, 可得 $I_3f = C\lambda_1\lambda_2\lambda_3$, 再由其在重心 $\left(\dfrac{1}{3}, \dfrac{1}{3}, \dfrac{1}{3}\right)$ 为零便得 $I_3f \equiv 0$.

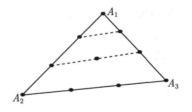

图 5.3.9　三角形三次单元

整体连续性. 因为三角形单元边上四个结点值已唯一确定其三次插值, 故 $I_3f(x,y)$ 在越过相邻单元的公共边界时连续, 从而 $I_3f \in C(\overline{\Omega})$.

插值逼近度. 因为 $I_3p_3(x,y) = p_3(x,y)$, 其中 $p_3(x,y) \in P_3$ 为任意三次多项式, 故根据插值逼近定理, 有估计式

$$
|I_3f(x,y) - f(x,y)|_{s,\Omega} \leqslant Mh^{4-s}|f|_{4,\Omega}, \quad s = 0, 1.
$$

总体自由度. $N_0 + 2N_1 + N_2 \approx 9N_0$.

5.3.4 三角形 Hermite 型单元

通过分析上述各种三角形单元的总体自由度, 我们看到, 每增加一个边上的自由度相当于增加三个顶点自由度, 每增加一个内部自由度相当于增加两个顶点自由度, 这是因为对于三角形剖分, $N_0:N_1:N_2 = 1:3:2$. 于是从总体自由度的角度看, 增加单元边上的自由度是不合算的. 为提高插值逼近度应尽量增加顶点的自由度. 另一方面, Lagrange 型插值至多保证插值函数在区域内连续, 而不能保证其导数连续. 函数导数值的近似需要通过进一步计算得到. 因此研究把结点导数也直接取为插值条件的 Hermite 型单元是有意义的.

作为例子, 我们考虑三次 Hermite 型单元 (图 5.3.10). 取三角形的三个顶点 A_1, A_2, A_3 及重心 C 为插值结点. 设 $f(x,y) \in C^1(\overline{\Omega})$, 求插值函数 $H_3f(x,y)$, 使得在每个三角形单元 K 上满足

$$\begin{cases} H_3f(A_i) = f(A_i), \\ \dfrac{\partial}{\partial x}H_3f(A_i) = \dfrac{\partial f}{\partial x}(A_i), \quad i = 1,2,3, \\ \dfrac{\partial}{\partial y}H_3f(A_i) = \dfrac{\partial f}{\partial y}(A_i), \end{cases}$$

$$H_3f(C) = f(C),$$

其中 $H_3f(\lambda)$ 是 $\lambda_i, i = 1,2,3$ 的三次齐次式.

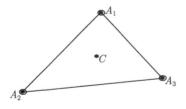

图 5.3.10 三次 Hermite 型单元

由于 $\lambda_i, i = 1,2,3$ 的三次齐次式共有 10 项, 故取了 10 个条件.

今讨论其唯一可解性. 设

$$f(A_i) = \frac{\partial}{\partial x}f(A_i) = \frac{\partial}{\partial y}f(A_i) = f(C) = 0, \quad i = 1,2,3,$$

我们证明必有 $H_3f \equiv 0$. 由于在边 A_2A_3 上, H_3f 是一个自变量 λ_2 的三次式, 故由

$$H_3f(A_2) = H_3f(A_3) = \frac{d}{d\lambda_2}H_3f(A_2) = \frac{d}{d\lambda_2}H_3f(A_3) = 0$$

知 H_3f 在 $\lambda_1 = 0$ 上恒为零, 从而 H_3f 必含因子 λ_1. 同理它也含因子 λ_2 及 λ_3. 于是 $H_3f = k\lambda_1\lambda_2\lambda_3$. 再由 $H_3f(C) = 0$ 得 $k = 0$, 便得 $H_3f(\lambda) \equiv 0$.

仍可应用面积坐标来构造基函数, 例如可得

$$Q_1(\lambda) = \lambda_1^2(3 - 2\lambda_1) - 7\lambda_1\lambda_2\lambda_3,$$

$$R_1(\lambda) = \lambda_1(2\lambda_2\lambda_3 - \lambda_1\lambda_2 - \lambda_1\lambda_3),$$

$$S_1(\lambda) = \lambda_1\lambda_2(\lambda_1 - \lambda_3),$$

$$Q_C(\lambda) = 27\lambda_1\lambda_2\lambda_3,$$

等等, 它们均为三角形单元 K 上的三次多项式, 且满足

$$\begin{cases} Q_i(A_j) = \delta_{ij}, \quad Q_i(C) = \dfrac{\partial}{\partial\lambda_1}Q_i(A_j) = \dfrac{\partial}{\partial\lambda_2}Q_i(A_j) = 0, \\[2mm] Q_C(C) = 1, \quad Q_C(A_j) = \dfrac{\partial}{\partial\lambda_1}Q_C(A_j) = \dfrac{\partial}{\partial\lambda_2}Q_C(A_j) = 0, \\[2mm] \dfrac{\partial}{\partial\lambda_1}R_i(A_j) = \delta_{ij}, \quad R_i(A_j) = R_i(C) = \dfrac{\partial}{\partial\lambda_2}R_i(A_j) = 0, \\[2mm] \dfrac{\partial}{\partial\lambda_2}S_i(A_j) = \delta_{ij}, \quad S_i(A_j) = S_i(C) = \dfrac{\partial}{\partial\lambda_1}S_i(A_j) = 0, \end{cases}$$

于是我们有

$$H_3f(\lambda) = \sum_{i=1}^{3}\left[f(A_i)Q_i(\lambda) + \frac{\partial}{\partial\lambda_1}f(A_i)R_i(\lambda) + \frac{\partial}{\partial\lambda_2}f(A_i)S_i(\lambda) \right].$$

当然, 如果所给的偏导数是 $\dfrac{\partial}{\partial x}f(A_i)$ 及 $\dfrac{\partial}{\partial y}f(A_i)$, 则还应注意到

$$\begin{cases} \dfrac{\partial}{\partial\lambda_1} = (x_1 - x_3)\dfrac{\partial}{\partial x} + (y_1 - y_3)\dfrac{\partial}{\partial y}, \\[3mm] \dfrac{\partial}{\partial\lambda_2} = (x_2 - x_3)\dfrac{\partial}{\partial x} + (y_2 - y_3)\dfrac{\partial}{\partial y}. \end{cases} \tag{5.3.18}$$

这是由直角坐标与面积坐标间的关系式 (5.3.11) 得到的.

分片三次 Hermite 型单元还有如下性质.

整体连续性. $H_3f(x, y) \in C(\overline{\Omega})$.

插值逼近度. 因为对所有 $p_3 \in P_3$ 都有 $H_3p_3(x, y) = p_3(x, y)$, 故有

$$|H_3f - f|_{s,\Omega} \leqslant Mh^{4-s}|f|_{4,\Omega}. \quad s = 0, 1.$$

总体自由度. $3N_0 + N_2 \approx 5N_0$. 它显然小于三次 Lagrange 型单元的总体自由度 $9N_0$.

注意, 与一维情况不同, 二维 Hermite 三次插值虽然在结点上增加了导数条件, 但得到的分片插值函数一般仍然没有 C^1 连续性. 这是因为无法保证在三角形单元周边上法向导数连续之故. 要构造属于 $C^1(\overline{\Omega})$ 的三角形单元, 需要采用五次 Hermite 插值, 这里不再细述.

5.3.5　矩形 Lagrange 型单元

设区域 Ω 被剖分为矩形单元. 对任一单元 $K = \{(x,y)|x_1 \leqslant x \leqslant x_2, y_1 \leqslant y \leqslant y_2\}$, 作坐标变换:

$$\begin{cases} \xi = (x - x_C)/L_1, \\ \eta = (y - y_C)/L_2, \end{cases} \tag{5.3.19}$$

其中 (x_C, y_C) 是 K 的中心坐标, L_1, L_2 是矩形的半边长, 即

$$x_C = (x_1 + x_2)/2, \quad y_C = (y_1 + y_2)/2,$$

$$L_1 = (x_2 - x_1)/2, \quad L_2 = (y_2 - y_1)/2.$$

于是单元 K 在局部坐标 (ξ, η) 下为标准正方形 $[-1,1] \times [-1,1]$.

矩形剖分下点元数 N_0、线元数 N_1 与面元数 N_2 间有如下比例关系:

$$N_0{:}N_1{:}N_2 \approx 1{:}2{:}1. \tag{5.3.20}$$

这是因为, 矩形单元内角和为 2π, 内部点元周角和也是 2π, 而边界点元数又远少于内部点元数, 故由区域内总内角和 $2\pi N_2 \approx 2\pi N_0$ 可得 $N_0{:}N_2 \approx 1{:}1$. 又因为每个单元有四条边, 每条内部边又必为两个面元的公共边, 而内部边数远多于边界边数, 从而由 $4N_2 \approx 2N_1$ 可得 $N_1{:}N_2 \approx 2{:}1$.

注意, 这一比例与三角形剖分下的比例是不同的.

5.3.5.1　双线性矩形单元

双线性多项式是指当一个变量固定时它是另一个变量的一次多项式. 双线性多项式有 4 个自由度. 以矩形四顶点为插值结点 (图 5.3.11), 利用局部坐标立即可得双线性插值的基函数为

$$\begin{cases} N_1 = \dfrac{1}{4}(1 - \xi)(1 - \eta), \\[2mm] N_2 = \dfrac{1}{4}(1 + \xi)(1 - \eta), \\[2mm] N_3 = \dfrac{1}{4}(1 + \xi)(1 + \eta), \\[2mm] N_4 = \dfrac{1}{4}(1 - \xi)(1 + \eta). \end{cases} \tag{5.3.21}$$

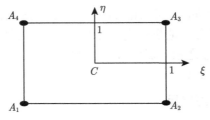

图 5.3.11   矩形双线性单元

我们也可先写出一维线性插值基函数 (图 5.3.12)

$$\begin{cases} \lambda_1(\xi) = \dfrac{1}{2}(1-\xi), \\[2mm] \lambda_2(\xi) = \dfrac{1}{2}(1+\xi), \end{cases} \tag{5.3.22}$$

然后通过它们的乘积得到二维双线性插值基函数:

$$\begin{cases} N_1 = \lambda_1(\xi)\lambda_1(\eta), \\ N_2 = \lambda_2(\xi)\lambda_1(\eta), \\ N_3 = \lambda_2(\xi)\lambda_2(\eta), \\ N_4 = \lambda_1(\xi)\lambda_2(\eta). \end{cases} \tag{5.3.23}$$

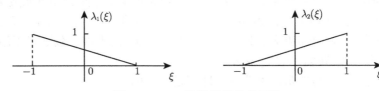

图 5.3.12   一维线性插值基函数

今讨论双线性矩形单元的性质.

唯一可解性. 设 $f(A_i) = 0$, $i = 1, \cdots, 4$. 由 $f(A_1) = f(A_2) = 0$ 可得插值函数 Πf 在 $A_1 A_2$ 上为零, 由 $f(A_1) = f(A_4) = 0$ 可得 Πf 在 $A_1 A_4$ 上为零, 于是 $\Pi f = k(\eta+1)(\xi+1)$, 其中 k 为常数. 但已知 $\Pi f(A_3) = 0$, 即得 $k = 0$, 从而 $\Pi f \equiv .0$.

整体连续性. 只要考察相邻单元的公共边即可. 由于在公共边上 Πf 只是一个变量的一次多项式, 它被此边两端点的函数值完全确定, 故 Πf 在该边连续. 因此, $\Pi f \in C(\overline{\Omega})$.

插值逼近度. 因为 $\Pi p_1 = p_1$ 对所有 $p_1 \in P_1$ 成立, 故有

$$|\Pi f - f|_{s,\Omega} \leqslant M h^{2-s} |f|_{2,\Omega}, \quad s = 0, 1.$$

总体自由度. 点元数 N_0.

5.3.5.2 双二次矩形单元

双二次多项式是指当一个变量固定时它是另一个变量的二次多项式. 双二次多项式有 9 个自由度. 为了确定这 9 个系数, 要求它在单元 K 的四个顶点 A_i, $i = 1, \cdots, 4$ 四条边的中点 B_i, $i = 1, \cdots, 4$ 和形心 C 点取已知值 (图 5.3.13).

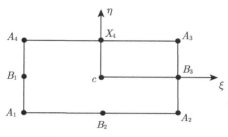

图 5.3.13 双二次矩形单元

设 N_i, M_i, $i = 1, \cdots, 4$ 和 N_C 分别是对应于结点 A_i, B_i, $i = 1, \cdots, 4$ 和 C 的基函数. 容易得到

$$\begin{cases} N_1(\xi, \eta) = \dfrac{1}{4}\xi\eta(1 - \xi)(1 - \eta), \\[2mm] N_2(\xi, \eta) = \dfrac{1}{4}\xi\eta(1 + \xi)(1 - \eta), \\[2mm] N_3(\xi, \eta) = \dfrac{1}{4}\xi\eta(1 + \xi)(1 + \eta), \\[2mm] N_4(\xi, \eta) = \dfrac{1}{4}\xi\eta(1 - \xi)(1 + \eta); \end{cases} \tag{5.3.24}$$

$$N_C(\xi, \eta) = (1 - \xi^2)(1 - \eta^2); \tag{5.3.25}$$

$$\begin{cases} M_1(\xi, \eta) = \dfrac{1}{2}\xi(\xi - 1)(1 - \eta^2), \\[2mm] M_2(\xi, \eta) = \dfrac{1}{2}\eta(\eta - 1)(1 - \xi^2), \\[2mm] M_3(\xi, \eta) = \dfrac{1}{2}\xi(\xi + 1)(1 - \eta^2), \\[2mm] M_4(\xi, \eta) = \dfrac{1}{2}\eta(\eta + 1)(1 - \xi^2). \end{cases} \tag{5.3.26}$$

例如, 为求 N_1, 只需注意到它应在 $\xi = 1$, $\eta = 1$, $\xi = 0$, $\eta = 0$ 四直线段为零, 从而必含因子 $\xi\eta(\xi - 1)(\eta - 1)$. 又由 $N_1(A_1) = 1$ 便可确定其常系数.

上列基函数也可从一维的二次插值基函数 (图 5.3.14)

$$\begin{cases} \lambda_1(\eta) = \dfrac{1}{2}\eta(\eta - 1), \\[2mm] \lambda_2(\eta) = \dfrac{1}{2}\eta(\eta + 1), \\[2mm] \lambda_3(\eta) = 1 - \eta^2, \end{cases} \tag{5.3.27}$$

通过乘积得到

$$\begin{cases} N_1 = \lambda_1(\xi)\lambda_1(\eta), & N_2 = \lambda_2(\xi)\lambda_1(\eta), \\ N_3 = \lambda_2(\xi)\lambda_2(\eta), & N_4 = \lambda_1(\xi)\lambda_2(\eta), \\ N_C = \lambda_3(\xi)\lambda_3(\eta), \\ M_1 = \lambda_1(\xi)\lambda_3(\eta), & M_2 = \lambda_3(\xi)\lambda_1(\eta), \\ M_3 = \lambda_2(\xi)\lambda_3(\eta), & M_4 = \lambda_3(\xi)\lambda_2(\eta). \end{cases} \tag{5.3.28}$$

同样可分析双二次矩形单元的性质.

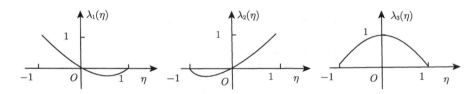

图 5.3.14   一维二次插值基函数

唯一可解性. 设 $f(A_i) = 0$, $f(B_i) = 0$, $i = 1, \cdots, 4$, $f(C) = 0$, 则二次插值 $\Pi_2 f$ 必在直线段 $\xi = -1$, $\xi = 0$, $\eta = -1$, $\eta = 0$ 均为零, 于是 $\Pi_2 f = k\xi\eta(\xi + 1)(\eta + 1)$, 又由 $\Pi_2 f(A_3) = 0$ 可得 $k = 0$, 从而 $\Pi_2 f \equiv 0$.

整体连续性. 由于 $\Pi_2 f$ 在相邻单元的公共边上为单变量二次多项式, 它被在该边两端及中点的值唯一确定, 故有 $\Pi_2 f \in C(\overline{\Omega})$.

插值逼近度. 由于该插值对所有双二次多项式都准确, 当然对所有二次多项式都准确, 于是

$$|\Pi_2 f - f|_{s,\Omega} \leqslant Mh^{3-s}|f|_{3,\Omega}, \quad s = 0, 1.$$

总体自由度. $N_0 + N_1 + N_2 \approx 4N_0$.

5.3.5.3   不完全双二次矩形单元

在上述双二次矩形单元中, 去掉形心 C 处的自由度是可能的 (图 5.3.15). 这只要在双二次多项式中去掉 $x^2 y^2$ 项即可. 这种不完全双二次插值仍对二次多项式准

确, 故并未损失逼近阶, 却减少了总体自由度.

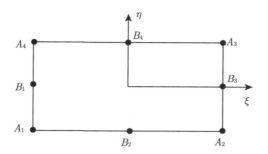

图 5.3.15 不完全双二次矩形单元

在局部坐标下容易得到其基函数表达式:

$$\begin{cases} N_1 = -\dfrac{1}{4}(1-\xi)(1-\eta)(1+\xi+\eta), \\[2mm] N_2 = -\dfrac{1}{4}(1+\xi)(1-\eta)(1-\xi+\eta), \\[2mm] N_3 = -\dfrac{1}{4}(1+\xi)(1+\eta)(1-\xi-\eta), \\[2mm] N_4 = -\dfrac{1}{4}(1-\xi)(1+\eta)(1+\xi-\eta); \end{cases} \tag{5.3.29}$$

$$\begin{cases} M_1 = \dfrac{1}{2}(1-\eta^2)(1-\xi), \\[2mm] M_2 = \dfrac{1}{2}(1-\xi^2)(1-\eta), \\[2mm] M_3 = \dfrac{1}{2}(1-\eta^2)(1+\xi), \\[2mm] M_4 = \dfrac{1}{2}(1-\xi^2)(1+\eta). \end{cases} \tag{5.3.30}$$

同样易证其唯一可解性及整体连续性. 插值逼近度也与双二次矩形单元完全相同. 而总体自由度则减少到 $N_0 + N_1 \approx 3N_0$.

5.3.6 矩形 Hermite 型单元

这里我们仅介绍双三次 Hermite 型单元. 在矩形单元 K 的每个顶点 A_i, $i = 1, \cdots, 4$, 各给定 $f(A_i)$, $f_x(A_i)$, $f_y(A_i)$ 及 $f_{x,y}(A_i)$ 4 个自由度 (图 5.3.16). 这 16 个自由度正好决定双三次多项式的 16 个系数.

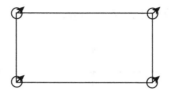

图 5.3.16　矩形 Hermite 型单元

先考察线段 A_1A_2 上一维的三次 Hermite 插值

$$H_3f(x) = f(A_1)N_1 + f(A_2)N_2 + \frac{d}{dx}f(A_1)M_1 + \frac{d}{dx}f(A_2)M_2.$$

在局部坐标下, 容易得到 $[-1,1]$ 上的插值基函数为 (图 5.3.17):

$$\begin{cases} N_1 = \dfrac{1}{4}(1-\xi)^2(2+\xi), \\[2mm] N_2 = \dfrac{1}{4}(1+\xi)^2(2-\xi), \\[2mm] M_1 = \dfrac{L}{4}(1-\xi)^2(1+\xi), \\[2mm] M_2 = -\dfrac{L}{4}(1+\xi)^2(1-\xi), \end{cases} \tag{5.3.31}$$

其中 L 为单元半长. 由此便可得矩形上的双三次 Hermite 插值基函数如下.

$$\begin{cases} \alpha_1 = N_1(\xi)N_1(\eta),\ \alpha_2 = N_2(\xi)N_1(\eta), \\[2mm] \alpha_3 = N_2(\xi)N_2(\eta),\ \alpha_4 = N_1(\xi)N_2(\eta); \end{cases} \tag{5.3.32}$$

$$\begin{cases} \beta_1 = M_1(\xi)N_1(\eta),\ \beta_2 = M_2(\xi)N_1(\eta), \\[2mm] \beta_3 = M_2(\xi)N_2(\eta),\ \beta_4 = M_1(\xi)N_2(\eta); \end{cases} \tag{5.3.33}$$

$$\begin{cases} \gamma_1 = N_1(\xi)M_1(\eta),\ \gamma_2 = N_2(\xi)M_1(\eta), \\[2mm] \gamma_3 = N_2(\xi)M_2(\eta),\ \gamma_4 = N_1(\xi)M_2(\eta); \end{cases} \tag{5.3.34}$$

$$\begin{cases} \delta_1 = M_1(\xi)M_1(\eta),\ \delta_2 = M_2(\xi)M_1(\eta), \\[2mm] \delta_3 = M_2(\xi)M_2(\eta),\ \delta_4 = M_1(\xi)M_2(\eta); \end{cases} \tag{5.3.35}$$

其中 L 在 $M_i(\xi)$ 中取为 L_1, 在 $M_i(\eta)$ 中取为 L_2, L_1 及 L_2 分别为单元 K 在 x 及 y 方向的半边长.

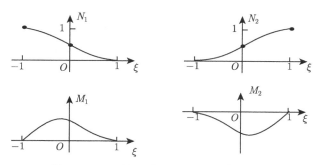

图 5.3.17 一维三次 Hermite 插值基函数

矩形双三次 Hermite 元有如下性质.

唯一可解性. 设

$$f(A_i) = f_x(A_i) = f_y(A_i) = f_{x,y}(A_i) = 0, \quad i = 1, \cdots, 4,$$

从而 $H_3 f$ 在各边的值及其法向导数值均恒为零, 于是 $H_3 f$ 必含因子 $(1-\xi)^2(1+\xi)^2(1-\eta)^2(1+\eta)^2$, 例如由

$$f(A_1) = f(A_2) = \frac{\partial f}{\partial x}(A_1) = \frac{\partial f}{\partial x}(A_2) = 0$$

知 $H_3 f$ 在 $A_1 A_2$ 边恒为零, 由

$$\frac{\partial f}{\partial y}(A_1) = \frac{\partial f}{\partial y}(A_2) = \frac{\partial^2 f}{\partial x \partial y}(A_1) = \frac{\partial^2 f}{\partial x \partial y}(A_2) = 0$$

知 $H_3 f$ 在 $A_1 A_2$ 边的法向导数恒为零, 从而它必含因子 $(\eta+1)^2$, 等等. 但 $H_3 f$ 不应含有 $\xi^4 \eta^4$ 项, 故只有 $H_3 f \equiv 0$.

整体连续性. 考察单元 K 的边, 例如 $A_1 A_2$. 由于在该边上 $H_3 f$ 为 x 的三次多项式, 故 $f(A_1), f(A_2), f_x(A_1)$ 及 $f_x(A_2)$ 已将其唯一确定. 又由于 $\frac{\partial}{\partial y} H_3 f$ 在该边上仍为 x 的三次多项式, 它也可被 $f_y(A_1), f_y(A_2), f_{x,y}(A_1)$ 及 $f_{x,y}(A_2)$ 唯一确定. 于是 $H_3 f \in C^1(\overline{\Omega})$.

插值逼近度. 由于 $H_3 p_3 = p_3, \forall p_3 \in P_3$, 故

$$|H_3 f - f|_{s,\Omega} \leqslant M h^{4-s} |f|_{4,\Omega}, \quad s = 0, 1, 2.$$

总体自由度. $4N_0$.

5.3.7 变分问题的有限元离散化

考察一般的椭圆型二次泛函

$$J(v) = \frac{1}{2} Q(v, v) - F(v), \tag{5.3.36}$$

其中

$$Q(u,v) = \iint_\Omega [au_x v_x + b(u_x v_y + u_y v_x) + cu_y v_y + guv]dxdy + \int_{\Gamma_1} \alpha uv ds, \quad (5.3.37)$$

$$F(v) = \iint_\Omega fv dxdy + \int_{\Gamma_1} vq ds, \quad (5.3.38)$$

其中 Ω 为多边形区域, $\Gamma = \overline{\Gamma}_1 \cup \overline{\Gamma}_0$ 为其边界, 系数 a, b, c 允许有间断, $a > 0$, $ac > b^2$, $g \geqslant 0$, $\alpha \geqslant 0$, 可以证明 $Q(u,v)$ 为椭圆型对称半正定双线性泛函. 又若 $g > 0$ 或 $\alpha > 0$, 则 $Q(u,v)$ 正定. 设在约束边界 Γ_0 上取齐次边界条件, 即 $u|_{\Gamma_0} = 0$.

我们已知, 能量泛函的极值问题

$$\begin{cases} 求 u \in H \quad 使得 \\ J(u) = \inf_{v \in H} J(v), \end{cases} \quad (5.3.39)$$

等价于虚功方程

$$\begin{cases} 求 u \in H \qquad\quad 使得 \\ Q(u,v) = F(v), \quad \forall v \in H, \end{cases} \quad (5.3.40)$$

又等价于微分方程边值问题

$$\begin{cases} -Lu = f, & \Omega内, \\ lu = q, & \Gamma_1上, \\ u = 0, & \Gamma_0上, \end{cases} \quad (5.3.41)$$

其中 $H = \{v \in H^1(\Omega), v|_{\Gamma_0} = 0\}$,

$$Lu = (au_x + bu_y)_x + (bu_x + cu_y)_y - gu, \quad (5.3.42)$$

$$lu = \alpha u + [a\cos(n,x) + b\cos(n,y)]u_x$$
$$+ [b\cos(n,x) + c\cos(n,y)]u_y. \quad (5.3.43)$$

变分问题的有限元离散化通常按下列步骤进行.

(1) 单元剖分. 按前述原则对多边形区域 Ω 进行单元剖分, 例如作三角形剖分. 对点元编号 (图 5.3.18). 约束边界 Γ_0 上的点元可以不编在内, 因其 u 值已知.

(2) 选择插值方式. 例如取分片线性插值. 对每个点元 P_i, $i = 1, \cdots, m$, 设 $\Lambda_i(x,y)$ 为相应的插值基函数, 满足

$$\Lambda_i(P_j) = \delta_{ij} = \begin{cases} 1, & i = j, \\ 0, & i \neq j \end{cases}$$

及约束条件 $\Lambda_i|_{\Gamma_0} = 0$. 显然全部基函数 $\{\Lambda_i\}$, $i = 1, \cdots, m$ 组成 Sobolev 空间 $H^1(\Omega)$ 的线性子空间 S_m. Ω 上任意一个满足齐次约束边界条件的分片线性函数都可表示为

$$V(x,y) = \sum_{i=1}^{m} V_i \Lambda_i(x,y),$$

其中 $V(x,y)$ 在结点 P_i 取值 V_i.

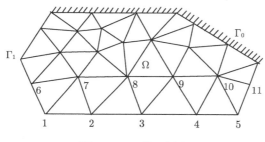

图 5.3.18 单元剖分

(3) 建立离散方程. 如前述, 能量泛函的极值问题和虚功方程均导致线性代数方程组:

$$\sum_{j=1}^{m} Q(\Lambda_i, \Lambda_j)U_j = F(\Lambda_i), \quad i = 1, \cdots, m. \tag{5.3.44}$$

而原问题的近似解则为

$$u_h = \sum_{j=1}^{m} U_j \Lambda_j(x,y). \tag{5.3.45}$$

令 $q_{ij} = Q(\Lambda_i, \Lambda_j)$, 则刚度矩阵 $Q = [q_{ij}]_{m \times m}$ 有如下性质.

(1) 对称正定性. 因为 $Q(u,v)$ 为对称正定双线性型, 故

$$q_{ij} = Q(\Lambda_i, \Lambda_j) = Q(\Lambda_j, \Lambda_i) = q_{ji}, \quad i, j = 1, \cdots, m,$$

且

$$\sum_{i,j} q_{ij} V_i V_j = \sum_{i,j} Q(\Lambda_i, \Lambda_j) V_i V_j$$

$$= Q \left(\sum_i V_i \Lambda_i, \sum_j V_j \Lambda_j \right)$$

$$\geqslant 0.$$

若上式取等号, 则必有 $\sum_{i=1}^{m} V_i \Lambda_i = 0$, 由于基函数族 $\{\Lambda_i\}$ 中各基函数线性无关, 便

得 $V_j = 0$, $j = 1, \cdots, m$. 从而矩阵 Q 对称正定.

(2) 高度稀疏性. 由于分片线性基函数 $\Lambda_j(x, y)$ 仅有小的局部支集 (图 5.3.19), 当且仅当点元 P_i 与 P_j 重合或为同一线元两端时, $q_{ij} \neq 0$. 故刚度矩阵高度稀疏.

关于系数矩阵 $Q = [q_{ij}]$ 及右端项 $b = (b_1, \cdots, b_m)^T$ 的具体计算方法可参见文献[3].

 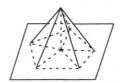

图 5.3.19　一维和二维线性基函数

在本节最后我们将有限元方法的特点综述如下.

(1) 有限元方法以变分原理及剖分插值为基础. 一方面, 它是传统的能量法即 Ritz-Galerkin 方法的变形. 另一方面, 它又与差分方法有相通之处. 因此有限元方法是能量法与差分法相结合而发展的方法.

(2) 有限元离散化保持了原问题的对称正定性, 且其刚度矩阵为稀疏矩阵. 这些优点使其便于数值解算.

(3) 有限元方法的各个环节, 包括单元分析、总体合成和代数解算等在程序实现上都便于标准化.

(4) 有限元方法对简单或复杂问题基本上同等对待. 随着问题在几何或物理上增加复杂性, 其优点愈加显著.

(5) 有限元方法成功地处理了自然边界条件. 该类边界条件已被吸收在变分形式中, 不需要单独处理.

(6) 有限元方法有坚实的数学基础. 对许多问题已有关于收敛性和误差估计的完备结果, 保证了方法的可靠性.

5.4　Sobolev 空间初步

为了分析计算方法的收敛性和对近似解作误差估计, 必须有适当的度量. 对于有限元方法最自然的度量当然是能量模. 此外也要研究 L_2 模及连续模等. 为此我们需要关于 Sobolev 空间的一些基本知识. 本节只作些简单介绍, 欲知其详可参阅有关专著如文献 [25].

5.4.1　广义导数

设 Ω 是 N 维欧氏空间 $\mathbb{R}^N$ 中的开集, $x = (x_1, \cdots, x_N) \in \mathbb{R}^N$, 多重指标

$\alpha = (\alpha_1, \cdots, \alpha_N)$, $\alpha_i (i = 1, \cdots, N)$ 为非负整数. 记

$$D^\alpha = D_1^{\alpha_1} \cdots D_N^{\alpha_N} = \frac{\partial^{\alpha_1 + \cdots + \alpha_N}}{\partial x_1^{\alpha_1} \cdots \partial x_N^{\alpha_N}},$$

$$|\alpha| = \alpha_1 + \cdots + \alpha_N.$$

对定义在 Ω 上的函数 $f(x)$, supp $f(x)$ 表示 $f(x)$ 的支集, 即使得 $f(x) \neq 0$ 的点集的闭包. 记 $C^\infty(\Omega)$ 为 Ω 上无穷次连续可微函数的集合, 它构成一个线性空间. 以 $C_0^\infty(\Omega)$ 表示 $C^\infty(\Omega)$ 中其支集有界且包含于 Ω 内部的函数全体, 它是 $C^\infty(\Omega)$ 的子空间. 为简单起见, 假定区域 Ω 有界, 且其边界分片充分光滑.

如果 $u \in C^k(\overline{\Omega})$, $v \in C_0^\infty(\Omega)$, 由 Green 公式可得

$$\int_\Omega v \frac{\partial u}{\partial x_i} dx = \int_\Omega \frac{\partial}{\partial x_i}(uv) dx - \int_\Omega u \frac{\partial v}{\partial x_i} dx$$

$$= \int_{\partial\Omega} uv \cos(n, x_i) ds - \int_\Omega u \frac{\partial v}{\partial x_i} dx$$

$$= - \int_\Omega u \frac{\partial v}{\partial x_i} dx.$$

多次应用 Green 公式并注意到 $v \in C_0^\infty(\Omega)$ 便有

$$\int_\Omega v D^\alpha u dx = (-1)^{|\alpha|} \int_\Omega u D^\alpha v dx, \quad \forall v \in C_0^\infty(\Omega), \ |\alpha| \leqslant k. \tag{5.4.1}$$

利用此等式可推广导数的概念.

定义 5.4.1 对函数 $u \in L_2(\Omega)$, 如果存在 $u^{(\alpha)} \in L_2(\Omega)$, 使得对一切 $v \in C_0^\infty(\Omega)$ 有

$$\int_\Omega v u^{(\alpha)} dx = (-1)^{|\alpha|} \int_\Omega u D^\alpha v dx, \quad \forall v \in C_0^\infty(\Omega), \tag{5.4.2}$$

则称 $u^{(\alpha)}$ 是 u 的 $|\alpha|$ 阶广义导数.

设 $u^{(\alpha)}$ 和 $w^{(\alpha)}$ 是 u 的同一个 $|\alpha|$ 阶广义导数, 由定义可得

$$\int_\Omega v[u^{(\alpha)} - w^{(\alpha)}] dx = 0, \quad \forall v \in C_0^\infty(\Omega).$$

由于对其闭包含于 Ω 内的任意子区域 Ω', $C_0^\infty(\Omega)$ 都在 $L_2(\Omega')$ 中稠密, 故

$$u^{(\alpha)} - w^{(\alpha)} = 0, \quad \text{a.e. } \exists \Omega'.$$

由子区域 Ω' 的任意性知在区域 Ω 上几乎处处有 $u^{(\alpha)} = w^{(\alpha)}$, 即 $u^{(\alpha)}$ 和 $w^{(\alpha)}$ 是 $L_2(\Omega)$ 中同一个函数.

于是这样定义的广义导数在几乎处处相等的意义下是唯一的, 从而上述定义有
意义.

经典连续导数必是广义导数, 但反之不然. 后者显然拓广了前者. 今后把 u 的
$|\alpha|$ 阶广义导数仍记作 $D^{\alpha}u$.

我们把函数本身及其直到 k 阶的所有广义导数均属于 $L_p(\Omega)$ 的函数全体记作
$W^{k,p}(\Omega)$, 其中 $1 \leqslant p \leqslant \infty$.

5.4.2   Sobolev 空间 $H^k(\Omega)$ 与 $H_0^k(\Omega)$

为定义 Sobolev 函数空间, 我们先介绍泛函分析中内积和范数的概念.

定义 5.4.2   内积是从线性空间到实数或复数域的一个映射 $\langle \cdot, \cdot \rangle : H \times H \to \mathbf{K}$,
$\{x, y\} \mapsto \langle x, y \rangle$, 若它满足下列条件:

(1) $\langle x, x \rangle \geqslant 0$, $\langle x, x \rangle = 0 \Rightarrow x = 0$,

(2) $\langle x, y \rangle = \overline{\langle y, x \rangle}$,

(3) $\langle \lambda x, y \rangle = \lambda \langle x, y \rangle$,

(4) $\langle x + y, z \rangle = \langle x, z \rangle + \langle y, z \rangle$.

定义 5.4.3   线性空间 X 上的范数定义为该空间上的非负实值函数 $\| \cdot \| : X \to \mathbb{R}_+, x \mapsto \|x\|$, 若它满足下列条件:

(1) $\|x\| \geqslant 0$, $\|x\| = 0 \Rightarrow x = 0$,

(2) $\|x + y\| \leqslant \|x\| + \|y\|$,

(3) $\|\alpha x\| = |\alpha| \|x\|$, $\forall \alpha \in \mathbf{K}$, 其中 $\mathbf{K}$ 为实数或复数域.

有时也称范数为模. 若在线性空间中已定义内积, 则由内积必可定义范数, 这
只需令 $\|x\| = \sqrt{\langle x, x \rangle}$ 即可. 于是内积空间必为赋范空间. 在泛函分析中, 完备
的赋范空间称 Banach 空间, 完备的内积空间称 Hilbert 空间, Hilbert 空间一定是
Banach 空间.

在熟知的函数空间 $C^k(\overline{\Omega})$ 上可定义内积

$$(u, v)_k = \int_{\Omega} \sum_{|\alpha|=0}^{k} D^{\alpha}u D^{\alpha}v dx, \tag{5.4.3}$$

其中 $\displaystyle\sum_{|\alpha|=0}^{k}$ 表示对一切满足 $0 \leqslant |\alpha| \leqslant k$ 的 $\alpha = (\alpha_1, \cdots, \alpha_N)$ 求和. 基于内积又可定
义范数

$$\|u\|_{k,\Omega} = \sqrt{(u, u)_k} = \left[\int_{\Omega} \sum_{|\alpha|=0}^{k} (D^{\alpha}u)^2 dx \right]^{\frac{1}{2}}. \tag{5.4.4}$$

但函数集合 $C^k(\overline{\Omega})$ 在此内积下虽构成内积空间, 但并不完备. 也就是说, 对于任意

$C^k(\overline{\Omega})$ 中的基本列 $\{u_n\}$, 也即当 $n, m \to \infty$ 时有 $\|u_n - u_m\|_k \to 0$, 并不一定能在 $C^k(\overline{\Omega})$ 中找到极限元 u, 使得当 $n \to \infty$ 时 $\|u_n - u\|_k \to 0$.

我们把函数集合 $C^k(\overline{\Omega})$ 按范数 $\|\cdot\|_k$ 的意义完备化得到的函数空间称为 Sobolev 空间 $H^k(\Omega)$.

同样, 我们称 $C_0^k(\Omega)$ 在范数 $\|\cdot\|_k$ 的意义下的完备化空间为 Sobolev 空间 $H_0^k(\Omega)$. 显然 $H_0^k(\Omega)$ 是 $H^k(\Omega)$ 的子空间.

Sobolev 空间 $H_0^k(\Omega)$ 及 $H^k(\Omega)$ 均为完备的内积空间, 即 Hilbert 空间.

可以证明, $H^k(\Omega) = W^{k,2}(\Omega)$. 其证明可见文献 [25].

5.4.3　嵌入定理与迹定理

嵌入定理描述了 Sobolev 空间之间或 Sobolev 空间与其他函数空间之间的关系. 本节仅列出一些基本结果而不加以证明. 欲知其详可参阅文献 [25].

定理 5.4.1 (嵌入定理 1)　若 $k > l$, 则 Sobolev 空间 $H^k(\Omega)$ 紧嵌入于 Sobolev 空间 $H^l(\Omega)$:

$$H^k(\Omega) \overset{C}{\hookrightarrow} H^l(\Omega). \tag{5.4.5}$$

该定理包含了三层意思:

(1) 嵌入算子是恒同算子, $I : H^k(\Omega) \to H^l(\Omega)$, 因此 $H^k(\Omega) \subset H^l(\Omega)$, 即 $H^k(\Omega)$ 的函数必属于 $H^l(\Omega)$;

(2) 嵌入算子是有界算子, 即存在常数 M 使得

$$\|u\|_{l,\Omega} \leqslant M\|u\|_{k,\Omega},$$

从而 $H^k(\Omega)$ 中的收敛列必为 $H^l(\Omega)$ 中的收敛列;

(3) 嵌入算子是紧算子, 即 $H^k(\Omega)$ 中的任一有界集必为 $H^l(\Omega)$ 中的准紧集, 也即它不仅是 $H^l(\Omega)$ 中的有界集, 而且它必有在 $H^l(\Omega)$ 中收敛的子序列.

定理 5.4.2 (嵌入定理 2)　若 $k > n/2$, 则 $H^k(\Omega)$ 紧嵌入于 $C(\overline{\Omega})$:

$$H^k(\Omega) \overset{C}{\hookrightarrow} C(\overline{\Omega}). \tag{5.4.6}$$

由定理知存在常数 M 使得

$$\|u\|_{C(\overline{\Omega})} \leqslant M\|u\|_{k,\Omega}.$$

定理中的 n 为区域 Ω 所在空间的维数.

这里 $H^k(\Omega)$ 嵌入 $C(\overline{\Omega})$ 的意义是, 一个平方可积函数若具有直到 k 阶的广义导数, 那么一定可以修改这个函数在零测度集上的值, 使之成为 $\overline{\Omega}$ 上的连续函数, 也就是说, 它与一个连续函数几乎处处相等.

定理 5.4.3(嵌入定理 3)　若有非负整数 l 满足 $k-l>n/2$, 则 $H^k(\Omega)$ 紧嵌入 $C^l(\overline{\Omega})$:

$$H^k(\Omega) \overset{C}{\hookrightarrow} C^l(\overline{\Omega}). \tag{5.4.7}$$

由定理知存在常数 M 使得

$$\|u\|_{C^l(\overline{\Omega})} \leqslant M\|u\|_{k,\Omega}.$$

上述定理说明, 虽然 $H^k(\Omega)$ 中的函数不可能都有 k 阶连续导数, 但它们都有 $l<k-n/2$ 阶的连续导数. $H^k(\Omega)$ 中函数的连续可微性的阶数不仅依赖于 k, 而且与区域 Ω 所属空间的维数 n 有关. 例如当 $n=1$ 时, $H^1(\Omega)$ 紧嵌入于 $C(\overline{\Omega})$, 但当 $n=2,3$ 时, $H^2(\Omega)$ 紧嵌入于 $C(\overline{\Omega})$, 而 $H^1(\Omega)$ 却不能嵌入于 $C(\overline{\Omega})$.

对于分片充分光滑的函数, 若在全区域 $\overline{\Omega}$ 上 k 次连续可微, 即属于 $C^k(\overline{\Omega})$, 则它必属于 $H^{k+1}(\Omega)$. 例如上节所述各种插值函数, 除 Hermite 矩形双三次插值函数属于 $H^2(\Omega)$ 外, 其余都属于 $H^1(\Omega)$.

一个微分方程边值问题的经典解除了应满足微分方程外, 还应满足边界条件. 同样, 对广义解或弱解而言, 除了它应属于某函数空间 (如 $H^k(\Omega)$) 并满足某极值问题或虚功方程外, 还要求在边界上满足约束边界条件, 而自然边界条件则已被吸收入该极值问题或虚功方程. 如果函数 $u \in C(\overline{\Omega})$, 则边值 $u|_\Gamma$ 的意义是明显的. 但若 $u \notin C(\overline{\Omega})$, 则如何理解 $u|_\Gamma$? 例如, 对于二维或三维区域 Ω, $H^1(\Omega) \not\subset C(\overline{\Omega})$, 而我们要在其中求边值问题的广义解, 必须对 "u 在边界 Γ 取已知值" 给以确切定义.

为定义 u 的广义边值, 即所谓 "迹", 先不加证明地给出如下定理.

定理 5.4.4(迹定理)　若 τ: $\tau u = u|_{\partial\Omega}$ 为空间 $C^k(\overline{\Omega})$ ($k \geqslant 1$) 上的线性算子, 且定义

$$\|\tau u\|_{k-1,\partial\Omega} = \left(\sum_{|\alpha|=0}^{k-1} \int_{\partial\Omega} |D^\alpha u|^2 ds\right)^{\frac{1}{2}},$$

则存在只依赖于 Ω 的常数 C, 使得

$$\|\tau u\|_{k-1,\partial\Omega} \leqslant C\|u\|_{k,\Omega}. \tag{5.4.8}$$

今利用迹定理定义 $H^k(\Omega)$ 中函数的迹. 对任意函数 $u \in H^k(\Omega)$, 可以找到序列 $\{u_n\} \subset C^k(\overline{\Omega})$, 使得 $\|u_n - u\|_k \to 0$. 显然 $\{u_n\}$ 是 $H^k(\Omega)$ 中的基本列. 由迹定理, $\{D^\alpha u_n\}$, $|\alpha| \leqslant k-1$, 是 $L_2(\partial\Omega)$ 中的基本列, 故存在 $\varphi_\alpha \in L_2(\partial\Omega)$, 使得

$$\lim_{n\to\infty} \|D^\alpha u_n - \varphi_\alpha\|_{L_2(\partial\Omega)} = 0, \quad \forall\alpha: |\alpha| \leqslant k-1.$$

当 $u \in C^k(\overline{\Omega})$ 时, 显然 $\varphi_\alpha = D^\alpha u|_{\partial\Omega}$. 对一般的 $u \in H^k(\Omega)$, 则称 φ_α 为 $D^\alpha u$ 的广义边值, 并以算子 γ_α 表示之:

$$\gamma_\alpha u = \varphi_\alpha = D^\alpha u|_{\partial\Omega}(\text{广义}).$$

今后凡提到边值时都可理解为广义边值并在表示式中略去 "广义" 二字.

算子 γ_α, $|\alpha| \leqslant k-1$, 称为迹算子. 当 $u \in H_0^k(\Omega)$ 时, 显然对 $|\alpha| \leqslant k-1$ 都有 $\gamma_\alpha u = 0$, 也即 $H_0^k(\Omega)$ 中的函数及其直到 $k-1$ 阶的所有广义导数都取零边值. 特别当 $u \in H_0^1(\Omega)$ 时, 有 $\gamma_0 u = 0$.

5.4.4 等价模定理

在一个函数空间中可以引入许多种不同的范数. 这些范数之间可能等价, 也可能不等价. 于是我们需要有一个判断范数等价的方法.

对 $u \in H^k(\Omega)$, 定义其 k 阶半模为

$$|u|_k = \left[\int_\Omega \sum_{|\alpha|=k} (D^\alpha u)^2 dx \right]^{\frac{1}{2}}. \tag{5.4.9}$$

除了由 $|u|_k = 0$ 不能推出 $u = 0$ 外, 它满足范数的条件.

定理 5.4.5(等价模定理) *若 $H^k(\Omega)$, $k \geqslant 1$, 上的有界线性泛函 $l_1, \cdots, l_M$ 对于次数不高于 $k-1$ 次的任何非零多项式不同时为零, 则范数 $|u|_k + \sum\limits_{i=1}^M |l_i(u)|$ 与范数 $\|u\|_k$ 等价, 即存在正常数 α 及 β, 使得对一切 $u \in H^k(\Omega)$ 有*

$$\alpha\|u\|_k \leqslant |u|_k + \sum_{i=1}^M |l_i(u)| \leqslant \beta\|u\|_k. \tag{5.4.10}$$

其证明可见文献 [12] 等著作.

由定理可以推出如下两个很有用的不等式.

(1) Poincaré不等式.

若 $u \in H^1(\Omega)$, 则存在常数 C, 使得

$$\|u\|_{1,\Omega} \leqslant C \left(|u|_{1,\Omega} + \left| \int_\Omega u dx \right| \right). \tag{5.4.11}$$

(2) Friedrichs 不等式.

若 $u \in H^1(\Omega)$, 则存在常数 C, 使得

$$\|u\|_{1,\Omega} \leqslant C \left(|u|_{1,\Omega} + \left| \int_{\partial\Omega} u ds \right| \right). \tag{5.4.12}$$

特别当 $u \in H_0^1(\Omega)$ 时,

$$\|u\|_{1,\Omega} \leqslant C|u|_{1,\Omega}.$$

5.5   协调元的误差分析

对于微分方程边值问题, 研究其解的存在性、唯一性和稳定性 (即解对方程已知条件的连续依赖性) 是极其重要的. 这三者统称为适定性. 对微分方程的广义解, 即变分问题的解, 同样也要研究其适定性. 在用有限元方法求解前, 我们首先要知道该问题及其离散问题是否适定, 也即其解是否存在唯一并稳定, 否则讨论其近似解便缺乏基础甚至毫无意义.

在本节我们将讨论典型边值问题的适定性并进而对其协调有限元作误差分析. 这里所谓协调有限元是指有限元解空间 S_h 包含在原问题的求解空间 H 内, 即 $S_h \subset H$.

5.5.1   Lax-Milgram 定理

我们先给出一个非常有用的定理.

定理 5.5.1 (Lax-Milgram 定理) 设 H 是 Hilbert 空间, $B(u,v)$ 是 H 上的双线性泛函, 且满足

$$|B(u,v)| \leqslant M\|u\|\|v\|, \quad \text{(连续性, 有界性)} \tag{5.5.1}$$

$$B(v,v) \geqslant \gamma\|v\|^2, \quad \text{(V-椭圆性, 强制性)} \tag{5.5.2}$$

其中 M, γ 为正常数, 又 $F(v)$ 是 H 上的有界线性泛函, 则存在唯一的 $u \in H$, 使得

$$B(u,v) = F(v), \quad \forall v \in H \tag{5.5.3}$$

成立, 且有估计

$$\|u\| \leqslant \frac{1}{\gamma}\|F\|. \tag{5.5.4}$$

证明   (1) 对称情况. 由于 $B(u,v) = B(v,u)$, 可把它看作空间 H 的一个内积, 记为 $[u,v]$, 且有

$$\gamma\|v\|^2 \leqslant B(v,v) = [v,v] \leqslant M\|v\|^2,$$

即由此内积定义的范数与原范数等价, 从而 $F(v)$ 对于新范数 $[v,v]^{\frac{1}{2}}$ 仍为有界线性泛函. 由 Riesz 表现定理知存在唯一的 $u \in H$, 使得

$$F(v) = [u,v], \quad \forall v \in H.$$

此即

$$B(u,v) = F(v), \quad \forall v \in H.$$

又由

$$\gamma\|u\|^2 \leqslant B(u,u) = [u,u] = F(u) \leqslant \|F\|\|u\|$$

即得 (5.5.4) 式.

(2) 一般情况. $B(u, v)$ 非对称. 由于对任一 $w \in H$, $B(w, v)$ 是 v 在 H 上的有界线性泛函, 故由 Riesz 表现定理, 存在唯一函数 Tw 使得

$$B(w, v) = (Tw, v), \quad \forall v \in H.$$

T 显然是 H 上的线性算子, 且由

$$\|Tw\|^2 = (Tw, Tw) = B(w, Tw) \leqslant M\|w\|\|Tw\|$$

知

$$\|Tw\| \leqslant M\|w\|.$$

又由

$$\gamma\|v\|^2 \leqslant B(v, v) = (Tv, v) \leqslant \|Tv\|\|v\|$$

及

$$\gamma\|v\|^2 \leqslant B(v, v) = (v, T^*v) \leqslant \|T^*v\|\|v\|$$

得

$$\|Tv\| \geqslant \gamma\|v\|, \quad \forall v \in H$$

及

$$\|T^*v\| \geqslant \gamma\|v\|, \quad \forall v \in H,$$

即 T 及 T^* 有下界. 于是根据有界逆定理, 线性算子 T^{-1} 存在且有界:

$$\|T^{-1}\| \leqslant \frac{1}{\gamma}.$$

由于 T 的值域 $R(T)$ 是 H 的闭子空间, 若 $R(T) \neq H$, 则由直交分解定理, 必存在 $w_0 \neq 0$, 且 $w_0 \in R(T)$, 使得

$$B(w_0, w_0) = (Tw_0, w_0) = 0.$$

从而 $w_0 = 0$, 与 $w_0 \neq 0$ 矛盾. 于是 $R(T) = H$, 即算子 T 的值域是整个空间 H. 由此可知 T^{-1} 是 H 上的有界线性算子. 根据 Riesz 表现定理, 对 $F \in H'$ 存在 $g \in H$, 使得

$$F(v) = (g, v) = B(T^{-1}g, v), \quad \forall v \in H.$$

选取 $u = T^{-1}g$, 便有

$$B(u, v) = F(v), \quad \forall v \in H$$

及

$$\|u\| = \|T^{-1}g\| \leqslant \|T^{-1}\|\|g\| \leqslant \frac{1}{\gamma}\|F\|. \qquad ■$$

Lax-Milgram 定理是证明许多椭圆型边值问题及其离散形式的适定性的重要理论工具.

相关内容及其泛函分析基础知识可见文献 [8, 12].

5.5.2   典型边值问题的适定性

作为 Lax-Milgram 定理的应用, 我们给出下面一些例子.

例 5.5.1   Poisson 方程第一边值问题

$$\begin{cases} -\Delta u = f, & \Omega \text{内}, \\ u = \varphi, & \Gamma \text{上}. \end{cases} \qquad (5.5.5)$$

首先取定一个函数 $u_0(x,y)$, 使得 $u_0(x,y) \in H^1(\Omega)$, 且 $u_0|_\Gamma = \varphi$. 于是相应的变分问题可以表述为虚功方程

$$\begin{cases} \text{求} u \in H^1(\Omega) \text{使得} u - u_0 \in H_0^1(\Omega), \text{且} \\ Q(u,v) = f(v), & \forall v \in H_0^1(\Omega). \end{cases} \qquad (5.5.6)$$

取 Hilbert 空间 $H = H_0^1(\Omega)$, 令 $w = u - u_0$, 则 $w \in H_0^1(\Omega)$. 从而上述问题化为

$$\begin{cases} \text{求} w \in H_0^1(\Omega) & \text{使得} \\ Q(w,v) = f(v) - Q(u_0,v), & \forall v \in H_0^1(\Omega), \end{cases} \qquad (5.5.7)$$

现在我们可以应用 Lax-Milgram 定理. 令

$$B(w,v) = Q(w,v) = \iint_\Omega (w_x v_x + w_y v_y) dx dy,$$

$$F(v) = \iint_\Omega f v \, dx dy - Q(u_0,v).$$

应用 Schwarz 不等式容易证明 $B(w,v)$ 的连续性:

$$|B(w,v)| \leqslant \|w\|_{1,\Omega} \|v\|_{1,\Omega}.$$

又由 Friedrichs 不等式知在 $H_0^1(\Omega$ 中 H^1 范数与半范数等价, 故有强制性:

$$B(v,v) = |v|_{1,\Omega}^2 \geqslant C^{-2} \|v\|_{1,\Omega}^2,$$

其中 C 为 Friedrichs 不等式中的正常数. 再应用 Schwarz 不等式得到 $F(v)$ 是 $H_0^1(\Omega)$ 上的连续线性泛函:

$$|F(v)| \leqslant |f(v)| + |Q(u_0, v)| \leqslant (\|f\|_{L_2,\Omega} + \|u_0\|_{1,\Omega})\|v\|_{1,\Omega}.$$

从而根据 Lax-Milgram 定理即知问题 (5.5.7) 的解存在且唯一, 并有估计

$$\|w\|_{1,\Omega} \leqslant C^2(\|f\|_{L_2,\Omega} + \|u_0\|_{1,\Omega}).$$

再回到原问题 (5.5.6) 的解 $u = w + u_0$, 便得到

$$\|u\|_{1,\Omega} \leqslant (1 + C^2)(\|f\|_{L_2,\Omega} + \|u_0\|_{1,\Omega}). \qquad \blacksquare$$

因此原边值问题在广义解的意义下是适定的.

例 5.5.2　第三边值问题

$$\begin{cases} -\Delta u + qu = f, & \Omega内, \\ \dfrac{\partial u}{\partial n} + bu = g, & \Gamma上, \end{cases} \qquad (5.5.8)$$

其中 Ω 为有界区域, Γ 为其边界, q 及 b 为有界函数, $q \geqslant q_0 > 0$, $b \geqslant 0$, q_0 为实常数. 令

$$Q(u, v) = \iint_\Omega (u_x v_x + u_y v_y + quv)dxdy + \int_\Gamma buvds,$$

$$F(v) = \iint_\Omega fvdxdy + \int_\Gamma gvds,$$

则相应的虚功方程为

$$\begin{cases} 求 u \in H^1(\Omega) & 使得 \\ Q(u, v) = F(v), & \forall v \in H^1(\Omega). \end{cases} \qquad (5.5.9)$$

为应用 Lax-Milgram 定理只需验证 $Q(u, v)$ 的有界性与强制性及 $F(v)$ 的有界性. 由 Schwarz 不等式、q 和 b 的有界性及迹定理可得 $Q(u, v)$ 的有界性:

$$|Q(u,v)| \leqslant \|u\|_{1,\Omega}\|v\|_{1,\Omega} + C\|u\|_{L_2,\Omega}\|v\|_{L_2,\Omega} + C\|u\|_{L_2,\Gamma}\|v\|_{L_2,\Gamma}$$
$$\leqslant (1 + C + CM^2)\|u\|_{1,\Omega}\|v\|_{1,\Omega}.$$

又由 q 有正下界即得 $Q(u, v)$ 的强制性:

$$Q(v, v) \geqslant \min\{1, q_0\} \iint (v_x^2 + v_y^2 + v^2)dxdy$$
$$= \min\{1, q_0\}\|v\|_{1,\Omega}^2.$$

最后根据 Schwarz 不等式和迹定理得到 $F(v)$ 的有界性:

$$|F(v)| \leqslant \|f\|_{L_2,\Omega}\|v\|_{L_2,\Omega} + \|g\|_{L_2,\Gamma}\|v\|_{L_2,\Gamma}$$
$$\leqslant (\|f\|_{L_2,\Omega} + M\|g\|_{L_2,\Gamma})\|v\|_{1,\Omega}.$$

于是原定解问题在广义解意义下适定, 且有

$$\|u\|_{1,\Omega} \leqslant (\|f\|_{L_2,\Omega} + M\|g\|_{L_2,\Gamma})/\min\{1, q_0\}. \qquad\blacksquare$$

注 如果边值问题中的条件 $q \geqslant q_0 > 0$ 及 $b \geqslant 0$ 改成 $q \geqslant 0$ 及 $b \geqslant b_0 > 0$, b_0 为实常数, 则仍有相同结论, 只是在证明 $Q(u,v)$ 的强制性时注意到

$$\left|\int_\Gamma u ds\right| \leqslant \left(\int_\Gamma ds\right)^{\frac{1}{2}} \left(\int_\Gamma u^2 ds\right)^{\frac{1}{2}} = [\mathrm{meas}(\Gamma)]^{\frac{1}{2}}\|u\|_{L_2,\Gamma},$$

并应用 Friedrichs 不等式:

$$Q(v,v) \geqslant \iint_\Omega (v_x^2 + v_y^2)dxdy + \int_\Gamma bv^2 ds$$
$$\geqslant \iint_\Omega (v_x^2 + v_y^2)dxdy + \frac{b_0}{\mathrm{meas}(\Gamma)}\left(\int_\Gamma vds\right)^2$$
$$\geqslant \min\left\{1, \frac{b_0}{\mathrm{meas}(\Gamma)}\right\}\left\{\iint_\Omega (v_x^2 + v_y^2)dxdy + \left(\int_\Gamma vds\right)^2\right\}$$
$$\geqslant \frac{1}{2}\min\left\{1, \frac{b_0}{\mathrm{meas}(\Gamma)}\right\}\left\{|v|_{1,\Omega} + \left|\int_\Gamma vds\right|\right\}^2$$
$$\geqslant \frac{1}{2\beta^2}\min\left\{1, \frac{b_0}{\mathrm{meas}(\Gamma)}\right\}\|v\|_{1,\Omega}^2,$$

其中 β 为 Friedrichs 不等式中的正常数. 于是我们证明了原问题的适定性并有估计

$$\|u\|_{1,\Omega} \leqslant \frac{2\beta^2}{\min\{1, b/\mathrm{meas}(\Gamma)\}}\left\{\|f\|_{L_2,\Omega} + M\|g\|_{L_2,\Gamma}\right\}.$$

例 5.5.3 第二边值问题

$$\begin{cases} -\Delta u = f, & \Omega 内, \\ \dfrac{\partial u}{\partial n} = g, & \Gamma 上. \end{cases} \qquad (5.5.10)$$

这正是例 5.5.2 中 $q = b = 0$ 的情况. 易见此时双线性型

$$Q(u,v) = \iint_\Omega (u_x v_x + u_y v_y)dxdy$$

并不正定, 解的唯一性也不成立. 因为若 u 是 (5.5.10) 的解, 则 $u+C$ 也是解, 其中 C 可以是任意常数. 因此为保证解的唯一性, 我们附加条件

$$\iint_\Omega u \, dx dy = 0,$$

也即在 $H^1(\Omega)$ 的子空间

$$H^* = \left\{ v \,\Big|\, v \in H^1(\Omega), \iint_\Omega v \, dx dy = 0 \right\}$$

中求解如下虚功方程:

$$\begin{cases} 求 u \in H^* & 使得 \\ Q(u,v) = F(v), & \forall v \in H^*. \end{cases} \tag{5.5.11}$$

由 Poincaré不等式可得 $Q(u,v)$ 在 H^* 中的强制性:

$$\begin{aligned} Q(v,v) &= \iint_\Omega (v_x^2 + v_y^2) dx dy + \left(\iint_\Omega v \, dx dy \right)^2 \\ &\geq \frac{1}{2} \left\{ |v|_{1,\Omega} + \left| \iint_\Omega v \, dx dy \right| \right\}^2 \\ &\geq \frac{1}{2C^2} \|v\|_{1,\Omega}^2, \end{aligned}$$

其中 C 为 Poincaré不等式中的常数. 显然仍有 $Q(u,v)$ 及 $F(v)$ 的有界性. 于是变分问题 (5.5.11) 存在唯一解. 但 (5.5.11) 的解未必就是原问题 (5.5.10) 的广义解, 因为这里虚功方程仅对子空间 H^* 中的 v 成立, 对全空间 $H^1(\Omega)$ 未必成立. 事实上, 若在虚功方程中取 $v=1$, 显然 $v \in H^1(\Omega)$, 但 $v \notin H^*$, 必导致

$$\iint_\Omega f \, dx dy + \int_\Gamma g \, ds = 0. \tag{5.5.12}$$

它被称为第二边值问题的相容性条件. 若该条件不满足, 则原问题无解. 而当条件 (5.5.12) 满足时, $F(C) = 0$ 对任意常数 C 成立, 又因为对任一函数 $v \in H^1(\Omega)$, 总有常数 C_v, 使得 $v + C_v \in H^*$, 于是

$$Q(u,v) - F(v) = Q(u, v + C_v) - F(v + C_v) = 0, \quad \forall v \in H^1(\Omega),$$

也即 (5.5.11) 的解就是原问题的广义解. 又由于 (5.5.11) 的解的唯一性, 知原边值问题的解在可以相差一个常数的意义下唯一. ∎

5.5.3 投影定理

对变分方法, 无论是 Galerkin 方法还是 Ritz 方法, 都有一个特点, 即其近似解都是真解在有限维子空间上的投影. 我们有如下定理.

定理 5.5.2(投影定理)　设 u 是 Galerkin 意义下的微分方程边值问题在函数空间 H 中的广义解, 即虚功方程的解, u_h 是用 Galerkin 方法得到的有限维空间 S_h 中的近似解, 则当 S_h 是 H 的子空间时, 有

$$Q(u - u_h, v_h) = 0, \quad \forall v_h \in S_h \tag{5.5.13}$$

及

$$\|u - u_h\|_Q = \inf_{v_h \in S_h} \|u - v_h\|_Q, \tag{5.5.14}$$

其中 $Q(u,v)$ 是虚功方程中的双线性型,

$$\|v\|_Q = \sqrt{Q(v,v)}.$$

投影定理的几何意义可见图 5.5.1, 定理表明, 只要有限维子空间 S_h 无限逼近空间 H, 近似解的收敛性是有保证的.

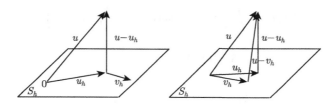

图 5.5.1　投影定理的几何意义

证明　由 u 及 u_h 的定义知

$$Q(u, v) = F(v), \quad \forall v \in H,$$

$$Q(u_h, v_h) = F(v_h), \quad \forall v_h \in S_h.$$

在第一式取 $v = v_h \in S_h \subset H$ 后与第二式相减便得

$$Q(u - u_h, v_h) = 0.$$

又任取 $v_h \in S_h$, 由

$$\begin{aligned}
\|u - u_h\|_Q^2 &= Q(u - u_h, u - u_h) \\
&= Q(u - u_h, u - v_h) + Q(u - u_h, v_h - u_h) \\
&= Q(u - u_h, u - v_h) \\
&\leqslant \|u - u_h\|_Q \|u - v_h\|_Q
\end{aligned}$$

可得

$$\|u - u_h\|_Q \leqslant \|u - v_h\|_Q, \quad \forall v_h \in S_h.$$

从而对 v_h 在 S_h 中取下端便得 (5.5.14) 式. ■

由投影定理可得如下推论.

推论 5.5.3 由 Galerkin 方法得到的近似解的应变能必不大于真实的应变能, 即

$$Q(u_h, u_h) \leqslant Q(u, u). \tag{5.5.15}$$

证明 由

$$
\begin{aligned}
Q(u, u) - Q(u_h, u_h) &= Q(u, u) - Q(u_h, u_h) - 2Q(u - u_h, u_h) \\
&= Q(u, u) - 2Q(u, u_h) + Q(u_h, u_h) \\
&= Q(u - u_h, u - u_h) \geqslant 0,
\end{aligned}
$$

即得 (5.5.15). ■

由于有限元方法是一类采取特殊的有限维子空间即分片多项式函数空间的 Galerkin 方法, 故上述结果当然对有限元方法也成立.

5.5.4 收敛性与误差估计

因为有限元解是变分意义下的广义解在分片插值的有限维子空间上的投影, 故根据投影性质, 其收敛性与误差估计可以由插值逼近的结果得到.

误差估计离不开函数空间中的度量. 对有限元方法最自然的度量是能量范数. L_2 范数和 C 范数也是经常使用的范数. 范数取得不同, 估计的结果也不相同. 此外, 有限元近似解误差是否有阶的估计及误差阶的高低不仅取决于采用的插值多项式的次数, 而且与广义解的可微次数有关.

下面以 Poisson 方程的齐次第一边值问题为例, 研究有限元解的收敛性与误差估计.

5.5.4.1 收敛性

设 $u \in H_0^1(\Omega)$ 是 Poisson 方程齐次第一边值问题的广义解, 满足

$$Q(u, v) = (f, v), \quad \forall v \in H_0^1(\Omega),$$

其中

$$Q(u, v) = \iint_\Omega (u_x v_x + u_y v_y) dx dy,$$

而 $u_h \in S_h \subset H_0^1(\Omega)$ 是它的有限元近似解, 满足

$$Q(u_h, v_h) = (f, v_h), \quad \forall v_h \in S_h.$$

定理 5.5.4 (收敛性) 若构成子空间时区域剖分和插值选取都满足插值逼近定理的条件, 则有

$$\lim_{h \to 0} \|u - u_h\|_Q = 0. \tag{5.5.16}$$

这里 $\|\cdot\|_Q = |\cdot|_{1,\Omega}$ 在 $H_0^1(\Omega)$ 中与 $\|\cdot\|_{1,\Omega}$ 等价. 关于插值逼近定理可见上节.

证明　任给 $\varepsilon > 0$, 由 $u \in H_0^1(\Omega)$ 知存在 $\tilde{u} \in C_0^\infty(\Omega)$, 使得

$$|u - \tilde{u}|_{1,\Omega} < \varepsilon/2.$$

从而由投影定理,

$$\|u - u_h\|_Q = \inf_{v_h \in S_h} \|u - v_h\|_Q$$
$$\leqslant \|u - \tilde{u}\|_Q + \inf_{v_h \in S_h} \|\tilde{u} - v_h\|_Q.$$

又由插值逼近定理, 对 $\tilde{u} \in C_0^\infty(\Omega)$, 存在 h_0, 当 $0 < h \leqslant h_0$ 时,

$$\|\tilde{u} - \Pi\tilde{u}\|_{1,\Omega} < \varepsilon/2,$$

其中 $\Pi\tilde{u}$ 为 $\tilde{u}$ 的插值. 于是当 $0 < h \leqslant h_0$ 时,

$$\|u - u_h\|_Q \leqslant \frac{\varepsilon}{2} + \|\tilde{u} - \Pi\tilde{u}\|_Q$$
$$\leqslant \frac{\varepsilon}{2} + \|\tilde{u} - \Pi\tilde{u}\|_{1,\Omega} < \epsilon.$$ ∎

收敛性定理表明, 只要广义解 $u \in H_0^1(\Omega)$ 存在且唯一, 则不管它有无更高阶的广义导数, 有限元解恒收敛.

5.5.4.2　能量模估计

定理 5.5.5 (能量模估计)　若 $u \in H_0^1(\Omega) \cap H^{k+1}(\Omega)$, 且插值算子 $\Pi : H_0^1(\Omega) \cap H^{k+1}(\Omega) \to S_h$ 保持

$$\Pi p_k = p_k, \quad \forall p_k \in P_k,$$

其中 P_k 是次数不高于 k 的多项式全体, 则

$$\|u - u_h\|_Q \leqslant Ch^k\|u\|_{k+1,\Omega}, \quad k \geqslant 1. \tag{5.5.17}$$

证明　由投影定理和插值逼近定理, 可得

$$\|u - u_h\|_Q = \inf_{v_h \in S_h} \|u - v_h\|_Q \leqslant \|u - \Pi u\|_Q$$
$$= |u - \Pi u|_{1,\Omega} \leqslant Ch^k|u|_{k+1,\Omega}$$
$$\leqslant Ch^k\|u\|_{k+1,\Omega}. \tag{5.5.18}$$ ∎

定理表明, 若广义解有较高的光滑性, 则有限元解不仅收敛, 而且可估计其误差阶.

5.5.4.3 L_2 模估计

能量模估计是对应力、应变即解的一阶导数的误差估计, 而 L_2 模估计则是对位移误差的估计. 为了得到 L_2 模估计, 我们应用 Nitsche 技巧.

定理 5.5.6 (L_2模估计) 若定理 5.5.5 的条件满足, 且 Ω 是凸多边形, 则

$$\|u - u_h\|_{L_2,\Omega} \leqslant Ch^{k+1}\|u\|_{k+1,\Omega}, \quad k \geqslant 1. \tag{5.5.19}$$

证明 令 w 是定解问题

$$\begin{cases} -\Delta w = u - u_h, & \Omega内, \\ w = 0, & \partial\Omega上 \end{cases}$$

的广义解, 即

$$(\nabla w, \nabla v) = (u - u_h, v), \quad \forall v \in H_0^1(\Omega).$$

由于 Ω 为凸多边形区域, 应用 Poisson 方程解的可微性定理知, 当 $u - u_h \in L_2(\Omega)$ 时, $w \in H_0^1(\Omega) \cap H^2(\Omega)$, 且

$$\|w\|_{2,\Omega} \leqslant C\|u - u_h\|_{L_2,\Omega}.$$

又, 取 $v = u - u_h \in H_0^1(\Omega)$, 则

$$(\nabla w, \nabla(u - u_h)) = (u - u_h, u - u_h).$$

从而利用投影定理、插值逼近定理及能量模估计可得

$$\begin{aligned}
\|u - u_h\|_{L_2,\Omega}^2 &= (\nabla w, \nabla(u - u_h)) = (\nabla(w - \Pi w), \nabla(u - u_h)) \\
&\leqslant \|w - \Pi w\|_{1,\Omega}\|u - u_h\|_{1,\Omega} \leqslant Ch\|w\|_{2,\Omega}h^k\|u\|_{k+1,\Omega} \\
&\leqslant Ch^{k+1}\|u\|_{k+1,\Omega}\|u - u_h\|_{L_2,\Omega},
\end{aligned}$$

也即

$$\|u - u_h\|_{L_2,\Omega} \leqslant Ch^{k+1}\|u\|_{k+1,\Omega}. \qquad \blacksquare$$

这样我们得到了与插值误差阶同阶的能量模估计及 L_2 模估计, 也即这两个估计都是丰满的.

5.5.4.4 连续模估计

前面两种估计都是平均逼近. 下面考虑逐点逼近. 为简单起见, 只介绍采用三角形线性单元时的连续模估计.

定理 5.5.7 (连续模估计)   若 $u \in H^2(\Omega)$, 则采用三角形线性单元时的有限元解的误差满足如下估计:

$$\|u - u_h\|_{C(\Omega)} \leqslant Ch\|u\|_{2,\Omega}. \tag{5.5.20}$$

其证明可见 [12]. 这一估计显然是不丰满的. 在这一方向已有很多改进的工作, 例如文献 [32] 给出了如下结果.

定理 5.5.8   若变分问题的解 $u \in H_0^1(\Omega)$, 且 u 也在空间 $W^{2,\infty}(\Omega)$ 中, 则存在与 h 无关的常数 C 使得下列估计成立:

$$|u - u_h|_{0,\infty,\Omega} \leqslant Ch^2|\ln h|^{3/2}|u|_{2,\infty,\Omega}, \tag{5.5.21}$$

$$|u - u_h|_{1,\infty,\Omega} \leqslant Ch|\ln h||u|_{2,\infty,\Omega}. \tag{5.5.22}$$

其证明请参看文献 [32].

5.6   非协调有限元

若有限元解函数空间 V_h 并不包含在原问题的求解空间 H 内, 即 $V_h \not\subset H$, 则为非协调有限元. 非协调有限元方法在实际问题中有很多应用, 特别应用于四阶椭圆边值问题, 如薄板弯曲问题. 因为对四阶问题若要用协调有限元逼近, 有限元解空间必须属于 $C^1(\Omega)$, 而在三角形剖分下要构造 $C^1(\Omega)$ 单元则至少要采用分片五次多项式, 此时结点参数有 21 个, 这将在总体上产生相当大的计算规模. 为降低计算规模, 非协调有限元便应运而生. 本节仅对非协调元作极其简要的介绍.

5.6.1   非协调元的例子

我们先介绍两种求解二阶问题的非协调元, 其有限元解空间不属于 $C^0(\Omega)$, 即分片多项式插值函数在单元交界线上不保证连续性. 然后再介绍三种求解四阶问题的非协调元, 它们的解空间均不属于 $C^1(\Omega)$.

1) Crouzeix-Raviart 元

这是一种三角形单元, 结点参数取为三角形单元各边的 r 阶 Gauss 点处的函数值. 例如当 $r = 1$ 时为线性单元, 其结点取为三角形三边的中点.

2) Wilson 元

这是一种矩形二次单元, 结点参数是矩形四顶点处的函数值以及两个二阶导数 $D_{11}v$, $D_{22}v$ 在单元上的平均值.

3) Morley 元

这是一种三角形二次板元, 结点参数是三角形三顶点处函数值及各边中点的外法向导数值. Morley 元甚至不是 C^0 元.

4) De Veubeke 元

这是不完全三次插值三角形板元, 结点参数是三角形三顶点及三边中点的函数值, 以及三边上法向导数的平均值. 这是 C^0 元但不是 C^1 元.

5) Adini 元

这是一种不完全双三次插值矩形元, 结点参数取作矩形单元四个顶点的函数值及两个方向导数值, 共 12 个自由度. 由于在相邻单元的公共边上函数连续但法向导数有跳跃, 故该单元是 C^0 元但不是 C^1 元.

5.6.2 非协调元的收敛性

非协调有限元的解空间不是原问题解空间的子空间, 突破了标准有限元方法的框架, 给理论分析和计算实现都带来了困难.

首先, 由于 $V_h \not\subset H$, 对于 $u_h, v_h \in V_h$, 虚功 $Q(u_h, v_h)$ 可能没有意义, 于是无法以此定义有限元解, 需要修改虚功的定义. 在非协调有限元方法中, 我们用每个单元上的虚功进行叠加来代替整个区域上的虚功, 而对单元间的不连续性置之不顾, 也即用

$$Q_h(u_h, v_h) = \sum_{i=1}^{N} Q_{K_i}(u_h, v_h) \tag{5.6.1}$$

来代替 $Q(u_h, v_h)$, 其中 N 为 Ω 中单元总数. 这样的代替对协调元来讲是平凡的, 但对非协调元来讲却是本质的. 于是对于任意 $u_h, v_h \in V_h$, $Q_h(u_h, v_h)$ 总是有意义的. 而非协调有限元方法正是求解如下变分问题:

$$\begin{cases} 求 u_h \in V_h & \text{使得} \\ Q_h(u_h, v_h) = F(v_h), & \forall v_h \in V_h. \end{cases} \tag{5.6.2}$$

其次, 由于 $V_h \not\subset V$, 前述投影定理便不成立, 从而适用于协调元的收敛性证明与误差估计方法也都失效. 我们需要寻求判断非协调元的收敛性的有效方法.

对于非协调元, 有如下基本结果.

定理 5.6.1 若 $\|v_h\|_{Q_h} = [Q_h(v_h, v_h)]^{\frac{1}{2}}$ 在线性空间 V_h 中构成范数, 则用相应的非协调元方法得到的代数方程组必有唯一解.

定理 5.6.2 若 u 是变分问题

$$\begin{cases} 求 u \in H & \text{使得} \\ Q(u, v) = F(v), & \forall v \in H \end{cases} \tag{5.6.3}$$

的解, u_h 为相应的非协调有限元解, 且 u_h 按度量 $\|\cdot\|_{Q_h}$ 收敛到 u, 则当 $h \to 0$ 时必有

$$\Delta \equiv \sup_{v_h \in V_h} \frac{|E_h(u, v_h)|}{\|v_h\|_{Q_h}} \to 0, \tag{5.6.4}$$

其中
$$E_h(u, v_h) = Q_h(u, v_h) - F(v_h).$$

反之, 若 (5.6.4) 成立, 且插值误差 $\|u - \Pi u\|_{Q_h} \to 0$, 则

$$\|u - u_h\|_{Q_h} \to 0.$$

定理的证明均可见文献 [12, 32], 此处从略.

注 1　非协调有限元误差由两部分构成, 一部分是插值逼近误差, 另一部分是由单元的非协调性引起的, 因为对协调元而言, $E_h(u, v_h) = 0$, 并没有第二部分误差.

注 2　从保证收敛性和误差阶的角度看, 非协调元不如协调元. 但对许多问题采用非协调元常能使总体自由度大大减少, 可为具体计算带来方便.

注 3　对于板问题的有限元解法, 除了采用协调元及非协调元外, 还常用混合元及杂交元方法, 有兴趣的读者可参阅有关文献, 例如文献 [32].

注 4　给出非协调元收敛性的易于检验的充要条件是工程界广为关注的困难的研究课题, 我国学者石钟慈在这一方向也作出了重要贡献. 有关内容也可参见文献 [22].

5.7　自适应有限元

自适应计算是当代科学与工程计算的重要发展方向. 美国数学家 I. Babuska 在二十世纪七十年代后期首先将自适应方法应用于有限元计算并逐步建立起其数学理论. 二十余年来自适应有限元方法不仅在其数学理论方面, 而且在其实际应用方面都已取得了显著进步. 目前其研究对象已由线性椭圆型问题向各类更复杂的非线性问题发展, 也已有许多自适应计算的标准程序被广泛应用于科学和工程的各类计算中.

5.7.1　自适应方法简介

当我们用有限元方法求解偏微分方程的边值问题时, 得到的是近似解. 为满足科学研究或工程设计的需要, 我们对近似解常有一定的要求. 例如, 分析计算对象的结构性态、安全特征、位移与应力分布等要有一定的精度. 对在某些临界点的位移、应力及应力强度因子的计算精度可能要求更高. 于是, 仅仅在初始网格上进行一次有限元计算往往是不够的. 我们的计算过程还应包括:

对计算结果进行估计, 以便知道该结果是否满足需要;

根据上述估计控制计算过程, 以最小的代价得到要求的结果;

通过后验过程, 从计算结果获得所需要的高精度数据.

这就是说, 计算不只是应用一次有限元方法, 而是多次进行有限元计算, 至于这一系列计算如何设计, 则有许多方法. Babuska 教授先后提出了 h 型、p 型及 h-p 型三种类型的自适应有限元方法. 当然还有其他类型的自适应计算方法.

所谓 h 型方法是指有限单元的阶 (即作为单元上基函数的分片多项式的阶) p 是固定的, 仅通过细分网格即减小 h 来达到提高计算精度的目的. 所谓 p 型方法则保持固定的网格即 h 不变, 而提高作为基函数的分片多项式的次数 p 以改善计算结果. h-p 型方法则是二者的结合. 为了提高近似解的精度, 或求得某个高精度数据, 通常并不需要把网格的所有单元一致地细分, 也不需要将所有单元的阶提高, 而只需局部地细分单元或提高单元的阶. 那么应该细分哪些单元或提高哪些单元的阶呢? 自然, 我们应该细分近似解误差太大的那些单元, 或提高那些单元上插值多项式的阶. 于是我们需要作后验误差估计.

利用初始的或上一步的计算结果进行后验误差估计, 再根据这些估计去细分网格或改变逼近结构, 使之按某种标准达到最优, 这便是自适应算法. 例如, 我们常希望计算过程关于收敛速率是最优的.

发展自适应方法包括解决如下两个问题: 如何度量近似解的质量? 如何通过自适应过程有效地改善解的质量? 对第一个问题, 因为真解是未知的, 我们只能通过算得的近似解来估计误差. 这样的后验误差估计大致有两类. 一类基于对计算剩余量的估计, 另一类则基于先验误差估计及对解函数高阶导数的估计. 对第二个问题, 为了达到某种意义下的最优, 我们需要利用已有的信息, 有选择地局部地改善网格或逼近结构. 例如, h-p 型自适应算法的基本步骤如下:

第一步, 选择初始网格, 使之基本适合问题的几何及物理特性, 并将初始网格分为准确解光滑的部分及有奇性的部分, 即将单元分为正常单元及临界单元;

第二步, 在初始网格上对所有单元均采用线性插值, 即取 $p = 1$;

第三步, 进行有限元计算;

第四步, 对近似解作后验误差估计, 若精度足够便停止计算, 否则计算各单元的误差指示值;

第五步, 根据单元的误差指示值决定其是否需要细分或提高多项式的阶, 若需要, 则对临界单元沿奇点方向作一次几何细分, 对正常单元则增加阶数 1.

第六步, 回到第三步.

5.7.2 后验误差估计

设计自适应过程的关键在于得到局部的可计算的后验误差估计公式. 将从这样的估计公式导出的误差指示子编到计算程序中, 可产生各种自适应程序[26]. 例如, 美国马里兰大学于二十世纪八十年代开发的自适应有限元标准程序 FEARS 和 NFEARS 等便是基于 Babuska 及其合作者关于后验误差估计的工作研制的.

为简单起见, 考察 Poisson 方程的混合边值问题:

$$\begin{cases} -\Delta u = f, & \Omega\text{内}, \\ u = 0, & \Gamma_0\text{上}, \\ \dfrac{\partial u}{\partial n} = q, & \Gamma_1\text{上}. \end{cases} \quad (5.7.1)$$

其弱解理解为变分问题

$$\begin{cases} \text{求}u \in H_0^1(\Omega) & \text{使得} \\ Q(u,v) = F(v), & \forall v \in H_0^1(\Omega) \end{cases} \quad (5.7.2)$$

的解, 其中

$$H_0^1(\Omega) = \{v \in H^1(\Omega)|v = 0\text{于}\Gamma_0\},$$

$$Q(u,v) = \int_\Omega \nabla u \cdot \nabla v dx,$$

$$F(v) = \int_\Omega fv dx + \int_{\Gamma_1} qv ds.$$

在模型问题中, 求解区域取为矩形 $\Omega = \{(x,y)|-1 < x < 1, 0 < y < 1\}$, 其边界的正 x 半轴部分为 Γ_0, 其余部分为 Γ_1(图 5.7.1), 在 Γ_0 上取 Dirichlet 边界条件 $u = 0$, 在 Γ_1 上则取 Neumann 边界条件 $\dfrac{\partial u}{\partial n} = q$, 其中 q 取得使准确解为 $u = r^{\frac{1}{2}} \sin \dfrac{\theta}{2}$, 这里 (r,θ) 为极坐标. 显然, 尽管原点 O 并非区域边界的角点, 但由于在该点边界条件改变了类型, 此问题在 O 点仍有奇异性.

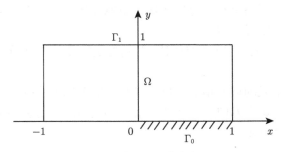

图 5.7.1 模型问题的求解区域

我们用正方形网格上的双线性 $(p = 1)$ 或双二次 $(p = 2)$ 有限元求解之. 每次细分是将一个正方形分为四个全等的小正方形. 由于在自适应计算过程中允许对网格作局部细分, 剖分通常是不规则的, 即破坏了经典有限元法的剖分规则. 与经典有限元网格只有正常结点不同, 自适应有限元的网格结点分为正常结点和非正常结点. 在正常结点有独立的自由度. 而在非正常结点有限元解的值则由协调元的要求所决定 (图 5.7.2).

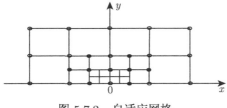

图 5.7.2 自适应网格

有限元解 u_h 仍按标准方法定义. 用能量范数 $\|\cdot\|_Q$ 来度量误差 $e = u_h - u$ 的大小. 记 ε 为误差估计值, 其质量则由有效指标 $\theta = \dfrac{\varepsilon}{\|e\|_Q}$ 衡量. θ 越接近于 1, 后验误差估计的质量越高. 误差估计值则是通过单个单元 K 上的误差指示值 $\eta(K)$ 计算得到:

$$\varepsilon = \left[\sum_K \eta(K)^2\right]^{\frac{1}{2}},$$

其中 $\sum\limits_K$ 表示对网格中所有单元求和. 误差指示值用来控制自适应细分过程, 其基本方法是细分那些误差指示值超过某限定值 τ 的单元, 例如取 $\tau = \gamma \max_K \eta(K)$, 其中 $\gamma : 0 < \gamma \leqslant 1$ 是预先选定的, $\max_K$ 则表示在所有单元中取极大. 也可根据部分单元误差指示值的平方和 $\sum\limits_{K \in \mathcal{D}} \eta(K)^2$ 大于误差估计值 ε 平方的某个确定的比例 $\gamma' : 0 < \gamma' \leqslant 1$ 来选择需要细分的单元集 $\mathcal{D}$, 并希望其单元个数尽可能少.

今不加证明简要介绍 Poisson 方程边值问题在正方形剖分下的如下两种误差指示值.

(1) 双线性元 ($p = 1$) 的误差指示值 (见文献 [26] 及 I. Babuska 与 A. Miller 的论文).

设 $|K|$ 为正方形单元 K 的边长, $r_{x_j}(A_i)$ 是有限元近似解在单元 K 的顶点 A_i 的 x_j 方向的导数的跳跃值, $R = f + \Delta u_h$ 为将近似解代入原方程得到的剩余, 则令

$$\eta_1^2(K) = |K|^2 \sum_{j=1}^{2} [\max_{i=1,\cdots,4} r_{x_j}(A_i)]^2, \tag{5.7.3}$$

$$\eta_2^2(K) = |K|^2 \|R\|_{L_2(K)}^2, \tag{5.7.4}$$

$$\eta^2(K) = \eta_1^2(K) + \eta_2^2(K). \tag{5.7.5}$$

$\eta(K)$ 即是我们所需要的误差指示值, 它可分解为由单元边界上的导数跳跃产生的 $\eta_1(K)$ 及由单元内部的剩余量产生的 $\eta_2(K)$ 两部分. 可以证明 $\eta_2(K) \leqslant c\eta_1(K)$, 其中 c 为常数, 于是也可以定义 $\bar{\eta}(K) = \eta_1(K)$ 为单元 K 上的误差指示值.

我们也可取其他等价的误差指示值, 例如用有限元解在单元边界上的导数跳跃值平方在该单元边界的积分乘以 $|K|$ 来代替 $\eta_1^2(K)$.

(2) 双二次元 ($p = 2$) 的误差指示值 (见文献 [26] 及 I. Babuska 与 D. Yu 的论文).

对单元 K 取局部坐标, 即以其中心为原点, 取坐标轴 x_1 及 x_2 分别平行于单元的两相邻边. 定义

$$\delta_i = x_i^2 - \frac{|K|^2}{4}, \quad i = 1, 2,$$

$$v_i = x_i \delta_1 \delta_2, \quad i = 1, 2,$$

$$G(v_i) = \int_K (f v_i - \nabla u_h \cdot \nabla v_i) dx, \quad i = 1, 2,$$

$$b_i = -\frac{120}{|K|^8} G(v_i), \quad i = 1, 2,$$

$$\eta_1^2(K) = \frac{720}{|K|^{10}} \sum_{i=1}^{2} [G(v_i)]^2, \tag{5.7.6}$$

$$\eta_2^2(K) = |K| \sum_{j=1}^{2} \int (r_{x_j})^2 ds, \tag{5.7.7}$$

其中 r_{x_j} 为近似解导数的跳跃值, 积分取在 K 的垂直于 x_j 方向的边上,

$$\eta_3^2(K) = |K|^2 \|\tilde{R}\|_{L_2(K)}^2, \tag{5.7.8}$$

其中 $\tilde{R} = f + \Delta U$, $U = u_h + b_1 x_1 \delta_1 + b_2 x_2 \delta_2$. 取

$$\eta^2(K) = \eta_1^2(K) + \eta_2^2(K) + \eta_3^2(K). \tag{5.7.9}$$

可以证明, 若解 u 充分光滑, $\eta_2(K)$ 和 $\eta_3(K)$ 关于 $\eta_1(K)$ 可以忽略, 从而可使用误差指示值

$$\bar{\eta}(K) = \eta_1(K). \tag{5.7.10}$$

其形式与 $p = 1$ 时的结果类似. 但我们容易看出两者间的一个显著区别: 当 $p = 1$ 时, 误差指示值的主部在边界 "线部分", 即导数在边界的跳跃值; 而当 $p = 2$ 时, 指示值的主部在 "面部分", 即体现为整个单元上的积分. 从实际应用的观点看, "面" 指示值只涉及单元本身, 更有优越性.

在原问题的解充分光滑和采用合理的网格剖分的情况下, 上述两种误差指示值与实际的单元局部误差非常接近. 这些后验误差估计不仅是局部的, 而且是渐近准确的, 也即有

$$\|e\|_Q = \varepsilon[1 + \alpha(\varepsilon)], \tag{5.7.11}$$

其中 $\alpha(\varepsilon)$ 与 1 相比是小量. 但若解不光滑, 如在前述模型问题中, 则由于解的奇异性, 当单元位于原点附近时, 其误差被严重低估, 需要作适当修正 (见文献 [26] 及 I. Babuska 与 D. Yu 的论文).

Babuska 等在对网格作适当假设 (K-网格、分片一致等) 后证明了基于上述后验误差估计的自适应有限元法的收敛性. 这些结果已被编入自适应有限元法的标准软件. 大量数值例子也表明了自适应有限元法的可靠性和有效性.

关于自适应有限元法的进一步介绍可见文献 [26].

习　题　5

1. 设双线性泛函

$$Q(u,v) = \iint_\Omega [au_xv_x + b(u_xv_y + u_yv_x) + cu_yv_y + guv]dxdy + \int_{\partial\Omega} \alpha uvds,$$

证明

$$Q(u,v) = -\iint_\Omega vLudxdy + \int_{\partial\Omega} vluds,$$

其中

$$Lu = (au_x + bu_y)_x + (bu_x + cu_y)_y - gu,$$

$$lu = \alpha u + \beta u_n + \delta u_s,$$

$$\beta = a\cos^2(n,x) + 2b\cos(n,x)\cos(n,y) + c\cos^2(n,y),$$

$$\delta = (c-a)\cos(n,x)\cos(n,y) + b[\cos^2(n,x) - \cos^2(n,y)].$$

2. 设 $Q(u,v)$ 如上题, 且 $a > 0$, $ac > b^2$, $\alpha \geqslant 0$, $g \geqslant 0$,

$$J(v) = \frac{1}{2}Q(v,v) - (f,v),$$

(f,v) 为 $v \in M$ 上的线性泛函, $M = \{v \in C^2(\bar\Omega)|$ 在 Γ_0 上 $v = \varphi\}$, 则若变分问题

$$\begin{cases} 求 u \in M \quad 使得 \\ J(u) = \inf_{v \in M} J(v) \end{cases}$$

有解, 则在下列情况下解必唯一: (1) Γ_0 不是空集, (2) 在一段测度非零的边界上 $\alpha > 0$.

3. 证明由对称双线性型 $Q(u,v)$ 导出的变分问题

$$\begin{cases} \text{求} u \in M \quad \text{使得} \\ J(u) = \inf_{v \in M} J(v) \end{cases}$$

所对应的边值问题必为自共轭问题, 其中

$$J(v) = \frac{1}{2}Q(v,v) - (f,v),$$

$Q(u,v)$ 及 (f,v) 由题 1 及题 2 给出.

4. 试证明 Poisson 方程第三边值问题

$$\begin{cases} \Delta u = f, & \Omega\text{内}, \\ \dfrac{\partial u}{\partial n} + \sigma u = \nu, & \Gamma\text{上} \end{cases}$$

与变分问题

$$\begin{cases} \text{求} u \in M \quad \text{使得} \\ J(u) = \inf_{v \in M} J(v) \end{cases}$$

的等价性, 其中

$$J(v) = \iint_\Omega \left\{ \frac{1}{2}\left[\left(\frac{\partial u}{\partial x}\right)^2 + \left(\frac{\partial u}{\partial y}\right)^2\right] + fu \right\} dxdy + \int_\Gamma \left(\frac{1}{2}\sigma u^2 - \nu u\right) ds.$$

5. 设 $\Gamma = \bar{\Gamma}_0 \cup \bar{\Gamma}_1$ 为区域 Ω 的边界, $\Gamma_0 \cap \Gamma_1 = \varnothing$, L 为区域内部的一条曲线, 证明当介质系数 β 在 L 上有间断时, 变分问题

$$\begin{cases} J(u) = \inf_v J(v), \\ u = \bar{u} \quad \Gamma_0\text{上} \end{cases}$$

等价于微分方程边值问题

$$\begin{cases} -\left(\dfrac{\partial}{\partial x}\beta\dfrac{\partial u}{\partial x} + \dfrac{\partial}{\partial y}\beta\dfrac{\partial u}{\partial y}\right) = f, & \Omega\text{内}, \\ \left(\beta\dfrac{\partial u}{\partial n}\right)_- - \left(\beta\dfrac{\partial u}{\partial n}\right)_+ = 0, & L\text{上}, \\ \beta\dfrac{\partial u}{\partial n} + \eta u = q, & \Gamma_1\text{上}, \\ u = \bar{u}, & \Gamma_0\text{上}, \end{cases}$$

其中

$$J(v) = \iint_\Omega \left\{ \frac{1}{2}\left[\beta\left(\frac{\partial u}{\partial x}\right)^2 + \beta\left(\frac{\partial u}{\partial y}\right)^2\right] - fu \right\} dxdy + \int_{\Gamma_1} \left(\frac{1}{2}\eta u^2 - qu\right) ds,$$

6. 设 Ω 为二维有界区域, Γ 为其边界, 试证明双调和方程边值问题

$$
\begin{cases}
\Delta^2 u = f, & \Omega内, \\
u = \dfrac{\partial u}{\partial n} = 0, & \Gamma上
\end{cases}
$$

与变分问题

$$
\begin{cases}
求 u \in H_0^2(\Omega) \quad 使得 \\
F(u) = \inf\limits_{v \in H_0^2(\Omega)} F(v)
\end{cases}
$$

的等价性, 其中

$$
H_0^2(\Omega) = \left\{ v \in H^2(\Omega) \,\middle|\, 在\Gamma上v = \frac{\partial v}{\partial n} = 0 \right\},
$$

$$
F(u) = \frac{1}{2} \iint_\Omega \left[\left(\frac{\partial^2}{\partial x^2} \right)^2 + 2\left(\frac{\partial^2}{\partial x \partial y} \right)^2 + \left(\frac{\partial^2}{\partial y^2} \right)^2 \right] dxdy - \int_\Gamma f u ds.
$$

7. 试确定连续函数 $u(x)$, $-1 \leqslant x \leqslant 1$, 使得泛函

$$
J(u) = \frac{1}{2} \int_{-1}^1 (u')^2 dx
$$

在条件 $u(-1) = 0$ 及 $u(x) \geqslant \sqrt{1-x^2}$ 下达到极小.

8. 试导出与 Ω 上的泛函

$$
J(u) = \frac{D}{2} \iint_\Omega [(\Delta u)^2 - 2(1-\nu)(u_{xx}u_{yy} - u_{xy}^2)]dxdy
$$

的无约束极小值问题等价的微分方程及其四边和角点的自然边界条件, 其中 $\Omega = \{0 \leqslant x, y \leqslant 1\}$, $D > 0$, $0 < \nu < \dfrac{1}{2}$ 为常数.

9. 设 Ω 为带光滑外边界 Γ_0 及内边界 $\Gamma_1, \cdots, \Gamma_m$ 的多连通区域 (图 5.1), 构造适当的变分问题等价于

$$
\begin{cases}
\Delta u = 0, & \Omega内, \\
u = 0, & \Gamma_0上, \\
u = 待定常数, & \Gamma_i上, \\
\displaystyle\int_{\Gamma_i} \frac{\partial u}{\partial n} ds = \alpha_i, & i = 1, \cdots, m,
\end{cases}
$$

证明其 V-椭圆性. 再设 $u^{(j)}$ 满足

$$\begin{cases} \Delta u^{(j)} = 0, & \Omega\text{内}, \\ u^{(j)} = 0, & \Gamma_0\text{上}, \\ u^{(j)} = \delta_{ij}, & \Gamma_i\text{上}, \quad i,j = 1,\cdots,m, \end{cases}$$

证明

$$\det\left[\int_{\Gamma_i} \frac{\partial u^{(j)}}{\partial n} ds\right]_{i,j=1,\cdots,m} \neq 0.$$

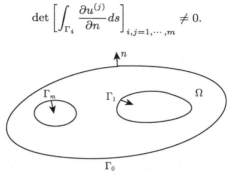

图 5.1　多连通区域 Ω

10. 试推导用重心坐标表示的给定三角形三顶点及三边中点函数值的二次多项式插值公式, 研究基于此类插值的二次元的唯一可解性、整体连续性、逼近度和总体自由度.

11. 写出三角形上以三顶点、三边三等分点及中心为结点的完全三次 Lagrange 插值的全部基函数, 研究基于此类插值的三次元的唯一可解性、整体连续性、逼近度和总体自由度.

12. 设 H_3 表示分片三角形三次 Hermite 插值, 证明 $H_3 f(x,y) \in C(\bar{\Omega})$.

13. 试在局部坐标下写出以矩形四顶点、四边中点及形心为插值结点的双二次矩形元的基函数, 证明双二次矩形单元插值的唯一可解性及相应的分片插值函数的整体连续性.

14. 在局部坐标下写出以矩形四顶点及四边中点为插值结点的不完全双二次矩形元的基函数, 研究其唯一可解性、整体连续性、逼近度和总体自由度.

15. 证明在规则剖分下, 对于三角形网格, 有 $N_0 : N_1 : N_2 \approx 1{:}3{:}2$, 而对矩形网格, 则有 $N_0 : N_1 : N_2 \approx 1{:}2{:}1$, 其中 N_0, N_1, N_2 分别为网格中的点元数、线元数和面元数.

16. 试建立 Laplace 方程第一边值问题

$$\begin{cases} \Delta u(x,y) = 0, & 0 < x, y < \pi, \\ u(0,y) = u(\pi,y) = 0, & 0 \leqslant y \leqslant \pi, \\ u(x,0) = 0, \quad u(x,\pi) = \sin x, & 0 \leqslant x \leqslant \pi \end{cases}$$

的有限元方程, 取 $h = \pi/4$, 计算出近似解.

17. 在正方形一致网格的基础上, 添加同一方向的对角线产生三角形一致网格 (图 5.2(a)), 在此网格下用分片线性有限元求解边值问题

$$\begin{cases} -\Delta u = f, & \Omega\text{内}, \\ u = 0, & \partial\Omega\text{上}. \end{cases}$$

设 f 在 P_0 点附近视为常数 f_0, 试算出有限元离散化后关于内部结点 p_0 的线性代数方程的系数.

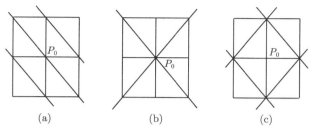

图 5.2 三角形一致网格

18. 在正方形一致网格的基础上, 添加对角线产生米字形 (或菱形) 分布的三角形一致网格 (图 5.2(b) 和 (c)), 在此网格下用分片线性有限元求解边值问题

$$\begin{cases} -\Delta u = f, & \Omega 内, \\ u = 0, & \partial\Omega 上 \end{cases}$$

区分内部结点 p_0 为米字形中心及菱形中心两种情况, 分别算出有限元离散化后关于 P_0 点的线性代数方程的系数, 并与上题结果相比较.

19. 在矩形一致网格的基础上, 添加同一方向的对角线产生三角形一致网格 (图 5.3), 在此网格下用分片线性有限元求解边值问题

$$\begin{cases} -\Delta u = f, & \Omega 内, \\ u = u_0, & \partial\Omega 上 \end{cases}$$

写出有限元离散化后关于内部结点的线性代数方程.

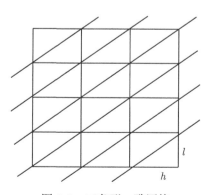

图 5.3 三角形一致网格

20. 设 K 为边长 h 及 k 的矩形单元 (图 5.4), 求出 K 上的双线性插值函数 $P(x,y) = axy + bx + cy + d$, 使之在矩形四顶点 $(0,0), (h,0), (0,k), (h,k)$ 取给定值 $U_{00}, U_{h0}, U_{0k}, U_{hk}$.

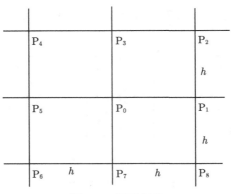

图 5.4　矩形剖分

21. 利用边长为 h 的正方形剖分区域 Ω, 用双线性元求解 Poisson 方程第一边值问题

$$\begin{cases} -\Delta u = f, & \Omega\text{内}, \\ u = 0, & \partial\Omega\text{上}, \end{cases}$$

试推导离散化方程的九点格式, 即写出关联内部结点与周围八点函数值的线性代数方程.

22. 对题 3 给出的变分问题用矩形双线性单元离散化求解, 试导出相应的关于内部结点的代数方程.

23. 利用等价模定理证明 Poincaré不等式及 Friedrichs 不等式.

24. 证明

$$\|u\|_F = |u|_{1,\Omega} + \left| \int_{\partial\Omega} u ds \right|$$

及

$$\|u\|_P = |u|_{1,\Omega} + \left| \iint_\Omega u dx dy \right|$$

均构成 Sobolev 函数空间 $H^1(\Omega)$ 中的范数, 且与范数

$$\|u\|_{1,\Omega} = \left\{ |u|_{1,\Omega}^2 + \iint_\Omega u^2 dx dy \right\}^{\frac{1}{2}}$$

等价, 其中

$$|u|_{1,\Omega} = \left\{ \iint_\Omega \left[\left(\frac{\partial u}{\partial x} \right)^2 + \left(\frac{\partial u}{\partial y} \right)^2 \right] dx dy \right\}^{\frac{1}{2}}.$$

25. 由正方形一致剖分出发, 添加 45° 对角线构成三角形一致网格, 以三角形三边中点为结点 (图 5.5), 设 v 为此网格下的非协调线性有限元函数, 证明如下 Poincaré不等式:

$$\int_0^1 \int_0^1 v^2 dx dy \leqslant A \int_0^1 \int_0^1 \left(v_x^2 + v_y^2 \right) dx dy + B \left(\int_0^1 \int_0^1 v dx dy \right)^2,$$

其中 A, B 为常数.

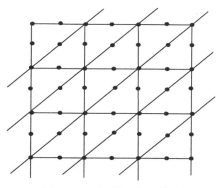

图 5.5 三角形网格及结点

26. 利用 Lax-Milgram 定理证明定解问题

$$\begin{cases} -\Delta u = f, & \Omega\text{内}, \\ u = \varphi, & \partial\Omega\text{上} \end{cases}$$

在弱解意义下适定.

27. 利用 Lax-Milgram 定理证明定解问题

$$\begin{cases} -\Delta u + qu = f, & \Omega\text{内}, \\ \dfrac{\partial u}{\partial n} + \eta u = g, & \partial\Omega\text{上} \end{cases}$$

在弱解意义下适定, 其中 $q \geqslant q_0 > 0$, $\eta \geqslant 0$ 或 $q \geqslant 0$, $\eta \geqslant \eta_0 > 0$.

28. 考察 Poisson 方程第二边值问题

$$\begin{cases} -\Delta u = f, & \Omega\text{内}, \\ \dfrac{\partial u}{\partial n} = g, & \partial\Omega\text{上}, \end{cases}$$

其中 Ω 为有界区域, $\partial\Omega$ 为其边界, $f \in L_2(\Omega)$, $g \in L_2(\partial\Omega)$, 问在什么条件下其解存在且唯一.

29. 利用 Lax-Milgram 定理证明定解问题

$$\begin{cases} -\Delta u = f, & \Omega\text{内}, \\ \dfrac{\partial u}{\partial n} = g, & \partial\Omega\text{上}, \\ \displaystyle\iint_{\Omega} u\,dxdy = 0 \end{cases}$$

在弱解意义下适定, 其中 f, g 满足相容性条件.

30. 证明下述变分问题存在唯一解:

$$\begin{cases} \text{求}\, u \in V \quad \text{使得} \\ a(u,v) = \displaystyle\iint_{\Omega} fv\,dxdy + \int_{\Gamma_1} gv\,ds, \quad \forall v \in V, \end{cases}$$

其中 $\partial\Omega = \bar{\Gamma}_0 \cup \bar{\Gamma}_1$, $\Gamma_0 \cap \Gamma_1 = \varnothing$, $\mathrm{meas}\Gamma_0 > 0$,

$$V = \{v \in H^1(\Omega) | 在\Gamma_0上 v = 0\},$$

$$a(u, v) = \iint_\Omega \nabla u \cdot \nabla v \, dx dy.$$

31. 设 u 为变分问题

$$Q(u, v) = F(v), \quad \forall v \in H$$

的解, u_h 为其在 $S_h \subset H$ 中的 Galerkin 近似解, 证明协调有限元解的投影定理并解释其几何意义.

32. 考虑边值问题

$$\begin{cases} -\Delta u = f, & \Omega内, \\ u = u_0, & \partial\Omega上, \end{cases}$$

其中 $f \in L^2(\Omega)$, $u_0 \in H^1(\Omega)$, 假如 f 及 u_0 分别有小扰动 $\delta f \in L^2(\Omega)$ 及 $\delta u_0 \in H^1(\omega)$, 试估计相应的偏差 δu 的范数 $\|\delta u\|_1$ 的界.

33. 设区域为边长为 1 的等边三角形, 在边界上均匀分布密度为 1 的垂直压力 (图 5.6), 求二维弹性方程平面应力问题的有限元解:

$$\begin{cases} \dfrac{\partial\sigma_{xx}}{\partial x} + \dfrac{\partial\sigma_{xy}}{\partial y} = 0, \\[2mm] \dfrac{\partial\sigma_{yx}}{\partial x} + \dfrac{\partial\sigma_{yy}}{\partial y} = 0, \end{cases}$$

其中

$$\sigma_{xx} = \frac{E}{1-\nu^2}\left(\frac{\partial u}{\partial x} + \nu\frac{\partial v}{\partial y}\right),$$

$$\sigma_{yy} = \frac{E}{1-\nu^2}\left(\nu\frac{\partial u}{\partial x} + \frac{\partial v}{\partial y}\right),$$

$$\sigma_{xy} = \sigma_{yx} = \frac{E}{1+\nu}\frac{1}{2}\left(\frac{\partial u}{\partial y} + \frac{\partial v}{\partial x}\right),$$

$E = 1$, $\nu = \dfrac{1}{2}$, 并给出尽可能好的误差估计.

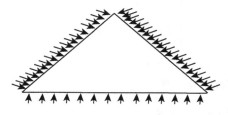

图 5.6 边界均匀分布压力的三角形区域

34. 设 $\mathcal{D}_h$ 是 Ω 的一个正规剖分, 对任意 $K \in \mathcal{D}_h$ 都有 $v|_K \in P_k(K)$, 其中 P_k 表示次数不高于 k 的多项式全体, 证明 $v \in H^1(\Omega)$ 的充要条件是 $v \in C^0(\bar{\Omega})$.

35. 证明对于分片充分光滑的函数, 若在全区域属于 $C^k(\bar{\Omega})$, 则必属于 $H^{k+1}(\Omega)$.

36. 证明在正规的三角形剖分下, 本章介绍的几种由 Lagrange 型插值构成的有限元空间均为 $H^1(\Omega)$ 的子空间.

37. 证明与薄板弯曲问题相应的双线性型为 $H^2(\Omega)/P_1(\Omega)$ 上的对称连续 V-椭圆双线性型, 从而证明该问题在弱解意义下适定. 这里 $P_1(\Omega)$ 为 Ω 上不高于 1 次的多项式全体.

第6章 边界元方法

6.1 引　言

　　许多物理问题可通过不同的途径归结为形式上不同的数学模型. 它们或是表现为偏微分方程的边值问题, 或是表现为区域上的变分问题, 或是归结为边界上的积分方程. 这些不同的数学形式在理论上是等价的, 但在计算实践中却不等效, 它们分别导致有限差分法、有限元方法和边界元方法等不同的数值方法.

　　边界元方法是在经典的边界积分方程法的基础上吸取了有限元离散化技术而发展起来的一种求解偏微分方程的数值方法. 它把微分方程边值问题归化为边界上的积分方程然后利用各种离散化技术来求解. 对微分方程作边界归化的思想早在十九世纪就已出现, 在 C. Neumann (1832—1925), V. Volterra (1860—1940), E. Fredholm (1866—1927), D. Hilbert (1862—1943), J. Hadamard (1865—1963) 等的著作中已有许多系统的理论成果. 但是真正将边界归化理论应用于数值计算, 并为了数值计算的目的而深入研究边界归化理论却是从二十世纪六十年代才开始的. 随着六十年代以来电子计算机的飞速发展和在科学工程计算领域的广泛使用带动了有限元方法的蓬勃发展, 人们将有限元技术与经典的边界归化理论相结合, 为边界积分方程法在科学工程计算中的应用打开了新局面. 到七十年代后期, 边界积分方程法开始称为边界元方法, 被许多数学家和工程师看作与有限差分法、有限元方法并列的一种新的数值计算方法. 当然我们也可把它纳入有限元方法的框架, 将它作为有限元方法的一个新的组成部分加以应用和发展.

　　边界元方法的主要优点是将所处理问题的空间维数降低一维. 它只需对边界进行单元剖分, 只要求出边界上节点处的解函数值就可计算区域内任意点的解函数值. 这对于无界区域问题特别有意义.

　　边界元方法也有其局限性. 由于数学分析的复杂性, 边界元方法对变系数、非线性问题的应用受到了很多限制. 在数值计算方面, 也由于积分核的奇异性和建立的线性代数方程组的系数矩阵的非稀疏性而增加了困难. 但尽管如此, 用这一方法仍成功解决了许多科学与工程计算问题, 二十余年来其研究和应用不断取得新的成果. 这一方法与有限元方法及其他方法的结合也为拓广其应用领域开辟了新的途径.

　　本章将在简要介绍国际上流行的经典边界元方法后, 重点介绍由我国学者首创并发展的有许多独特优点的一种新型边界元方法 —— 自然边界元方法, 以及基于自然边界归化的特别适于求解无界区域问题的耦合算法及区域分解算法.

6.2 经典边界归化

边界归化的途径是多种多样的. 我们可以从同一边值问题出发得到许多不同的边界积分方程. 这些积分方程可能是非奇异的, 可能是弱奇异的, 可能是 Cauchy 型奇异的, 也可能是 Hadamard 型超奇异的. 这些差异是因归化途径不同而产生的. 由不同的边界归化途径可得到不同的边界积分方程, 从而导致不同的边界元方法. 本节将以调和边值问题, 即 Laplace 方程的边值问题为例, 简要介绍两类经典的边界归化方法, 即间接边界归化方法与直接边界归化方法 (见文献 [24], 关于积分方程则可见文献 [43]).

6.2.1 调和边值问题、Green 公式和基本解

考察以封闭光滑曲线 Γ 为边界的平面有界区域 Ω 内的 Laplace 方程的 Dirichlet 边值问题

$$\begin{cases} \Delta u = 0, & \Omega 内, \\ u = u_0, & \Gamma 上 \end{cases} \tag{6.2.1}$$

及 Neumann 边值问题

$$\begin{cases} \Delta u = 0, & \Omega 内, \\ \dfrac{\partial u}{\partial n} = g, & \Gamma 上, \end{cases} \tag{6.2.2}$$

其中 n 为 Γ 上的外法线方向. 边值问题 (6.2.1) 存在唯一解, 而边值问题 (6.2.2) 在满足相容性条件

$$\int_\Gamma g \, ds = 0 \tag{6.2.3}$$

时在差一个任意常数的意义下有唯一解.

类似地, 考察 Ω 的补集的内部 Ω' 上的 Laplace 方程的 Dirichlet 边值问题

$$\begin{cases} \Delta u = 0, & \Omega' 内, \\ u = u_0, & \Gamma 上 \end{cases} \tag{6.2.4}$$

及 Neumann 边值问题

$$\begin{cases} \Delta u = 0, & \Omega' 内, \\ \dfrac{\partial u}{\partial n} = g, & \Gamma 上. \end{cases} \tag{6.2.5}$$

边值问题 (6.2.4) 及 (6.2.5) 的解的唯一性依赖于其无穷远性态. 我们必须对解在无穷远处的性态作一定的限制才能保证解的唯一性. 这与有界区域的情况不同. 例如, 在单位圆周 $\Gamma = \{(x_1, x_2)|x_1^2 + x_2^2 = 1\}$ 上给出边界条件 $u_0 = 1$, 易验证

$$u = 1 \quad \text{及} \quad u = \ln \frac{1}{\sqrt{x_1^2 + x_2^2}} + 1$$

均为 (6.2.4) 的解. 通常, 要求解在无穷远处有界, 即当 $|x| \to \infty$ 时, $u(x) = O(1)$. 这样前例中第二个解便不满足此条件.

为了建立解的积分表达式, 我们要用到微积分学中著名的 Green 公式:

$$\int_\Omega v \Delta u \, dx_1 dx_2 = \int_\Gamma v \frac{\partial u}{\partial n} \, ds - \int_\Omega \nabla u \cdot \nabla v \, dx_1 dx_2, \tag{6.2.6}$$

以及第二 Green 公式

$$\int_\Omega (v \Delta u - u \Delta v) dx_1 dx_2 = \int_\Gamma \left(v \frac{\partial u}{\partial n} - u \frac{\partial v}{\partial n} \right) ds, \tag{6.2.7}$$

(6.2.7) 式可通过将 (6.2.6) 式中的 u 和 v 互换后与 (6.2.6) 相减得到, 以及二维 Laplace 方程的基本解

$$E(x, y) = -\frac{1}{2\pi} \ln r, \tag{6.2.8}$$

其中

$$r = |x - y| = \sqrt{(x_1 - y_1)^2 + (x_2 - y_2)^2}.$$

基本解 $E(x, y)$ 满足

$$-\Delta E(x, y) = \delta(x - y). \tag{6.2.9}$$

今后常记 $x = (x_1, x_2)$, $y = (y_1, y_2)$ 及 $dx = dx_1 dx_2$.

下面的定理给出了上述调和边值问题的解的积分表达式.

定理 6.2.1 设 u 为 Ω 和 Ω' 中二次可微函数, 分别存在边值 $u|_{\text{int } \Gamma}$, $u|_{\text{ext } \Gamma}$, $\frac{\partial u}{\partial n}\Big|_{\text{int } \Gamma}$ 和 $\frac{\partial u}{\partial n}\Big|_{\text{ext } \Gamma}$, 这里法线总是指向 Ω 的外部, 且 u 满足

$$\begin{cases} \Delta u = 0, & \Omega \cup \Omega' \text{内}, \\ u(x) = O(|x|^{-1}), & |\text{grad } u(x)| = O(|x|^{-2}), \quad |x| \to \infty \text{ 时}, \end{cases} \tag{6.2.10}$$

于是若 $y \in \Omega \cup \Omega'$,

$$u(y) = \frac{1}{2\pi} \int_\Gamma \left\{ [u(x)] \frac{\partial}{\partial n_x} \ln |x - y| - \left[\frac{\partial u(x)}{\partial n} \right] \ln |x - y| \right\} ds(x), \tag{6.2.11}$$

若 $y \in \Gamma$,

$$\frac{1}{2}\{u(y)|_{\text{int } \Gamma} + u(y)|_{\text{ext } \Gamma}\}$$

$$= \frac{1}{2\pi} \int_{\Gamma} \left\{ [u(x)] \frac{\partial}{\partial n_x} \ln|x-y| - \left[\frac{\partial u(x)}{\partial n}\right] \ln|x-y| \right\} ds(x), \qquad (6.2.12)$$

其中

$$\left[\frac{\partial u}{\partial n}\right] = \frac{\partial u}{\partial n}\Big|_{\text{int } \Gamma} - \frac{\partial u}{\partial n}\Big|_{\text{ext } \Gamma}$$

及

$$[u] = u|_{\text{int } \Gamma} - u|_{\text{ext } \Gamma}$$

表示 $\dfrac{\partial u}{\partial n}$ 及 u 越过边界 Γ 时的跃度.

应用 Green 公式即可证明此定理[24].

注 1 上述结果是对光滑边界而言的. 若边界 Γ 上有角点 y_0, 则 (6.2.11) 式仍成立, 而 (6.2.12) 式在 y_0 处应改为

$$\frac{\theta}{2\pi} u(y_0)|_{\text{int } \Gamma} + \frac{2\pi - \theta}{2\pi} u(y_0)|_{\text{ext } \Gamma}$$

$$= \frac{1}{2\pi} \int_{\Gamma} \left\{ [u(x)] \frac{\partial}{\partial n_x} \ln|x-y_0| - \left[\frac{\partial u(x)}{\partial n}\right] \ln|x-y_0| \right\} ds(x), \qquad (6.2.13)$$

其中 θ 为在 y_0 点 Γ 的两条切线在 Ω 内的夹角的弧度数.

注 2 若分别考虑 Ω 内及 Ω' 内的 Laplace 方程边值问题, 可以从 (6.2.11), (6.2.12) 及 (6.2.13) 得到

$$\int_{\Gamma} \left\{ u(x)|_{\text{int } \Gamma} \frac{\partial}{\partial n_x} \ln|x_y| - \frac{\partial u(x)}{\partial n_x}\Big|_{\text{int } \Gamma} \ln|x_y| \right\} ds(x)$$

$$= \begin{cases} 2\pi u(y), & y \in \Omega, \\ \theta u(y)|_{\text{int } \Gamma}, & y \in \Gamma, \\ 0, & y \in \Omega' \end{cases} \qquad (6.2.14)$$

及

$$\int_{\Gamma} \left\{ u(x)|_{\text{ext } \Gamma} \frac{\partial}{\partial n_x} \ln|x_y| - \frac{\partial u(x)}{\partial n_x}\Big|_{\text{ext } \Gamma} \ln|x_y| \right\} ds(x)$$

$$= \begin{cases} 2\pi u(y), & y \in \Omega', \\ (2\pi - \theta) u(y)|_{\text{ext } \Gamma}, & y \in \Gamma, \\ 0, & y \in \Omega. \end{cases} \qquad (6.2.15)$$

6.2.2　间接边界归化

间接边界归化是从基本解及位势理论出发将微分方程边值问题归化为 Fred-holm 积分方程. 这是最经典的边界归化方法. 此时积分方程的未知量并非原问题的解的边值, 而是引入了新的变量. 因此这一归化方法称为间接边界归化法.

今引入如下两个辅助变量:

$$\varphi = [u] = u|_{\text{int } \Gamma} - u|_{\text{ext } \Gamma} \tag{6.2.16}$$

及

$$q = \left[\frac{\partial u}{\partial n}\right] = \frac{\partial u}{\partial n}\bigg|_{\text{int } \Gamma} - \frac{\partial u}{\partial n}\bigg|_{\text{ext } \Gamma}. \tag{6.2.17}$$

当调和方程的解被解释为物理学中静电场的电位分布时, φ 表示在 Γ 两侧的电位的跃度, 相当于在 Γ 的内侧分布着负电荷而在 Γ 的外侧分布着等量的正电荷, 从而形成的电偶极子的矩在 Γ 上的分布密度; q 则表示 Γ 两侧电场强度法向分量的跃度, 相当于在 Γ 上分布的电荷密度.

在 u 连续通过 Γ 的情况下, 也即当 $[u(x)] = 0$ 时, 调和方程的解的积分表达式 (6.2.11) 化为

$$u(y) = -\frac{1}{2\pi} \int_\Gamma \left[\frac{\partial u(x)}{\partial n}\right] \ln|x - y| ds(x), \quad \forall y \in \mathbb{R}^2. \tag{6.2.18}$$

利用刚才引入的记号便得

$$u(y) = -\frac{1}{2\pi} \int_\Gamma q(x) \ln|x - y| ds(x), \quad \forall y \in \mathbb{R}^2. \tag{6.2.19}$$

这一表达式称为单层位势, 其物理意义即为当在 Γ 上分布密度为 q 的电荷时产生的电位场.

今利用单层位势对内外 Dirichlet 问题及 Neumann 问题作边界归化.

考察 Ω 或 Ω' 内的 Dirichlet 问题 (6.2.1) 或 (6.2.4), 此时 $u|_{\text{int } \Gamma} = u_0$ 或 $u|_{\text{ext } \Gamma} = u_0$ 为已知. 若解 u 可用单层位势 (6.2.19) 表示, 则电荷密度 $q(x)$ 应为如下第一类 Fredholm 积分方程之解:

$$-\frac{1}{2\pi} \int_\Gamma q(x) \ln|x - y| ds(x) = u_0(y), \quad y \in \Gamma. \tag{6.2.20}$$

由 (6.2.20) 解出 $q(x)$ 后再代入 (6.2.19) 便可得 Ω 内或 Ω' 内的解 u.

注意到在 (6.2.11) 的推导过程中, 我们对函数 u 在无穷远的性态作了较强的限制, 这实际上对 u 在 Γ 上的值也作了某种限制, 于是并非所有的解函数 u 都可用

单层位势 (6.2.19) 表示. 当然这一限制只是表示成单层位势的条件, 并非原定解问题有解的必要条件. 可以证明, 若解 u 不能用单层位势表示, 则它必可表示为

$$u(y) = -\frac{1}{2\pi}\int_\Gamma q(x)\ln|x-y|ds(x) + C, \qquad (6.2.21)$$

其中 C 为某常数. 于是我们仍得第一类 Fredholm 积分方程:

$$-\frac{1}{2\pi}\int_\Gamma q(x)\ln|x-y|ds(x) = u_0(y) - C, \quad y \in \Gamma. \qquad (6.2.22)$$

由 (6.2.22) 解出 $q(x)$ 后再应用 (6.2.21) 即可得解函数 u.

对 Neumann 边值问题, 假定已知的边界法向导数值 g 满足相容性条件 (6.2.3). 这一条件是 Neumann 内问题有解的必要条件. 设 u 是相应的外问题 (6.2.5) 在 Ω' 中的一个解, u_0 是其在 Γ 上的迹, 通过解 Dirichlet 内问题 (6.2.1) 将 u 延拓到 Ω 内. 于是根据定理 6.2.1 之 (6.2.11) 式, 有单层位势表示 (6.2.19), 其中 $q = [\partial u/\partial n]$.

定理 6.2.2 若 u 满足定理 6.2.1 的假设, 且 $[u] = 0$, 则对所有 $y \in \Gamma$ 有

$$\left.\frac{\partial u(y)}{\partial n}\right|_{\text{ext }\Gamma} = -\frac{1}{2}q(y) - \frac{1}{2\pi}\int_\Gamma q(x)\frac{\partial}{\partial n_y}\ln|x_y|ds(x), \qquad (6.2.23)$$

及

$$\left.\frac{\partial u(y)}{\partial n}\right|_{\text{int }\Gamma} = \frac{1}{2}q(y) - \frac{1}{2\pi}\int_\Gamma q(x)\frac{\partial}{\partial n_y}\ln|x_y|ds(x). \qquad (6.2.24)$$

其证明可见文献 [24].

由定理 6.2.2 我们得到 Neumann 外问题 (6.2.5) 在 Γ 上的积分方程

$$-\frac{1}{2}q(y) - \frac{1}{2\pi}\int_\Gamma q(x)\frac{\partial}{\partial n_y}\ln|x_y|ds(x) = g(y). \qquad (6.2.25)$$

这是一个第二类 Fredholm 积分方程. 而对于 Neumann 内问题 (6.2.2) 则有如下第二类 Fredholm 积分方程:

$$\frac{1}{2}q(y) - \frac{1}{2\pi}\int_\Gamma q(x)\frac{\partial}{\partial n_y}\ln|x_y|ds(x) = g(y). \qquad (6.2.26)$$

解出 $q(y)$ 后仍可由单层位势表达式 (6.2.19) 得到原问题的解 u.

现在我们假设解的法向导数在边界连续, 即 $[\partial u/\partial n] = 0$, 并利用辅助变量 $\varphi = [u]$. 此时定理 6.2.1 中的 (6.2.11) 式化为

$$u(y) = \frac{1}{2\pi}\int_\Gamma \varphi(x)\frac{\partial}{\partial n_x}\ln|x-y|ds(x), \quad \forall y \in \Omega \cup \Omega'. \qquad (6.2.27)$$

由于它相应于在 Γ 上分布密度为 φ 的电偶极子矩时在 $\mathbb{R}^2$ 中产生的电场, 故称之为双层位势.

考虑 Dirichlet 内问题 (6.2.1), $u|_{\text{int }\Gamma} = u_0$. 作 u 在 Ω' 的延拓, 使得 $[\partial u/\partial n] = 0$. 于是 u 有双层位势表示 (6.2.27). 我们可由定理 6.2.1 之 (6.2.12) 式得到联系 φ 和 u_0 的方程:

$$\varphi(y) = 2u_0 - (u|_{\text{int }\Gamma} + u|_{\text{ext }\Gamma})$$

$$= 2u_0 - \frac{1}{\pi}\int_\Gamma \varphi(x)\frac{\partial}{\partial n_x}\ln|x-y|ds(x),$$

即

$$\frac{1}{2}\varphi(y) + \frac{1}{2\pi}\int_\Gamma \varphi(x)\frac{\partial}{\partial n_x}\ln|x-y|ds(x) = u_0(y). \tag{6.2.28}$$

这是 Γ 上的第二类 Fredholm 积分方程. 由 (6.2.28) 解出 $\varphi(x)$ 后即可由 (6.2.27) 得到解函数 u.

对于 Dirichlet 外问题 (6.2.4), $u|_{\text{ext }\Gamma} = u_0$, 同样可得

$$\varphi(y) = (u|_{\text{int }\Gamma} + u|_{\text{ext }\Gamma}) - 2u_0$$

$$= \frac{1}{\pi}\int_\Gamma \varphi(x)\frac{\partial}{\partial n_x}\ln|x-y|ds(x) - 2u_0,$$

也即

$$-\frac{1}{2}\varphi(y) + \frac{1}{2\pi}\int_\Gamma \varphi(x)\frac{\partial}{\partial n_x}\ln|x-y|ds(x) = u_0(y). \tag{6.2.29}$$

这也是 Γ 上的第二类 Fredholm 积分方程.

上面得到的边界积分方程都是第一类或第二类 Fredholm 积分方程, 其积分核都是 log 型弱奇异核或 Cauchy 型奇异核.

如果要用双层位势求解 Neumann 问题, 需要求其法向导数. 因为双层位势表达式 (6.2.27) 仅在 Ω 或 Ω' 中成立, 我们只能在 $y \notin \Gamma$, 即当点 y 不在边界上时利用 (6.2.27) 式并求导数, 然后令 y 从 Ω 或 Ω' 内趋向 Γ, 从而得到相应于 Neumann 内问题或外问题的含强奇异积分核的 Hadamard 型第一类积分方程:

$$\frac{1}{2\pi}\int_\Gamma \varphi(x)\frac{\partial^2}{\partial n_y\partial n_x}\ln|x-y|ds(x) = g(y). \tag{6.2.30}$$

上式左端的积分核有 $|x-y|^{-2}$ 型超奇异性, 该积分应理解为广义函数意义下发散积分的有限部分.

上述边界归化方法同样可应用于三维区域. 对于三维区域 Ω 或 Ω' 内的 Laplace 方程的第一类及第二类边值问题, 我们有下列类似的结果.

用单层位势表示:

$$u(y) = \frac{1}{4\pi}\int_\Gamma \frac{q(x)}{|x-y|}ds(x), \quad \forall y \in \mathbb{R}^3, \tag{6.2.31}$$

对 Dirichlet 问题得到含弱奇异核的第一类 Fredholm 积分方程

$$\frac{1}{4\pi}\int_\Gamma \frac{q(x)}{|x-y|}ds(x)=u_0(y),\quad y\in\Gamma, \tag{6.2.32}$$

对 Neumann 内问题或外问题则得到含 Cauchy 型奇异核的第二类 Fredholm 积分方程

$$\frac{1}{2}q(y)+\frac{1}{4\pi}\int_\Gamma q(x)\frac{\partial}{\partial n_y}\left(\frac{1}{|x-y|}\right)ds(x)=g(y),\quad y\in\text{int }\Gamma, \tag{6.2.33}$$

或

$$-\frac{1}{2}q(y)+\frac{1}{4\pi}\int_\Gamma q(x)\frac{\partial}{\partial n_y}\left(\frac{1}{|x-y|}\right)ds(x)=g(y),\quad y\in\text{ext }\Gamma. \tag{6.2.34}$$

用双层位势表示:

$$u(y)=-\frac{1}{4\pi}\int_\Gamma \varphi(x)\frac{\partial}{\partial n_x}\left(\frac{1}{|x-y|}\right)ds(x),\quad \forall y\in\Omega\cup\Omega', \tag{6.2.35}$$

对 Dirichlet 内问题或外问题得到含 Cauchy 型奇异核的第二类 Fredholm 积分方程

$$\frac{1}{2}\varphi(y)-\frac{1}{4\pi}\int_\Gamma \varphi(x)\frac{\partial}{\partial n_x}\left(\frac{1}{|x-y|}\right)ds(x)=u_0(y),\quad y\in\text{int }\Gamma, \tag{6.2.36}$$

或

$$-\frac{1}{2}\varphi(y)-\frac{1}{4\pi}\int_\Gamma \varphi(x)\frac{\partial}{\partial n_x}\left(\frac{1}{|x-y|}\right)ds(x)=u_0(y),\quad y\in\text{ext }\Gamma, \tag{6.2.37}$$

对 Neumann 问题则得到含超奇异核的 Hadamard 型积分方程

$$-\frac{1}{4\pi}\int_\Gamma \varphi(x)\frac{\partial^2}{\partial n_y\partial n_x}\left(\frac{1}{|x-y|}\right)ds(x)=g(y),\quad y\in\Gamma. \tag{6.2.38}$$

可以看出, 三维情况与二维情况的差别仅在于以三维调和方程的基本解

$$E(x,y)=\frac{1}{4\pi|x-y|} \tag{6.2.39}$$

代替二维调和方程的基本解

$$E(x,y)=\frac{1}{2\pi}\ln\frac{1}{|x-y|}. \tag{6.2.40}$$

当然, 当 Ω 或 Ω' 为三维区域时, 其边界 Γ 为二维曲面.

由上述结果可见, 无论对 Dirichlet 问题还是对 Neumann 问题, 都有用单层位势表示及用双层位势表示两种方法. 经典的边界积分方程法用双层位势表示 Dirichlet

问题的解而用单层位势表示 Neumann 问题的解, 这样导致第二类 Fredholm 积分方程, 利用经典的 Fredholm 定理可以得到其解的存在性, 而且其积分核并非弱奇异或强奇异, 已有成熟的数值求解方法. 然而这种归化失去了原问题的自伴性等有用的性质, 增加了理论分析和数值计算上的困难. 于是近年来利用单层位势表示 Dirichlet 问题的解及利用双层位势表示 Neumann 问题的解, 从而得到弱奇异或强奇异的第一类积分方程的归化方法也已引起充分重视.

6.2.3　直接边界归化

直接边界归化则是从基本解和 Green 公式出发直接得到边界积分方程. 工程界常用的加权余量法也可归入这一类型. 这种归化一般也失去了原问题的自伴性等有用的性质, 从而离散化后得到的线性代数方程组的系数矩阵一般是非对称的. 与间接法不同的是, 直接法并不引入新的变量, 积分方程的未知量就是原问题未知量及其导数的边值. 由于这一方法易于理解且便于应用, 因此很受工程界的欢迎[29].

仍考察有光滑边界 Γ 的二维区域 Ω 内的 Laplace 方程的边值问题. 我们有第二 Green 公式

$$\int_{\Omega}(v\Delta u - u\Delta v)dx = \int_{\Gamma}\left(v\frac{\partial u}{\partial n} - u\frac{\partial v}{\partial n}\right)ds. \tag{6.2.41}$$

在上式中取 u 为所考察边值问题的解, $\Delta u = 0$, 而取 $v = E(x,y)$ 为 Laplace 方程的基本解, 例如对二维问题取

$$E(x,y) = \frac{1}{2\pi}\ln\frac{1}{|x-y|}.$$

由于

$$-\Delta E(x,y) = \delta(x-y),$$

其中 $\delta(\cdot)$ 为 Dirac-δ 函数. 我们由 (6.2.41) 立即得到

$$\int_{\Gamma}\left\{E(x,y)\frac{\partial u(x)}{\partial n} - u(x)\frac{\partial}{\partial n_x}E(x,y)\right\}ds(x)$$
$$= \begin{cases} u(y), & y \in \Omega, \\ \frac{1}{2}u(y), & y \in \Gamma, \\ 0, & y \notin \overline{\Omega}. \end{cases} \tag{6.2.42}$$

从而将 $E(x,y)$ 的表达式代入便有

$$u(y) = \frac{1}{2\pi}\int_{\Gamma}\left\{u(x)\frac{\partial}{\partial n_x}\ln|x-y| - \frac{\partial u(x)}{\partial n}\ln|x-y|\right\}ds(x), \quad y \in \Omega. \tag{6.2.43}$$

此即解的积分表达式. 对 (6.2.43) 两边求法向导数可得

$$\frac{\partial u(y)}{\partial n} = \frac{1}{2\pi} \int_\Gamma \left\{ u(x) \frac{\partial^2}{\partial n_y \partial n_x} \ln|x-y| \right.$$

$$\left. - \frac{\partial u(x)}{\partial n} \frac{\partial}{\partial n_y} \ln|x-y| \right\} ds(x), \quad y \in \Omega. \qquad (6.2.44)$$

对 Dirichlet 问题, 在 (6.2.43) 中令 $y \to \Gamma$, 注意到单层位势越过边界时的连续性及双层位势越过边界时的跳跃性质, 可以得到以 $u_n = \partial u(x)/\partial n|_\Gamma$ 为未知量的积分方程:

$$-\frac{1}{2\pi} \int_\Gamma u_n(x) \ln|x-y| ds(x)$$

$$= \frac{1}{2} u_0(y) - \frac{1}{2\pi} \int_\Gamma u_0(x) \frac{\partial}{\partial n_x} \ln|x-y| ds(x), \quad y \in \Gamma. \qquad (6.2.45)$$

这是一个第一类 Fredholm 积分方程, 含 log 型奇异核. 此式也可由 (6.2.42) 中 $y \in \Gamma$ 的情况直接得到:

$$\int_\Gamma u_n(x) E(x,y) ds(x)$$

$$= \frac{1}{2} u_0(y) + \int_\Gamma u_0(x) \frac{\partial}{\partial n_x} E(x,y) ds(x), \quad y \in \Gamma. \qquad (6.2.46)$$

对 Neumann 问题, u_n 已知, 则可将此式写成以 u_0 为变量的积分方程:

$$\frac{1}{2} u_0(y) + \int_\Gamma u_0(x) \frac{\partial}{\partial n_x} E(x,y) ds(x)$$

$$= \int_\Gamma u_n(x) E(x,y) ds(x), \quad y \in \Gamma. \qquad (6.2.47)$$

这是一个含 Cauchy 型奇异核的第二类 Fredholm 积分方程.

我们还可由 (6.2.44) 出发得到如下两个边界积分方程. 对 Dirichlet 问题, 有

$$\frac{1}{2} u_n(y) - \int_\Gamma u_n(x) \frac{\partial}{\partial n_y} E(x,y) ds(x)$$

$$= -\int_\Gamma u_0(x) \frac{\partial^2}{\partial n_y \partial n_x} E(x,y) ds(x), \quad y \in \Gamma, \qquad (6.2.48)$$

这是含 Cauchy 型奇异核的第二类 Fredholm 积分方程. 对 Neumann 问题则应将上式改写成

$$-\int_\Gamma u_0(x) \frac{\partial^2}{\partial n_y \partial n_x} E(x,y) ds(x)$$

$$= \frac{1}{2} u_n(y) - \int_\Gamma u_n(x) \frac{\partial}{\partial n_y} E(x,y) ds(x), \quad y \in \Gamma, \qquad (6.2.49)$$

这是一个含有 Hadamard 型超奇异核的第一类积分方程.

我们也可直接从前面得到的 Ω 或 Ω' 内的解的积分表达式 (6.2.14) 或 (6.2.15) 出发得到边界积分方程, 其中 $\theta = \theta(y)$ 为 Γ 上 y 点处两条切线夹角的弧度值, 对于边界上的光滑点该值为 π.

注意到 Laplace 方程的基本解加上任意一个调和函数仍为其基本解, 从而基本解 $E(x, y)$ 并不唯一. 我们可以从任一基本解出发实现上述边界归化, 这样便可得到无穷多个不同的边界积分方程. 当然, 我们希望得到的边界积分方程尽可能保持原问题的基本性质, 有比较简单的数学形式, 并易于数值求解.

6.3　自然边界归化

与国际上流行的直接边界归化和间接边界归化都不相同, 自然边界归化有许多独特的优点. 这一边界归化方法的基本思想是由我国学者冯康院士在二十世纪七十年代首先提出的. 本书第一作者发展并完善了这一方法[21].

6.3.1　自然边界归化原理

自然边界归化是从 Green 公式及 Green 函数出发的一种特殊的直接归化方法. 由于具有一般的直接边界归化所不具备的许多独特之处, 它被作为一种新的边界归化方法而与经典的直接法和间接法相并列.

考察具有光滑边界 Γ 的平面有界区域 Ω(图 6.3.1) 中的调和方程 Neumann 边值问题

$$\begin{cases} -\Delta u = 0, & \Omega\text{内}, \\ \dfrac{\partial u}{\partial n} = u_n, & \Gamma\text{上}, \end{cases} \tag{6.3.1}$$

其中 $u_n \in H^{-1/2}(\Gamma)$ 并满足相容性条件

$$\int_\Gamma u_n ds = 0. \tag{6.3.2}$$

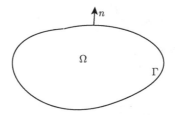

图 6.3.1　区域及其边界

边值问题 (6.3.1) 等价于如下变分问题:

$$\begin{cases} 求 u \in H^1(\Omega) \qquad 使得 \\ Q(u,v) = F(v), \quad \forall v \in H^1(\Omega), \end{cases} \tag{6.3.3}$$

或能量泛函的极小化问题:

$$\begin{cases} 求 u \in H^1(\Omega) \qquad 使得 \\ J(u) = \min_{v \in H^1(\Omega)} J(v), \end{cases} \tag{6.3.4}$$

其中

$$Q(u,v) = \int_\Omega \nabla u \cdot \nabla v dx,$$

$$F(v) = \int_\Gamma u_n v ds,$$

$$J(v) = \frac{1}{2} Q(v,v) - F(v).$$

与通常的边界归化采用基本解不同, 在自然边界归化中我们采用 Green 函数 $G(x,y)$, 它满足

$$\begin{cases} -\Delta G(x,y) = \delta(x-y), \\ G(x,y)|_{x \in \Gamma} = 0. \end{cases} \tag{6.3.5}$$

由 Green 第二公式 (6.2.41), 并取 u 满足 $\Delta u = 0$, $v = G(x,y)$, 即得调和方程的解的积分表达式:

$$u(y) = -\int_\Gamma u_0(x) \frac{\partial}{\partial n_x} G(x,y) ds(x), \quad \forall y \in \Omega. \tag{6.3.6}$$

我们称之为 Poisson 积分公式, 其中 $u_0 = u|_\Gamma$. 对 (6.3.6) 式取法向导数并令 y 由 Ω 内部趋向边界 Γ, 便得相应于平面 Neumann 问题 (6.3.1) 的边界积分方程的形式表达式:

$$u_n(y) = -\int_\Gamma \frac{\partial^2}{\partial n_y \partial n_x} G(x,y) u_0(x) ds(x), \quad y \in \Gamma, \tag{6.3.7}$$

我们称之为自然积分方程, 其右端积分含超奇异积分核.

作边界 Γ 上的双线性型

$$\widehat{Q}(u_0, v_0) = -\int_\Gamma \int_\Gamma \frac{\partial^2}{\partial n_y \partial n_x} G(x,y) u_0(x) v_0(y) ds(x) ds(y),$$

令

$$\widehat{J}(v_0) = \frac{1}{2} \widehat{Q}(v_0, v_0) - F(v_0).$$

则自然积分方程 (6.3.7) 等价于变分问题:

$$\begin{cases} 求\ u_0 \in H^{\frac{1}{2}}(\Gamma) & 使得 \\ \widehat{Q}(u_0, v_0) = F(v_0), \quad \forall v_0 \in H^{\frac{1}{2}}(\Gamma), \end{cases} \tag{6.3.8}$$

或能量泛函的极小化问题:

$$\begin{cases} 求 u_0 \in H^{\frac{1}{2}}(\Gamma) & 使得 \\ \widehat{J}(u_0) = \min_{v_0 \in H^{\frac{1}{2}}(\Gamma)} \widehat{J}(v_0). \end{cases} \tag{6.3.9}$$

可以证明变分问题 (6.3.8) 或 (6.3.9) 在商空间 $H^{1/2}(\Gamma)/P_0$ 中存在唯一解, 且解连续依赖于给定边值 u_n, 其中 P_0 表示零次多项式即常数函数全体. 这与原边值问题的变分问题 (6.3.3) 或 (6.3.4) 在商空间 $H^1(\Omega)/P_0$ 中存在唯一解是一致的. 于是可以通过解变分问题 (6.3.8) 或 (6.3.9) 求得自然积分方程 (6.3.7) 的解 $u_0(x)$, 然后通过 Poisson 积分公式 (6.3.6) 求得原边值问题的解 u.

6.3.2　典型域上的自然边界归化

前面得到的自然积分方程 (6.3.7) 和 Poisson 积分公式 (6.3.6) 只是形式表示. 为了得到它们在典型区域上的具体表达式, 可以通过 Green 函数法、Fourier 变换或 Fourier 级数法及复变函数论方法等三种不同的途径. 这里我们仅给出关于调和方程边值问题的若干结果, 其中仅对上半平面情况给出推导. 对于重调和边值问题、平面弹性问题及 Stokes 问题等其他类型的微分方程边值问题同样有一系列结果, 限于篇幅不再介绍, 有兴趣者可参阅本书第一作者的有关论著.

6.3.2.1　Ω 为上半平面

当区域 Ω 为上半平面时 (图 6.3.2), 可得如下 Poisson 积分公式:

$$\begin{aligned} u(y_1, y_2) &= \frac{1}{\pi} \int_{-\infty}^{\infty} \frac{y_2}{(y_1 - x_1)^2 + y_2^2} u_0(x_1) dx_1 \\ &= \frac{y_2}{\pi(y_1^2 + y_2^2)} * u_0(y_1), \quad y_2 > 0, \end{aligned} \tag{6.3.10}$$

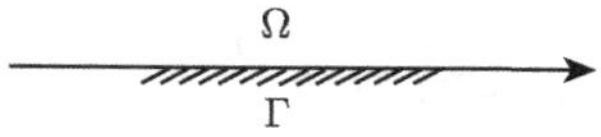

图 6.3.2　上半平面

以及自然积分方程

$$u_n(y_1) = -\frac{1}{\pi} \int_{-\infty}^{\infty} \frac{u_0(x_1)}{(y_1 - x_1)^2} dx_1$$
$$= -\frac{1}{\pi y_1^2} * u_0(y_1), \tag{6.3.11}$$

其中 $*$ 表示关于变量 y_1 的卷积.

(6.3.10) 及 (6.3.11) 可以通过以下三个途径得到.

1) Green 函数法

应用此法的前提是能得到关于该区域的 Green 函数. 利用静电源象法即镜象法, 由调和方程的基本解

$$E(x, y) = -\frac{1}{4\pi} \ln[(x_1 - y_1)^2 + (x_2 - y_2)^2] \tag{6.3.12}$$

容易求得调和方程关于上半平面区域的 Green 函数为

$$G(x, y) = \frac{1}{4\pi} \ln \frac{(x_1 - y_1)^2 + (x_2 + y_2)^2}{(x_1 - y_1)^2 + (x_2 - y_2)^2}. \tag{6.3.13}$$

由此可得

$$-\frac{\partial}{\partial n_x} G(x, y)\Big|_{x_2 = 0} = \frac{y_2}{\pi[(x_1 - y_1)^2 + y_2^2]}$$

及

$$\lim_{y_2 \to 0_+} \frac{\partial^2}{\partial n_y \partial n_x} G(x, y)\Big|_{x_2 = 0} = \frac{1}{\pi(x_1 - y_1)^2}.$$

于是我们得到上半平面内调和边值问题的 Poisson 积分公式 (6.3.10) 及自然积分方程 (6.3.11).

2) Fourier 变换法

对调和方程取 x_1 到 ξ 的 Fourier 变换, 可得

$$\frac{d^2 U}{dx_2^2} - \xi^2 U = 0,$$

其中

$$U(\xi, x_2) = \int_{-\infty}^{\infty} e^{-ix_1\xi} u(x_1, x_2) dx_1 \equiv \mathcal{F}[u(x_1, x_2)].$$

于是可解得

$$U(\xi, x_2) = e^{-|\xi|x_2} U(\xi, 0),$$

对 x_2 求导数可得

$$-\frac{\partial}{\partial x_2} U(\xi, 0) = |\xi| U(\xi, 0).$$

由于

$$\mathcal{F}\left[\frac{x_2}{\pi(x_1^2+x_2^2)}\right]=e^{-|\xi|x_2},$$

$$\mathcal{F}\left[-\frac{1}{\pi x_1^2}\right]=|\xi|,$$

故对上述二式取 Fourier 逆变换后即可得 (6.3.10) 及 (6.3.11), 只是变量 (y_1, y_2) 被换成 (x_1, x_2) 了.

当 Ω 为圆域时, 则采用级数展开法.

3) 复变函数论方法

此法的关键在于得到解的复变函数表示. 迄今为止, 我们已知如下几类典型的椭圆型方程的解的复变函数表示.

设 $u(x_1, x_2)$ 或 $u(x_1, x_2)$ 及 $p(x_1, x_2)$ 均为 Ω 上实函数, $z=x_1+ix_2$, $\bar{z}=x_1-ix_2$, $\varphi(z)$ 及 $\psi(z)$ 为 Ω 上的解析函数, Re ($\cdot$) 和 Im ($\cdot$) 分别表示复函数的实部和虚部.

a. 调和方程:

$$\Delta u = 0 \qquad \Longleftrightarrow$$

$$u = \text{Re } \varphi(z). \tag{6.3.14}$$

b. 重调和方程:

$$\Delta^2 u = 0 \qquad \Longleftrightarrow$$

$$u = \text{Re } [\varphi(z)\bar{z}+\psi(z)]. \tag{6.3.15}$$

c. 平面弹性方程:

$$\mu\Delta \boldsymbol{u} + (\lambda+\mu)\text{grad div } \boldsymbol{u} = 0 \qquad \Longleftrightarrow$$

$$\begin{cases} u_1 = \dfrac{1}{2\mu}\text{Re } \left[\dfrac{\lambda+3\mu}{\lambda+\mu}\varphi(z) - \bar{z}\varphi'(z) - \psi'(z)\right], \\[3mm] u_2 = \dfrac{1}{2\mu}\text{Im } \left[\dfrac{\lambda+3\mu}{\lambda+\mu}\varphi(z) + \bar{z}\varphi'(z) + \psi'(z)\right]. \end{cases} \tag{6.3.16}$$

d. Stokes 方程:

$$\begin{cases} -\nu\Delta \boldsymbol{u} + \text{grad } p = 0, \\[2mm] \text{div } \boldsymbol{u} = 0 \end{cases} \qquad \Longleftrightarrow$$

$$\begin{cases} u_1 = \text{Re } [-\varphi'(z)\bar{z} + \varphi(z) - \psi(z)], \\[2mm] u_2 = \text{Im } [\varphi'(z)\bar{z} + \varphi(z) + \psi(z)], \\[2mm] p = -4\nu\text{Re } \varphi'(z). \end{cases} \tag{6.3.17}$$

最后一个结果即 Stokes 方程的解的复变函数表示是由本书第一作者在 1986 年得到的.

仍讨论上半平面调和方程的自然边界归化. 设

$$u(x_1, x_2) = \operatorname{Re} f(z),$$

其中

$$f(z) = u(x_1, x_2) + iv(x_1, x_2)$$

为上半平面的解析函数. 取 Cauchy 积分公式

$$f(x_1, 0) = \frac{1}{\pi i} \int_{-\infty}^{\infty} \frac{f(y_1, 0)}{y_1 - x_1} dy_1$$

的虚部, 有

$$v(x_1, 0) = -\frac{1}{\pi} \int_{-\infty}^{\infty} \frac{u(y_1, 0)}{y_1 - x_1} dy_1 = \frac{1}{\pi x_1} * u_0(x_1).$$

于是由 Cauchy-Riemann 条件, 便得

$$u_n(x_1) = -\frac{\partial u}{\partial x_2}(x_1, 0) = \frac{\partial v}{\partial x_1}(x_1, 0)$$

$$= -\frac{1}{\pi x_1^2} * u_0(x_1).$$

此即自然积分方程 (6.3.11).

6.3.2.2 Ω 为单位圆内部

当 Ω 为单位圆内部时 (图 6.3.3), 调和方程的 Green 函数为

$$G(p, p') = \frac{1}{4\pi} \ln \frac{1 + r^2 r'^2 - 2rr' \cos(\theta - \theta')}{r^2 + r'^2 - 2rr' \cos(\theta - \theta')}, \tag{6.3.18}$$

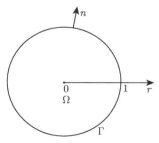

图 6.3.3   单位圆内部

并可得如下 Poisson 积分公式和自然积分方程:

$$u(r,\theta) = \frac{1 - r^2}{2\pi(1 + r^2 - 2r\cos\theta)} * u_0(\theta), \quad 0 \leqslant r < 1, \tag{6.3.19}$$

$$u_n(\theta) = -\frac{1}{4\pi\sin^2\dfrac{\theta}{2}} * u_0(\theta), \tag{6.3.20}$$

其中 $p = (r,\theta)$, $p' = (r',\theta')$ 为极坐标.

6.3.2.3 Ω 为单位圆外部

当 Ω 为单位圆外部时 (图 6.3.4), 可得如下 Poisson 积分公式和自然积分方程:

$$u(r,\theta) = \frac{r^2 - 1}{2\pi(1 + r^2 - 2r\cos\theta)} * u_0(\theta), \quad r > 1, \tag{6.3.21}$$

$$u_n(\theta) = -\frac{1}{4\pi\sin^2\dfrac{\theta}{2}} * u_0(\theta). \tag{6.3.22}$$

(6.3.22) 式与 (6.3.20) 式完全相同.

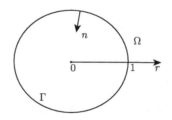

图 6.3.4   单位圆外部

6.3.2.4 Ω 是半径为 R 的圆内部或圆外部

此时我们有如下 Poisson 积分公式和自然积分方程:

$$u(r,\theta) = \frac{R^2 - r^2}{2\pi(R^2 + r^2 - 2Rr\cos\theta)} * u_0(\theta), \quad 0 \leqslant r < R, \tag{6.3.23}$$

$$u(r,\theta) = \frac{r^2 - R^2}{2\pi(R^2 + r^2 - 2Rr\cos\theta)} * u_0(\theta), \quad r > R, \tag{6.3.24}$$

$$u_n(\theta) = -\frac{1}{4\pi R\sin^2\dfrac{\theta}{2}} * u_0(\theta). \tag{6.3.25}$$

6.3.2.5 Ω 为一般单连通区域

当 Ω 为一般单连通区域时, 若有保角映射 $w = F(z)$ 映 Ω 为单位圆内部, 则关于 Ω 的 Poisson 积分公式及自然积分方程的积分核分别为

$$P(z, z') = \frac{|F'(z')|(1 - |F(z)|^2)}{2\pi|F(z) - F(z')|^2}, \quad z \in \Omega, z' \in \Gamma, \tag{6.3.26}$$

以及

$$K(z, z') = -\frac{|F'(z)F'(z')|}{\pi|F(z) - F(z')|^2}, \quad z, z' \in \Gamma. \tag{6.3.27}$$

6.3.3 自然积分算子的性质

我们将自然积分方程简记为

$$u_n = \mathcal{K}u_0, \tag{6.3.28}$$

并称 $\mathcal{K}$ 为自然积分算子. 由于这一算子正是区域内函数的 Dirichlet 边值到 Neumann 边值的映射, 故也称为 Dirichlet-Neumann 算子, 或简称 D-N 算子. 对单位圆内或外区域的调和边值问题,

$$\mathcal{K} = -\frac{1}{4\pi \sin^2 \dfrac{\theta}{2}} * .$$

单位圆内 (外) 调和自然积分算子 $\mathcal{K}$ 有如下性质:

(1) 该算子为 $+1$ 阶拟微分算子;

(2) 该算子的逆算子为

$$\mathcal{N} = \frac{1}{\pi} \ln \left| 2\sin\frac{\theta}{2} \right| *,$$

它是 -1 阶拟微分算子;

(3) 该算子满足关系

$$\mathcal{K}^2 = \left(-\frac{1}{4\pi \sin^2 \dfrac{\theta}{2}} \right) * \left(-\frac{1}{4\pi \sin^2 \dfrac{\theta}{2}} \right) * = -\frac{\partial^2}{\partial \theta^2};$$

(4) 由该算子导出的双线性型 $\widehat{Q}(u_0, v_0)$ 为商空间 $H^{1/2}(\Gamma)/P_0$ 上的对称正定连续 V- 椭圆双线性型.

定理 6.3.1 若已知边值 $u_n \in H^{-1/2}(\Gamma)$, 且满足相容性条件 (6.3.2), 则相应于自然积分方程 (6.3.28) 的变分问题在商空间 $H^{1/2}(\Gamma)/P_0$ 中存在唯一解 u_0, 且解连续依赖于已知边值:

$$\|u_0\|_{H^{1/2}(\Gamma)/P_0} \leqslant \sqrt{2} \|u_n\|_{H^{-1/2}(\Gamma)}.$$

证明　在商空间 $H^{1/2}(\Gamma)/P_0$ 中考察变分问题

$$\begin{cases} \text{求} u_0 \in H^{\frac{1}{2}}(\Gamma) & \text{使得} \\ \widehat{Q}(u_0, v_0) = F(v_0), & \forall v_0 \in H^{\frac{1}{2}}(\Gamma). \end{cases} \tag{6.3.29}$$

根据前述 $\widehat{Q}(\cdot, \cdot)$ 的性质及 Lax-Milgram 引理, 即得此变分问题在商空间 $H^{1/2}(\Gamma)/P_0$ 中的解的存在唯一性. 今设 u_0 为其解, 则有

$$\frac{1}{\sqrt{2}}\|u\|^2_{H^{1/2}(\Gamma)/P_0} \leqslant \widehat{Q}(u_0, u_0) = \int_0^{2\pi} u_n u_0 d\theta$$
$$\leqslant \|u_n\|_{H^{-1/2}(\Gamma)}\|u_0\|_{H^{1/2}(\Gamma)/P_0},$$

即得

$$\|u_0\|_{H^{1/2}(\Gamma)/P_0} \leqslant \sqrt{2}\|u_n\|_{H^{-1/2}(\Gamma)}. \qquad \blacksquare$$

对于由其他典型的椭圆边值问题导出的自然积分算子也可类似地研究其性质.

6.4　边界积分方程的数值解法

在通过不同途径得到各种类型的边界积分方程后, 接下来的问题便是如何离散化求解这些积分方程. 下面简要介绍几种常用的方法.

6.4.1　配置法

配置法是边界元计算中最常用的方法之一. 它以满足纯插值约束条件的方式寻求边界积分方程的近似解. 为了在边界上离散化求解积分方程, 首先把边界剖分成单元. 在二维情况下通常取直线段边界单元, 而在三维情况下则常取平面三角形或四边形边界单元. 在每个单元上根据插值约束条件确定一定数目的节点, 然后在节点上配置插值.

最简单的插值是分段常数插值. 假定边界上的物理量在每个单元上是常量, 再把整个边界上的积分离散化为在每个单元上的积分, 从而得到一个以结点处有关物理量为未知量的线性方程组. 与有限元法得到的系数矩阵带状稀疏显著不同, 配置法得到的系数矩阵是满矩阵, 即矩阵系数中零的个数很少甚至没有.

例如, 对边界积分方程

$$\int_\Gamma K(x, y)u_0(x)ds(x) = f(y), \tag{6.4.1}$$

设

$$u_{0h}(x) = \sum_{j=1}^N U_j \varphi_j(x),$$

用配置法离散化便得如下线性代数方程组:

$$\sum_{j=1}^{N} \left[\int_{\Gamma} K(x, y_i)\varphi_j(x)ds(x) \right] U_j = f(y_i), \quad i = 1, 2, \cdots, N. \tag{6.4.2}$$

在求得边界上函数 u_0 的节点值 $u_0(x_j)$ $(j = 1, \cdots, N)$ 后, 将它代入解的积分表达式的离散化公式, 便可求得区域内任意点处的解函数值.

配置法简单易行, 计算量小, 因此常被工程界使用, 但不便于理论分析.

6.4.2 Galerkin 法

边界积分方程通常也可写成等价的变分形式, 从而可用有限元法求解之. 由于有限元法已有成熟的理论, 故容易对其进行理论分析. 当然此时为求得代数方程组的每个系数, 都需要在边界上计算二重积分, 还要适当处理奇异积分, 一般要花费大量计算时间, 甚至求解线性代数方程组所用时间与之相比都显得微不足道. 在这里, 用有限元法求解典型域上的自然积分方程是一个例外, 因为在这些情况下, 我们只需要计算一部分系数, 而且每个系数的计算量也很小.

考察如下第一类 Fredholm 积分方程:

$$-\frac{1}{2\pi} \int_{\Gamma} q(x)\ln|x - y|ds(x) = f(y), \quad y \in \Gamma. \tag{6.4.3}$$

令

$$Q(q, p) = -\frac{1}{2\pi} \int_{\Gamma} \int_{\Gamma} \ln|x - y|q(x)p(y)ds(x)ds(y),$$

于是 (6.4.3) 等价于变分问题:

$$\begin{cases} 求 q(x) \in H^{-\frac{1}{2}}(\Gamma) & 使得 \\ Q(q, p) = \int_{\Gamma} fp ds, & \forall p \in H^{-\frac{1}{2}}(\Gamma). \end{cases} \tag{6.4.4}$$

其相应的离散化变分问题为

$$\begin{cases} 求 q_h(x) \in S_h & 使得 \\ Q(q_h, p_h) = \int_{\Gamma} fp_h ds, & \forall p_h \in S_h, \end{cases} \tag{6.4.5}$$

其中 $S_h \subset H^{-\frac{1}{2}}(\Gamma)$, 例如可取为 Γ 上分段常数函数空间或分段线性函数空间. 设 $\{L_i(s)\}_{1,\cdots,N}$ 为 S_h 的基函数, 令

$$q_h(x) = \sum_{1}^{N} q_j L_j(s(x)),$$

便可由 (6.4.5) 得到如下线性代数方程组:

$$\sum_{j=1}^{N} Q(L_j, L_i)q_j = \int_{\Gamma} f(y)L_i(s(y))ds(y). \tag{6.4.6}$$

这里每一个系数便是一个二重积分. 由于积分算子是非局部算子, 系数 $Q(L_j, L_i)$ 通常均非零值, 故边界元刚度矩阵为满矩阵.

6.4.3　一类超奇异积分方程的数值解法

通过自然边界归化得到的自然积分方程是超奇异积分方程. 其积分核比 Cauchy 型奇异积分核有更强的奇异性. 由于超奇异性带来的困难, 过去很少有人对此类积分方程进行研究. 数十年来为避免处理超奇异积分, 人们集中研究了第二类 Fredholm 积分方程. 为克服积分核的超奇异性所带来的困难, 数值求解自然积分方程, 我们提出了积分核级数展开法.

已知当求解区域为圆内或圆外区域时, 从二维调和方程、重调和方程、平面弹性方程及 Stokes 方程等椭圆型方程的边值问题归化得到的自然积分方程的积分核都含有 $-[4\pi \sin^2(\theta - \theta')/2]^{-1}$ 这样的超奇异项. 设边界上的基函数为 $L_i(\theta)$, $i = 1, \cdots, N$, 则必须计算如下积分:

$$q_{ij} = \int_{\Gamma} \int_{\Gamma} \left(-\frac{1}{4\pi \sin^2 \dfrac{\theta - \theta'}{2}} \right) L_j(\theta')L_i(\theta)d\theta' d\theta \tag{6.4.7}$$

$$= \left\langle -\frac{1}{4\pi \sin^2 \dfrac{\theta}{2}} * L_j(\theta), L_i(\theta) \right\rangle. \tag{6.4.8}$$

这一积分在经典意义下是发散的, 因此不能用通常的数值积分方法进行近似计算. 但若应用广义函数论中的重要公式[34]

$$-\frac{1}{4\pi \sin^2 \dfrac{\theta}{2}} = \frac{1}{2\pi} \sum_{-\infty}^{\infty} |n|e^{in\theta} = \frac{1}{\pi} \sum_{n=1}^{\infty} n \cos n\theta, \tag{6.4.9}$$

则可得

$$q_{ij} = \frac{1}{\pi} \sum_{n=1}^{\infty} n \int_0^{2\pi} \int_0^{2\pi} \cos n(\theta - \theta')L_i(\theta)L_j(\theta')d\theta' d\theta. \tag{6.4.10}$$

此时求和号下的每一项积分都是容易准确算出的. 例如, 当 $\{L_i(\theta)\}_{1, \cdots, N} \subset H^{\frac{1}{2}}(\Gamma)$ 为分片线性基函数时, 经演算可得

$$q_{ij} = a_{|i-j|}, \quad i, j = 1, \cdots, N, \tag{6.4.11}$$

其中

$$a_k = \frac{4N^2}{\pi^3} \sum_{n=1}^{\infty} \frac{1}{n^3} \sin^4 \frac{n\pi}{N} \cos \frac{nk}{N} 2\pi, \quad k = 0, 1, \cdots, N-1. \tag{6.4.12}$$

这显然是一个收敛级数. 于是自然边界元刚度矩阵便可得到. 例如对单位圆内调和方程, 自然边界元刚度矩阵便是由 $a_0, a_1, \cdots, a_{N-1}$ 生成的循环矩阵:

$$Q = (q_{ij})_{N \times N} = \begin{pmatrix} a_0 & a_1 & \cdots & a_{N-1} \\ a_{N-1} & a_0 & \cdots & a_{N-2} \\ \vdots & \vdots & \ddots & \vdots \\ a_1 & a_2 & \cdots & a_0 \end{pmatrix},$$

且其中 $a_i = a_{N-i}, i = 1, \cdots, N-1$, 即 Q 是对称循环矩阵.

对于分段二次元或更高次元, 也可得刚度矩阵系数的收敛级数表达式. 但对分段常数单元则不然, 我们得到的系数表达式是发散级数. 这是因为分段常数基函数不属于 $H^{\frac{1}{2}}(\Gamma)$, 相应的对偶积 (6.4.8) 无意义.

关于应用这一方法求解由重调和问题、平面弹性问题和 Stokes 问题作边界归化得到的超奇异积分方程的详情可参见作者有关论著.

数值计算实践表明, 用上述方法求解这一类超奇异积分方程是简便可行的.

6.5 有限元边界元耦合法

边界元法与有限元法有许多相通之处, 也有显著区别. 它们各有其优缺点和适用范围. 边界元法只有与有限元法相结合, 才能扩大其应用范围并充分发挥其优越性. 于是为求解较复杂的问题, 尤其是包含无界区域或含有某种奇异性的问题, 常应用有限元与边界元的各种耦合法, 而自然边界元与有限元的耦合则是其中最自然、最直接的一种.

6.5.1 有限元法与边界元法比较

有限元法和边界元法各有如下的一些特点.

有限元法基于区域上的变分原理和剖分插值; 边界元法基于边界归化及边界上的剖分插值.

有限元法属区域法, 其离散涉及整个区域; 边界元法属边界法, 其离散仅涉及边界.

有限元法待求未知数多, 要求解的方程组规模大; 边界元法将问题降维, 待求未知数少, 方程组规模小.

有限元法输入数据多, 计算的准备工作量大; 边界元法输入数据少, 但对经典边界元法而言, 其矩阵元素的计算量大.

有限元法必须同时对所有域内结点及边界结点联立求解; 边界元法则只需对边界结点联立求解, 然后可相互独立、完全并行地计算域内各点的解函数值.

有限元法的系数矩阵带状稀疏, 且保持对称正定性; 边界元法的系数矩阵为满矩阵, 且对经典边界元法而言一般也不能保持对称正定性.

有限元法适应复杂的几何形状及边界条件, 适于求解非线性、非均质问题; 边界元法仅适应规则区域及边界条件, 适于求解线性、均质问题.

有限元法适于求解有界区域无奇性的问题; 边界元法适于求解无界区域问题及若干含奇性的问题.

对于狭长区域, 有限元法的精度高于边界元法; 除了狭长区域, 边界元法的精度高于有限元法.

通过自然边界归化把区域中微分方程的边值问题化为边界上的自然积分方程, 然后在边界上作有限元离散化进行数值求解的方法, 被称为自然边界元方法. 自然边界元法不但有一般边界元法所共有的优点, 如将问题降维处理使结点数大为减少, 特别适于求解无界区域问题等, 而且有许多独特的优点.

自然边界元法的离散化刚度矩阵保持了原问题的对称正定性, 当区域为圆域时刚度矩阵还有循环性, 这使系数的计算量大为减少, 具有更多的数值计算上的优点. 但自然边界元法的优点是由自然边界归化解析上的工作换来的. 由于对一般区域的边值问题难以得到相应的 Green 函数, 也难以应用 Fourier 分析及复变函数论方法, 从而无法解析地求得自然积分方程和 Poisson 积分公式, 因此对于这些区域也就难以直接应用自然边界元法. 此外, 所有的边界元法都难以处理非线性及非均质等较复杂的问题. 而适用于较任意的区域和较广泛的问题, 正是有限元法的最主要的优点之一. 于是自然就想到把二者结合起来, 发展自然边界元与有限元耦合法. 由于自然边界元法和有限元法基于同一变分原理, 且自然边界归化保持能量不变性, 这种耦合非常自然而直接. 正因为如此, 此类边界归化方法才被称为自然边界归化.

6.5.2 自然边界元与有限元耦合法原理

我们将求解区域分为两个子区域. 在一个有界的子区域上问题可以是非线性、非均质的, 在另一个可以是无界但规则的子区域上问题则是线性均质的. 我们常取圆周为两个子区域的人工边界, 并在前一子区域用有限元法, 而在后一子区域用自然边界元法. 两者的自然耦合便可获得取长补短的良好效果.

今仍以调和方程边值问题为例说明之.

设 Ω 为光滑闭曲线 Γ 的外部区域. 考察边值问题

$$\begin{cases} \Delta u = 0, & \Omega\text{内}, \\ \dfrac{\partial u}{\partial n} = g, & \Gamma\text{上}, \end{cases} \tag{6.5.1}$$

其中 $g \in H^{-\frac{1}{2}}(\Gamma)$ 满足相容性条件, u 满足无穷远条件:

$$u(x) = O(|x|^{-1}), \quad |\operatorname{grad} u(x)| = O(|x|^{-2}).$$

设

$$Q(u,v) = \int_{\Omega} \nabla u \cdot \nabla v dx,$$

则 (6.5.1) 等价于变分问题:

$$\begin{cases} \text{求} u \in H^1(\Omega)\text{并满足无穷远条件, 使得} \\ Q(u,v) = \int_{\Gamma} vgds, \quad \forall v \in H^1(\Omega)\text{并满足无穷远条件.} \end{cases} \tag{6.5.2}$$

由变分形式 (6.5.2) 的离散化出发便导致有限元法. 但我们知道, 由于 Ω 为无界区域, 直接用有限元法求解难以得到满意的结果.

作半径为 R 的圆周 Γ' 包围 Γ. Γ' 为人工边界. 无妨假定其圆心为坐标原点. Γ' 分 Ω 为有界子区域 Ω_1 及无界子区域 Ω_2(图 6.5.1). 于是有

$$\begin{aligned} Q(u,v) &= \int_{\Omega} \nabla u \cdot \nabla v dx \\ &= \int_{\Omega_1} \nabla u \cdot \nabla v dx + \int_{\Omega_2} \nabla u \cdot \nabla v dx \\ &= Q_1(u,v) + Q_2(u,v). \end{aligned} \tag{6.5.3}$$

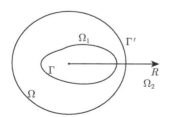

图 6.5.1 无界区域与人工边界

由于 Ω_2 是以 R 为半径的圆外区域, 可以应用自然边界归化, 于是有如下自然积分方程

$$\left. \frac{\partial u}{\partial n} \right|_{\Gamma'} = -\frac{\partial}{\partial r} u(R,\theta) = -\frac{1}{4\pi R \sin^2 \dfrac{\theta}{2}} * u(R,\theta). \tag{6.5.4}$$

这里 n 为 Ω_2 的外法线方向, 即 r 方向的反方向. 设双线性型

$$\widehat{Q}_2(\gamma'u, \gamma'v) = \int_0^{2\pi} \int_0^{2\pi} \left(-\frac{1}{4\pi \sin^2 \dfrac{\theta - \theta'}{2}} \right) u(R, \theta')v(R, \theta)d\theta'd\theta, \qquad (6.5.5)$$

其中 γ' 为 Ω 中函数到 Γ' 上的迹算子. 于是当 $\Delta u = 0$ 及 u, v 满足无穷远条件时, 应用 Green 公式可得

$$Q_2(u, v) = \int_{\Omega_2} \nabla u \cdot \nabla v dx = \int_{\Gamma'} v \frac{\partial u}{\partial n} ds$$

$$= -\int_0^{2\pi} \frac{\partial u}{\partial r}(R, \theta)v(R, \theta)Rd\theta.$$

再利用自然积分方程 (6.5.4), 便得

$$Q_2(u, v) = \widehat{Q}_2(\gamma'u, \gamma'v). \qquad (6.5.6)$$

此即自然边界归化的能量不变性. 于是变分问题 (6.5.2) 化为

$$\begin{cases} \text{求} u \in H^1(\Omega_1) \quad \text{使得} \\ Q_1(u, v) + \widehat{Q}_2(\gamma'u, \gamma'v) = \int_{\Gamma} vgds, \quad \forall v \in H^1(\Omega_1). \end{cases} \qquad (6.5.7)$$

其相应的离散问题为

$$\begin{cases} \text{求} u_h \in S_h(\Omega_1) \quad \text{使得} \\ Q_1(u_h, v_h) + \widehat{Q}_2(\gamma'u_h, \gamma'v_h) = \int_{\Gamma} v_hgds, \quad \forall v_h \in S_h(\Omega_1), \end{cases} \qquad (6.5.8)$$

其中 $S_h(\Omega_1) \subset H^1(\Omega_1)$ 为 Ω_1 上有限元解空间, 例如, 其基函数可取为子区域 Ω_1 上的分片线性基函数, 此时 u_h, v_h 为 Ω_1 上的分片线性多项式, 而 $\gamma'u_h, \gamma'v_h$ 则近似地为 Γ 上的分段线性多项式. 我们可以使 Ω_1 内有限元剖分在人工边界 Γ' 上的结点为 Γ' 的等分点. 于是由近似变分问题 (6.5.8) 出发可得线性代数方程组

$$QU = b, \qquad (6.5.9)$$

其中 $Q = Q_1 + Q_2$ 由两部分组成, Q_1 通过标准的有限元方法得到, Q_2 正是圆外区域的自然边界元刚度矩阵. 由 (6.5.5) 式可见, 其系数与人工边界 Γ' 的半径 R 无关, 它是由 $a_0, a_1, \cdots, a_{N-1}$ 所生成的循环矩阵的系数, 其中

$$a_k = \frac{4N^2}{\pi^3} \sum_{n=1}^{\infty} \frac{1}{n^3} \sin^4 \frac{n\pi}{N} \cos \frac{nk}{N} 2\pi, \qquad (6.5.10)$$

$k = 0, 1, \cdots, N-1$. 这些数完全可以事先计算好储存在计算机中.

这样, 我们将易于用自然边界元方法处理的圆外子区域作为一个大单元, 形成相应的刚度矩阵, 耦合到有限元总刚度矩阵中去. 这一耦合是自然而直接的, 便于利用现有的有限元程序. 由于自然边界元部分形成的刚度矩阵的系数实际上已知, 大大节省了矩阵系数的计算量. 上述几点正是自然边界元与有限元耦合法的优点. 而经典的边界元方法与有限元方法的耦合并没有这样自然而直接, 且计算其刚度矩阵的系数要耗费较大的工作量.

6.6 无穷远边界条件的近似

经典的有限元方法在求解无界区域上的椭圆型边值问题时往往会遇到困难. 简单地以一个较大的有界区域来代替无界区域进行近似求解自然很难达到要求的精度. 于是产生了无限元方法、边界元方法及各种耦合方法. 上节介绍的自然边界元与有限元耦合法正是解决这一问题的有效途径之一.

设某无界区域是一有界区域的外部. 作一半径为 R 的圆周包围该有界区域. 于是这一人工边界将原无界区域分成两部分. 在圆外区域进行自然边界归化, 便可得人工边界上准确的边界条件. 由此出发也可通过某种途径得到人工边界上近似的积分边界条件或微分边界条件. 当我们在有界子区域内用有限元方法求解时加上这样的近似边界条件, 自然也可以期望得到比简单地置此边界外的解为零更好的结果.

6.6.1 人工边界上的近似边界条件

以调和方程外问题

$$\begin{cases} \Delta u = 0, & \Omega\text{内}, \\ \dfrac{\partial u}{\partial n} = g, & \Gamma\text{上}, \\ u\text{在无穷远有界} \end{cases} \tag{6.6.1}$$

为例, 其中 Ω 为其光滑边界 Γ 的外部区域, $g \in H^{-\frac{1}{2}}(\Gamma)$ 满足相容性条件. 以 R 为半径作大圆 Γ_R 包围 Γ, 圆周 Γ_R 分 Ω 为 Ω_i 及 Ω_e, 其中 Ω_e 为圆 Γ_R 的外部区域. 通过对 Ω_e 上调和边值问题的自然边界归化得到的 Γ_R 上的自然积分方程正是原边值问题在人工边界 Γ_R 上的准确边界条件, 也即边值问题 (6.6.1) 等价于

$$\begin{cases} \Delta u = 0, & \Omega_i\text{内}, \\ \dfrac{\partial u}{\partial n} = g, & \Gamma\text{上}, \\ \dfrac{\partial u}{\partial r}(R, \theta) = \dfrac{1}{4\pi R \sin^2 \dfrac{\theta}{2}} * u(R, \theta), & \Gamma_R\text{上}, \end{cases} \tag{6.6.2}$$

其中 Ω_i 是 Γ 与 Γ_R 间的有界区域. 因为

$$-\frac{1}{4\pi R\sin^2\frac{\theta}{2}}=\frac{1}{2\pi R}\sum_{-\infty}^{\infty}|n|e^{in\theta}=\frac{1}{\pi R}\sum_{n=1}^{\infty}n\cos n\theta,$$

故 (6.6.2) 的积分边界条件可写作

$$\frac{\partial u}{\partial r}(R,\theta)=-\frac{1}{\pi R}\sum_{n=1}^{\infty}n\int_0^{2\pi}u(R,\theta')\cos n(\theta-\theta')d\theta'. \tag{6.6.3}$$

显然, 这是一个非局部边界条件, 且其积分核是超奇异的. 为了便于应用, 应简化这一边界条件. 最自然的简化是采用如下近似的积分边界条件:

$$\frac{\partial u}{\partial r}(R,\theta)=-\frac{1}{\pi R}\sum_{n=1}^{N}n\int_0^{2\pi}u(R,\theta')\cos n(\theta-\theta')d\theta', \tag{6.6.4}$$

其中 N 为正整数. 特别当 $u(R,\theta)$ 的 Fourier 级数展开仅包含前 N 项时, 这一边界条件正可化为一个局部边界条件:

$$\frac{\partial u}{\partial r}(R,\theta)=\frac{1}{R}\sum_{k=1}^{N}\alpha_k\frac{\partial^{2k}}{\partial\theta^{2k}}u(R,\theta), \tag{6.6.5}$$

其中 $\alpha_k,\ k=1,\cdots,N$ 为

$$\sum_{k=1}^{N}(-n^2)^k\alpha_k=-n,\quad n=1,2,\cdots,N \tag{6.6.6}$$

的解. 我们分别称 (6.6.4) 及 (6.6.5) 为 (6.6.3) 的 N 阶近似积分边界条件及近似微分边界条件. 前三个近似微分边界条件如下:

$N=1$:
$$\frac{\partial u}{\partial r}=\frac{1}{R}\frac{\partial^2 u}{\partial\theta^2}, \tag{6.6.7}$$

$N=2$:
$$\frac{\partial u}{\partial r}=\frac{1}{R}\left(\frac{7}{6}\frac{\partial^2 u}{\partial\theta^2}+\frac{1}{6}\frac{\partial^4 u}{\partial\theta^4}\right), \tag{6.6.8}$$

$N=3$:
$$\frac{\partial u}{\partial r}=\frac{1}{R}\left(\frac{74}{60}\frac{\partial^2 u}{\partial\theta^2}+\frac{15}{60}\frac{\partial^4 u}{\partial\theta^4}+\frac{1}{60}\frac{\partial^6 u}{\partial\theta^6}\right). \tag{6.6.9}$$

我们还可考察另一系列的近似微分边界条件:

$$\frac{\partial u}{\partial r}(R,\theta)=\frac{1}{R}\sum_{k=0}^{N-1}\beta_k\frac{\partial^{2k}}{\partial\theta^{2k}}u(R,\theta), \tag{6.6.10}$$

其中 β_k, $k = 0, 1, \cdots, N-1$, 为

$$\sum_{k=0}^{N-1}(-n^2)^k\beta_k = -n, \quad n = 1, 2, \cdots, N \tag{6.6.11}$$

的解, 且 u 满足 $\int_0^{2\pi} u(R, \theta)d\theta = 0$. 因为 (6.6.1) 的解只是在差一常数的意义下唯一, 故可附加这一条件. 当 $u(R, \theta)$ 的 Fourier 级数仅含前 N 项时, (6.6.10) 也等价于 (6.6.4). 这一系列的近似微分边界条件的前三个是

$N = 1$:

$$\frac{\partial u}{\partial r} = -\frac{1}{R}u, \tag{6.6.12}$$

$N = 2$:

$$\frac{\partial u}{\partial r} = -\frac{1}{R}\left(\frac{2}{3}u - \frac{1}{3}\frac{\partial^2 u}{\partial \theta^2}\right), \tag{6.6.13}$$

$N = 3$:

$$\frac{\partial u}{\partial r} = -\frac{1}{R}\left(\frac{3}{5}u - \frac{5}{12}\frac{\partial^2 u}{\partial \theta^2} - \frac{1}{60}\frac{\partial^4 u}{\partial \theta^4}\right). \tag{6.6.14}$$

设

$$Q_I(u, v) = \int_{\Omega_i} \nabla u \cdot \nabla v dx,$$

$$\hat{Q}(u, v) = \frac{1}{\pi}\int_0^{2\pi}\int_0^{2\pi}\sum_{n=1}^{\infty} n\cos n(\theta - \theta')u(R, \theta')v(R, \theta)d\theta' d\theta,$$

$$\hat{Q}^N(u, v) = \frac{1}{\pi}\int_0^{2\pi}\int_0^{2\pi}\sum_{n=1}^{N} n\cos n(\theta - \theta')u(R, \theta')v(R, \theta)d\theta' d\theta,$$

$$\tilde{Q}^N(u, v) = \int_0^{2\pi}\sum_{k=1}^{N}(-1)^{k-1}\alpha_k\frac{\partial^k}{\partial \theta^k}u(R, \theta)\frac{\partial^k}{\partial \theta^k}v(R, \theta)d\theta,$$

$$\breve{Q}^N(u, v) = \int_0^{2\pi}\sum_{k=0}^{N-1}(-1)^{k-1}\beta_k\frac{\partial^k}{\partial \theta^k}u(R, \theta)\frac{\partial^k}{\partial \theta^k}v(R, \theta)d\theta,$$

$$f(v) = \int_\Gamma gv ds.$$

可以证明, 当我们对 $N = 1$ 应用 (6.6.7) 或 (6.6.12), 对 $N = 2$ 应用 (6.6.13), 对 $N = 3$ 应用 (6.6.9) 时, 相应的双线性型 $\tilde{Q}^N(\cdot, \cdot)$ 或 $\breve{Q}^N(\cdot, \cdot)$ 是对称半正定的.

6.6.2　近似积分边界条件与误差估计

再考察带近似积分边界条件 (6.6.4) 的边值问题

$$
\begin{cases}
\Delta u = 0, & \Omega_i\,内, \\[2mm]
\dfrac{\partial u}{\partial n} = g, & \Gamma\,上, \\[2mm]
\dfrac{\partial u}{\partial r}(R,\theta) = -\dfrac{1}{\pi R}\sum_{n=1}^{N} n\cos n\theta * u(R,\theta), & \Gamma_R\,上,
\end{cases}
\tag{6.6.15}
$$

它等价于变分问题

$$
\begin{cases}
求\,u^N \in H^1(\Omega_i) & 使得 \\[2mm]
Q_I(u^N,v) + \hat{Q}^N(u^N,v) = g(v), & \forall v \in H^1(\Omega_i),
\end{cases}
\tag{6.6.16}
$$

我们还有如下结果.

定理 6.6.1 (Yu, 1985)　若 $u \in H^1(\Omega_i) \cap H^{k-\frac{1}{2}}(\Gamma_a)$, $k \geqslant 1$, $R \geqslant \sigma a$, $\sigma > 1$, 为常数, 则

$$
\|u - u^N\|_{H^1(\Omega_i)/P_0} \leqslant C \frac{1}{N^{k-1}} \left(\frac{a}{R}\right)^N \|u\|_{k-\frac{1}{2},\Gamma_a},
$$

其中 C 为与 N 及 R 无关的常数, a 为包含 Γ 的最小圆周 Γ_a 的半径, u 及 u^N 分别为原边值问题 (6.6.1) 及近似边值问题 (6.6.15) 在变分意义下的广义解.

这一估计揭示了误差与边界条件的近似阶 N 及人工边界半径 R 之间的关系.

6.7　区域分解算法

区域分解算法是二十世纪八十年代以来获得迅速发展和广泛应用的数值求解偏微分方程的新技术. 该类算法把计算区域分解为若干子区域, 将原问题转化为定义在各子区域上的一系列简单问题来求解, 从而将问题由大化小, 由难化易, 由繁化简, 且便于进行并行计算. 由于允许在不同子区域建立不同的数学模型, 选择不同的计算方法, 进行不同的网格剖分, 应用现有的各种标准程序, 特别可以在若干规则的子区域采用快速 Fourier 变换、自然边界元法、谱方法等高效快速算法, 故区域分解算法与其他方法相比有特别的灵活性和显著的优越性.

6.7.1　有界区域的区域分解算法

标准的区域分解算法适用于有界区域并基于有限元法. 它将有界的求解区域分为两个或多个重叠的或不重叠的子区域, 在各子区域用有限元法求解.

Schwarz 交替算法便是一类重叠型区域分解算法. 考虑如下模型问题:

$$\begin{cases} -\Delta u = f, & \Omega\text{内}, \\ u = 0, & \partial\Omega\text{上}. \end{cases} \tag{6.7.1}$$

将 Ω 分为两个重叠的子区域 Ω_1 及 Ω_2(图 6.7.1(a)). 首先选择初始函数 $u^{(0)} \in H_0^1(\Omega)$. 令 $u^{(2n+1)}, u^{(2n+2)} \in H_0^1(\Omega)$, $n = 0, 1, \cdots$, 分别满足子区域上的方程

$$\begin{cases} -\Delta u^{(2n+1)} = f, & \Omega_1\text{内}, \\ u^{(2n+1)} = u^{(2n)}, & \partial\Omega_1\text{上}, \end{cases} \tag{6.7.2}$$

以及

$$\begin{cases} -\Delta u^{(2n+2)} = f, & \Omega_2\text{内}, \\ u^{(2n+2)} = u^{(2n+1)}, & \partial\Omega_2\text{上}. \end{cases} \tag{6.7.3}$$

交替求解上述两个方程. 令 $e^{(k)} = u - u^{(k)}$ 表示误差, 将 $V_i = H_0^1(\Omega_i)$, $i = 1, 2$, 看作 $H_0^1(\Omega)$ 的子空间. 于是有如下结果.

定理 6.7.1 *如果 $V_1^\perp \cap V_2^\perp = \{0\}$, 或等价地成立 $v = \overline{V_1 + V_2}$, 则 $e^{(n)} \to 0 (n \to \infty)$. 若 $V = V_1 + V_2$, 则必存在常数 $\alpha \in [0, 1)$, 使得*

$$\|e^{(n+2)}\|_1 \leqslant \alpha \|e^{(n)}\|_1,$$

也即该算法是几何收敛的.

上述两个 Dirichlet 问题均可用标准有限元法求解.

关于多子区域情况的 Schwarz 交替法可参看文献 [16].

在不重叠区域分解的情况则采用 D-N 交替法, 即 Dirichlet-Neumann 方法, Steklov-Poincaré算子在其中起着关键作用. 这一算子与 D-N 算子也即自然积分算子紧密相关.

考虑非齐次边值问题

$$\begin{cases} Lu = f, & \Omega\text{内}, \\ u = g, & \partial\Omega\text{上}. \end{cases} \tag{6.7.4}$$

将 Ω 分为不重叠的子区域 Ω_1 及 Ω_2(图 6.7.1(b)), $\Gamma = \partial\Omega_1 \cap \partial\Omega_2$, 构造 D-N 交替算法如下:

步 1. 选初始 $\lambda^{(0)} \in \Phi = \{v|_\Gamma | v \in H_0^1(\Omega)\}$, 置 $n := 0$.

步 2. 在 Ω_1 上解 Dirichlet 问题

$$\begin{cases} Lu_1^{(n)} = f, & \Omega_1\text{内}, \\ u_1^{(n)} = \lambda^{(n)}, & \Gamma\text{上}, \\ u_1^{(n)} = g, & \partial\Omega_1 \backslash \Gamma\text{上}. \end{cases} \tag{6.7.5}$$

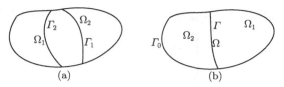

图 6.7.1   重叠型和不重叠型区域分解

步 3. 在 Ω_2 上解 Neumann 问题

$$
\begin{cases}
Lu_2^{(n)} = f, & \Omega_2 内, \\[2mm]
\dfrac{\partial u_2^{(n)}}{\partial n_2} = \dfrac{\partial u_1^{(n)}}{\partial n_2}, & \Gamma 上, \\[2mm]
u_2^{(n)} = g, & \partial\Omega_2 \backslash \Gamma 上.
\end{cases}
\tag{6.7.6}
$$

步 4. 计算或输入 θ_n, 并置

$$
\lambda^{(n+1)} = \theta_n u_2^{(n)} + (1 - \theta_n)\lambda^{(n)}, \quad \Gamma 上.
\tag{6.7.7}
$$

步 5. 置 $n := n + 1$, 转第 2 步.

定理 6.7.2   D-N 交替法与预处理 Richardson 迭代法

$$
S_2(\lambda^{(n+1)} - \lambda^{(n)}) = \theta_n(\chi - S\lambda^{(n)})
\tag{6.7.8}
$$

等价, 其中 $S = S_1 + S_2$ 为 Steklov-Poincaré 算子, $S_k = \dfrac{\partial}{\partial n_k}(R_k \cdot)$, $k = 1, 2$, R_k 为调和扩张算子, $\chi = \dfrac{\partial}{\partial n_1}(T_2 - T_1)f$, $T_k f$ 满足

$$
\begin{cases}
L(T_k f) = f, & \Omega_k 内, \\[1mm]
T_k f = 0, & \Gamma 上, \qquad k = 1, 2. \\[1mm]
T_k f = g, & \partial\Omega_k \backslash \Gamma 上,
\end{cases}
\tag{6.7.9}
$$

定理 6.7.3   若选定参数

$$
\theta = \frac{2}{2 + \tau^{-1} + \sigma},
$$

则上述迭代收敛, 且收敛速度为 $\dfrac{2(1 + \tau^{-1})}{1 + \sigma}$, 其中

$$
\sigma = \sup_{\lambda \in \Phi} \frac{\|R_1 \lambda\|_{(1)}^2}{\|R_2 \lambda\|_{(2)}^2}, \quad \tau = \sup_{\lambda \in \Phi} \frac{\|R_2 \lambda\|_{(2)}^2}{\|R_1 \lambda\|_{(1)}^2}.
$$

在 D–N 算法的第 2 步及第 3 步中应用标准有限元法求解边值问题, 便导致离散 D–N 算法. 对该算法可以证明如下定理.

定理 6.7.4 上述离散 D–N 交替算法的迭代矩阵 $[S_h^{(2)}]^{-1}S_h$ 的条件数及收敛速度与有限元网格参数 h 无关.

6.7.2 基于边界归化的区域分解算法

对有界区域问题有限元方法及其区域分解算法很有效, 但对无界区域问题若仅应用这些方法却难以获得理想的精度. 边界归化则是求解无界区域问题的强有力的手段. 自 1970 年代以来, 有限元与边界元的各种耦合法已成为求解无界区域问题的主要方法. 其中自然边界元与有限元的耦合尤其自然而直接, 更有许多独特的优点. 但耦合法的刚度矩阵已不再是带状稀疏的, 已有的一些标准有限元程序也不能被直接应用.

与需要联立求解的耦合算法相比, 分裂求解的区域分解算法有其显著的优点, 尽管后者通常要以若干次迭代为代价. 于是为发展适于求解无界区域问题的区域分解算法, 需要将自然边界归化与区域分解相结合, 从而导致基于自然边界归化的区域分解算法, 这是中国学者首先提出的与国际流行的有限元区域分解算法完全不同的一类新型区域分解算法[65].

6.7.2.1 基于边界归化的 Schwarz 交替法

考察调和方程的外边值问题

$$\begin{cases} -\Delta w = 0, & \Omega 内, \\ w = g, & \Gamma_0 上, \end{cases} \tag{6.7.10}$$

其中 Ω 为闭曲线 Γ_0 的外部区域. 此问题等价于 Poisson 方程的齐次边值问题

$$\begin{cases} -\Delta u = f, & \Omega 内, \\ u = 0, & \Gamma_0 上. \end{cases} \tag{6.7.11}$$

作半径为 R_1 及 R_2 的同心圆 Γ_1 及 Γ_2 包围 Γ_0, $R_1 > R_2 > 0$. 设 Ω_1 为 Γ_0 与 Γ_1 间的有界区域, Ω_2 为 Γ_2 外部的无界区域 (图 6.7.2). 定义如下 Schwarz 交替算法:

$$\begin{cases} -\Delta u_1^{(k)} = f, & \Omega_1 内, \\ u_1^{(k)} = 0, & \Gamma_0 上, \quad k = 1, 2, \cdots \\ u_1^{(k)} = u_2^{(k-1)}, & \Gamma_1 上, \end{cases} \tag{6.7.12}$$

以及

$$\begin{cases} -\Delta u_2^{(k)} = f, & \Omega_2 内, \\ u_2^{(k)} = u_1^{(k)}, & \Gamma_2 上, \end{cases} \quad k = 1, 2, \cdots, \quad (6.7.13)$$

其中 $u_2^{(0)} \in H^{\frac{1}{2}}(\Gamma_1)$ 任意给定.

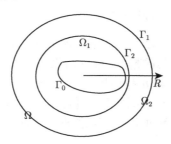

图 6.7.2　重叠型区域分解

用 $e_i^{(k)} = u - u_i^{(k)}$, $i = 1, 2$, 表示误差, 则有以下定理.

定理 6.7.5　上述 Schwarz 交替法几何收敛:

$$\lim_{k\to\infty} \|e_i^{(k)}\|_1 = 0, \quad i = 1, 2, \quad (6.7.14)$$

且存在常数 $\alpha \in [0, 1)$, 使得

$$\|e_1^{(k)}\|_1 \leqslant \alpha^{k-1}\|e_1^{(1)}\|_1, \quad \|e_2^{(k)}\|_1 \leqslant \alpha^k\|e_2^{(0)}\|_1. \quad (6.7.15)$$

在实际计算中, 在 Ω_1 上可用标准有限元法. 而在 Ω_2 上则可直接应用通过自然边界归化得到的 Poisson 积分公式.

6.7.2.2　基于边界归化的 D-N 算法

仍考察 Γ_0 外部区域 Ω 上的 Poisson 方程的 Dirichlet 问题

$$\begin{cases} -\Delta u = f, & \Omega 内, \\ u = g, & \Gamma_0 上. \end{cases} \quad (6.7.16)$$

附加无穷远条件使之存在唯一解. 作半径为 R_1 的圆周 Γ_1 包围 Γ_0, 则人工边界 Γ_1 分区域 Ω 为内子区域 Ω_1 及外子区域 Ω_2(图 6.7.3). 定义如下 D-N 区域分解算法:

步 1. 选初始 $\lambda^{(0)} \in H^{\frac{1}{2}}(\Gamma_1)$, 置 $n := 0$.

步 2. 在 Ω_2 上解 Dirichlet 问题

$$\begin{cases} -\Delta u_2^{(n)} = f, & \Omega_2 内, \\ u_2^{(n)} = \lambda^{(n)}, & \Gamma_1 上. \end{cases} \quad (6.7.17)$$

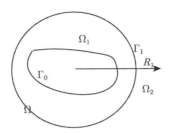

图 6.7.3 不重叠区域分解

步 3. 在 Ω_1 上解 Neumann 问题

$$
\begin{cases}
-\Delta u_1^{(n)} = f, & \Omega_1 内, \\
\dfrac{\partial u_1^{(n)}}{\partial n_1} = -\dfrac{\partial u_2^{(n)}}{\partial n_2}, & \Gamma_1 上, \\
u_1^{(n)} = g, & \Gamma_0 上.
\end{cases}
\tag{6.7.18}
$$

步 4. 计算或输入 θ_n, 并置

$$
\lambda^{(n+1)} = \theta_n u_1^{(n)} + (1 - \theta_n)\lambda^{(n)}, \quad \Gamma 上.
\tag{6.7.19}
$$

步 5. 置 $n := n + 1$, 转第 2 步.

注意到第 2 步为求解圆外区域 Ω_2 内的 Dirichlet 问题, 而下一步仅需要已知该问题的解 $u_2^{(n)}$ 在 Γ_1 上的法向导数, 于是根本不必求解该外问题, 而只要应用自然积分方程, 也即 DtN 映射, 直接由 $\lambda^{(n)}$ 求出 $\dfrac{\partial u_2^{(n)}}{\partial n_2}$ 即可. 这是一个超奇异积分的数值计算问题, 与求解方程相比, 其工作量显然小得多.

对上述 D-N 算法有如下收敛性定理.

定理 6.7.6 当 $0 < \min \theta_n \leqslant \max \theta_n < 1$ 时, 离散 D-N 交替法收敛, 且收敛速度与迭代矩阵的条件数均与有限元网格参数 h 无关.

特别取 $\theta_n = \dfrac{2}{3}$ 时, 迭代收缩因子必不大于 $\dfrac{1}{3}$.

6.7.2.3 结论

边界归化和边界元方法是处理无界区域问题的强有力的工具. 基于边界归化的重叠型及不重叠型区域分解算法是区域分解算法的新发展, 不仅将区域分解算法的适用范围拓广到无界区域问题, 而且由于自然积分算子即 D-N 算子在区域分解算法中的关键作用, 也将深化区域分解算法的理论研究.

与其他类型的边界归化方法相比, 自然边界归化方法有许多独特的优点. 这使得基于自然边界归化的区域分解算法更加简便易行. 由于人工边界可取为圆周

(2 维) 或球面 (3 维), 由自然边界归化得到的 Poisson 积分公式及自然积分方程能直接应用于外子区域, 也即对于外子区域并不需要求解方程, 只要完全并行地计算一些积分. 这与标准的有限元区域分解算法根本不同.

上述区域分解算法只需要在较小的有界子区域内直接应用现有的有限元标准程序. 由于该子区域可取得尽可能小, 故求解规模大为压缩, 而涉及自然边界归化的计算量则更小, 因此即使需要迭代几次, 仍然显著减少了计算量.

理论分析及数值计算实验均表明这些方法易于实施, 且只要比例 R_1/R_2(重叠型) 或 R_1/R_0(不重叠型) 不是太接近于 1, 迭代便收敛得很快, 比例越大, 收敛越快. 其收敛速率还不依赖于网格尺度 h. 故此类算法确是处理无界区域问题的有效途径.

本节仅以二维 Poisson 方程为例介绍了基于边界归化的区域分解算法. 实际上此类方法也适用于二维及三维情况的许多其他椭圆边值问题, 近年也有应用边界归化于更复杂的各类问题的区域分解算法的探索[65].

习　题　6

1. 用 Fourier 级数法证明, 当二维 Laplace 方程的 Neumann 边值 $\dfrac{\partial u}{\partial n} = g$ 满足相容性条件 $\displaystyle\int_{\partial\Omega} g ds = 0$ 时, 该边值问题在单位圆内可解.

2. 证明区域 Ω 上方程

$$\Delta u = pu, \quad p \geqslant 0$$

的混合边值问题 (在一部分边界给定 u 的法向导数, 在其余边界给定 u 本身) 的解的唯一性.

3. 利用镜象法求二维及三维调和方程 $\Delta u = 0$ 在半平面及单位圆域的 Green 函数.

4. 利用镜象法求三维椭圆型偏微分方程 $\Delta u = u$ 在上半平面的 Green 函数.

5. 通过先计算在一个大半球上的积分, 然后令半径趋于无穷, 证明半空间 Ω 中 Laplace 方程的解的积分表达式

$$u(\xi) = \int_{\partial\Omega} u(x) \frac{\partial G(x,\xi)}{\partial n} ds,$$

其中 $G(x,\xi)$ 为 Green 函数, $\dfrac{\partial}{\partial n}$ 为边界上的法向导数.

6. 引进任意区域 D 中方程 $\Delta u = pu$ 的第三类 Green 函数 $G_3 = G_3(x,\xi)$, 它是在边界 ∂D 上对 x 满足第三类边界条件 $\dfrac{\partial G_3}{\partial n} + \alpha G_3 = 0$ 的基本解. 证明该方程第三边值问题的解 u 可通过此 Green 函数表示为

$$u(\xi) = -\int_{\partial D} G_3(x,\xi) \left[\frac{\partial u(x)}{\partial n} + \alpha u(x) \right] ds.$$

7. 写出二维及三维 Laplace 方程的基本解. 利用单层位势和双层位势建立与二维 Laplace 方程的 Dirichlet 问题和 Neumann 问题等价的 Fredholm 积分方程, 也写出三维情况的相应结果.

8. 建立与 Laplace 方程的第三边值问题等价的 Fredholm 积分方程. 在此问题中特征值和特征向量起什么作用?

9. 通过引进基本解的适当的单层位势和双层位势, 将带辐射边界条件的 Helmholtz 方程 $Lu = \Delta u + k^2 u = 0$ 在无穷区域的 Dirichlet 和 Neumann 问题化为其边界上的积分方程.

10. 应用基本解和 Green 公式写出区域 Ω 上 Poisson 方程 $-\Delta u = f$ 的解 u 用其边值 u_0 及 $u_n = \dfrac{\partial u}{\partial n}\Big|_{\partial \Omega}$ 表示的积分表达式. 再将基本解换为 Green 函数, 写出相应结果.

11. 阐述直接法边界归化和自然边界归化原理, 以 Poisson 方程的边值问题为例, 写出相应的边界积分方程.

12. 证明 $u = -\iint_{\Omega} fG dx dy$ 为 Ω 上非齐次 Laplace 方程 $\Delta u = f$ 关于齐次边界条件 $u = 0$ 的解. 若函数 F 的一阶导数足够小, 对积分方程 $u = -\iint_{\Omega} F(u) G dx dy$ 应用逐次逼近法, 求解非线性椭圆方程 $\Delta u = F(u)$ 的同一边值问题.

13. 求解 Fredholm 积分方程

$$\phi(s) - \lambda \int_{-1}^{1} st\phi(t) dt = f(s),$$

写出 $\phi(s)$ 的显式表达式.

14. 利用直接计算验证任意常数确为齐次积分方程

$$\mu - \frac{1}{2\pi} \int_{\partial D} \mu \frac{\partial}{\partial n} \frac{1}{r} ds = 0$$

的解.

15. 证明三维 Laplace 方程的 Neumann 外问题不受相容性要求的限制总可解.

16. 求证实函数 $w(x, y)$ 满足 $\Delta^2 w(x, y) = 0$ 等价于

$$w = \mathrm{Re}[\varphi(z)\bar{z} + \psi(z)],$$

其中 φ, ψ 为 $z = x + iy$ 的解析函数.

17. 求证单位圆内的调和函数 u 可以通过它在圆周上的径向导数值 $\dfrac{\partial u}{\partial r} = g(\theta)$ 来表达:

$$u(r, \theta) = -\frac{1}{\pi} \int_0^{2\pi} g(\theta') \ln |e^{i\theta'} - re^{i\theta}| d\theta', \quad r < 1.$$

18. 证明对于单位圆上调和函数 $u(r, \theta)$ 成立如下关系:

$$\frac{\partial u}{\partial r}(1, \theta) = -\frac{1}{4\pi} \int_0^{2\pi} \frac{u(1, \theta')}{\sin^2 \dfrac{\theta - \theta'}{2}} d\theta'.$$

19. 设 Ω 为单位圆域, 其边界 Γ 以弧度 θ 为参数并作 N 等分, 结点 $\theta_i = \dfrac{i}{N} 2\pi$, $i = 1, \cdots, N$. 写出 Γ 上的分段常数基函数 $L_i(\theta)$, 使得

$$L_i(\theta_j) = \delta_{ij} = \begin{cases} 1, & i = j, \\ 0, & i \neq j, \end{cases} \quad i, j = 1, \cdots, N,$$

并计算

$$F_n(L_i, L_j) = \frac{1}{n\pi} \int_0^{2\pi} \int_0^{2\pi} \cos n(\theta - \varphi) L_j(\varphi) L_i(\theta) d\varphi d\theta,$$

其中 n 为正整数.

20. 将上题中的分段常数基函数换为分段线性基函数, 写出其表达式, 并计算

$$Q_n(L_i, L_j) = \frac{n}{\pi} \int_0^{2\pi} \int_0^{2\pi} \cos n(\theta - \varphi) L_j(\varphi) L_i(\theta) d\varphi d\theta,$$

其中 n 为正整数.

21. 简述有限元与自然边界元耦合法原理.

22. 简述基于自然边界归化的区域分解算法原理. 比较求解无界区域问题的几种数值方法的优缺点.

23. 以光滑曲线 Γ_0 为边界的二维有限区域 Ω 被光滑曲线 Γ_1 分为 Ω_1 和 Ω_2 两个子区域 (图 6.7.1), 试问边值问题

$$\begin{cases} -\Delta u = f, & \Omega内, \\ u = u_0, & \Gamma_0上, \end{cases}$$

与两个子问题

$$\begin{cases} -\Delta u = f, & \Omega_i内, \\ u = u_0, & \Gamma_0 \cap \partial\Omega_i上, \end{cases} \quad i = 1, 2$$

是否等价? 若等价, 请证明之; 否则请指出应加上什么条件才能等价?

24. 对 Laplace 方程边值问题, 在经典边界归化理论中定义了如下四个边界积分算子:

$$Vt(x) = \int_\Gamma E(x, y) t(y) ds_y, \qquad Ku(x) = \int_\Gamma \frac{\partial}{\partial n_y} E(x, y) u(y) ds_y,$$

$$K't(x) = \int_\Gamma \frac{\partial}{\partial n_x} E(x, y) t(y) ds_y, \quad Du(x) = -\frac{\partial}{\partial n_x} \int_\Gamma \frac{\partial}{\partial n_y} E(x, y) u(y) ds_y,$$

在自然边界归化理论中则定义了自然积分算子, 即 Dirichlet-Neumann 算子:

$$Su(x) = -\frac{\partial}{\partial n_x} \int_\Gamma \frac{\partial}{\partial n_y} G(x, y) u(y) ds_y,$$

其中 Γ 是区域 Ω 的边界, $E(x, y)$ 是基本解, $G(x, y)$ 是 Green 函数. 试应用 Green 公式写出算子方程形式的经典积分方程及自然积分方程, 并证明如下关系:

$$S = D + \left(\frac{1}{2}I + K'\right) V^{-1} \left(\frac{1}{2}I + K\right).$$

参 考 文 献

[1] 曹志浩. 数值线性代数. 上海：复旦大学出版社, 1996.

[2] 陈恕行. 偏微分方程概论. 北京：人民教育出版社, 1981.

[3] 冯康. 数值计算方法. 北京：国防工业出版社, 1978.

[4] 冯康. 冯康文集. 北京：国防工业出版社, 1994.

[5] 冯康, 秦孟兆. 哈密尔顿系统的辛几何算法. 杭州：浙江科学技术出版社, 2003.

[6] 冯康, 石钟慈. 弹性结构的数学理论. 北京：科学出版社, 1981.

[7] 谷超豪, 李大潜, 陈恕行, 郑守穆, 谭永基. 数学物理方程. 2 版. 北京：高等教育出版社, 2002.

[8] 关肇直, 张恭庆, 冯德兴. 线性泛函分析入门. 上海：上海科学技术出版社, 1979.

[9] 郭本瑜. 偏微分方程差分方法. 北京：科学出版社, 1988.

[10] 胡健伟, 汤怀民. 微分方程数值方法. 北京：科学出版社, 1999.

[11] 胡祖炽, 雷功炎. 偏微分方程初值问题差分方法. 北京：北京大学出版社, 1988.

[12] 姜礼尚, 庞之垣. 有限元方法及其理论基础. 北京：人民教育出版社, 1979.

[13] 李德元, 徐国荣, 水鸿寿, 何高玉, 陈光南, 袁国兴. 二维非定常流体力学数值方法. 北京：科学出版社, 1998.

[14] 李开泰, 黄艾香, 黄庆怀. 有限元方法及其应用. 西安：西安交通大学出版社, 1984.

[15] 李荣华, 冯果忱. 微分方程数值解法. 北京：人民教育出版社, 1980.

[16] 吕涛, 石济民, 林振宝. 区域分解算法：偏微分方程数值解法新技术. 北京：科学出版社, 1992.

[17] 秦孟兆. 辛几何及计算哈密尔顿力学. 力学实践, 1990, 12(6): 1-20.

[18] 叶彦谦. 常微分方程讲义. 2 版. 北京：高等教育出版社, 1982.

[19] 应隆安. 有限元方法讲义. 北京：北京大学出版社, 1988.

[20] 应隆安, 滕振寰. 双曲型守恒律方程及其差分方法. 北京：科学出版社, 1991.

[21] 余德浩. 自然边界元方法的数学理论. 北京：科学出版社, 1993.

[22] 张鸿庆, 王鸣. 有限元的数学理论. 北京：科学出版社, 1991.

[23] 张恭庆, 林源渠. 泛函分析讲义. 北京：北京大学出版社, 1987.

[24] 祝家麟. 椭圆边值问题的边界元分析. 北京：科学出版社, 1991.

[25] Adams R A. Sobolev Spaces. New York: Academic Press, 1975.

[26] Babuska I, Strouboulis T. The Finite Element Method and Its Reliability. New York: Oxford University Press, 1999.

[27] Barrett R, Berry M, Chan T F, Demmel J, Donato J M, Dongarra J, Eijkhout V, Pozo R, Romine C, van der Vorst H. Templates for the Solution of Linear Systems:

Building Blocks for Iterative Methods. 2nd ed. Philadelphia: SIAM, 1994.

[28] Bramble J H. Multigrid Methods. Harlow: Longman Scientific & Technical, 1993.

[29] Brebbia C A, Telles J C F, Wrobel L C. Boundary Element Techniques: Theory and Applications in Engineering. New York: Springer-Verlag, 1984.

[30] Brenner S C, Scott L C. The Mathematical Theory of Finite Element Methods. New York: Springer-Verlag, 1994.

[31] Briggs W L, Henson V E, McCormick S F. A Multigrid Tutorial. 2nd ed. Philadelphia: SIAM, 2000.

[32] Ciarlet P G. The Finite Element Method for Elliptic Problems. Amsterdam: North-Holland, 1978.

[33] Gear C W. Numerical Initial Value Problems in Ordinary Differential Equations. State of New Tersey: Prentice Hall, 1971.

[34] Gelfand I M, Shilov G E. Generalized Functions. New York: Academic Press, 1964.

[35] George P L. Automatic Mesh Generation: Application to Finite Element Methods. New York: John Wiley & Sons, 1991.

[36] George P L, Borouchaki H. Delaunay Triangulation and Meshing: Application to Finite Elements. Paris: Hermes Science Publications, 1998.

[37] Godlewski E, Raviart P A. Numerical Approximation of Hyperbolic Systems of Conservation Laws. New York: Springer-Verlag, 1996.

[38] Godlewski E, Raviart P A. Hyperbolic Systems of Conservation Laws. Paris: Ellipses, 1991.

[39] Hackbusch W. Elliptic Differential Equations. New York: Springer-Verlag, 1992.

[40] Hackbusch W. Multi-Grid Methods and Applications. New York: Springer-Verlag, 1985.

[41] Hairer E, Nφrsett S P, Wanner G. Solving Ordinary Differential Equations I: Nonstiff Problems. 2nd ed. New York: Springer-Verlag, 1991.

[42] Hairer E, Wanner G. Solving Ordinary Differential Equations, II: Stiff and Differential-Algebraic Problems. 2nd ed. New York: Springer-Verlag, 1996.

[43] Kress R. Linear Integral Equations. New York: Springer-Verlag, 1989.

[44] Kröner D. Numerical Schemes for Conservation Laws. New York: Wiley & Teubner, 1997.

[45] Kulikovskii A G, Pogorelov N V, Semenov A Y. Mathematical Aspects of Numerical Solution of Hyperbolic Systems. London/Boca Raton: Chapman & Hall/CRC, 2001.

[46] Lambert J D. Computational Methods in Ordinary Differential Equations. New York: John Wiley & Sons, 1973.

[47] Lambert J D. Numerical Methods for Ordinary Differential Systems: The Initial Value Problems. New York: John Wiley & Sons, 1991.

[48] LeVeque R J. Numerical Methods for Conservation Laws. Basel: Birkhäuser Verlag,

1990.

[49] MacCormick S. Multilevel Adaptive Methods for Partial Differential Equations. Philadelphia: SIAM, 1989.

[50] Meis T, Marcowitz U. Numerical Solution of Partial Differential Equations. New York: Springer-Verlag, 1979.

[51] Mitchell A R, Morton K W. The Finite Difference Methods in Partial Differential Equations. New York: John Wiley & Sons, 1980.

[52] Muskhelishvili N I. Some Basic Problems of the Mathematical Theory of Elasticity. New York: Springer, 1977.

[53] Quarteroni A, Valli A. Numerical Approximation of Partial Differential Equations. New York: Springer-Verlag, 1994.

[54] Richtmyer R D, Morton K W. Difference Methods for Initial-Value Problems. 2nd ed. New York: Interscience, 1967.

[55] Sanz-Serna J M, Calvo M P. Numerical Hamiltonian Problems. London: Chapman & Hall, 1994.

[56] Smith G D. Numerical Solution of Partial Differential Equations: Finite Difference Methods. 3rd ed. Oxford: Clarendon Press, 1978.

[57] Smoller J. Shock Waves and Reaction-Diffusion Equations. 2nd ed. New York: Springer-Verlag, 1994.

[58] Stoer J, Bulirsch R. Introduction to Numerical Analysis. 2nd ed. New York: Springer-Verlag, 1993.

[59] Stuart A M, Humphries A R. Dynamical Systems and Numerical Analysis. Cambridge: Cambridge University Press, 1996.

[60] Stuben K, Trottenberg U. Multigrid methods: fundamental analysis and applications//Hackbusch W, Trottenberg U. Multi-grid Methods. Berlin: Springer, 1982: 1-176.

[61] Thomas J W. Numerical Partial Differential Equations: Finite Difference Methods. New York: Springer-Verlag, 1995.

[62] Thompson J F, Wards Z U A, Mastin C W. Numerical Grid Generation: Foundations and Applications. Amsterdam: Elsevier, 1985.

[63] Toro E F. Riemann Solvers and Numerical Methods for Fluid Dynamics: A Practical Introduction. 2nd ed. New York: Springer, 1999.

[64] Wesseling P. An Introduction to Multigrid Methods. New York: John Wiley & Sons, 1991.

[65] Yu D H. The Natural Boundary Integral Method and Its Applications. New York: Kluwer Academic Publishers, 2002.

[66] Zhou Y L. Application of Discrete Functional Analysis to the Finite Difference Method. Boston: International Academic Publishers, 1990.

附录　冯康院士与科学计算

　　冯康先生是我的老师, 他去世至今已有 24 年了. 由于他对科学事业、特别对计算数学与科学计算事业的杰出的历史性贡献, 我们至今还经常提到他的名字并深切怀念他. 作为国际著名数学家, 冯康先生的学术成就是多方面的. 特别是首创有限元方法和 Hamilton 系统的辛几何算法, 在国际上有重大影响. 这些成就也构成了微分方程数值解法的重要内容. 因此二十余年来, 我在中国科学院研究生院及其他一些大学讲授 "微分方程数值解法" 时, 总是以回顾科学计算的发展历史和介绍冯康先生的杰出贡献为本课程的前言. 此外, 几十年来我曾到国内外数十所高等院校访问讲学, 在为研究生、本科生及青年教师做专题报告时, 也总是先提及冯康先生的杰出成就和对世界科学计算发展的深远影响. 本文正是在讲课和报告的基础上整理的.

　　本文分如下四部分内容: 一、世纪回顾 —— 科学计算方兴未艾; 二、学术生涯 —— 呕心沥血开拓创新; 三、功垂史册 —— 冯康院士杰出贡献; 四、饮水思源 —— 发扬光大继往开来.

一、世纪回顾 —— 科学计算方兴未艾

　　科学计算的兴起是二十世纪后半叶最重要的科技进步之一. 计算与理论及实验相并列, 已经成为当今世界科学活动的第三种手段. 回顾半个世纪来我国计算数学和科学计算事业的发展历程, 追忆这一事业的奠基人和开拓者之一冯康院士 (1920—1993) 的科学思想和杰出贡献, 有重要的现实意义. 数千年来人类通过理论和实验两种手段来认识自然, 认识世界, 探索科学的奥秘. 我们在中学就已知道欧几里得、阿基米德等古希腊科学家的名字, 更从小就熟知中国古代科学家祖冲之、张衡等人的贡献. 他们应用理论和实验两种方法, 书写了人类科学发展史的古代篇章, 留下的浓墨重彩至今仍闪耀着智慧的光芒. 到了十六世纪中叶, 哥白尼发表了天体运行论, 开普勒提出了行星运动三定律, 伽利略发现了自由落体定律, 以观测和实验为起点, 更加波澜壮阔的近代科学发展揭开了序幕. 伽利略系统地引进了科学实验方法, 即把自然现象分解, 通过实验确定因果关系, 然后用数学加以描述, 再进一步通过实验来验证, 使之逐步逼近自然界的真实情况. 到了十七世纪, 伟大的科学家牛顿树立了应用理论方法的典范. 他创立了微积分学, 在前人一系列重大发现的基础上, 用微积分描述物体的运动过程, 正确反映宏观世界物体机械运动的规律, 建立了完整的经典力学和物理学理论体系. 以伽利略和牛顿为代表的科学家完成了从古代到近代科学方法论的重大变革, 实现了人类科学活动的巨大进步. 几百

年来一代又一代的各国科学家正是沿着他们开辟的道路应用实验及理论两种手段进行着科学研究.

　　理论研究与实验方法都有很大的局限性. 理论方法的局限性是显而易见的. 许多科学问题难以归结为适于研究的理论模型, 而且绝大多数数学模型也难以用解析方法求解. 而实验方法同样也有局限性. 对于尺度太大或太小, 时间太长或太短的科学问题, 对于有巨大破坏性的物理过程, 实验或者需要付出十分巨大的代价, 或者根本无法实施和完成. 二十世纪四十年代中计算机的发明为计算成为第三种科学手段提供了可能. 这一有巨大潜力的计算工具使人的计算能力以过去无法想象的倍数得到提高, 它影响了人类所涉足的几乎一切科技领域, 具有划时代的重大意义. 计算机的飞速发展使实验、理论和计算 "三足鼎立", 成为当今世界科学活动的主要方式. 这是自伽利略和牛顿以来科学方法论的最伟大的进步.

　　计算方法是科学与工程计算的核心. 计算的功效是计算工具的能力与计算方法的效率之乘积. 计算数学的发展离不开计算机, 计算机也只有通过应用适当的计算方法才能有效解决科学和工程问题. 计算数学的中心任务正是提出并研究用计算机更有效地求解科学问题的计算方法. 经常有人说, 有了大机器就可以解决大问题, 他们认为只要造出很多超级计算机, 就可解决各种复杂的科学计算问题. 但事实却并非如此. 当代科学计算碰到了很多难点, 如高维数, 多尺度, 非线性, 不适定, 长时间, 奇异性, 复杂区域, 高度病态, 计算规模大, 要求精度高, 等等, 并非有了大机器就可解决这些难点. 计算的困难常常表现为: 规模大得难以承受或失去时效; 算法不收敛或误差积累使结果面目全非; 花费大量机时却得不到结果或只得到错误结果; 问题的奇异性使计算非正常中止; 问题太复杂使算法难以实现, 甚至至今还没有找到有效的计算方法; 等等.

　　1991 年春, 冯康院士应邀在中国物理学会年会上做了一个非常精彩的报告. 针对物理学家熟悉和关注的问题, 他提出: "在遥远的未来, 太阳系呈现什么景象? 行星将在什么轨道上运行? 地球会与其他星球相撞吗? …… 有人认为, 只要利用牛顿定律, 按现有的方法编个程序, 再用超级计算机进行计算, 花费足够多的时间, 便可得到要求的答案. 但真能得到答案吗? 得到的答案可信吗? 实际上对这样复杂的计算, 计算机往往得不出结果, 或者得出完全错误的结果. 每一步极小的误差积累可能会使计算结果面目全非! 这是计算方法问题, 机器和程序员都无能为力. "

　　科学和工程计算的能力是国家综合国力的重要标志. 发达国家都极其重视这一研究领域, 并投入大量资金加以支持. 美国长期处于领先地位, 但美国科学界仍不断呼吁政府重视科学计算的国际竞争, 1983 年美国著名数学家 P. Lax 等人向美国总统提出了著名的 Lax 报告. 又有 1996 年提出的 "加速战略计算创新" 即 ASCI 计划, 1999 年提出的 "21 世纪的信息技术: 对美国未来的大胆投资" 即 ITT 计划, 2001 年提出的 "高级计算推动科学发现" 即 SciDAC 计划, 2004 年则有 "高端计算复兴" 即 PITAC 计划, 等等. 在 2004 年的 PITAC 报告中特别指出: "对数学和计算机科学算法的持续开发和改进是未来高端体系结构成功的关键. 算法的改进对性能的贡献, 往往超过处理器速度的提高. "

我国早在 1956 年科学规划中就已将计算数学列为重点. 当时任中国科学院数学研究所所长的华罗庚教授充分认识到计算数学的重要性, 他调集精兵强将, 由冯康等人组建计算数学研究队伍. 从二十世纪五十年代起, 我国逐步形成了一支高水平的计算数学与科学工程计算研究队伍, 在计算机设备远远落后于先进国家的条件下, 他们发挥智力优势, 创造性地解决了国民经济和国防建设中的许多关键计算问题, 为"两弹一星"、远程火箭、石油勘探、气象预报、机械制造、水利建筑等进行了大量有实际应用价值的科学与工程计算. 与此同时, 一批高水平的理论研究成果也极大地丰富了计算数学的理论宝库, 其中一些成果在国际上有很重要的地位, 如冯康院士对计算方法的三大贡献: 有限元方法、辛几何算法、自然边界归化理论, 在国内外都产生了深远的影响.

世纪之交, 许多学者曾论及二十世纪最重要的计算方法, 如知名计算力学专家 Dan Givoli 在 *The top* 10 *computational methods of the* 20*th century*(*IACM Expressions*) 一文中列出了 "二十世纪十大计算方法", 并附若干代表人物的照片. 这十大计算方法是:

1. 有限元方法 (R. Courant, 1943, R.W. Clough, 1960, O.C. Zienkiewicz, 1971, J. Argyris, 1968), 包括边界元方法 (T.A. Cruse, F. J. Rizzo, 1968);

2. 线性代数迭代法 (method of Krylov spaces, Conjugate Gradients, Hestenes & Stiefel, 1950);

3. 代数特征值求解 (Lanczos 法, C. Lanczos, 1950, QR 方法, J.G.F. Francis, 1961);

4. 矩阵分解方法 (A. Householder, 1951);

5. 波动问题有限差分法 (N.M. Newmark, 1959, P.D. Lax & B. Wendroff, 1960, S.K. Godunov, 1959, upwinding and flux-splitting schemes, Finite Volume Method, · · ·);

6. 非线性代数求解法 (拟 Newton 法, W.C. Davidon, 1959, 弧长法, G.A. Wempner, 1971, · · ·);

7. 快速傅里叶变换 (J.W. Cooley, J.W. Tukey, 1965);

8. 非线性规划 (D. Goldfarb, 1969, Griffith & Stewwart, 1961, · · ·);

9. 软计算方法 (神经网络, McCulloch, 基因算法, Holland, 模糊逻辑, Zadeh, · · ·);

10. 多尺度方法 (多重网格, A. Brandt, 1977, 小波, A. Haar, 1909, S. Mallat, 1989, Y. Meyer, I. Daubechies, 多尺度有限元法, T.J.R. Hughes, I. Babuska, J.T.

Oden.)

最后一项还引用了著名计算力学家 T.R.J. Hughes 的文章*Multiscale phenomena: Green's functions, the Dirichlet-to-Neumann formulation, subgrid scale models, bubbles and the origins of stabilized methods*(*Computer methods in applied mechanics and engineering*, 127, 1995, 387-7-401). 该文说明多尺度方法也包括格林函数法、D-N 方法等内容.

上述十项中与微分方程数值解有关的有 3 项：即有限元法, 波动问题差分法, 多尺度方法. 众所周知, 冯康院士在上述三方面均有开创性贡献. 但很遗憾该文并未提及中国学者. 本文将在第三节重点介绍冯康先生的这些杰出贡献, 以弥补外国学者论述之不足.

英国牛津大学教授 L.N. Trefethan 于 2006 年 3 月撰写*Numerical analysis*一文, 并列表对计算数学发展做了千年回顾：

263 年, 高斯消元法, 刘徽 (魏景元四年注《九章》), Lagrange, Gauss, Jacobi.

1943 年, 有限元法, Courant, 冯康, Argyris, Clough.

在刘徽以后约 1700 年, 终于出现了第二个中国人的名字 —— 冯康!

二、学术生涯 —— 呕心沥血开拓创新

冯康先生祖籍浙江绍兴, 1920 年 9 月 9 日生于江苏南京. 他出身 "师爷" 世家, 当属书香门第. 当然到他父亲一代已经没有 "师爷" 这一职业了. 他的青少年时代主要是在苏州城里度过的. 在苏州中学读书时, 他成绩优异, 特别对数学和物理有浓厚兴趣. 由于自幼受到苏州秀丽风光的陶冶和深厚文化的熏陶, 他对苏州有非同一般的感情. 说起苏州他常如数家珍. 特别当提到苏州以 "明清多状元, 当代出院士" 而闻名时, 他就会更加兴致勃勃, 以自己是苏州人而非常自豪.

冯康先生的大学时代是在重庆度过的. 抗日战争开始后不久, 他从沦陷区转到后方. 1939 年进入重庆中央大学电机工程系, 后又转物理系. 他兼修电机、物理、数学三系主课. 当时日本侵略军占领了半个中国, 中央大学由南京内迁重庆, 环境非常恶劣, 条件十分艰苦. 更为不幸的是他又得了重病, 长期卧床不起. 恶疾缠身, 使他非常痛苦. 由于战时缺医少药, 只有他母亲在身旁照顾, 他得不到很好治疗, 落下了严重的后遗症. 但冯康先生的意志非常坚强, 求知欲极其旺盛, 在患病期间仍让他弟弟冯端为他借了很多书, 其中包括施普林格 (Springer) 出版的许多艰深难读的数学专著. 他后来回忆说, 正是通过在病床上啃这些 "黄皮书", 他才打下了深厚扎实的数学基础. 半个世纪过去后, 他的胞弟著名物理学家冯端院士在怀念他时回忆起这段经历, 仍禁不住声泪俱下. 冯康先生重病缠身仍卧床苦读的精神确实令人感动.

1944 年冯康于中央大学物理系毕业后, 先后到复旦大学及清华大学物理系、数学系任教. 1951 年他调到中国科学院数学研究所工作后被派往苏联斯捷克洛夫研究所进修, 师从著名数学家庞特里亚金 (Pontryagin). 但不幸因骨脊椎旧病复发, 他只能在 1953 年提前回国, 回到中国科学院数学研究所工作. 在纯粹数学的研究中, 特别在拓扑群理论、广义函数论、广义梅林变换等方向, 他都做出了非常重要的创造性的工作.

　　1957 年是冯康先生学术生涯中的重要年份. 他听从当时数学研究所所长、著名数学家华罗庚先生的建议, 由纯粹数学转向应用数学和计算数学研究, 调入成立不久的中国科学院计算技术研究所第三研究室工作. 由于既熟悉物理工程背景, 又有深厚的数学功底, 他在新的研究领域如鱼得水, 充分发挥了聪明才智, 完成了许多国家下达的计算任务, 培养了一大批科学计算青年人才, 实现了计算方法的重要创新.

　　1966 年 "文化大革命" 开始了, 冯康先生的研究工作被中断. 但即使在那样的环境中, 他依然在思索着中国计算数学的发展方向和需要研究的课题. 这也为他在二十世纪七十年代后期在一系列研究方向发表开创性研究成果做了充分的准备.

　　1978 年改革开放, 科学的春天来到了. 冯康先生精神焕发, 宏图大展. 他主持成立中国科学院计算中心, 担任首届主任, 后又任名誉主任. 他与其他几位老一辈专家一起组织了全国计算数学学会, 先后任全国计算数学会副理事长、理事长、名誉理事长, 他创办了《计算数学》、《数值计算与计算机应用》、*Journal of Computational Mathematics* 及 *Chinese Journal of Numerical Mathematics and Applications* 等四个学术刊物, 亲自担任主编. 1978 年我国恢复招收研究生, 他亲自命题判卷, 亲自指导研究生. 1981 年国家正式建立学位制度, 成立国务院学位委员会, 他连任三届国务院学位委员会委员, 直至去世. 他是首批博士生导师之一. 虽然早在 "文化大革命" 前冯康先生就已招收、培养了不少研究生, 有的毕业了, 有的没来得及毕业就遇上了 "文化大革命", 但那时毕业的研究生没有硕士学位, 更没有博士学位. 我有幸自 1978 年起就在他的亲自指导下学习, 于是成为他培养的第一个硕士和博士.

　　冯康先生非常关注中国的科学事业, 特别是中国计算数学和科学计算事业的发展. 1986 年, 在国家制定 "七五" 高科技发展规划时, 他获悉规划初稿中没有列入发展科学计算的相关内容, 便联合其他老一辈科学计算专家, 于 4 月 22 日写了 "紧急建议", 提交给国务院有关领导. 他将美国著名数学家 P. Lax 等给美国总统写的报告中的重要内容翻译成中文, 作为建议书的附件. 在这一著名的 Lax 报告中, 科学计算被作为第三种科学手段得到充分强调, 而美国政府也非常重视这一报告, 随后为发展科学计算大量投资. 冯康先生的报告也引起国务院领导的强烈关注, 当时的国务院副总理李鹏约见了冯康和周毓麟两位先生, 采纳了上述建议. 科学计算终于在国家科学发展规划中获得了应有的地位. 十多年后周毓麟先生谈起这一段历史时仍然眉飞色舞, 非常兴奋. 此后, 冯康先生又与赵访熊、周毓麟、应隆安三位先生一起给李鹏副总理写信, 建议建立国家科学计算实验室. 信中提出: "联合科学计算实验室的任务是: (一) 从事大规模科学和工程计算方法的基础研究, 与工业部门协作, (二) 培训高级科学计算人才". 这一建议后来也得到政府采纳.

1991 年, 首批国家重点实验室成立并获得世界银行贷款支持, 其中就有 "科学与工程计算国家重点实验室", 冯康先生是这一实验室的创始人, 并亲任学术委员会主任. 同年, 国家科委组织国家基础研究重大关键项目即 "攀登计划" 项目, 在首批 11 个重点项目中, 就有冯康院士建议的 "大规模科学和工程计算的方法与理论", 他被任命为首席科学家. 1997 年, 该项目被列入国家 "九五" "攀登计划" 预选项目, 继续获得重点支持. 随后于 1999 年 "大规模科学计算研究" 又被列入 "国家重点基础研究发展规划" 即 973 项目, 这一项目在 2005 年更名为 "高性能科学计算研究", 又得到继续支持, 直至 2010 年结题.

冯康先生的学习和研究工作经历了 "工程 — 物理 — 纯粹数学 — 应用数学与计算数学 — 科学与工程计算" 这一过程, 充分体现了 "实践 — 理论 — 实践" 的成功循环. 他搞研究总是瞄准国家需求和学科前沿, "从来不从别人论文缝中找题目". 他为解决实际问题去研究计算方法, 而他提出的好的计算方法又可以解决许许多多的实际问题. 他常说: "化大为小, 化繁为简, 化难为易, 这是一个科学家最大的本事. " 他作讲演总是深入浅出, 甚至中学生都能听懂. 他的报告能让不同层次的听众都有收益.

冯康先生在一次短暂的婚姻后, 长期孤身一人, 直到 1987 年才第二次结婚. 他生活极其简单, 研究工作是他的最大乐趣与毕生追求. 他每天步行从办公室到家到图书馆, 中关村里留下了他三点一线的行动轨迹. 许多人也许还能记得, 一个小个子的驼背老人背着装满书的大书包, 行走在科学城中的令人难忘的形象. 他热爱科学, 献身事业, 视科学研究如生命; 他历尽磨难, 矢志不渝, 其过人毅力感人至深. 他呕心沥血, 拼搏奉献, 古稀之年仍如醉似痴、废寝忘食、通宵达旦地工作. 探索科学真理的强烈进取精神驱使他不断提出新课题, 开拓新方向, 向科学高峰不断攀登, 并取得累累硕果. 他一直走在世界科学计算发展的前列.

冯康先生的最后一个工作日是这样度过的: 他应 "有限元 50 年" 纪念文集约稿, 校对 1965 年论文的英译稿 (2002 年世界数学家大会上还有外国数学家向我索要此文, 可见此文的重要性); 他收到了国际工业与应用数学会大会报告的邀请; 他在准备华人青年计算数学家会议, 审阅论文. 他过度兴奋, 又过度劳累, 晚上倒在浴缸旁再也没有起来. 弥留之际, 他仍关注着华人青年学者科学计算会议. 他住院一周, 经医治无效, 1993 年 8 月 17 日终因后脑珠网膜大面积出血不幸病逝, 享年 73 岁. 他为科学计算事业确实奋斗到了生命的最后一刻.

在获悉他去世的消息后, 美国拉克斯院士 (P. Lax) 在美国《工业与应用数学新闻》(SIAM News, 1993) 上发表了悼念文章, 在文章的结尾他满怀深情地写道: "冯康的声望是国际性的, 我们记得他瘦小的身材, 散发着活力的智慧的眼睛, 以及充满灵感的脸孔. 整个数学界及他众多的朋友都将深深怀念他. "(P. Lax, SIAM News, 1993.) 该报同时刊登了冯康院士在美国作学术报告的大幅照片.

三、功垂史册 —— 冯康院士杰出贡献

清代诗人赵翼曾写过这样一首诗:"李杜诗篇万口传, 至今已觉不新鲜. 江山代有才人出, 各领风骚数百年. " 李白、杜甫的诗已传了一千多年, 至今还在被人传诵, 而且还会继续流传下去, 也许真能 "万口传", 所以实际上至今还觉得 '很新鲜'. 当然, 赵诗中以 "万" 代 "千" 是因写诗要满足平仄格律之故. 李白、杜甫被称为 "诗仙" 和 "诗圣", 他们形成了中国诗词文化的一个高峰, 至今尚无人能够超越, "千古传" 已是千真万确的. 另外还有一些名家也曾 "各领风骚数百年" 或数十年, 是他们那个世纪或年代某一方面当之无愧的代表人物. 能领风骚 "数百年" 已很不易, 要使诗篇 "千古传" 当然更难. "李杜诗篇千古传", 那是真正的了不起, 岂是 "只领风骚两三年" 的 '流行歌星' 可比? 当然更不必提跑龙套、跟潮流, "难领风骚两三天", 转瞬即逝的过眼烟云了. 跟潮流难成源头, 跑龙套岂能领先? 一二十年后仍被他人引用的论文才可称好论文, 发表后再也没人关注的文章当然谈不上有什么学术意义. 现在很多人常常强调文章是否发表在国际 "顶尖" 刊物上, 以此来评价文章的质量, 这是很不科学的. 其实发表在 "顶尖" 刊物上的文章中也有不少并无多少价值, 而在一般杂志里也可能藏着珍珠宝贝. 评价科研成果还是等十年、二十年后看学术影响更科学. 冯康院士的几项开创性工作当时都发表在国内刊物上, 这些刊物并非所谓的国际 "顶尖" 刊物, 但他的工作确实意义重大, 影响深远, 已经受了数十年时间的考验, 并且在数学史上留下了很深的印记.

2002 年 5 月 28 日当时的国家主席江泽民在两院院士大会上发表了重要讲话, 其中说道:"中华民族是具有伟大创造精神的民族. 中华民族曾经创造了世界最先进的生产力和最辉煌的科技成就, 并将这种领先地位一直保持到十五世纪 …… 几千年来, 中华民族以自己的伟大创造精神和伟大创造成果, 为人类文明进步作出了不可磨灭的贡献. " 他接着又讲:"在当代世界科技发展的史册上, 我国科技工作者也书写了光辉的篇章 …… 在数学领域创立的多复变函数的调和分析, 有限元方法和辛几何算法, 示性类及示嵌类的研究和数学机械化与证明理论, 关于哥德巴赫猜想的研究, 以及在半导体超晶格理论方面提出的 "黄一朱模型," 在国际上都引起了强烈反响. " 这里共列了六项成果, 涉及四位数学家, 他们是: 华罗庚、冯康、吴文俊、陈景润. 其中 "有限元方法和辛几何算法" 两项正是冯康院士的贡献.

著名数学家、菲尔兹奖获得者丘成桐 1998 年 3 月 11 日在《中国科学报》发表《中国数学发展之我见》一文, 其中写道:"中国近代数学能超越西方或与之并驾齐驱的主要原因有三个, 主要是讲能够在数学历史上很出名的有三个: 一个是陈省身在示性类方面的工作, 一个是华罗庚在多复变函数方面的工作, 一个是冯康在有限元计算方面的工作. " 他曾于 1997 年 6 月 2 日在清华大学及此后的多次报告中反

复强调这一观点.

　　我最近在网络上搜索到一则关于 "二十世纪世界数学家排名" 的消息, 据称该排名是根据国外著名的数学百科全书量化得到的, 其中进入前 200 名的中国人 (包括美籍华人) 有 7 位, 他们是: 陈省身、华罗庚、冯康、吴文俊、周炜良、丘成桐、萧荫堂. 前三位与丘文列出的完全一致. 可见这一排列并非丘氏一家之言.

　　下面简要介绍冯康院士对计算数学的三项重要贡献: 有限元方法、辛几何算法和自然边界归化理论.

　　二十世纪五十年代末, 冯康研究组承担了一系列大型水坝的计算任务. 他在大量计算经验的基础上, 通过系统的理论分析及总结提高, 把变分原理与剖分逼近有机结合, 把传统上对立而各具优点的差分法与能量法辩证统一, 独立于西方创造了有限元方法, 及时解决了大型水坝的应力分析问题. 他于 1965 年发表了论文《基于变分原理的差分格式》, 奠定了有限元方法的数学理论基础, 也为该方法的实际应用提供了可靠的理论保证.

　　冯康等人的这一研究成果于二十世纪八十年代获得国家自然科学二等奖. 这对于常人已是很高的学术荣誉. 但冯康先生 "只要一等, 不要二等" 的特殊性格使他把该项成果仅获二等奖当做终身遗憾. 我至今仍清楚记得, 当我和邬华谟研究员代表《计算数学》等三刊执行编委会为他的七十寿辰起草贺词时, 他坚持要删除 "获得国家二等奖" 几个字, 只保留 "获得中科院一等奖", 最后该文只能根本不提获奖之事. 当然, 今天我们可以告慰于冯康先生的是, 江泽民、丘成桐等的讲话实际上已代表国家及学术界把 "有限元方法" 这一重大成果摆到了它应该占有的地位上.

　　有限元方法的创始是当代计算方法进展的一个里程碑, 意义重大, 影响深远, 已在科学和工程计算的极其广泛的领域得到重要应用. 法国著名数学家 J.L. Lions 院士早在 1981 年就已指出: "中国学者在对外隔绝的环境下独立创始了有限元方法, 在世界上属最早之列. 今天这一贡献已为全人类所共享. " 美国著名数学家 P. Lax 院士于 1993 年在 SIAM News 上写道: "冯康独立于西方平行地创造了有限元方法理论, 在方法实现及创建理论基础两方面均有建树. "

　　冯康先生在学术研究中永不满足. 他针对 Hamilton 体系的计算方法直至二十世纪八十年代初仍是空白, 传统的算法除少数例外, 几乎都不可避免地带有人为耗散性等歪曲体系特征的缺陷这一情况, 于 1984 年系统提出了 Hamilton 系统的辛几何算法. 这一算法在保持体系结构, 稳定性与长期跟踪能力上具有独特的优越性. 他的开创性工作带动了国际上一系列研究, 并在许多领域的计算中得到了成功的应用. "Hamilton 系统的辛几何算法" 于 1990 年获得中科院自然科学一等奖. 由于在 1991 年申报国家奖时又被评为二等奖 (当年一等奖空缺), 冯康撤回了报奖申请. 直至 1997 年, 即冯先生去世 4 年后, 为实现冯康先生的遗愿, 我们为他再次申报国家奖励, 这一项目终于获得了国家自然科学一等奖. 这是当年唯一的一项一等奖, 也是整个二十世纪九十年代仅有的两项一等奖之一, 另一项一等奖是一位资深植物学家于 1993 年获得的, 当时获奖者也已去世多年. 这是当时国家对自然科学研究成果的最高奖励. 美国 P. Lax 教授于 1993 年在 SIAM News 的悼念文章中在评价这一成果时写道: "冯康提出并发展了求解 Hamilton 型演化方程的辛算法, 理论分析及计算实验表明, 此方法对长时计算远优于标准方法. 在临终前, 他已把这一思想推广到其他结构. " 冯康先生这一方面的工作已被总结在他和秦孟兆研究员合写的专著《哈密尔顿系统的辛几何算法》(浙江科学技术出版社, 2003) 中.

1980 年提出的自然边界归化思想是冯康先生对计算数学的第三个重要贡献. 随后他的学生余德浩和清华大学的韩厚德教授发展了自然边界元及人工边界方法. P. Lax 是这样评价冯康的这一创造性思想的: "冯利用被偏微分方程的解满足的积分关系的优点, 有效地结合边界与区域有限元, 特别, 辐射条件将能被满足. " (P. Lax, SIAM News, 1993.) 余德浩于 1989 年获得中科院自然科学一等奖, 1993 及 2002 年先后出版中英文专著各一本, 即《自然边界元方法的数学理论》(科学出版社, 1993) 及 *Natural Boundary Integral Method and Its Applications*(Kluwer Academic Publishers, 2002). 韩厚德曾多次获得国家教委和北京市的科技奖励. 2008 年他们联合申报的研究成果获得了国家自然科学二等奖.

近年国际上自然边界元法又称为 DtN 方法, 或人工边界方法. 著名美国数学家、沃尔夫奖获得者 J.B. Keller 和 D. Givoli, T.J.R. Hughes 等人自 1989 起也开始这一方向研究. 2003 年西方 DtN 方法的代表人物之一 D. Givoli 在美国 *Appl. Mech. Review* 发表书评, 高度评价了余德浩的专著, 其中写道: "这本专著特别受欢迎, 因为它使我们接触到冯和余两位有意义的工作. 该书写作优美, 非常清晰, 有意义, 数学上严密而不枯燥. 基本思想阐述清晰且组织得好. 人们可从该书学到很多. 书中关于奇异积分的概述极好. 所谓自然积分算子也称 DtN 映射. 自然边界归化与有限元耦合法类似于西方独立提出的 DtN 方法. 由于这些非常有意义的工作长期未被西方读者所知, 故向数学研究者和应用力学实践者强烈推荐这一令人愉快和大开眼界的专著. "

四、饮水思源 —— 发扬光大继往开来

冯康先生走了, 留下了计算数学研究所和科学与工程计算国家重点实验室. 现在实验室的条件已今非昔比, 得到了极大改善. 2002 年建成了万亿次机群系统, 即"大规模科学计算二号机群", 简称 LSSC-II, 曾入选当年"十大科技新闻".

冯康先生走了, 留下了"攀登计划"项目、计算数学学会、《计算数学》、四个 *J. Comput. Math.*、《数值计算与计算机应用》、*Chinese J. Comput. Math. and Appl.* 刊物, 这些都是计算数学工作者的工作条件、战斗阵地. 后来"攀登计划"又发展为国家重点基础研究发展规划即 973 项目.

冯康先生走了, 留下了《冯康文集》、著作、论文、手稿、奖状、展台、塑像, 供后人学习、瞻仰. 一进研究所我们就可见到: 门厅里先生塑像栩栩如生, 展台内论著手稿充满智慧. 冯康先生生前完成的丰硕的科研成果正在造福于人类, 有限元方法、辛几何算法、自然边界归化等均 "已为全人类所共享".

冯康先生走了, 留下了学术思想、治学精神还在继续启迪、指导、激励后人. 他常教导我们: "同一个物理问题可以有许多不同的数学形式. 这些数学形式在理论上等价, 但在实践中并不等效. 从不同的数学形式可能导致不同的数值计算方法." "计算方法研究的一条基本原则是: 原问题的基本特征在离散后应尽可能得到保持." 这些充满哲理的语言被他的学生们称为冯氏定理或原理.

冯康先生培养了大批人才, 带出了一支队伍. 他直接或间接培养的学生遍及国内外科学和工程计算广泛领域, 他创立的计算数学 "中国学派" 即 "冯康学派", 享誉国际. 目前国内科学计算界的石钟慈院士、林群院士和崔俊芝院士等学术领袖都以曾为冯康先生的学生而自豪.

近年海外留学生中涌现一批非常优秀的年轻人才. 他们曾深受冯康院士等老一辈科学家影响, 在国内打下了深厚扎实的数学基础, 出国深造后已在科学计算领域取得令人瞩目的成绩. 他们经常回国交流和合作促进了国内青年计算数学家的成长. 为怀念冯康先生而设立的 "冯康科学计算奖" 也已成为海内外华人青年计算科学家向往获得的崇高荣誉. 1995 年以来的获奖者已有二十余人, 其中舒其望、许进超、袁亚湘、侯一钊、陈汉夫、鄂维南、张平文、金石、陈志明、包刚、汤涛、杜强等都已是著名专家. 这一奖项源于我在 1989 年提议并得到时任所长石钟慈先生大力支持的冯康计算数学奖. 石所长主持建立了 "冯康科学计算奖" 的评选体系, 我提供了第一笔捐款. 最初考虑仅限于所内的这一奖项, 在冯康先生去世后被推向全球华人青年学者, 其意义和影响大大提高了.

创新是发展的灵魂. 中国的计算数学与科学计算需要中国特色与中国学派. 丘成桐教授 1998 年在《中国数学发展之我见》一文中曾说过: "要找自己的方向, 要从数学的根本找研究方向. 近二十年来基本上跟随外国的潮流, 没有把基本想法搞清楚, 所以始终达不到当年陈先生、华先生和冯先生他们的工作成就."

冯康院士的业绩已留在中国乃至世界数学发展的历史上. 他曾为之奋斗终身的事业正更加蓬勃地发展. 中国计算数学和科学计算工作者将学习他的科学思想, 宏扬他的科学精神, 发展他的科学方法, 继续他的科学事业. 科学计算意义重大, 年轻一代任重道远. 中国计算数学和科学计算事业必定大有希望, 中国必将在世界计算科学的发展中做出更大贡献.

冯先生本人生前常提及他的老师: 华罗庚、陈省身和苏联的庞特里亚金教授. 冯先生事业的接班人、现任全国计算数学学会理事长石钟慈院士 2003 年在他自己的 70 岁寿宴上致答谢词时, 也曾深情回忆起他的三位老师: 华罗庚, 冯康和德国的斯图梅尔 (Stummel) 教授. 饮水思源, 我们深切怀念冯康先生.

本人于 1962 年进入中国科学技术大学学习, 曾多年受教于关肇直、严济慈等名家大师. 当年中科大数学系以华、关、吴"三龙"闻名于国内科教界, 冯康老师也在数学系任教. 本科毕业十余年后本人又考入中国科学院计算中心攻读研究生, 冯康先生是我的导师, 从 1978 年起他亲自指导我六年. 本人曾于 2002 年 2 月在中国科学院数学与系统科学研究院思源楼命名仪式后赋七律一首, 追忆华罗庚、关肇直、吴文俊、冯康等老师的业绩. 在 8 年后的 2010 年 9 月 9 日至 13 日, 学术界举行冯康先生 90 周年诞辰纪念报告会, 海内外共有三百余名学者参加, 本人又在会上赋《水调歌头》词一首. 这两首诗词的中心思想都是饮水思源, 谨录于此以作为本文的结束语:

思源楼杂感

罗庚有数论方圆, 肇直无形析泛函.

文俊匠心推拓扑, 冯康妙计算单元.

追思母校龙腾日, 喜见繁花锦绣园.

盛世中华迎盛会, 思源楼里更思源.

水调歌头·忆冯康恩师

九九思源日, 岁岁忆栽培.

当年驾鹤西去, 学界起惊雷.

报国宏图大展, 一代宗师垂范, 形象闪光辉.

造福全人类, 计算显神威.

攻关志, 攀登路, 凯旋归.

奠基开拓, 艰险坎坷几多回?

首创单元妙法, 传世冯康定理, 青史树丰碑.

任重征程远, 留待后人追.

参考文献

1. 冯康: 冯康文集 (第一卷), 国防工业出版社, 1994.

2. 冯康: 冯康文集 (第二卷), 国防工业出版社, 1995.

3. 冯康, 秦孟兆: 哈密尔顿系统的辛几何算法, 浙江科学技术出版社, 2003.

4. 冯端: 冯康的科学生涯 —— 我的回忆 (之一), 科学时报, 1999 年 8 月 11 日.

5. 冯端: 冯康的科学生涯 —— 我的回忆 (之二), 科学时报, 1999 年 8 月 12 日.

6. 冯端: 冯康的科学生涯 —— 我的回忆 (之三), 科学时报, 1999 年 8 月

16 日.

7. 冯端: 冯康的科学生涯 —— 我的回忆 (之四), 科学时报, 1999 年 8 月 17 日.

8. 丘成桐: 中国数学发展之我见, 中国科学报, 1998 年 3 月 11 日.

9. 石钟慈: 冯康传, 中国现代科学家传记 (第一卷), 科学出版社, 1991.

10. 石钟慈: 冯康传, 中国科学技术专家传略 (理学篇数学卷), 中国科学技术协会编, 河北教育出版社, 1991.

11. 徐福臻, 余德浩: 冯康传, 中国现代数学家传 (第三卷), 程民德主编, 江苏教育出版社, 1998, 313-342.

12. 余德浩, 王烈衡, 汪道柳: 怀念恩师冯康教授, 中国科学报, 1994 年 8 月 19 日.

13. 余德浩, 汪道柳: 为计算数学的发展奋斗终生 —— 追忆冯康院士, 中国科学院院刊, 13: 2, 1998, 134-147.

14. 余德浩: 冯康 —— 中国科学计算的奠基人和开拓者, 科学, 53: 1, 2001, 49-51.

15. 余德浩: 大规模科学计算研究, 中国基础科学, 2001 年第 1 期, 19-25.

16. 余德浩: 科学与工程计算研究的回顾与展望, 中国科学院院刊, 2001 年第 6 期, 403-407.

17. 余德浩: 有限元、自然边界元与辛几何算法 —— 冯康学派的重要贡献, 高等数学研究, 4: 4(2001), 5-10.

18. 余德浩: 计算数学与科学工程计算及其在中国的若干发展, 数学进展, 31: 1, 2002, 1-6.

19. 余德浩, 王占金: 实践出题, 直觉判断, 求异思维 —— 冯康的创新要诀, 科技创新案例, 郭传杰主编, 学苑出版社, 2003, 26-30.

20. 余德浩: 计算数学与科学计算在中国的发展, 科学的挑战 —— 中国科学院研究生院演讲录 (第三辑), 余翔林主编, 科学出版社, 2003, 96-109.

21. 于小晗: 冯康院士二度获奖, 计算数学等待受宠, 科技日报, 1998 年 1 月 8 日.

22. 徐建辉: 在祖国坚实的土地上 —— 记冯康院士和他开创的科学计算事业, 科学时报, 1999 年 9 月 2 日.

23. 齐柳明: 计算数学需要中国学派, 光明日报, 2002 年 8 月 28 日.

24. 张璋: 计算是第三种科学研究手段 —— 访计算数学家余德浩教授, 科学时报, 2002 年 12 月 18 日.

25. 游雪晴, 徐建华: 科学计算: 第三只眼睛洞察世界 —— 访 "大规模科学研究" 项目组, 科技日报, 2005 年 2 月 2 日.

26. P. Lax: Feng Kang, SIAM NEWS, 26:11, 1993.

27. D. Givoli, Book Review, Appl. Mech. Review, 56:5, 2003, B65.

注. 本文原载于《数学通报》2005 年第 9 期及第 10 期, 今略作修改作为本书附录.

余德浩

2017 年 12 月于北京